崔孝秉学术文集

崔孝秉教授80寿辰筹委会 编

中国石油大学出版社

图书在版编目(CIP)数据

崔孝秉学术文集/崔孝秉教授80寿辰筹委会编.一东营:中国石油大学出版社,2009.8
ISBN 978-7-5636-2909-1

Ⅰ.崔…　Ⅱ.崔…　Ⅲ.力学—文集　Ⅳ.03-53

中国版本图书馆CIP数据核字(2009)第158863号

书　　名:崔孝秉学术文集
作　　者:崔孝秉教授80寿辰筹委会

责任编辑:刘　洋(电话 0546—8392860)
封面设计:王修斋

出 版 者:中国石油大学出版社(山东　东营,邮编　257061)
地　　址:山东省东营市北二路271号
网　　址:http://www.uppbook.com.cn
电子信箱:shiyoujiaoyu@126.com
排 版 者:青岛海讯科技有限公司
印 刷 者:青岛星球印刷有限公司
发 行 者:中国石油大学出版社(电话 0546—8391809)
开　　本:185×260　印张:31.25　字数:759千字　插页:6
版　　次:2009年9月第1版第1次印刷
定　　价:80.00元

《崔孝秉学术文集》

编纂人员

主　编：仝兴华　张　宏

副主编：杨祖佩　罗卫东　薛世峰
岳伯谦　王魁喜

崔孝秉教授

崔孝秉教授简介

崔孝秉，男，1930 年 10 月生，江苏海安人。1950 年毕业于省立泰州中学。1953 年于清华大学机械系毕业后留校任教，后随院校调整转入北京石油学院工作。1956 年考取留苏研究生，1957 年至 1961 年就读于莫斯科汽车机械学院攻读工程力学专业，获苏联科技副博士学位。留苏回国后一直在北京石油学院及其发展而成的中国石油大学任教。1983 年任职教授。1991 年被评为有突出贡献的科技专家，享受政府特殊津贴。1994 年被评为中国石油天然气总公司劳动模范。1996 年被聘为中国石油天然气总公司管线管柱力学顾问及专家，先后去日本、美国等国家考察研究，为中石油特种管材评价做出了突出贡献。

崔教授作为中国石油大学工程力学专业的奠基人之一，倾心于人才培养与青年教师指导工作，长期工作在教学一线，对教学精益求精，为本科生和研究生讲授多门固体力学方面的课程，为石油工业培养了一大批机械、力学相关专业的本科、硕士和博士研究生等高级人才。

崔教授长期致力于石油长输管道及油田油井管柱相关的重大力学问题研究，完成多项石油部重点科技攻关课题，取得了丰硕成果，先后获得 6 个省部级科技进步奖，发表科技论文 50 余篇，在石油石化管道、管柱研究领域享有盛誉。

1978 年北京市东郊埋地热输管道
大型试验场，各单位研究人员合影

1978 年在北京市东郊
试验现场检查工作

1983 年在华东石油学院力学试验室
伺服液压试验机旁与试验研究人员合影

1986 年在华东石油学院固定墩
优化设计试验现场指挥试验

1986 年在华东石油学院力学
试验室整理固定墩优化试验结果

1988 年在内蒙古大草原支援查干碱矿
供热管道建设，在蒙古包内休息

1988 年在内蒙古大草原支援查干碱矿供热
管道建设，在国界大门口和二连市领导合影

1992 年在管道工程结构
技术国际会议上做报告

1992 年在管道工程结构技术国际会议上
与参加会议的蔡强康教授及青年教师们合影

1986 年在大庆石油管理局做高压注水引起
套管损坏的机理研究报告，听众为地质勘探
开发等方面的技术人员和管理干部

1986 年在大庆石油管理局讲解
高压注水引起岩层蠕动的理论计算

1986 年大庆油田，我校课题组
成员和油田技术干部合影

1987 年在大庆油田四厂进行套损预测研究工作，与课题组成员合影

1988 年在石油部组织的延长石油套管寿命研究成果评审会上做报告

1994 年在大庆油田和套损区套管柱设计研究项目的课题组成员合影

1995 年在石油大学力学试验室进行不同材质套管对位移性载荷的抗力模型试验

1995 年在中国石油天然气总公司石油管材研究所进行不同材质的原尺寸套管对位移性载荷的抗力对比试验

1990 年在日本考察特殊螺纹套管的研制技术，与日方进行技术讨论

1991 年在美国克罗拉多矿业
学院进行矿场机械方面的教学
与研究访问，与美籍华人教授合影

1981 年华东石油学院 77 级力学
师资班毕业前师生合影

2001 年祝贺力学老主任蔡强康
教授八十大寿合影

2003 年石油大学建校 50 周年校庆
聚会，在京的力学老教师合影

2005 年退休在京的力学老教师与回国
观光的力学老教师王恭业先生聚会合影

2007 年石油大学力学系部分教师与
力学老教师在孤东油田合影

1956 年和夫人文群英在北京的合影

1999 年春登上泰山在南天门前合影

1999 年秋在美国拉斯维加城旅游合影

2001 年初夏在北京西郊灵山
自然风景区合影

2004 年秋在陕西延安宝塔山下合影

前　言 PREFACE

本文集收编了崔孝秉教授及其团队在国内外重要学术刊物上正式发表的科技论文近60篇，发表的时间从20世纪60年代至今整整跨越了半个世纪。在此期间，我们国家发生了翻天覆地的变化，现在国民生产总值已居世界前列，石油工业发展日新月异，生产规模不断扩大，产量不断提高。由于在石油勘探、开发、运输、储存等各个生产环节中不断采用新材料、新工艺、新技术、新设备、新措施，相应地在生产中出现了很多新情况、新问题，不少问题一时还成为生产中的“瓶颈”和“拦路虎”，给石油生产者、管理者和科技工作者带来极大的挑战。本文集集中反映了崔孝秉教授以及他的团队在这时期从事埋地热输管道强度研究、石油管柱强度研究等多方面成果，也是中国石油大学工程力学学科所取得的科技成果的一个横断面。

热输管道强度问题是石油储运工程中人们非常重视的问题之一。在20世纪60年代，由于成功开发了大庆油田，靠铁路运输原油已远远跟不上需求，当时修建了铁秦、铁大等长距离大口径输油管线，由于管线运行中某些地方弯头发生变形，影响管线通球清扫，发生过管线局部破裂而引起油品泄漏事故，造成环境污染以及减产、停产。1976年国家为修建川汉大口径输气管线做准备，我校力学教研室承担了石油部下达的“大口径弯头、三通强度研究”课题，对三通、弯头等管件强度的研究，进一步又发展为对热输管道的强度问题进行比较系统的理论和实验研究。崔教授在国内外首次提出了弹性抗弯铰，用来分析埋地热输管线弯头温度内力和温度应力，获得了满意的计算公式。历经五年的艰辛工作，获得一系列带有基础性的研究成果，石油部验收鉴定评价：研究成果达到了国内外先进水平，在埋地热输管线弯头设计中，有较重大的使用价值。此后，又进一步开展对埋地管道强度及固定墩优化设计研究、城市供热管道强度研究、石油炼厂及化工厂架空热力管道强度研究、海底输油管道强度研究等项目。这些研究成果或被收入相应规范，或很快得到生产应用和推广。

在油田开发中，针对不同油田的特点，生产中采取了很多新的强化采油工艺，如高压注水、注蒸汽、注聚合物、压裂等，使油田开发取得了很好的经济效益，但也随之加速了套管损坏。大庆油田从20世纪七八十年代起，油水井套管损坏问题日趋严重，造成油田开发重大经济损失。1984年起，我校组织了以矿机专业的赵怀文教授、钻井专业的黄荣樽教授、力学专业的崔孝秉教授为首的多学科、多专业的课题组，接受了石油部下达的延长石油套管使用寿命的重点研究课题。他们深入到油田各套损井现场反复进行实地调查，查岩心，查套管损坏断口的铅模，结合地质及开发资料，经过与油田专家共同分析操作，同时通过实验和理论研究，破除了一些错误概念的束缚。崔教授针对大庆地质构造和生产开发中的典型状况，创造性地建立了可靠的数学物理模型，进行了有限元数值分析，计算结果与油田实际套损规律的岩层位移量基本相符，变形特性也相符。首次提出了一系列新概念，如岩层进水形成“浸水域”、地应力释放使地层产生“位移性载荷”、“多载荷组合”等，并提出了相应的套损机理，和油田专家共同制定出一系列新的防治方法和“法规”。实施效果显著，使全油田的套损率迅速下降，取得了连续九年保持低值套损率的突出效率。其后，套损研究又进一步延伸至对热采井、出沙井等的套损机理和防止措施研究。文集最后一部分，主要是崔孝秉教授和他的团队在油田管柱结构强度设计及稳定性方面所做工作和获得的成果。

崔孝秉教授搞研究、做学问，在科研上总能取得高水平的研究成果，总能提出一些新的理念，很重要的一点在于他选择每一个课题时，首先是从生产实际需要出发，越是生产急需的，越是难度大的，越是生产中的“瓶颈”问题，他就越上劲。他一定首先深入现场，虚心求教，查阅能查到的一切资料、实物，反复推敲，分析论证，直到得到满意结果为止。无论在埋地热输管道强度研究，还是在延长石油套管寿命研究中，都能提出新的思维、新的概念、新的办法，在生产上用得上，而且有显著的经济效益。其次，在工程问题的科学研究中，特别注重培养、锻炼一支好的学科研究团队。调查研究、理论分析、实验研究经常交叉进行。崔孝秉教授和他的研究团队进行的实验，无论是大口径弯头实验，还是埋地固定墩优化实验，以及北京市埋地热力管道实验，都是实验规模大，参加人员多，但带头人准备充分，大家目标明确，分工精细，齐心协力，研究工作完成得好，所得的研究成果非常珍贵。第三，崔孝秉教授个人有着非常坚实的基本功，他的数学及力学功底尤为突出。他非常重视自身能力建设，例如 20 世纪 70 年代初，他抓紧时间，自学当时国内还未太开展的有限单元法，利用油田勘探开发引进的计算机，边学习，边实践，为济南柴油机厂解决了油田用大型柴油机的多项强度问题，取得了很好的效果，比较早地掌握了这种先进的计算方法和计算机的应用。

作为新中国成立后成长起来的高级学者，崔孝秉教授的治学态度和胸襟堪称我们的典范。他平生无意求虚名，把科研当成一个学者安身立命之本，力求让自己的学术思想得到升华，让自己的学术研究成果能够为石油工业的快速发展做出贡献，惟尽责而高兴。这本文集是他辛勤耕耘五十多年的劳动成果，已在生产实践中一一得到应用，解决了生产中很多困难和难题甚至生产中关键的“瓶颈”问题，取得了很好的经济效益和社会效益。所提出的新概念、新思维、新原理在学术上获得了很高的评价。他的治学理念、治学态度、治学方法和为科学、为工作认真负责的奉献精神，是我们学习的榜样。

需要说明的是，为了尊重历史，本文集中各篇论文物理量的单位仍按当初发表时的规定使用，使用了一些工程单位，保持了文章原貌。这可能会给读者造成一些不便，敬希谅解。

岳伯谦

2009 年 8 月

目 录

Contents

第三部分 架空热力管道的非线性结构分析

第四部分 输油管道受载及试压等特殊问题

第五部分 油田套管损坏机理及其防治方法研究

第一部分　机械零件弹塑性强度分析

◆ 用波波夫方法计算大曲率杆件的塑性弯曲(俄文)

（发表于《机械强度》1960 年第 6 期）

◆ 大曲率杆件平面弯曲的蠕变计算(俄文)

（发表于《机械强度》1962 年第 8 期）

◆ 插入法求强化弹塑性解

（发表于《力学学报》1965 年第 8 卷第 1 期）

◆ 用"有限元素法"计算柴油机主轴承盖应力(校核强度)

（发表于《济南柴油机厂科技情报》1976 年第 1 期）

ПРИМЕНЕНИЕ МЕТОДА ПРОФ. А. А. ПОПОВА К ПЛАСТИЧЕСКОМУ ИЗГИБУ БРУСА БОЛЬШОЙ КРИВИЗНЫ

Инж. Цы Шио-Пин(КНР)

ВВЕДЕНИЕ

Кривой брус большой кривизны имеет широкое применение в инженерном деле. Работы, посвященные расчету нзгиба кривого бруса из идеально-пластического материала, опубликованы во многих журналах. Расчет пластического изгиба кривого бруса с учетом упрочнения по произвольной диаграмме растяжения и сжатия в настоящее время еще мало исследован.

В данной работе приведен графоаналитический метод для расчета плоского кривого бруса, находящегося под действием изгибающих моментов и растягивающих сил за пределом упругости, при заданной диаграмме растяжения и сжатия.

Данная работа основывается на методе интегрирования проф. А. А. Попова и методе последовательных приближений, кроме того принята и гипотеза плоских сечений.

чистый изгиб кривого бруса прямоугольного сечения

Предполагается, что брус деформируется за пределом упругости под действием изгибающего момента M, приложенного в плоскости бруса, проходящей через ось симметрии сечения (фиг. 1) При заданной деформации крайнего волокна определим распределение напряжений и изгибающий момент в поперечном сечении по диаграмме растяжения и сжатия.

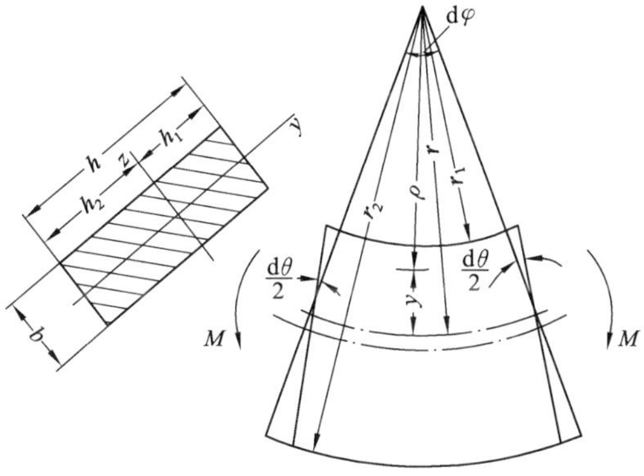

Фиг. 1

Мысленно проведем в брусе до деформации два смежных поперечных сечения, угол между которыми обозначим $d\varphi$.

После деформации эти сечения повернутся, и угол между ними изменится на величину $d\theta$. При этом волокна внутренней части растянутся, а волокна внешней части сожмутся. Для расчета принимаем следующие обозначения:

ρ—переменный радиус;

ε—нормальная деформация в сечении бруса;

ε_1—нормальная деформация внутреннего крайнего волокна бруса;

σ—нормальное напряжение в сечении бруса;

y—расстояние произвольного волокна от нейтральной оси;

r—радиус нейтральной оси;

r_1, r_2—радиусы внутреннето и внешнего волокна бруса;

h, b—высота и ширина сечения бруса;

h_1, h_2—высоты растянутой и сжатой части сечения бруса.

По гипотезе плоских сечений имеем

$$\varepsilon=\frac{y d\theta}{\rho d\varphi}=k\frac{y}{\rho} \tag{1}$$

Учитывая, что

$$\rho=r-y \tag{2}$$

преобразуем уравнение (1) следующим образом:

$$\varepsilon=k\frac{y}{r}\cdot\frac{1}{1-\left(\frac{y}{r}\right)} \tag{3}$$

Чтобы применить метод последовательных приближений, остановимся на характере знаменателя уравнения(3)

$$X=1-\left(\frac{y}{r}\right) \tag{4}$$

Если дадим незначительное приращение $\Delta\left(\frac{y}{r}\right)$, то имеем

$$\Delta X=\Delta\left(\frac{y}{r}\right)$$

$$\frac{\Delta X}{X}=\frac{\Delta\left(\frac{y}{r}\right)}{1-\left(\frac{y}{r}\right)} \tag{5}$$

Отсюда получим

$$\left|\frac{\Delta X}{X}\right|<\left|\frac{\Delta\left(\frac{y}{r}\right)}{\left(\frac{y}{r}\right)}\right| \qquad \text{при}\left(\frac{y}{r}\right)<\frac{1}{2} \tag{6}$$

Неравенство (6) показывает, что при условии $\left(\frac{y}{r}\right)<\frac{1}{2}$ погрешность величины X всегда меньше погрешности величины $\left(\frac{y}{r}\right)$. Это дает возможность решить уравнение (3) способом последовательных приближений, т. е., если заменим величину $\left(\frac{y}{r}\right)$ в знаменателе величиной нулевого приближения $\left(\frac{y}{r}\right)_{(0)}$ и с учетом уравнения равновесия по данной диаграмме, решим уравнение

$$\varepsilon=k\left(\frac{y}{r}\right)\frac{1}{1-\left(\frac{y}{r}\right)_{(0)}} \tag{7}$$

то получим величину первого приближения $\left(\frac{y}{r}\right)_{(1)}$, которая будет более точной, чем $\left(\frac{y}{r}\right)_{(0)}$. Затем заменим $\left(\frac{y}{r}\right)_{(0)}$ полученной величиной $\left(\frac{y}{r}\right)_{(1)}$ и будем иметь еще более точную величину $\left(\frac{y}{r}\right)_{(2)}$. Повторением такого процесса можем найти достаточно точное решение поставленной задачи, и если нулевое приближение $\left(\frac{y}{r}\right)_{(0)}$ хорошо подобрано, то дальнейшее приближение можно не проводить.

Проведем нулевое приближение. По выражениям (1) и (3) имеем

$$\left(\frac{y}{r}\right)=\frac{\varepsilon}{k+\varepsilon} \tag{8}$$

$$k=\frac{\varepsilon_1 r_1}{h_1} \tag{9}$$

Отсюда видно, что при данной деформации ε_1 величина $\left(\frac{y}{r}\right)$ зависит от неизвестной величины h_1. Замечая, что при пластическом изгибе нейтральная ось вообще находится между нейтральной осью упругого изгиба и центральной осью, проходящей через центр тяжести сечения, принимаем нулевое приближение следующим образом:

$$\left(\frac{y}{r}\right)_{(0)}=\frac{\varepsilon}{k_{(0)}+\varepsilon} \tag{10}$$

$$k_{(0)}=\frac{\varepsilon_1 r_1}{h_{1(0)}};\quad h_{1(0)}=H_1+\chi\left(\frac{1}{2}h-H_1\right) \tag{11}$$

Здесь H_1—высота растянутой области упругой части бруса при упругом изгибе, она зависит только от кривизны и вида сечения и легко определяется методом ортогональных фокусов по теории приведенного сечения проф. А. А. Попова [2];

χ—положительный параметр, который увеличивается с увеличением пластической деформации и всегда меньше единицы.

Подставляя выражение (10) в уравнение (7), получим

$$\varepsilon=k\left(\frac{y}{r}\right)\left(1+\frac{\varepsilon}{k_{(0)}}\right) \tag{12}$$

Чтобы по нулевому приближению найти первое приближение нашей задачи, введем переменную величину ξ и условно назовем ее приведенной деформацией

$$\xi=k\left(\frac{y}{r}\right)=\frac{\varepsilon}{1+\dfrac{\varepsilon}{k_{(0)}}} \tag{13}$$

При данной диаграмме растяжения и сжатия

$$\sigma=f(\varepsilon) \tag{14}$$

По отношению (13) можно построить новую диаграмму

$$\sigma=\psi(\xi) \tag{15}$$

условно назовем ее приведенной диаграммой. Таким образом, установлены новое геометрическое условие (13) и новое физическое условие (15), они более удобны для решения задачи.

Теперь рассмотрим статическое условие, оно дает следующие уравнения равновесия:

$$b\int_{-h_2}^{h_1}\sigma \mathrm{d}y=0 \tag{16}$$

$$b\int_{-h_2}^{h_1}y\sigma \mathrm{d}y=M \tag{17}$$

Заменив в этих уравнениях переменную y приведенной деформацией ξ, получим

$$\int_{-\xi_2}^{\xi_1}\sigma \mathrm{d}\xi=0 \tag{18}$$

$$b\left(\frac{r}{k}\right)^2\int_{-\xi_2}^{\xi_1}\xi\sigma \mathrm{d}\xi=M \tag{19}$$

Здесь ξ_1 и ξ_2—абсолютные величины приведенных деформаций в крайних волокнах бруса (ξ_1—известная, а ξ_2—искомая).

Из уравнений (13), (18), (19) и приведенной диаграммы (15) методом ортогональных фокусов легко получить первое приближение задачи, как это сделано проф. А. А. Поповым в статье [3]. Для этого сначала в приведенной диаграмме построим интегральную кривую

$$\Pi(\xi)=\int_0^{\xi}\psi(\xi)\,\mathrm{d}\xi \tag{20}$$

и с помощью этой кривой по известной величине ξ_1 из уравнения (18) определим величину ξ_2. Затем в пределах $O\xi_1$ и $O\xi_2$ для кривой $\psi(\xi)$ проведем две спрямляющие прямые m_1n_1 и m_2n_2 и измерим их фокальные напряжения $\sigma_1^{\cdot}$ и $\sigma_2^{\cdot}$ (фиг. 2). Заметив, что

$$\frac{r}{k}=\frac{y}{\xi}=\frac{h_1}{\xi_1}=\frac{h_2}{\xi_2}=\frac{h}{\xi_1+\xi_2} \tag{21}$$

из условий (13), (15) и (19) получим первое приближение нашей задачи:

$$h_{1(1)}=\frac{\xi_{1(1)}}{\xi_{1(1)}+\xi_{2(1)}} \tag{22}$$

$$\sigma_{(1)}(y)=\psi\left(\frac{\xi_{1(1)}+\xi_{2(1)}}{h}y\right) \tag{23}$$

$$M_{(1)}=\frac{b}{2}\left(\frac{h}{\xi_{1(1)}+\xi_{2(1)}}\right)^2(\xi_{1(1)}^2\sigma_1^{\cdot}+\xi_{2(1)}^2\sigma_2^{\cdot}) \tag{24}$$

Подобным образом можно проводить дальнейшие приближения. Если n-е приближение совпадает или очень мало отличается от $(n-1)$-ого приближения, то дальнейшее приближение не надо проводить, т. е. n-е приближение является достаточно точным решением задачи. Практически при хорошо подобранной величине $h_{1(0)}$ расхождение между первым приближением и вторым приближением незначительно (см. примеры).

Если данная деформация ε_1 соответствует какому-то недопустимому пределу, то найденная величина M является предельным изгибающим моментом. Если в системе координат σ, ξ отложить гиперболическую кривую $\sigma^{(e)}(\xi)$ для распределения напряжения из упругого решения по найденному изгибающему моменту, то ординаты между кривыми $\sigma^{(e)}(\xi)$ и $\psi(\xi)$ будут представлять собой остаточные напряжения после разгрузки (фиг. 2).

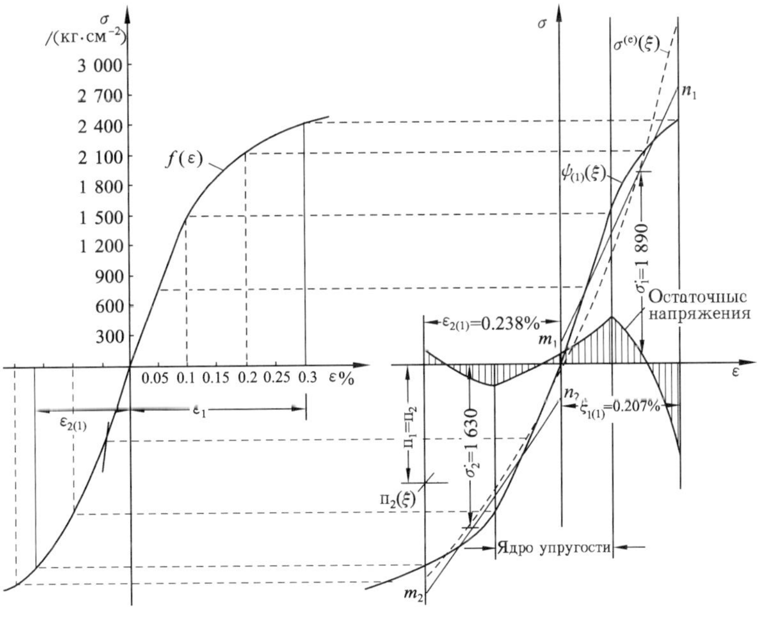

Фиг. 2

ПРИМЕРЫ

Пример 1. Для выяснения степени точности данного метода последовательных приближений рассмотрим пример упругого изгиба кривого бруса.

Задано: $r_1=10$ см; $h=20$ см; $b=10$ см; $\xi_1=0.1\%$ и диаграмма $\sigma=E\varepsilon$ (фиг. 3), нужно определить величину h_1.

В качестве нулевого приближения принимаем

$$h_{1(0)}=\frac{1}{2}h=10\text{ см};\quad k_{(0)}=\frac{\varepsilon_1 r_1}{h_{1(0)}}=0.1\%$$

Затем, по отношениям

$$\xi=\frac{\varepsilon}{1+\dfrac{\varepsilon}{0.1\%}}\quad \text{и}\quad \sigma=E\varepsilon$$

рассчитав несколько точек, построим первую приведенную диаграмму и ее интегральную кривую(фиг. 3)

$$\sigma=\psi_{(1)}(\xi),\quad \Pi_{(1)}(\xi)=\int_0^{\xi}\psi_{(1)}(\xi)\,\mathrm{d}\xi$$

и получим

$$\xi_{1(1)}=0.050\%,\quad \xi_{2(1)}=0.074\,5\%,\quad h_{1(1)}=8.04\text{ см.}$$

Известно, что вычисленная по общему методу величина h_1 равна $H_1=8.2$ см[2], поэтому найденное первое приближение нмеет ошибку

$$\frac{H_1-h_{1(1)}}{H_{(1)}}=1.9\%$$

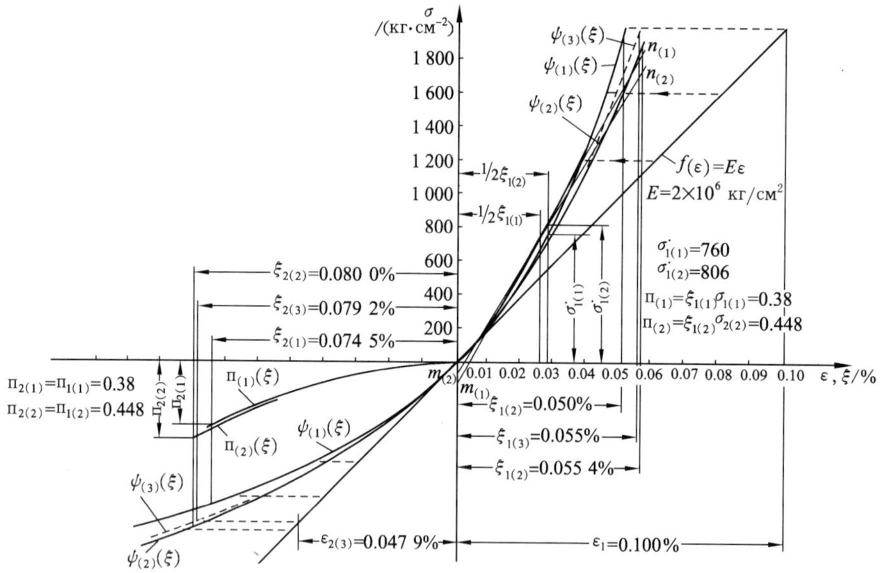

Фиг. 3

Принимаем второе приближение. По отношению

$$\xi=\frac{\varepsilon}{1+\dfrac{\varepsilon}{k_{(1)}}}$$

построим приведенную диаграмму $\psi_{(2)}(\xi)$ (фиг. 3) и найдем

$$\xi_{1(2)}=0.055\,4\%,\quad \xi_{2(2)}=0.080\,0\%,\quad h_{1(2)}=8.18\text{ см,}$$

$$\frac{H_1-h_{1(2)}}{H_1}=0.25\%$$

Аналогично получим по $\psi_{(3)}(\xi)$

$$\xi_{1(3)}=0.0550\%,\quad \xi_{2(3)}=0.0792\%,\quad h_{1(3)}=8.20\text{ см}=H_1.$$

Так как величина $h_{1(3)}$ совпадает с величиной H_1 точного решения и расхождение между вторым и третьим приближениями мало

$$\frac{h_{1(3)}-h_{1(2)}}{h_{1(3)}}=0.25\%$$

то дальнейшие приближения не нужно проводить.

На этом примере убеждаемся в том, что данный метод последовательных приближений сходится быстро и дает точное решение.

Пример 2. В качестве второго примера рассмотрим случай, когда имеется малая пластическая деформация. Задано: $h=20$ см; $r_1=20$ см; $b=10$ см; $\varepsilon_1=0.3\%$; $\sigma=f(\varepsilon)$ (фиг. 2); требуется определить нзгибающий момент и распределение напряжения по сечению.

В этом случае $H_1=8.86$ см; учитывая, что пластическая деформация небольшая, принимаем нулевое приближение

$$h_{1(0)}=9\text{ см},\quad k_0=\frac{r_1\varepsilon_1}{h_{1(0)}}=\frac{1}{150}$$

Построим приведенную диаграмму $\psi_{(1)}(\xi)$ (фиг. 2) и найдем первое приближение:

$$\xi_{1(1)}=0.207\%,\quad \xi_{2(1)}=0.238\%,\quad h_{1(1)}=9.3\text{ см}$$

Кривая $\psi_{(2)}(\xi)$ почти совпадает с кривой $\psi_{(1)}(\xi)$, т. е. второе приближение почти совпадает с первым. Для определения изгибающего момента. проведя спрямляющие m_1n_1, m_2n_2, получим

$$\sigma_1^{\cdot}=1\,890\text{ кг/см}^2,\quad \sigma_2^{\cdot}=1\,630\text{ кг/см}^2$$

соответственно

$$M=\frac{b}{2}\left(\frac{h}{\xi_{1(1)}+\xi_{2(1)}}\right)^2(\xi_{1(1)}^2\sigma_1^{\cdot}+\xi_{2(1)}^2\sigma_2^{\cdot})=1.76\times10^6\text{ кг}\cdot\text{см}$$

Распределение напряжения по сечению определится кривой $\psi_1(\xi)$, т. е.

$$\sigma(y)=\psi_{(1)}\left(\frac{\xi_{1(1)}+\xi_{2(1)}}{h}y\right)=\psi_{(1)}(2.25\times10^{-4}y)$$

На фиг. 2 показаны также остаточные напряжения и ядро упругости. По проверке равнодействующий момент и сила остаточных напряжений равны нулю, так как спрямляющая прямая совпадает с нулевой линией.

Пример 3. В качестве третьего нримера рассмотрим случай, когда имеется большая пластическая деформация. Задано: $r_1=10$ см; $h=20$ см; $b=10$ см; $\varepsilon_1=10\%$; $\sigma=f(\varepsilon)$ (фиг. 4).

Требуется определить изгибающий момент и распределение напряжений.

Замечая, что $H_1=8.2$ см, принимаем $h_{1(0)}=9$ см. По приведенной диаграмме $\psi_{(1)}(\xi)$ (фиг. 4) получим

$$\xi_{1(1)}=5.27\%;\quad \xi_{2(1)}=5.85\%;\quad h_{1(1)}=9.5\text{ см}.$$

Затем по диаграмме $\psi_{(2)}(\xi)$ получим

$$\xi_{1(2)}=5.14\%;\quad \xi_{2(2)}=5.6\%;\quad h_{1(2)}=9.6\text{ см}.$$

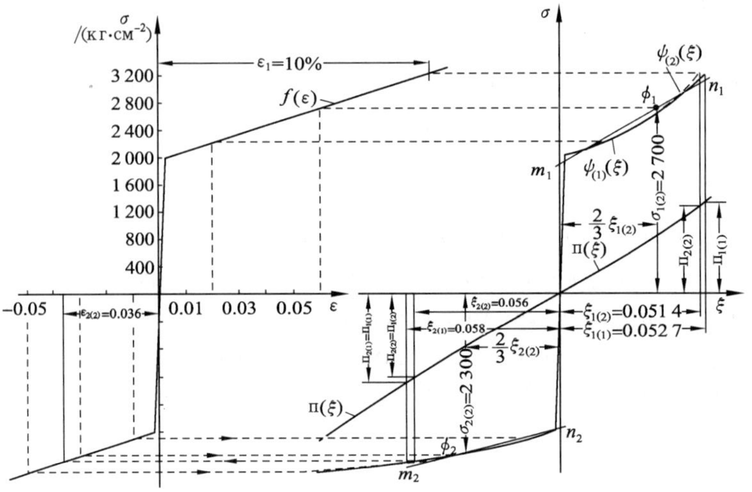

Фиг. 4

Так как расхождение между первым и вторым приближением

$$\frac{h_{1(2)}-h_{1(1)}}{h_{1(2)}}=1\%$$

мало, то третьего приближения не будем проводить. По второму приближению изгибающий момент(Фиг. 4)

$$M=2.50\times10^{6}\ \text{кг·см}$$

$$\sigma(y)=\psi_{(2)}(\xi)$$

ИЗГИБ И ОСЕВОЕ РАСТЯЖЕНИЕ КРИВОГО БРУСА ПРЯМОУГОЛЬНОГО СЕЧЕНИЯ

Рассмотрим случай, в котором, кроме изгибающего момента, на брус действует еще нормальная сила N, приложенная в центре тяжести сечения бруса (фиг. 5).

В этом случае уравнения равновесия принимают вид

$$b\int_{-h_2}^{h_1}\sigma\mathrm{d}y=N \tag{25}$$

$$b\int_{-h_2}^{h_1}\sigma y\mathrm{d}y=M+N(r-r_c) \tag{26}$$

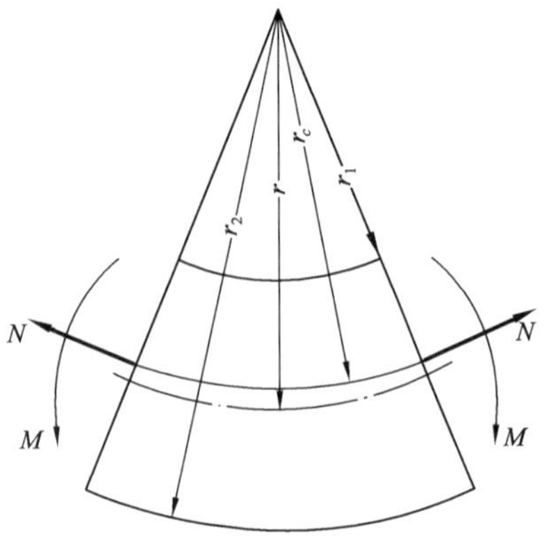

Фиг. 5

Подставив сюда приведенную деформацию по выражению (13), имеем

$$\int_{-\xi_2}^{\xi_1}\sigma\mathrm{d}\xi=(\xi_1+\xi_2)\sigma_N \tag{27}$$

$$b\left(\frac{h}{\xi_1+\xi_2}\right)^2\int_{-\xi_2}^{\xi_1}\sigma\xi\mathrm{d}\xi=M+\frac{1}{2}\left(\frac{\xi_1-\xi_2}{\xi_1+\xi_2}\right)hN \tag{28}$$

где

$$\sigma_N = \frac{N}{bh} \tag{29}$$

Приведенная диаграмма $\psi(\xi)$ и ее интегральная кривая $\Pi(\xi)$ построены на фиг. 6. Чтобы по уравнению (27) определитъ величину ξ_2, нужно еще построитъ прямую

$$\overline{\Pi}(\xi) = (\xi_1 - \xi)\sigma_N - \Pi_1 \tag{30}$$

где $\Pi_1 = \int_0^{\xi_1} \sigma \mathrm{d}\xi$ — площадь растянутой области. Абсцисса точки C, которая является точкой пересечения прямой $\overline{\Pi}(\xi)$ с кривой $\Pi(\xi)$, определит искомую величину ξ_2 (фиг. 6). Затем, определив фокальные напряжения $\dot{\sigma_1}$ и $\dot{\sigma_2}$, из уравнения (28) найдем изгибающий момент

$$M = \frac{b}{2}\left(\frac{h}{\xi_1 + \xi_2}\right)^2 (\xi_1^2 \dot{\sigma_1} + \xi_2^2 \dot{\sigma_2}) - \frac{1}{2}\left(\frac{\xi_1 - \xi_2}{\xi_1 + \xi_2}\right) hN \tag{31}$$

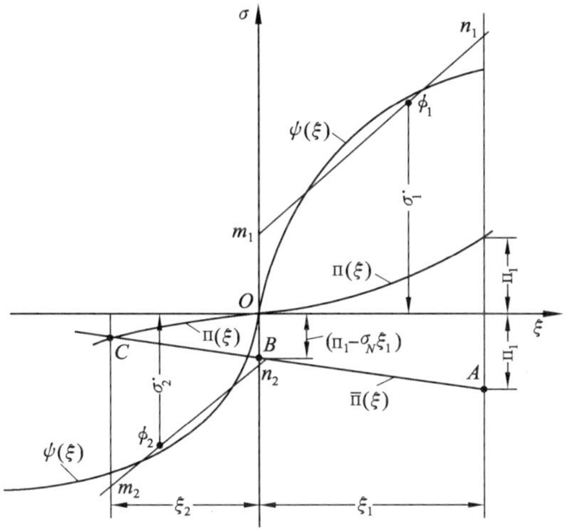

Фиг. 6

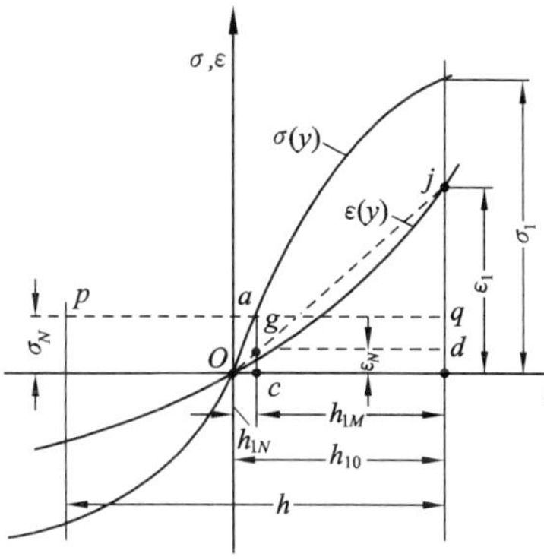

Фиг. 7

Теперь остановимся на нулевом приближении.

Вследствие наличия нормальной силы N величина h_1 будет больше, чем в случае чистого изгиба, поэтому нельзя применитъ выражение (11). Для оценки величины h_1, предположим, что на фиг. 7 кривые $\sigma(y)$ и $\varepsilon(y)$ обозначают точные распределения напряжений и деформаций по сечению бруса. Отложим горизонтальную прямую pq, ордината которой нмеет величину $\sigma_N = \frac{N}{bh}$, и заменим гиперболу oj прямой $\overline{oj}$. Через точку пересечения a проведем вертикальную прямую $\overline{ac}$, которая делит отрезок h_{10} на два отрезка: $h_{1N} = \overline{oc}$, $h_{1M} = \overline{cd}$. Ясно, что отрезок h_{1N} появится только при условии наличия нормальной силы N и величина его пропорциональна величине N. Величине h_{1N} соответствует деформация $\varepsilon_N \approx \overline{cg}$. Из геометрических соотношений имеем

$$h_{1N} = \frac{\varepsilon_N}{\varepsilon_1 - \varepsilon_N} \cdot h_{1M}; \tag{32}$$

$$h_1 = h_{1M} + h_{1N} = h_{1M}\left(1 + \frac{\varepsilon_N}{\varepsilon_1 - \varepsilon_N}\right) \tag{33}$$

Для нахождения зависимости между величинами N и ε_N в диаграмме $\sigma = f(\varepsilon)$ (фиг. 8) соединим точки O и p прямой. Предположим, что ε_N прямо пропорциональна N, тогда получим

$$\varepsilon_N = \frac{N\varepsilon_1}{bh\sigma_1} \tag{34}$$

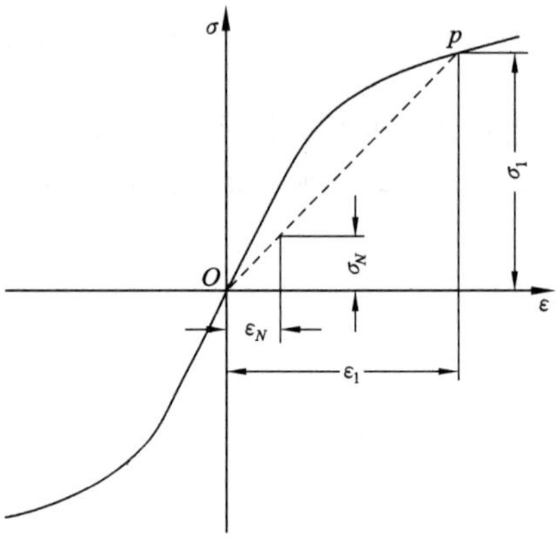

Фиг. 8

Подставляя выражение (34) в выражение (33), получим

$$h_1 = h_{1M}\left[1 + \frac{1}{\left(\frac{bh\sigma_1}{N} - 1\right)}\right] \tag{35}$$

Таким образом для построения приведенной диаграммы в качестве нулевого приближения можно принимать

$$h_{1(0)} = \left[H_1 + \chi\left(\frac{1}{2}h - H_1\right)\right]\left[1 + \frac{1}{\left(\frac{bh\sigma_1}{N} - 1\right)}\right] \tag{36}$$

Здесь H_1 и χ имеют те же значения, что и в выражении (11). Дальнейшие приближения проводим одинаково со случаем чистого изгиба, поэтому не будем повторять.

СЛУЧАЙ СЕЧЕНИЯ ПЕРЕМЕННОЙ ШИРИНЫ

Предполагается, что сечение бруса имеет переменную ширину $b = b(y)$ и симметрично относительно оси y (фиг. 9). В этом случае уравнения равновесия примут следующий вид:

$$\frac{h}{\xi_1 + \xi_2}\int_{-\xi_2}^{\xi_1} \sigma(\xi) b(\xi)\,\mathrm{d}\xi = N \tag{37}$$

$$\left(\frac{h}{\xi_1 + \xi_2}\right)^2 \int_{-\xi_2}^{\xi_1} \xi\sigma(\xi) b(\xi)\,\mathrm{d}\xi = M + (r - r_c)N \tag{38}$$

где r_c — расстояние от центра кривизны бруса до центра тяжести сечения.

По фокальному методу проф. Попова [1] интеграл уравнения (37)

$$\frac{h}{\xi_1+\xi_2}\int_{-\xi_2}^{\xi_1}\sigma(\xi)b(\xi)\mathrm{d}\xi=\sigma_\varphi^{\cdot}F \tag{39}$$

где　F—площадь сечения бруса;

$\sigma_\varphi^{\cdot}$—фокальное напряжение для этого интеграла, которое находится над положением центра тяжести площади

$$\int_{-\xi_2}^{\xi_1}b(\xi)\mathrm{d}\xi$$

Из уравнений (37) и (39) имеем

$$\sigma_\varphi^{\cdot}=\frac{N}{F}=\sigma_N \tag{40}$$

Отсюда видно, что искомая величина ξ_2 должна быть такая, чтобы интеграл произведения $\sigma(\xi)b(\xi)$ между пределами ξ_1 и ξ_2 имел фокальное напряжение, равное среднему напряжению по сечению σ_N. Поэтому определение величины ξ_2 легко выполнить, если использовать шкалу, построение которой подробно изложено проф. Поповым в его работе [1]. Если величина ξ_2 найдена, то интеграл в уравнении (38) определяется по фокальному методу следующим образом:

$$\left(\frac{h}{\xi_1+\xi_2}\right)^2\int_{-\xi_1}^{\xi_1}\xi\sigma(\xi)b(\xi)\mathrm{d}\xi=\left(\frac{h}{\xi_1+\xi_2}\right)^2\left[\int_0^{\xi_1+\xi_2}\xi'\sigma(\xi)b(\xi)\mathrm{d}\xi'-\xi_2\int_0^{\xi_1+\xi_2}\sigma(\xi)b(\xi)\mathrm{d}\xi'\right]$$

$$=\frac{h^2}{2}b^{\cdot}\sigma_\Phi^{\cdot}-(r_2-r)N \tag{41}$$

где　$\xi'=\xi_1+\xi_2$—новая переменная, начало отсчета которой находится в точке $\xi=-\xi_2$;

$b^{\cdot}$—фокальная ширина для интеграла $\int_0^{\xi_1+\xi_2}\xi b(\xi)\mathrm{d}\xi'$;

$\sigma_\Phi^{\cdot}$—фокальное напряжение для интеграла

$$\int_0^{\xi_1+\xi_2}\sigma(\xi)[\xi b(\xi)]\mathrm{d}\xi$$

Все эти величины показаны на фиг. 9. Подставив выражение (41) в уравнение (38), получим изгибающий момент

$$M=\frac{h^2b^{\cdot}}{2}\sigma_\Phi^{\cdot}-(r_2-r_c)N \tag{42}$$

Подробное изложение о методе определения величин $b^{\cdot}$ и $\sigma_\Phi^{\cdot}$ можно найти в работе [3].

В качестве нулевого приближения можно принимать величину h_1 следующим образом:

$$h_{1(0)}=[H_1+\chi(H_1'-H_1)]\left[1+\frac{1}{\left(\frac{F\sigma_1}{N}-1\right)}\right] \tag{43}$$

Здесь H_1'—ширина растянутой области при идеальнопластическом предельном изгибе.

Величину H_1' можно легко найти по фокальному методу из следующего выражения:

$$\int_{r_1}^{r_1+H_1'} b(\rho)\,\mathrm{d}\rho = \frac{F}{2} \tag{44}$$

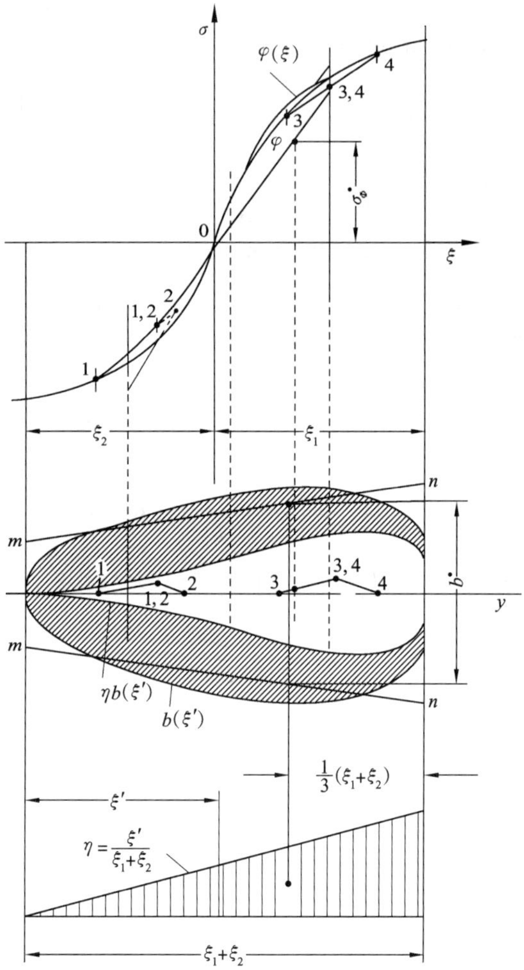

Фиг. 9

РАСЧЕТ КРЮКА

На фиг. 10, *а* и *б* показан вид крюка и его сечение по *аа*. Пусть дана деформация ε_1 и диаграмма $\sigma = f(\varepsilon)$ (фиг. 10, *г*), требуется определить силу и распределение напряжения по сечению *аа*, а также найти остаточные напряжения после разгрузки.

Прикладывая в центре тяжести данного сечения две равные и противоположные силы, мы получим нормальную силу $N = P$ и изгибающий момент $M = Pr_c$, где r_c — расстояние от центра крюка до центра тяжести сечения. По формулам (40) и (42) имеем

$$P = F\sigma_\varphi^{\cdot} \tag{45}$$

$$Pr_c = \frac{h^2 b^{\cdot}}{2}\sigma_{\Phi}^{\cdot} - (r_2 - r_c)P \tag{46}$$

Откуда

$$\sigma_{\varphi}^{\cdot} = K\sigma_{\Phi}^{\cdot} \tag{47}$$

где $K = \frac{h^2 b^{\cdot}}{2r_2 F}$ —постоянная, зависящая только от размера данного сечения.

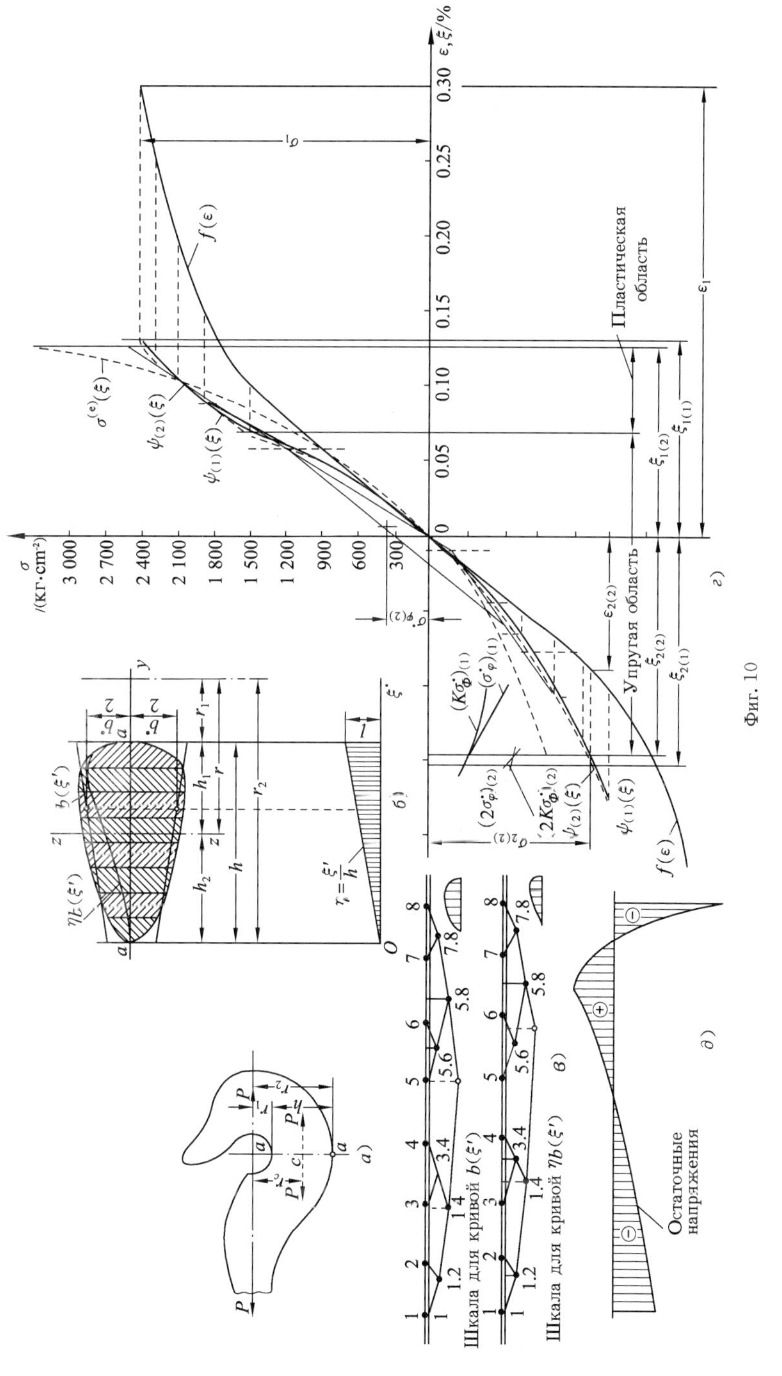

Фиг. 10

В данном случае величины $\sigma_\varphi^{\cdot}$ и $\sigma_\Phi^{\cdot}$ представляют собой функции от искомой величины ξ_2, поэтому уравнением для определения ξ_2 является уравнение (47). Решение уравнения (47) дает только графический метод, т. е. нужно построить кривые $\sigma_\varphi^{\cdot}$, $K\sigma_\Phi^{\cdot}$ и определить их точку пересечения, которая дает искомую величину ξ_2. Для этого большое удобство дает использование шкал для кривых $b(\xi')$ и $\eta b(\xi')$. После получения ξ_2 силу P найдем из формулы (45).

Для построения первой приведенной диаграммы $\psi_{(1)}(\xi)$ можно принимать величину по выражению (43) при замене в нем неизвестной величины $\frac{F\sigma_1}{N}$ величиной $\alpha\left(\frac{F\sigma_1}{P}\right)_e$, где $\left(\frac{F\sigma_1}{P}\right)_e$ —результат из упругого решения; α—поправочный коэффициент, который уменьшается с увеличением пластической деформации и имеет следующие пределы:

$$1>\alpha>\frac{1}{\left(\frac{F\sigma_1}{P}\right)_e} \tag{48}$$

Вообще рекомендуется принимать $\alpha=\frac{3}{4}, \frac{2}{3}, \frac{1}{2}$.

В качестве конкретного расчета примем следующие числовые данные, которые имеются в книге [2]: $r_1=3.6$ см; $h=11$ см; $\varepsilon_1=0.3\%$.

Сечение имеет вид, показанный на фиг. 10, *б*. Разделив сечение на восемь равных частей, графически построим шкалы для кривых $b(\xi')$ и $\eta b(\xi')$ (фиг. 10, *в*) и найдем

$$F=48.4\ \text{см}^2;\ b^{\cdot}=4.88\ \text{см};\ H_1'=4.72\ \text{см}$$

отсюда имеем $K=0.421$.

Из упругого решения [2] знаем $H_1=3.9$ см, $\left(\frac{F\sigma_1}{P}\right)_e=10$. Учитывая небольшую пластическую деформацию, возьмем $\chi=0.3$ и $\alpha=\frac{3}{4}$ для вычисления величины h_{10}. Тогда имеем

$$h_{10}=[3.9+0.3\times(4.72-3.9)]\left[1+\frac{1}{\left(\frac{3}{4}\times 10-1\right)}\right]=4.78\ (\text{см})$$

$$k_0=\frac{0.3\%\times 3.6}{4.78}=0.226\%=0.23\%$$

По $\xi=\frac{\varepsilon}{1+\frac{\varepsilon}{0.23\%}}$ первая приведенная диаграмма $\psi_{(1)}(\varepsilon)$ построена на фиг. 10, *г*.

На самой фигуре с помощью найденных шкал построены и кривые $(\sigma_\varphi^{\cdot})_{(1)}$ и $(K\sigma_\Phi^{\cdot})_{(1)}$. По кривой $\psi_{(1)}(\varepsilon)$ и точке пересечения кривых $(\sigma_\varphi^{\cdot})_{(1)}$ и $(K\sigma_\Phi^{\cdot})_{(1)}$ получим первое приближение

$$\xi_{1(1)}=0.13\%,\quad \xi_{2(1)}=0.155\%$$

Следовательно，

$$h_{1(1)}=5.01\ \text{см};\quad k_{(1)}=0.216\%$$

Для поиска второго приближения примем $\xi=\dfrac{\varepsilon}{1+\dfrac{\varepsilon}{0.22\%}}$.

Построена вторая приведенная диаграмма $\psi_{(2)}(\xi)$，которая находится очень близко к $\psi_{(1)}(\varepsilon)$. По $\psi_2(\xi)$ найдем

$$\xi_{1(2)}=0.127\%;\qquad \xi_{2(2)}=0.148\%;$$

$$h_{1(2)}=5.08\ \text{см}\quad \text{и}\quad \frac{h_{1(2)}-h_{1(1)}}{h_{1(2)}}=1.4\%$$

Ввиду малого расхождения величин $h_{1(2)}$ и $h_{1(1)}$ второе приближение достаточно точно и дальнейшего приближения не надо проводить. Таким образом，из кривой $\psi_{(2)}(\xi)$ и крайних величин $\xi_{1(2)}$，$\xi_{2(2)}$ получим

$$\dot{\sigma_{\varphi(2)}}=357\ \text{кг/см}^2;\qquad P=F\dot{\sigma_{\varphi(2)}}=17.3\ \text{кг};$$

$$\sigma_1=2\,400\ \text{кг/см}^2,\qquad \sigma_2=1\,365\ \text{кг/см}^2$$

Распределение напряжений выражается кривой $\psi_{(2)}(\xi)$ с увеличенным масштабом для сечения，т. е.

$$\sigma=\psi_{(2)}(\xi)=\psi_{(2)}(2.5\times10^{-4}y)$$

На фиг. 10，*а* показана упругая и пластическая область в сечении，они имеют следующие величины：

$$h^{e}=8.6\ \text{см};\qquad h^{п}=2{,}4\ \text{см}$$

Распределение напряжения при разгрузке найдем по упругому решению [2]，оно показано. на фиг. 10，*г*. штриховой кривой $\sigma^{(e)}\xi$. Ординаты между кривыми $\sigma^{(e)}(\xi)$ и $\varphi_{(2)}(\xi)$ представляют собой остаточные напряжения после разгрузки. По проверке их равнодействующая сила и момент равны нулю，фокусы для расчета находятся на нулевой линии(фиг. 10，∂).

ЛИТЕРАТУРА

[1] Попов А. А.. Метод ортогональных фокусов в строительной механике. Госстройиздат，1953

[2] Попов А. А.. Курс сопротивления материалов. Машгиз，1958

[3] Попов А. А.. Применение ортогональных фокусов к пластическому изгибу，Расчеты на прочность，вып. 3. Машгиз，1958

ПОЛЗУЧЕСТЬ БРУСА БОЛЬШОЙ КРИВИЗНЫ ПРИ ПЛОСКОМ ИЗГИБЕ

Канд. Техн. Наук Цы Шио-Пин

ВВЕДЕНИЕ

Задача ползучести кривого бруса небольшой кривизны при чистом изгибе была решена Л. М. Качановым [1]. В настоящей статье приведено решение для ползучести кривого бруса большой кривизны при изгибе с растяжением. Решение основывается на гипотезе плоских сечений. При решении использованы метод последовательных приближений и метод ортогональных фокусов проф. А. А. Попова. Для установившейся ползучести принята степенная зависимость между пластическими деформациями и напряжениями, а для неустановившейся ползучести принята гипотеза старения Ю. Н. Работнова [5].

УСТАНОВИВШАЯСЯ ПОЛЗУЧЕСТЬ КРИВОГО БРУСА ПРИ ЧИСТОМ НЗГИБЕ

Пусть при чистом изгибе ползучесть кривого бруса любого сечения с одной осью симметрии является установившейся. Согласно фиг. 1 принимаем следующие обозначения:

r_1, r_2 — радиусы кривизны крайних волокон бруса;

r — радиус кривизны нейтральной оси;

r_c — расстояние от центра кривизны до центра тяжести сечения;

σ — нормальное напряжение поперечного сечения бруса;

ε_P — нормальная пластическая деформация ползучести;

y — расстояние от нейтральной оси до текущего волокна.

По гипотезе плоских сечений имеем [6]

$$\varepsilon_P = \left(\frac{k}{r}\right)\frac{y}{1-\dfrac{y}{r}} \tag{1}$$

Здесь величины и получаются за счет только пластической деформации ползучести. Берем степенную зависимость между нормальными напряжениями и пластическими деформациями

$$\varepsilon_P = \Omega \sigma^n \tag{2}$$

где величина n зависит от материала бруса и температуры, а величина Ω — от времени и температуры.

Подставив зависимость (2) в выражение (1), найдем

$$\sigma=\left(\frac{k}{r\Omega}\right)\operatorname{sgn}y\left[\frac{y}{1-\frac{y}{r}}\right]^{\frac{1}{n}} \quad (3)$$

Из уравнения равновесия с учетом выражения (3), имеем

$$\int_F \operatorname{sgn}y\left[\frac{y}{1-\frac{y}{r}}\right]^{\frac{1}{n}}dF=0 \quad (4)$$

$$\left(\frac{k}{r\Omega}\right)^{\frac{1}{n}}\int_F y\operatorname{sgn}y\left[\frac{y}{1-\frac{y}{r}}\right]^{\frac{1}{n}}dF=M \quad (5)$$

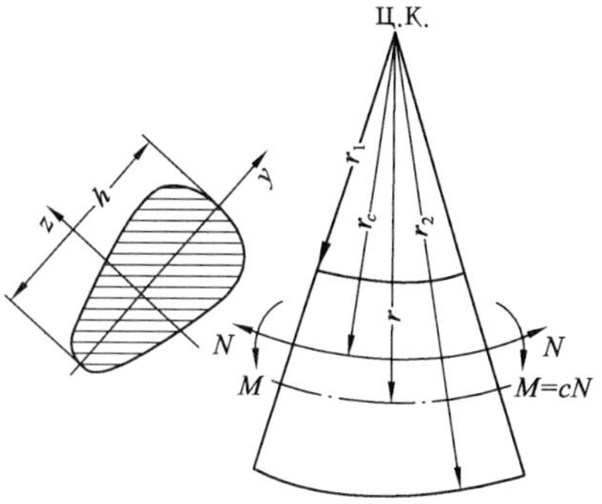

Фиг. 1

Из уравнения (4) видно, что величина r зависит только от величины n и конфигурации сечения, а не зависит от времени. Если величина r определена из уравнения (4), то из уравнения (5) можно получить

$$\left(\frac{k}{r}\right)=\left(\frac{M}{J}\right)^{n}\Omega \quad (6)$$

где

$$J=\int_F y\operatorname{sgn}y\left[\frac{y}{1-\frac{y}{r}}\right]^{\frac{1}{n}}dF \quad (7)$$

Затем по выражениям (2) и (3) найдем

$$\varepsilon_P=\Omega\left(\frac{M}{J}\right)^{n}\left[\frac{y}{1-\frac{y}{r}}\right] \quad (8)$$

$$\sigma=\operatorname{sgn}y\left(\frac{M}{J}\right)\left[\frac{y}{1-\frac{y}{r}}\right]^{\frac{1}{n}} \quad (9)$$

Из изложенного в работе [6] убеждаемся в том, что при любой величине n и любой конфигурации сечения, симметричного относительно оси y, величину r можно определить из уравнения (4) методом последовательных приближений с помощью метода интегрирования проф. А. А. Попова (3). Для этого сначала в подинтегральной функции зададим величине r нулевое приближение r_0, которое рекомендуется выражать следующим образом:

$$r_{(0)}=r_y+\chi(r_P-r_y) \quad (10)$$

где r_y—радиус нейтральной оси при упругом решении;

r_P—радиус нейтральной оси при идеально-пластическом решении;

χ—положительный параметр, который всегда меньше единицы и должен увеличиваться с увеличением величины n.

Построив кривую, $\psi(y)$ первого приближения

$$\psi_{(1)}(y)=\operatorname{sgn} y\left(\frac{y}{1-\frac{y}{r}}\right)^{\frac{1}{n}} \tag{11}$$

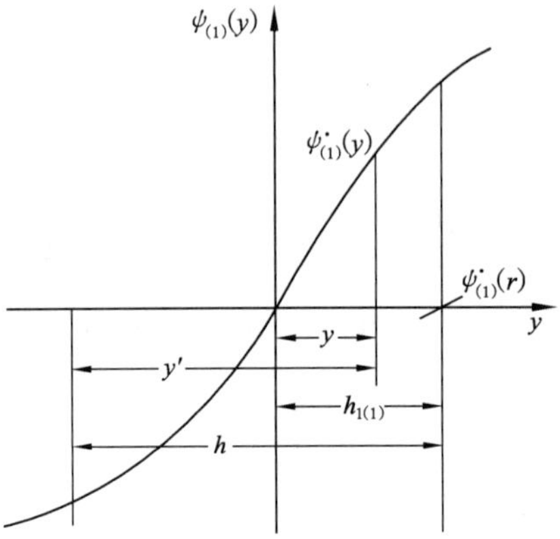

Фиг. 2

по методу ортогональных фокусов из уравнения (4) получим

$$\int_0^h \psi_{(1)}(y)b(y')\mathrm{d}y'=\dot\psi_{(1)}(r)F=0 \tag{12}$$

т. е.

$$\dot\psi_{(1)}(r)=0 \tag{13}$$

В уравнении (12)

$y'=y+(r_2-r)$ (приводится для удобства интегрирования);

$b(y')$ — ширина сечения;

F — площадь сечения;

$\dot\psi_{(1)}(r)$ — фокальная величина для интеграции $\int_0^h \psi_{(1)}(y)b(y')\mathrm{d}y'$.

Таким образом, если построим короткий участок кривой $\dot\psi_{(1)}(r)$ и определим точку пересечения этой кривой с осью y, то найдем первое приближение r_1 для величины r (фиг. 2). После получения первого приближения, подставляя величину в выражение (11) вместо величины $r_{(0)}$ и повторяя предыдущий расчетный процесс, можно найти второе приближение $r_{(2)}$, которое более точно, чем $r_{(1)}$. Подобным образом, как это доказано в работе [6], можем найти величину r точного решения нашей задачи. Достаточно точным считается n-ое приближение $r_{(n)}$, расхождение которого с $(n-1)$-ым приближением $r_{(n-1)}$ совсем мало, например меньше 1%. Вообще говоря, решение сходится быстро, так что второе приближение достаточно точно.

Для построения кривой $\dot\psi_{(1)}(r)$ вполне достаточно рассчитать три величины $\dot\psi_{(1)}(r_0)$, $\dot\psi_{(1)}(r_y)$ и $\dot\psi_{(1)}(r_P)$, так как величина $r_{(1)}$ всегда находится между величинами r_y и r_P.

После определения величины r, величину J получим следующим образом:

$$J=\int_F y\psi(y)\mathrm{d}F=\int_0^h \psi(y)y'b(y')\mathrm{d}y'=\frac{h^2}{2}b\cdot\dot\psi_\Phi \tag{14}$$

где $b^{\cdot}$ —фокальное значение для $\int_0^h y'b(y')\,dy'$;

$\psi_\Phi^{\cdot}$ —фокальное значение для $\int_0^h \psi(y)[y'b(y')]\,dy'$.

Все фокальные величины легко определить графически при помощи использования шкал для функций $b(y')$ и $y'b(y')$, подробное нзложение о которых найдется в книге [3].

АНАЛИТИЧЕСКОЕ ОПРЕДЕЛЕНИЕ ВЕЛИЧИН r и J ДЛЯ БРУСА ПРЯМОУГОЛЬНОГО СЕЧЕНИЯ

Дадим аналитические выражения величин r и J для кривого бруса, имеющего прямоугольное сечение, при установившейся ползучести при чистом изгибе.

Для удобства расчета принимаем безразмерные обозначения следующим образом:

$$\bar{y}=\frac{y}{h};\quad \overline{h_1}=\frac{h_1}{h};\quad \overline{h_2}=\frac{h_2}{h};\quad \bar{r}=\frac{r}{h};\quad \overline{r_c}=\frac{r_c}{h} \tag{15}$$

где h—длина сечения кривого бруса;

h_1—расстояние от нейтральной оси до внутреннего края сечения (абсолютная величина);

h_2—расстояние от нейтральной оси до внешнего края сечения (абсолютная величина).

Между величинами $\overline{h_1}$, $\overline{h_2}$, $\bar{r}$ и $\overline{r_1}$ существуют зависимости

$$\overline{h_1}+\overline{h_2}=1 \tag{16}$$

$$\overline{h_1}+\overline{r_1}=\bar{r} \tag{17}$$

Отсюда ясно, что определение величины $\bar{r}$ равносильно определению величины $\overline{h_1}$ или $\overline{h_2}$.

Вводим новый параметр d, чтобы было

$$\overline{h_1}=0.5-d \tag{18}$$

Следовательно, из соотношения (16) получим

$$\overline{h_2}=0.5+d \tag{19}$$

Так как величины $\overline{h_1}$ и $\overline{h_2}$ при чистом изгибе отличаются от 0.5 немного, параметр d будет небольшим. Это дает возможность аналитически определить величины r и J. Из уравнения равновесия (4) по безразмерным обозначениям имеем

$$\int_{-\bar{h}_2}^{\bar{h}_1} \psi(\bar{y})\,d\bar{y}=0 \tag{20}$$

Подставляя сюда малый параметр d и преобразуя пределы интегрирования, получаем

$$-\left[\int_{-(0.5+d)}^{-0.5}\psi(\bar{y})\mathrm{d}\bar{y}+\int_{0.5}^{(0.5-d)}\psi(\bar{y})\mathrm{d}\bar{y}\right]=\int_{-0.5}^{0.5}\psi(\bar{y})\mathrm{d}\bar{y} \tag{21}$$

Ввиду малости величины d можно приближенно заменить левую часть уравнения (21) следующим образом:

$$-\left[\int_{-(0.5+d)}^{-0.5}\psi(\bar{y})\mathrm{d}\bar{y}+\int_{0.5}^{(0.5-d)}\psi(\bar{y})\mathrm{d}\bar{y}\right]\approx[-\psi(-0.5)+\psi(0.5)]d \tag{22}$$

Благодаря этой замене из уравнения (21) найдем

$$d=\frac{\int_{-0.5}^{0.5}\psi(\bar{y})\mathrm{d}\bar{y}}{-\psi(-0.5)+\psi(0.5)} \tag{23}$$

Для вычисления величины d представим функцию $\psi(\bar{y})$ в виде степенного ряда

$$\left.\begin{aligned}&\psi(\bar{y})=\bar{y}^{\frac{1}{n}}\left[1+\frac{1}{n}\left(\frac{\bar{y}}{\bar{r}}\right)+\frac{(n+1)}{2n^2}\left(\frac{\bar{y}}{\bar{r}}\right)^2+\frac{(n+1)(2n+1)}{6n^3}\left(\frac{\bar{y}}{\bar{r}}\right)^3+\cdots\right]\\&\text{при } \bar{y}>0 \text{ и}\\&\psi(\bar{y})=-(-\bar{y})^{\frac{1}{n}}\left[1-\frac{1}{n}\left(\frac{-\bar{y}}{\bar{r}}\right)+\frac{n+1}{2n^2}\left(\frac{-\bar{y}}{\bar{r}}\right)^2-\frac{(n+1)(2n+1)}{6n^3}\left(\frac{-\bar{y}}{\bar{r}}\right)^3+\cdots\right]\\&\text{при } \bar{y}<0.\end{aligned}\right\} \tag{24}$$

Подставив ряд уравнений (24) в выражение (23), после интегрирования и пренебрежения малыми величинами высших степеней $\left(\frac{0.5}{\bar{r}}\right)^4, \left(\frac{0.5}{\bar{r}}\right)^5, \cdots$ получим

$$d=\frac{\left(\frac{0.5}{\bar{r}}\right)\left[1+\frac{(n+1)(2n+1)^2}{6n^2(4n+1)}\left(\frac{0.5}{\bar{r}}\right)^2\right]}{2(2n+1)\left[1+\frac{(n+1)}{2n^2}\left(\frac{0.5}{\bar{r}}\right)^2\right]} \tag{25}$$

С помощью найденной формулы последовательным приближением можно найти решение для величины $\bar{r}$. Для этого зададим нулевое приближение $\bar{r}_{(0)}$ и получим первое приближение величины $d_{(1)}$ из формулы (25).

Согласно соотношениям (17) и (18) имеем

$$\bar{r}_{(1)}=\bar{r}_1+0.5-d_{(1)} \tag{26}$$

Дальнейшие приближения можно проводить подобным образом.

Ддя проверки степени формулы (25) рассмотрен случай $n=1, r_c=1$.

Из формулы (25) было получено $d=0.0835$, $\bar{h}_1=0.416$ и $\bar{r}=0.916$. Однако по точному упругому решению [4] должно быть $d=0.09$, $\bar{h}_1=0.41$ и $\bar{r}=0.91$. Таким образом, в данном случае формула (25) дает погрешность 6%, 1.5% и 0.67% относительно величин d, h_1 и r. При $n>1, \bar{r}_c=1$ погрешность будет меньше.

Указанная погрешность получается, главным образом, из-за приближенной замены уравнения (21) по формуле (22). Для повышения точности решения вместо замены по формуле (22) принимаем

$$-\left[\int_{-(0.5+d)}^{-0.5}\psi(\bar{y})\mathrm{d}\bar{y}+\int_{0.5}^{(0.5-d)}\psi(\bar{y})\mathrm{d}\bar{y}\right]\approx\left[-\psi\left(-0.5-\frac{d}{2}\right)+\psi\left(0.5-\frac{d}{2}\right)\right]d$$

$$\approx\left\{-\psi(-0.5)+\psi(0.5)-\frac{d}{2}\left[\frac{\mathrm{d}\psi(0.5)}{\mathrm{d}\bar{y}}-\frac{\mathrm{d}\psi(-0.5)}{\mathrm{d}\bar{y}}\right]\right\}d \qquad (27)$$

Подставляя эту замену в уравнение (21) и разлагая функцию $\psi(\bar{y})$ в степенной ряд по выражению (24), получим более точную формулу для определения величины d (малыми величинами высшей стенени $\left(\frac{0.5}{\bar{r}}\right)^5$, $\left(\frac{0.6}{\bar{r}}\right)^6$, …пренебрегаем)

$$d=\frac{\left(\frac{0.5}{\bar{r}}\right)\left[1+\frac{(n+1)(2n+1)^2}{3!\ n^2(4n+1)}\left(\frac{0.5}{\bar{r}}\right)^2+\frac{(n+1)(2n+1)(3n+1)(4n+1)}{5!\ n^4(5n+1)}\left(\frac{0.5}{\bar{r}}\right)^4\right]}{2(2n+1)\left\{1+\frac{(n+1)}{2n^2}\left(\frac{0.5}{\bar{r}}\right)^2+\frac{(n+1)(2n+1)(3n+1)}{4!\ n^4}\left(\frac{0.5}{\bar{r}}\right)^4-\left[1-\frac{(2n+1)(3n+1)}{3!\ n^2}\left(\frac{0.5}{\bar{r}}\right)^2\right]\frac{(n+1)}{n}\left(\frac{0.5}{\bar{r}}\right)d\right\}} \qquad (28)$$

В последней формуле величина d в знаменателе определяется по формуле (25). При $n=1$, $\bar{r}_c=1$ найденная формула (28) дает: $d^*=0.090$, $h_1=0.41$ и $r=0.91$, что совпадает с точным решением.

После определения величины $\bar{r}$, принимая выражение для функции $\psi(\bar{y})$ в виде степенного ряда (24), можем найти величину J интегрированием по выражению (7)

$$J=\frac{n}{(2n+1)}bh^{2+\frac{1}{n}}\left\{\bar{h}_1^{2+\frac{1}{n}}\left[1+(2n+1)\sum_{i=1}^{\infty}\frac{[(i-1)n+1][(i-2)n+1]\cdots[0+1]}{i!\ n^i[(i+2)n+1]}\left(\frac{\bar{h}_1}{\bar{r}}\right)^i\right]+\right.$$

$$\left.\bar{h}_2^{2+\frac{1}{n}}\left[1+(2n+1)\sum_{i=1}^{\infty}\frac{(-1)^i[(i-1)n+1][(i-2)n+1]\cdots[0+1]}{i!\ n^i[(i+2)n+1]}\left(\frac{\bar{h}_2}{\bar{r}}\right)^i\right]\right\} \qquad (29)$$

При достаточной большой кривизне, например $\bar{r}_c=1$, в рядах, находящихся в формуле (29), нужно взять первые четыре члена, а при сравнительно меньшей кривизне—два или три члена.

В качестве примера численного расчета рассмотрим случай $n=2$ и $\bar{r}_c=1$. При этом имеем $\bar{r}_y=0.91$, $\bar{r}_P=\bar{r}_c$. Задавая $\chi=0.38$, по выражению (10) вычисляем нулевое приближение

$$\bar{r}_{(0)}=0.91+0.38(1-0.91)=0.944$$

$$\bar{h}_{1(0)}=\bar{r}_{(0)}-\bar{r}_1=0.944-0.50=0.444$$

По формуле (25) находим первое приближение с небольшой погрешностью

$$d_{(1)}=\frac{0.53(1+0.0972)}{10(1+0.105)}=0.0526$$

$$\bar{r}_{(1)}=0.947,\quad \bar{h}_{(1)}=0.447$$

Более точные величины первого приближения найдутся по формуле (28)

$$d^*=\frac{0.53(1+0.0972+0.0174)}{10(1+0.105+0.0213-0.059)}=0.553$$

$$\overline{h}_{(1)}=0.945, \quad \overline{h}_{1(1)}=0.445$$

Расхождение между первым и вторым приближением по величине h_1 лишь 0.25%, по величине $\overline{r}$ еще меньше, так что дальнейшее приближение не приводится.

Подставляя $\overline{h}_1=0.445$, $\overline{h}_2=0.555$ и $\overline{r}=0.945$ в формулу (29) и пренебрегая членами, соответствующими $i>4$, найдем

$$J=\frac{J}{bh^{2+\frac{1}{n}}}=\frac{2}{5}[0.445^{2.5}(1+0.235)+0.555^{2.5}(1-0.155)]=0.1426$$

Таким образом из выражений (8) и (9) имеем

$$\varepsilon_P=49.2\frac{M^2\Omega}{b^2h^5}\left(\frac{y}{1-1.06\dfrac{y}{h}}\right)$$

$$\sigma=7.02\operatorname{sgn}y\frac{M}{bh^{2.5}}\left(\frac{y}{1-1.06\dfrac{y}{h}}\right)^{\frac{1}{2}}$$

Аналогично для $n=3$, $\overline{r}_c=1$ найдем $\overline{r}=0.961$, $\overline{J}=0.175$.

Ддя сравнения на фиг. 3 построены кривые распределения безразмерного напряжения $\overline{\sigma}=bh^2\sigma/M$ по сечению бруса для $n=1,2,3$.

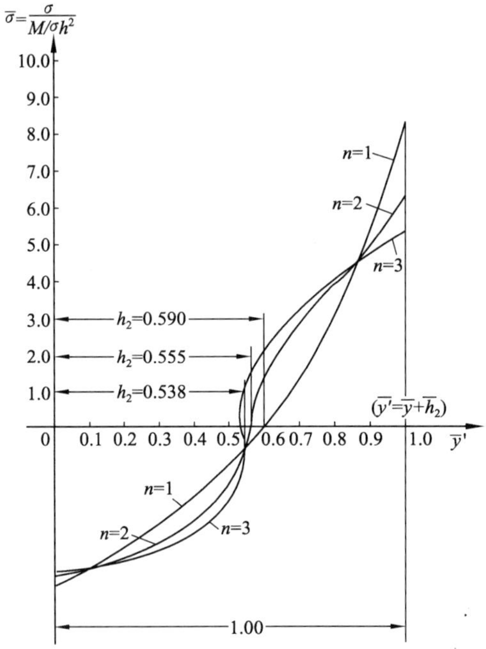

Фиг. 3

УСТАНОВИВШАЯСЯ ПОЛЗУЧЕСТЬ КРИВОГО БРУСА ПРИ ИЗГИБЕ И ОСЕВОМ РАСТЯЖЕНИИ

Предполагается, что нормальная сила N приложена в центре тяжести сечения (фиг. 4) и имеет следующую связь с изгибающим моментом M

$$M=cN \tag{30}$$

где c—постоянная величина.

В данном случае уравнения равновесия будут

$$\left(\frac{k}{r\Omega}\right)^{\frac{1}{n}}\int_F \operatorname{sgn}y\left[\frac{y}{1-\frac{y}{r}}\right]^{\frac{1}{n}}\mathrm{d}F=N \tag{31}$$

$$\left(\frac{k}{r\Omega}\right)\int_F y\operatorname{sgn}y\left[\frac{y}{1-\frac{y}{r}}\right]^{\frac{1}{n}}\mathrm{d}F=M+(r-r_c)N \tag{32}$$

Сокращая в уравнениях (30), (31), (32) величины M, N и обозначая функцию $\operatorname{sgn}y\left[\frac{y}{1-\frac{y}{r}}\right]^{\frac{1}{n}}$ через $\psi(y)$, устанавливаем

$$(c+r+r_c)\int_F \psi(y)\mathrm{d}F=\int_F y\psi(y)\mathrm{d}F \tag{33}$$

Принимая переменную $y'=y+(r_c-r)$, где r является искомой величиной, перепишем уравнение (33) следующим образом

$$(c+r_2-r_c)\int_0^h \psi(y)b(y')\mathrm{d}y'=\int_0^h y'\psi(y)b(y')\mathrm{d}y' \tag{34}$$

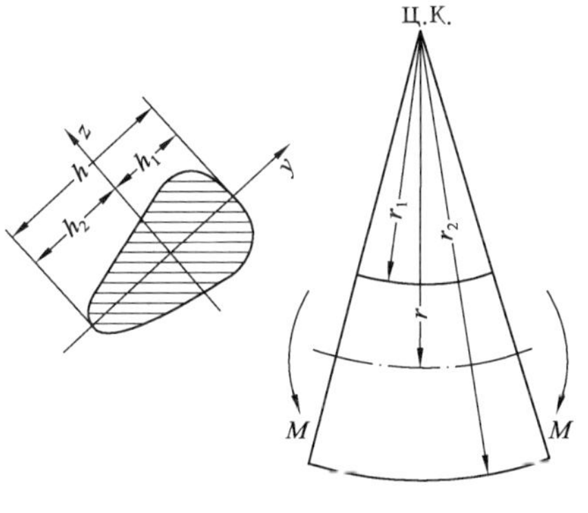

Фиг. 4

Если в функции $\psi(y)$ зададим величине r нулевое приближение $r_{(0)}$ и построим кривую $\psi_{(1)}(y)$, представляющую первое приближение функции $\psi(y)$, то по графическому методу интегрирования проф. А. А. Попова из уравнения (34) получим

$$\dot{\psi}_{\varphi(1)}=K\dot{\psi}_{\Phi(1)} \tag{35}$$

$$K=\frac{b\cdot h^2}{2F(c+r_2-r_c)} \tag{36}$$

где　$\dot{\psi}_{\varphi(1)}$—фокальная величина для интеграла

$$\int_0^h \psi_{(1)}(y)b(y')\mathrm{d}y'$$

$\dot{\psi}_{\Phi(1)}$—фокальная величина для интеграла

$$\int_0^h \psi_{(1)}(y)y'b(y')\mathrm{d}y'$$

Так как переменная y' зависит от искомой величины r, фокальные величины $\dot{\psi_{\varphi(1)}}$ и $\dot{\psi_{\Phi(1)}}$ представляют собой функции от r. Таким образом, по уравнению (35) можем найти первое приближение $r_{(1)}$. Для этого нужно только построить кривые $\dot{\psi_{\varphi(1)}}(h_1)$, $K\dot{\psi_{\Phi(1)}}(h_1)$ и найти точку их пересечения, абсцисса которой даст величину $h_{1(1)}$ (фиг. 5), соответственно $r_{(1)}=r_1+h_{1(1)}$. Подобным образом находятся дальнейшие приближения, которые сходятся очень быстро. В качестве нулевого приближения можно принимать упругое решение при статическом нагружении и комнатной температуре.

После определения величины r напряжения и деформации находятся следующим образом

$$\left(\frac{k}{r}\right)=\left(\frac{N}{S}\right)^n\Omega \tag{37}$$

$$\sigma=\operatorname{sgn} y\left(\frac{N}{S}\right)\left[\frac{y}{1-\frac{y}{r}}\right]^{\frac{1}{n}} \tag{38}$$

$$\varepsilon_P=\Omega\left(\frac{N}{S}\right)^n\left[\frac{y}{1-\frac{y}{r}}\right] \tag{39}$$

где

$$S=\int_F \psi(y)\,\mathrm{d}F=\dot{\psi_\varphi}F \tag{40}$$

Отметим, что найденные выше результаты годятся также для пластического изгиба кривого бруса, материал которого имеет диаграмму $\varepsilon=K\sigma^n$, соответствующую комнатной температуре.

Пример. Пусть крюк (фиг. 6), который приняли в работе [6], находится в состоянии установившейся ползучести. Задана функция Ω и число $n=2$; требуется определить закон распределения напряжения и деформации в опасном сечении.

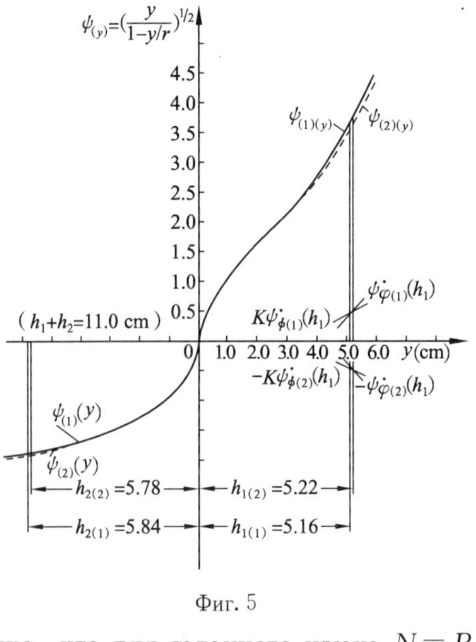

Фиг. 5

Из работы [6] известно, что для заданного крюка $N=P, M=r_cP, r_c=8.43$ см,

$r_1=3.6$ см, $h=11.0$ см, $F=48.4$ см^2, $b^{\cdot}=4.88$ см, откуда $K=0.421$. Принимаем нулевое приближение

$$r_{(0)}=r_y=8.43 \text{ см}$$

Построив кривую $\psi_{(1)}(y)$, с помощью шкал для функций $b(y')$ и $y'b(y')$ (фиг. 5), которые одинаковы со шкалами для функций $b(\xi')$ и $\eta b(\xi')$ в работе [6], построим кривые $\dot{\psi_{\varphi(1)}}(h_1)$, $K\dot{\psi_{\Phi(1)}}(h_1)$ (фиг. 5). По точке пересечения их находим первое приближение

$$h_{1(1)}=5.16 \text{ см}, \quad r_{(1)}=8.76 \text{ см}$$

Подобным образом, построив кривую $\psi_{(2)}(y)$, находим по точке пересечения кривых $\dot{\psi_{\varphi(2)}}(h_1)$ и $K\dot{\psi_{\Phi(2)}}(h_1)$ второе приближение $h_{1(2)}=5.22$ см, $r_{(2)}=8.82$ см, $\dot{\psi}_{\varphi(2)}=0.49$ см$^{\frac{1}{2}}$.

Ввиду малости расхождения между вторым и первым приближениями дальнейшего приближения не приводим. Подставив найденные результаты в формулы (37), (38), (39), (40), найдем

$$\sigma=0.0422 \operatorname{sgn} y N\left(\frac{y}{1-\frac{y}{8.82}}\right)^{\frac{1}{2}}; \quad \varepsilon_P=1.78\times10^{-3}\Omega N^2\left(\frac{y}{1-\frac{y}{8.82}}\right)$$

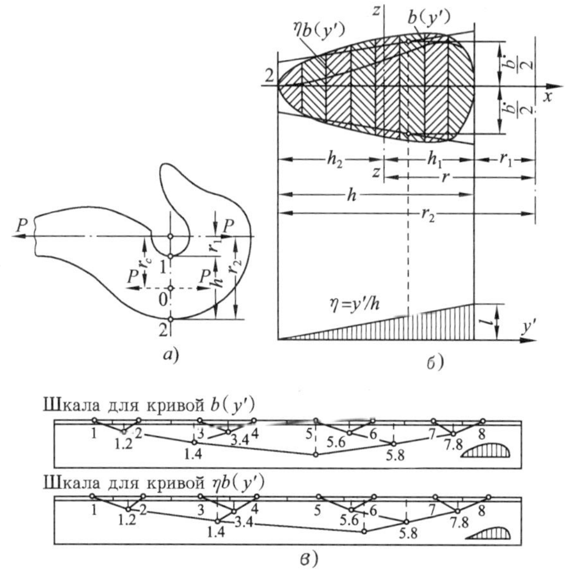

Фиг. 6

НЕУСТАНОВИВШАЯСЯ ПОЛЗУЧЕСТЬ КРИВОГО БРУСА ПРИ ИЗГИБЕ И РАСТЯЖЕНИИ

В этом случае принимаем гипотезу старения Ю. Н. Работнова [5], т. е.

$$\sigma=T(t)f(\varepsilon) \tag{41}$$

где $f(\varepsilon)$ — кривая из диаграммы растяжения и сжатия материала бруса;

$T(t)$ — функция от времени, которая имеет начальную величину $T(0)=1$;

ε—линейная деформация ($\varepsilon=\varepsilon_y+\varepsilon_p$).

Геометрическая зависимосгь для линейной деформации имеет вид

$$\varepsilon=\left(\frac{k}{r}\right)\left[\frac{y}{1-\frac{y}{r}}\right] \tag{42}$$

Вводим приведенное нормальное напряжение следующим образом:

$$\sigma'=\frac{\sigma}{T(t)}=f(\varepsilon) \tag{43}$$

Отсюда имеем уравнения равновесия

$$\int_F \sigma' \mathrm{d}F=\frac{N}{T(t)}=N' \tag{44}$$

$$\int_F y\sigma' \mathrm{d}F=\frac{M}{T(t)}+(r-r_c)\frac{N}{T(t)}=M'+(r-r_c)N' \tag{45}$$

где M' и N'—приведенный изгибающий момент и приведенная нормальная сила.

Из уравнений(42)～(45) видим, что решение вопроса о ползучести кривого бруса при нагрузке M и N сводится к расчету на прочность кривого бруса при приведенной нагрузке $M'=M/T(t)$ и $N'=N/T(t)$. Поэтому по результатам, полученным в работе [6], можно легко дать требуемое решение вопроса. Если построить функциональные графики(ε_1, c, M'), (ε_1, c, r) (фиг. 7, 8), то из этих графиков по заданным нагрузкам, температуре и времени можно найти положение нейтральной оси, распределение напряжений и деформаций.

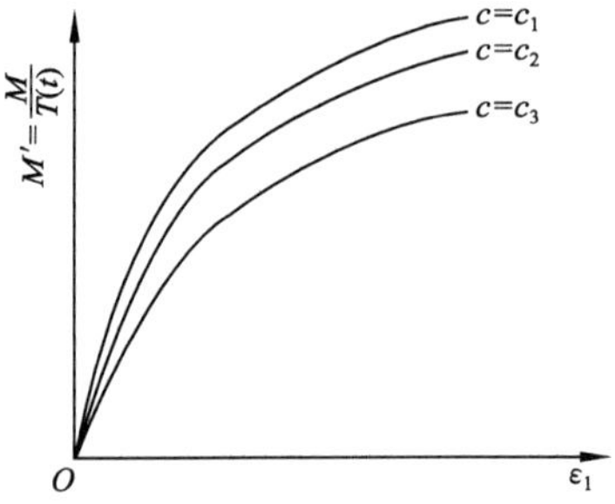

Фиг. 7

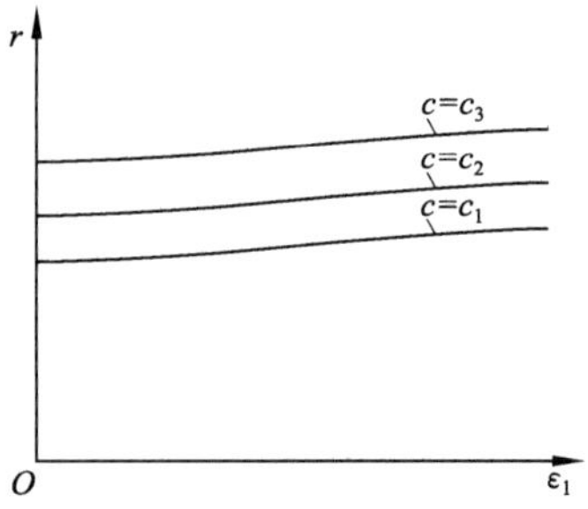

Фиг. 8

ЛИТЕРАТУРА

[1] Качанов Л. М.. Некоторые вопросы теории ползучести. ГИТТЛ, 1949

[2] Пономарев С. Д, и др.. Расчеты на прочность в машиностроении, т. 2. Машгиз, 1958

[3] Попов А. А.. Метод ортогональных фокусов в строительной механике. Госстройиздат, 1953

[4] Попов А. А.. Курс сопротивления материалов. Машгиз, 1958

[5] Работнов Ю. Н.. Расчет деталей машин на ползучесть. Изв. АН СССР ОТН, № 6, 1948

[6] Цы Шио-Пин. Применение метода А. А. Попова к пластическому изгибу бруса большой кривизны. Расчеты на прочность, № 6, 1960

插入法求强化弹塑性解

崔孝秉

一、问题的提出

设结构只承受按相同比例增加的表面载荷作用并只发生小变形，材料性质及边界条件皆近似合乎简单加载的要求。按照 Ильюшин 的小弹塑性形变理论[1]，当结构尺寸、材料性质及边界约束条件给定时，位移、应力、应变及载荷之间的对应关系是唯一的。我们来研究给定了结构最大应变强度值 $\varepsilon_{i\max}$ 情况下解的性质。

如果 $\varepsilon_{i\max}$ 不超过比例极限 ε_s，则位移、应变、应力及载荷皆与 $\varepsilon_{i\max}$ 成线性关系。此时结构中各点的应变张量分布

$$(\overline{T}_\varepsilon)=\frac{1}{\varepsilon_{i\max}}(T_\varepsilon)$$

与 $\varepsilon_{i\max}$ 无关，应力、载荷及位移等值皆随 $\varepsilon_{i\max}$ 按相同比例增加。

如果 $\varepsilon_{i\max}$ 超过比例极限 ε_s，则结构进入弹塑性状态，问题成为非线性的，$(\overline{T}_\varepsilon)$ 不一定与 $\varepsilon_{i\max}$ 无关。我们把 $(\overline{T}_\varepsilon)$ 与 $\varepsilon_{i\max}$ 无关的问题称为第一类弹塑性问题，$(\overline{T}_\varepsilon)$ 与 $\varepsilon_{i\max}$ 有关的问题称为第二类弹塑性问题。对于第一类问题，应变及位移与 $\varepsilon_{i\max}$ 之间的关系仍为线性的，只是应力及载荷与 $\varepsilon_{i\max}$ 之间的关系为非线性的，在求解时应力与应变可以分开计算，所以困难不大。例如圆轴扭转、平面直梁纯弯曲、材料不可压缩的厚壁筒承受内外均压作用等，皆属于第一类问题。对于第二类问题，应变、应力与 $\varepsilon_{i\max}$ 之间的关系皆为非线性的，这时应力与应变不可分开计算，必须由静力平衡、几何协调及应力应变关系三方面进行分析，求解甚为困难。因此工程上往往附加一些假定，使第二类问题转化为第一类问题以求近似解[2]。但这种作法有时误差较大，而且远非所有问题都能找到合适的转化途径。

对于具有明显流动阶段或可以略去其强化性质的材料，求解第二类问题的困难较小，目前已有不少准确解。较大的困难在于考虑材料的强化性质。以下提出的一个方法，可根据理想弹塑性解来近似推出具有相同 $\varepsilon_{i\max}$ 值的强化弹塑性解。

设材料具有线性强化性质（图 1），并给出已超过 ε_s 的 $\varepsilon_{i\max}$，求结构的应变、位移、应力及载荷参数。

按小弹塑性形变理论，应力应变关系可写成如下形式[1]：

$$\sigma_i=\begin{cases}E\varepsilon_i & (\varepsilon_i\leqslant\varepsilon_s)\\ \sigma_s+E_1(\varepsilon_i-\varepsilon_s) & (\varepsilon_i\geqslant\varepsilon_s)\end{cases}\tag{1}$$

$$(D_\sigma)=\frac{2\sigma_i}{3\varepsilon_i}(D_\varepsilon)\tag{2}$$

$$\sigma=3K\varepsilon\tag{3}$$

这里(D_σ)为应力偏量，(D_ε)为应变偏量，K 为体变弹性系数。

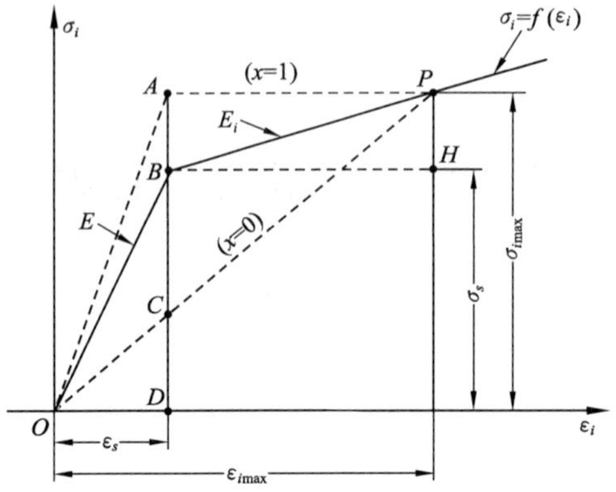

图 1

根据图 1 我们引进一个塑性参数

$$\chi=\frac{\overline{BC}}{\overline{AC}} \tag{4}$$

来说明所给定 $\varepsilon_{i\max}$情况下塑性程度的大小。显然，当 $\chi=0$ 时，问题为纯弹性；当 $\chi=1$ 时，问题为理想弹塑性；当 χ 由 0 逐渐增大时，塑性程度逐渐增加。由图 1 所示的几何关系可以推得

$$\chi=\frac{1-\dfrac{E_1}{E}}{1+\dfrac{E_1}{E}\left(\dfrac{\varepsilon_{i\max}}{\varepsilon_s}-1\right)} \tag{5}$$

即塑性参数决定于 E_1/E 及 $\varepsilon_{i\max}/\varepsilon_s$ 两个值。由于前者小于或等于 1，后者大于或等于 1，所以塑性参数必然介于 0 与 1 之间。

为了明确起见，我们用下标 0 表示对应于$\overline{OP}$直线关系($\chi=0$)之解，下标 1 表示对应于$\widehat{OAP}$折线关系($\chi=1$)之解，下标 y 表示对应于 $\overline{OB}$(及其延长线)直线关系之解(即弹性系数为实际给定值 E 的纯弹性解)，下标 п 表示对应于 $\widehat{OBH}$ 折线关系之解(即 E 与 σ_s 为实际给定值的理想弹塑性解)。

如果将由 $\overline{OB}$(及其延长线)直线关系所得的解乘以比值 $\sigma_{i\max}/E\varepsilon_{i\max}$，所得结果应与由 $\overline{OP}$ 直线关系所得的解相同。由于应变及位移与力的量纲无关，而应力及载荷与力的量纲一次相关，故应有以下转换关系：

$$(T_\varepsilon)_0=(T_\varepsilon)_y,\qquad (T_\sigma)_0=\frac{\sigma_{i\max}}{E\varepsilon_{i\max}}(T_\sigma)_y,\qquad p_0=\frac{\sigma_{i\max}}{E\varepsilon_{i\max}}p_y \tag{6}$$

同理应有

$$(T_\varepsilon)_1=(T_\varepsilon)_{п},\qquad (T_\sigma)_1=\frac{\sigma_{i\max}}{\sigma_s}(T_\sigma)_{п},\qquad p_1=\frac{\sigma_{i\max}}{\sigma_s}p_{п} \tag{7}$$

二、第一类强化弹塑性问题的解

对于第一类问题，$(\overline{T}_\varepsilon)$与 $\varepsilon_{i\max}$无关，因此

$$(T_\varepsilon)=(T_\varepsilon)_п=(T_\varepsilon)_y,\qquad \varepsilon_i=\varepsilon_{iп}=\varepsilon_{iy} \tag{8}$$

结构中的位移及应变皆与纯弹性解相同。

按照$\overline{OP}$直线关系及$\widehat{OAP}$折线关系，应力强度分别为

$$\sigma_{i0}=\frac{\sigma_{i\max}}{\varepsilon_{i\max}}\varepsilon_i \tag{9}$$

$$\sigma_{i1}=\begin{cases}\dfrac{\sigma_{i\max}}{\varepsilon_s}\varepsilon_i & (\varepsilon_i\leqslant\varepsilon_s)\\ \sigma_{i\max} & (\varepsilon_i\geqslant\varepsilon_s)\end{cases} \tag{10}$$

注意到

$$E=\frac{\sigma_{i\max}}{\varepsilon_{i\max}}+\chi\left(\frac{\sigma_{i\max}}{\varepsilon_s}-\frac{\sigma_{i\max}}{\varepsilon_{i\max}}\right),\quad E_1=\frac{\sigma_{i\max}}{\varepsilon_{i\max}}(1-\chi)$$

依据式(1)可将应力强度的解写为

$$\sigma_i=\begin{cases}\dfrac{\sigma_{i\max}}{\varepsilon_{i\max}}\varepsilon_i+\chi\left(\dfrac{\sigma_{i\max}}{\varepsilon_s}\varepsilon_i-\dfrac{\sigma_{i\max}}{\varepsilon_{i\max}}\varepsilon_i\right) & (\varepsilon_i\leqslant\varepsilon_s)\\ \dfrac{\sigma_{i\max}}{\varepsilon_{i\max}}\varepsilon_i+\chi\left(\sigma_{i\max}-\dfrac{\sigma_{i\max}}{\varepsilon_{i\max}}\varepsilon_i\right) & (\varepsilon_i\geqslant\varepsilon_s)\end{cases} \tag{11}$$

比较式(9)，(10)及(11)，可知下列关系成立：

$$\sigma_i=\sigma_{i0}+\chi(\sigma_{i1}-\sigma_{i0})\quad(\varepsilon_i\lesseqgtr\varepsilon_s) \tag{12}$$

将式(12)代入式(2)，并考虑式(8)，可知应力偏量(D_σ)与$(D_\sigma)_0$及$(D_\sigma)_1$之间也有类似式(12)的插入关系。再利用基本平衡方程及应力边界条件还可证明，相应的体积应力、应力张量及边界载荷参数也具有类似的插入关系。由此可见，在给定$\varepsilon_{i\max}$时，第一类强化弹塑性问题的解中，一切与力有关的诸量皆可用插入法由纯弹性解及理想弹塑性解求出：

$$q=q_0+\chi(q_1-q_0) \tag{13}$$

这里符号q代表应力强度σ_i、应力偏量(D_σ)、应力张量(T_σ)、载荷参数p等。

我们曾校核了直梁纯弯曲、圆轴扭转、均压厚壁筒及平板弯曲在第一类问题性质下的解答，结果完全符合。

三、第二类强化弹塑性问题的解

对于第二类问题，$(\overline{T}_\varepsilon)$不再与$\varepsilon_{i\max}$无关，因此式(8)不成立，而应近似地取

$$(T_\varepsilon)=(T_\varepsilon)_0-\chi[(T_\varepsilon)_0-(T_\varepsilon)_1] \tag{14}$$

注意到简单加载情况下方向偏量不变的假定，由式(14)相应地可得

$$\varepsilon_i=\varepsilon_{i0}-\chi(\varepsilon_{i0}-\varepsilon_{i1}) \tag{15}$$

利用上两式即可由纯弹性及理想弹塑性解中的变形近似确定强化弹塑性解中的变形。

现在来分析应力强度σ_i的大小。设ε_{i0}及ε_{i1}为已知，且$\varepsilon_{i0}\geqslant\varepsilon_{i1}$，按式(15)应有$\varepsilon_{i1}\leqslant\varepsilon_i\leqslant\varepsilon_{i0}$。由于$\varepsilon_i=\varepsilon_s$与$\varepsilon_{i1}=\varepsilon_s$这两个分界面不相重合，必须分三个区间来描写$\sigma_i$。结果的一般表达式如下：

$$\left.\begin{aligned}&\sigma_i=\sigma_{i0}+\chi(\sigma_{i1}-\sigma_{i0})+\eta\\ &\eta=\frac{\sigma_{i\max}}{\varepsilon_{i\max}}\chi(1-\chi)(\beta\alpha-1)(\varepsilon_{i0}-\varepsilon_{i1})\end{aligned}\right\} \tag{16}$$

式中，$\alpha=\varepsilon_{i\max}/\varepsilon_s$；在 $\varepsilon_i\leqslant\varepsilon_s$ 区间 $\beta=1$，在 $\varepsilon_{i1}\geqslant\varepsilon_s$ 区间 $\beta=0$，在 $\varepsilon_i\geqslant\varepsilon_s$ 与 $\varepsilon_{i1}\leqslant\varepsilon_s$ 所夹的区间 β 值由 1 变至 0，相应地 η 由正变至负。

不难看出，当 α 不太大时（例如 $\alpha<3$），η 与 σ_i 的比值甚小，因为

$$\frac{\eta}{\sigma_i}=\frac{\dfrac{\sigma_{i\max}}{\varepsilon_{i\max}}}{\dfrac{\sigma_i}{\varepsilon_i}}\cdot\frac{(\varepsilon_{i0}-\varepsilon_{i1})}{\varepsilon_i}\chi(1-\chi)(\beta\alpha-1) \tag{17}$$

式中第一个因子恒小于 1，第三个因子最大等于 1/4，第二个因子当 α 不太大时通常远小于 1，第四个因子在部分区间会大于 1，但其最大值不超过 $(\alpha-1)$，所以当 α 不太大时，这四个因子的乘积，即比值 η/σ_i 甚小（例如当 $\alpha=2$，$\varepsilon_{i0}-\varepsilon_{i1}=0.2\varepsilon_{i0}$，$\chi=0.8$ 时，$\eta/\sigma_i<0.03$）。如果 χ 非常接近于 0 或 1，则 η/σ_i 与 1 相较完全可以略去。

假定体积应力 σ，σ_0 及 σ_1 也近似具有与式(16)类似的关系，根据式(2)及方向偏量不变的条件，不难得出应力张量

$$(T_\sigma)=\{(T_\sigma)_0+\chi[(T_\sigma)_1-(T_\sigma)_0]\}\left(1+\frac{\eta}{\sigma_i-\eta}\right) \tag{18}$$

由力的边界条件及载荷按相同比例增加的关系，结合式(18)，可以导出载荷参数

$$p=[p_0+\chi(p_1-p_0)](1+\epsilon) \tag{19}$$

式中 ϵ 为 $\eta/(\sigma_i-\eta)$ 在边界力作用处所取之值。由于对整个结构来讲 p 为一定值，所以 ϵ 应为零或为与 χ 有关的常数，但由于推导过程的近似性，在力作用的边界上 $\eta/(\sigma_i-\eta)$ 不一定为常数，这时宜取其平均值作为式(19)中的 ϵ。又因 $\eta/(\sigma_i-\eta)$ 有正有负，该平均值将甚小，所以作为近似计算可以在式(19)中略去 ϵ 值，结果式(19)与式(13)一致。

最后介绍确定位移的问题。按小变形几何关系：

$$\left.\begin{aligned}\varepsilon_x&=\frac{\partial u}{\partial x}, &\gamma_{xy}&=\frac{\partial v}{\partial x}+\frac{\partial u}{\partial y}\\ \varepsilon_y&=\frac{\partial v}{\partial y}, &\gamma_{yz}&=\frac{\partial w}{\partial y}+\frac{\partial v}{\partial z}\\ \varepsilon_z&=\frac{\partial w}{\partial z}, &\gamma_{zx}&=\frac{\partial u}{\partial z}+\frac{\partial w}{\partial x}\end{aligned}\right\} \tag{20}$$

应变与位移线性相关。既然应变采用近似关系(14)，位移也将同样具有这种近似关系：

$$(u,v,w)=(u,v,w)_0-\chi[(u,v,w)_0-(u,v,w)_1] \tag{21}$$

表达式(21)与(14)具有相同量级的误差，但用式(21)计算结构中的最大位移，其误差将与全结构应变误差的平均值接近，因为最大位移与全结构应变积分有关。

根据以上分析可得如下结论：强化弹塑性解可由纯弹性解及理想弹塑性解用插入法近似求得，所得载荷参数值及最大位移值准确度较高，而应力及应变的分布情况准确度较差，但是如果塑性参数 χ 接近于 0 或 1，或者 $(T_\varepsilon)_0$ 与 $(T_\varepsilon)_1$ 相差不大，其误差也不会大。对于第一类弹塑性问题，插入法的结果完全正确。

我们曾对矩形截面直梁受集中力作用与平面大曲率杆受集中力偶作用两种情形做过计算，采用截面变形后仍为平面及纵向纤维互不挤压的假定，给出 $\varepsilon_{\max}$ 值，用数值算法和插入法同时算出相应的最大挠度值及载荷值加以比较。结果说明，在 $\varepsilon_s\leqslant\varepsilon_{\max}\leqslant5\varepsilon_s$，$0\leqslant E_1\leqslant E$ 的范

围内，误差皆不超过 2%。

四、扁圆截面菱柱杆弹塑性自由扭转

扁圆截面边界由下列参数方程表达[3]：

$$\left.\begin{aligned}x&=[a+b(\cos 2\psi+2)]\sin\psi\\y&=-[a+b(\cos 2\psi-2)]\cos\psi\end{aligned}\right\}\tag{22}$$

在 $b\leqslant 0.15a$ 时它与椭圆

$$\frac{x^2}{(a+b)^2}+\frac{y^2}{(a-b)^2}=1\tag{23}$$

极为近似。Соколовский[3]用"半逆推法"得出了本问题的理想弹塑性解。强化弹塑性解在文献中尚未见到，用本文插入法可求其近似解。给定 $\gamma_{\max}$值，求得相应的扭矩及扭角如下：

$$\overline{M}=\frac{M}{M_s}=\frac{G_1}{G}\alpha+\left(1-\frac{G_1}{G}\right)\frac{1-\dfrac{9}{2}\zeta^2-4\zeta^3\left[2\beta^3-(1-2\beta^2)\sqrt{1+\beta^2}\right]}{1-\dfrac{9}{2}\zeta^2-4\zeta^3\left[2\beta_s^3-(1-2\beta_s^2)\sqrt{1+\beta_s^2}\right]}\tag{24}$$

$$\bar{\theta}=\frac{\theta}{\theta_s}=\frac{1}{1+\dfrac{G_1}{G}(\alpha-1)}\left[\frac{G_1}{G}\alpha^2+\frac{\beta_s}{\beta}\left(1-\frac{G_1}{G}\right)\right]\tag{25}$$

式中，$\alpha=\gamma_{\max}/\gamma_s$，$\zeta=b/a$，参数 β 由给定的 α 按下式决定：

$$\beta=\frac{(a^2+6ab+b^2)\left(1-\sqrt{\dfrac{\delta_1}{\alpha^2}-\dfrac{\delta_1\delta_2}{\alpha^2}+\delta_2}\right)}{4b\alpha(3b+a)\left(1-\dfrac{\delta_1}{\alpha^2}\right)}\tag{26}$$

式中，δ_1，δ_2 在 $b\leqslant 0.15a$ 时为以下小量：

$$\delta_1=\frac{4b^2}{(3b+a)^2},\qquad \delta_2=\frac{64b^4}{(a^2+6ab+b^2)^2}$$

扁圆截面中的应力、应变、弹塑性分界线、各点位移等诸量也可用插入法求出，这里从略。

文献[4]曾给出一系列多角形截面菱柱杆扭转的理想弹塑性解。利用本文的插入法可获得近似的强化弹塑性解。

参考文献

[1] Ильюшин，А. А.. Пластичность，Гостехиздат. Ленинград，1948：97-121

[2] Пономарев，С. Д.. Расчеты на прочность в машиностроении，том Ⅱ. Машгиз，Москва，1958：653-752

[3] Соколовский，В. В.. Теория пластичности. Гостехиздат，Москва，1950：111-115

[4] Галин，Л. А.. Упруго-пластическое кручение призматических стержней полигонального сечения. ПММ，Ⅷ，4，1944：307-322

用“有限元素法”计算柴油机主轴承盖应力

（校核强度）

济南柴油机厂　华东石油学院力学教研室　东营电子计算机组

一、概　述

主轴承盖是柴油机的一个重要承载零件。有关主轴承盖应力计算的详细资料很少。为进一步提高产品质量，济南柴油机厂与华东石油学院力学教研室及东营电子计算机组协作，采用“有限元素法”，对新旧两个主轴承盖进行了平面静应力计算，并且在考虑疲劳和冲击影响的前提下，进行了强度核算，取得了初步成果。由于方法本身的近似性、边界条件处理的粗略性，以及计算中难以避免的误差，计算结果精度有限，只能作为参考。

济南柴油机厂生产的柴油机主要参数如下：

型号：Z12V190B

气缸直径：190 mm

活塞行程：210 mm

额定转速：1 500 r/min

标定功率（在额定转速时）：1 200 马力（12 小时功率，1 马力＝735.499 W）

主轴承螺母扭紧力矩：120～140 kg・m

二、“有限元素法”简介

“有限元素法”是连续介质力学问题的一种近似数值解法。它必须配合电子计算机进行计算。只要边界条件处理恰当，节点网格布置合理，计算效果一般较好。

“有限元素法”的基本原理是先将连续介质“离散化”，然后通过能量法，将连续介质力学问题转化为泛函数值问题，最后归结为以节点位移为基本未知量的线性代数方程组计算问题，用电子计算机解出结果。由于它巧妙地摆脱了复杂的偏微分方程组，在工程技术领域中具有较大的实用性。我国近几年来已开始广泛使用这一方法。

用“有限元素法”计算弹性力学平面应力问题时，首先要抓住主要矛盾所在部位，并根据实际情况合理定出边界条件，然后布置节点和网格。重要部位节点要多，网格要密，次要部位可以稀松一些。编排节点号码要反复修改，要使全部元素体角点的号码差数尽量缩小，尽量接近，以利于减轻计算机的工作量。编好号码后，对照节点网格图列出节点坐标表、元素体角点号序对应表，以及总刚度矩阵形成表，最后连同材料弹性系数和工作载荷数据等，全部交给计算组，编制计算程序，算出节点位移和应力数值。

下面扼要介绍应力计算公式、节点位移代数方程组，以及总刚度矩阵的构成方法。

1　元素体应力计算公式

如图 1 所示，$i\ (x_i, y_i)$，$j(x_j, y_j)$，$m(x_m, y_m)$为节点号（按逆时针顺序排列），e 代表该元

注：本文是 1974 至 1975 年期间由崔孝秉编写。

素体的编号。

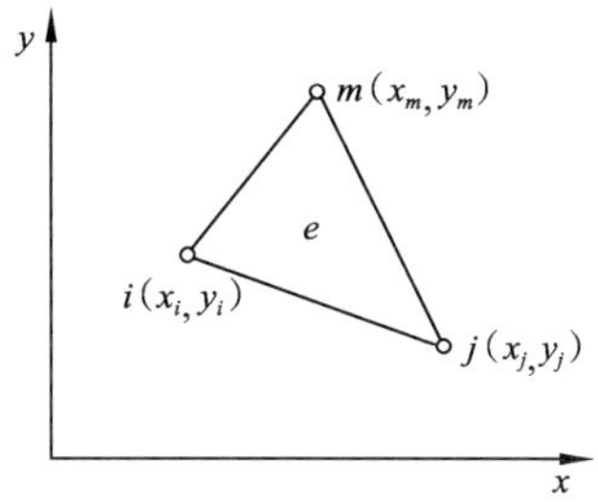

图 1

设已知节点 i,j,m 的位移($u_i,v_i;u_j,v_j;u_m,v_m$)以及材料弹性系数 E,ν,则该元素体的应力($\sigma_x,\sigma_y,\tau_{xy}$)数值可按下列公式计算:

$$\begin{Bmatrix}\sigma_x\\ \sigma_y\\ \tau_{xy}\end{Bmatrix}=\frac{E}{2(1-\nu^2)\Delta}\begin{pmatrix}1 & \nu & 0\\ \nu & 1 & 0\\ 0 & 0 & \dfrac{1-\nu}{2}\end{pmatrix}_{3\times3}\begin{pmatrix}b_i & 0 & b_j & 0 & b_m & 0\\ 0 & c_i & 0 & c_j & 0 & c_m\\ c_i & b_i & c_j & b_j & c_m & b_m\end{pmatrix}_{3\times6}\begin{Bmatrix}u_i\\ v_i\\ u_j\\ v_j\\ u_m\\ v_m\end{Bmatrix}_{6\times1}$$

式中,

$$b_i=y_j-y_m$$
$$b_j=y_m-y_i$$
$$b_m=y_i-y_j$$
$$c_i=x_m-x_j$$
$$c_j=x_i-x_m$$
$$c_m=x_j-x_i$$
$$\Delta=\frac{1}{2}\begin{vmatrix}1 & x_i & y_i\\ 1 & x_j & y_j\\ 1 & x_m & y_m\end{vmatrix}$$

2　节点位移线性代数方程组

设节点总数为 n,则节点位移为 $2n$ 个。计算这些节点位移的线性代数方程由 $2n$ 个线性代数方程式组成。这些方程式可以用总势能对节点位移偏导数为零的办法导出,也可以用节点平衡条件导出。最终都写成下列矩阵形式:

$$[K]_{2n\times2n}\{\delta\}_{2n\times1}=\{P\}_{2n\times1}$$

其中节点位移单列矩阵为未知量(本书中以{ * }表示单列矩阵,* 为任意字母):

$$\{\delta\}_{2n\times1}=\begin{Bmatrix}u_1\\ v_1\\ u_2\\ v_2\\ \vdots\\ \vdots\\ u_n\\ v_n\end{Bmatrix}_{2n\times1}$$

节点载荷单列矩阵为已知量

$$\{P\}_{2n\times 1}=\begin{Bmatrix} X_1 \\ Y_1 \\ X_2 \\ Y_2 \\ \vdots \\ \vdots \\ X_n \\ Y_n \end{Bmatrix}$$

这里 X_r,Y_r 指的是作用于节点 r 的载荷沿坐标轴 ox,oy 方向的分量。

$[K]_{2n\times 2n}$为总刚度矩阵,一般化成 n^2 个 2×2 的子矩阵组合:

$$[K]_{2n\times 2n}=\begin{bmatrix} [K_{1-1}]_{2\times 2} & [K_{1-2}]_{2\times 2} & \cdots & [K_{1-n}]_{2\times 2} \\ \vdots & \cdots & [K_{r-s}]_{2\times 2} \cdots & \vdots \\ [K_{n-1}]_{2\times 2} & \cdots & \cdots & [K_{n-n}]_{2\times 2} \end{bmatrix}_{2n\times 2n}$$

其中各个子矩形$[K_{r-s}]_{2\times 2}$由第 r 个节点周围元素体的刚度子矩阵$[K_{r-s}]^e_{2\times 2}$叠加构成:

$$[K_{r-s}]_{2\times 2}=\sum_e [K_{r-s}]^e_{2\times 2}$$

具体构成办法后面再介绍。

所谓“元素体的刚度子矩阵”,其计算式如下:

$$[K_{r-s}]^e_{2\times 2}=\frac{t^e E}{4(1-\nu^2)\Delta^e}\begin{bmatrix} b_r b_s+\dfrac{1-\nu}{2}c_r c_s & \nu b_r c_s+\dfrac{1-\nu}{2}c_r b_s \\ \nu c_r b_s+\dfrac{1-\nu}{2}b_r c_s & c_r c_s+\dfrac{1-\nu}{2}b_r b_s \end{bmatrix}_{2\times 2}$$

其中 b,c 就是前面应力公式中所用的坐标差量;Δ^e 是元素体 e 的面积;t^e 是元素体 e 的厚度。r 和 s 对应于元素体 e 的节点号。一个元素体有三个节点 i,j,m,因此,将 r 和 s 轮流取 i,j,m 计算后,共计可得 9 个 2×2 的子矩阵:$[K_{i-i}]^e_{2\times 2}$,$[K_{i-j}]^e_{2\times 2}$,$[K_{i-m}]^e_{2\times 2}$,…,$[K_{m-m}]^e_{2\times 2}$,但实际计算只要算 6 个,因为$[K_{r-s}]^e_{2\times 2}=[K_{s-r}]^{eT}_{2\times 2}$(T 表示转置矩阵)。

3 构成子矩阵$[\boldsymbol{K}_{r-s}]_{2\times 2}$的办法

如何由元素体的刚度子矩阵构成总刚度矩阵的子矩阵$[K_{r-s}]_{2\times 2}$,目前有关书本上所介绍的扩大元素体刚度矩阵法以及逐点平衡列表法都比较繁难。我们归纳出如下两条规则,根据节点网格图计算$[K_{r-s}]_{2\times 2}$可能比较容易掌握。

第Ⅰ条 总刚度矩阵主对角线上的子矩阵$[K_{s-r}]_{2\times 2}$等于 r 号节点周围全部元素体的刚度子矩阵$[K_{r-r}]^e_{2\times 2}$之和。

第Ⅱ条 不在主对角线上的子矩阵$[K_{r-r}]_{2\times 2}$只有当 r 和 s 为相邻的节点编号时才不等于零,其他皆等于零。r 和 s 为相邻节点号时,$[K_{r-s}]_{2\times 2}$等于 $r-s$ 连接线两边元素体的刚度子矩阵$[K_{r-s}]^e_{2\times 2}$之和。

【例】 设有节点网格图如图 2 所示。

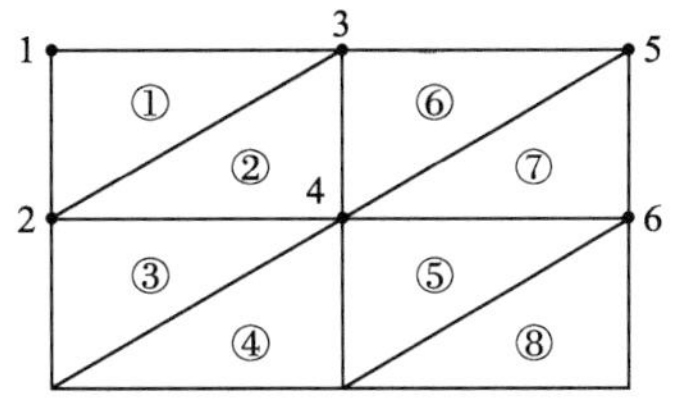

图 2

总刚度矩阵的子矩阵应为：

$$[K_{1-1}]_{2\times2}=[K_{1-1}]_{2\times2}^{①}$$

$$[K_{2-2}]_{2\times2}=\sum_{e=①,②,③}[K_{2-2}]^{e}$$

……………………………………

$$[K_{4-4}]_{2\times2}=\sum_{\substack{e=②,③,④\\⑤,⑥,⑦}}[K_{4-4}]_{2\times2}^{e}$$

……………………………………

……………………………………

$$[K_{1-2}]_{2\times2}=[K_{1-2}]_{2\times2}^{①}$$

$$[K_{1-3}]_{2\times2}=[K_{1-3}]_{2\times2}^{①}$$

$$[K_{1-4}]_{2\times2}=0$$

……………………………………

……………………………………

$$[K_{2-3}]_{2\times2}=\sum_{e=①,②}[K_{2-3}]_{2\times2}^{e}$$

$$[K_{2-4}]_{2\times2}=\sum_{e=②,③}[K_{2-4}]_{2\times2}^{e}$$

$$[K_{2-5}]_{2\times2}=0$$

……………………………………

三、计算方案和边界条件处理

12 V 190B 柴油机所用的主轴承盖，材料为 QT60 球墨铸铁（$E=1.7\times10^{6}$ kg/cm^{2}，$\nu=0.25$），如图 3 所示。它具有一个对称轴，左右立柱部分有螺孔，用大螺栓以 120 kg·m 的扭力矩预紧固定到机体上。满载运转时，主轴承盖所受危险载荷约为 15 t，方向在偏离对称轴线向右转 40°左右的斜角线上。

主轴承盖工作时内部存在两种应力：预紧应力和加载应力。总应力为二者之和。预紧应力在装配完成后不再变化。应力为疲劳应力。我们先按静载分别计算预紧应力和加载应力，叠加可得总应力。计算过程中不考虑冲击影响。在进行强度校核前，先根据静应力计算结果确定危险点地位，并算出曲轴旋转两周完成一个循环过程中危险点加载应力变化的最大值和最小值，确定循环特征系数。同时将加载应力乘以 1.5 作为冲击影响的补偿，最后综合预紧应力和加载应力进行疲劳强度校核。

由于主轴承盖底部有齿条，预紧力又很大，工作过程中底部与机体的连结点基本上没有相对位移。将机体对主轴承盖底部的约束当做固定端约束处理（略去机体的弹性影响）。

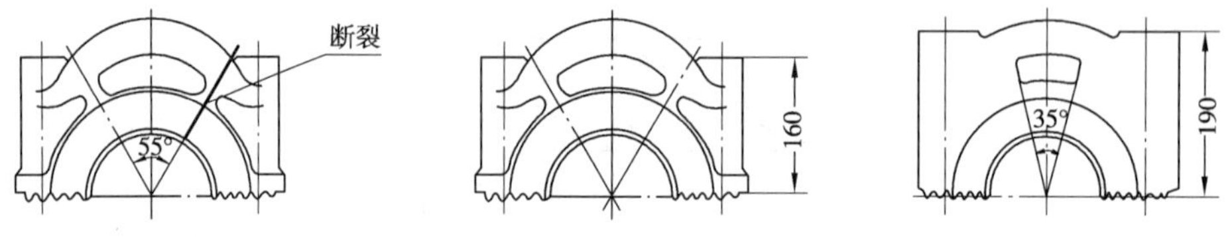

图 3

由于主轴承盖具有一个对称轴，预紧力又是对称的，因此只要将工作载荷分解为对称和反对称两部分，全部计算就可缩减到半个盖上进行，大大节省计算机的储存容量。但计算必须分三部分进行，总应力由三部分叠加而成(图 4)：

① 预紧应力。

② 对称加载应力。

③ 反对称加载应力。

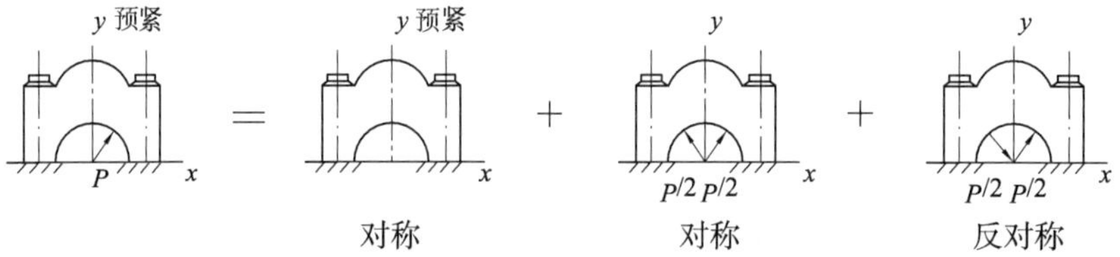

对称方程式：$u(x,y)=-u(-x,y)$

$v(x,y)=v(-x,y)$

反对称方程式：$u(x,y)=u(-x,y)$

$v(x,y)=-v(-x,y)$

图 4 总应力叠加示意图

我们选择右半边主轴承盖进行计算。三种情况的边界条件标注如图 5 所示。

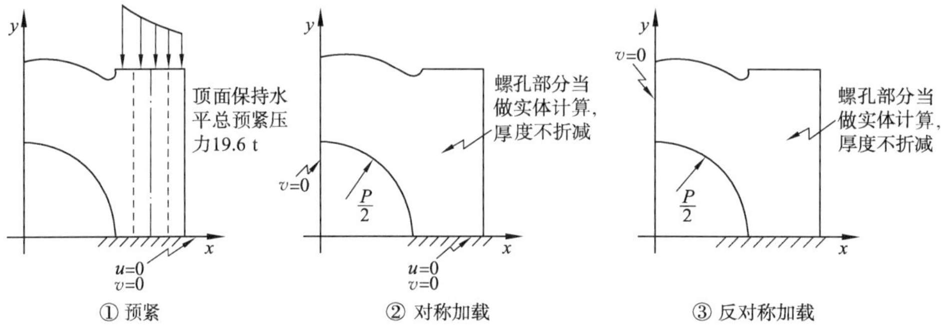

图 5

计算预紧应力时，螺母给立柱顶面的总预紧压力 V，是根据螺母的平衡条件，按预紧扭力矩 $M=120\ \mathrm{kg\cdot m}$ 算出的。其计算式如下：

$$V=\frac{M}{R\tan(\theta+\phi)+R_{cp}\tan\phi}$$

式中 θ——螺纹倾角；

ϕ——摩擦角；

R——螺母内半径；

R_{cp}——螺母底面的平均半径。

四、节点、网格和总刚度矩阵

我们在半个主轴承盖上共布置 95 个节点，154 个元素体(见附图 6)。上部节点较多，网格较细，下部节点较少，网格较粗。因为上部主要受拉，下部主要受压，同时根据本厂实践和维修经验，旧主轴承盖破坏都是由右上部凹角开始，顺半径线方向扩张，而后裂开，所以上部应力，特别是靠近凹角部分的应力，应作为主要矛盾考察。立柱部分网格较粗，因为那里受压，而且没有发生过破坏现象。

节点号码经过几次调整，相邻节点的最大差数为 15。

总刚度矩阵只按 92 个节点编排，因为盖底固定约束部分的三个节点其位移全为零，不需排入。总刚度矩阵的非零项都集中在主对角线两侧，约占全矩阵项(184×184)的 5%。

$[K]_{184\times184}=$

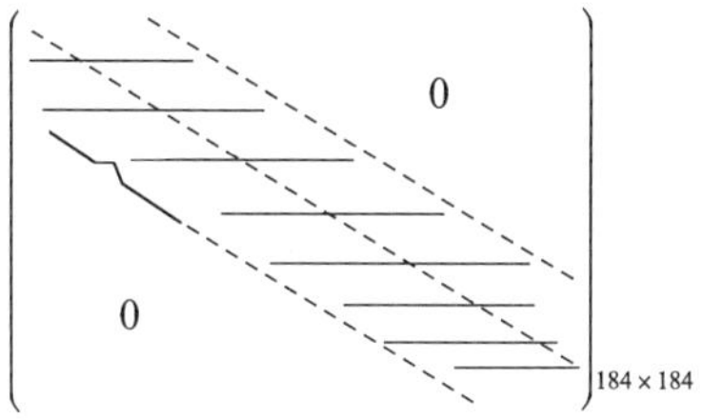

计算预紧应力时，$[K]_{184\times184}$ 中划去第 1，3，5，7，9，11，13，15(因 u 已知为零)和 160，180，182，184(因为 v 已给定)共 12 行，因为按边界条件所示情况，有 12 个节点位移值为已知或给定量。

同理，在计算对称加载应力时，划去第 1，3，5，7，9，11，13，15(因 u 已知为零)共 8 行。在计算反对称加载应力时划去第 2，4，6，8，10，12，14，16(因 v 已知为零)共 8 行。

各元素体的厚度基本上按照所在部位轴承盖的实际厚度给定。但立柱轴孔部分元素体的厚度，在计算预紧应力和加载应力时，其值有所不同，前者要折减，后者不折减。由于这个原因，总刚度矩阵要用两套。

五、应力计算结果整理

这里首先介绍一下载荷问题。主轴颈是通过润滑油层和轴瓦，以一定大小的接触面积，施加分布载荷于主轴承盖的。按主轴颈负荷图算出的最大载荷值 15 t 只是这些分布载荷的合力，可是到目前为止尚未弄清它的分布情况。我们曾经考虑假设一些分布方式，并且算出了在主轴承盖的内侧各节点上轮流施加 1 t 径向压力的七套应力数据，以便灵活处理分布载荷的应力计算问题。但这一工作由于根据不足，尚未进行。现在只整理出第 25 号节点处作用集中力 $P=15\times75\%=11.25(\mathrm{t})$ 的计算结果(取 75% 计算是对载荷分布性影响的粗略估计)。根据轴颈负荷图和在各节点加载时危险点应力变化的分析对比，这种状态下危险点应力最大。

整理结果时，各节点的应力由其周围元素体的应力平均算出。总应力由预紧和加载三套应力叠加算出。整个主轴承盖上计算各点总应力的叠加关系式如下(图 6)：

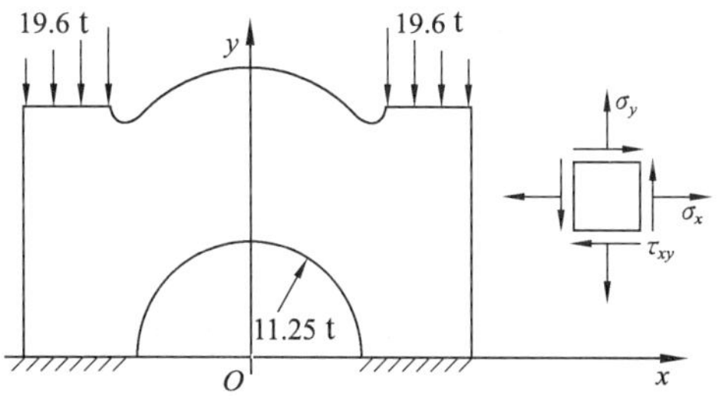

图 6

$x\geqslant 0$ 区间(即右半盖):

$$\overset{总}{\sigma_x}(x,y)=\overset{预}{\sigma_x}(x,y)+\overset{正}{\sigma_x}(x,y)+\overset{反}{\sigma_x}(x,y)$$

$$\overset{总}{\sigma_y}(x,y)=\overset{预}{\sigma_y}(x,y)+\overset{正}{\sigma_y}(x,y)+\overset{反}{\sigma_y}(x,y)$$

$$\overset{总}{\tau_{xy}}(x,y)=\overset{预}{\tau_{xy}}(x,y)+\overset{正}{\tau_{xy}}(x,y)+\overset{反}{\tau_{xy}}(x,y)$$

$x\leqslant 0$ 区间(即左半盖):

$$\overset{总}{\sigma_x}(x,y)=\overset{预}{\sigma_x}(-x,y)+\overset{正}{\sigma_x}(-x,y)-\overset{反}{\sigma_x}(-x,y)$$

$$\overset{总}{\sigma_y}(x,y)=\overset{预}{\sigma_y}(-x,y)+\overset{正}{\sigma_y}(-x,y)-\overset{反}{\sigma_y}(-x,y)$$

$$\overset{总}{\tau_{xy}}(x,y)=\overset{预}{\tau_{xy}}(-x,y)+\overset{正}{\tau_{xy}}(-x,y)-\overset{反}{\tau_{xy}}(-x,y)$$

各节点的主应力和主方向用应力图画出。

后面附图(附图 3、附图 4)所示为新旧两个主轴承盖的计算结果。图上只扼要给出了盖顶边缘和斜角线上各节点处的主应力数值和主平面方位。可以看出,沿外边缘各处方向基本上和边缘切线一致,这表明边界条件符合得还比较好。

危险点的确是在右上方凹角处,其主应力值如图 7 所示。

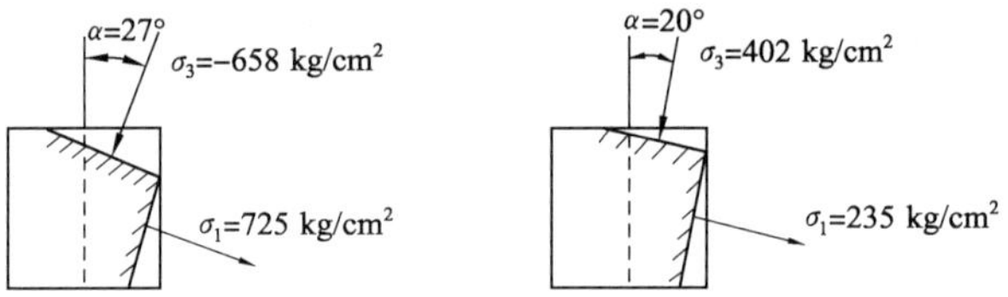

旧主轴承盖危险点应力及方位　　新主轴承盖危险点应力及方位

图 7

按第三强度理论,校核强度的相当应力为:

旧主轴承盖:$\sigma_{\mathrm{III}}=\sigma_1-\sigma_3=1\ 383\ \mathrm{kg/cm^2}$

新主轴承盖:$\sigma_{\mathrm{III}}=\sigma_1-\sigma_3=637\ \mathrm{kg/cm^2}$

在附图(附图 3、附图 4)上还绘出了沿盖顶边缘和沿斜角线上 σ_{III} 的分布曲线。结果表明,沿右边斜角线方向 σ_{III} 较大,所以断裂破坏总是在右边凹角处开始,而沿径向方向向内扩大和 Z12 V 190B 柴油机主轴承盖断裂实况相符。

六、主轴承盖强度校核

1 核算方法

主轴承盖危险点处于平面应力状态,具有不变的预紧力和重复变化的加载应力,而且加载应力带有一定的冲击性。这种情况强度如何核算,尚无现成办法可用。为了解决这一问题,我们采取以下几个措施:

① 以第三强度理论为出发点,将平面应力状态的强度核算问题转化为单向应力状态的

强度核算问题，即

$$\sigma_{Ⅲ}=\sigma_1-\sigma_3$$

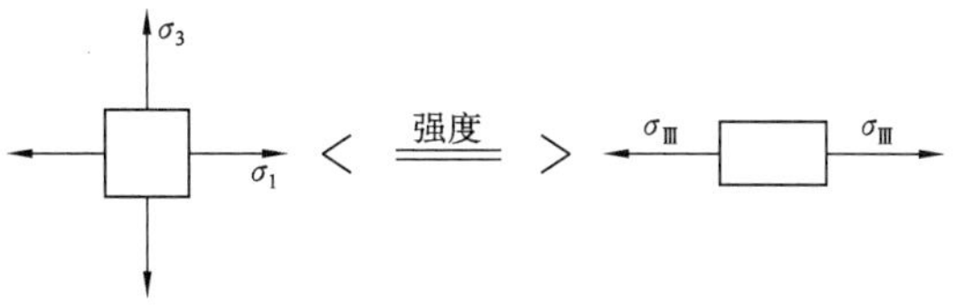

② 以预紧应力的 $\sigma_{Ⅲ预}$ 和加载应力的 $\sigma_{Ⅲ载}$ 两者之和代替总应力的 $\sigma_{Ⅲ}$。

当预紧应力和加载应力的主方向相同时，这种代替没有误差；主方向不同时，这种代替偏于保守。根据应力计算结果，旧盖危险点预紧应力和加载应力的主方向基本相同，只差 0.5°，新盖危险点预紧应力和加载应力主方向偏差 10°，因此这种代替引起的误差不大(2%)。

③ 加载应力的冲击性会使实际应力加大，但轴承盖与曲轴之间还有轴瓦和润滑油层缓冲，其冲击影响将小于实加载荷的冲击影响，故动荷系数应小于 2。我们采用 1.5，核算强度时用 $1.5\sigma_{Ⅲ载}$ 代替 $\sigma_{Ⅲ载}$ 作为冲击影响补偿。

④ 危险点加载应力的加载特征系数根据曲轴旋转二周时主应力变化的最高值和最低值(图 8)确定，即取：$\gamma=\dfrac{\sigma_{max}+\sigma_{min}}{\sigma_{max}-\sigma_{min}}$，其中 σ_{max} 及 σ_{min} 按代数值取。

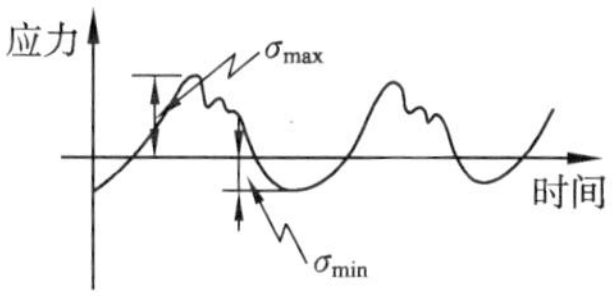

图 8

根据以上四个措施，主轴承盖危险点的强度核算问题可以引化如下：

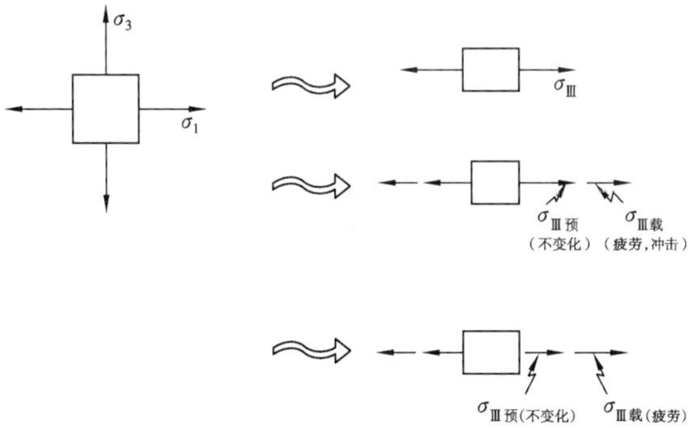

引化结果为具有预紧的单向疲劳强度问题。用(σ_a,σ_m)直角坐标图进行核算较为清楚。纵坐标 σ_a 代表应力振幅，横坐标 σ_m 代表应力平均值。根据材料的疲劳极限值 σ_{-1} 和屈服极限值 σ_s，取用适当安全系数 n_a 和 n_m，便可在图上划出强度安全区。然后根据 $\sigma_{Ⅲ预}$，$\sigma_{Ⅲ载}$ 和 γ 的数值，可在图上定出工作点，该点若在安全区内则强度安全，否则强度不安全。由图还可定出安全工作的极限点及其相应的工作载荷数值(详见附图 5)。

2　具体核算

主轴承盖所用材料为 QT60-2 球墨铸铁，它的屈服极限取 $\sigma_s=4\ 000\ \text{kg/cm}^2$，疲劳极限

σ_{-1}在一般手册上查不到。根据《球墨铸铁译文集》(沈阳铸造研究所情报研究室 1973 年 4 月出版)中查到的研究结果，按照所用材料的机械性能和工作状况，在其中选取了一个偏低的合适数值 $\sigma_{-1}=1\ 200\ \mathrm{kg/cm^2}$。

考虑到计算的粗略性，以及缺乏充足的实验结果，安全系数 n_a 和 n_m 都取得稍大一些。我们取 $n_a=3$，$n_m=2$。

按照 $\sigma_{-1}=1\ 200\ \mathrm{kg/cm^2}$，$\sigma_s=4\ 000\ \mathrm{kg/cm^2}$，$n_a=3$，$n_m=2$ 等数据，在(σ_a，σ_m)核算中划出了强度安全区，并以阴格标注该区。

新旧两盖危险点的预紧应力和加载应力计算结果详见附图 1、附图 2 所示。核算强度所需的数值如下：

$$\text{旧盖：}\sigma_{\text{Ⅲ预}}=1\ 050\ \mathrm{kg/cm^2},\quad \sigma_{\text{Ⅲ载}}=350\ \mathrm{kg/cm^2}$$

$$\text{新盖：}\sigma_{\text{Ⅲ预}}=500\ \mathrm{kg/cm^2},\quad \sigma_{\text{Ⅲ载}}=150\ \mathrm{kg/cm^2}$$

新旧两盖加载应力的加载特征系数为：

$$\text{旧盖：}\gamma=(410+68)/(410-68)=1.41$$

$$\text{新盖：}\gamma=(162+29)/(162-29)=1.46$$

由这些数据可在核算图上定出新旧两盖的工作点和安全极限点(附图 5)。作法很简单，以新盖为例说明：先在 σ_m 轴上取 $\sigma_m=\sigma_{\text{Ⅲ预}}=500\ \mathrm{kg/cm^2}$ 得 A 点，再取 $\sigma_m=\sigma_{\text{Ⅲ}}+1.5\sigma_{\text{Ⅲ载}}=500+225=725(\mathrm{kg/cm^2})$得 B 点。然后，由 A 点作斜率为 $\tan\theta=\gamma=1.46$ 的斜直线(即加载线)，由 B 点作斜率为 $\tan\theta=-1$ 的斜直线(即等应力线)，这两条斜直线的交点 C 就是新盖危险点的工作点。加载线与安全区边界的交点 D 为新盖安全工作的极限点，它所对应的载荷值可由$\overline{AD}$与$\overline{AC}$线段长度的比例算出：

$$P_{\text{极限}}=15\times\frac{\overline{AD}}{\overline{AC}}=29(\mathrm{t})$$

这表明新盖还可以承受更大的载荷，具有潜力，允许进一步提高柴油机功率。

同样做法在核算图上定出了旧盖的工作点和安全极限点。工作点在安全区以外，表明旧盖承受 15 t 载荷时强度不安全。旧盖安全极限点所对应的载荷为 8.2 t，如果将载荷减低至 8.2 t 以下，则旧盖仍可安全工作。这和目前旧盖工作的实验结果及使用情况基本上相符合。

若令对应工作点的载荷为 P，对应于安全极限点的载荷为 $P_{\text{极}}$，称后者与前者之比值为加载安全系数 $n_{\text{载}}$，即

$$n_{\text{载}}=\frac{P_{\text{极}}}{P}$$

则轴承盖的强度安全条件还可表示为：

$$n_{\text{载}}\geqslant 1$$

由核算图几何关系不难求出下列计算式：

$$n_{载}=\left(1+\frac{1}{\gamma}\right)\cdot\frac{[\sigma_{-1}]}{\beta\sigma_{Ⅲ载}}\cdot\frac{1-\dfrac{\sigma_{Ⅲ预}}{[\sigma_s]}}{1+\dfrac{[\sigma_{-1}]}{\gamma[\sigma_s]}}$$

式中，β 代表补偿冲击影响的动荷系数，这里取为 1.5。由此式可得新盖的加载安全系数为 $n_{载}=1.97$，旧盖的加载安全系数为 $n_{载}=0.542$。故前者安全，后者不安全。对应于安全极限点的载荷分别为：$1.97\times15=29.5$(t)和 $0.542\times15=8.2$(t)，和核算图上看出的结果一样。

由核算图或者 $n_{载}$ 的计算式皆可看出，如果适当减低预紧应力，则 $n_{载}$ 和 $P_{极}$ 可得到提高。以旧盖为例，如果将预紧力矩由 120 kg·m 降低为 90 kg·m，则 $n_{载}=0.692$，$P_{极}=10.4$ t，旧盖的强度可获得不少的提高。按预紧和加载计算资料分析，使用 90 kg·m 预紧力矩时，轴承盖与机体的锯齿啮合面仍然能压紧，不会出现跳离现象。

限于水平，以上各方面的计算和分析难免有许多错误和不妥之处，仅供参考。希望获得有关单位的指正和批评。

附　图

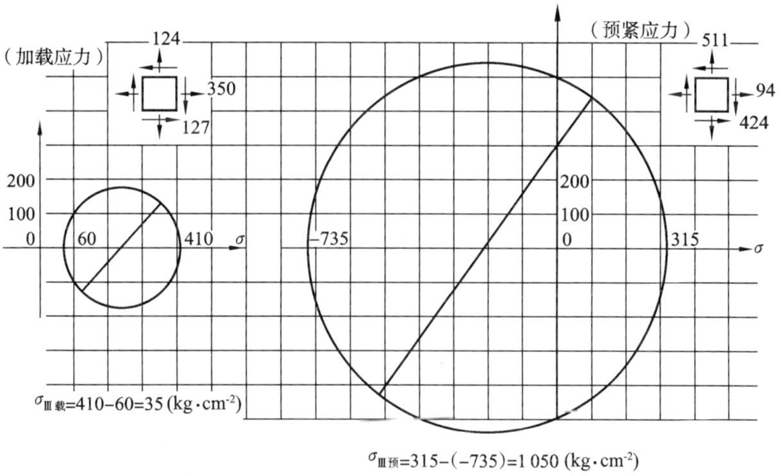

附图 1　旧盖危险点 $\sigma_{Ⅲ}$ 计算

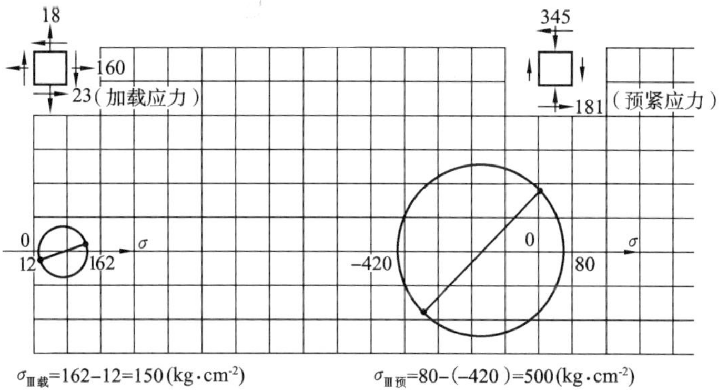

附图 2　新盖危险点 $\sigma_{Ⅲ}$ 计算

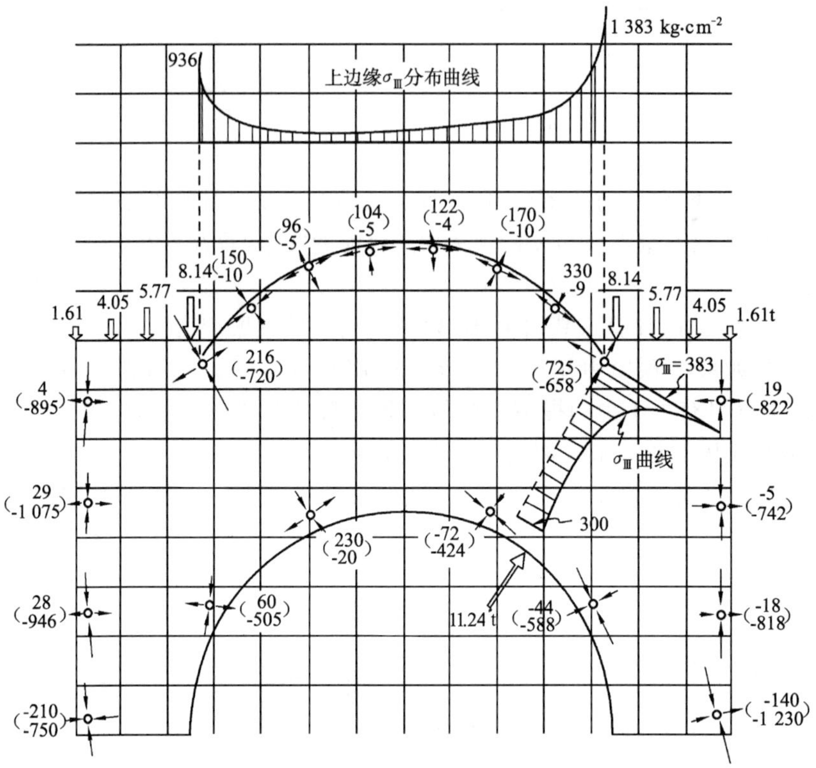

附图 3 旧盖应力图

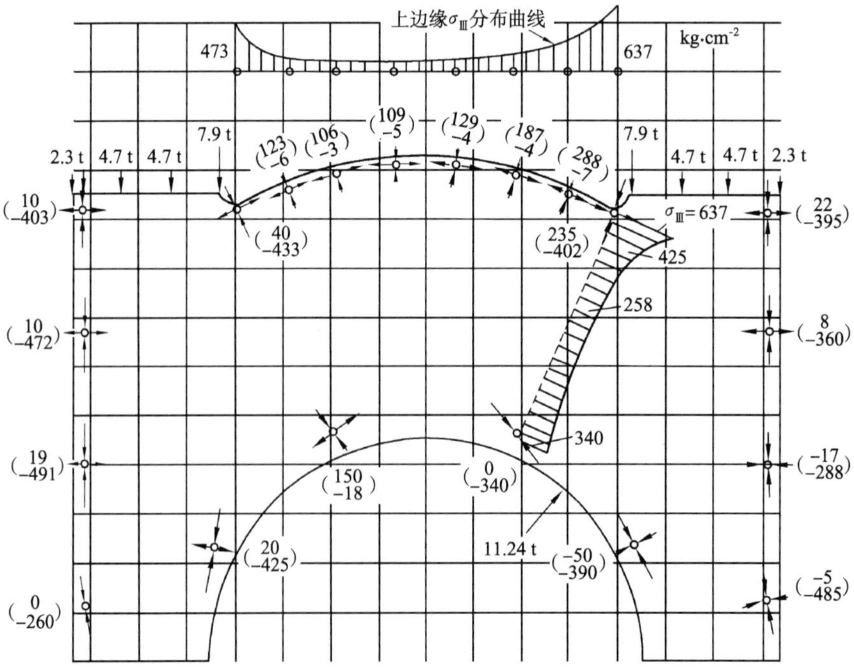

附图 4 新盖应力图

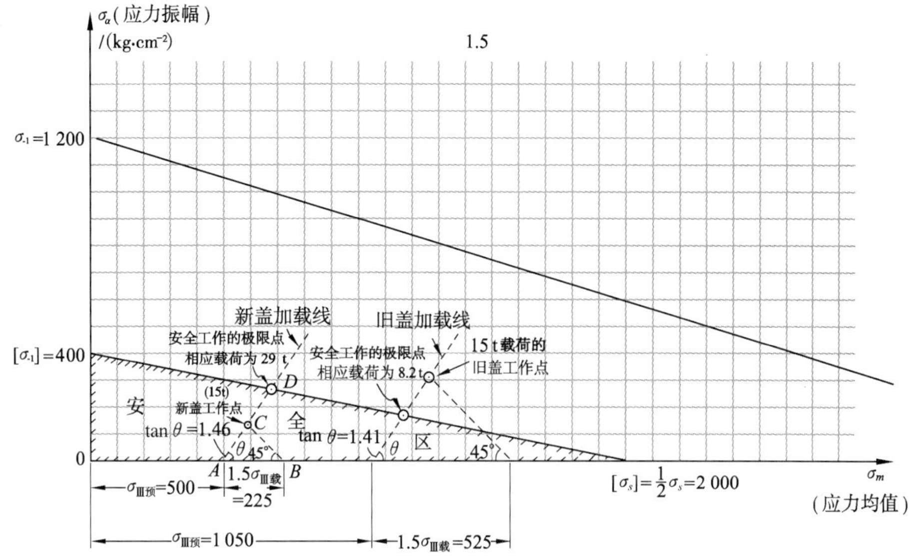

附图 5　主轴承盖强度校核图

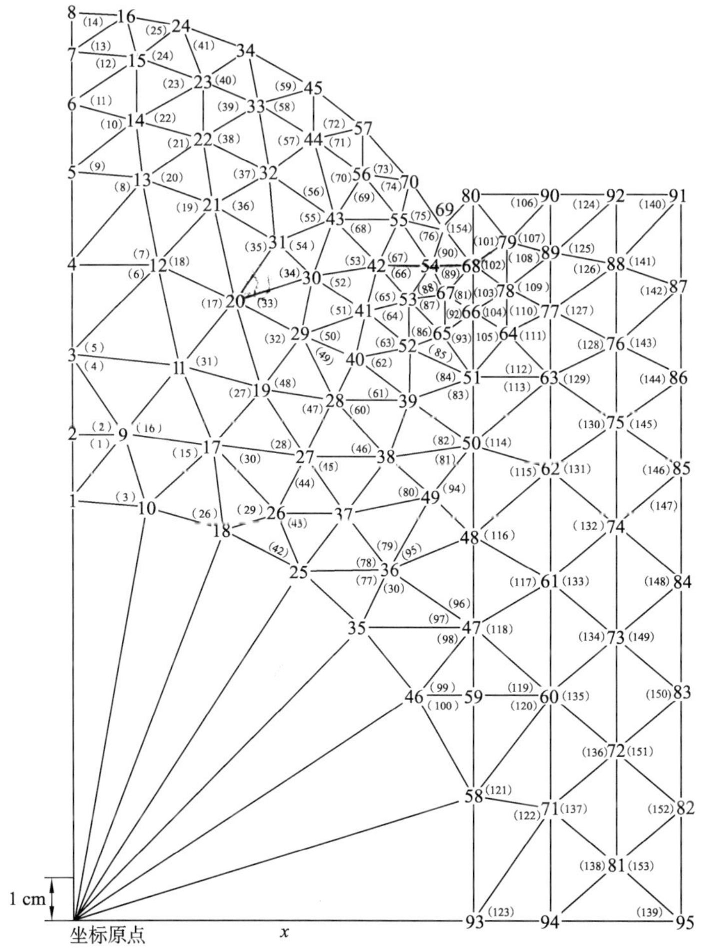

附图 6　12 V 190B 柴油机主轴承盖元素体分割及节点编号图

第二部分 埋地长输管道强度理论及试验研究

◆ 弯管在内压作用下的应力(薄壁弯头强度计算材料之一)

(发表于《华东石油学院科技通讯》1976 年第 4 期)

◆ 弯头的平面弹性弯曲(薄壁弯头强度计算材料之二)

(发表于《华东石油学院科技通讯》1976 年第 4 期)

◆ 大口径的 90°弯头强度试验研究

(发表于《华东石油学院学报》1977 年第 2 期)

◆ ϕ720 毫米 45°弯头强度试验研究

(发表于《华东石油学院学报》1978 年第 2 期)

◆ 有限单元法计算薄壁弯头应力

(发表于《华东石油学院学报》1978 年第 1 期)

◆ 薄壁弯头塑性破坏的极限弯矩问题

(发表于《华东石油学院学报》1978 年第 2 期)

◆ 埋地热输管线应力和位移测试

(发表于《华东石油学院学报》1978 年第 3 期)

◆ 埋地长输管道水平弯头的升温载荷近似分析

(发表于《华东石油学院学报》1978 年第 2 期)

◆ 锚固墩的推力和位移分析

(发表于《华东石油学院学报》1979 年第 2 期)

◆ 埋地长输管道水平弯头升温载荷的进一步分析(弹性抗弯铰模型校核之一)

(发表于《华东石油学院学报》1980 年第 1 期)

◆ 埋地长输管道纵向弯头温度内力的近似分析

(发表于《华东石油学院学报》1980 年第 2 期)

◆ 埋地长输管道两臂不对称纵向弯头的温度内力近似分析

(发表于《华东石油学院学报》1980 年第 2 期)

◆ **埋地长输管道全线热胀强度问题的分割计算法**

(发表于《华东石油学院学报》1981 年第 1 期)

◆ **埋地管道试验研究**

(《埋地热输管线的强度研究成果报告》,1980)

◆ **"L"形及"Z"形直埋热力管道的内力计算(兼谈 SAP 4 程序中边界元的性质和使用方法)**

(发表于《华东石油学院学报》1981 年第 3 期)

◆ **埋地长输管道热胀内力近似分析**

(发表于《力学学报》1984 年第 16 卷第 1 期)

◆ **对关于埋地长输管道水平弯头升温载荷下的计算问题两篇商榷的几点认识**

(发表于《油气储运》1988 年第 7 卷第 2 期)

◆ **埋地热输管道锚固段弹塑性变形分析及安定性条件研究**

(发表于《油气储运》1989 年第 8 卷第 1 期)

◆ **埋地热输管线锚固段弹塑性变形及安定性条件模拟试验**

(发表于《油气储运》1989 年第 8 卷第 5 期)

◆ **埋地热输管道结构分析及固定墩优化设计系列程序简介**

(发表于《油气储运》1989 年第 8 卷第 2 期)

◆ **埋地热输管线固定墩选形试验研究**

(发表于《石油大学学报(自然科学版)》1990 年第 14 卷第 1 期)

◆ **埋地原油热输管线中混凝土固定墩的优化设计**

(发表于《石油学报》1990 年第 11 卷第 1 期)

◆ **APPROXIMATE ANALYSIS OF THERMAL STRENGTH OF BURIED PIPELINE FOR HEATING TRANSPORTATION**

(《Proceedings of the International Symposium on Structural Technique of Pipeline Engineering》, 1992)

◆ **LOAD ANALYSIS AND OPTIMUM DESIGN OF CONCRETE ANCHORAGE PIER IN BURIED PIPELINE FOR HEATING TRANSPORTATION**

(《Proceedings of the International Symposium on Structural Technique of Pipeline Engineering》, 1992)

弯管在内压作用下的应力

（薄壁弯头强度计算材料之一）

华东石油学院力学实验室

弯管在内压作用下，内凹点的切向应力（环向应力）比同管径、同壁厚的直管在同样内压作用下的切向应力要大。通常设计主要受内压作用的弯管时，根据这两个应力的比值适当地增加弯管的壁厚。威尔布尔（W. E. Wilbur）在美国杂志《管道工业》(Pipeline Industry) 1963 年 2 月号上发表了一篇文章，叫做分析管道的应力（analyzing pipeline stresses）。其中有一部分分析了弯管在内压作用下的应力（见附录），得到了计算弯管内凹点和其他三点切向应力的公式。有些油田设计单位在设计弯管壁厚时，常常应用它的结果，并称之为威尔布尔公式。这个公式实际上是错误的。本文主要说明它的错误所在，并应用威尔布尔所采用的分割弯管的方法，推导出环管公式。这个环管公式由薄壳理论很容易得到[1-2]。它是计算在内压作用下，薄壁环管和弯管上各点的切向应力的较正确公式。

取夹角为 θ 的弯管连同其中的高压气体作为分析受力的对象（图 1）。图 1 中 C 为弯管中心线的半径，r 为弯管的内半径，t 为弯管的壁厚，p 为管中气体的压力。这一段弯管的两端受气体压力 p 作用，每端所受的力为 $p\pi r^2$。两端气体压力的合力（图 2）为

$$T=2p\pi r^2\sin\frac{\theta}{2}$$

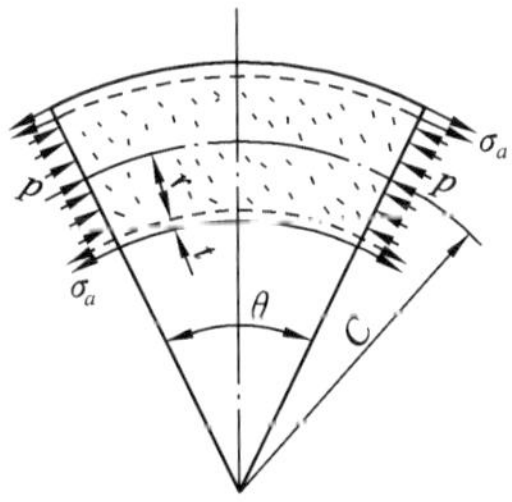

图 1

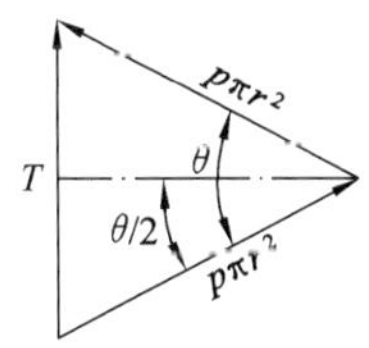

图 2

只要想一想就能够知道，如果只有合力 T，即只有两端的气体压力作用于这一段弯管上，这一段弯管是不能平衡的。因为我们分析时，假定这一段弯管没有受其他外界物体的约束，平衡合力 T 的力只可能是作用于两端管壁上的轴向应力 σ_a 的合力，如图 1。威尔布尔的主要错误就在于没有全面进行受力分析，没有考虑到轴向应力的存在。

通常输油气管道的壁厚 t 相对于管道的半径来说是很小的，即 $t\ll r$。在管线中，由直管的边缘效应在弯管上引起的弯曲应力，只是局部的。因此，我们可以合理地假设在弯管两端截面上各点的轴向应力是一常数。于是，由平衡原理，有

$$2\pi rt\sigma_a=p\pi r^2$$

由此得

$$\sigma_a = \frac{pr}{2t} \tag{1}$$

这个公式与薄壳理论中所得的完全一样。

现在，取夹角为 $d\theta$ 的微弯管进行分析，它的受力情况如图 3 所示。选取 xoy 坐标系，以坐标 φ 决定微弯管上任意点 M 的位置，φ 角自 x 轴正向算起，以反时针方向为正。作用于 M 点附近微圆弧面上的气体压力为

$$p[rd\varphi(C+r\sin\varphi)d\theta]$$

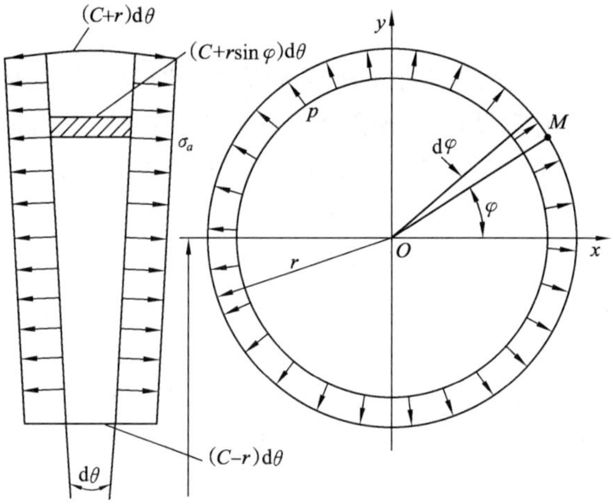

图 3

此力在 y 轴方向分力的大小为

$$prd\varphi(C+r\sin\varphi)d\theta\sin\varphi$$

作用于上半微弯管上（x 轴以上部分）的气体压力沿 y 轴的分力为

$$R_1 = prd\theta\int_0^{\pi}(C+r\sin\varphi)\sin\varphi d\varphi = prd\theta\left(2C+\frac{\pi r}{2}\right) \tag{2}$$

此力指向 y 轴的正向。类似地可以求出作用于下半微弯管上的气体压力沿 y 轴方向的分力为

$$R_2 = prd\theta\left(2C-\frac{\pi r}{2}\right) \tag{3}$$

此力指向 y 轴的负向。因为微弯管对称于 y 轴，作用于其上的气体压力沿 x 轴的分力相互平衡。由(2)、(3)式可以看出，如果微弯管上只作用了气体压力，则它在 y 轴方向是不平衡的。只有承认轴向应力的存在，这个矛盾才可以解决。

作用于 M 点附近微圆弧两端截面上的轴向应力之和都等于 $trd\varphi\sigma$。这两个力的合力的大小为

$$2trd\varphi\sigma_a\sin\frac{d\theta}{2}\approx trd\varphi\sigma_a d\theta \tag{4}$$

此力指向 y 轴的负向。将(1)式代入上式，得合力的大小为

$$\frac{pr^2}{2}d\theta d\varphi \tag{4$'$}$$

此力指向 y 轴的负向。作用于上半微弯管上的轴向应力的合力为

$$R_3=\frac{pr^2}{2}\mathrm{d}\theta\int_0^{\pi}\mathrm{d}\varphi=\frac{p\pi r^2}{2}\mathrm{d}\theta \tag{5}$$

此力也指向 y 轴的负向。类似地可求出作用于下半微弯管上的轴向应力的合力为

$$R_4=\frac{p\pi r^2}{2}\mathrm{d}\theta \tag{6}$$

此力也指向 y 轴的负向。作用于整个微弯管上的轴向应力的合力为

$$R=R_3+R_4=p\pi r^2\mathrm{d}\theta \tag{7}$$

显然，此力也指向 y 轴的负向。不难看出，(2)、(3)、(7)式中三力的代数和等于零，这说明作用于微弯管上的气体压力和轴向应力在 y 轴方向的分力相互平衡。

为了求 $\varphi=0°$ 和 $\varphi=180°$ 点的切向应力，我们可以取上半微弯管或下半微弯管为研究对象，进行受力分析，写出平衡方程。因为微弯管的受力和几何形状都对称于 y 轴，$\varphi=0°$ 和 $\varphi=180°$ 点的切向应力显然是相同的，都以 σ_t 表示。以合力代替分布的气体压力和轴向应力，上半微弯管和下半微弯管的受力图分别如图 4 和图 5 所示。图中 F 为作用于 $\varphi=0°$ 和 $\varphi=180°$ 截面上的力，它等于切向应力 σ_t 乘以横截面面积 $Ct\mathrm{d}\theta$。现在，对上半微弯管或下半微弯管写出平衡方程，都可得到切向应力为

$$\sigma_t=\frac{pr}{t} \tag{8}$$

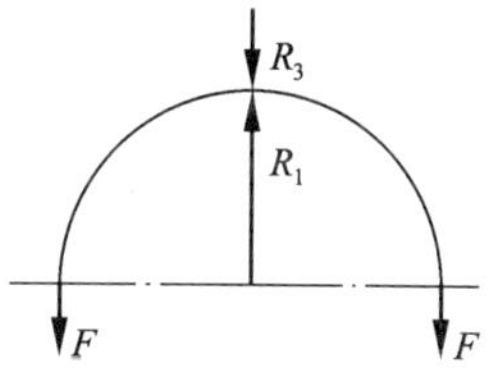

图 4

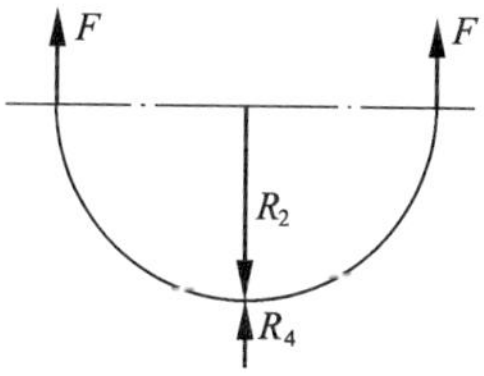

图 5

威尔布尔没有考虑轴向应力的存在，只能说“引起切向应力的载荷只可能是在 xx 轴下的载荷，即 $pr\mathrm{d}\theta\left(2C-\frac{\pi r}{2}\right)$”，这显然是不对的。

为了求出内凹点($\varphi=-90°$)和外凸点($\varphi=90°$)的切向应力，取右半微弯管为研究对象，它的受力图如图 6 所示。

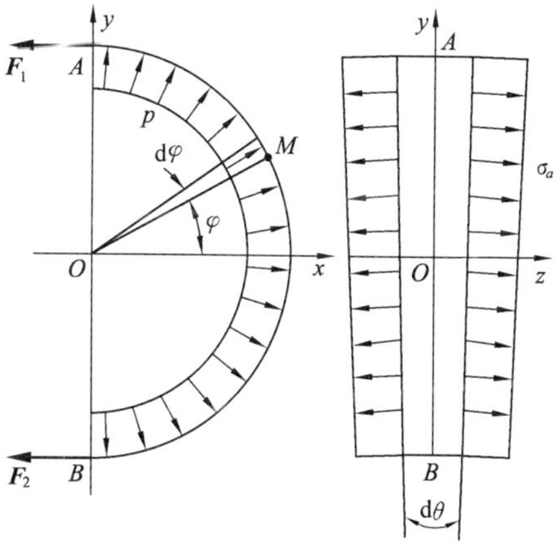

图 6

图 6 中拉力为

$$F_1=t(C+r)\mathrm{d}\theta\sigma_{t1}$$
$$F_2=t(C-r)\mathrm{d}\theta\sigma_{t2}$$

式中，σ_{t1} 和 σ_{t2} 分别为外凸和内凹点的切向应力。我们已知，作用于 M 点附近微圆弧面上的气体压力的大小为

$$pr(C+r\sin\varphi)\mathrm{d}\theta\mathrm{d}\varphi$$

这个力沿半径 OM 方向，指向外。作用于 M 点附近微圆弧两端截面上的轴向应力的合力为

$$2tr\mathrm{d}\varphi\sigma_a\sin\frac{\mathrm{d}\theta}{2}\approx\frac{pr^2}{2}\mathrm{d}\theta\mathrm{d}\varphi$$

这个力沿 y 轴方向，指向外。因此，这两个力对 A 点的力矩为

$$pr^2\left(C-\frac{r}{2}+r\sin\varphi\right)\cos\varphi\mathrm{d}\theta\mathrm{d}\varphi$$

整个右半微弯管上的气体压力和轴向应力对 A 点的力矩为

$$\int_{-\frac{\pi}{2}}^{\frac{\pi}{2}}pr^2\left(C-\frac{r}{2}+r\sin\varphi\right)\cos\varphi\mathrm{d}\theta\mathrm{d}\varphi=pr^2\mathrm{d}\theta(2C-r)$$

F_2 力对 A 点的力矩必须与气体压力和轴向应力对 A 点的力矩相平衡，即

$$pr^2\mathrm{d}\theta(2C-r)=t(C-r)\mathrm{d}\theta\sigma_{t2}\cdot 2r$$

由上式得内凹点的切向应力

$$\sigma_{t2}=\frac{pr}{t}\cdot\frac{2C-r}{2(C-r)}\tag{9}$$

类似地，对 B 点写出力矩方程，可得外凸点的切向应力

$$\sigma_{t1}=\frac{pr}{t}\cdot\frac{2C+r}{2(C+r)}\tag{10}$$

威尔布尔既不考虑轴向应力，又不考虑气体压力在垂直方向分力的作用，当然得出错误的结论。

事实上，取图 3 中所示的微弯管的一部分，画出受力图，如图 7 所示。写出平衡方程，就可以推导出环管公式。图 7 中，F_φ 为作用于 φ 截面上的力，显然

$$F_\varphi=t(C+r\sin\varphi)\mathrm{d}\theta\sigma_{t\varphi}$$

式中，$\sigma_{t\varphi}$ 为 φ 截面上任一点的切向应力。现在，写出各力在 x 轴上的投影方程，得

$$t(C+r\sin\varphi)\mathrm{d}\theta\sigma_{t\varphi}\sin\varphi+\int_0^{\varphi}p(C+r\sin\varphi)\cos\varphi\mathrm{d}\theta\mathrm{d}\varphi=0$$

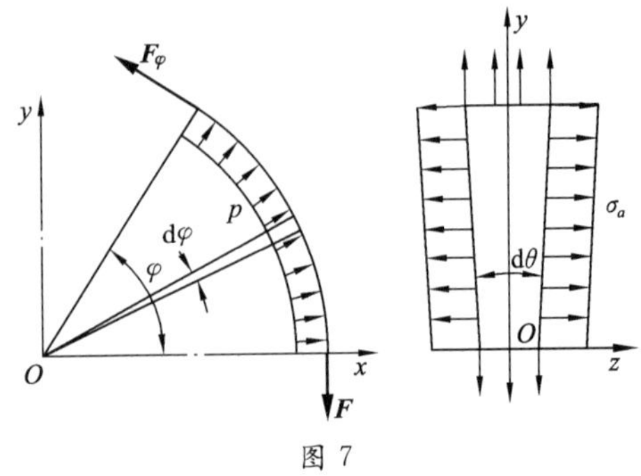

图 7

由上式即可得到

$$\sigma_{t\varphi}=\frac{pr}{t}\cdot\frac{2C+r\sin\varphi}{2(C+r\sin\varphi)}\tag{11}$$

这就是环管公式。

以 $\varphi=0°$ 或 $\varphi=180°$ 代入(11)式所得的切向应力就是(8)式所表示的切向应力。同样地，以 $\varphi=-90°$ 和 $\varphi=90°$ 代入(11)式，当然就得到分别如(9)和(10)式所表示的内凹点和外凸点的切向应力。根据(11)式所画出的切向应力随 φ 角变化的规律如图 8 中阴影线所示，而直管的切向应力在图中为一圆。可以看出，弯管内凹点($\varphi=-90°$)的切向应力最大。这个应力比直管的切向应力 pr/t 增大的倍数通常称为在内压作用下弯管的应力增强系数，以 m 表示为

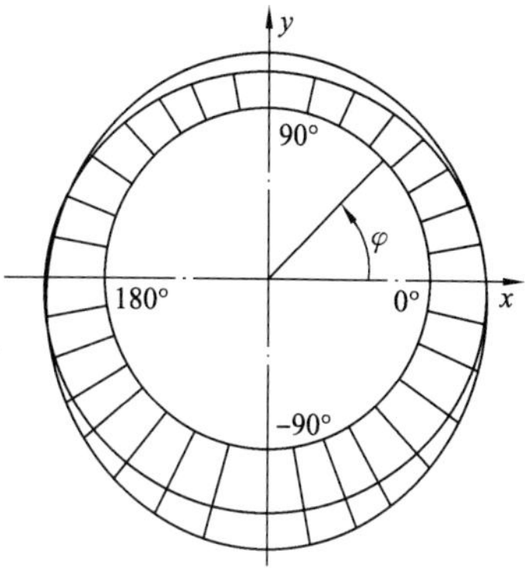

图 8

$$m=\frac{2C-r}{2(C-r)}=\frac{2\dfrac{C}{r}-1}{2\left(\dfrac{C}{r}-1\right)} \tag{12}$$

此应力增强系数是弯管中心线的半径 C 与弯管内半径 r 的比值 C/r 的函数。比值 C/r 愈大，则应力增强系数愈小。因此，如不被其他条件所限制，应当采用比值 C/r 较大的弯管。应力增强系数随比值 C/r 的变化规律如表 1 所示。

表 1 应力增强系数表

C/r	4	5	6	8	10	16
m	1.167	1.125	1.10	1.07	1.055	1.033

附 录 威尔布尔公式的推导方法

两端点力 pA 的合力(图 9)为

$$T=2pA\sin\frac{\theta}{2}=2p\pi r^2\sin\frac{\theta}{2}$$

取弯管的微段分析(图 10)作用于 M 点微段上的总压力为

$$pr\mathrm{d}\varphi(C+r\sin\varphi)\mathrm{d}\theta$$

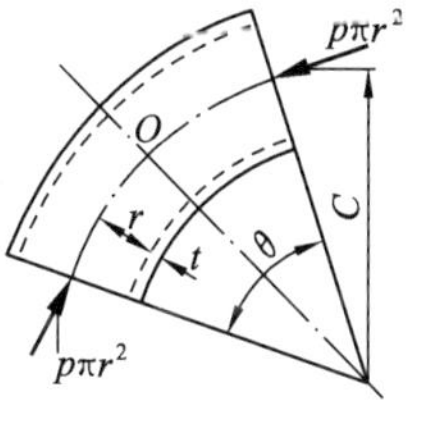

图 9

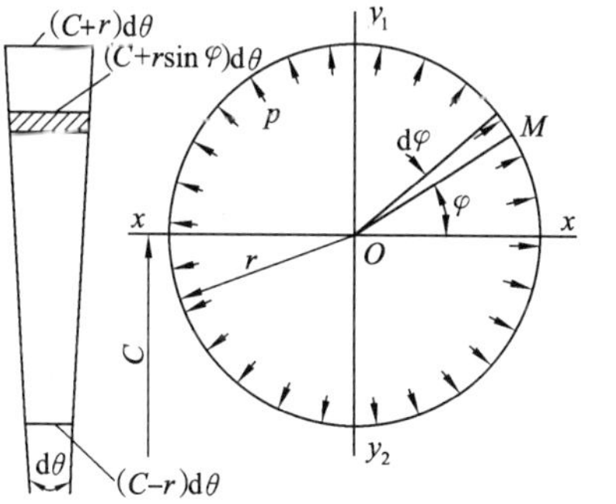

图 10

它在垂直于 xx 轴方向的分力为

$$pr\mathrm{d}\varphi(C+r\sin\varphi)\mathrm{d}\theta\sin\varphi$$

在 xx 轴以上部分，这些分力之和为

$$pr\mathrm{d}\theta\int_0^{\pi}(C+r\sin\varphi)\sin\varphi\mathrm{d}\varphi=pr\mathrm{d}\theta\left(2C+\frac{\pi r}{2}\right)$$

类似地，可求出 xx 轴以下部分在垂直于 xx 轴方向的分力为

$$pr\mathrm{d}\theta\left(2C-\frac{\pi r}{2}\right)$$

平行于 xx 轴方向的分力和相互平衡。

在微段上不平衡力之差为

$$pr\mathrm{d}\theta\left[\left(2C+\frac{\pi r}{2}\right)-\left(2C-\frac{\pi r}{2}\right)\right]=p\pi r^2\,\mathrm{d}\theta$$

整个弯头上的不平衡力为

$$p\pi r^2\int_{-\theta/2}^{\theta/2}\cos\theta\mathrm{d}\theta=2p\pi r^2\sin\frac{\theta}{2}=T$$

切向应力分析如下：

直管的切向应力基本上是 $S=\frac{pr}{t}$。

在 xx 截面上，引起切向应力的载荷只可能是在 xx 轴下的载荷，即 $pr\mathrm{d}\theta\left(2C-\frac{\pi r}{2}\right)$，因此应力为

$$\frac{pr\mathrm{d}\theta\left(2C-\frac{\pi r}{2}\right)}{2Ct\mathrm{d}\theta}=\frac{pr}{t}\left(1-\frac{\pi r}{4C}\right)$$

小于直管的切向应力。

在 y_1y_2 截面上，载荷是不对称的，在 y_1 的拉力大于在 y_2 的拉力。

对于 M 点，载荷垂直于 y_1y_2 轴的分力为 $pr\mathrm{d}\varphi(C+r\sin\varphi)\mathrm{d}\theta\cos\varphi$。根据杠杆原理，在 y_1 的反作用力为

$$pr\mathrm{d}\varphi(C+r\sin\varphi)\mathrm{d}\theta\cos\varphi\left(\frac{r+r\sin\varphi}{2r}\right)$$

总反作用力为

$$\int_{-\frac{\pi}{2}}^{\frac{\pi}{2}}pr\mathrm{d}\varphi(C+r\sin\varphi)\mathrm{d}\theta\cos\varphi\left(\frac{r+r\sin\varphi}{2r}\right)=pr\mathrm{d}\theta\left(C+\frac{r}{3}\right)$$

在 y_1 点的切向应力为

$$\frac{pr\mathrm{d}\theta\left(C+\frac{r}{3}\right)}{(C+r)t\mathrm{d}\theta}=\frac{pr}{t}\cdot\frac{C+\frac{r}{3}}{C+r}$$

小于直管的切向应力。

类似地，可求出在 y_2 点的总反作用力为 $pr\mathrm{d}\theta\left(C-\frac{r}{3}\right)$和切向应力为

$$\frac{pr\mathrm{d}\theta\left(C-\frac{r}{3}\right)}{(C-r)t\mathrm{d}\theta}=\frac{Pr}{t}\cdot\frac{C-\frac{r}{3}}{C-r}$$，大于直管的切向应力。

参考文献

[1] W. Flügge. Stresses in shells. Znd Ed, 1973: 30

[2] S. Timoshenko. Strength of Materials, part Ⅱ. Znd Ed, 1941:164

弯头的平面弹性弯曲

（薄壁弯头强度计算材料之二）

华东石油学院力学实验室

薄壁弯头在工业上广泛应用，各种流体输送管道，如石油及天然气长输管道，炼厂和化工厂油气输送管道，以及动力系统的蒸气输送管道等，都使用薄壁弯头。

弯头的刚度和强度问题在管道设计中相当重要。弯头在实际工作情况下承载较为复杂，除去管内的流体压力外，还有温差引起的弯曲载荷，如果管道埋在地下，则还有土壤压力和摩擦力等载荷。

在这份材料里，只扼要介绍弯头平面弯曲的基础知识，供有关人员参考。最后摘要介绍一些国内外文献资料，并总结出一些有关应力最大值及截面扁平率的简易计算公式，提供厂矿设计参考。

薄壁弯头是双曲壳体。分析弯头问题有两种途径，一种是从薄壳理论微分方程入手，另一种是从能量法近似分析入手。工程上采用的多为后一种。这里也只介绍后一种。

薄壁弯头弯曲变形的重要特点为横截面产生扁平现象，环向也有弯曲。为讲清这方面的内容，本材料先介绍薄壁圆环弯曲的几何分析，然后介绍薄壁弯头的弯曲问题。

一、薄壁圆环平面变形分析

1　变形特点和计算方法

薄壁柔软，很易产生弯曲变形，因而除去极对称的载荷外，在一般平面载荷作用下，薄壁圆环的变形主要为弯曲。外载使圆环变形时所付出的能量主要转化为圆环的弯曲变形能。

既然如此，圆环的每一小段皆可当成矩形截面的曲梁处理。弯曲应力的中性轴与截面中线重合，弯曲应力的大小沿壁厚呈直线分布(参看图1)。圆环各点的位移与变形都可以根据圆环中线的位置决定，和材料力学中所讲的情况一样。但是，由于圆环的中线是曲线，有关转角及曲率增量等计算皆比直梁复杂些。

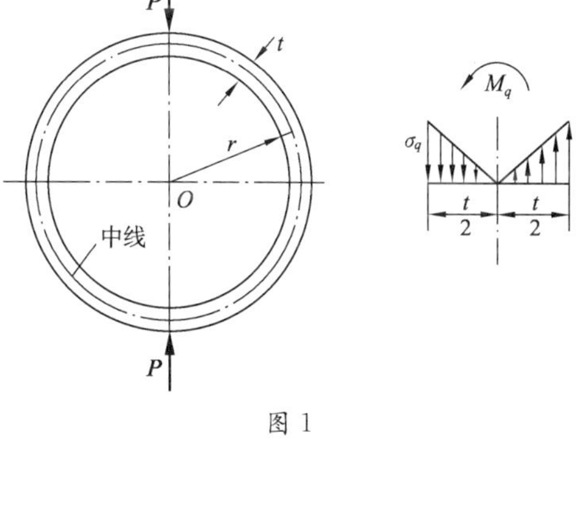

图 1

2 薄壁圆环中线的位移关系

参看图 2，设任意点 A 的位移为向量 $\boldsymbol{w}$，可用两套坐标系描写该向量 $\boldsymbol{w}$ 的大小：一是固定的总体坐标系 xoy，原点在圆心；另一是局部坐标系 rAt，原点在 A，$\overline{Ar}$轴沿圆环的法线方向，$\overline{At}$沿圆环的反时针切线方向。设在 xoy 坐标系中 $\boldsymbol{w}$ 的分量为 w_x 和 w_y，在 rAt 坐标系中 $\boldsymbol{w}$ 的分量为 w_r 和 w_t。由几何投影关系可以导出这二套位移分量之间的转换式如下：

$$w_x = w_r\cos\theta - w_t\sin\theta \tag{1}$$

$$w_y = w_r\sin\theta + w_t\cos\theta \tag{2}$$

由于薄壁的特点，沿圆环中线切线方向的线应变往往被假定等于零。在这种情况下，位移分量 w_r 与 w_t 之间还可得到一个补充关系，它可由以下分析导出。

参考图 3，设微分弧段$\widehat{AB}$变形后移到了$\widehat{A'B'}$位置。过 A' 点作补助圆弧$\widehat{A'B''}$。A' 及 B' 点的位移量皆标注在图上，可按图计算$\widehat{AB}$的伸长应变。

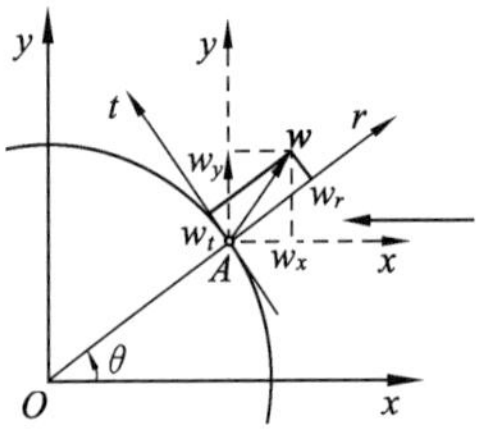

图 2

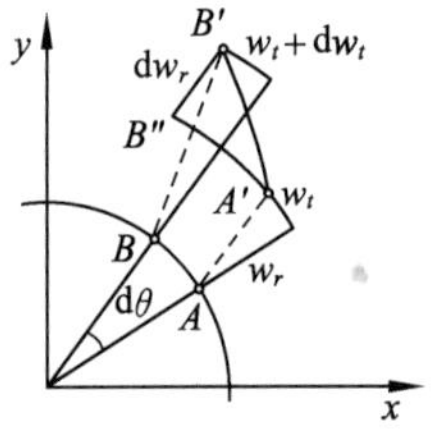

图 3

$$\varepsilon_t^0 = \frac{\overline{A'B'} - \overline{AB}}{\overline{AB}}$$

$$\overline{A'B'} = \sqrt{[(r+w_r)\mathrm{d}\theta + \mathrm{d}w_t]^2 + (\mathrm{d}w_r)^2}$$

$$\approx [(r+w_r)\mathrm{d}\theta + \mathrm{d}w_t]\left[1 + \frac{1}{2}\left(\frac{1}{r}\cdot\frac{\mathrm{d}w_r}{\mathrm{d}\theta}\right)^2\right]$$

$$\overline{AB} = r\mathrm{d}\theta$$

略去三级以上微量可得

$$\varepsilon_t^0 = \frac{1}{r}\left[w_r + w_t' + \frac{1}{2r}(w_r')^2\right] \tag{3}$$

令 $\varepsilon_t^0 = 0$，即得

$$w_r = -w_t' - \frac{1}{2r}(w_r')^2 \tag{4}$$

一般情况下，其中所含二级小量 $(w_r')^2/2r$ 项完全可以忽略不计，但在研究弯头内压对弯曲应力的影响时则必须保留。故通常取

$$w_r = -w_t' \tag{5}$$

而研究内压影响时取

$$w_r \approx -w_t' - \frac{1}{2r}(w_t'')^2$$

3 中线弧段变形后的曲率增量

不难理解，在二个位移分量 w_r 与 w_t 中，只有 w_r 才能引起中线弧段的曲率改变。设 w_r 全等于零，则弧段上各点只能沿本来的圆周移动，弧段的曲率始终不变。因此，计算曲率增量时只要考察位移分量 w_r，而无需涉及位移分量 w_t。

参考图 4，首先计算$\widehat{AB}$由于 w_r 所形成的、相对于局部坐标系的转角 ϕ：

$$\tan\phi=\frac{\mathrm{d}w_r}{(r+w_r)\mathrm{d}\theta}$$

略去二级以上小量，可得转角

$$\phi\approx\tan\phi\approx\frac{1}{r}\frac{\mathrm{d}w_r}{\mathrm{d}\theta}=\frac{1}{r}w_r' \tag{6}$$

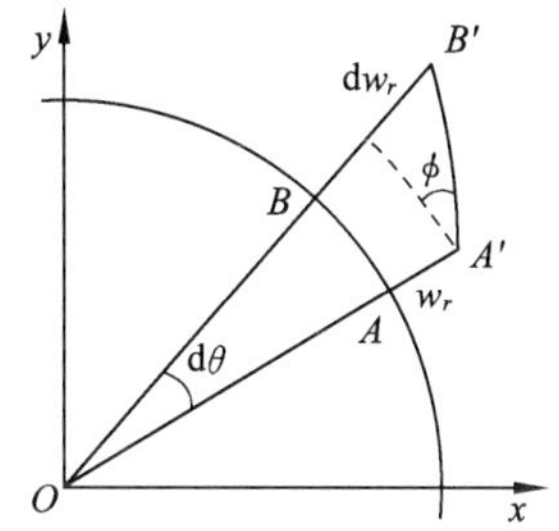

图 4

现在再分析$\widehat{AB}$弧段变形后的曲率大小。设 A 的位移为 w_r，转角为 ϕ，B 点的位移应为 $w_r+\mathrm{d}w_r$，转角应为$\frac{1}{r}w_r'+\mathrm{d}\left(\frac{1}{r}w_r'\right)$。设 A，B 两点变形后切线的夹角为 $\Delta\phi$，则由图 5 所示几何关系应有

$$\Delta\phi=w-\left[\frac{\pi}{2}+\frac{1}{r}w_r'+\mathrm{d}\left(\frac{1}{r}w_r'\right)\right]$$

$$w=\mathrm{d}\theta+\left(\frac{\pi}{2}+\frac{1}{r}w_r'\right)$$

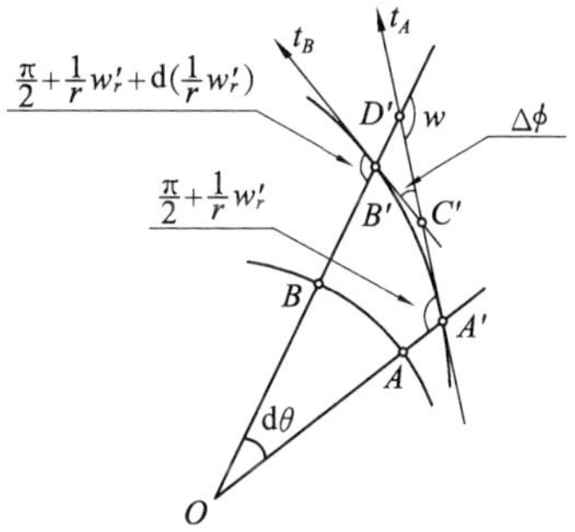

图 5

这两个关系式来自小三角形 $B'C'D'$和大三角形 $OA'D'$的内外角关系。

从而又得

$$\Delta\phi=\left(1-\frac{1}{r}w''_r\right)\mathrm{d}\theta$$

按照曲率基本定义，$\widehat{A'B'}$弧段的曲率为

$$\frac{1}{\rho}=\frac{\Delta\phi}{\Delta s}=\frac{\left(1-\frac{1}{r}w''_r\right)\mathrm{d}\theta}{(r+w_r)\mathrm{d}\theta}\approx\frac{1}{r}\left(1-\frac{1}{r}w''_r-\frac{1}{r}w_r\right) \tag{7}$$

因此$\widehat{AB}$弧段变形后的曲率增量为

$$\frac{1}{\rho}-\frac{1}{r}=-\frac{1}{r^2}(w_r+w''_r) \tag{8}$$

在不计切向伸长应变，即 $\varepsilon_t^0=0$ 的情况下也可用 w_t 表示它：

$$\frac{1}{\rho}-\frac{1}{r}=\frac{1}{r^2}(w'_t+w'''_t) \tag{9}$$

4 薄壁圆环的弯曲变形能

按照曲率增量与弯矩成正比的物理关系，设圆环截面内的弯矩为 M_q（参看图 1），则应有如下关系：

$$M_q=EJ_q\left(\frac{1}{\rho}-\frac{1}{r}\right)$$

在不计切向伸长应变时，按(9)代入，得

$$M_q=EJ_q(w'_t+w'''_t)/r^2 \tag{10}$$

在一般非轴对称的平面载荷情况下，圆环的弹性变形能基本上等于其弯曲变形能。设此能量之值为 U_q，则

$$U_q=\frac{1}{2EJ_q}\oint M_q^2\mathrm{d}s=\frac{EJ_q}{2r^3}\int_0^{2\pi}(w'_t+w'''_t)^2\mathrm{d}\theta \tag{11}$$

式中，J_q 为环壁截面的惯性矩，设圆环高度为 1，壁厚为 t，则 $J_q=t^3/12$。

二、薄壁弯头平面弯曲基本工程解法

1 基本假定和应变应力分析

图 6 所示为一段薄壁弯头承受平面弯曲的大致情况。图中实线为受弯前的形状，虚线为受弯后的形状。由于是纯弯曲，横截面变形后仍为平面，只绕“中性轴”旋转一定角度。但截面由圆形变成近似于椭圆了。图 6 中采用了以下符号：

R——弯头的曲率半径；

r——弯头圆环形横截面的平均半径；

t——弯头的壁厚；

α——弯头端面夹角；

M——作用于弯头平面内的弯矩；

θ——由 x 轴反时针量起的计算角。

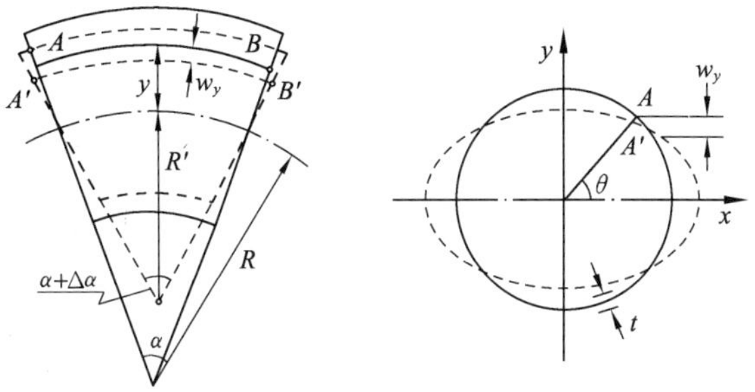

图 6

在薄壁弯头弯曲的工程解法中，最初采用以下一些基本假定：

① 弯头的曲率半径较长，$R/r\gg1$，当 y 与 R 同时存在时可略去 y 值，即 $R\pm y\approx R$。因而可以认为纵向弯曲应力的“中性轴”通过横截面中心，所以在计算变形能时可用高为 $R\alpha$ 的圆筒体积代替弯头体积。

② 纵向弯曲应力沿弯头壁厚不变。

③ 横截面圆环中线的切向伸长应变为零(即前面所讲的 $\varepsilon_t^0=0$)。

④ 由应变计算应力时，侧向变形的波桑效应可以忽略不计。其他还有一些次要假定，这里不再详述。

参看图 6，现在分析纵向纤维$\widehat{AB}$的伸长及应变。设$\widehat{A'B'}$为其变形后的位置，则伸长量应为

$$\Delta L=(R'+y+w_y)(\alpha+\Delta\alpha)-(R+y)\alpha \tag{12}$$

式中，R'代表弯头弯曲后的曲率半径。由基本假定①及几何关系可知

$$R\alpha=R'(\alpha+\Delta\alpha) \tag{13}$$

则有

$$\Delta L=y\Delta\alpha+\alpha w_y \tag{14}$$

由此可得$\widehat{AB}$纤维的伸长应变为

$$\varepsilon_L=\Delta L/L=\frac{y\Delta\alpha+\alpha w_y}{(R+y)\alpha}=\frac{1}{R}\left(y\,\frac{\Delta\alpha}{\alpha}+w_y\right) \tag{15}$$

由基本假定③及位移分量 w_y 与 w_r，w_t 的关系

$$w_r=-w_t' \tag{16}$$

$$w_y=w_r\sin\theta+w_t\cos\theta \tag{17}$$

代入以上应变式可得

$$\varepsilon_L=\frac{1}{R}\left(y\,\frac{\Delta\alpha}{a}-w_t'\sin\theta+w_t\cos\theta\right) \tag{18}$$

按虎克定律及假定④，可得纵向弯曲应力

$$\sigma_L=\frac{E}{R}\left(y\,\frac{\Delta\alpha}{\alpha}-w_t'\sin\theta+w_t\cos\theta\right) \tag{19}$$

由以上分析结果不难看出，弯头横截面上的纵向弯曲应力和直管横截面上的弯曲应力大不一样，它不仅和弯头的曲率变化($\Delta\alpha/R\alpha$)有关，而且还和横截面变形的位移分量有关，因而 σ_L 不再是 y 的简单正比函数，而是 θ 角的复杂函数。图 7 所示为 σ_L 的一种分布情况，其最大值不在里外边缘，而向中部靠近了。

既然横截面形状发生变化，产生位移 w_r 与 w_t，一定就有环向弯曲应力出现。它与位移 w_r，w_t 的关系在前面已经讲清，这里不再重复。图 8 所示为弯头某单元体的应力分布情况，其中 σ_q 为环向弯曲应力，它沿壁厚成直线分布，中性层在壁厚的中部。

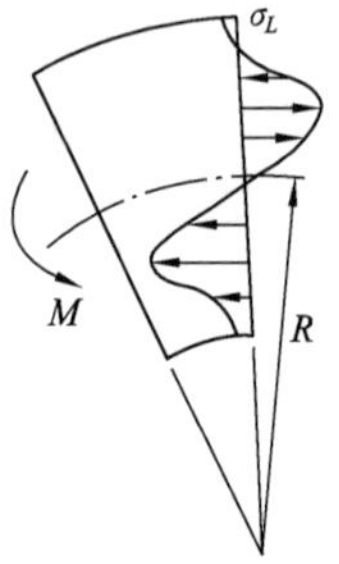

图 7

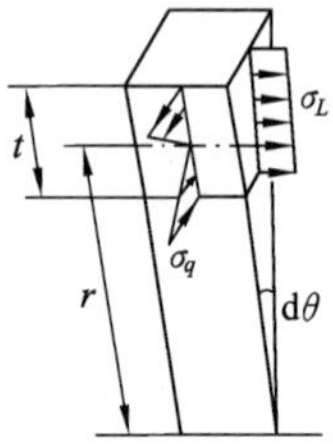

图 8

2 用能量法求近似解

在 σ_L 式中既含有未知量$(\Delta\alpha/\alpha)$，又含有未知函数 w_t，因而不能像直管弯曲的解法那样，只用一个力矩平衡方程就可定出唯一的未知量$(1/\rho)$。为了计算 σ_L 及 σ_q，首先要确定 w_t 与$(\Delta\alpha/\alpha)$之间的关系，然后再确定$(\Delta\alpha/\alpha)$与外载 M 的关系。工程上采用能量法解决这一课题。

设弯头的纵向弯曲变形能为 U_L，环向弯曲变形能为 U_q，则总的变形能为(U_L+U_q)。由变形能基本概念及假定①应有

$$U_L=\frac{1}{2E}\int_v \sigma_L{}^2\mathrm{d}v=\frac{R\alpha}{2E}\int_0^{2\pi}\sigma_L{}^2 tr\mathrm{d}\theta$$

$$=\frac{r\alpha tE}{2R}\int_0^{2\pi}\left(r\sin\theta\cdot\frac{\Delta\alpha}{\alpha}-w_t'\sin\theta+w_t\cos\theta\right)^2\mathrm{d}\theta \tag{20}$$

由"一、4"中所讲内容及基本假定，可得环向弯曲变形能为

$$U_q=(R\alpha)\frac{EJ_q}{2r}\int_0^{2\pi}(w_t'''+w_t')^2\mathrm{d}\theta \tag{21}$$

式中，$J_q=t^3/12$。

故弯头的总变形能为

$$U=\frac{(R\alpha)rtE}{2R^2}\left[\int_0^{2\pi}\left(\frac{r\Delta\alpha}{\alpha}\sin\theta-w_t'\sin\theta+w_t\cos\theta\right)^2\mathrm{d}\theta+\frac{t^2R^2}{12r^4}\int_0^{2\pi}(w_t'''+w_t')^2\mathrm{d}\theta\right] \tag{22}$$

现在用最小势能定理来确定未知函数 w_t 及未知量$(\Delta\alpha/\alpha)$。所谓"势能"，指的是弯头在内力和外力共同作用下，相对于变形前的初始状态所具有的势能，设此势能为 Φ，则有

$$\Phi=U-M\Delta\alpha \tag{23}$$

最小势能定理告诉我们：函数 w_t 和未知量$(\Delta\alpha/\alpha)$的正确解应使 Φ 取极小值。为了运用这一定理求解，首先将 w_t 用含有一系列待定参数的富氏级数来表达。考虑到 w_t 应该对称于 y 轴，也近似地对称于 x 轴，可采用以下形式的富氏级数：

$$w_t=\sum_{n=1}^{\infty}C_n\sin 2n\theta \tag{24}$$

将它代入势能值可得

$$\Phi=\frac{R\alpha rtE}{2R^2}\left[\int_0^{2\pi}\left(r\eta\sin\theta-\sin\theta\sum_{n=1}^{\infty}2nC_n\cos 2n\theta+\cos\theta\sum_{n=1}^{\infty}C_n\sin 2n\theta\right)^2\mathrm{d}\theta+\right.$$

$$\frac{\lambda^2}{12}\int_0^{2\pi}\left(-\sum_{n=1}^{\infty}8n^3C_n\cos2n\theta+\sum_{n=1}^{\infty}2nC_n\cos2n\theta\right)^2\mathrm{d}\theta\Bigg]-Ma\eta \tag{25}$$

式中，$\eta=\Delta\alpha/\alpha$；$\lambda=Rt/r^2$，λ 称为弯头参数，是影响弯头应力分布规律的主要特征量。

在对上式进行积分计算时，需要注意使用以下三角函数的变换关系：

$$\cos\theta\sum_{n=1}^{\infty}C_n\sin 2n\theta=\frac{C_1}{2}\sin\theta+\frac{1}{2}\sum_{n=1}^{\infty}(C_n+C_{n+1})\sin(2n+1)\theta \tag{26}$$

$$\sin\theta\sum_{n=1}^{\infty}C_n\cos 2n\theta=-\frac{C_1}{2}\sin\theta+\frac{1}{2}\sum_{n=1}^{\infty}(C_n-C_{n+1})\sin(2n+1)\theta \tag{27}$$

代入(25)式，并进行积分，最后可得

$$\Phi=\frac{R\alpha\pi rtE}{2R^2}\Big\{r^2\eta^2+3r\eta C_1+\frac{9}{4}C_1{}^2+\frac{1}{4}\sum_{n=1}^{\infty}[C_n{}^2(1-2n)^2-2C_nC_{n+1}(2n-1)(2n+3)+$$

$$C_{n+1}{}^2(2n+3)^2]+\frac{\lambda^2}{12}\sum_{n=1}^{\infty}C_n{}^2(8n^3-2n)^2\Big\}-M\alpha\eta \tag{28}$$

现在势能值 Φ 已成一系列未知量 $\eta,C_1,C_2,C_3,\cdots,C_n$ 的函数。按最小势能定理，这些未知量的正确解应使 Φ 取极小值，因而它们应该满足极值条件：

$$\frac{\partial\Phi}{\partial\eta}=0 \tag{29}$$

$$\frac{\partial\Phi}{\partial C_n}=0\qquad(n=1,2,3,\cdots) \tag{30}$$

由此可得一组代数方程如下：

$$\frac{\pi r^3tE}{R}\left(\eta+\frac{3}{2r}C_1\right)-M=0 \tag{31}$$

$$3r\eta+(5+6\lambda^2)C_1+\frac{5}{2}C_2=0 \tag{32}$$

$$-\frac{5}{2}C_1+(17+600\lambda^2)C_2-\frac{21}{2}C_3=0 \tag{33}$$

……

$$-\frac{1}{2}(2n-3)(2n+1)C_{n-1}+\left[(4n^2+1)+\frac{\lambda^2}{6}(8n^3-2n^2)\right]C_n-$$

$$\frac{1}{2}(2n-1)(2n+3)C_{n+1}=0 \tag{34}$$

若 w_t 的级数表达式中共取 N 项，则以上就有 $N+1$ 个代数方程，正好可解出 η 及 C_1，$C_2,\cdots,C_N$ 共 $N+1$ 个未知量。由以上方程组不难看出，系数 $C_1,C_2,\cdots,C_n$ 都与 $r\eta$ 成一次关系，可表为如下形式：

$$\left.\begin{array}{l}C_1=r\eta d_1\\C_2=r\eta d_2\\\cdots\cdots\\C_n=r\eta d_n\end{array}\right\} \tag{35}$$

代入上列方程组后，可由第二个方程起的几个方程式中消去 $r\eta$，首先解出 $d_1,d_2,\cdots,d_n$，最后再用第一式解出 η 值。显然

$$\eta=\frac{1}{1+\frac{3}{2}d_1}\cdot\frac{MR}{EJ} \tag{36}$$

式中，$J=\pi r^3 t$，为弯头横截面相对于 x 轴的惯性矩。由代数方程组可以看出 d_1 总是负值，实算表明，系数

$$K=1+\frac{3}{2}d_1 \tag{37}$$

总是大于零而小于 1，数值取决于弯头参数 λ。称 K 为减刚系数，其意是指由于弯头横截面扁平变形影响，使截面抗弯刚度 EJ 缩小为 KEJ。K 值的倒数恒大于 1，通常称为柔软系数，意指弯头的柔软程度增大了。

在一般情况下 w_t 级数表达式并不需要取很多项，多则三项左右也就够了。当弯头参数 $\lambda\geqslant 0.3$ 时，取一项也有相当的准确度。下面我们结合一次近似解的运算来说明薄壁弯头强度问题的特性。

3 一次近似计算结果分析

作为第一次近似计算，在 w_t 的级数表达式中只取一项，即取

$$w_t=C_1\sin 2\theta \tag{38}$$

由上节所述势能极值条件代数方程组的第二式，即(32)式，可得

$$C_1=-\frac{3r}{5+6\lambda^2}\eta \tag{39}$$

再代入第一式，即(31)式，可得

$$\eta=\Delta\alpha/\alpha=\left(\frac{10+12\lambda^2}{1+12\lambda^2}\right)\frac{MR}{EJ} \tag{40}$$

括号内的数值为弯头柔软系数 k，即减刚系数 K 的倒数。结果表明：弯头参数 $\lambda=Rt/r^2$ 的值越小，则 k 值越大，弯头的夹角变化率越大，弯头显得越柔软。弯头参数 λ 越大，k 值越大，逐渐趋向于 1，弯头夹角变化率接近于直管情况。由于 k 值的大小在管道热应力计算中有着重要影响，故工程上对它的研究甚多。较精确的计算说明，上述 k 值的一次近似结果在 $\lambda\geqslant 0.3$ 时，误差不超过 10%，具有一定的实用价值。当 $\lambda<0.3$ 时，其误差甚大，不能使用，需用高次近似解。

一次近似计算的弯曲应力值可由“二、1”中的弯曲应力公式算出：

$$\begin{aligned}\sigma_L&=\frac{E}{R}(y\eta-w_t'\sin\theta+w_t\cos\theta)\\&=\frac{E}{R}(y\eta+2C_1\sin^3\theta)\\&=\frac{kMy}{J}\left[1-\frac{6}{5+6\lambda^2}\left(\frac{y}{r}\right)^2\right]\end{aligned} \tag{41}$$

此结果表明弯头弯曲时，其横截面上的弯曲应力并不与各点至中性轴的距离成正比，而是较为复杂的曲线关系。由极值条件

$$\frac{\mathrm{d}\sigma_L}{\mathrm{d}y}=0 \tag{42}$$

可得

$$\left(\frac{y}{r}\right)_{极}=\sqrt{\frac{5+6\lambda^2}{18}} \tag{43}$$

此处弯曲应力 σ_L 最大，

$$\sigma_{L\max}=\frac{2k\sigma_0}{3}\sqrt{\frac{5+6\lambda^2}{18}} \tag{44}$$

式中，$\sigma_0=Mr/J$，为直管弯曲的最大应力值。这里应说明一下，由于 $0\leqslant y\leqslant r$，故知极值条件所得的 (y/r) 值只在小于等于 1 的范围内有效，据此，这里所得的 $\sigma_{L\max}$ 只在 $\lambda\leqslant 1.47$ 的范围内有效。当 $\lambda\geqslant 1.47$ 时，$\sigma_{L\max}$ 都在边界点 $y=r$ 处。

图 9 所示为纵向弯曲应力 σ_L 沿 y 轴的变化情况。由图可见，弯头参数 λ 越小，最大值越向中性轴靠近；λ 越大，最大值越向外层靠近；当 λ 很大时趋向于直线分布。注意：图 9 中不同 λ 值的曲线，它们的坐标长短不代表应力比例。

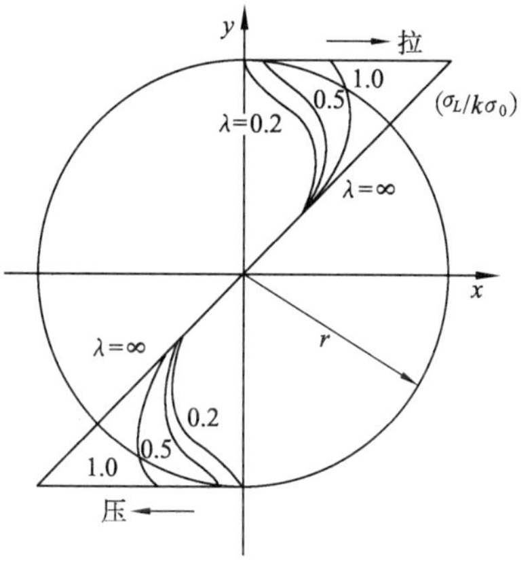

图 9

通常称弯头纵向弯曲应力最大值与直管弯曲应力最大值之比为纵向弯曲应力系数：

$$\beta_L=\frac{\sigma_{L\max}}{\sigma_0} \tag{45}$$

图 10 所示为一次近似计算所得 β_L 值随弯头参数 λ 的变化情况。由图可见，λ 越小 β_L 越大，这说明薄壁弯头与截面相同的直管相比，在一样大的弯矩作用下，弯头的弯曲应力比直管的弯曲应力大得多。较精确计算和实验结果表明：对于长径弯头($R\geqslant 10r$)，在 $\lambda\geqslant 0.3$ 的范围内，一次近计算所得的 β_L 值，即图 10 所示曲线，具有良好的工程准确度。当 $\lambda<0.3$ 时，误差较大，要取高次近似解才能应用。

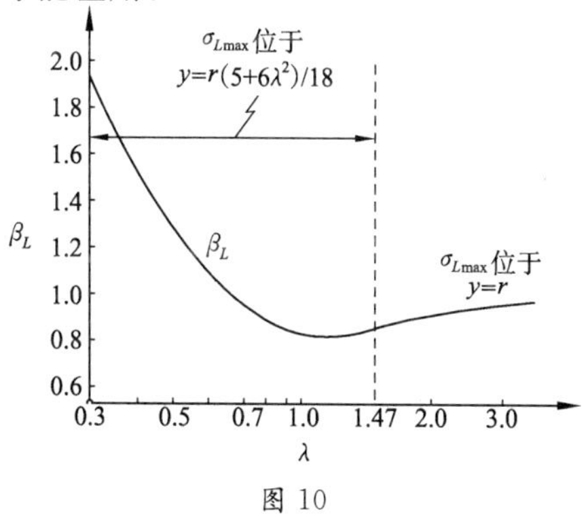

图 10

弯头的环向弯曲应力取决于环向弯矩，按"一"中所讲，环向弯矩与位移分量 w_t 具有如下关系：

$$M_q = EJ_q(w_t' + w_t''')/r^2 \tag{46}$$

这里 M_q 应理解为单位长度上的弯矩，相当于圆环宽度为 1。相应地 $J_q = t^3/12$。现以 w_t 的一项近似式(38)式代入，可得

$$M_q = \frac{18kMRJ_q}{Jr(5+6\lambda^2)}\cos 2\theta \tag{47}$$

按这一结果，弯矩值 M_q 在 $\theta=0°$ 和 $\theta=90°$ 的截面处都达到最大，但实际上 M_q 在 $\theta=0°$ 时达到最大，而在 $\theta=90°$ 处，其值并不大，甚至很小。这是一次近似的毛病。

由于环向弯曲应力沿壁厚线性分布，故其最大值在弯头 $\theta=0°$ 的内皮和外皮，大小为

$$\sigma_{q\max} = \frac{(M_q)_{\max}t}{2J_q} = \frac{18\lambda}{1+12\lambda^2}\sigma_0 \tag{48}$$

由此得一次近似解的环向弯曲应力系数为

$$\beta_q = \frac{\sigma_{q\max}}{\sigma_0} = \frac{18\lambda}{1+12\lambda^2} \tag{49}$$

此值误差甚大，比应有的数值偏小，例如当弯头参数 $\lambda=0.2, 0.3, 0.5$ 时，分别偏小 50%，30%及 10%，故 β_q 的一次近似值在工程上不能应用。工程上通常取三次至四次近似值应用，而且还对基本假定适当修正，因为 $\sigma_{q\max}$ 是弯头弯曲的最大应力，在强度设计中十分重要。

最后介绍一下薄壁弯头弯曲时，横截面的扁平率问题，因为这和油气管道的通球技术有关。在一般情况下，升温油气管道系统中的弯头都处于"闭弯"变形状态，即如图 6 所示的状态。横截面由圆形变成近似于椭圆，y 轴方向的直径尺寸缩短，而 x 轴方向的直径尺寸加大。如果缩短量($\overline{AB}-\overline{A'B'}$)过大(参看图 11)，就会影响通球。弯头的扁平率定义为

$$\psi_y = \frac{\overline{AB}-\overline{A'B'}}{\overline{AB}} = -\frac{1}{2r}\left[w_r\left(\frac{\pi}{2}\right)+w_r\left(-\frac{\pi}{2}\right)\right] \tag{50}$$

现以一次近似解代入计算：

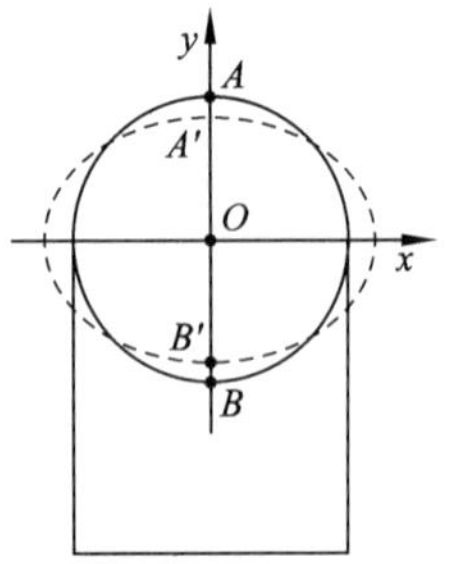

图 11

$$w_r = -w_t' = -2C_1\cos 2\theta \tag{51}$$

$$w_r\left(\frac{\pi}{2}\right) = w_r\left(-\frac{\pi}{2}\right) = 2C_1 \tag{52}$$

故扁平率为

$$\psi_y = -\frac{2C_1}{r} = \frac{12R\varepsilon_0}{(1+12\lambda^2)r} \tag{53}$$

式中，$\varepsilon_0=\sigma_0/E$，为直管外层纤维的应变。与比较精确的计算值对比表明：一次近似解所得的 ψ_y 值，在弯头参数 $\lambda>0.2$，$R/r\geqslant 7$ 的情况下，具有一定的准确度，一般偏大，可供工程粗估使用。在 $\lambda<0.2$ 时，λ 越小误差越大，一般偏小，不可应用。

当弯头横截面沿 y 轴方向扁缩变形时，在 x 轴方向将产生向外凸出的变形，定义凸出率为

$$\psi_x = \frac{1}{2r}[w_r(0)+w_r(\pi)] \tag{54}$$

按一次近似解计算时，凸出率 ψ_x 和扁平率 ψ_y 大小相等，实际上这是不对的，是一次近似的毛病。实际上 ψ_x 总是比 ψ_y 大，这只要看一下二次近似解就可明白。设取 w_t 的二项表达式为

$$w_t = C_1 \sin 2\theta + C_2 \sin 4\theta \tag{55}$$

由最小势能定理的极值条件(33)式(其中 C_3 这时不要)，可得

$$\frac{C_1}{C_2} = \frac{5}{2(17+600\lambda^2)} \tag{56}$$

相应的径向位移分量为

$$w_r = -w_t' = -2C_1\left(\cos 2\theta + 2\frac{C_2}{C_1}\cos 4\theta\right) \tag{57}$$

扁平率和凸出率分别为

$$\psi_y = -\frac{2C_1}{r}\left(1-2\frac{C_2}{C_1}\right) \tag{58}$$

$$\psi_x = -\frac{2C_1}{r}\left(1+2\frac{C_2}{C_1}\right) \tag{59}$$

由此可得近似的比例关系：

$$\frac{\psi_x}{\psi_y} = \frac{1+2C_2/C_1}{1-2C_2/C_1} = \frac{22+600\lambda^2}{12+600\lambda^2} \tag{60}$$

这说明 ψ_x 总是大于 ψ_y，弯头参数 λ 越小二者比值越大，但其值有限。当 $\lambda=0.1$ 时，此比值也不过 1.55；当 $\lambda=0.2$ 和 0.3 时，此比值分别为 1.28 和 1.15。

上面所得二次近似的 ψ_x 和 ψ_y 值本身不适于应用，但二者之间的比例关系具有较好的准确度，可供工程参考。在“三”中将采用它。

总体来说，一次近似解在 $\lambda \geqslant 0.2$ 或 $\lambda \geqslant 0.3$，同时 $R/r \geqslant 7$ 或 $R/r \geqslant 10$ 的情况下，其柔软系数 k、扁平率 ψ_y 及纵向弯曲应力系数 β_L 的误差不太大，可供工程设计参考，但环向弯曲应力系数 β_q 之值还是不可应用。当 $\lambda < 0.2$ 时，一次近似解误差增大，不能应用。这种情况下要用高次近似解去确定 $k, \beta_L, \beta_q, \psi_y$ 诸值。不过有时即使用高次近似解，也不一定能得到满意的结果，那是由于本段所述工程解法的基本假定及 w_t 的级数形式的限制所导致的。例如，按本段方法所得应力系数 β_L 及 β_q 都只与弯头参数 λ 有关，而和弯头曲度 R/r 无直接关系，但实际上许多实验和理论研究都表明，当 $R/r \geqslant 10$ 时(称为长径弯头)，β_L 及 β_q 基本上完全取决于 λ 值，而与 R/r 值无关；当 $R/r < 10$ 时，则主要决定于 λ，同时也与 R/r 值有关系，特别是对于 $R/r \leqslant 3$ 的弯头(称短径弯头)，R/r 值对 β_L 及 β_q 等解答有很大影响。如果表达位移函数 w_t 的级数不采用单纯的正弦富氏级数，而采用正弦与余弦混合的富氏级数的形式：

$$w_t = \sum_{n=1}^{\infty} a_n \sin 2n\theta + \sum_{n=1}^{\infty} b_n \cos(2n-1)\theta \tag{61}$$

则所述弯头曲度 R/r 值对解答的直接影响就可显示出来。如果再对某些基本假定(如侧向波桑效应等)加以校正，则解答的精度还可进一步提高。这些措施，国内外都已做过不少工作，将在下一段中摘要介绍。不过，本段所述基本工程解法的一次近似解，尽管存在精度不高的缺点，但它却清楚地说明了薄壁弯头受弯和直管受弯大不相同的弹性特点，这对工程设计的参考价值还是很大的。

三、文献引论及公式推荐

管道工程设计中可能用得着的弯头强度及刚度有关系数为：弯头的柔软系数 k；弯头的纵向及环向应力系数 β_L 及 β_q；弯头的扁平率 ψ_y 诸值。现将有关这些数值的部分文献资料分类摘要加以介绍，并在此基础上总结出一些简易公式，推荐给厂矿设计单位参考。

1 关于薄壁弯头的柔软系数

由于弯头柔性系数 k 在管道热胀载荷的计算中起重要影响，有许多实验和理论分析对它进行了研究，一致肯定 k 值基本上完全取决于弯头参数 λ 的大小，而与弯头弯度的直接关系不大。图 12 所示为减刚系数 K（即 $1/k$）与 λ 的关系曲线，这是"一"中所讲能量法的第三次近似结果，图中虚线为实验结果（参看文献[2]）。文献[5]中对弯头柔软系数进行了较详尽的讨论，讨论了弯头两端支撑条件对 k 值的影响，推荐了虾米弯头和三通拐弯处相当的 k 值计算式。文献[5]中引介 k 值的高次近似解为

$$k=1+\frac{9}{12\lambda^2+1-j} \tag{62}$$

其中 j 与 λ 的关系列于下表：

λ	0	0.05	0.1	0.2	0.3	0.4	0.5	0.75	1.0
j	1	0.762 5	0.568 4	0.307 4	0.174 6	0.110 7	0.074 9	0.035 3	0.020 3

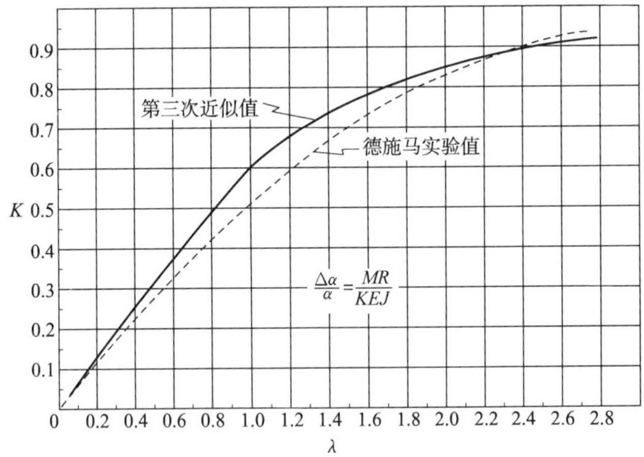

图 12

文献[5]，[6]和[9]等，都一致肯定在弯头参数 λ 介于 0 与 1 的范围内，可以采用以下的简捷式计算柔软系数：

$$k=\frac{1.65}{\lambda} \tag{63}$$

其误差最大约为 3%。对于短径弯头，此值略为偏低；对于长径弯头，当 $\lambda>0.4$ 时此值略为偏高。文献[9]在这方面有较严密的理论分析和实验结果引证。我们认为此式误差不大，简洁易用，可供厂矿设计使用。

2　关于薄壁弯头的弯曲应力系数

关于应力系数问题，针对长径弯头所做的分析比较成熟，而针对短径弯头所做的分析比较少，但实验研究较多。文献[4]按能量法并考虑波桑效应，在 $0<\lambda\leqslant 1$ 的范围内计算了弯曲应力系数 β_L 及 β_q 的大量数值，作出了 β_L 及 β_q 与 λ 的关系曲线，如图 13 及图 14 中的实线所示，适用于长径弯头。

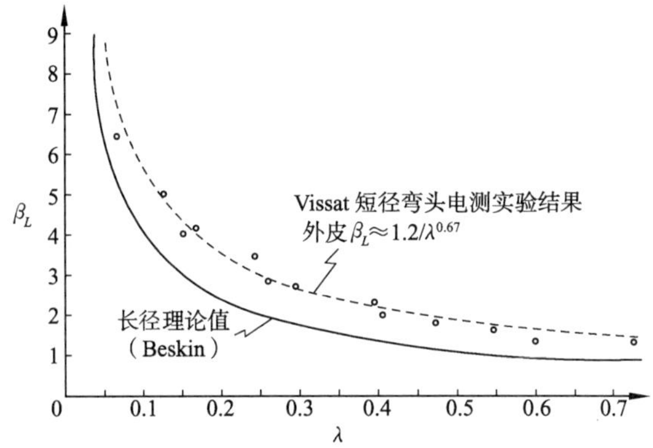

图 13

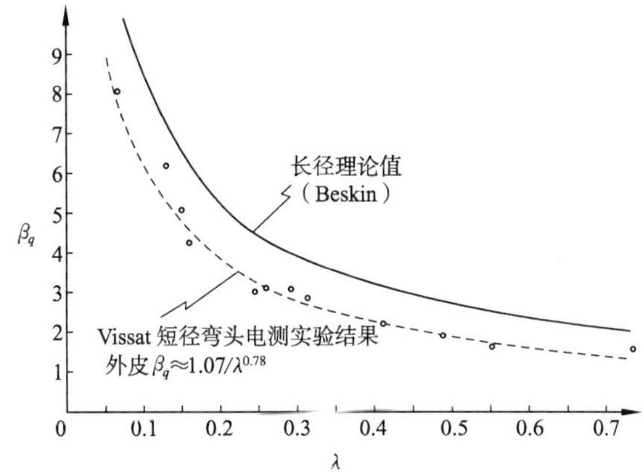

图 14

文献[6]中按旋转薄壁的弹性理论，导出了在 λ 较小情况下的逼近解：

$$\beta_L=\frac{\sigma_{L\max}}{\sigma_0}=0.835\left(\frac{1}{\lambda}\right)^{2/3} \tag{64}$$

$$\beta_q=\frac{\sigma_{q\max}}{\sigma_0}=1.8\left(\frac{1}{\lambda}\right)^{2/3} \tag{65}$$

它们在 $0<\lambda<0.7$ 的范围内，对长径弯头具有良好的准确度，与图 13 及图 14 中的实线基本重合。按此解答式，β_L 近似于 β_q 的一半。

短径弯头的实验研究甚多，如文献[7]等。文献[7]中所得 β_L 及 β_q 的实验结果如图 13 及图 14 中的虚线所示，图中散布点为实验值依据。实验结论认为对于短径弯头弯曲应力系数(外皮)近于：

$$\beta_L=1.2\left(\frac{1}{\lambda}\right)^{0.67} \tag{66}$$

$$\beta_q=1.07\left(\frac{1}{\lambda}\right)^{0.78} \tag{67}$$

对比图 13 及图 14 中的虚线和实线可见：短径弯头的 β_L 比长径弯头的 β_L 大，而短径弯头的 β_q 则较长径弯头的 β_q 小(当 λ 值相同时)。文献[7]中还指出：对于短径弯头，其柔软系数 k 及应力系数 β_L，β_q 三者相当接近，数值相差无几。这和长径弯头大不相同。

文献[3]中采用正弦和余弦混合的富氏级数表达位移函数 w_t，用能量法分析弯头弯曲问题，算出一些图表，显出了弯头曲度 R/t 对应力系数等的影响。但其所算数据范围较窄，弯头薄度参数 t/r 最低才只取到 1/20，这完全不适应现代大型薄壁弯头的情况，故实用价值不大。

文献[1]中采用和上述文献基本类似的办法，同时近似考虑了中性轴移动的影响，并对基本假定①作了近似的修正，算出了较多数据和图表，参数 R/r 由 3 取到 7，参数 t/r 由1/20 取到 1/30，很适应目前大型薄壁弯头的情况。但由于没有考虑波桑效应，所得环向弯曲应力系数 β_q 值普遍偏低，纵向弯曲应力系数 β_L 值也偏低。

文献[9]中用比较严密的数学力学方法，不采用工程解法中的基本假定，对弯头弯曲问题做了细致分析，并举例与别人的实验结果进行对比，同时对工程解的准确度进行了评判。但由于计算繁杂，具体列出的图表不多。没有作出单独的 β_L 及 β_q 曲线，只作出了与第四强度理论相应的“等价应力”曲线，这种曲线当然只限于纯弯受载情况使用。

基于上述文献资料的理论及实验研究内容，我们总结出如下形式的近似公式计算弯头外皮的弯曲应力系数，供厂矿设计参考：

$$\beta_L=0.83\left[1+2\left(\frac{r}{R}\right)^2\right]\left(\frac{1}{\lambda}\right)^{2/3} \tag{68}$$

$$\beta_q=1.80\left[1-\left(\frac{r}{R}\right)^2\right]\left(\frac{1}{\lambda}\right)^{2/3} \tag{69}$$

当 $R/r\geqslant 10$ 时，它们和长径弯头理论值一致；当 $R/r=2$ 时，它们和短径弯头实验值一致。图 15 和图 16 为按上列公式所作的曲线。

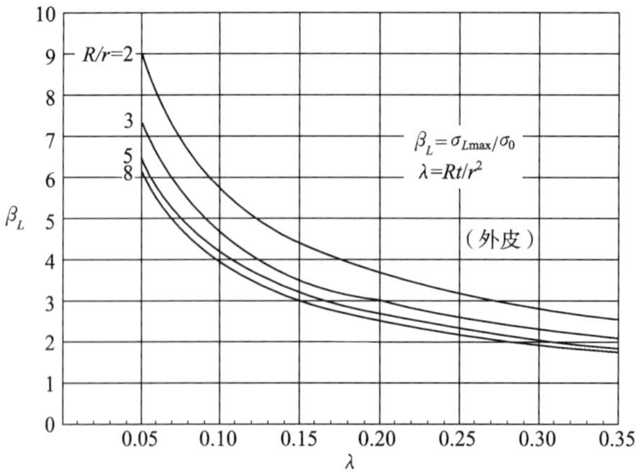

图 15

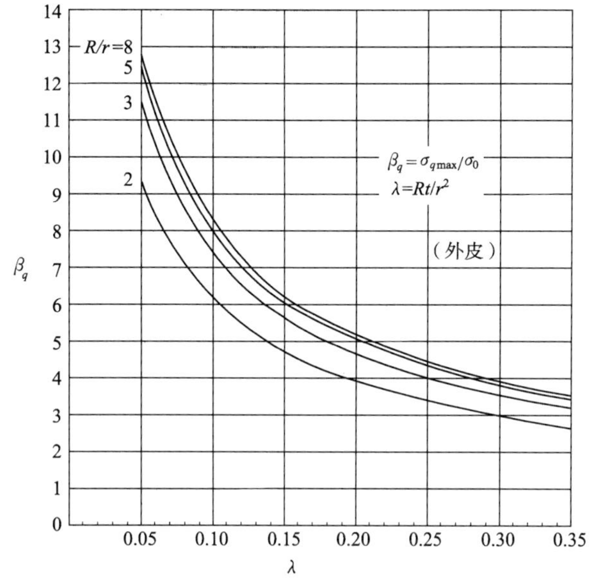

图 16

图 17 所示为文献[10]中的部分工作结果。图中横坐标代表弯头横截面上各点的位置，θ 角和图 6 中的坐标角相同，其纵坐标代表截面上各点弯曲应力与直管弯曲应力最大值之比，即 σ_L/σ_0 和 σ_q/σ_0。图中实线是长径理论值，黑点是电测实验值。$\sigma_{L\max}$ 发生在 $\theta\approx-30^\circ$ 处。$\sigma_{q\max}$ 发生在 $\theta=0^\circ$ 处。由实验值看出，其纵向弯曲应力系数约为 5，环向弯曲应力系数约为 7.7。就其弯头尺寸，用我们所推荐的应力系数公式计算应为 4.7 和 7.3，很接近。此外，我们还和文献[9]中的一些例算数值进行了对比，也表明上述弯曲应力系数公式具有良好的准确度。

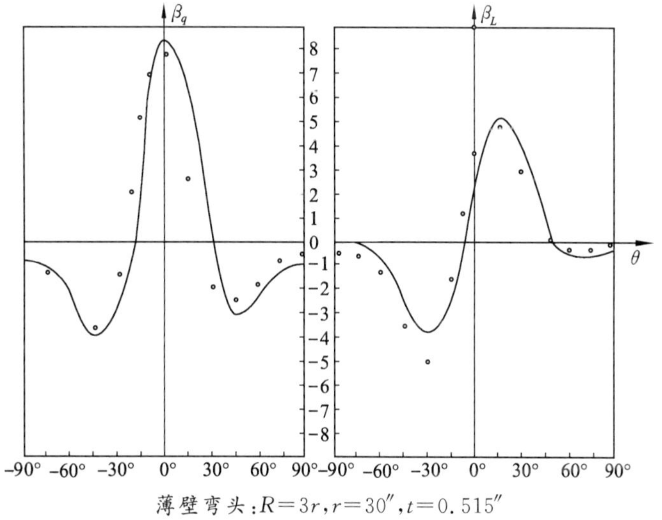

薄壁弯头：$R=3r$，$r=30''$，$t=0.515''$

实线为长径理论值，黑点为实验值，同属外皮（摘自 Rodabaugh 文）

图 17

最后还应指出，在弯头内皮，纵向弯曲应力系数值和外皮差不多，而环向弯曲应力系数则比外皮大，计算时应将 β_q 式中的减号改为加号。

3 关于薄壁弯头的扁平率

弯头"闭弯"状态下，其横截面沿 y 轴方向发生扁缩变形，而沿 x 轴方向发生凸出变形，情况如图 6 所示。扁平率 ψ_y 的详细分析在一般文献资料中较少。

文献[6]中按旋转薄壳弹性理论分析弯头弯曲问题时，得出了适用于长径特薄弯头的扁平率逼近解为

$$\psi_y=\frac{\Delta\alpha}{\alpha}=\frac{kMR}{EJ} \tag{70}$$

若取 $k=1.65/\lambda$，代入可得

$$\psi_y=1.65\varepsilon_0\left(\frac{r}{t}\right) \tag{71}$$

其中 $\varepsilon_0=Mr/EJ$。由此式推导过程可知，只有当 $\lambda<0.2$，甚至更小的情况下，此式才正确。在 λ 较大时，还应乘以一个与 λ 有关的小于 1 的因子，但具体值无封闭表达式，只能按某些函数曲线逐值数算。扁平率的这一逼近解表明：对于特薄弯头扁平率只与壁厚程度 t/r 有关，而与弯头的曲度 R/t 无关。当然，这是长径理论。

文献[1]中用能量法解弯头弯曲问题，采用正弦余弦混合级数表达位移 w_t，并近似考虑 $(R+y)$ 中 y 的影响和"中性轴"移动的影响，数算出许多关于 k,β_q,ψ_y,ψ_x 的图表。虽然由于没有考虑波桑效应，而使应力系数过于偏低，但扁平率的结果还是可靠的，因为从方法本身估量，波桑效应对位移 w 的影响不大，因而对 ψ_y 及 ψ_x 的影响也不大。图 18 所示为文献[1]中算出的扁平率曲线，参数范围包括 $3\leqslant R/r\leqslant7$，$1/36\leqslant t/r\leqslant1/20$，这些曲线反映出弯头曲度的影响，能在一定程度上满足弯头设计时的参考需要。但没有近似的封闭式描写这些曲线的基本规律，当弯头的 R/r 和 t/r 值超出图中范围时无法查值。

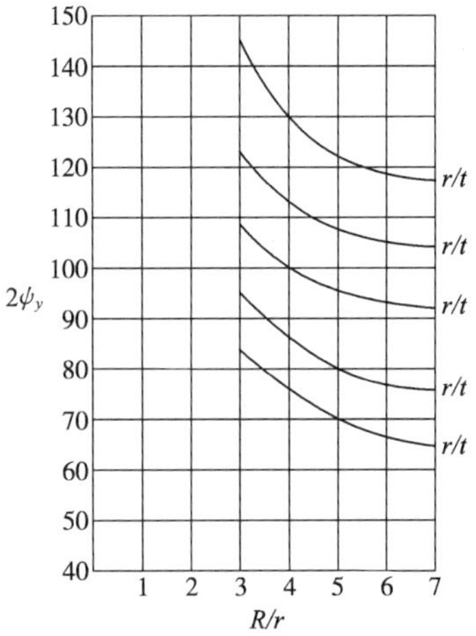

图 18

仔细观察图 18 中曲线的变化情况：当 R/r 值由小向大变化时，各条曲线，特别是 t/r 值较低的曲线，越来越趋向于水平，由此可见文献中所得的特薄长径弯头扁平率与曲度 R/r 无关，而只和厚薄度 t/r 有关的结论是正确的。比较一下 $R/r=7$ 时图 18 中的 ψ_y 值和按(71)式所算出的 ψ_y，二者相当接近。这又表明图 18 的数据基本可靠，反映了规律性。当 $R/r<7$ 时，图 18 中的 ψ_y 值增高，反映出曲度的影响，大小与 r/R 的平方值有关。

基于以上的分析对比，我们总结出如下计算扁平率的近似公式，供厂矿参考：

$$\psi_y = 1.65\left(\frac{r}{t}\right)\left[1+2\left(\frac{r}{R}\right)^2\right]\varepsilon_0 \tag{72}$$

此式当 $R/r \geqslant 10$ 时，趋近于公式(71)，而当 $R/r \leqslant 7$ 时，图 18 中各点数值基本上与此公式符合，相差不大。

图 19 为按此近似公式所作的图表，这里以 r/t 作为连续自变量，而以 R/r 为断续参变数，这比较符合实际需要，规律性也比较清楚。图 19 中的虚线是按文献[6]中基本分析内容，考虑到当 $\lambda>0.2$ 时，ψ_y 值应低于(71)式，粗略作出的修正。

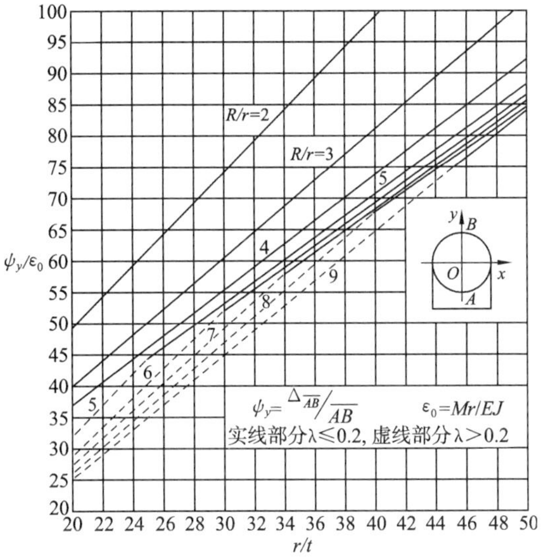

图 19

关于凸出率 ψ_x，在文献[6]内的“逼近解”没有能得出简洁的公式，只有一个带积分号的表达式，需逐值按某些曲线图计算，故无法直接使用。文献[1]中有查 ψ_y 的曲线图，和图 18 类似，就是数值高些，但也没有计算公式。

为了归纳出凸出率 ψ_x 的近似公式，我们采用“二”中末尾的 ψ_x/ψ_y 的二次近似关系式，于是可得

$$\psi_x = 1.65\left(\frac{r}{t}\right)\left[1+2\left(\frac{r}{R}\right)^2\right]\left(\frac{22+600\lambda^2}{12+600\lambda^2}\right)\varepsilon_0 \tag{73}$$

实际上只要先由图 19 查出 ψ_y 值，然后再乘一个比例数，即得 ψ_x 值。

四、结 束 语

薄壁弯头弯曲问题，长期以来国内外的理论及实验研究相当广泛，不仅有探讨弹性计算的，还有探讨塑性计算的，不仅有研究圆截面的，还有研究椭圆截面和矩形截面的。限于水平、时间和资料，我们学习得还很不够，需要进一步钻研。以上总结的部分文献资料及有关公式，一定存在许多缺点，甚至还有错误，需要通过实践检验。欢迎有关同志多提宝贵意见。

参考文献

[1]　大庆石油学院科技情报室. 薄壁弧管的应力计算. 石油科技情报，1975(2)

[2] H. V. 尤根生. 管道弹性与强度(译本). 中国工业出版社,1964

[3] S. Berg, H. Bernhard u. H. Richter. Zur Frage der Elastizitat, der Beanspruchung und der Festigkeit Warmebetriebener Rohrleitungen. Forschung, Bd. 12(1941) H4, S. 166(注:文献[2]尤根生书中有此文计算结果的摘录)

[4] L. Beskin. Bending of Thin Curved Tubes. Journal of Applied Mechanics, Trans. ASME, 1945, 67: A-1～A-7

[5] A. B. C. Markl. Piping-Flexibility Analysis. Trans, ASME, 1955, 77

[6] R. A. Clark, E. Reissner. Bending of Curved Tubes. Advances in Applied Mechanics, 1951, 2: 93

[7] P. L. Vissat, A. J. Buono. In Plane Bending Properties of Welding Elbows. Trans. ASME, 1955, 77: 161

[8] T. E. Pardue, Irwin Vigness. Properties of Thin-Walled Curved Tubes of Short-Bend Radius. Trans. ASME, 1951, 73: 77-87

[9] C. E. Turner, H. Ford. Examination of the Theories for Calculating the Stress in Pipe Bends Subjected to in-Plane Bending. Proc. Instn. Mech. Engrs, 1957, 171

[10] E. C. Rodabaugh, H. H. George. Effect of Internal Pressure on Flexibility and Stress Intensification Factors of Curved Pipes or Welding Elbows. Trans. ASME, 1957, 79: 939

大口径的 90°弯头强度试验研究

华东石油学院力学实验室

随着我国石油工业的迅速发展，长距离大口径输油输气管线日益增多。在敷设这些埋地管线时，使用的弯头甚多。以某管线为例，在山区丘陵地带，平均每公里管线的弯头有 20 个左右，因此，合理设计埋地的大口径弯头，具有重要意义。1976 年 3 月，我院接受了“大口径弯头、三通强度试验研究”任务，为此我们首先对弯头进行强度试验（本试验是其中之一），以便为下一步对埋地管线的弯头强度试验研究打下基础。

本试验得到各兄弟单位的大力支援，尤其是华东输油管线指挥部领导及其第二工程处为试验加工了试件与加载装置，中国科学院北京力学所支援了我们急需的试验仪器，对此我们谨表示谢意。

一、符号意义

R——弯头曲率半径；

t——弯头壁厚；

d——弯头截面外径；

r_0——弯头截面外半径；

r——弯头截面平均半径；

$\lambda=Rt/r^2$——弯头参数；

L——直管部分长度；

E——材料弹性系数；

ν——材料波桑系数；

ε——应变；

　ε_a——弯头轴线方向的应变；

　ε_c——弯头截面圆周方向的应变；

　ε_b——与 ε_a，ε_c 成 45°方向的应变；

P——作用在弯头平面内的载荷（参看图 1）；

ΔP——载荷增量；

M——作用于弯头平面内的弯矩；

I——弯头截面惯性矩；

p——内压力；

α——弯头两端面夹角；

$\Delta\alpha$——弯头两端面夹角变化值；

注：参加工作的有岳伯谦、潘祖谨、王修斋、王恭业、梁雪蓉、卢修献、杜美华、徐桂珍、蔡强康、吕英民、崔孝秉、蒋南华。本文由吕英民整理，崔孝秉、蔡强康校核。

θ——在弯头截面内沿圆周方向的角度；
ϕ——沿弯头轴线方向的角度；
K——弯头柔性系数；
K_p——有内压时的柔性系数；
ψ_y——扁平率；
ψ_{yp}——有内压时的扁平率；
ψ_x——凸出率；
ψ_{xp}——有内压时的凸出率；
σ_L——纵向应力；
σ_q——环向应力；
σ_0——直管的最大变曲应力，$\sigma_0 = \frac{Mr_0}{I}$；
$\sigma_{L\max}$——最大纵向应力；
$\sigma_{q\max}$——最大环向应力；
σ_1——最大主应力；
σ_2——中间主应力；
σ_3——最小主应力；
β_L——纵向应力系数，$\beta_L = \frac{\sigma_{L\max}}{\sigma_0}$；
β_q——环向应力系数，$\beta_q = \frac{\sigma_{q\max}}{\sigma_0}$；
β_{Lp}——有内压时的纵向应力系数；
β_{qp}——有内压时的环向应力系数。

二、试验简介

本试验主要测量90°弯头在平面内弯矩(作用于弯头中心轴线所在平面内的弯矩)、内压以及在内压作用时由平面内弯矩引起的外壁应力、截面直径和端面夹角的变化。

试验所采用的试件，是用钢板冲压后焊接而成，如图1所示。主要数据如下：

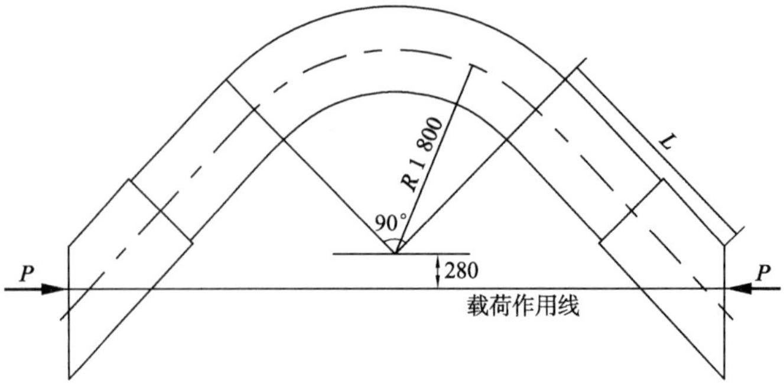

图1　ϕ720的90°弯头尺寸示意图

$d = 720$ mm

$t = 11.8$ mm

$R = 2.5d$

$\lambda=0.167$

材料:16 Mn

$E=2.10\times10^{6}\ \mathrm{kg/cm^{2}}$

$\nu=0.3$

$L=3d$

为了全面了解弯头各个不同截面的应力分布情况,并与有限单元法的计算结果相比较,我们选定了 13 个截面、108 个测试点,其中弯管部分 86 个点,直管部分 22 个点,其分布情况如图 2 所示。考虑到 A,B',C' 截面比较危险,选的测试点较多,在 A 截面选了 20 个点,B' 截面选了 14 个点,C' 截面选了 12 个点。与 B',C' 对称的 B,C 截面选的点较少,是检验性的。

每个测试点贴一个 45°电阻花,108 个测试点共贴 324 个工作片。由于仪器设备的限制,主要是接线箱不够用,我们采取蚂蚁啃骨头的办法,每次测 120 个片左右,然后进行综合分析比较。为了保证试验数据的准确可靠,每次试验一般都重复测三次。这样,应变测量共取得了 32 000 个左右的试验数据,截面直径和端面夹角变化测量共取得了 3 200 多个试验数据。从这些大量的试验数据表明,其重复性良好,准确度可靠。

本报告所涉及的全部试验均在材料的弹性范围内进行。塑性弯曲屈服破坏试验另有报告。

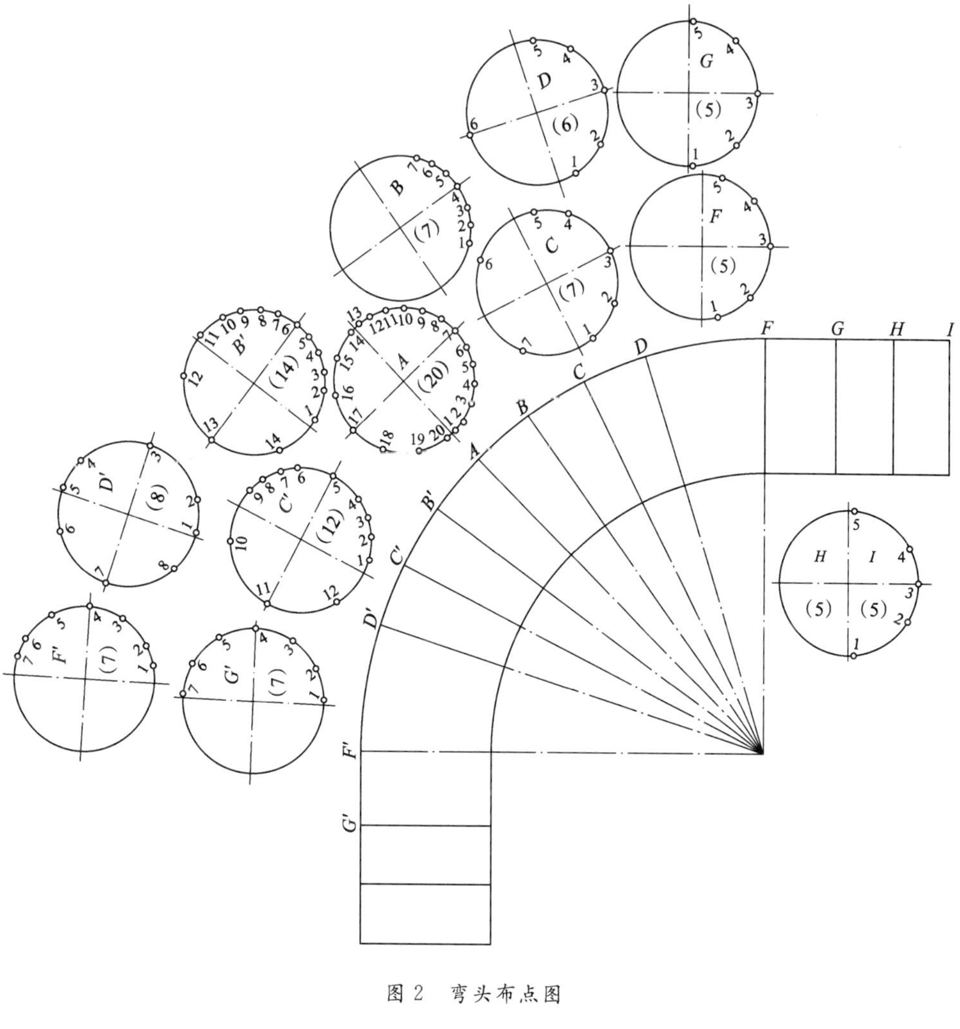

图 2　弯头布点图

试验所用仪器设备包括三部分：应变测量，变形和位移测量，加载装置及外载荷测量。

1 应变测量

应变是用 YJD-1 型静动态电阻应变仪、接线箱、PZ-8 直流数字电压表来进行测量的，把应变仪的电流输出讯号转换成电压输出讯号，通过直流数字电压表读出应变（照片 1）。

电阻片的规格为 10×5 mm，胶基式，电阻值为 233～235 Ω，灵敏度系数为 2.20，贴电阻片采用氰基丙烯酸酯粘合剂，即 KH502 粘合剂。贴完以后用 914 胶封住，以免受外界因素（如潮湿）的影响。

2 变形和位移测量

A 截面的直径变化是用固定在特制的钢架上的 8 个百分表（照片 2）来测量的，F 与 F' 两端面的夹角变化是用固定在特制的钢架上的另外 8 个百分表（照片 3）来测量的。

照片 1　应变仪与直流数字电压表

照片 2　百分表测 A 截面直径变化

照片 3　百分表测 F 与 F' 两端面的夹角变化

3 加载装置及外载荷测量

加载装置是将 100 t 的手压千斤顶固定在一个特制的加载框架上，由千斤顶施加的力通过 30 t 的传感器加到试件上（图 3）。

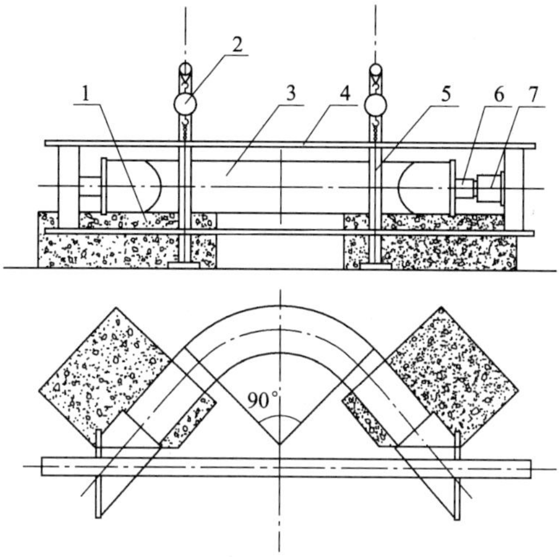

图3　加载装置示意图

1—试验台；2—倒链；3—试件；4—加载框架；5—立柱；6—传感器；7—千斤顶

外载荷测量是由传感器输出的电流变化讯号通过应变仪放大，再由直流数字电压表读出外载荷的数值（照片4）。

照片4　加载装置及外载荷测量

内压加载是先将弯头用水灌满，然后用手压泵向弯头内部打油，由2.5级的压力表（最大量程为60 kg/cm²）读出其内压的数值（照片4）。

三、试验数据整理

每个试验点的电阻片位置如图4所示。当计算弯头的环向应力及纵向应力时，可根据试验测得的 ε_a 与 ε_c 的数值，由广义虎克定律求得，即

$$\sigma_q=\frac{E}{1-\nu^2}(\varepsilon_c+\nu\varepsilon_a) \tag{1}$$

$$\sigma_L=\frac{E}{1-\nu^2}(\varepsilon_a+\nu\varepsilon_c) \tag{2}$$

由于测量的截面较多，仅选择较危险的 A,B',C' 三个截面，弯管与直管连接处的 F 截面，直管部分的 H,I 截面的试验数据加以整理。

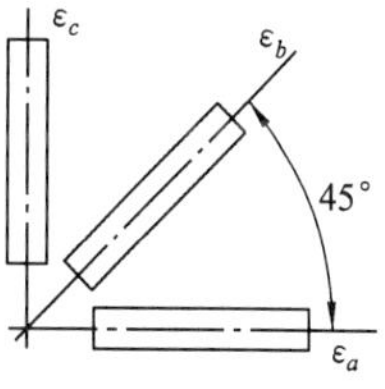

图4　电阻片位置

1　弯头受平面内弯矩作用时截面上各点的应力

根据测得的不同截面上各点的应变值（例如 B' 截面上各点的应变值如表1所示），绘制载荷-应变（P-ε）直线图（例如 B' 截面的6点、13点的直线图如图5、图6所示），计算其载荷增量 $\Delta P=1$ t（相当于最大弯矩 $\overline{M}=2.08$ t·m）时直线图的斜率，再由式(1)、(2)算出各点的应力值，例如 B' 截面上各点的电测应力值如表2所示。最后，绘制出截面上各点的应力分布图，例如 B' 截面上各点的应力分布如图7所示。A,C',F,H,I 截面上各点的应力分布如图8至12所示。

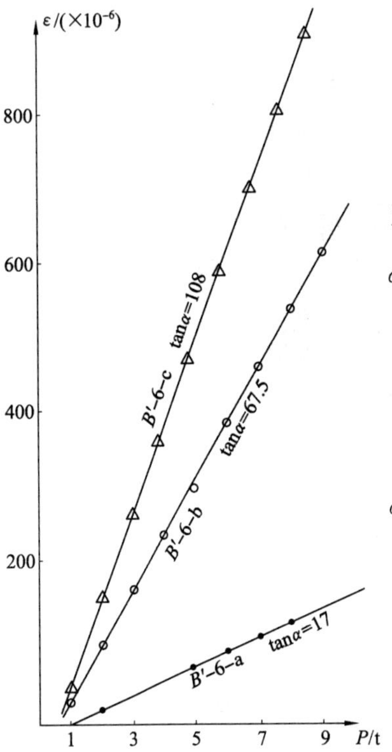

图 5　B'-6 点 P-ε 直线图

当 $\Delta P=1$ t 时的应力：

$$\sigma_L=\sigma_a=\frac{E}{1-\nu^2}(\varepsilon_a+\nu\varepsilon_c)$$
$$=\frac{2.1\times10^6}{1-(0.3)^2}(17\times10^{-6}+0.3\times108\times10^{-6})$$
$$=2.31(17+0.3\times108)$$
$$=114(\text{kg/cm}^2)$$
$$\sigma_q=\sigma_c=\frac{E}{1-\nu^2}(\varepsilon_c+\nu\varepsilon_a)$$
$$=\frac{2.1\times10^6}{1-(0.3)^2}(108\times10^{-6}+0.3\times17\times10^{-6})$$
$$=262(\text{kg/cm}^2)$$

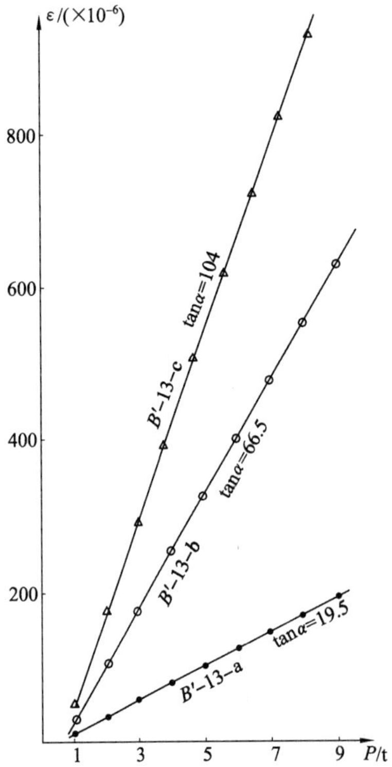

图 6　B'-13 点 P-ε 直线图

当 $\Delta P=1$ t 时的应力：

$$\sigma_L=\sigma_a=\frac{E}{1-\nu^2}(\varepsilon_a+\nu\varepsilon_c)$$
$$=\frac{2.1\times10^6}{1-(0.3)^2}(19.5\times10^{-6}+0.3\times104\times10^{-6})$$
$$=117(\text{kg/cm}^2)$$
$$\sigma_q=\sigma_c=\frac{E}{1-\nu^2}(\varepsilon_c+\nu\varepsilon_a)$$
$$=\frac{2.1\times10^6}{1-(0.3)^2}(104\times10^{-6}+0.3\times19.5\times10^{-6})$$
$$=254(\text{kg/cm}^2)$$

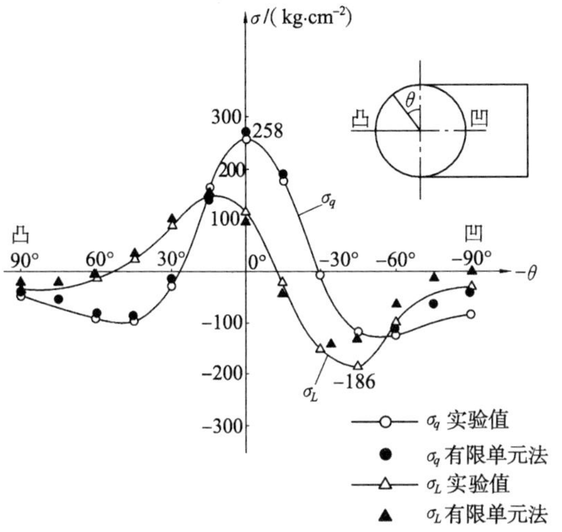

图 7　B′截面各点应力分布
（载荷 P=1 t）1976.9.16 测试

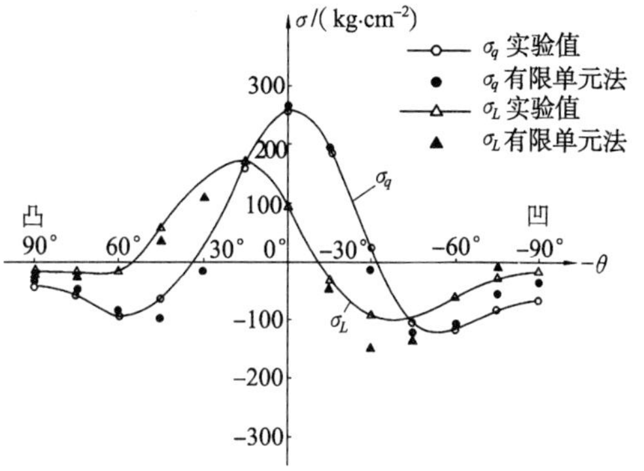

图 8　A 截面各点应力分布
（载荷 P=1 t）1976.9.3 测试

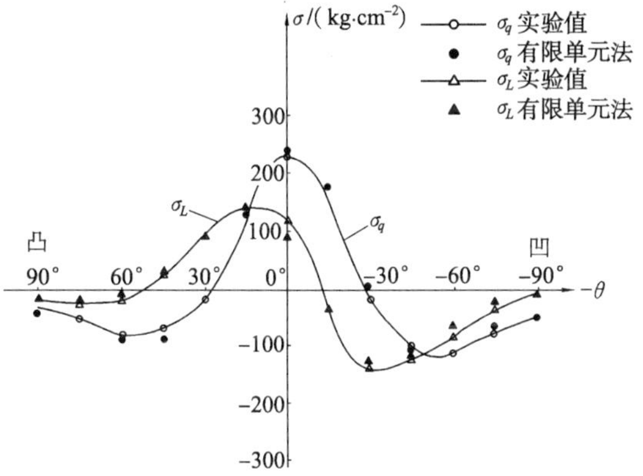

图 9　C′截面各点应力分布
（载荷 P=1 t）1976.9.17 测试

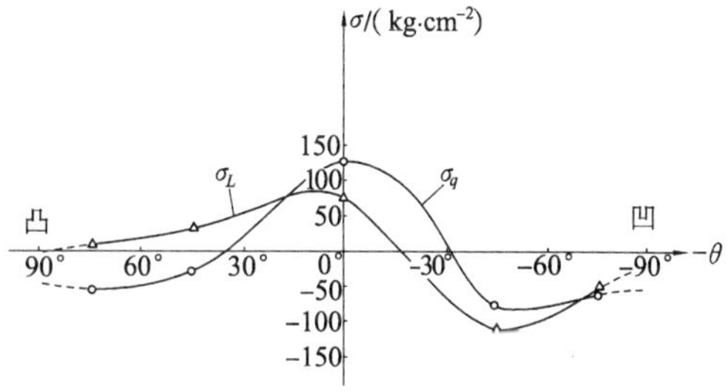

图 10　F 截面各点应力分布
（载荷 P=1 t）1976.9.3 测试

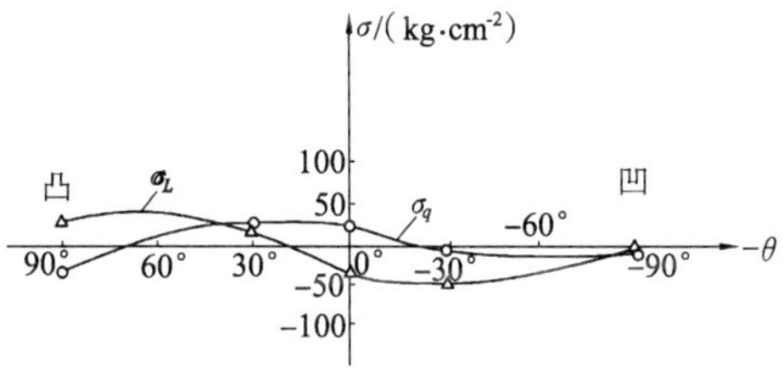

图 11　H 截面各点应力分布
（载荷 P=1 t）1976.9.17 测试

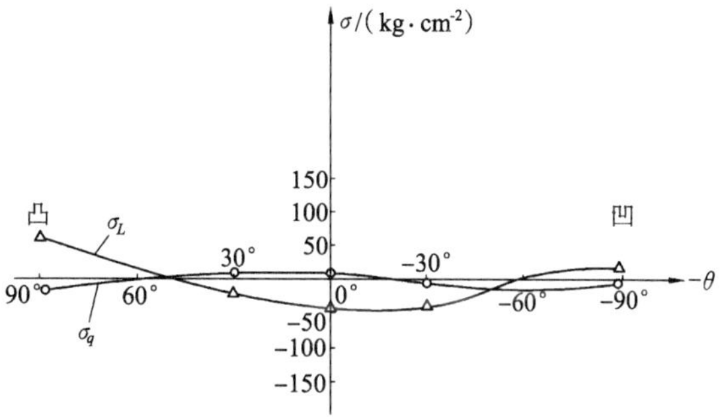

图 12　I 截面各点应力分布
（载荷 P=1 t）1976.9.17 测试

表 1 B'截面各点应变测量原始数据表

日期:1976 年 9 月 16 日　　时间:20 时至 22 时

仪器型号:YJD-1　015　　电阻片阻值:233.1 Ω

接线箱号:697　　电阻片 K 值:2.2

测点编号 \ 载荷/t	应变值 /(×10⁻⁶) 1	2	3	4	5	6	7	8	9	0
B 校	1	1	1	0	1	1	0	0	2	0
标	974	977	982	986	995	970	976	974	973	975
B'-1-a	0	−1	−3	−7	−7	−9	−10	−11	−1	−2
B'-1-b	−6	−26	−42	−61	−77	−94	−111	−129	−145	0
B'-1-c	−17	−55	−88	−125	−157	−192	−227	−262	−296	0
B'-2-a	−11	−38	−61	−87	−109	−133	−157	−181	−204	0
B'-2-b	−18	−54	−87	−124	−156	−191	−226	−262	−296	0
B'-2-c	−25	−74	−118	−168	−211	−258	−305	−354	−400	0
B'-3-a	−27	−94	−154	−220	−278	−341	−404	−467	−258	2
B'-3-b	−17	−52	−86	−129	−160	−197	−232	−269	−305	3
B'-3-c	−20	−53	−83	−119	−149	−182	−217	−257	−287	2
B'-4-a	−36	−111	−180	−255	−322	−395	−467	−542	−613	0
B'-4-b	−16	−37	−57	−79	−98	−119	−140	−164	−185	−1
B'-4-c	−3	18	36	54	72	90	107	124	138	−2
B'-5-a	−26	−65	−101	−140	−176	−213	−252	−291	−330	−2
B'-5-b	8	46	81	118	152	191	228	265	301	−1
B'-5-c	28	121	206	297	382	473	564	654	703	−6
B'-6-a	0	18	35	53	71	90	108	125	141	+1
B'-6-b	28	98	162	232	297	366	435	504	573	2
B'-6-c	45	153	253	361	460	567	675	781	888	0

表 1(续) B'截面各点应变测量原始数据表

日期:1976 年 9 月 16 日　　时间:20 时至 22 时

仪器型号:YJD-1　015　　电阻片阻值:233.1 Ω

接线箱号:049　　电阻片 K 值:2.2

测点编号 \ 载荷/t	应变值 /(×10⁻⁶) 1	2	3	4	5	6	7	8	9	0
校	0	0	0	0	0	0	0	0	0	0
B'-7-a	27	75	121	170	216	263	312	359	408	0
B'-7-b	19	65	107	153	196	241	286	329	373	0
B'-7-c	18	78	132	189	244	301	359	416	472	0
B'-8-a	17	65	110	156	202	248	295	340	386	−1
B'-8-b	2	3	4	3	6	5	5	5	6	0

续表

测点编号＼载荷/t	应　变　值　/(×10⁻⁶)									
	1	2	3	4	5	6	7	8	9	0
B'-8-c	−3	−29	−52	−79	−101	−128	−153	−179	−204	1
B'-9-a	11	38	62	89	115	139	164	190	215	1
B'-9-b	−8	−29	−47	−68	−86	−107	−127	−148	−168	0
B'-9-c	−20	−77	−127	−184	−233	−288	−341	−397	−450	1
B'-10-a	4	11	15	19	26	31	36	41	45	2
B'-10-b	−8	−29	−49	−70	−87	−109	−129	−190	−170	2
B'-10-c	−19	−64	−107	−152	−190	−235	−278	−323	−367	1
B'-11-a	−4	−14	−23	−33	−39	−49	−58	−67	−77	0
B'-11-b	−4	−18	−31	−45	−55	−69	−81	−96	−108	2
B'-11-c	−8	−25	−42	−59	−74	−91	−108	−126	−143	2
B'-12-a	0	10	19	28	38	48	56	65	73	−1
B'-12-b	−9	−22	−36	−50	−62	−75	−89	−103	−118	0
B'-12-c	−20	−61	−102	−143	−180	−220	−261	−301	−340	0

表 1(续)　B'截面各点应变测量原始数据表

日期:1976 年 9 月 16 日　　时间:20 时至 22 时

仪器型号:YJD-1　015　　电阻片阻值:233.1 Ω

接线箱号:0-48　　电阻片 K 值:2.2

测点编号＼载荷/t＼应变值	应　变　值　/(×10⁻⁶)									
	1	2	3	4	5	6	7	8	9	0
校	1	0	1	0	0	0	0	0	0	2
B'-13-a	13	32	50	69	87	107	126	147	169	−1
B'-13-b	28	94	157	223	285	351	418	485	553	−3
B'-13-c	45	155	256	366	467	576	686	795	903	0
B'-14-a	−17	−52	−82	−115	−146	−178	−210	−242	−272	−1
B'-14-b	−19	−62	−101	−143	−181	−222	−263	−304	−343	−1
B'-14-c	−21	−69	−112	−160	−202	−249	−295	−341	−385	−4

表 2　B'截面上各点的电测应力值

(P=1 t,应力单位:kg/cm²)

应力＼点号	B'-1	B'-2	B'-3	B'-4	B'-5	B'-6	B'-7	B'-8	B'-9	B'-10	B'-11	B'-12	B'-13	B'-14
环向应力 σ_q	−81	−120	−117	−7	176	262	164	−26	−98	−97	−46	−87.5	254	−126
纵向应力 σ_L	−27.4	−86	−186	−153	−23	114	148	89	24	−19.7	−32.6	−7	117	−103

2 弯头受内压作用时，由平面内弯矩引起的截面上各点的应力

应用与弯头单纯受平面弯矩作用时试验数据处理相类似的方法，最后绘制出 A，B'，C'，F，H，I 截面的应力分布如图 13 至 18 所示。

3 弯头受内压作用时，截面上各点的应力

以 B'，C' 截面为例，其截面上各点的应力分布如图 19、图 20 所示。

4 A 截面的直径变化、弯头两端面的夹角变化

弯头受弯矩作用时，其 A 截面的径向位移以及两端面的夹角变化值如表 3 所示。当弯头受内压作用时，由弯矩引起的 A 截面的径向位移以及两端面的夹角变化值如表 4 所示。

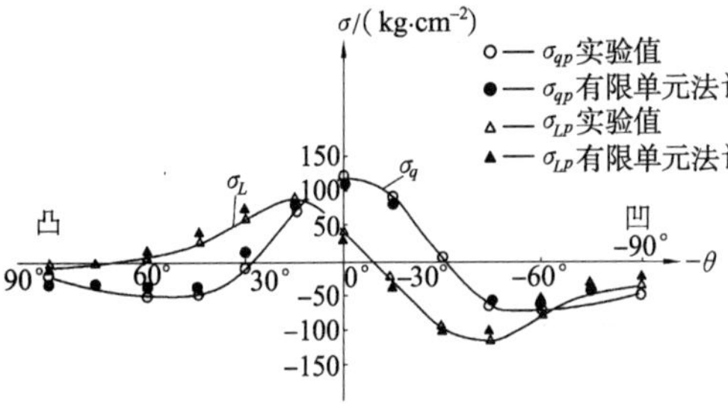

图 13 A 截面各点应力分布

（当内压 p=40 kg/cm² 保持不变，由载荷 P=1 t 所引起的应力）1976.9.26 测试

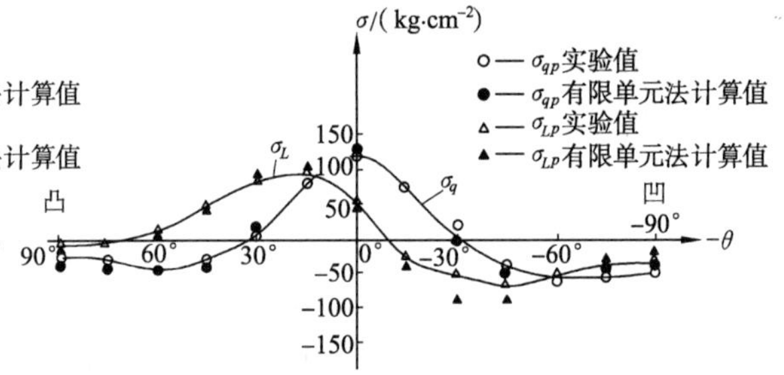

图 14 B' 截面各点应力分布

（当内压 p=40 kg/cm² 保持不变，由载荷 P=1 t 所引起的应力）1976.9.26 测试

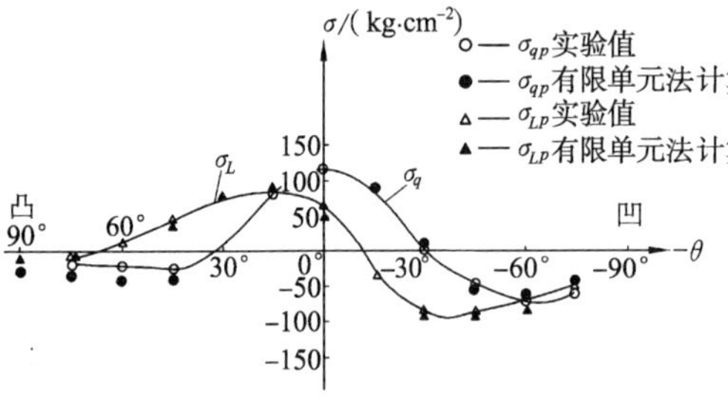

图 15 C' 截面各点应力分布

（当内压 p=40 kg/cm² 保持不变，由载荷 P=1 t 所引起的应力）1976.9.27 测试

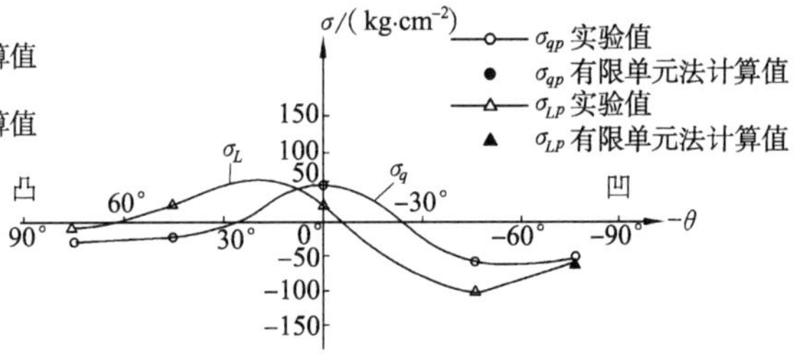

图 16 F 截面各点应力分布

（当内压 p=40 kg/cm² 保持不变，由载荷 P=1 t 所引起的应力）1976.9.27 测试

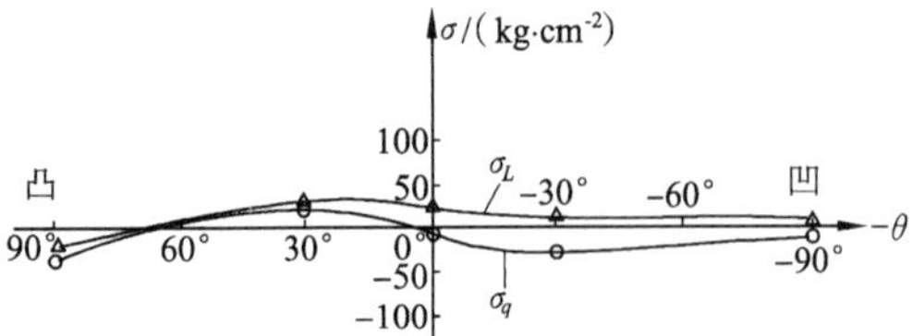

图 17 H 截面各点应力分布

（当内压 p=40 kg/cm² 保持不变，由载荷 P=1 t 所引起的应力）1976.9.27 测试

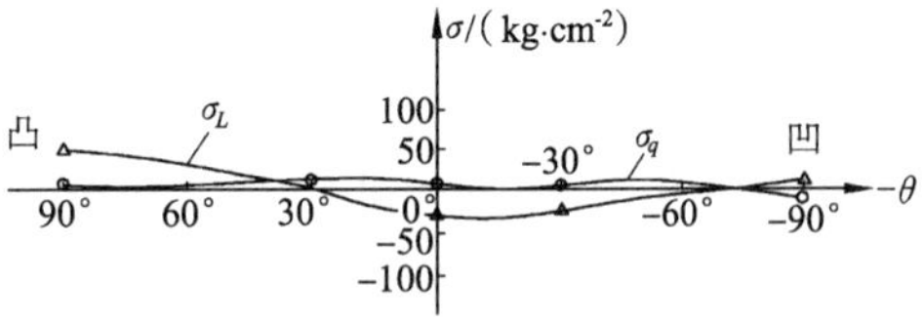

图 18 I 截面各点应力分布

（当内压 p=40 kg/cm² 保持不变，由载荷 P=1 t 所引起的应力）1976.9.27 测试

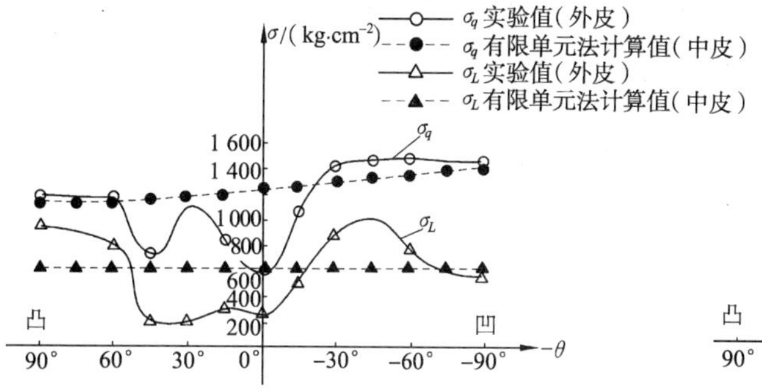

图 19　B'截面各点应力分布

(纯内压 $p=40$ kg/cm^2)1976.9.26 测试

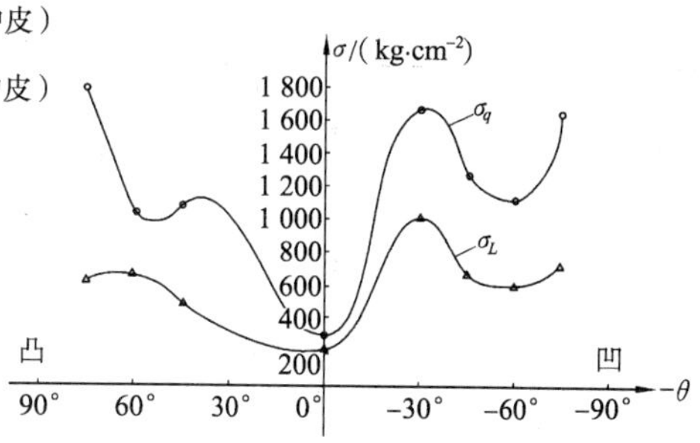

图 20　C'截面各点应力分布

(纯内压 $p=40$ kg/cm^2)1976.9.27 测试

表 3　弯头承受截荷 $P=1$ t 时,A 截面各点的径向位移、弯头两端面夹角变化量测量数据表

截　面	测量项目	1976.9.3 三次平均	1976.9.16 一次	1976.9.17 三次平均	1976.9.20 三次平均	十次测量数据平均值
A	径向位移 $w_r(\theta=0°)$ /mm	0.536	0.535	0.536	0.538	0.536 5
A	径向位移 $w_r(\theta=90°)$ /mm	−0.357	0.404	−0.367	−0.408	−0.380
A	径向位移 $w_r(\theta=45°)$ /mm	−0.077	−0.074 5	−0.066	−0.063 5	−0.069 4
A	径向位移 $w_r(\theta=135°)$ /mm	−0.090 6	0.08	−0.08	−0.089	−0.085 9
F	截面转角 $\Delta\beta_F$ /rad	4.938×10^{-4}	5.11×10^{-4}	5.16×10^{-4}	4.975×10^{-4}	5.033×10^{-4}
F'	截面转角 $\Delta\beta_{F'}$ /rad	9.38×10^{-4}	9.35×10^{-4}	9.382×10^{-4}	9.382×10^{-4}	9.382×10^{-4}
F-F'	F 与 F'截面的相对转角 $\Delta\alpha$/rad	14.31×10^{-4}	14.5×10^{-4}	14.54×10^{-4}	14.35×10^{-4}	14.41×10^{-4}

表 4　弯头承受内压 $p=40\ kg/cm^2$ 时，由 $P=1\ t$ 所引起的 A 截面各点的径向位移、弯头两端面夹角变化量测量数据表

截　面	测量项目	1976.9.24 两次平均	1976.9.26 两次平均	1976.9.27 两次平均	六次平均值
A	径向位移 $w_r(\theta=0°)$ /mm	0.293	0.299	0.297	0.296
A	径向位移 $w_r(\theta=90°)$ /mm	−0.235	−0.237	−0.233	−0.235
A	径向位移 $w_r(\theta=45°)$ /mm	−0.034	−0.030 5	−0.031 5	−0.032
A	径向位移 $w_r(\theta=135°)$ /mm	−0.034 5	−0.032 5	−0.029	−0.032
F	截面转角 $\Delta\beta_F$ /rad	3.024×10^{-4}	3.913×10^{-4}	3.913×10^{-4}	3.616×10^{-4}
F'	截面转角 $\Delta\beta_{F'}$ /rad	6.592×10^{-4}	4.962×10^{-4}	4.851×10^{-4}	5.458×10^{-4}
F-F'	F 与 F' 截面的相对转角 $\Delta\alpha$/rad	9.617×10^{-4}	8.876×10^{-4}	8.765×10^{-4}	9.086×10^{-4}

四、试验结果分析与讨论

1　柔性系数

由试验测得 $\Delta\alpha$（表 3、表 4），进而计算出柔性系数。

当无内压时，

$$K=\frac{\Delta\alpha/\alpha}{MR/EI}=\frac{14.41\times10^{-4}/\frac{\pi}{2}}{\frac{2.03\times10^{5}\times5\times36}{2.1\times10^{6}\times16.7\times10^{4}}}=8.84$$

当 $p=40\ kg/cm^2$，

$$K_p=\frac{9.086\times10^{-4}/\frac{\pi}{2}}{\frac{2.03\times10^5\times5\times36}{2.1\times10^6\times16.7\times10^4}}=5.55$$

由此看出，有内压时的柔性系数 K_p 降低为无内压时的柔性系数 K 的 63.8%。

柔性系数的实验值与理论计算结果比较如表 5 所示。

表 5　柔性系数的实验值与理论值

柔性系数		K	K_p	K_p/K
实验值		8.84	5.55	0.628
理论值	文献[1]推荐的公式	9.89		
	文献[3]推荐的公式	9.89	6.35	0.643
	Von Karman 三次近似	10.25		

由表 5 看出，柔性系数 K 的实验值与文献[1]推荐的公式

$$K=\frac{1.65}{\lambda} \tag{3}$$

的计算结果较接近，但实验值偏低。有内压时的柔性系数 K_p 的实验值也较理论值偏低。估计这是由于试件与工作台之间的摩擦力的影响和弯头两端约束的影响造成的。但 K_p/K 的实验值与理论值很接近，这说明文献[3]推荐的公式

$$\frac{K_p}{K}=\frac{1}{1+6\frac{pr}{Et}\left(\frac{r}{t}\right)^{4/3}\left(\frac{R}{r}\right)^{1/3}} \tag{4}$$

与本试验结果是符合的。

2　扁平率与凸出率

由试验测得的 A 截面直径变化数据(表 3)，计算出扁平率与凸出率为

$$\psi_y=\frac{2\times0.380}{720}=1.055\times10^{-3}$$

$$\psi_x=\frac{2\times0.5365}{720}=1.49\times10^{-3}$$

用文献[1]推荐的公式

$$\psi_y=1.65\left(\frac{r}{t}\right)\left[1+2\left(\frac{r}{R}\right)^2\right]\frac{Mr}{EI} \tag{5}$$

$$\psi_x=1.65\left(\frac{r}{t}\right)\left[1+2\left(\frac{r}{R}\right)^2\right]\left(\frac{22+600\lambda^2}{12+600\lambda^2}\right)\frac{Mr}{EI} \tag{6}$$

计算出的理论值为

$$\psi_y=1.11\times10^{-3}$$

$$\psi_x=1.49\times10^{-3}$$

由此看出，用公式(5)、(6)计算出的理论值与实验值甚为接近，误差不超过 5%。当有内

压时，ψ_{yp}，ψ_{xp} 值均要降低，用表 4 的实验数据计算出

$$\psi_{yp}=\frac{2\times 0.235}{720}=0.653\times 10^{-3}$$

$$\psi_{xp}=\frac{2\times 0.296}{720}=0.822\times 10^{-3}$$

ψ_{yp}/ψ_y 与 ψ_{xp}/ψ_x 的实验值为

$$\frac{\psi_{yp}}{\psi_y}=0.62,\qquad \frac{\psi_{xp}}{\psi_x}=0.552$$

这说明 ψ_{xp}，ψ_{yp} 为 ψ_x，ψ_y 的 55%～62%。

3　应力系数

截面上各点的应力分布情况，实验值与有限单元法计算结果较为接近，如图 7 至图 9 所示（用有限单元法计算各种参数的弯头详细报告另发）。

由图 8 得知，试验测得 A 截面的 $\sigma_{L\max}=168\ \text{kg/cm}^2$，$\sigma_{q\max}=255\ \text{kg/cm}^2$，而 $\sigma_0=Mr_o/I=44.8\ \text{kg/cm}^2$，故

$$\beta_L=\frac{168}{44.8}=3.75$$

$$\beta_q=\frac{255}{44.8}=5.70$$

由文献[1]推荐的理论公式

$$\beta_L=0.83\left[1+2\left(\frac{r}{R}\right)^2\right]\left(\frac{1}{\lambda}\right)^{2/3}\tag{7}$$

$$\beta_q=1.80\left[1-\left(\frac{r}{R}\right)^2\right]\left(\frac{1}{\lambda}\right)^{2/3}\tag{8}$$

计算出的理论值为：$\beta_L=2.96$，$\beta_q=5.71$（这里 β_L 为沿壁厚平均值，即沿壁厚中层的值；β_q 是沿壁厚外皮的值），A 截面的 β_L，β_q 的实验值与理论值如表 6 所示。

表 6　β_L，β_q 的实验值与理论值（A 截面）

实验值与理论值 / β_L，β_q	实　验　值	理　论　值		
		文献[1]推荐的公式	P. L. Vissat（短径理论）	E. Reissner（长径理论）
β_L	3.75（外皮）	2.96（中层）	3.95（中层）	2.72（中层）
β_q	5.70（外皮）	5.71（外皮）	4.26（外皮）	5.87（外皮）

从表 6 得知，用文献[1]推荐的公式计算出的 β_q 与实验值相符合，比短径理论值和长径理论值都准确一些。β_L 值不好比较，因为理论值是中层值，它等于内皮值和外皮值二者的平均值，而我们这次试验只测了外皮值，没有测内皮值。外皮 β_L 较中层 β_L 大是合理的，因为沿壁厚有附加弯矩。用有限单元法算出的外皮 β_L 为 3.50，中层 β_L 为 2.84。

弯头在平面内弯矩作用下，各截面（参看图 2）的应力系数 β_q，β_L 的实验值与用有限单元法算得的理论值较接近，如表 7 所示。

表 7　β_L，β_q 的实验值与理论值（外皮）

β_L，β_q ＼ 截面		A	B′	C′	D′	F
β_L	实验值	3.75	3.34	3.26	2.46	2.39
	有限单元法计算值	3.50	3.44	3.28	3.07	2.68
β_q	实验值	5.70	5.82	5.36	4.42	3.73
	有限单元法计算值	5.87	5.82	5.62	5.33	3.67

注：D′截面实验值偏低，而 D 截面实验值偏高，后者比前者约高 35%，其平均值和有限单元法理论值一致。

由表 7 得知，不同截面的应力系数是不同的，这是由于弯头两端约束的影响造成的，愈接近弯头与直管的连接处，弯头两端约束对应力系数的影响就越大。

弯头受内压作用时，对于由平面内弯矩引起的应力系数，试验测得 A 截面的值为

$$\beta_{qp}=\frac{120}{44.8}=2.68$$

由文献[3]推荐的公式

$$\beta_{qp}=\frac{\dfrac{1.95}{\lambda^{2/3}}}{1+3.25\dfrac{pr}{Et}\left(\dfrac{r}{t}\right)^{3/2}\left(\dfrac{R}{r}\right)^{2/3}} \tag{9}$$

计算的结果为 3.45，它比实验值偏大约 29%。各截面的应力系数 β_{qp}，β_{Lp} 的实验值及有限单元法计算值如表 8 所示。

表 8　有内压影响的弯曲应力系数实验值和计算值

（内压 $p=40\ \text{kg/cm}^2$，由载荷 $P=1\ \text{t}$ 引起的 β_{Lp} 和 β_{qp}）

应力系数 ＼ 截面		A	B′	C′	D′	F
β_{Lp}	实验值	2.23	2.03	2.10	1.47	1.49
	有限单元法计算值	2.16	2.16	2.15	2.13	1.60
β_{qp}	实验值	2.68	2.70	2.8	1.96	1.49
	有限单元法计算值	2.77	2.80	2.88	2.95	2.40

由表 8 得知，内压使各截面的应力系数显著降低，在弯头两端附近的截面，端面约束对应力系数的影响仍有反应。

试验测得和用有限单元法计算得到的应力系数沿弯头轴向（ϕ）的变化情况如图 21、图 22 所示，它清楚地表明两端约束对应力系数有显著的影响。

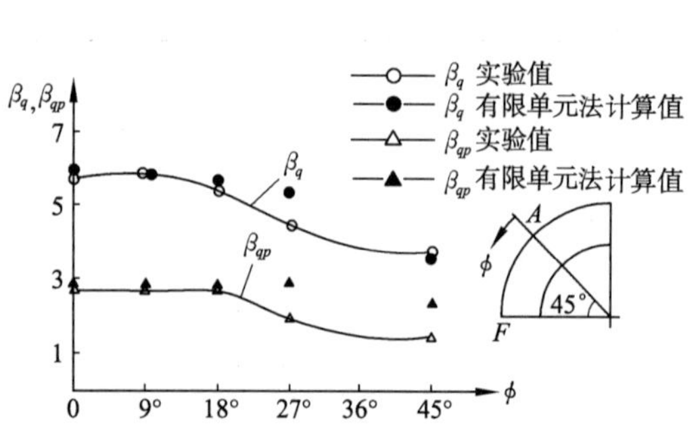

图 21 在 $\theta=0°$位置沿弯头轴向(ϕ)所测的环向应力系数

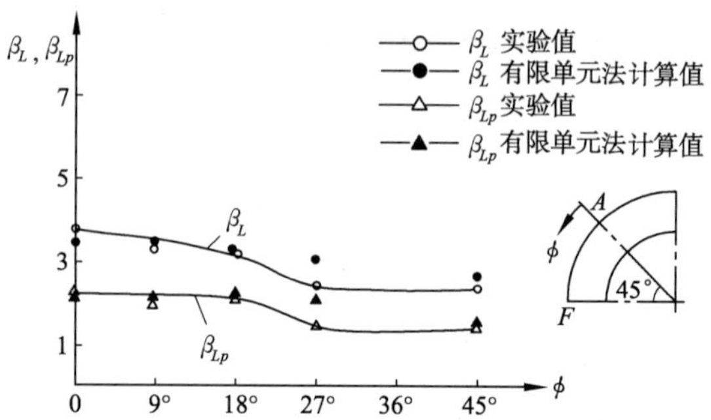

图 22 在 $\theta=15°$位置沿弯头轴向(ϕ)所测的纵向应力系数

σ_q，σ_L 与主应力值相差不大，以 B'截面 6 点、13 点为例，由试验测得的 ε_a，ε_b，ε_c 算出其主应变 ε_1 与 ε_2，进而算出其主应力为

$$\sigma_1=258\ \text{kg/cm}^2$$
$$\sigma_2=115\ \text{kg/cm}^2$$

而试验测得的 σ_q 与 σ_L 为

$$\sigma_q=258\ \text{kg/cm}^2$$
$$\sigma_L=115.5\ \text{kg/cm}^2$$

两者甚为接近，故下次试验时，不必再贴 45°方向的电阻片。

4 直管段截面上的应力分布

由图 11，12，17，18 看出，弯头两端直管段截面上的 σ_L，σ_q 趋向均匀分布，它与弯头截面上的应力分布有显著的不同。

5 弯头受内压作用时截面上的应力分布

弯头受内压作用时，截面上各点的应力分布如图 19、图 20 所示。与有限单元法的计算结果差别较大（参看图 19），这是由于试件形状（环向与轴向）的不规则，引起相当大的环向与纵向弯曲应力所造成的。如果弯头内外壁都贴电阻片，取其平均值，实验值将与理论值接近。

试验与理论计算表明，这次测量应变的方法和所测数据可靠，与理想弯管的理论值相比误差不大。

五、结 论

(1) 由文献[1]推荐的以下公式：

$$K=\frac{1.65}{\lambda}$$

$$\beta_L=0.83\left[1+2\left(\frac{r}{R}\right)^2\right]\left(\frac{1}{\lambda}\right)^{2/3}$$

$$\beta_q=1.80\left[1-\left(\frac{r}{R}\right)^2\right]\left(\frac{1}{\lambda}\right)^{2/3}$$

$$\psi_y=1.65\left(\frac{r}{t}\right)\left[1+2\left(\frac{r}{R}\right)^2\right]\frac{Mr}{EI}$$

$$\psi_x=1.65\left(\frac{r}{t}\right)\left[1+2\left(\frac{r}{R}\right)^2\right]\left(\frac{22+600\lambda^2}{12+600\lambda^2}\right)\frac{Mr}{EI}$$

经本次试验证明与试验结果较符合。

（2）对于弯头承受内压时的 K_p 与 β_{qp}，由文献[3]推荐的公式

$$K_p=\frac{K}{1+6\frac{pr}{Et}\left(\frac{r}{t}\right)^{4/3}\left(\frac{R}{r}\right)^{1/3}}$$

$$\beta_{qp}=\frac{1.95/\lambda^{2/3}}{1+3.25\frac{pr}{Et}\left(\frac{r}{t}\right)^{3/2}\left(\frac{R}{r}\right)^{2/3}}$$

计算出的 K_p 值比较准确，与实验符合；β_{qp} 值较实验值偏大较多，原因在于该值计算式的分子项取得过大，建议将上式中等号右边的 1.95 改为 $1.8\left[1-\left(\frac{r}{R}\right)^2\right]$，则误差可较小。

（3）本实验室所编薄壁弯头的有限单元法计算程序准确度较好，各项应力计算基本上和实验结果一致。

参考文献

[1] 华东石油学院力学实验室．弯头的平面弹性弯曲．华东石油学院科技通讯，1976(4)

[2] H. V. 尤根生．管道弹性与强度(译本)．中国工业出版社，1964

[3] E. C. Rodabaugh, H. H. George. Effect of Internal Pressure on Flexibility and Stress Intensification Factors of Curved Pipe or Welding Elbows. Trans, ASME, 1957, 79: 939

[4] 华东石油学院力学实验室．用有限单元法计算薄壁弯头的应力．1977(未发表)

ϕ720 毫米 45°弯头强度试验研究

华东石油学院力学教研室

一、概　述

我室 1976 年曾对 ϕ720 口径的 90°弯头进行过强度试验研究,包括四项内容:(1) 没有内压时弯曲应力及变形的测定;(2) 有内压时弯曲应力及变形的测定;(3) 纯内压时应力及变形的测定;(4) 弯头塑性破坏的极限弯矩值测定。前三项内容的试验研究报告已在我院学报上发表[1],第(4)项内容则附在崔孝秉所写《薄壁弯头塑性破坏的极限弯矩问题》[2]一文中发表。

我室 1977 年又对 ϕ720 口径的 45°弯头进行强度试验,内容项目与 90°弯头基本一样,所不同的是测定极限弯矩时加入了 40 kg/cm^2 的内压。本次试验的目的在于考察减小弯头角度对强度所引起的影响。目前在我国石油长输管道中,大多数弯头都是小于 90°的,因此有必要加以研究。试验结果表明:在相同弯矩的作用下,45°弯头的最大应力比 90°弯头的小一些,柔度也略小一些,但不严重。考虑到在管道结构中由于弯头柔性系数的减小会使热胀所产生的弯矩有所增大,因而在计算 45°弯头的热胀应力时,如果采用 90°弯头的各项系数(即文献[3]中介绍和推荐的弯头柔性系数 K 及应力系数 β_L,β_q 等),正负误差会有所互补,最终影响不至于太大,而且偏于安全。

本次试验成功地测出了 ϕ720-45°弯头的塑性破坏极限弯矩。试验过程中始终保持着内压 40 kg/cm^2。所得极限弯矩值比 90°弯头无内压时测得的极限弯矩高出一倍多[2],而且在弯头边缘的直管端上还出现了明显的鼓包,和埋地弯头受到热胀破坏的实况很相似。这种大口径弯头在一定内压影响下的极限弯矩测定试验,国内外文献中目前尚未见到。

本次试验中弯头纯内压应力的测定结果很不理想,尽管内外壁都贴了电阻片,平均应力值仍很分散。由于试件本身几何尺寸不规律,弯头中部截面不圆,具有较大的椭圆度,这些因素对内压应力的影响很大。另外,内壁贴片的防潮工艺等因素也有一定影响。欢迎有关单位多予指教。

本次试验前,在胜利油田油建一部领导的关心和支持下,油建一部二大队帮助我们精心地组装了 ϕ720-45°弯头试件,为试验按期进行提供了有力保证。在此,我们表示衷心的谢意。

二、符号意义

R——弯头曲率半径;

注:本文由崔孝秉执笔,徐桂珍描图。参加试验研究工作的有岳伯谦、王修斋、卢修献、潘祖谨、梁雪蓉、王恭业、吕英民、崔孝秉、蔡强康、杜美华、付雅琳等。四川石油设计院周维国、杨主平、黄汝桥参加了测试工作。

t——弯头壁厚；
d——弯头截面外径；
r——弯头截面平均半径；
λ——弯头参数，$\lambda=Rt/r^2$；
L——直管部分长度；
E——材料弹性系数；
ν——材料波桑系数；
ε——应变；
ε_a——弯头轴线方向的应变；
ε_c——弯头截面圆周方向的应变；
P——作用在弯头平面内的载荷；
ΔP——载荷增量；
M——作用在弯头平面内的弯矩；
I——弯头截面惯性矩；
p——弯头内压；
α——弯头两端面夹角；
$\Delta\alpha$——α 角的增量；
ϕ——在弯头截面内沿圆周方向的角度；
θ——沿弯头轴线方向的角度；
K——弯头柔性系数；
K_p——有内压影响时的弯头柔性系数；
ψ_y——弯头的扁平率；
ψ_{yp}——有内压影响时的弯头扁平率；
ψ_x——弯头的凸出率；
ψ_{xp}——有内压影响时的弯头凸出率；
σ_L——纵向应力；
σ_q——环向应力；
σ_0——直管的最大弯曲应力，$\sigma_0=\dfrac{Mr}{I}$；
$\sigma_{L\max}$——最大的纵向应力；
$\sigma_{q\max}$——最大的环向应力；
β_L——纵向弯曲应力系数，$\beta_L=\sigma_{L\max}/\sigma_0$；
β_q——环向弯曲应力系数，$\beta_q=\sigma_{q\max}/\sigma_0$；
β_{Lp}——有内压影响时的纵向弯曲应力系数；
β_{qp}——有内压影响时的环向弯曲应力系数；
M_s——无内压时的极限弯矩；
M_{sp}——有内压时的极限弯矩。

三、试验简介

1 目 的

测定ϕ720 口径、45°弯头的弯曲应力、内压应力，以及有 40 kg/cm^2 内压存在时弯头塑性破坏的极限弯矩值。

2 试 件

试件主体由一个 45°弯头及两根切向焊连的直管段组成，如图 1 所示。弯头的尺寸、材料及其弹性系数列于表 1，这是石油长输管道中常用的一种弯头。

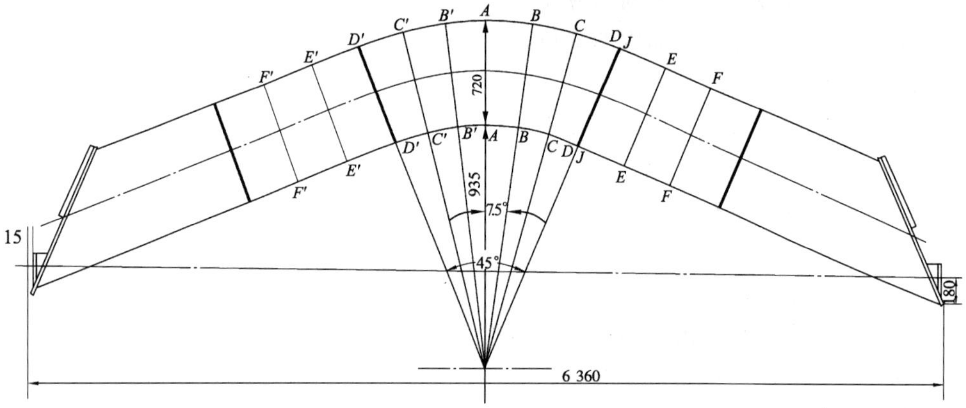

图 1 测量截面位置图

表 1 弯头尺寸、材料及弹性系数

	名义直径 d/mm	平均壁厚 t/mm	曲率半径 R/mm	材料类型	弹性系数 E/(kg·cm^{-2})	波桑系数 ν
弯 头	720	11.8	2 000	16 Mn	2.1×10^6	0.3
接 管	720	8.0	—	16 Mn	2.1×10^6	0.3

由于冲压及焊接过程中的制造误差，本试验所用弯头中部有较大的椭圆度，如图 2 所示，各截面各方向实测的外径值分别标注在图中。从弯头水平放置的位置看，A 截面的铅垂直径为 748 mm，而水平直径只有 711 mm，B 截面的分别为 744，713 mm，C 截面的分别为 737，721 mm。

3 测点布置

参看图 1，弯头部分 7 个截面有测点，直管部分 6 个截面有测点，全部测点 90 个，外壁 75 个，内壁 15 个。考虑到试件结构的对称性，测点布置以右半部为主，同一截面以上部为主。内壁测点只布于截面 A 和截面 B 及 B'。每个测点只贴二个电阻应变片，分别沿环向和纵向。

为了测量弯头变形时截面的椭圆度和柔性系数，在截面 A 及截面 D 和 D' 还布置了位移测量点，与 90°弯头试验时的布置类似(参看文献[1])。

为了测定极限弯矩值，必须连续测量弯头两边的相对位移，这二个测量点选在试件两头的推力加载端。

4 测量方法

各点应变值主要使用 YJS-8 静态 100 点数字应变仪测量，同时也采用 YJD-1 静动态应变仪和 PZ-8 数字电压表配合的办法，如照片 1 所示。

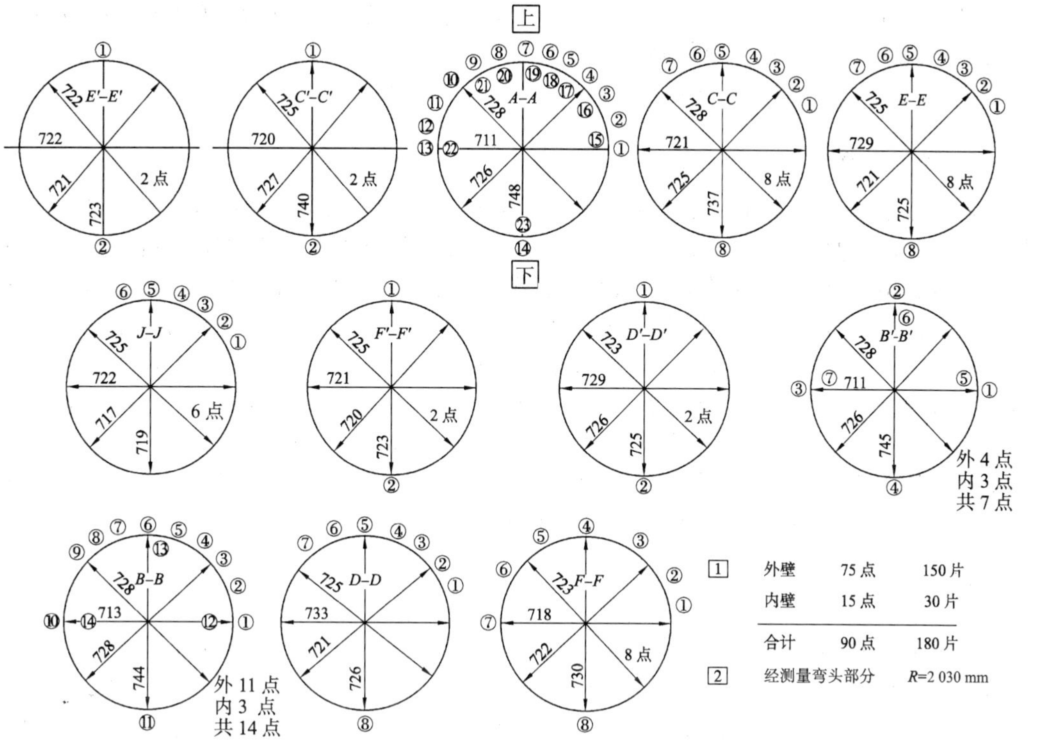

图 2　测点布置图

本次试验选用的电阻应变片阻值为 124 Ω，灵敏度系数为 2.24，贴片粘合剂为 KH502 胶水，外壁电阻片贴好后用"914"胶封固，内壁电阻片贴好后则用环氧树脂封固，加涂炮油脂。因为内部充水，所以要严格防潮。

截面 A，D，D' 的位移测点都装有百分表，它们被磁力表架吸固于特制的固定框架上，表端顶杆顶到弯头上的测点，测出计算椭圆度和柔性系数所需的位移值，和文献[1]中所用装置一样，不再附图说明。

测定塑性破坏极限弯矩值时，加推力的两端（即试件整体的两头）产生的相对位移，原来用钢皮尺直接测量，本次试验改为电位器测量，两端以柔线相连，一端固结，另一端绕过电位器后用重物悬挂住。当相对位移发生时电位器的阻值相应产生改变，新改变量被输入数字欧姆表，由标定过的读数直接显示出相对位移值，这样测定既准确又简便，而且便于远距离操作，避免试件破坏时可能发生危险。装置情况见照片 2。

照片 1

照片 2

5　加载和测载

加载装置和试验 90°弯头时所用的完全一样（见文献[1]），试件两端架设于特制的框架内，用 100 t 的油压千斤顶加载，载荷数值经传感器、应变仪和数字电压表的联合标定装置直接读出。在进行塑性破坏试验阶段，推力过大，传感器因超载失效后，直接由0.25级泵压表读出千斤顶内的油压，按标定值测定相应的推力大小。

弯头内的内压是冲水后用高压泵控制的，压力大小直接由泵压表读出。

6 试验过程

首先测定没有内压时弯头的弯曲应力和变形，最大推力加到 14 t，每增 2 t 记录一次读数，始终保持于弹性范围，并重复进行三次以确保数据的可靠性。第二阶段测定纯内压应力及有内压影响时的弯曲应力，也是保持于弹性范围内。内压最高加到 40 kg/cm²，每隔 5 kg/cm²记录一次每点应变与位移值，并重复进行二次或三次，这就测定了纯内压的应力。然后将压力稳定于 40 kg/cm²，对应变仪进行调零，调好后再加推力，测定有内压影响时的弯曲应力及变形。以上各项完成后，最后进行测定塑性破坏的极限弯矩值，保持内压为 40 kg/cm²，由 0 起增加推力使弯头弯曲，每5 t记录一次试件两端点之间的相对位移，由70 t开始缩小推力增量，加密记录次数，每加 2 t 推力就记录一次相对位移，直至全试件结构屈服，相对位移连续流动地增长，推力载荷停止上升，并反而下降时停止试验。

四、数据整理

本次试验共取得数据约二万个。除极限弯矩一项外，其他各项都在弹性范围内进行。本报告中只选择一部分有代表性和结论性的数据。

表 2 所示为 A 截面外皮各测点在纯推力作用下的应变测定值；表 3 为根据这些测定值算得的 A 截面外皮应力，相应于外载 $P=1$ t(弯矩 $M_A=1.31$ t·m)。算法是先作 P-ε 直线图，如图 3 为 A 截面外皮测点“6”的 P-ε 关系，定出直线的正切值，按下列公式即可求出各点应力值：

$$\sigma_q=\frac{E}{1-\nu^2}(\varepsilon_b+\nu\,\varepsilon_a),\qquad \sigma_L=\frac{E}{1-\nu^2}(\varepsilon_a+\nu\,\varepsilon_b)$$

图 4 为根据表 2 作出的 A 截面外皮弯曲应力分布图，推力 $P=1$ t，无内压。

图 5 为 A 截面内皮 1 t 纯推力弯曲应力分布图；图 6、图 7 及图 8 分别为 B,C,E 截面的 1 t 纯推力弯曲应力分布图。

图 9、图 10 及图 11 分别为截面 A,B,E 由 40 kg/cm² 内压调零后加 1 t 推力弯曲所得的外皮弯曲应力分布图。

图 12 及图 13 分别为截面 A 和 E 受纯内压作用时的应力分布图，试验内压为 $p=40$ kg/cm²。A 截面为内外皮平均应力，E 截面为外皮应力。图示应力值只代表实测应力值的 1/40。

表 4 为弯头变形时截面 A 的径向位移值和弯头两端截面 D,D'夹角的增量值，它们是以百分表测得的，是二次或三次的平均值。图 14 为实测变形的示意图。

表 5 为测定极限弯矩时，弯头试件两端推力与两端相对位移之间的对应数据，即 P 与 Δl 的对应值，测定过程中弯头内部始终保持有 40 kg/cm² 的内压。图 15 是按照表 4 所作的 P-Δl 曲线。图中 S 点可称为试件的结构屈服点，由该点起试件的变形连续激增，而载荷却只见下降，不再上升，试件发生塑性破坏。S 点的载荷为极限载荷，其值 $P_k=97$ t，乘以力臂 1.31 m，即得极限弯矩 $M_{sp}=127$ t·m。照片 3 和 4 所示为试件结构屈服而在弯头边界起鼓包的实况。

照片 3

照片 4

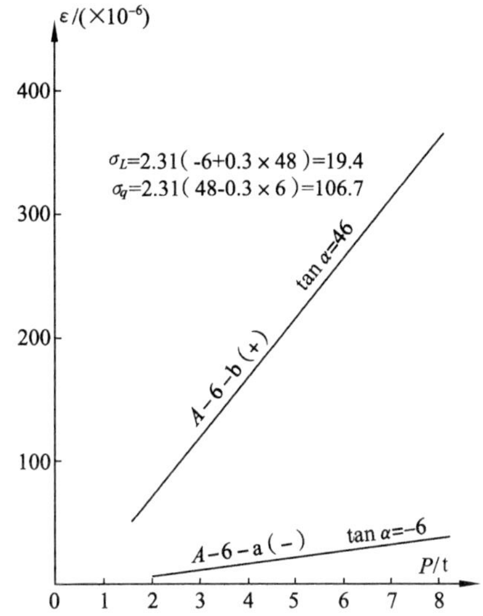

图 3

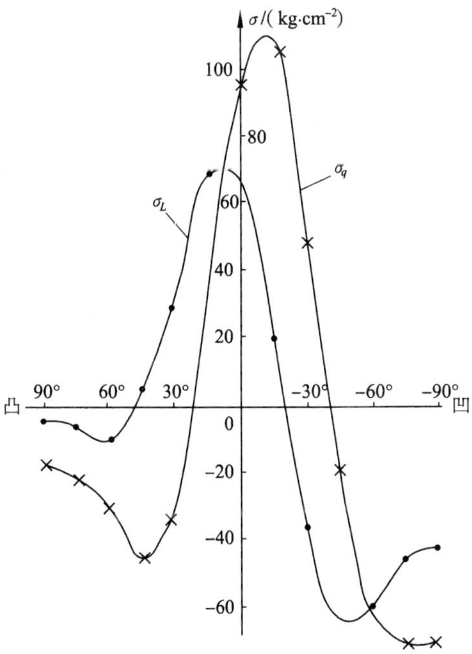

图 4

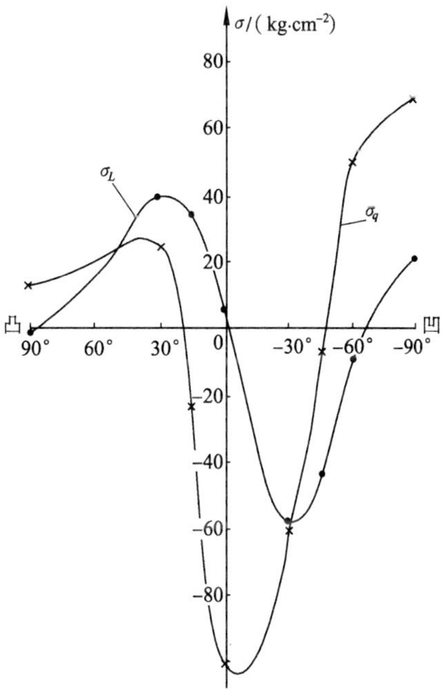

图 5

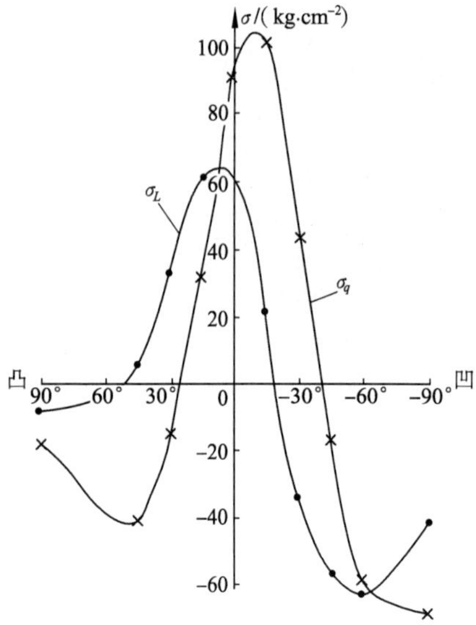

图 6

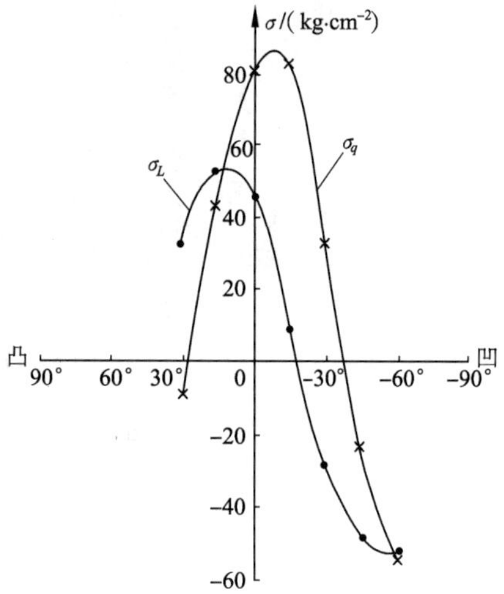

图 7

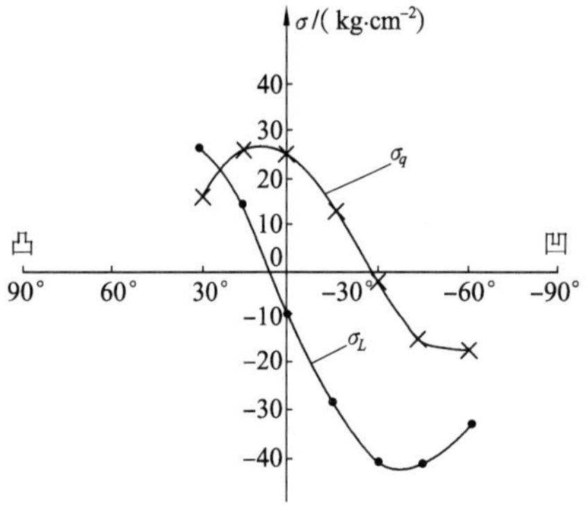

图 8

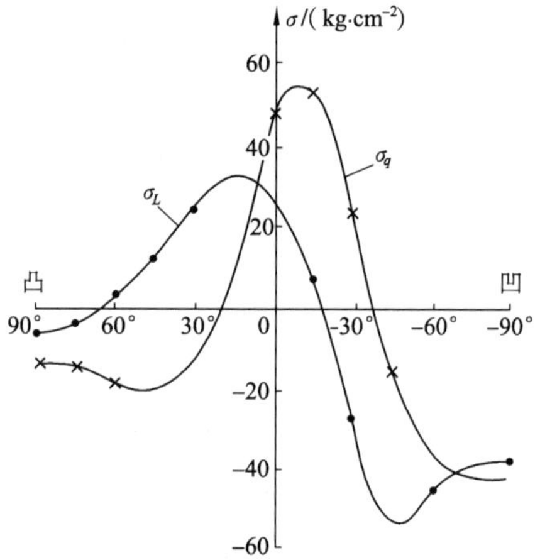

图 9

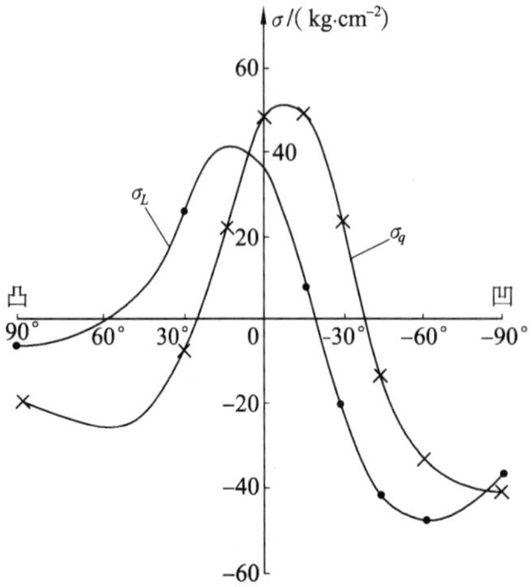

图 10

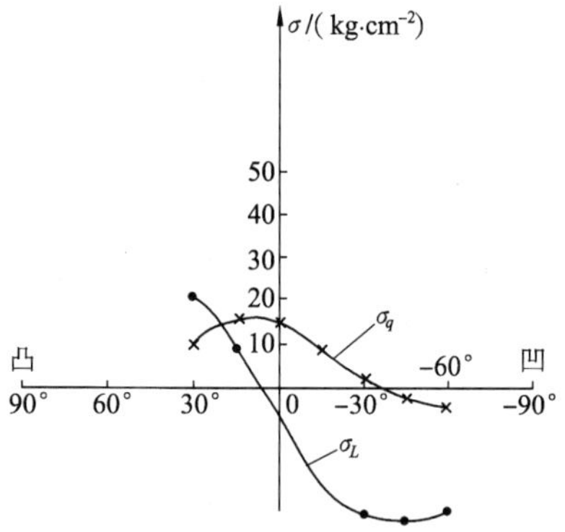

图 11

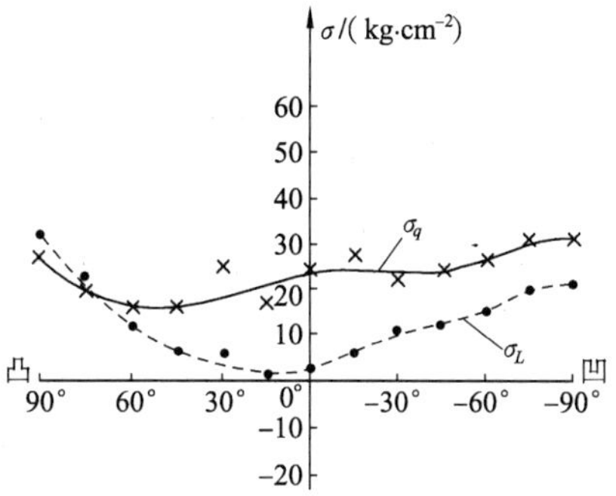

图 12

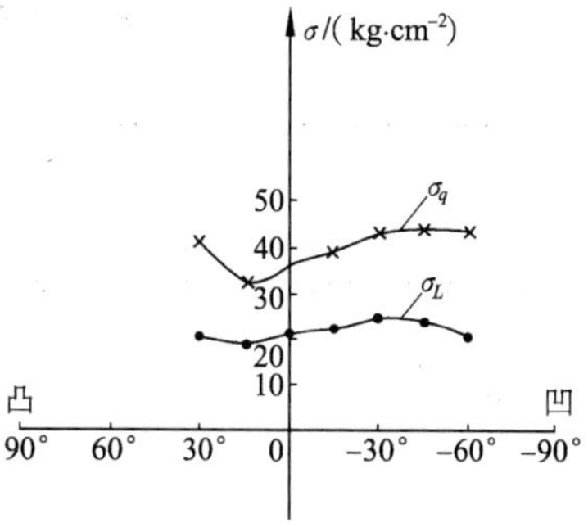

图 13

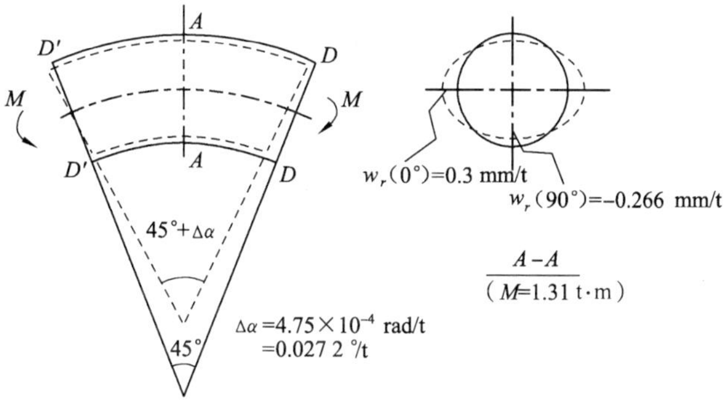

图 14

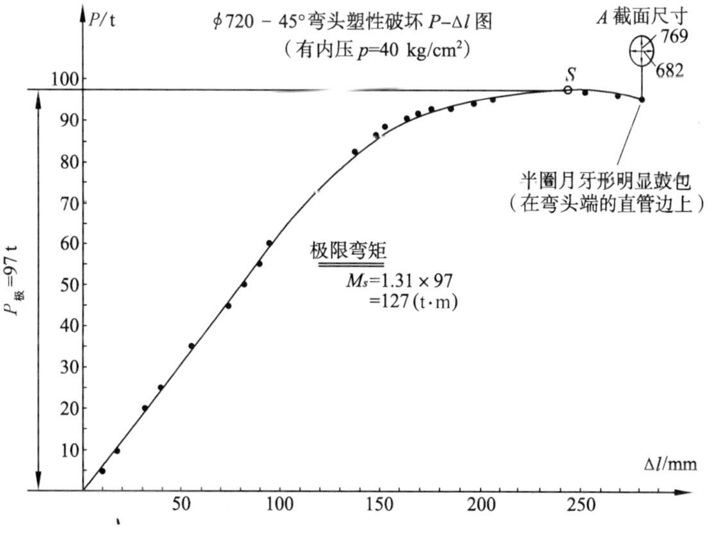

图 15

表2　A截面外皮纯推力弯曲应变测定值

日期:1977年7月27日

仪器型号:YJS-8　　电阻片阻值:124 Ω

接线箱号:ZP-100-3　　电阻片 K 值:2.24

测点号	箱编号	应变值/10^{-6} 载荷/t 2	3	4	5	6	7	8
A-1-a	1	−15	−20	−30	−40	−45	−55	−65
A-1-b	2	−55	−85	−115	−145	−195	−205	−235
A-2-a	3	−20	−30	−40	−50	−65	−75	−85
A-2-b	4	−50	−75	−105	−135	−160	−185	−215
A-3-a	5	−35	−50	−75	−90	−110	−130	−150
A-3-b	6	−35	−55	−75	−95	−120	−140	−160
A-4-a	7	−50	−75	−105	−135	−160	−190	−220
A-4-b	8	0	0	−5	−5	−5	−5	−5
A-5-a	10	−45	−65	−95	−120	−140	−165	−190
A-5-b	11	35	60	90	120	150	175	205
A-6-a	12	−5	−10	−15	−20	−25	−30	−35
A-6-b	13	70	120	165	215	265	315	360
A-7-a	14	15	20	50	65	80	100	120
A-7-b	15	55	90	125	160	200	235	270
A-8-a	16	25	50	70	95	120	145	170
A-8-b	—	—	—	—	—	—	—	—
A-9-a	18	20	35	50	70	90	110	125
A-9-b	19	−25	−40	−60	−75	−95	−110	−125
A-10-a	20	0	5	15	25	35	40	50
A-10-b	21	−35	−60	−85	−105	−130	−150	−170
A-11-a	22	0	0	0	0	0	0	5
A-11-b	23	−30	−45	−60	−75	−95	−110	−125
A-12-a	24	0	0	0	0	0	0	0
A-12-b	25	−15	−25	−35	−45	−55	−65	−75
A-13-a	26	0	0	−5	−5	−5	−5	−5
A-13-b	27	−15	−20	−30	−40	−45	−55	−60
A-14-a	28	15	30	45	60	80	95	115
A-14-b	29	45	80	110	145	185	215	250

表 3 A 截面外皮各测点弯曲应力(推力 P=1 t,无内压)

应力 \ 点号	A-1	A-2	A-3	A-4	A-5	A-6	A-7
环向应力 $\sigma_q/(kg \cdot cm^{-2})$	−75.5	−72.3	−62.4	−19.4	48	106.7	95.6
纵向应力 $\sigma_L/(kg \cdot cm^{-2})$	−41.6	−44.8	−60.8	−64.7	−36	19.4	66.5

应力 \ 点号	A-8	A-9	A-10	A-11	A-12	A-13	A-14
环向应力 $\sigma_q/(kg \cdot cm^{-2})$	—	−25.2	−46.9	−39.3	−23.1	−18.5	94.9
纵向应力 $\sigma_L/(kg \cdot cm^{-2})$	—	28.2	4.9	−11.8	−6.9	−5.5	64.2

表 4 弯头变形的径向位移和两端夹角增量测定值

截面	位移值 \ 载荷类别	纯内压	纯推力	内压 p=20 kg/cm² 调零加推力	内压 p=40 kg/cm² 调零加推力
A	垂直径向位移 $w_{r(0°)}$	−0.445 mm/(10 atm)	0.229 mm/(t·m)	0.117 6 mm/(t·m)	0.093 9 mm/(t·m)
A	水平径向位移 $w_{r(90°)}$	0.472 mm/(10 atm)	−0.202 6 mm/(t·m)	−0.101 9 mm/(t·m)	−0.083 2 mm/(t·m)
$D\text{-}D'$	相对转角 $\Delta\alpha$	-6.017×10^{-4} rad/(10 atm)	3.625×10^{-4} rad/(t·m)	1.891×10^{-4} rad/(t·m)	1.539×10^{-4} rad/(t·m)

表 5 φ720-45°弯头塑性破坏过程 P-Δl 数据

P/t	Δl/mm	P/t	Δl/mm	P/t	Δl/mm	P/t	Δl/mm
5	9	45	72	82	137	94	196
10	16	50	100	84	143	95	205
15	23	55	88	86	147	96	217
20	30	60	93	88	152	97	243
25	38.4	65	103	90	163	96.5	252
30	45	70	112	91	168	96	268
35	54	75	123	92	175	94.5	280
40	63	80	132	93	184		

注:Δl 为相距 4.5 m 的两个截面间测得的相对位移。

五、分析讨论

1 应 力

按试验时的测量结果，弯头的几何尺寸为：

$R=203$ cm

$r=35.8$ cm

$t=1.18$ cm

与此相应，则

$\lambda=Rt/r^2=0.186$

$I=\pi(36.4^4-35.2^4)/4=1.65\times10^5(\text{cm}^4)$

按照试件的结构尺寸情况，每吨推力 P 引起的各截面弯矩值应为：

$M_A=1.31\times10^5$ kg · cm

$M_B=[131-203(1-\cos7.5°)]\times10^3=1.29\times10^5(\text{kg}\cdot\text{cm})$

$M_C=[131-205(1-\cos15°)]\times10^3=1.24\times10^5(\text{kg}\cdot\text{cm})$

各截面按直管计算的最大弯曲应力应为

$\sigma_{0A}=M_Ar/I=28.5\ \text{kg/cm}^2$

$\sigma_{0B}=M_Br/I=28.1\ \text{kg/cm}^2$

$\sigma_{0C}=M_Cr/I=27\ \text{kg/cm}^2$

采用文献[3]推荐的公式，根据以上数据可以算出弯头各截面弯曲应力的最大值。

$$\beta_q=1.8\left[1-\left(\frac{r}{R}\right)^2\right]\left(\frac{1}{\lambda}\right)^{2/3}=5.3\qquad(\text{外皮})$$

$$\beta_L=0.83\left[1+2\left(\frac{r}{R}\right)^2\right]\left(\frac{1}{\lambda}\right)^{2/3}=2.68\ (\text{中皮})$$

用此应力系数乘以直管最大弯曲应力 σ_0，即得弯头弯曲应力的理论最大值，A,B,C 三个截面的 $\sigma_{q\max}$ 及 $\sigma_{L\max}$ 理论值列在表 6 中。

表 6 纯推力 $P=1$ t 时的弯头弯曲应力

截面 \ 应力	$\sigma_{L\max}/(\text{kg}\cdot\text{cm}^{-2})$		$\sigma_{q\max}/(\text{kg}\cdot\text{cm}^{-2})$	
	理论值	实验值	理论值	实验值
A	76.3	65	151	106
B	75.2	63	149	102
C	72.3	53	143	85

试验测量结果如图 4、图 6 及图 7 所示，各最大值也摘录在表 6 中。

由表中数据对比可见：实验值普遍低于理论值，弯头中部降低的程度约为理论值的 30%，靠近弯头端部的截面 C 降得更多。初看起来 $\sigma_{L\max}$ 的实验值似乎降低得少些，其实也和 $\sigma_{q\max}$ 降低得差不多。因为 $\sigma_{L\max}$ 理论值指的是中皮的应力，而实验值测的是外皮的应力，所以差得少些。例如 A 截面内外皮都有电阻片，外皮 $\sigma_{L\max}=65\ \text{kg/cm}^2$，内皮 $\sigma_{L\max}=45\ \text{kg/cm}^2$，故中皮应力应为二者的平均值 55 kg/cm²，比理论值 76.3 kg/cm² 约低 30%，和 $\sigma_{q\max}$ 低的程度差不多。

在我们1976年所作90°弯头试验的报告[1]中已经介绍过，文献[3]所推荐的公式，用于计算90°弯头的平面弯曲最大应力时是比较准确的，与试验结果基本一致。因而这一次45°弯头应力实验值普遍低于理论值的现象，主要表明了45°弯头与90°弯头的强度反应有所不同。

45°弯头和90°弯头强度反应不同的原因主要在于边界支撑影响的程度不同。试验时，45°弯头和90°弯头两端都接有切向直管，直管支撑加强了弯头的刚度，加强的程度在端部较强，离端部越远则影响越少。45°弯头比90°弯头短，它的中部也受到边界直管支撑的影响，刚度获得加强，因而应力(指最大应力)降低了。

当弯头内部充水加压到 $p=40\ \text{kg/cm}^2$，然后将应变仪调零，再加推力 P 使弯头弯曲，测得的 $\sigma_{q\max}$ 也比工程理论计算值低。按 Rodabaugh 公式，理论上 A 截面每吨推力引起的最大环向应力为

$$\sigma_{qp\max}=\beta_{qp}\sigma_0=\frac{1.95\left(\dfrac{1}{\lambda}\right)^{2/3}\sigma_0}{1+3.25\dfrac{pr}{Et}\left(\dfrac{r}{t}\right)^{3/2}\left(\dfrac{R}{r}\right)^{2/3}}=3.1\times28.5=88(\text{kg/cm}^2)$$

而实测值(见图9)为 $55\ \text{kg/cm}^2$。偏低约30%，实际上不到30%，因为 Rodabaugh 公式本身就具有偏高的误差(见文献[1])。

纯内压应力的试验结果仍不理想，尽管在内壁上贴了一批电阻片，所得的数据还是相当分散。环向应力最大值(每 $1\ \text{kg/cm}^2$ 内压引起的)为 $31\ \text{kg/cm}^2$，和环管公式理论值 $33.4\ \text{kg/cm}^2$ 差不多，略小一些。纵向应力则无法比较，按环管公式应为常数，而试验结果(图12)是一根两头高中间低的曲线。纵向应力试验结果的这种异常现象，分析认为，主要来源于弯头本身的几何形状不规律性，制造残留的椭圆度过大，名义上为 $\phi720$ 弯头，实测直径有的为748 mm，有的为711 mm。弯头平放状态的顶部，在截面 C 和 C' 之间，凸起一条“脊梁”，A 截面附近凸得多些，向两侧渐减，这是锻压过量、残留变形引起的。当试件被内部压力扩伸时，这部分材料因有残留变形的一些弹性回弹，较少承受拉伸应力，而弯头凸凹两侧的材料则较多地承受拉伸应力，所以 A 截面纯内压的纵向应力曲线变得两头高中间低。

2 变形

按照文献[3]推荐公式的近似计算方法，弯头的柔性系数、扁平率及凸出率分别为

$$K=\frac{1.65}{\lambda}$$

$$\psi_y=1.65\left(\frac{r}{t}\right)\left[1+2\left(\frac{r}{R}\right)^2\right]\varepsilon_0$$

$$\psi_x=\left(\frac{22+600\lambda^2}{12+600\lambda^2}\right)\psi_y$$

式中，$\varepsilon_0=Mr/(EI)$。用 $M=1\ \text{t}\cdot\text{m}$ 及各项几何数据代入可得理论值如下：

$$K=8.85$$

$$\psi_y=5.68\ \text{t}^{-1}\cdot\text{m}^{-1}$$

$$\psi_x=7.4\ \text{t}^{-1}\cdot\text{m}^{-1}$$

根据表 3 数据加工得出的实验值为

$$K=\left(\frac{\Delta\alpha}{\alpha}\right)\Big/\varepsilon_0=7.98$$

$$\psi_y=-w_{r(90^\circ)}/r=5.67\ \mathrm{t}^{-1}\cdot\mathrm{m}^{-1}$$

$$\psi_x=w_{r(0^\circ)}/r=6.39\ \mathrm{t}^{-1}\cdot\mathrm{m}^{-1}$$

实验值也比理论值偏低，但没有应力低得那么多，K 值和 ψ_x 值约低 10%，ψ_y 恰好相同，这些特殊情况可能和弯头本身几何形状的不规律性有一定关系。

3 极限弯矩

ϕ720-45°弯头，充内压 40 kg/cm^2，然后加推力使其弯曲，直至塑性破坏。本次试验所得的极限弯矩值为 127 t·m。目前尚未见到任何关于理论值的计算方法。作为极其粗浅的分析，我们提出下面的看法，来计算薄壁弯头有内压影响时的极限弯矩值。

内压起到两方面的作用，一方面它使弯头增加刚度，使弯曲应力降低，因而能够提高极限弯矩；另一方面由于内压应力的存在，又使弯头强度抗力有所消耗，从而又会使极限弯矩降低。

对于第一方面的作用，可以按文献[5]中所提出的办法处理，将有内压的问题化为无内压的问题进行计算。这只要将曲率半径 R 改成模拟性的 R_p 就行，R_p 按下式确定：

$$R_p=\left(1+\frac{pr}{Et}X_q\right)^{3/2}R$$

式中

$$X_q=3.25\left(\frac{r}{t}\right)^{3/2}\left(\frac{R}{r}\right)^{2/3}$$

对于第二方面的作用，即内压消耗强度抗力的问题，我们采取保守的方法加以折算，用 σ_{sp} 代替材料的屈服极限 σ_s。σ_{sp} 按下式确定：

$$\sigma_{sp}=\sigma_s-\frac{pr}{t}$$

也就是从屈服极限中扣除内压应力的基本量，以补偿内压所消耗的强度抗力。这当然是较为保守的，算出的极限弯矩应该偏低一些。

按照上述两方面的处理办法，可以将有内压作用时弯头极限弯矩问题，转化为无内压作用时的弯头极限弯矩问题。具体措施是加大曲率半径和降低屈服极限。情况如图 16 所示。

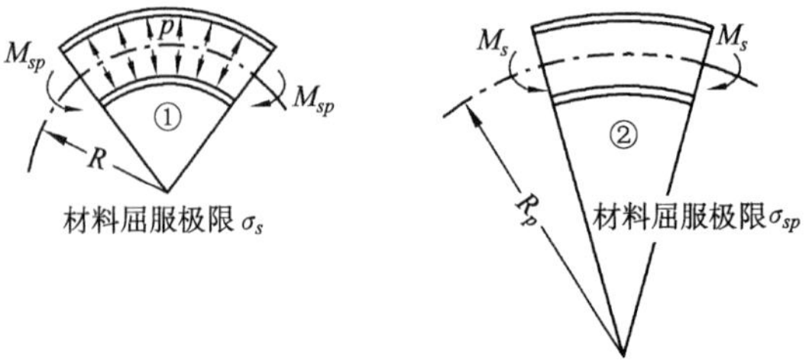

状态①的 M_{sp}＝状态②的 M_s

图 16

根据文献[2]推荐的经验公式，弯头的极限弯矩为

$$\begin{cases} M_s = 1.64\lambda M_{s直} & (\lambda \leqslant 0.35) \\ M_s = \dfrac{2\lambda}{\sqrt{1+4\lambda^2}} M_{s直} & (\lambda > 0.35) \end{cases}$$

式中，$M_{s直}$ 为直管的极限弯矩。

状态②的曲率半径为

$$R_p = \left[1 + \frac{40\times35.8}{1.18\times2.1\times10^6}\times\left(\frac{35.8}{1.18}\right)^{3/2}\times\left(\frac{203}{35.8}\right)^{2/3}\right]^{3/2}\times203 = 549(\mathrm{cm})$$

相应弯头参数为

$$\lambda_p = R_p t/r^2 = 549\times1.18/(35.8)^2 = 0.504 > 0.35$$

故状态②的极限弯矩 M_s 该用第二个公式计算。

$$M_{s直} = 4r^2 t\sigma_{sp} = 4\times(35.8)^2\times1.18\times\left(3\,600 - \frac{40\times35.8}{1.18}\right) = 145\times10^5(\mathrm{kg\cdot cm})$$

$$M_s = \frac{2\times0.504}{\sqrt{1+4\times0.504^2}}\times145 = 107(\mathrm{t\cdot m})$$

这也就是状态①的极限弯矩值，即

$$M_{sp} = 107\ \mathrm{t\cdot m}$$

显然，该值比试验结果 127 t·m 偏低，约小 20%。

六、结 束 语

从本次实验结果看来，弯头角度对弯曲应力显然有影响。如何计算这种影响，目前尚未见到简明公式，只能通过试验或用有限单元法数值计算结果进行考查。

本次试验由于弯头试件本身的几何不规律性，引起一些难以估算的误差，试验结果受到一定程度的影响。但总的看来，45°弯头的弯曲应力最大值小于 90°弯头弯曲应力的最大值，这是符合客观规律的正常现象，因为边界支撑效应的影响程度有所不同。

计算热力管道中 45°弯头的弯曲应力时，如果采用文献[3]中推荐的公式和各种系数值，由于应力系数 β 值的偏大，将引起正误差；由于柔性系数 K 值偏大，将引起负误差（因为 K 大则 M 小），正负误差将抵消一部分，总误差不致超过本次试验的结果。

本次试验中极限弯矩值的测定项目做得比较成功，而且具有一定的现实意义。因为所用的弯头及直管配套尺寸和内压大小，都是我国目前油气长输管道中普遍使用的一种类型，塑性破坏的情况也是现场开挖所见的一种，因而这一试验结果可供设计参考。

这里提出的粗略计算有内压时弯头极限弯矩值的折算方法很不成熟，只能作为粗估参考，欢迎有关单位提出批评和讨论。我们还将争取条件，多做一些这方面的试验研究，以检验这种折算方法的可靠程度。

参考文献

[1]　华东石油学院力学实验室. 大口径的 90°弯头强度试验研究. 华东石油学院学报，1977(2)

[2]　崔孝秉. 薄壁弯头塑性破坏的极限弯矩问题. 华东石油学院学报，1978(2)

[3]　华东石油学院力学实验室. 弯头的平面弹性弯曲. 华东石油学院石油科技通讯，1976(4)

[4]　E. C. Rodabaugh, H. H. George. Effect of Internal Pressure on Flexibility and Stress Intensification Factors of Curved Pipes or Welding Elbows. Trans. ASME, 1957, 79: 939

[5]　崔孝秉. 有限单元法计算薄壁弯头应力. 华东石油学院学报，1978(1)

有限单元法计算薄壁弯头应力

崔孝秉

一、概　述

等厚薄壁弯头承受内压和弯矩的应力问题，按轴对称情况处理的工程近似分析法，已在力学教研室所写《弯头在内压作用下的应力》[1]和《弯头的平面弹性弯曲》[2]中做了详细介绍，并推荐了一些简易计算公式供设计单位参考。

但在实际工程中弯头受载并非真正轴对称。在加温加压的油气长输管线中，埋地弯头受载尤为复杂，不仅有内压，还有分布不均匀的土压；不仅有弯矩，还有轴向力等与温度变化有关的外载。弯头在管道结构中本身几何情况也不是轴对称的，它的两端一般和直管相连，而且厚度不相等，有时弯头局部外皮上还补焊一些钢板条进行补强。

鉴于这些情况，弯头应力问题的工程近似分析法是不能完全满足实际需要的。为此，我们用有限单元法编排了薄壁弯头的应力计算程序，可以计算非等壁厚非轴对称情况下的弯头应力，能够在较为广泛的范围内，适应实际工程中计算弯头应力的需要。

结合目前我国油气长输管线工程发展的实际状况，我们用此程序对 ϕ720 及 ϕ1 020 不同参数的各种弯头进行了计算。ϕ720-90°弯头的弯曲应力计算值，与本教研室开展的实验研究结果基本一致，内压应力计算值与环管公式理论值完全一致。这表明本程序准确度较为可靠。

由于这个程序是基于线性薄壳理论编成的，因此均匀内压对弯曲压力所起的非线性影响不能反映出来。我们参考文献[3]中的影响系数，在程序中简易地补进了模拟性修正信息，作为这种影响的补偿，所得结果与实验数值基本符合。

二、基本概念

薄壳结构的古典解析法具有理论复杂、使用困难而且精度不定等几大特点。能够成功地找出的封闭解不多。

随着高速电子计算机的出现，有限单元法迅速发展普及，薄壳结构的应力计算已不再成为难题。用有限单元法计算薄壳结构应力的基本出发点是将结构“离散化”，把本来连续的薄壳，“离散”为有限多个薄板单元体的组合体。这些薄板单元体在角点处互相联结，角点就称为“节点”。各单元体的应力场由各单元体的节点位移通过一定形态的函数关系来确定。这些函数的关系就是有限单元法的基本公式。节点位移的数值由全部节点平衡方程联解求出，和壳体的几何情况、约束情况及外载情况有关。用有限单元法计算薄壳结构应力的大致步骤如下：

(1) 按壳体几何情况、受载情况及计算机容量等有关因素综合考虑，确定单元体的划分和节点布置，编好号码；

(2) 选定总体固定坐标轴，定出各单元体的局部坐标轴相对于总体固定坐标轴的方向余弦；

(3) 处理边界外载，分配到相邻节点，编出节点外力表；

(4) 计算单元体的刚度矩阵；

(5) 集成全壳体总刚度矩阵；

(6) 根据约束条件处理总刚度矩阵；

(7) 解出节点位移值；

(8) 解出节点应力值。

用有限单元法计算薄壳结构应力，就按照上述步骤编排程序，由高速电子计算机进行计算。因此，程序设计是应用有限单元法的关键环节，占很大工作量。

有限单元法算出的应力结果，其准确度和节点网络部署等因素有很大关系。为了检验其可靠性，必须配合进行实验研究，并用已知精确解的特例加以校核。

华东水利学院所编写的有限单元法教科书[4]中有关于薄壳应力计算的详细论述。该书(4-40)式为矩形单元体的刚度矩阵，是联系节点位移和节点力关系的基本公式。联系节点位移和节点应力关系的基本公式，单元体应力矩阵，可由该书(1-40)式、(2-33)式及(4-15)至(4-18)式等有关公式推出。

三、弯头应力计算处理方案

图 1 所示为一薄壳弯头。假定其几何形状及外载分布都具有两个对称面：一是外侧弧线和内侧弧线构成的平面，二是中间圆截面所在平面，也就是图 1 中的 XY 面和 YZ 面。在这种情况下，计算弯头应力只需研究 $ABCDEF$ 部分，即四分之一弯头的薄壳结构就够了。

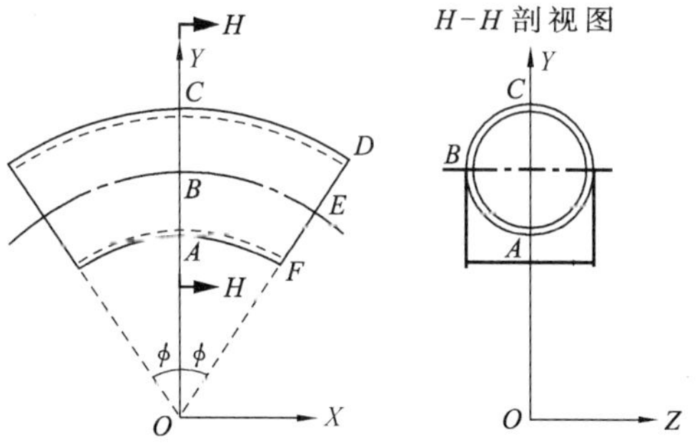

图 1

考虑到弯头曲面是以圆周为母线旋转而成的简单双曲面，我们部署节点网格没有采用三角形单元体，而采用矩形单元体，使程序编排简化些。图 2 所示为节点网格图，总共 91 个节点，72 个单元体。考虑到应力变化主要在圆环方向，所以沿环向节点取得很多，共 13 个，而沿纵向只取了 7 个。图中 $O'X'Y'Z'$ 为整体固定坐标系，而 $OXYZ$ 为每个单元体的局部坐标系。O 点位于单元体的中心(上下两对边的中线交点)，过 O 点的中线尺寸定为矩形单元体的高和宽。由于环向节点较密，计算结果表明，这样处理的误差不大，效果良好。

参看图 2，各边界节点约束条件如下：$\widehat{AB}$、$\widehat{AD}$及$\widehat{BC}$为对称边界，各节点的约束条件应按对称条件决定；为消除整体刚性位移起见，节点 A 应固定；$\widehat{CD}$边除 C 及 D 两节点外，全部不给几何约束，根据外载情况给定外力。除以上四条边之外，壳体上各节点也没有几何约束，只按外载情况给定节点外力。

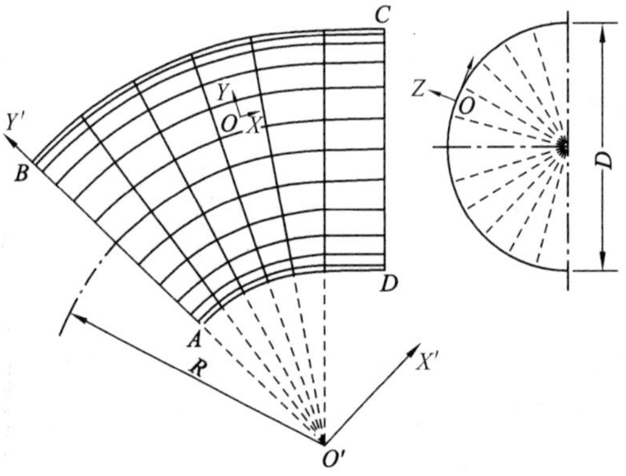

图 2

外载处理要进行简化，每个单元体上的分布力一律分配到四个节点上去，而且略去附加力矩。$\widehat{CD}$端面上的外载弯矩用上下两部分异号而等值的节点外力代替（C 点及 D 点取半值，因为是对称面的分割点）。其他外载情况类似地进行处理，不再详述。

节点编号由 C 开始为 1，顺序向左排，B 为 7，再换一纵行顺序由右向左接着排，到 D 为 85，A 为 91。

程序是用 FORTRAN 语言编写的，总共分为三个程序段，第一段形成总刚度矩阵，第二段解节点位移，第三段计算节点应力。

输入信息有：弯头口径 D，曲率半径 R，弯头夹角 ϕ，单元厚度 t，外载参数及材料性质参数等。输出打印结果有：输入的参数，部分总刚度矩阵的非零值，节点位移值，外皮、内皮、中层三套节点应力值。各节点应力值取的是相邻单元体在此节点的应力平均值。

程序的调试和计算是在北京航空学院“50”机上进行的。每计算一次需时 21 min，其中编译约占 9 min。

四、计算结果和实验结果的对比

为了和实验研究互相配合、互相检验，我们首先计算了 $\phi720$，$R=2.5D$，90°弯头平面弯曲应力，外载情况如图 3 所示，弯头两端不仅有弯矩 1.35 t・m，还有推力 1 t。

图 4 至图 7 所示为 A-A，B-B，C-C，D-D 四个截面内应力的计算和实验结果。图中标注 σ_q 的实线为环向应力计算值，标注 σ_L 的实线为纵向应力计算值。沿实线分布的圈点和叉点代表环向应力和纵向应力的电测实验值。这些结果表明，程序计算值和实验值基本一致，应力最大值 $\sigma_{q\max}$ 与实验数据的差别不超过 5%。

实验所用 $\phi720$ 弯头，是用钢板先冲压成两个对称的槽形体，而后再焊接成形的壳体，它的凹侧具有冲压过程中留下的波浪纹。由于这种波浪纹，使凹侧应力电测数据有的部分偏小，有的部分偏大。经查明，偏小的部分处于“浪峰”，偏大的部分处于“浪谷”，这是合理的。

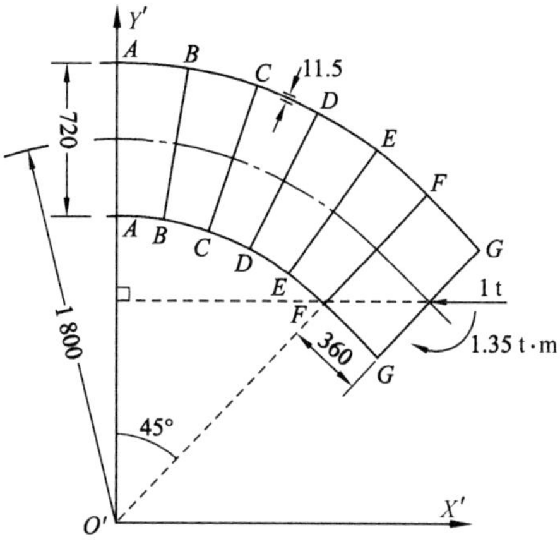

图 3

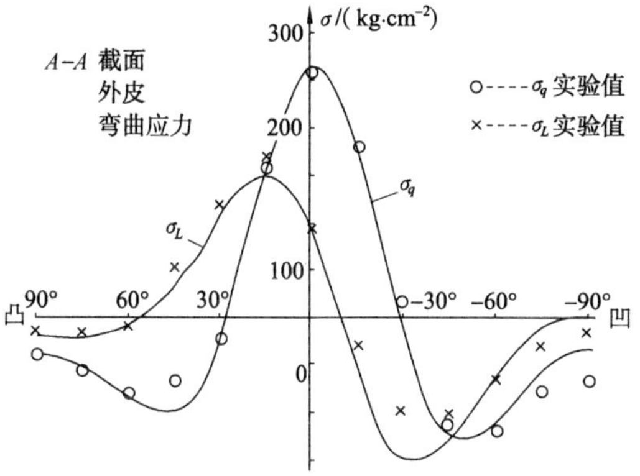

图 4

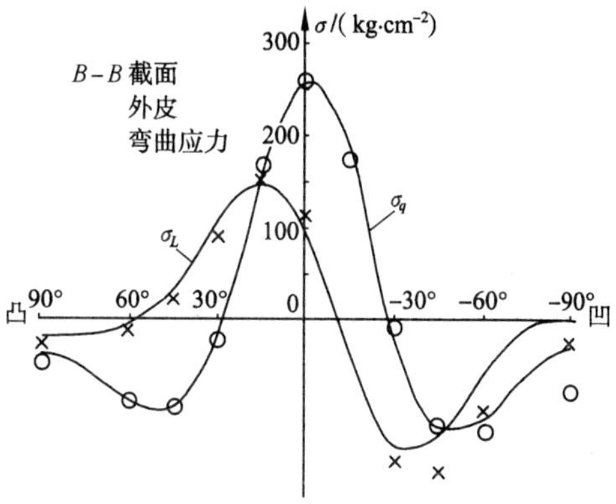

图 5

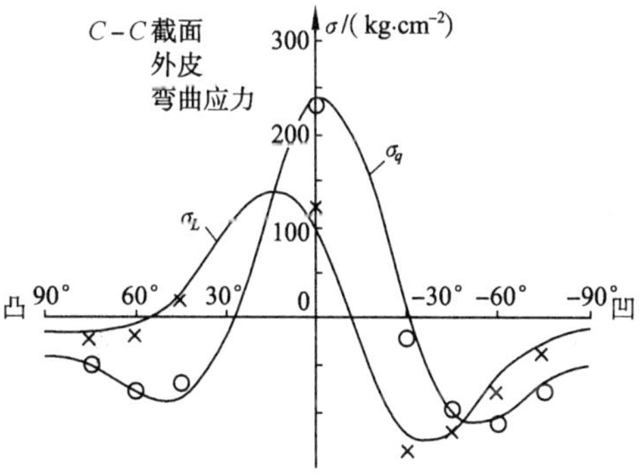

图 6

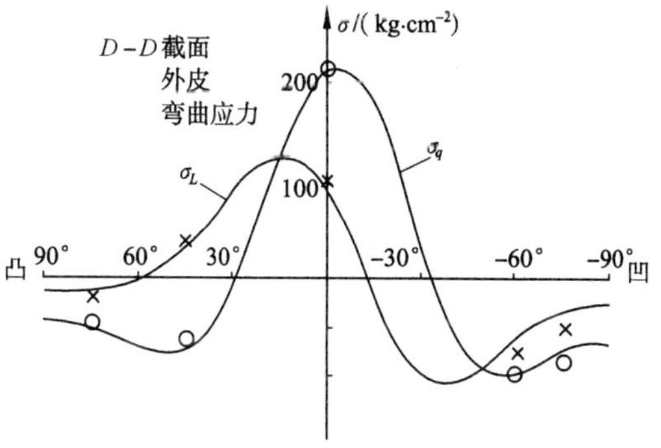

图 7

五、计算结果与环管公式理论值对比

环管公式是封闭环形薄膜壳体的内压应力公式。管道设计都用它计算弯头受内压作用时沿壁厚的平均应力，即壁厚中部的应力。公式为（参阅图 8a）：

$$\sigma_L = 0.5\left(\frac{pr}{t}\right)$$

$$\sigma_q=\left(\frac{R+0.5r\ \sin\theta}{R+r\ \sin\theta}\right)\left(\frac{pr}{t}\right)$$

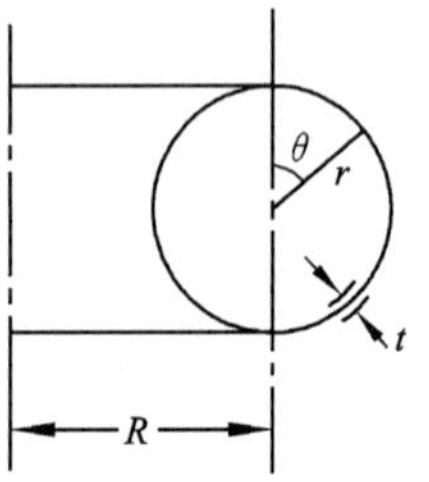

图 8a

当 $r=36$ cm，$R=180$ cm，$t=1.15$ cm，$p=40$ kg/cm^2 时，按环管公式得 $\sigma_L=626$ kg/cm^2，$\sigma_{q\max}=\sigma_{q(\theta=-90°)}=1\ 409$ kg/cm^2，$\sigma_{q\min}=\sigma_{q(\theta=90°)}=1\ 149$ kg/cm^2，$\sigma_{q(\theta=0)}=1\ 253$ kg/cm^2。

用有限单元法算出的壁厚中部应力分布如图 8b 所示。$\sigma_L\approx 626$ kg/cm^2，$\sigma_{q\max}=1\ 416$ kg/cm^2，$\sigma_{q\min}=1\ 140$ kg/cm^2，$\sigma_{q(\theta=0)}=1\ 243$ kg/cm^2。和环管公式对比，最大差别不超过 1%。由此可见，所编程序具有可靠的准确度。

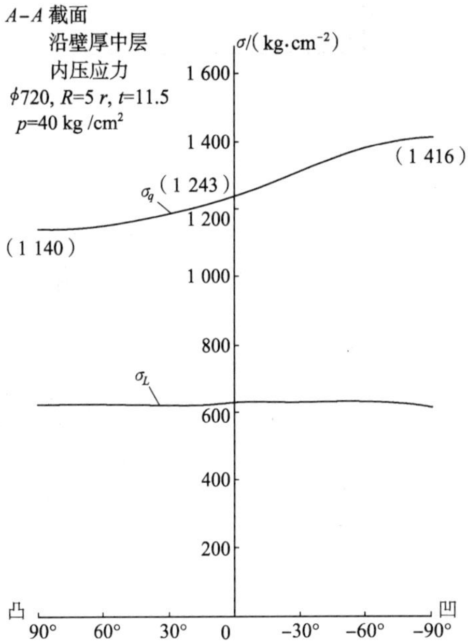

图 8b

六、小角度弯头的弯曲应力

在油气长输管线中，小角度弯头用得最多，考查一下小角度弯头的弯曲应力很有必要。我们在文献[1]所介绍的计算弯头弯曲应力的工程方法，都不考虑弯头夹角大小的影响，不考虑两端直管的影响。那些公式用于 90°以上的弯头误差较小，用于 45°以下的弯头误差较大。小角度弯头一般较短，因此两端直管对它影响较大，而且影响还是相互的，在接头附近直管因弯头弯曲的影响也产生环向变形和环向应力，某些情况下直管还可能先遭破坏。

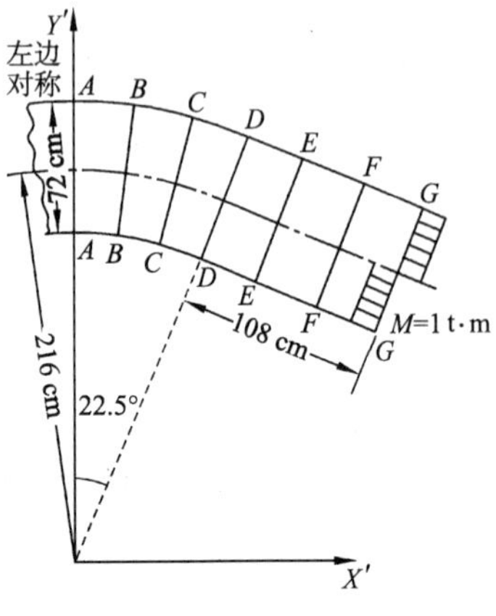

图 9

图 9 所示为 45°弯头与直管相接的组合体。曲率半径 $R=216$ cm，管径 $D=72$ cm，壁厚 $t=1.15$ cm，接管长度 $l=108$ cm。为考察弯头与直管的相互影响，假设在此组合体的两端施加弯矩外载 $M=1$ t·m，然后用有限单元法算出

A,B,C,D,E,F,G 七个截面的应力分布值。图 10、图 11 及图 12 所示为 A,D,F 三个截面沿壁厚外皮、中层及内皮的应力分布情况。B,C 截面的应力情况介乎 A,D 之间，变化连续，限于篇幅不再列图。

由这些图上可以看到几个特点：(1) 弯头各截面的弯矩虽然相同，而应力并不相同，弯头 D 端的应力峰值几乎只有其中部截面 A 的应力峰值的一半。(2) 最大环向应力发生在中部截面 A 的上下两点，其值比用工程近似式算出的约小 10%。(3) 直管在接头处附近，距离焊缝约等于管径长度的范围内，都有明显的环向变形和环向应力，接头处直管的最大环向应力约等于直管单独弯曲时外皮应力的 3 倍。由此可见，设计管道时对小角度弯头旁边的直管段应加注意。

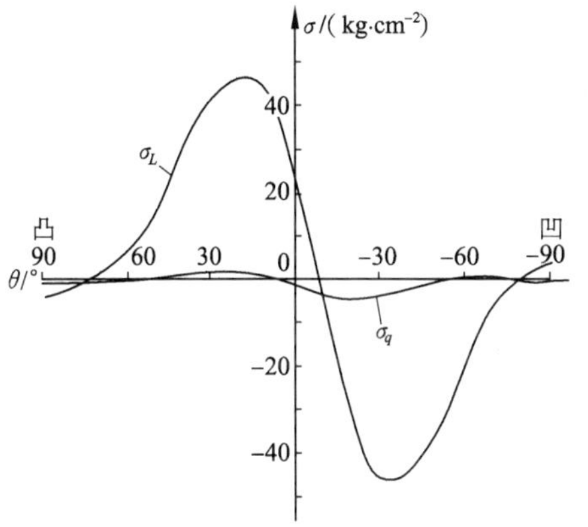

图 10a　A-A 截面　中层　纯弯曲应力

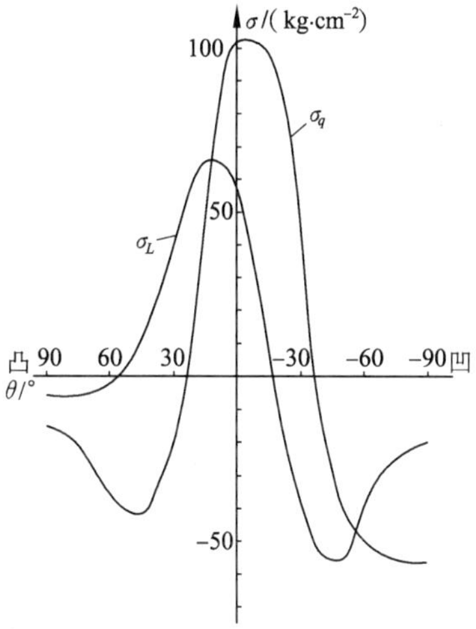

图 10b　A-A 截面　外皮　纯弯曲应力

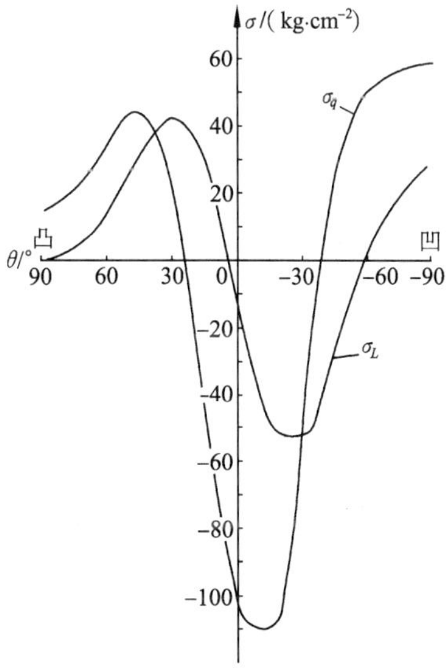

图 10c　A-A 截面　内皮　纯弯曲应力

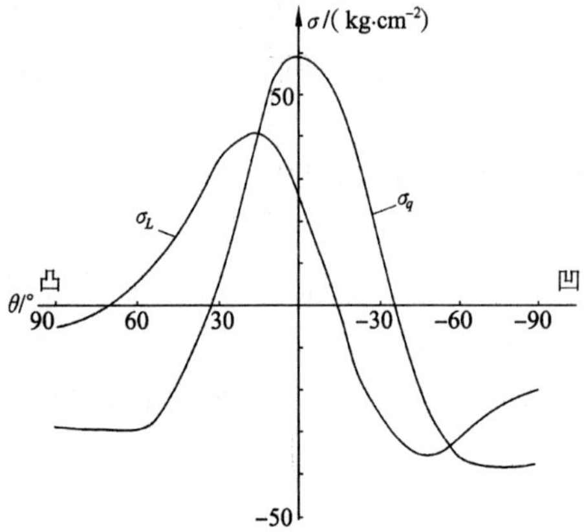

图 11a D-D 截面

外皮 纯弯曲应力 45° 纯弯 1 t·m

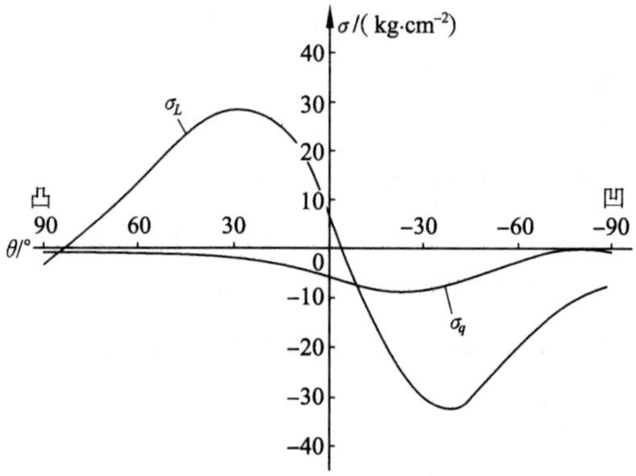

图 11b D-D 截面

中层 纯弯曲应力 45° 纯弯 1 t·m

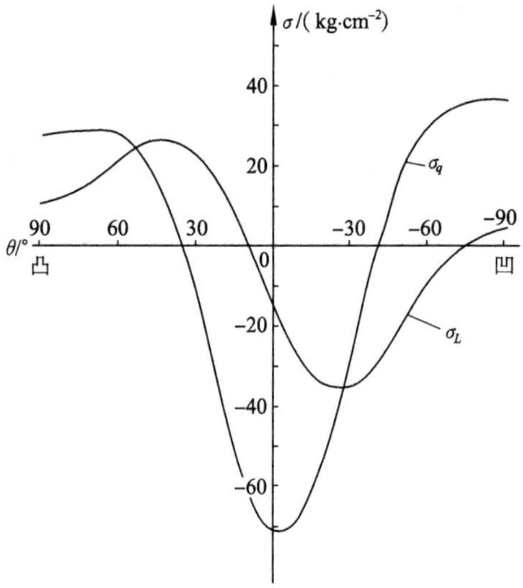

图 11c D-D 截面 内皮 纯弯应力 45° 纯弯 1 t·m

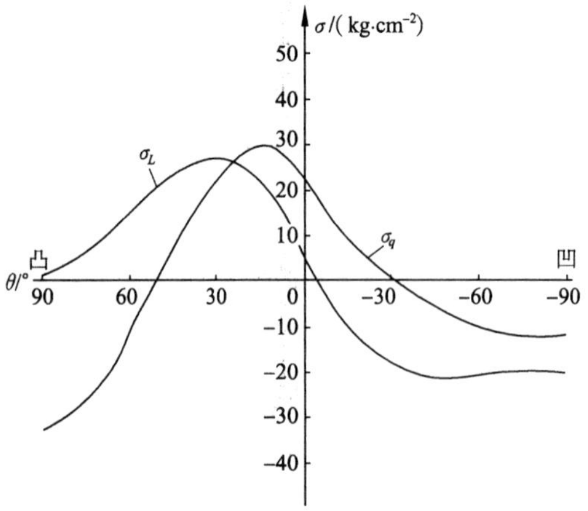

图 12a F-F 截面

外皮 纯弯曲应力 45° 纯弯 1 t·m

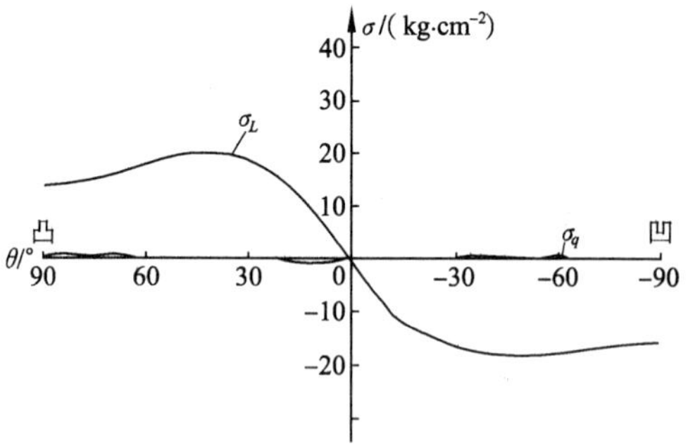

图 12b F-F 截面

中层 纯弯曲应力 45° 纯弯 1 t·m

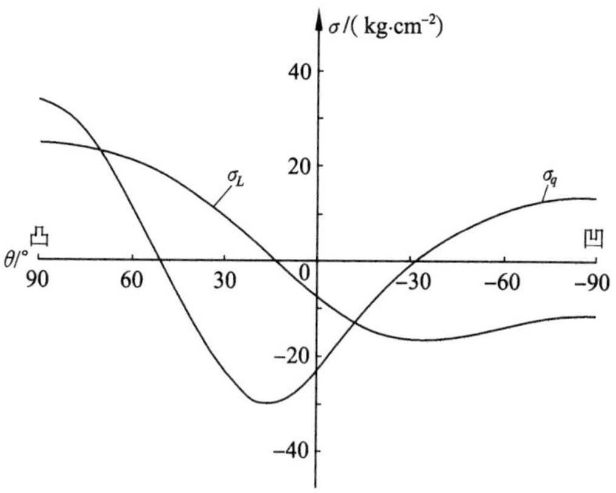

图 12c　F-F 截面　内皮　纯弯曲应力　45°　纯弯　1 t·m

七、内压对弯曲应力的影响问题

实验表明，当弯头承受弯曲载荷时，如果弯头内部已有较大的流体压力，则其弯曲应力比没有内压时小。这种影响是由于弯头变形的几何非线性引起的，它和弯头的薄壁参数(t/r)及曲度参数(R/r)有关。文献[3]用能量法对这种影响进行过理论分析，并做了不少实验研究，理论与实验基本一致，结论是可靠的，实用的。但作为简明近似公式，著者只给出了有内压时环向应力放大系数和无内压时环向应力放大系数二者的关系式，纵向应力的没有给出。要得到任意点的应力值，必须按能量法联解一系列极值条件方程，经过许多计算才能算出，描绘应力分布曲线占较大工作量，应用不够方便。文献[3]给出的有内压时和没有内压时环向应力放大系数的近似关系公式如下：

$$\beta_{qp}=\frac{\beta_q}{1+\frac{S}{E}X_q} \tag{1}$$

式中，

$$S=\frac{pr}{t}$$

$$X_q=3.25\left(\frac{r}{t}\right)^{\frac{3}{2}}\left(\frac{R}{r}\right)^{\frac{2}{3}}$$

β_{qp}，β_q——有内压时和没有内压时的环向应力放大系数；

p——弯头内部流体的压力；

r——弯头孔腔的平均半径；

R——弯头的曲率半径；

t——弯头的壁厚；

E——弯头材料的弹性系数。

我们所编的弯头应力计算程序不能直接反映出内压对弯曲应力的影响，因为它是基于线性薄壳理论编成的，各载荷产生的应力是独立的，互不影响。如欲使有限单元法计算程序能够直接而准确地反映出这种影响，必须按照非线性薄壳理论设计程序，刚度矩阵大为复杂，计算工作量相当繁重，我们留待以后研究。

能不能通过简易处理使我们已编成的程序近似反映出内压对弯曲应力的影响呢？能够办到，而且已经办到。下面加以介绍。

从文献[3]的内容和我们自己实验研究的结果都可以看到，当弯头有内压时，弯曲应力的正负峰值都比没有内压时有所降低，而且环向弯曲应力降得多，纵向弯曲应力降得少，截面各点应力的分布曲线变得比较平坦。我们感到这种现象和加大弯头曲率半径的效果很相像，因此考虑用修正曲率半径的办法来模拟内压影响。具体修正量可以从文献[5]及文献[3]的有关结论中分析出来。

文献[5]用旋转薄壳理论分析弯头应力，得到环向弯曲应力放大系数的“逼近解”为

$$\beta_q = 1.8\left(\frac{r^2}{Rt}\right)^{\frac{2}{3}} \tag{2}$$

我们将此结果代入(1)式所示文献[3]的结论中去，可得有内压时弯头的环向应力放大系数为

$$\beta_{qp} = \frac{1.8\left(\dfrac{r^2}{Rt}\right)^{\frac{2}{3}}}{1+\dfrac{S}{E}X_q} \tag{3}$$

我们引进一个模拟量

$$R_p = \left(1+\frac{S}{E}X_q\right)^{\frac{3}{2}} R \tag{4}$$

从而(3)式可以写成下列形式：

$$\beta_{qp} = 1.8\left(\frac{r^2}{R_p t}\right)^{\frac{2}{3}} \tag{5}$$

对比(5)式和(2)式，可以做出模拟性的结论：有内压时的环向弯曲应力放大系数等于没有内压时曲率半径由 R 加大到 R_p 后的环向弯曲应力放大系数。将这一结论近似地推广到弯头各点的应力，那么，只要用模拟量 R_p 代替曲率半径 R，就可以补偿内压影响，算出有内压存在时弯头的弯曲应力近似值，其准确程度可由实验结果加以检验。

我们在程序中引进 R 的修正信息后，计算了内压为 40 kg/cm^2 时，图 3 所示弯头的弯曲应力。所得计算结果示于图 13 至图 16 中。图中曲线代表计算结果，圆圈和叉点代表 σ_q 及 σ_L 的实验结果。A，B 截面的凹侧因试件本身有制造时残留的波浪形皱纹，致使实验数据偏低或偏高，除此之外，全部实验结果都和计算结果很接近，偏差甚小。这表明修正曲率半径 R 补偿内压影响的模拟办法是成功的，它扩大了程序的应用范围，为迅速计算有内压影响时弯头的全部弯曲应力提供了有效手段。

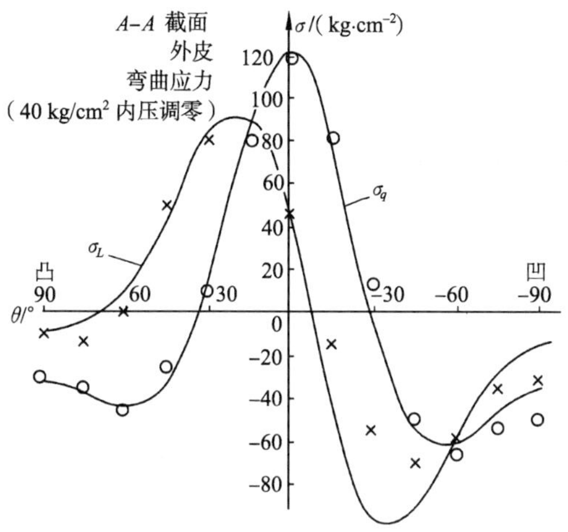

图 13

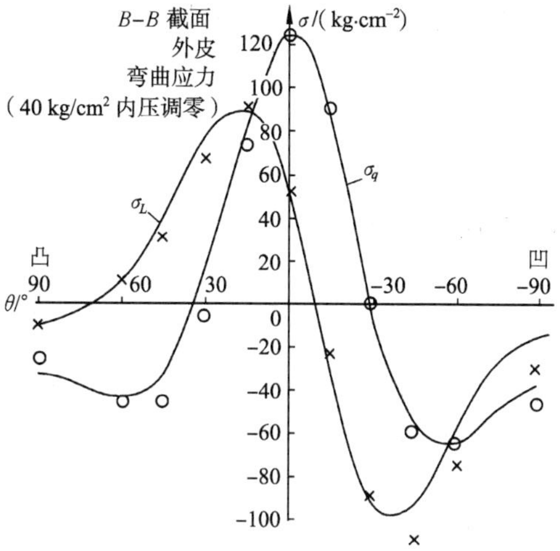

图 14

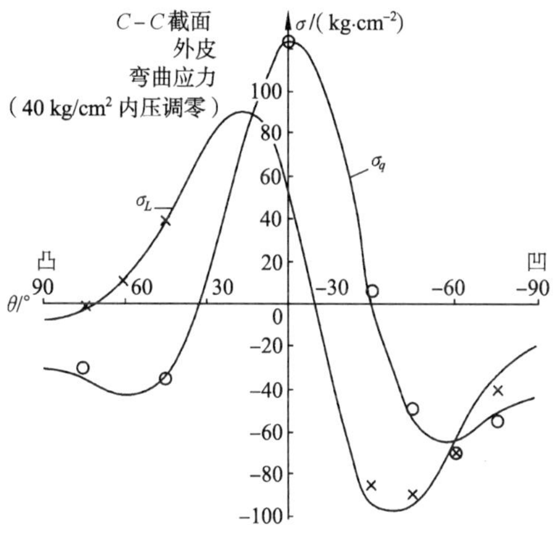

图 15

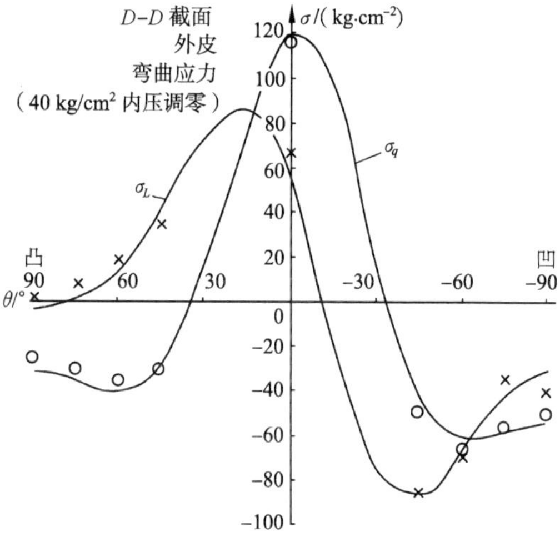

图 16

限于水平和时间，在这个程序的完善和应用方面尚有许多工作没有进行，存在不少缺点，希望有关单位多提宝贵意见。

八、附　录

图 17 所示为一矩形薄板单元体，高为 $2b$，宽为 $2a$，厚度为 t，材料弹性系数为 E,μ。图中坐标原点位于单元体的中心。四个节点反时针转向的编号为 i,j,m,p。

每个单元体有 24 个节点位移分量，24 个节点力分量，12 个应力分量，分别以单列矩阵 $\{\delta\}$，$\{p\}$，$\{\sigma\}$ 表之：

$$\{\delta\}=[\delta_{xi},\delta_{yi},\delta_{zi},\theta_{xi},\theta_{yi},\theta_{zi},\cdots,\delta_{xp},\delta_{yp},\delta_{zp},\theta_{xp},\theta_{yp},\theta_{zp}]^{\mathrm{T}}$$

$$\{p\}=[p_{xi},p_{yi},p_{zi},M_{xi},M_{yi},M_{zi},\cdots,p_{xp},p_{yp},p_{zp},M_{xp},M_{yp},M_{zp}]^{\mathrm{T}}$$

$$\{\sigma\}=[\sigma_{xi},\sigma_{yi},\tau_{xyi},\sigma_{xj},\sigma_{yj},\tau_{xyj},\cdots,\sigma_{xp},\sigma_{yp},\tau_{xyp}]^{\mathrm{T}}$$

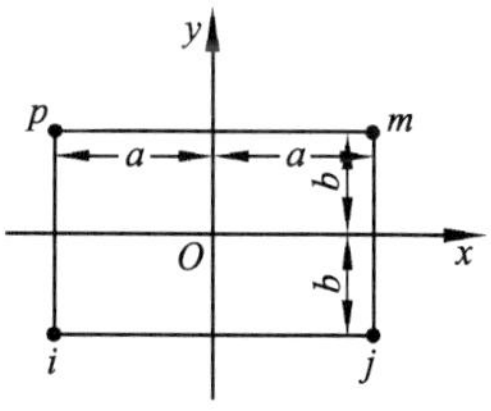

图 17

$\{\delta\}$与$\{p\}$及$\{\sigma\}$的关系如下：

$$\{p\}=[k]\{\delta\}$$

$$\{\sigma\}=[s]\{\delta\}$$

其中$[k]$是24行24列的矩阵，称为单元体的刚度矩阵，详见文献[4]。$[s]$是12行24列的矩阵，称为应力矩阵。

参考文献

[1] 华东石油学院力学实验室.弯管在内压作用下的应力.华东石油学院石油科技通讯，1976(4)

[2] 华东石油学院力学实验室.弯头的平面弹性弯曲.华东石油学院石油科技通讯，1976(4)

[3] E. C. Rodabaugh, H. H. George. Effect of Internal Pressure on Flexibility and Stress Intensification Factors of Curved Pipe or Welding Elbows. Trans. ASME, 1957, 79: 939

[4] 华东水利学院.弹性力学问题的有限单元法.水利电力出版社，1975

[5] R. A. Clark, E. Reissner. Bending of Curved Tubes. Advances in Applied Mechanics, 1951, 2: 93

薄壁弯头塑性破坏的极限弯矩问题

崔孝秉

一、概　述

薄壁弯头承受平面弯曲时，在弹性范围内变形与载荷成一定比例增加。当最大应力点的强度折算应力达到屈服应力后，弯头的局部区域进入塑性范围，变形不再与外载成比例，单位外载增量所引起的变形增量越来越大。当弯头某个截面快要全部进入塑性范围时，微小的外载增量就会引起甚大的弯曲变形。而后，当该截面弯矩达到一定数值时，变形猛烈增加而不休止，弯头遭到塑性破坏。这一弯矩称为弯头的塑性破坏极限弯矩，以后简称为极限弯矩。极限弯矩值的大小对管道设计具有一定的参考价值。

本文首先介绍国外有关极限弯矩的研究情况。然后，根据前人的工作和我们所做 ϕ720-90°弯头的实验结果，提出一个计算薄壁弯头极限弯矩的经验公式。该经验公式不但准确度良好，使用简便，而且反映出薄壁弯头具有一个物理特性：当弯头参数 $\lambda<0.35$ 时，可近似认为其极限弯矩值与口径大小无关，而只与曲率半径 R、壁厚 t 以及屈服极限 σ_s 的大小有关。

二、国外研究成果引论

目前我们所查到的有关薄壁弯头极限弯矩的文献资料共有六篇，其中两篇是实验研究工作，四篇是理论研究工作。现在分别扼要介绍于下，详情可参看文献[1]～[6]。

1　实验研究方面

N. Gross 于 1952 至 1953 年在文献[1]的第一部分介绍了七个弯头平面弯曲的实验研究结果，每个试件都由弹性阶段一直做到塑性破坏。所用试件为 90°的焊接弯头及无缝弯头，口径有 3.5″～12″各种尺寸。弯头两端焊有切向直管，几何形状对称。实验时沿直管端连线方向施加推力，使弯头弯曲，大致情况如图 1 所示。

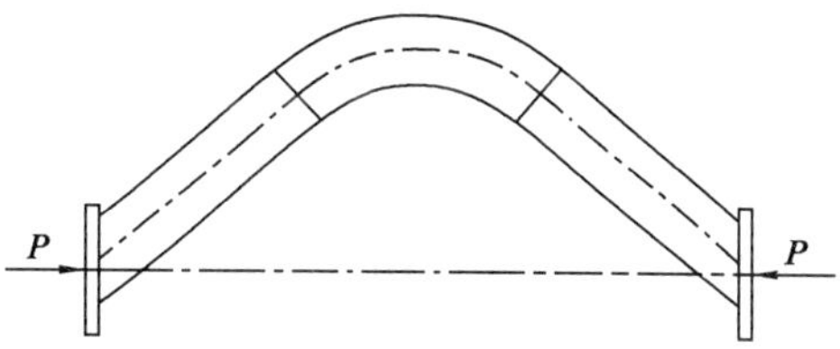

图 1

实验只记录了塑性破坏时的推力值，但对极限弯矩没有进行相应的计算和分析。现将有关极限弯矩问题的原始数据抄于表 1，其中 σ_s 值取为原始记录中上下屈服限的平均值。

表 1

试件编号	弯头类型	平均外径 d/in	平均壁厚 t/in	曲率半径 R/in	弯头参数 λ	屈服极限 σ_s/(VKton・in^{-2})	塑性破坏推力 P_s/VKton	力臂长度 L/in
1	焊接	3.5	0.216	4.5	0.35	20.6	2.68	10.8
2	焊接	6.621	0.318	9	0.289	20.6	5.75	21.6
3	焊接	6.631	0.315	9	0.283	20.6	5.60	21.6
4	焊接	6.593	0.312	9	0.285	19.1	5.20	21.6
5	无缝	6.629	0.298	$9\frac{1}{32}$	0.296	24	6.30	21.6
6	无缝	6.640	0.300	9	0.269	21.5	5.75	21.6
7	无缝	12.39	0.191	18	0.092 4	21.5	2.88	33.2

注：1 in=2.54 cm，1 VKton=1 016.047 kg。

按照表 1 数据，我们可以算出相应的极限弯矩值

$$M_S = P_S L$$

以及与弯头等口径等壁厚的直管的极限弯矩值

$$M_{SL} = 4r^2 t \sigma_s$$

并计算出二者的比值，全部列于表 2，留待本文后面使用。

表 2

试件编号	极限弯矩 M_S /(VKton・in)	直管极限弯矩 M_{SL} /(VKton・in)	比值 $m=M_S/M_{SL}$	λ
1	29	49.7	0.582	0.35
2	124	246	0.503	0.289
3	121	259	0.467	0.283
4	112	237	0.473	0.285
5	136	286	0.476	0.296
6	124	258	0.481	0.266 9
7	95.5	610	0.157	0.092 4

S. E. Bolt 和 W. L. Greenstreet 对 6″管径的 90°弯头进行过塑性破坏实验，全部实验内容发表于文献[2]中，题名为《实验测定管道弯头的塑性破坏载荷》。所用弯头试件有碳钢和不锈钢两类，皆由无缝管加工而成。弯头两端焊有切向直管，一端固定，另一端悬臂式地横向加载，大致情况如图 2 所示，全部共用 15 根试件，口径同为 6″，曲率半径有 6″和 9″两种。加载花样较多，有闭弯、开弯、横弯，还有弯曲与内压组合形式的，因此每种加载方法所做实验次数不多。

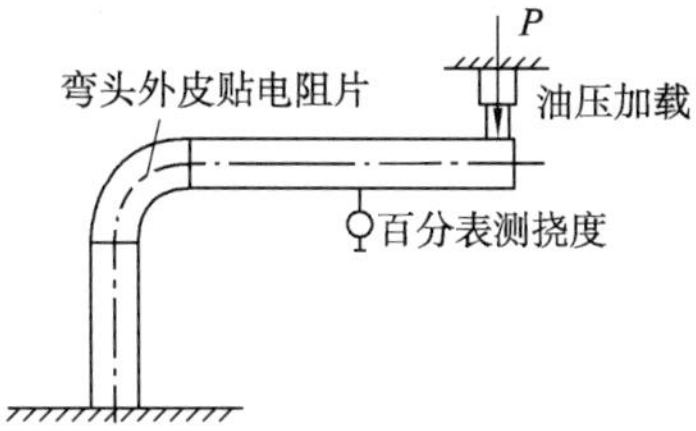

图 2

Bolt 和 Greenstreet 实验时使每根弯头试件都产生一定量的塑性变形，但是并没有做到使弯头塑性破坏的程度，不如 Gross 做得彻底。原始数据内没有给出每根试件的屈服极限值，只给出了 $\sigma_{0.2\%}$。当弯头中段外皮各点应变量达到 2 000 微应变时，相应的推力被命名为极限载荷。但实际上弯头试件结构此时并未发生塑性破坏，载荷仍可增加，变形仍可控制。图 3 至图 5 为文献[2]中三个试件的外载应变关系图。符号“▽”注明的是所谓的极限载荷点。由这些图线可以看出，试件结构并未屈服，继续加载时变形仍是唯一的。因此文献[2]的工作虽然具有实际参考价值，但用其结果检验理论研究工作的准确度并不合适。文献[2]的工作比起文献[1]Gross 的工作来，典型性差多了。

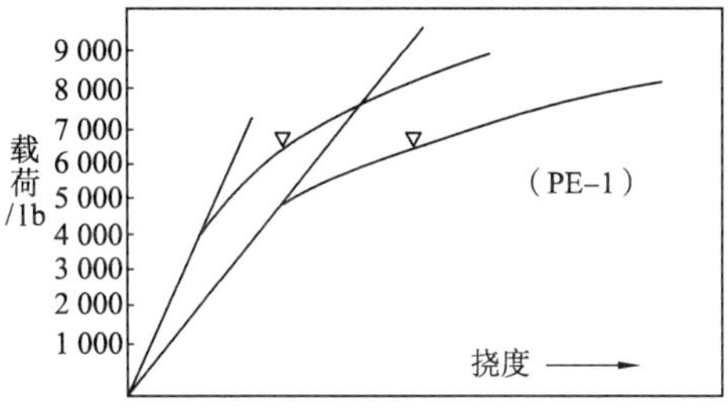

图 3

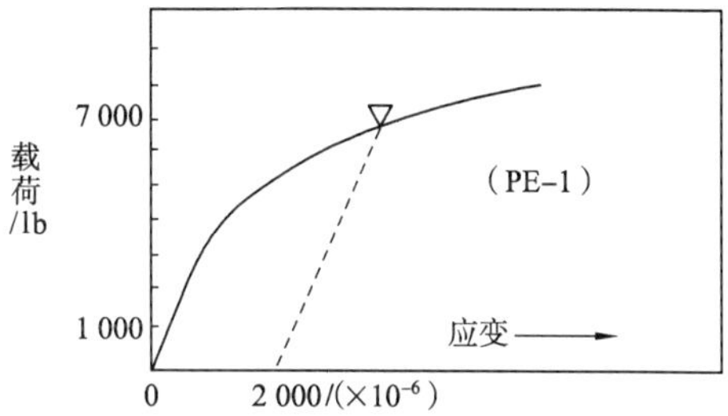

图 4

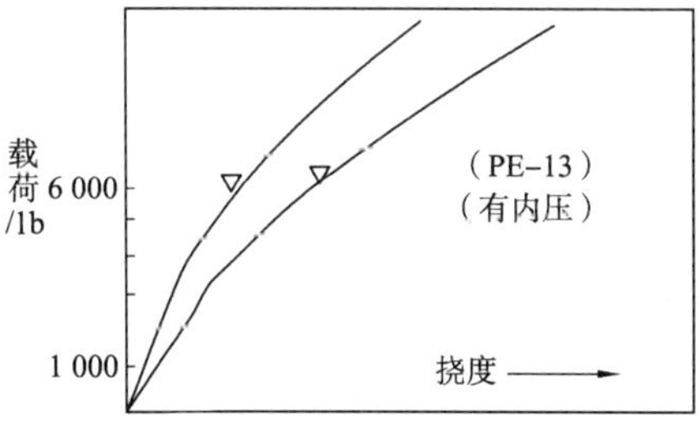

图 5

2　理论研究方面

最早分析薄壁弯头极限弯矩的工作是 1952 年 Качанов 做的（见文献[3]）。他假定材料具有理想刚塑性，并假定一种应力屈服形式，然后按照屈服条件和平衡条件分析极限弯矩。他没有得出封闭解或简易计算式，只给出了当弯头参数 $\lambda=0.5$ 和 $\lambda=1.0$ 时的二个数值解。这样所得的近似解应属于下限，比真实的极限弯矩值应低些。

1967 年 P. V. Marcal 以弹塑性薄壳理论为基础，按逐步积分的数值解法编制计算程序，用电子计算机计算了弯头的弹塑性应力应变及其极限弯矩等。工作量很大，但计算结果不能用公式表达，只能用图形曲线表达。图 6 所示为弯头转角和弯矩大小的关系曲线，图中纵坐标为弯矩与“一点开始屈服时的弯矩”的比值；图中横坐标为转角与“一点开始屈服时的转角”的比值。由图中各曲线的水平切线可定出极限弯矩比值（无量纲），然后再乘以“一点开始屈服时的弯矩”值，就能得到极限弯矩值。

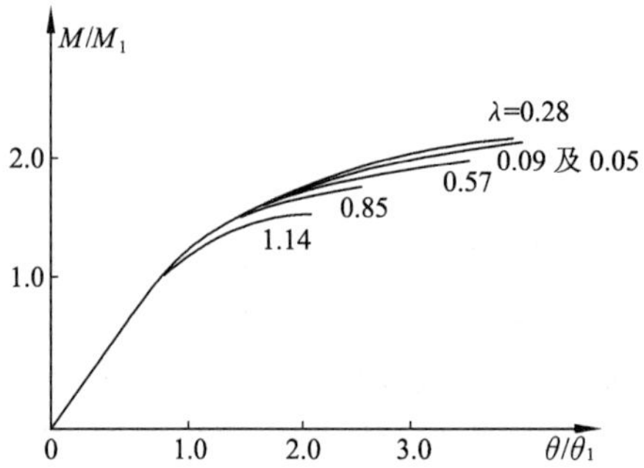

图 6

根据图 6 的曲线不难看出，对于 $\lambda=0.05\sim0.28$ 的弯头，其极限弯矩值大致为“一点开始屈服时的弯矩”值的 2 倍。存在的问题是“一点开始屈服时的弯矩”值具体为多大，这也要按 Marcal 的程序计算结果确定，因此对设计人员来说，这仍是一个难点。

1970 年 C. R. Calladine 对薄壁弯头的极限弯矩曾做粗浅分析[5]，得到如下近似公式：

$$M_S=\frac{4\lambda I\sigma_s}{\pi r\sqrt{1+\lambda^2}}$$

式中，I 为截面的惯性矩，近似于 $\pi r^3 t$，故可写为

$$M_S=\frac{4r^2 t\lambda\sigma_s}{\sqrt{1+\lambda^2}}$$

按这个公式所算得的极限弯矩当 $\lambda<0.5$ 时严重偏低，因此不适于使用。

1973 年 J. Spence 等发表了题为“弯头在平面弯曲下的极限载荷”一文[6]。文中首先总结了前人做过的有关工作，然后用他分析薄壁弯头蠕变问题的理论来分析极限弯矩的上下限近似解。其结果如图 7 中的实线所示。此图横坐标为弯头参数 λ，纵坐标为弯头极限弯矩与直管极限弯矩之比。图中虚线为上述 Calladine 的解，二个小方框点为 Качанов 的解，二小圆圈点为 Marcal 的二个数值解，二个叉点代表 Gross 的实验值（注：上一个圈点位置标得不对，偏低了，与原始实验数值不符），三角形点代表 Bolt 和 Greenstreet 的实验值。

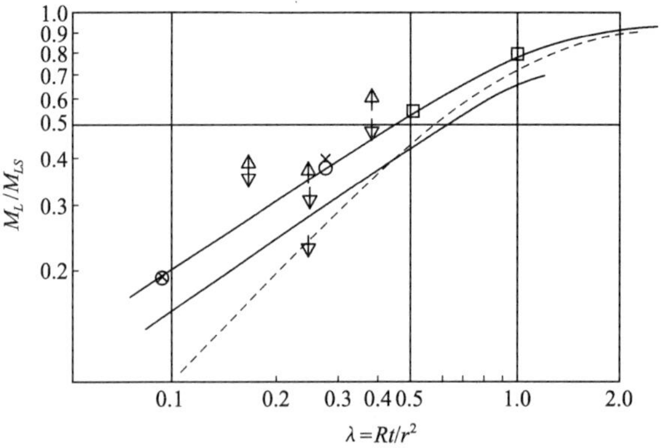

图 7

J. Spence 等的这一工作是有其价值的，但我们感到他在引用 Gross 和 Bolt 等的实验结果时，不够认真，这表现在两个方面：(1) Gross 有七个极限弯矩实验值，他只取用了两个，而这两个中 $\lambda=0.27$ 的那一个还取得不对，按照原始实验数据查对，该点标于图 7 时的纵坐标应该是 0.48，比图上位置高多了。(2) Bott 和 Greenstreet 的实验值，如前所说，并不是极限弯矩，不符合 J. Spence 等本人理论分析的前提，显然偏低得多，因而不应该直接取来作为验证资料。

如果在图 7 中去掉 Bolt 和 Greenstreet 的实验点，全部标注上 Gross 的七个实验值，我们将看到，J. Spence 等的理论分析结果和实验相比存在着较大的误差，一般偏低，七个实验值中有六个实验值都位于 J. Spence 等的上限曲线之上(参看图 8)。

三、提出一个经验公式

在前面已经介绍过，Gross[1] 的实验做得比较典型而细致，七个弯头试件中，直径有 3.5″，6.63″，还有 12.39″的，尺寸范围较宽。而且弯头材料又具有良好的塑性，有清楚的屈服极限 σ_s 值。测定塑性破坏载荷时，实验都做到弯曲变形失去控制而载荷却开始下降的阶段。因此，测得的塑性破坏载荷数据是可靠的，有代表性的。这些数据可以用来检查理论分析的准确度，也可以用来归纳经验公式。

在表 2 中我们已经按照表 1 的数据换算出七个弯头试件的极限弯矩值及其与直管极限弯矩值的比值 m。为了考查极限弯矩比值 m 与弯头参数 λ 的关系，我们作出图 8 所示的 m-λ 图。其中黑圆点为 Gross 的七个实验值，虚线曲线为 J. Spence 等理论分析所得的上下限曲线，点划线为 Calladine 分析的下限曲线，还有二个方框点为 Качанов 的二个下限值解。图中的一个双圆圈点是我们实验室用 16Mn-ϕ720-90°弯头测得的实验值。

由图 8 不难看出：各种理论分析所得的近似解，都偏低于实验值，误差较大，因而它们的使用价值受到限制。此外，这些理论分析又缺乏简明而实用的表达式，也不能满足工程设计人员的需要。

为了解决上述矛盾，我们根据 Gross 实验值和我们自己的实验结果，提出下列计算薄壁弯头极限弯矩的经验公式，它只限于 $\lambda\leqslant 0.35$ 的情况：

$$\frac{M_S}{M_{SL}}=1.64\lambda \quad (\lambda\leqslant 0.35)$$

式中，M_S 代表弯头极限弯矩；M_{SL} 代表直管极限弯矩。在 m-λ 图中，此式就是通过原点的那条直线 OA。由图可见：Gross 的七个实验点和我们的一个实验点都在这根直线的邻近，上下偏差不超过 10%。这表明经验公式具有可靠的准确性。考虑到我国目前许多长输管道的弯头其 λ 值都在 0.05～0.35 范围之内，这一经验公式的适用范围显然是较宽的。

根据这个经验公式，稍加分析，可以得出一个很有趣的结论：

$$\lambda=Rt/r^2$$

$$M_{SL}=4r^2 t\,\sigma_s$$

$$M_S=6.56Rt^2\sigma_s$$

这说明当 $\lambda\leqslant 0.35$ 时，薄壁弯头极限弯矩值的大小与其口径无关(当然是近似地无关)，而只与壁厚、曲率半径及材料性质有关。考虑到作为此式基本依据的八个实验点中，弯头口径范围很宽，有 3.5″，6.63″，12.39″，还有 72 cm 的，而它们的极限弯矩值都符合此式，可见薄壁弯头极限弯矩与口径大小无关的物理特性确实是近似地存在。

和图8中所示的各种理论分析解相比较，这个经验公式显然具有准确、简易、明了的优越性，因此它比较适合工程设计计算时参考。

对于 $\lambda>0.35$ 的弯头，我们提出采用下列近似公式计算极限弯矩：

$$\frac{M_S}{M_{SL}}=\frac{2\lambda}{\sqrt{1+4\lambda^2}} \qquad (\lambda>0.35)$$

此式就是图8中的 AB 曲线，此线在 $\lambda=0.35$ 处和直线 $\overline{OA}$ 的值相重合，在 $\lambda=2$ 后趋向于 $m=1$。此线的形状和 Calladine 的下限曲线(图中的点划线)相似，但位置较高。

最后再介绍一下对 Bolt 和 Greenstreet 的实验数据[2]的引用问题。我们认为，如果要引用这些不典型的数据，首先应该按照极限弯矩的基本概念适当加工处理。参看图3、图4及其他各有关的实验记录图，可见 Bolt 等并没有做出极限载荷，图上倒三角形标注的载荷值显然低于尚未做出的极限载荷值。根据图中实验曲线的趋势，我们可粗略地估计一下当载荷-挠度曲线的切线趋近于水平时载荷值的可能数据。以图3为例，此值粗略地取为 8 800 kg。经过这样处理后，Bolt 等实验值的近似位置应如图8中的三角形点所示。它们虽然很分散，但都在 J. Spence 等的上限曲线之上，比较接近于经验曲线 $\widehat{OAB}$(注：这里引的七个实验值都是无内压情况下弯曲的，"▼"为闭弯，"▲"为开弯)。

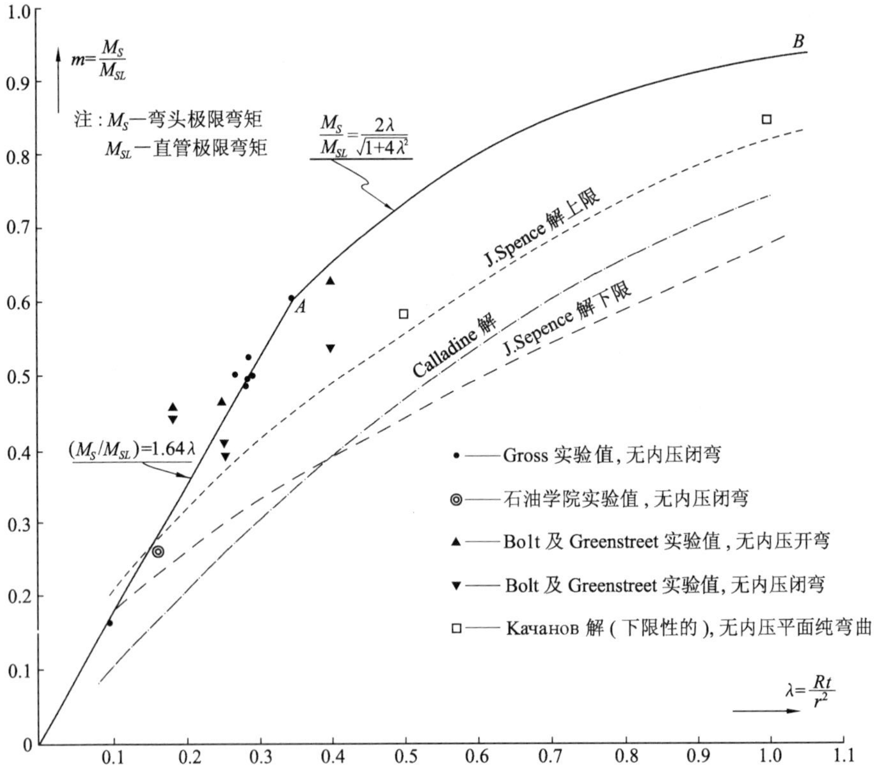

图 8

四、16Mn-ϕ720-90°弯头极限弯矩的测定

文献[7]报道了我们1976年在16Mn-ϕ720-90°弯头上所做的强度实验研究工作。该报

告中只报道了弹性范围内的变形和应力测定情况，以及其与工程理论值和有限单元法理论值的对比情况。该项实验工作在弹性测定完毕后，紧接着又进行了塑性破坏试验，测出了极限弯矩。设备和加载方式不变，测量项目增加两个：一是试件两端相对距离 l 的变化量（参看图 9）；二是各截面直径长度的变化量。实验一直做到弯曲变形失去控制连续增长，而载荷却相应下降，弯头发生了显著的塑性破坏后才停止。

载荷最高值测到 19.8 t。当载荷加到接近于这一数值时，变形猛增，随后失去控制地自行流动，而载荷相应下降，加不上去。此时弯头中部截面已成明显的椭圆形状，长轴大于 80 cm，短轴小于 60 cm，试件两端相对距离 l 的缩短变形量已超过 20 cm。我们仍继续给千斤顶加油，让塑性变形继续扩大，不断测量各项变形和载荷的对应数值，一直做到 l 的缩短量约为 40 cm 时才停止实验，因为千斤顶行程有限，不便再做下去。我们原来希望能弯出鼓包来，但始终未出现，只是弯头变扁了。最后测得截面椭圆形的长轴为 85.7 cm，短轴为 62.2 cm。

图 9 是按照实验数据所作的载荷 P 与变形 Δl 之间的关系曲线。有关的特征数据都标注在图中。由图可知，极限弯矩的实验值应为

$$M_S = P_S L = 19.8 \times 2.65 = 52.6(\text{t} \cdot \text{m})$$

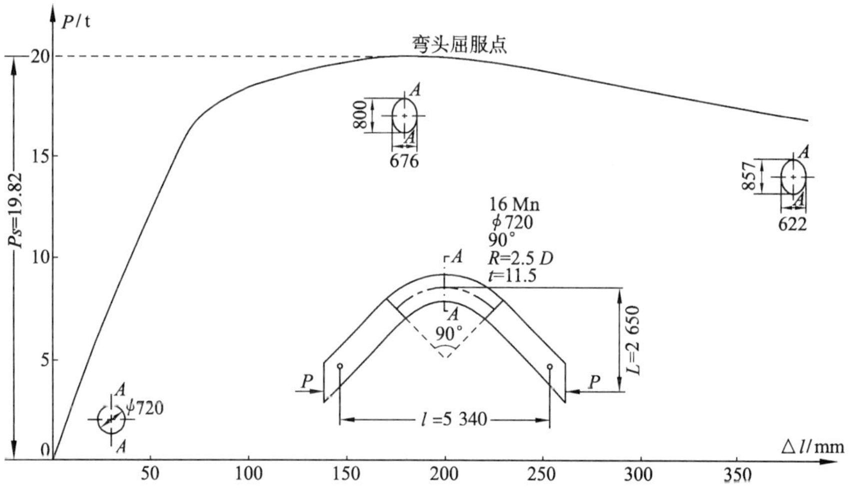

图 9

根据弯头尺寸，$R=1.8$ m，$t=1.15$ cm，以及弯头材料 16Mn 的 $\sigma_s = 3\,600$ kg/cm^2 代入经验公式，则极限弯矩的计算值应为

$$M_S = 6.56 \times 180 \times 1.15^2 \times 3\,600 = 56.2 \times 10^5 (\text{kg} \cdot \text{cm}) = 56.2(\text{t} \cdot \text{m})$$

它比实验测定值约高 7%。

五、结 束 语

结构的塑性破坏极限载荷问题，理论研究甚多，但其准确度一般较低，往往只能给出上下限的近似分析。理论解与实验结果相比，误差一般比弹性问题大得多。其原因在于：(1) 实际材料性质比假定的理想塑性复杂；(2) 塑性变形阶段往往伴随着大变形，理论难于完全计及；(3) 结构边界的实际支撑情况比理论分析假定的情况要复杂得多。因此，研究极限载荷问题时，实验工作占有重要地位。理论结合实验才能得出较为可靠的结果。

限于设备和时间，目前我们才只测定了一个 ϕ720-90°弯头无内压时的极限弯矩值，今后还要争取条件多测定一些其他参数的弯头的极限弯矩值，以充实这方面的研究工作。特别是要做一些有内压的小角度的弯头的极限弯矩测定工作，因为目前我国长输油气管道中小角度弯头较多，而且有内压。

本文中提出的经验公式只适用于没有内压影响时的平面弯曲情况。如果弯头内部存在内压，则其极限弯矩值将有所提高，甚至提高得很多，这从 Bolt[2] 等的几个实验结果中可以看出，例如本文所引的图 5。关于考虑内压影响时的极限弯矩近似计算方法，留待以后结合实验根据情况再提出讨论。

参考文献

[1] N. Gross. Experiments in Short-Radius Pipe Bends. Proceedings of Institution of Mechanical Engineers, (B), 1952—1953, 1B: 465

[2] S. E. Bolt, W. L. Greenstreet. Experimental Determinations of Plastic Collapse Loads for Pipe Elbows. American Society of Mechanical Engineers, Pressure Vessels & Piping Conference, 1971, Paper 71-PVP-37

[3] Качанов Л. М.. О пластическом изгибе кривых тонкостенных труб. Известия академии наук СССР, Отд. техн. наук NO. 1～6,1957: 42-47

[4] P. V. Marcal. Elastic-Plastic Behaviour of Pipe Bends with in-Plane Bending. Journal of Strain Analysis, 1967, 2 (1): 84

[5] C. R. Calladine. Private Communication. 1970(转引自[2])

[6] J. Spence ,G. E. Findlay . Limit Loads for Pipe Bends under in-Plane Bending. Second International Conference on Pressure Vessel Technology, Part 1, Design and Analysis, 1973: 393

[7] 华东石油学院力学实验室. 大口径的 90°弯头强度试验研究. 华东石油学院学报,1977(2)

埋地热输管线应力和位移测试

华东石油学院力学教研室　石油部炼油设计院储运建设组

一、概　述

根据石油部炼油规划设计院下达的科研规划，委托华东石油学院负责，北京炼油设计院协助，对房—京重油管线二热支线投产前进行应力、位移测试。这一任务在北京第二热电厂支持下，已于 1977 年 10 月底完成。参加工作的有华东石油学院力学教研室岳伯谦、王修斋、潘祖瑾、卢修献、蔡强康；北京炼油设计院陆万林、彭国庆、兰有亭等。报告由蔡强康整理执笔。

房—京重油管线二热支线投产试运期间，我们对其中一部分管线进行了应力和位移测试。这条管线自北京高立庄中间站经丰台区至北京第二热力发电厂油罐区，全长 14.2 km。管材为 20 号 ϕ219×6 和 ϕ219×7 无缝钢管。管壁外包有厚约 50 mm 的聚氨基甲酸酯泡沫塑料。塑料层外包有三层浸透沥青的玻璃纤维纱布。自管顶测量，设计覆土深度要求不小于 1.5 m。我们设置了两个测试处，第一测试处的实际覆土深度约为 1.3 m；第二测试处的实际覆土深度约为 1.5 m，一小部分管段上的覆土深度大于 1.5 m。两处覆盖的土壤均属于粘沙土性质。

管线的设计压力为 32 kg/cm^2。冷水试压过程中的实际最高压力为 42.8 kg/cm^2。始点(高立庄中间站)设计操作温度为 90 ℃。热水暖管时，第一和第二测试处的最高温度分别为 73.1 ℃和 76.7 ℃。正返输热水试运时，两个测试处的最高温度均为 94.7 ℃。管壁温度是用热电偶测量的。

这次测试的一个目的是测量在内压作用下，埋地直管、Γ 形热补偿的直管和弯头上的应变和应力。输送热油的管线在热水试运过程中，由于全线温度升高，发生热胀现象。如果热胀量过大，会引起过高的温度应力和严重的管线变形，甚至会发生漏油的严重事故。如果热胀量过大，管线上的固定墩承受特大推力，甚至被推坏。因此，这次测试的另一更重要目的是测量在热水试运过程中，Γ 形热补偿的位移和应力、埋地直管上的应力以及固定墩承受的推力和位移。

现在，分测试方法和布点方案、测试和数据处理结果、应力计算和理论分析等几部分总结于下。

二、测试方法和布点方案

第一测试处在一 90°Γ 形热补偿附近。这个热补偿的里程桩号为 9+853.4−893.4。在南北向的管线上，自北向南，我们选取了如图 1 所示的 A,B,C,D,E,F,G,H 八个截面布点

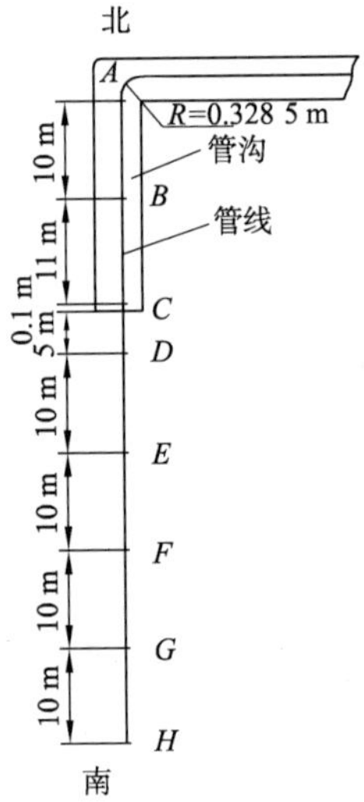

图 1

贴电阻应变片。A,B,C 三个截面在管沟内,其他五个截面在埋地管线上。

A 截面为 90°弯头的中间截面,布点贴片方法如图 2 所示。1 号点在管壁东侧。1 至 7 七个点上都贴了轴向和环向片各一个,共 14 片。

B 截面的布点贴片方法如图 3a 所示。1 号在管壁东侧。1,2,3 号点各贴了轴向片一个。2 号点在管壁上侧,加贴了环向片一个。全截面共贴 4 片。

C 截面距离管线出土端 10 cm,它的布点贴片方法如图 3b 所示。1,2,3,4 号点各贴了一个轴向片。全截面共贴 4 片。

D,E,F,G 截面的布点贴片方法如图 3c 所示,在 1,2,3 号点上各贴了一个轴向片,每一截面 3 片。H 截面的布点贴片方法如图 3a 所示,全截面共贴了 4 片。

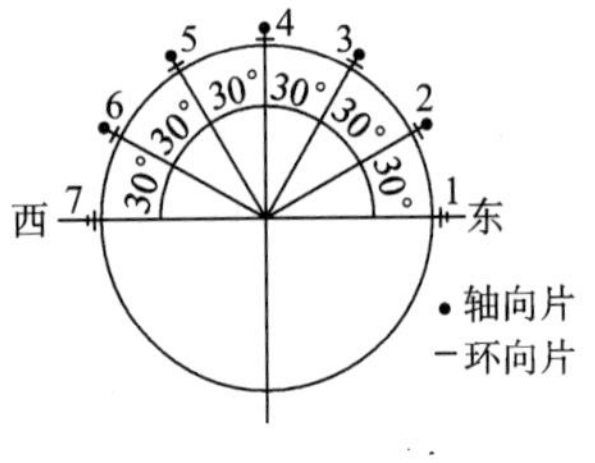

图 2

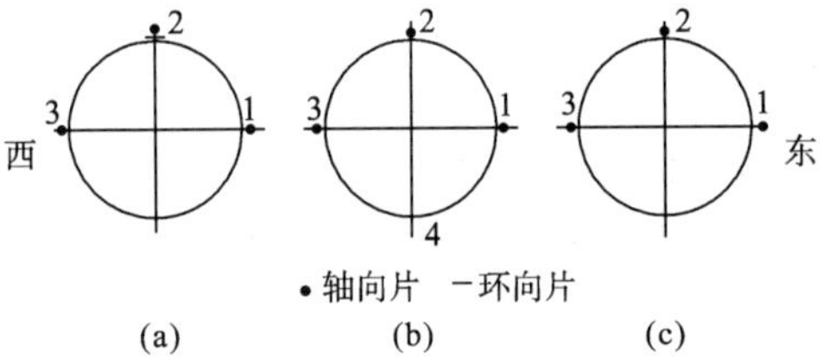

图 3

第二测试处在莲花河南的固定墩附近。此固定墩的里程桩号为 7+347.2,它的北侧是跨越莲花河的 Π 形管线,南侧是埋地管线。在固定墩两侧,沿管线自南向北选取了 I,J 和 K 三个截面如图 4a 所示。I 截面的布点贴片方法如图 3a 所示。J 和 K 截面的布点贴片方法如图 3b 所示。

两处 11 个截面上共贴了电阻片 50 个,其中轴向片 40 个,环向片 10 个。

电阻片编号中第一个字母表示截面号码,第二个数字表示截面上的点号,第三个字母说明是轴向片或环向片,a 表示轴向片,b 表示环向片。例如,A-3-b 为 A 截面 3 号点的环向片;I-4-a 为 I 截面 4 号点的轴向片。

全部测试采用北航生产的高温自补偿电阻片(3×15 mm),灵敏系数 K 为 2.26。这种电阻片的最高使用温度为 150 ℃。因为我们估计管线测试处的最高温度不会超过 80 ℃,所以电阻片是以 KH502 胶粘贴于管线表面的。贴片后,以 914 胶密封防潮。实验室内试验表明,当温度在 80 ℃以下时这种贴片方法是可靠的。

北京市公用局设计室的研究人员在 I 截面各点加贴了四个电阻片,出厂的灵敏系数为 2.28。它们也是北航生产的高温自补偿电阻片,但是它们是以 PΦ 胶粘贴在小块不锈钢薄片上,经过烘干处理后,再点焊在管线表面的。它们的编号为 I'-1-a,I'-2-a,I'-2-b 和 I'-3-a。

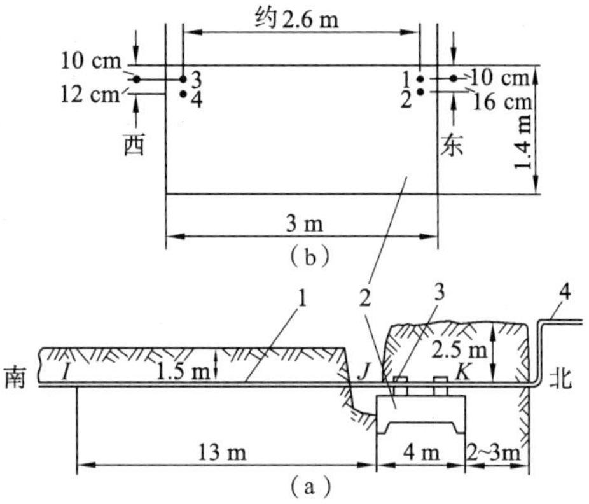

图 4

因为这条管线投产试运的时间很紧，贴片完成后随即包上保温层，有些电阻片处的KH502胶和914胶没有干透，调试时有些电阻片的应变值飘移现象较严重。例如，E 和 F 截面上所贴各片都有严重飘移现象。因为时间紧迫，人工不足，D 和 E 两截面处沿管线轴线方向宽约1.2 m测试时未覆土。

热水试运时，在第一测试处测量了 A，B，C 截面的轴向（由南向北的）和径向（由东向西的）位移。因为我们估计 B 和 C 截面的径向位移较小，所以采用千分表测量。其他位移测量则采用下述方法：以一张方格纸水平固定于管线测试处，一指针固定于管沟上指向方格纸，管线连同方格纸移动时，直接读出指针尖端相对于方格纸的位移值。

在第二测试处，为了测量固定墩相对于地面的位移，J 截面附近一段管线未覆土（见图4a），使固定墩的一部分裸露于外，便于安放千分表。磁性千分表架固结于埋入地中的钢柱上，表头压在如图4b所示的固定墩南侧的四个点上。

管线与固定在固定墩上的支座沿轴线方向是以绝缘橡胶垫片连接的。因此，管线相对于固定墩会产生轴向位移，这种位移是以千分表架固结于管线上，表头压在固结于固定墩南侧的玻璃片上测量的。

三、测试和数据处理结果

1 冷水试压阶段

冷水试压时，在17.3，30.4，42.8 kg/cm^2 三个内压下都曾基本上稳压2～3 h。在此期间，我们每隔30 min读取了各电阻片的应变值。处理数据时，先计算同一压力下各应变值的平均值；然后以内压为横坐标，应变值的平均值为纵坐标，在图上画出三个点；最后，根据这三个点画一直线，并由此直线的斜率决定内压每升高10 kg/cm^2 时，这个电阻片的应变值。例如，编号为 A-1-a 和 H-2-b 的电阻片的直线图分别如图5和图6所示。管中内压升高不是10 kg/cm^2 时，应变值可以依比例计算。这样求出的内压每升高10 kg/cm^2 时，各电阻片的应变如表1所示。

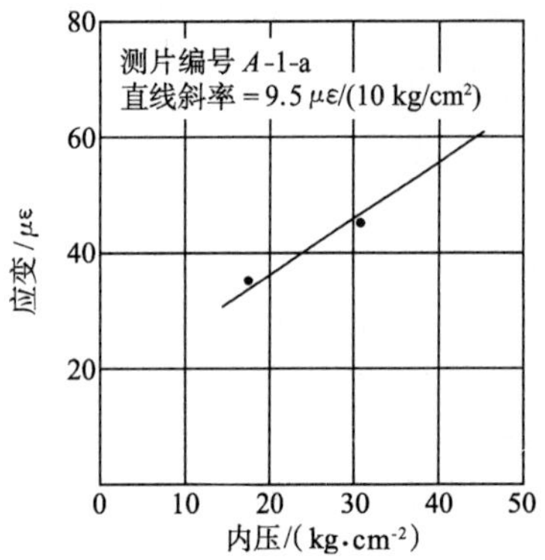

图 5

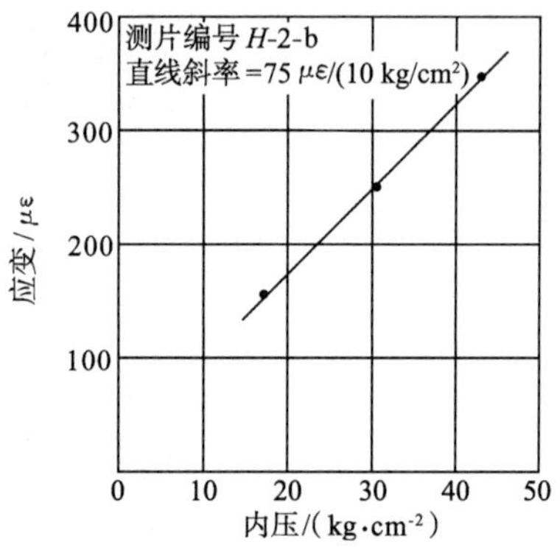

图 6

表 1　试压时各电阻片的应变值

（内压升高 10 kg/cm² 时的微应变）

电阻片编号	应变值/με	电阻片编号	应变值/με	电阻片编号	应变值/με
A-1-a	9.5	A-1-b	74	A-2-a	0
A-2-b	23	A-3-a	−9	A-3-b	44
A-4-a	6	A-4-b	34	A-5-a	33
A-5-b	88	A-6-a	21.5	A-6-b	43
A-7-a	17	A-7-b	32.5	B-1-a	18
B-2-a	13.5	B-2-b	64	B-3-a	17.5
C-1-a	15	C-2-a	13	C-3-a	15
C-4-a	16.5	D-1-a	10	D-2-a	7.5
D-3-a	11.5	E-1-a	0	E-2-a	0
E-3-a	0	F-1-a	0	F-2-a	0
F-3-a	0	G-1-a	0	G-2-a	0
G-3-a	0	H-1-a	0	H-2-a	0
H-2-b	75	H-3-a	0	I-1-a	3.6
I-2-a	4.1	I-2-b	68	I-3-a	0
J-1-a	5.2	J-2-a	8.0	J-3-a	4.8
J-4-a	0	K-1-a	16.4	K-2-a	17.5
K-3-a	6.8	K-4-a	7.8	I′-1-a	2
I′-2-a	1.3	I′-2-b	56	I′-3-a	4

2　热水试运阶段

热水试运分别进行热水暖管、正返输热水试运、热水蹩压、投油等四个试运步骤。热水试运前，以热电偶测得的管壁温度在第一和第二测试处分别为 17 ℃和 17.1 ℃。在此温度下，各电阻片的初始应变值均被调零。热水暖管采用正输流程，应当缓慢升温，并在两个中间温度下稳定 1～2 h。但是，实测时管温升高很快，而且没有稳定于任何中间温度。22:54，我们在第二测试处测得管温升为 20 ℃时，开始读各测片的应变值。读完 18 个片的应变值后，管温已由 20 ℃升至 30 ℃。此后，管温继续猛增，我们继续读数。管温升至 70 ℃后，升温速度逐渐变慢，管温升至 75 ℃时为 23:20。在 26 min 内，管温增加 57.9 ℃，平均升温速度为 134 ℃/h，瞬时升温速度显然比此值还要大很多。因此，管线受到较强烈的“热冲击”。这样的热水暖管方法对我们的测试结果是有影响的，对管线也是有害的。管壁温度于次日 0:05 趋于稳定，稳定温度为 76.7 ℃。在此温度下，我们又读了一遍各测片的应变值。

在第一测试处，由于升温过快，没有取得升温过程中各测片的应变值。但是，读取了管壁温度稳定于 73.1 ℃时各测片的应变值。

各电阻片的应变值随管温的变化情况都是类似的，对于 *I*-1-a 和 *K*-1-a 片分别如图 7 和图 8 所示。由图中可以看出，当管温由 17.1 ℃升至 40 ℃时，应变值变化很快，而且可以近似地连成一条直线，称此直线为直线 *A*。再自 17.1 ℃时的零应变点至稳定温度 76.7 ℃时的应变点连一直线，称此直线为直线 *B*。显然，两条直线的斜率相差很大。对于 *K*-1-a 片，*A*，*B* 二直线的斜率相差更为显著，*K* 截面上各片都有类似情况。这可能由于 *K* 截面接近跨越莲花河的 Π 形管线，受热冲击的影响更大而引起的。

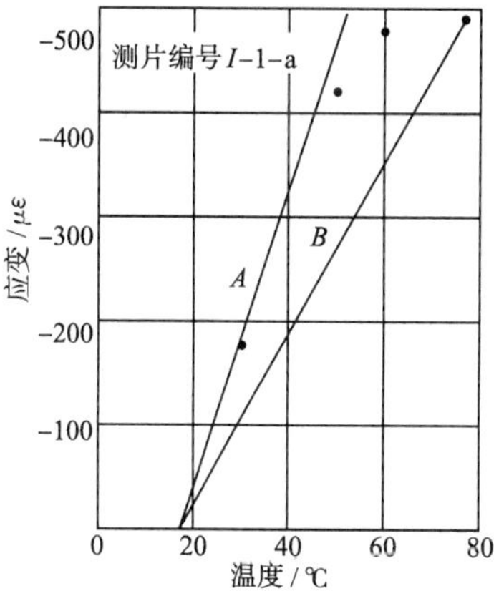

图 7

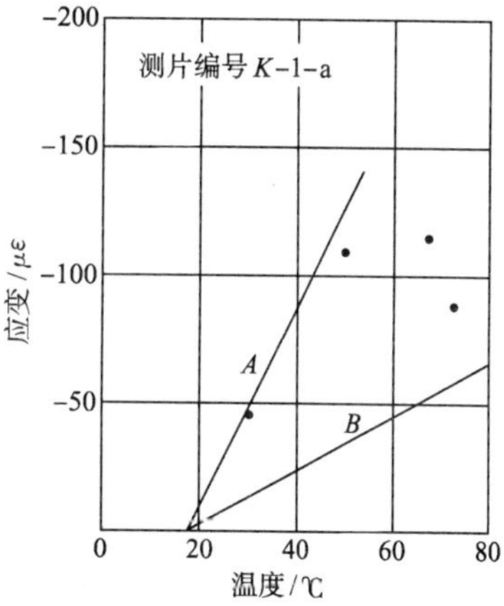

图 8

热水暖管时，始点（高立庄中间站）的压力为 8 kg/cm²，终点（第二热电厂油罐区）的压力为 3 kg/cm²。因为测试处没有安装压力计，无法知道升温时管中的实际压力。由于这条管线的高差不大，为了进行数据分析，根据两处的里程桩号，近似地假设第一和第二测试处的压力分别为 4 kg/cm² 和 5 kg/cm²。

热水暖管时，在管壁温度升高过程中，管中内压也增加了，所测得的应变值是管壁温度升高和内压增加两种原因引起的。要得到单纯由于管温升高引起的应变值，必须将测得的应变减去由于内压增加引起的应变值。以 *I*-1-a 片为例，当管壁温度由 17.1 ℃升高至稳定温度 76.7 ℃时，管中内压增加了 5 kg/cm²，实测应变值由 0 变为－489 $\mu\varepsilon$，要求出单纯由于管温升高引起的应变值，必须采取以下步骤：由表 1 查出内压增加 10 kg/cm² 时，*I*-1-a 片的应变为 3.6 $\mu\varepsilon$，所以内压增加 5 kg/cm² 时，*I*-1-a 片的应变应为 3.6×5/10＝1.8($\mu\varepsilon$)，因此，单纯由于管温升高 76.7－17.1＝59.6(℃)引起的 *I*-1-a 片的应变为－489－1.8＝－490.8($\mu\varepsilon$)。管温升高 10 ℃时，*I*-1-a 片的应变为－490.8×10/59.6＝－82.4($\mu\varepsilon$)。下文中此值被称为管温升高 10 ℃时 *I*-1-a 片的稳态应变，因为 76.7 ℃是稳定温度。对于 *I*-2-b 环向片，所测得的应变值为 180 $\mu\varepsilon$，由表 1 查得内压增加 10 kg/cm^2 的应变为 68 $\mu\varepsilon$，于是管温升高 10 ℃时 *I*-2-b 片的稳态应变为(180－68×5/10)×10/59.6＝24.5($\mu\varepsilon$)。

由图 7 和图 8 中的直线 *A* 可以得到管温升高 30 ℃和内压增加 5 kg/cm^2 时，*I*-1-a 和 *K*-1-a 片的应变分别为－467 $\mu\varepsilon$ 和－114.5 $\mu\varepsilon$。由表 1 查得内压增加 10 kg/cm^2 时，这两片的应变分别为 3.6 和 16.4 $\mu\varepsilon$，于是单纯由于管温升高 10 ℃时 *I*-1-a 和 *K*-1-a 片的应变分别为(－467－3.6×0.5)/3＝－156.3($\mu\varepsilon$)和(－114.5－16.4×0.5)/3＝－40.9($\mu\varepsilon$)。下文中称此二应变值为管温升高 10 ℃时 *I*-1-a 和 *K*-1-a 片的瞬态应变，因为直线 *A* 表示管壁温度在较短时间内迅速升高时电阻片的应变变化。

应用上述方法处理数据，根据实测应变值，所得的管温升高 10 ℃时第二测试处各电阻片的稳态和瞬态应变如表 2 所示。

表 2 管温升高 10 ℃时第二测试处各电阻片的应变

电阻片编号	稳态应变/$\mu\varepsilon$	瞬态应变/$\mu\varepsilon$	电阻片编号	稳态应变/$\mu\varepsilon$	瞬态应变/$\mu\varepsilon$
I-1-a	－82.4	－156.3	*I*-2-a	－67.5	－140
I-2-b	24.5	73.8	*I*-3-a	－99.0	－207
J-1-a	－80.2	－128.2	*J*-2-a	－80.2	－139.3
J-3-a	－73.4	－136.1	*J*-4-a	－68	－140
K-1-a	－11.9	－40.9	*K*-2-a	－14.9	－31.4
K-3-a	－21.1	－63.3	*K*-4-a	－4.0	－58
I′-1-a	－105	－127	*I*′-2-a	－90.6	－120.9
I′-2-b	32.2	110	*I*′-3-a	－81.7	－124.7

对于第一测试处的各片，只能计算出稳态应变。这些数值表示于表 3 中。对于弯头中间截面(*A* 截面)上各点，由于管温升高引起的应变与内压有一定的关系，表 3 中这个截面上各点的应变值为内压等于 4 kg/cm^2、管壁温度升高 10 ℃时的数值。但是 *B*,*C*,*D*,*E*,*F*,*G*,*H* 截面上各点的应变值为内压等于任一数值、管温升高 10 ℃时的数值。

热水暖管时，虽然两个测试处的管壁温度都不超过 80 ℃，但是由于升温过快，经过热冲击后，许多电阻片已经不能反映真实情况。在正返输热水试运阶段，虽然取了许多数据，但是很难从中找出规律性的东西。因此，本文没有将其纳入。

热水暖管和正返输热水试运阶段中，Γ 形热补偿上 *A*,*B*,*C* 截面的轴向和径向位移如表 4 所示。由表中数据可以看出，由于受土壤的约束，埋地管线的位移是随受力时间增加的。表中所列六个不同位移都同样有这种现象。例如，当管壁温度由 17 ℃升高至 73.1 ℃时，*C* 截面的轴向位移(出土端位移)最初为 20 mm，后来在同一管壁温度下，逐渐增加至 21 mm；再经过八个多小时，当管温仅略有升高(升高至 75.5 ℃)时，此位移又增加至 24 mm。这种现象是由土壤性质决定的。土壤由微小的固体颗粒和水，有时还有空气组成。当土壤受力时，最初其中水的压力升高，后来一部分水慢慢地被排挤出固体颗粒之外，由固体颗粒组成的骨架承受外力。因此，即使在不变的外力作用下，变形也随时间增加。受力后，土壤变形随时间变化的规律与土壤种类、含水饱和量、含空气量等因素有关。由文献可知，在不变的外力作用下，受力后土壤变形至稳定状态需要的时间长短不一，从数秒钟至数十小时不等。

表 3　管温升高 10 ℃时第一测试处各电阻片的应变

电阻片编号	稳态应变/$\mu\varepsilon$	电阻片编号	稳态应变/$\mu\varepsilon$	电阻片编号	稳态应变/$\mu\varepsilon$
A-1-a	−1.78	A-1-b	−40	A-2-a	−41.8*
A-2-b	−21.4	A-3-a	−16	A-3-b	34.7
A-4-a	50.8	A-4-b	59.6	A-5-a	70.4
A-5-b	0	A-6-a	10.7	A-6-b	−40
A-7-a	3.56	A-7-b	−17.8	B-1-a	23.8*
B-2-a	8.9	B-2-b	14.2	B-3-a	5
C-1-a	−11.7	C-2-a	−6.3	C-3-a	4.3
C-4-a	0.6	D-1-a	−11.4	D-2-a	−2.7
D-3-a	3.6	E-1-a	17.5*	E-2-a	−23.2
E-3-a	−7.3	F-1-a	−17.0	F-2-a	−29.5
F-3-a	−29.5	G-1-a	−82.0	G-2-a	−53.5
G-3-a	−84.6	H-1-a	−101.4	H-2-a	−108.6
H-2-b	42.7	H-3-a	−99.8		

注：* 这些数据相对来说更不合理。

表 4　管温升高时 A，B，C 截面的位移　单位：mm

测试时间	16:00	0:25	0:40	1:00	9:15	9:50	10:30
管壁温度/℃	17	73.1	73.1	73.1	75.5	30	94.7
A 轴向	0	33	33	35	38	23	50
A 径向	0	36	38	39	42	26	61
B 轴向	0	29	30	30	32	23	46
B 径向	0.20	0.67	0.90	1.14	1.88	—	4.15
C 轴向	0	20	21	21	24	18	33
C 径向	0.20	0.85	0.88	0.90	0.95	—	—

热水暖管和正返输热水试运阶段中，固定墩上 1，2，3，4 四个点相对于地面的位移随时间和管壁温度变化的实测数据表示于表 5 中编号为 1，2，3，4 的各行中。表 5 中编号为 5 和 6 的两行中的数值为管线相对于固定墩的位移随时间和管壁温度变化的实测数据。对于三个相对稳定的管壁温度 76.7，77.2，94.7 ℃，我们计算了各点千分表读数与初读数的差值。这些差值就是各点的相对位移，它们分别表示于表 5 中序号为 7，9，16 的各列中。可以看出，自 0:05 至 8:20，只有八个多小时，固定墩上 1 号点的位移增加了 1.307−(−0.1)=1.407(mm)，而其他三个点位移增加都不到 0.1(mm)。1 号点的读数显然是不可靠的。以下分析中，将不再考虑它。固定墩上 2，3，4 号点相对地面的位移都不完全相同，这说明固定墩在管线推力作用下的运动是比较复杂的。管温为 76.7，77.2，94.7 ℃时，固定墩的平均位移(2，3，4 号点位移的平均值)分别为 0.169，0.231，0.691 mm。由此可以看出，固定墩的位移不仅与受力大小(在弹性范围内与管壁温度的升高值成比例)有关，而且有随时间增加的现象。如前所述，这是由土壤的性质决定的。

管温为 76.7，77.2，94.7 ℃时，管线沿轴线方向相对于固定墩的平均位移(5 和 6 号点位移的平均值)分别为 5.178，6.268，7.353 mm。由此可见，介于管线与支座之间的绝缘橡胶垫片具有较大的弹性；受力后，这种材料的变形也是随时间增加的。

表 5　固定墩和管线的位移 单位:mm

序　号	1	2	3	4	5	6	7	8	9
测量时间	15:00	22:54			23:00	0:05		8:20	
管壁温度/℃	17.1	20	40	60	70	76.7		77.2	
读数,差值/mm 编　号	初读数	读 数	读 数	读 数	读 数	读 数	差 值	读 数	差 值
1	6.77	6.80	6.75	—	6.690	6.87	−0.10*	5.463	1.307
2	5.86	5.905	5.862	—	5.809	5.707	0.153	5.613	0.247
3	3.075	3.72	3.03	3.00	2.975	2.90	0.175	2.86	0.215
4	4.48	4.46	4.42	4.39	4.360	4.30	0.18	4.25	0.230
5	2.572	2.632	3.30	4.10	5.90	7.705	5.133	8.81	6.238
6	0.532	0.58	1.20	2.90	3.84	5.755	5.223	6.829	6.297

续表 5

序　号	10	11	12	13	14	15	16
测量时间	9:50	10:45	11:30	11:30	11:52	12:30	
管壁温度/℃	76.3	40	70	80	90	94.7	
读数,差值/mm 编　号	读 数	读 数	读 数	读 数	读 数	读 数	差 值
1	5.732	5.386	5.587	5.353	5.218	5.132	1.638
2	5.652	5.665	5.690	5.640	5.510	5.435	0.425
3	2.33	2.332	2.365	2.335	2.241	2.162	0.913
4	3.905	3.908	3.953	3.918	3.82	3.746	0.734
5	8.935	8.966	8.890	9.04	9.36	9.885	7.313
6	6.95	6.991	6.925	7.059	7.40	7.925	7.393

注:* 处“—”号表示此点此时的位移方向与固定墩所受推力的方向相反。

四、应力计算和理论分析

1　应力计算公式

已经测得一点的轴向应变 ε_a 和环向应变 ε_b,根据二向应力状态的广义虎克定律,计算轴向应力 σ_a 和环向应力 σ_b 的公式为

$$\sigma_a=\frac{E}{1-\mu^2}(\varepsilon_a+\mu\varepsilon_b) \tag{1}$$

$$\sigma_b=\frac{E}{1-\mu^2}(\varepsilon_b+\mu\varepsilon_a) \tag{2}$$

对于 20 号钢，在室温下取材料的弹性模数 $E=2.05\times10^6\ \mathrm{kg/cm^2}$，泊松比 $\mu=0.3$，则(1)和(2)式变为

$$\sigma_a=2.25(\varepsilon_a+0.3\varepsilon_b) \tag{3}$$

$$\sigma_b=2.25(\varepsilon_b+0.3\varepsilon_a) \tag{4}$$

以上二式中的 ε_a 和 ε_b 以微应变计，应力的单位为 $\mathrm{kg/cm^2}$。

因为在内压作用下，直管上各点的环向应力不会有很大变化，而管温均匀升高时，主要引起轴向应力，同时为了减少贴片数以节省试验器材和准备时间，故有许多直管上的点只贴了轴向片而没有贴环向片。在这种情况下，取附近有环向片的点计算的环向应力作为未贴环向片的点的环向应力 σ_b，再根据所测的轴向应变 ε_a 计算轴向应力 σ_a。此时，计算公式为

$$\sigma_a=E\varepsilon_a+\mu\sigma_b \tag{5}$$

热水暖管时，管温在 15～80 ℃之间，取材料的弹性模数 $E=1.94\times10^6\ \mathrm{kg/cm^2}$，泊松比 $\mu=0.3$，则(1)和(2)式变为

$$\sigma_a=2.13(\varepsilon_a+0.3\varepsilon_b) \tag{6}$$

$$\sigma_b=2.13(\varepsilon_b+0.3\varepsilon_a) \tag{7}$$

以上二式中的 ε_a 和 ε_b 以微应变计，应力的单位为 $\mathrm{kg/cm^2}$。

2　冷水试压阶段

2.1　弯头中间截面(*A* 截面)的应力分析

将表 1 中相应的应变值代入(3)和(4)式，所得的内压增加 10 kg/cm² 时，弯头中间截面上各点的轴向和环向应力如表 6 中测试栏所示。

表 6　弯头中间截面上各点的轴向和环向应力

点　号	轴向应力/(kg·cm⁻²)		环向应力/(kg·cm⁻²)	
	测试值	理论值	测试值	理论值
1	71.5	73	173	181
2	15.7	73	51.8	174.7
3	7.5	73	93	160.4
4	34.6	73	74	146.4
5	134	73	220	136.4
6	77.5	73	112	130.4
7	60.4	73	84	128.5

90°弯头中间截面上各点在内压 p 作用下，轴向应力 σ_a 和环向应力 σ_b 可用下列公式计算：

$$\sigma_a=\frac{pr}{2t} \tag{8}$$

$$\sigma_b=\frac{pr}{t}\,\frac{2R+r\sin\varphi}{2(R+r\sin\varphi)} \tag{9}$$

(9)式通常称为环管公式[2]。以上二式中，p 是弯头的内压，r 是中间截面的内半径，t 是壁厚，R 是弯头中心线的曲率半径，φ 是说明截面上各点位置的坐标，参阅图 9。φ 角自图中 x 轴正向算起，以反时针方向为正；例如内凹点的 $\varphi=-90°$。

实测 90°弯头的 $r=10.25$ cm，$t=0.7$ cm，$R=32.85$ cm。将上述数值及 $p=10\ \mathrm{kg/cm^2}$ 代入(8)和(9)式，得理论轴向和环向应力如表 6 中理论栏所示。

以表示各点位置的 φ 角为横坐标，表 6 中的应力值为纵坐标所得的实测和理论应力曲线如图 10 所示。由图 10 或表 6 都可明显地看出，实测应力与理论应力相差较大，数据比较分散，一些点的实测应力高于理论应力，一些点恰好相反。我们认为这是由于弯头的几何形状不规则(如横截面不圆，壁厚不均匀等)和测试误差等原因引起的。当我们在实验室内对 $\phi720\times12$ 的 90°弯头进行内压作用下的电测试验时，也发现类似情况。

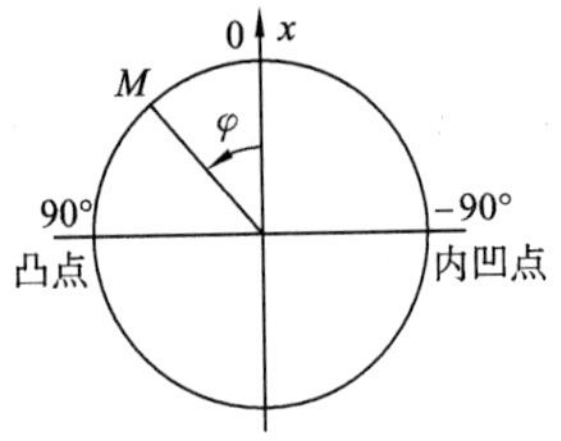

图 9

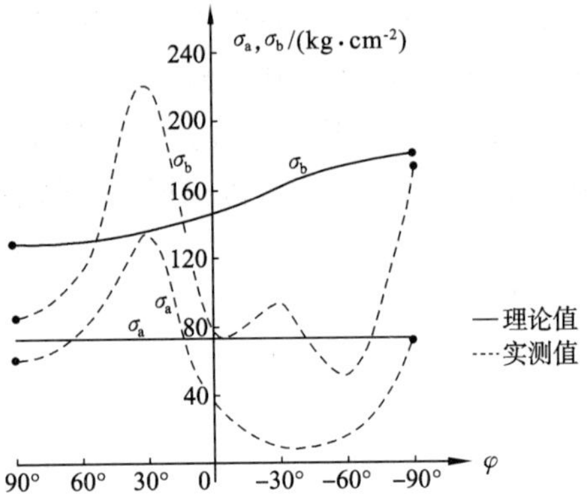

图 10

2.2 Γ 形热补偿的直管和相连埋地直管的应力分析

Γ 形热补偿直管的 B 和 C 截面上和相连埋地直管的 D,E,F,G,H 截面上都贴了三或四个轴向片。在内压作用下，同一截面上各片的实测轴向应力是不等的，参阅表 1。我们认为这是由于直管的几何形状不规则(不绝对直、横截面不圆、壁厚不均匀等)引起的局部弯曲应力、测量误差等原因造成的。为了减少这些误差，取同一截面上各轴向应变的平均值作为这个截面上各点的轴向应变。根据表 1 中的数值，可算出当内压增加 10 kg/cm² 时，$B,C,\cdots,G,H$ 各截面的平均轴向应变分别为 16.3，14.9，9.7，0,0,0,0 $\mu\varepsilon$。

在 B 和 H 截面上各贴了一个环向片，内压增加 10 kg/cm² 时，实测环向应变分别为 64，75 $\mu\varepsilon$。因此，应用(4)式可算出 B 和 H 截面的环向应力。它们分别为 155，169 kg/cm²。我们已知，直管的壁厚有 6 mm 和 7 mm 两种。当内压增加 10 kg/cm² 时，由理论公式 $\sigma_b=pr/t$ 算出的环向应力分别为 172.4，146.6 kg/cm²。实测环向应力在此二值之间，所以实测结果是比较准确的。

取 B 和 H 截面的环向应力的平均值 162 kg/cm² 作为所有各截面的环向应力，将此值和各截面的平均轴向应变代入公式(5)得各截面的轴向应力如表 7 中第 4 行所示。表 7 中第 5 行为各截面的轴向应力和环向应力的比值(应力比)σ_a/σ_b。

表 7 内压增加 10 kg/cm² 时各截面的轴向应力

截面号	B	C	D	E	F	G	H
轴向应变/$\mu\varepsilon$	16.3	14.9	9.7	0	0	0	0
环向应力/(kg·cm^{-2})	162	162	162	162	162	162	162
轴向应力/(kg·cm^{-2})	82	79.2	68.5	48.6	48.6	48.6	48.6
应力比$\frac{\sigma_a}{\sigma_b}$	0.505	0.489	0.423	0.3	0.3	0.3	0.3

Γ形热补偿相当于一个密封容器，在内压作用下 B 和 C 截面的理论轴向应力应为理论环向应力的一半，即应力比为 0.5，设支撑热补偿的支座与轨道间的摩擦力可以忽视不计。管线进入土壤后，由内压引起的轴向力逐渐为土壤对管线的摩擦力所平衡，直至完全嵌固。在嵌固状态下，各截面上各点的轴向应变为 0，应力比为 0.3。由表 7 可以看出，实测结果是比较理想的。B 和 C 截面上各点的应力比都在 0.5 左右。D 截面在"内压作用下的过渡段"上，所以应力比 $\sigma_a/\sigma_b=0.423$，在 0.3 和 0.5 之间。E,F,G,H 截面在"嵌固段"上，其上各点的轴向应变为 0，应力比为 0.3。

C 和 D 两截面相距 5 m，但 D 截面附近沿轴线方向约 1.2 m 宽未覆土，两截面间管道的实际埋土长度约为 4.4 m。当内压增高 10 kg/cm^2 时，两截面上的轴向应力差为 79.2－68.5＝10.7(kg/cm^2)。实际最大内压为 42.8 kg/cm^2，轴向应力差应为 10.7×42.8/10＝45.8(kg/cm^2)。ϕ219×6 和 ϕ219×7 管线的横截面面积分别为 40.1，46.7 cm^2，取二者的平均值作为管线的横截面面积，则两截面间的轴力差为 43.4×45.8＝1 990(kg)。此力为摩擦力所平衡，所以土壤对管线的平均摩擦力约为 1 990/4.4＝450(kg/m)。

2.3　固定墩附近各截面的应力分析

根据表 1 中的实测应变值，得内压增加 10 kg/cm^2 时，I,J,K 和 I' 截面的平均轴向应变分别为 2.6，4.5，10.5，2.4 $\mu\varepsilon$。I-2-b 片的实测环向应变为 68 $\mu\varepsilon$。将 $\varepsilon_a=2.6\ \mu\varepsilon$ 和 $\varepsilon_b=68\ \mu\varepsilon$ 代入(4)式，得 I 截面的环向应力 $\sigma_b=155$ kg/cm^2。这个数值介于 146.6 kg/cm^2 和 172.4 kg/cm^2 之间，显然是比较合理的。I'-2-b 片的实测环向应变为 56 $\mu\varepsilon$。将 $\varepsilon_a=2.4\ \mu\varepsilon$ 和 $\varepsilon_b=56\ \mu\varepsilon$ 代入(4)式，得环向应力 $\sigma_b=128$ kg/cm^2。这个数值显然是偏低的。我们认为，将电阻片贴于不锈钢薄片上，然后将薄片点焊于测试处，这种贴片方法没有标定，测出的数值是不会准确的。

以 155 kg/cm^2 作为 I,J 和 K 截面上各点的环向应力，取相应的平均轴向应变，应用公式(5)得各截面的轴向应力和轴向应力与环向应力的比值 σ_a/σ_b，如表 8 所示。

表 8　内压增加 10 kg/cm^2 时各截面的轴向应力

截 面 号	I	J	K
轴向应变/$\mu\varepsilon$	2.6	4.5	10.5
环向应力/(kg·cm^{-2})	155	155	155
轴向应力/(kg·cm^{-2})	51.8	55.5	68
应力比 $\frac{\sigma_a}{\sigma_b}$	0.334	0.358	0.439

跨越莲花河的Π形管线相当于密封容器，使固定墩附近一段管线受到自北向南的轴向拉力作用。由于 K 截面离出土端约 2～3 m(参阅图 4)，土壤对管线所加的摩擦力抵消掉一部分轴向拉力，所以这个截面上的轴向应力与环向应力的比值 $\sigma_a/\sigma_b=0.439$，在 0.3 和 0.5 之间。

如果管线相对于固结于固定墩上的支座不能沿轴线方向移动，则由内压引起的轴向力被支座对管线的反作用力所平衡，支座以南的管线应处于嵌固状态。位于支座以南的 J 截面上各点的轴向应变应为零，应力比 $\sigma_a/\sigma_b=0.3$。但是，当内压增加 10 kg/cm^2 时，实测平均轴向应变为 4.5 $\mu\varepsilon$，应力比 $\sigma_a/\sigma_b=0.358$。我们认为这是由于在管线与支座之间，沿轴线方向，有具有弹性的绝缘橡胶垫片。因此，在轴力作用下，这一段管线没有完全嵌固，相对于固定墩向北移动，于是 J 截面上各点的轴向应变不等于零，应力比 σ_a/σ_b 不等于0.3。

I 截面位于 J 截面以南 13 m，土壤对于这一段管线的摩擦力应能平衡掉由内压引起的轴向力。但是，实测结果是，当内压增加 10 kg/cm^2 时，I 截面的平均轴向应变为 2.6 $\mu\varepsilon$，应力比 $\sigma_a/\sigma_b=0.334$，略大于 0.3。这可能是由于测试误差引起的。

3　热水暖管阶段

3.1　弯头中间截面的应力分析

根据表 3 中的应变值，应用(6)和(7)式，得当管壁温度升高 10 ℃时，弯头中间截面上各点的轴向和环向应力如表 9 所示。

表 9　弯头中间截面上各点的轴向和环向应力

（管温升高 10 ℃，内压为 4 kg/cm^2 时）

点　号	轴向应力/(kg·cm^{-2})	环向应力/(kg·cm^{-2})
1	−29.4	−86.3
2	75.4	−18.9
3	−11.9	63.7
4	146.2	159.3
5	150	45
6	−2.77	−78.4
7	−3.79	−35.6

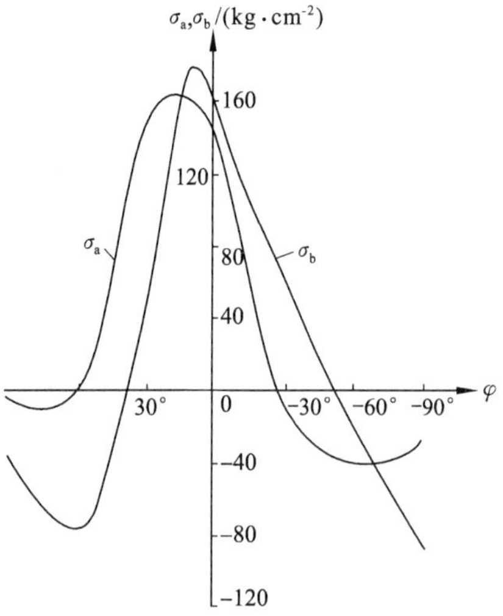

图 11

以表示各点位置的 φ 角为横坐标，表 9 中的应力值为纵坐标，得轴向和环向压力曲线如图 11 所示。管温升高后，由于热胀现象，Γ 形热补偿的弯头中间截面受平面弯矩和轴力作用。但是，由轴力引起的应力较小，可以忽略不计。关于弯管在平面弯矩和内压作用下的应力分析问题，Rodabough E C 等[4]做过研究工作。文献[4]中的图 8 是弯头在内压和平面弯矩作用下的轴向(纵向)和环向(横向)应力分布曲线。华东石油学院力学实验室对于 ϕ720×12 弯头在内压和平面弯矩作用下的应力分布也曾经做过研究工作[3]。文献[3]中的图 13 就是弯头在内压和平面弯矩作用下，它的中间截面上轴向和环向应力的分布曲线。这些曲线是根据有限元法计算结果绘制的，图中亦有根据电测实验值描绘的点。本文图 11 中的实测轴向和环向应力曲线与上述二文中的同种曲线随 φ 角的变化趋势基本上是一致的。但是，由于现场测试条件较差，测试误差较大等原因，实测曲线是不够理想的。

对于测试的热补偿，假设两端固定，并不计支撑热补偿的支座与轨道间的摩擦力，应用弹性中心法，得弯管中间截面的弯矩为 167 kg·m。应用材料力学公式，可算出这个弯矩作用于 $\phi 219\times 7$ 的直管上，产生的最大应力为 $\sigma_0=70\ \mathrm{kg/cm^2}$。计算时采用的数据如下：管沟内直管长 $l=21$ m，管线外径 $D=219$ mm，直管壁厚 $t=6.5$ mm，弯管壁厚 $t'=7$ mm，弯管中心线的曲率半径 $R=328.5$ mm，材料的弹性模数 $E=1.94\times 10^6\ \mathrm{kg/cm^2}$，热膨胀系数 $\alpha=11.5\times 10^{-6}$ ℃，管温升高 $\Delta t=73.1-17=56.1$ ℃，埋地管线的伸长量 $\Delta=21$ mm。

内压较小时，内压对于弯管在平面弯矩作用下的应力的影响较小，可忽略不计[3]。不计内压影响，在平面弯矩作用下，弯管外壁的最大轴向和环向应力分别为[5]

$$\sigma_{a,\max}=\beta_L\sigma_0 \tag{10}$$

$$\sigma_{b,\max}=\beta_q\sigma_0 \tag{11}$$

以上二式中，σ_0 为在同一弯矩作用下直管外壁的最大应力；β_L 和 β_q 称为纵向（轴向）和横向（环向）应力集中系数，它们的计算公式为

$$\beta_L=0.83\left[1+2\left(\frac{r}{R}\right)^2\right]\left(\frac{1}{\lambda}\right)^{2/3} \tag{12}$$

$$\beta_q=1.80\left[1-\left(\frac{r}{R}\right)^2\right]\left(\frac{1}{\lambda}\right)^{1/3} \tag{13}$$

式中 $\lambda=\dfrac{Rt}{r^2}$，称为弯管的特性系数，对于测试弯管的中间截面，应用(12)和(13)式，得 $\beta_L=2.98$，$\beta_q=4.69$。因此，取 $\sigma_0=70\ \mathrm{kg/cm^2}$，由(10)和(11)式，得管温升高56.1 ℃时，弯管中间截面的理论最大轴向和环向应力分别为 208，327 $\mathrm{kg/cm^2}$。

由表 9 和图 11 可知，当管温升高为 56.1 ℃时，实测最大轴向和环向应力比上述理论最大轴向和环向应力要大 3～4 倍。这是什么原因呢？测量误差不应如此之大。从表 4 第 8 行 C 径向栏可以看出，当管温升高时，出土端是有径向位移的。当管温升高 56.1 ℃时，这个位移等于 0.90－0.20＝0.70(mm)。我们在理论计算中，假设这个位移等于零，对理论计算结果是有影响的。但是，这个位移是自东向西的（参阅图 1），它只可能使弯管中间截面的弯矩略小，因此理论最大轴向和环向应力都变得更小而不是更大。我们认为，唯一可以说明问题的理由是：支撑 Γ 形热补偿的支座与轨道间的摩擦力过大，已经不能或很难沿轨道向管线侧向（径向）方向移动，这种约束相当于减少了未覆土直管的长度，增加了刚性，使弯管中间截面所受的弯矩增大了 3～4 倍。由表 4 可以看出，当管温升高为 56.1 ℃时，B 径向的位移是较小的。

3.2　Γ 形热补偿的直管和相连埋地直管的应力分析

当管壁温度升高时，Γ 形热补偿的直管和相连的埋地直管既受轴力作用，又受弯矩作用。这次测试曾在各截面的上、下、左、右各点上贴了三或四个轴向片，意图测出各截面所受的弯矩。但是，分析表 3 中的实测应变后，得知由此计算出的弯曲应力和弯矩是没有参考价值的。我们认为形成这种情况的主要原因是：管线几何形状不规则引起了过大的局部弯曲应力、测试条件不好和测试误差较大。

根据表 3 中的实测应变，得管温升高 10 ℃时 $B, C, \cdots, G, H$ 各截面的平均轴向应变分别为 6.9，－3.51，－3.48，－15.1，－25.3，－73.2，－103.2 $\mu\varepsilon$。将各截面的平均轴向应变乘以材料的弹性模数 E 即得各截面的平均轴向应力，再乘以横截面面积即得各截面所受的轴力。

H 截面到出土端的埋地管线长度约 42.6 m(45－2×1.2，D 和 E 二截面未覆土沿管轴

长度为 1.2 m)，管温升高 10 ℃时，平均轴向应变为 $-103.2\ \mu\varepsilon$。管温升高 10 ℃时，嵌固段各截面的轴向应变应为 $\alpha\Delta t=-11.5\times10^{-6}\times10=-115(\mu\varepsilon)$，可见 H 截面还在过渡段上。以各截面到出土端的埋地管线长度为横坐标，各截面的平均轴向应变为纵坐标，得图 12 所示的各分布点。可以看出，距出土端愈远的截面，平均轴向应变愈大，但是显然不存在线性关系。假设这是由于管线几何形状不规则、测试误差等原因引起的，土壤对管线所加的摩擦力是均匀的，平均轴向应变随各截面到出土端的埋地管线长度是线性变化的，根据实测各点画一如图 12 中的虚直线，则得过渡段长度约为 59 m。

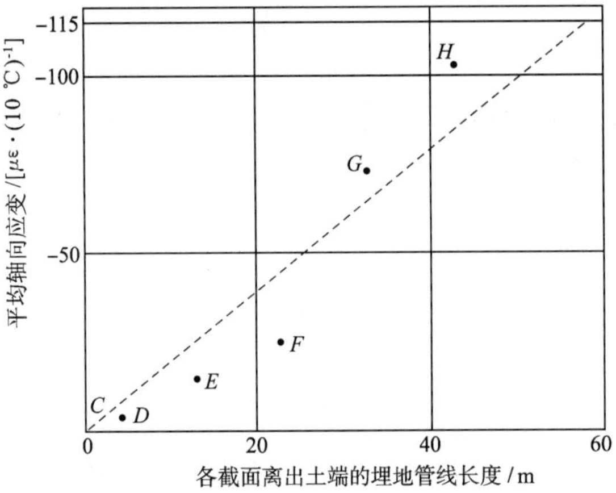

图 12

测试中，当管温升至稳定温度 73.1 ℃，管温升高为 $\Delta t=73.1-17=56.1$(℃)时，出土端的轴向伸长量为 $\Delta x=21$ mm(表 4 中 C 轴向栏)。假设土壤对管线所加的摩擦力沿管线长度是均匀的，过渡段的长度(近似地把出土端作为自由端)

$$L=\frac{2\Delta x}{\alpha\Delta t}=\frac{2\times21}{11.5\times10^{-6}\times56.1\times1\ 000}=65(\mathrm{m}) \tag{14}$$

温差力

$$F_t=\alpha\Delta tEA=11.5\times10^{-6}\times56.1\times1.94\times10^{6}\times43.4=54.3(\mathrm{t}) \tag{15}$$

单位管长的平均摩擦力

$$F=\frac{F_t}{L}=\frac{\alpha^2\Delta t^2EA}{2\Delta x}=\frac{54.3\times10^3}{65}=835(\mathrm{kg/m})。 \tag{16}$$

管温同样由 17 ℃升高至 73.9 ℃，上述两种方法算出的过渡段长度相差约 10%。

由表 4 还可看出，升温时间较长后，当管温升高 $75.5-17=58.5$(℃)时，出土端的伸长量 $\Delta x=24$ mm。由这些数值算出的过渡段长度 $L=71.3$ m，温差力 $F_t=56.7$ t，单位管长的平均摩擦力 $F=794$ kg/m。当管温升高为 $94.7-17=77.7$(℃)时，出土端的伸长量 $\Delta x=33$ mm。由这些数值算出的过渡段长度 $L=73.9$ m，温差力 $F_t=75.3$ t，单位管长的平均摩擦力 $F=1\ 020$ kg/m。根据实测结果可知，单位管长的平均摩擦力既随管温升高 Δt 的大小变化，又随升温时间的长短变化。

3.3 固定墩附近各截面的应力分析和固定墩所受的推力

根据表 2 中各点的稳态和瞬态轴向应变，求得的管温升高 10 ℃时 I,J,K,I' 截面的平均稳态和瞬态轴向应变如表 10 所示。把这些数值乘以 $E=1.94\times10^6$ kg/cm^2，所得的各截面的平均稳态和瞬态轴向应力亦表示于同一表中。由表中数值可以算出 I 和 J 截面的平均瞬态与稳态轴向应变(或应力)的比值分别为 2.02 和 1.80,而 K 截面的平均瞬态与稳态轴向应变的比值则高达 3.72。升温过快对管线的危害性是可想而知的。I'截面的平均瞬态与稳态轴向应力的比值为 1.35。以薄不锈钢片点焊于测试处这种贴片方法,可能没有反映加温过快的实际情况。

表 10　管温升高 10 ℃时,固定墩附近各截面的平均轴向应变和应力

截面号	平均轴向应变/με		平均轴向应力/(kg·cm⁻²)	
	稳态	瞬态	稳态	瞬态
I	−83.0	−167.8	−161	−325
J	−75.5	−135.9	−146.5	−264
K	−13.0	−48.4	−25.2	−93.8
I'	−92.4	−124.2	−179	−251

如果管线沿轴线方向是固结于固定墩上的,则 J 截面处于“嵌固段”上;管壁温度升高 10 ℃时,这个截面上各点的稳态轴向应变应为 $-\alpha\Delta t=-11.5\times10^{6}\times10=-115(\mu\varepsilon)$。因为管线沿轴线方向是弹性连接于固定墩上的,所以实测平均稳态轴向应变为−75.5 με。

我们还可以应用下述方法估计 J 截面的稳态轴向应变。实测表明,当管温升高 76.1−17=59.6 ℃时,管线相对于固定墩的平均轴向位移为 5.178 mm,固定墩相对于地面的平均轴向位移为 0.169 mm,因此管线相对于地面的轴向位移为 5.178+0.169=5.347(mm)。假设土壤性质和其他因素相同,埋地管线自由出土端的伸长量 Δx 与管温升高 Δt 的平方成正比[参阅公式(16)],与管线的覆土深度成反比。第一测试处管线的覆土深度约为 1.3 m,当管温升高 56.1 ℃时,C 截面(近似地作为自由出土端)的伸长量为 21 mm。第二测试处管线的覆土深度约为 1.5 m,其他影响因素大约与第一测试处相同,管温升高为 59.6 ℃,则自由出土端的伸长量应为 $21\times(1.3/1.5)\times(59.6/56.1)^2=20.55$(mm)。于是,$J$ 截面的稳态轴向应变应为 $-115\times(20.55-5.347)/20.55=-85.1$ με,这个数值与实测数值相差约 13%。

根据 J 和 K 截面的平均轴向应力不难算出固定墩所受的推力。管温升高 10 ℃时,在稳态过程中,固定墩所受推力为

$$P_{稳}=(146.5-25.2)\times43.4\times10^{-3}=5.26(\mathrm{t})$$

在瞬态过程中为

$$P_{瞬}=(264-93.8)\times43.4\times10^{-3}=7.38(\mathrm{t})$$

管温升高为 59.6 ℃和 77.7 ℃时,在稳态过程中固定墩所受推力分别为 31.4 t 和40.9 t。

五、结束语和几点意见

经过这次测试,我们对地下管线的设计计算有以下几点意见:

(1) 这次测试证明,薄壁管线在内压作用下,管壁的环向应力可应用理论公式 $\sigma_b=pr/t$ 计算。

(2) 这次测试证明,未覆土的 Γ 形热补偿等的直管部分相当于密封容器,在内压作用下,管壁的轴向应力等于环向应力的一半,可应用理论公式 $\sigma_a=pr/(2t)$ 计算。埋地管线的

嵌固段上，管壁各点的轴向应变等于零，轴向应力等于泊松比乘以环向应力，即可用公式 $\sigma_a=\mu(pr/t)$ 计算。在过渡段上，介乎上述两种情况之间，即 $\mu(pr/t)<\sigma_a<pr/(2t)$。

(3) 由于本文中前述种种原因，这次测试未能证明在内压作用下弯头中间截面的轴向和环向应力可分别应用公式(8)和(9)计算。但是，已经有人在实验室内应用电测法证明这两个公式是正确的[6]。

(4) 目前工程上设计 Γ 形热补偿的方法中，不考虑支座与轨道间的摩擦力对管线强度的影响。从这一次测试结果看来，这样会使计算出的内力和应力偏低很多。

(5) 埋地管线出土端的伸长量不仅与管壁温度升高有关，而且与升温时间有关。在同一管温升高下，经过较长时间加温后，伸长量将显著增加，单位管长上的平均土壤摩擦力有逐渐减小的趋势。

(6) 计算埋地管线单位长度上的土壤摩擦力的公式[7]为

$$F=\pi D\mu K \tag{17}$$

式中，F 为单位管长的平均土壤摩擦力；D 为管线(包括防腐层)的外径；μ 为管线与土壤间的摩擦系数；K 为管线表面上的土压力。K 的计算公式为

$$K\approx\gamma H_0\left[1+\tan^2\left(45^\circ-\frac{\varphi}{2}\right)\right]\Big/2 \tag{18}$$

式中，γ 为土壤的容重；H_0 为管线中心线的覆土层高度；φ 为土壤的内摩擦角。通常设计埋地管线时，取 $\mu=0.3$，$\gamma=1.6\ \text{t/m}^3$，$\varphi=30^\circ$。对于测试的与 Γ 形热补偿相连的埋地管线，$D=0.219+2\times0.5=0.319(\text{m})$，$H_0=1.3+\frac{0.319}{2}=1.46(\text{m})$。以这些数值代入(17)和(18)式，得单位管长的土壤摩擦力 $F=468\ \text{kg/m}$，小于实测数值。因此，对于这一条管线来说，这样设计是偏于安全的。

(7) 这次测试基本上证明，管温升高时，距出土端愈远，埋地直管上的轴向压应力愈大。在嵌固段上，轴向压应力的大小等于 $\alpha\Delta tE$，轴向压力的大小等于 $\alpha\Delta tEA$。

(8) 固定墩在不很大的推力作用下，也产生一定的位移。固定墩所受的推力等于两侧管线的轴向压力之差。测试的固定墩在管温升高 59.6 ℃时所受推力约为 31.4 t，它沿推力方向的平均位移大约等于 0.169 mm；在管温升高 77.7 ℃但加温时间较长时，所受推力约为 40.9 t，它沿推力方向的平均位移大约等于 0.691 mm。

我们认为，如果允许固定墩有一定的较大位移，它可承受更大的推力。今后对于固定墩的位移与它所承受的推力之间的关系应当进行研究。

参考文献

[1] 二热重油管线试运指挥部.北京第二热电站重油管线投产方案和投产措施.1977

[2] 弯管在内压作用下的应力(薄壁弯头强度计算材料之一).华东石油学院石油科技通讯，1976(4)

[3] 大口径的 90°弯头强度试验研究.华东石油学院学报，1977(2)

[4] E. C. Rodabough, H. H. George. Effect of Internal Pressure on Flexibility and Stress Intensification Factors of Curved Pipe or Welding Elbows. Pres. Ves. & Piping: Design & Analysis, 1972, 2

[5] 弯头的平面弹性弯曲(薄壁弯头强度计算材料之二).华东石油学院石油科技通讯，1976(4)

[6] N. Gross. Experiments on Short Radius Pipe Bends. Proc. Inst. Mech. Eng., IB, 1952, 465

[7] 华东石油学院储运教研室.油罐及管道设计(下册).1973

埋地长输管道水平弯头的升温载荷近似分析

崔孝秉

一、概　述

随着我国石油工业的迅速发展,长输油气管道工程日益重要。埋地大口径薄壁弯头的升温载荷问题,是解决热油气长输管道强度问题中的一个重要环节。

地上管道弯头的升温载荷计算方法在一般热力管道科技书中都有论述[1],但是埋地弯头的升温载荷计算,到目前为止尚未见到理论性分析资料。工业部门由于缺乏依据,过去设计热油气长输管道中的埋地弯头时,只计算内压应力,而不计算温度应力。因此,投产后产生过强度事故[6]。后来为了确保强度安全,又几乎在所有的弯头两旁都安装锚固墩,耗费许多水泥和钢材。

本文结合长输管道直管段较长的特点,简化弯头力学计算模型,对水平弯头升温载荷进行近似分析,得出了关于弯头升温载荷、横向位移及直管“过渡段”长度等的简明近似计算式,可供长输管道设计部门作为参考。

二、基本假定

(1) 假定在长输管道结构的几何图形中,弯头可以当做一个点看待,弯头所起的力学作用相当于图1所示的“弹性抗弯铰”。

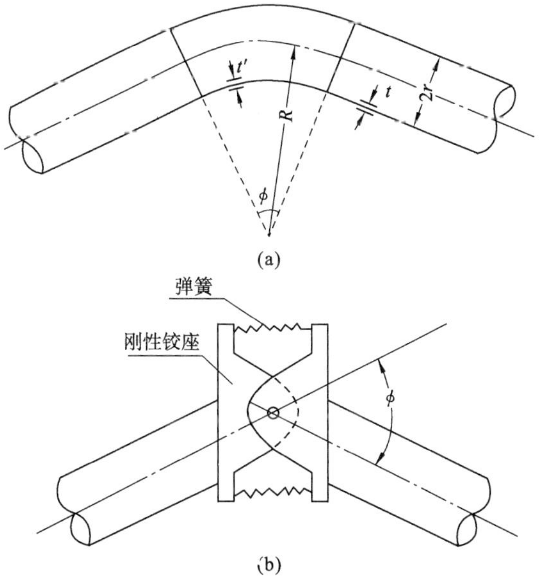

图 1

图 1a 为弯头的原结构，图 1b 为该弯头按“弹性抗弯铰”处理的力学计算模型。

设“弹性抗弯铰”所受力矩为 M，夹角变形增量为 $\Delta\phi$，二者关系取为[2,3]

$$\Delta\phi=\frac{LR\phi M}{EJ'} \tag{1}$$

式中，R 为弯头曲率半径；ϕ 为弯头夹角，即管道拐弯角度；E 为管道材料的弹性系数；J' 为弯头横截面轴惯性矩，近似等于 $\pi r^3 t'$，其中 r 为半径，t' 为弯头壁厚；L 为弯头柔软系数，大于 1，其值主要与 R,r,t' 有关，也与内压及边界支撑效应有关。

(2) 假定管道周围土壤力学性质均匀。管道升温产生弯曲变形时，土壤受管道横向位移压缩而给出的反作用力与管道的横向位移值成正比。设在管道轴线深处，土壤的侧向压缩反力系数为 C(kg/cm^3，C 值为土壤被管道横向推移单位距离时，在单位铅直推移面积上所给的反作用力)。管道在水平面内弯曲的挠度为 y，则单位管长所受的土壤压缩反力为

$$p=2rCy \tag{2}$$

(3) 假定管道升温产生横向弯曲变形时，土壤给管道的横向摩擦阻力比土壤给管道的压缩反力小得多，因而可以忽略不计。

设管道轴线的埋深为 h，土壤单位容重为 γ，土壤与管壁的摩擦系数为 μ，则土壤给单位管长的纵向摩擦阻力可近似取为

$$q=2\pi r\mu\gamma h \tag{3}$$

(4) 假定管道升温均匀，升温值处处为 T。

三、装有锚固墩两臂不等长水平弯头的升温载荷分析

图 2a 所示为埋地长输管道拐弯的一种结构，两段直管和一个弯头在拐弯处切向相连。在距离弯头端分别为 l_1 和 l_2 的地方，装有锚固墩 A 及锚固墩 B，用以防止直管热膨胀时串动，保护弯头的强度安全。

设已知直管及弯头的结构参数为 l_1,l_2,r,t,R,t',ϕ,E；与土壤性质有关的参数为 C,q；管道升温值及膨胀系数为 T 和 α。参看图 3 所示受力图，分析弯头的升温载荷 M,N_1,N_2,Q_1,Q_2，以及弯头中心的位移 δ 等各未知量。

按照基本假定(1)，图 2a 的结构可简化成图 2b 的结构，以“弹性抗弯铰”代替弯头。由于热胀，“弹性抗弯铰”将由升温前的位置 W 移到升温后的位置 W'，其位移量为 δ。

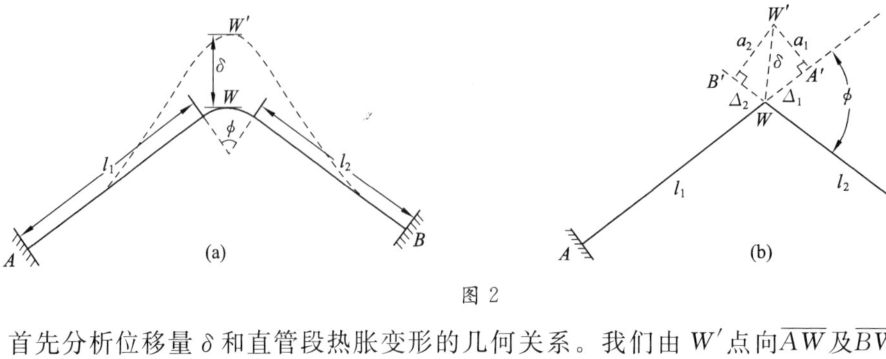

图 2

首先分析位移量 δ 和直管段热胀变形的几何关系。我们由 W' 点向 $\overline{AW}$ 及 $\overline{BW}$ 的延长线作垂直线，交于 A' 点及 B' 点，获得四个与直管热胀有关的变形量：$\overline{A'W'}$(以 a_1 表示)，$\overline{B'W'}$(以 a_2 表示)，$\overline{WA'}$(以 Δ_1 表示)及 $\overline{WB'}$(以 Δ_2 表示)。在小变形情况下，可以近似认为：a_1,a_2 分别为直管段 $\overline{AW}$ 及 $\overline{BW}$ 在 W 端的弯曲挠度，Δ_1,Δ_2 分别为直管段 $\overline{AW}$ 及 $\overline{BW}$ 的总伸长量。

如果由 A' 点及 B' 点分别向 $\overline{BW}$ 及 $\overline{AW}$ 作垂直辅助线，不难证明，a_1，a_2，Δ_1，Δ_2 四个量之间存在以下关系：

$$a_1=\frac{\Delta_2+\Delta_1\cos\phi}{\sin\phi} \tag{4}$$

$$a_2=\frac{\Delta_1+\Delta_2\cos\phi}{\sin\phi} \tag{5}$$

再由直角三角形 $\triangle WA'W'$ 的边长关系，可得弯头位移量 δ 与直管段总伸长量 Δ_1 及 Δ_2 的关系：

$$\delta=\frac{\sqrt{\Delta_1{}^2+\Delta_2{}^2+2\Delta_1\Delta_2\cos\phi}}{\sin\phi} \tag{6}$$

图 3 所示为直管 $\overline{AW}$，$\overline{BW}$ 及弯头 W 的受力图。以锚固墩 A，B 为坐标原点，分别取直角坐标轴 $\overline{Ax_1}$，$\overline{Ay_1}$，$\overline{Bx_2}$ 及 $\overline{By_2}$，如图所示。假定升温值足够大，l_2，l_2 皆小于不装锚固墩时的"过渡段"长度，则直管段各点皆有纵向伸长位移及横向弯曲位移，因而各点皆有纵向摩擦阻力 q 及侧向压缩反力 p。（注：如果 T 小于一定数值，则锚固墩不起作用，直管段不是每点都有 q 及 p 作用，应按无锚固墩情况分析。）

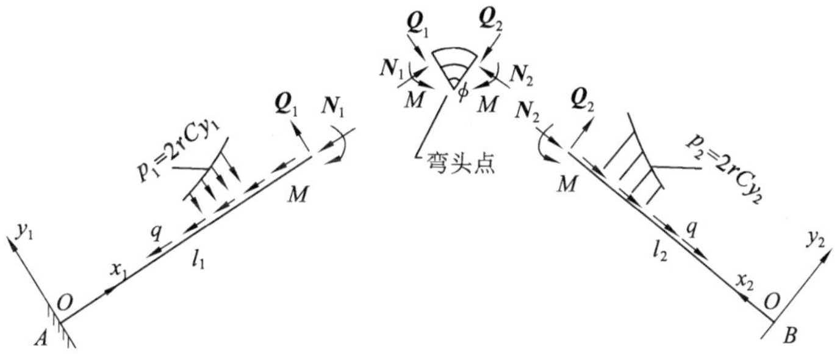

图 3

设 y_1 及 y_2 为直管段 $\overline{AW}$ 及 $\overline{BW}$ 水平弯曲变形的挠度，按小挠度直梁弯曲理论，y_1 及 y_2 应满足下列微分方程：

$$\frac{d^4y_i}{dx_i{}^4}+4k^4y_i=0 \qquad (i=1,2) \tag{7}$$

其中，

$$k=\sqrt[4]{\frac{2rC}{4EJ}} \tag{8}$$

式中，J 为直管横截面的轴惯性矩，近似等于 $\pi r^3 t$。

微分方程式(7)的通解为

$$y_i=A_i\sin kx_i\,\mathrm{sh}\,kx_i+B_i\cos kx_i\,\mathrm{ch}\,kx_i+C_i\sin kx_i\,\mathrm{ch}\,kx_i+D_i\cos kx_i\,\mathrm{sh}\,kx_i \quad (i=1,2) \tag{9}$$

式中，A_i，B_i，C_i，D_i 为任意常数，其值应满足直管段两端的边界条件。

由于在锚固墩处，即 $x_i=0$ 处，没有挠度和转角，所以 y_i 应符合下列条件：

$$y_i\Big|_{x_i=0}=0 \qquad (i=1,2) \tag{10}$$

$$\frac{dy_i}{dx_i}\Big|_{x_i=0}=0 \qquad (i=1,2) \tag{11}$$

由此得到

$$B_i=0 \quad (i=1,2) \tag{12}$$

$$C_i=-D_i \quad (i=1,2) \tag{13}$$

则有

$$y_i=A_i\sin kx_i\,\mathrm{sh}kx_i+D_i(\cos kx_i\,\mathrm{sh}kx_i-\sin kx_i\,\mathrm{ch}kx_i) \quad (i=1,2) \tag{14}$$

由于直管段在弯头端 W 处的挠度应为 a_i，弯矩应等于 $-M$，故 y_i 还应符合下列条件：

$$y_i\Big|_{x_i=l_i}=a_i \quad (i=1,2) \tag{15}$$

$$EJ\frac{\mathrm{d}^2y_i}{\mathrm{d}x_i^2}\Big|_{x_i=l_i}=-M \quad (i=1,2) \tag{16}$$

由此得到 A_i 及 D_i 之值如下：

$$A_i=\frac{1}{S_i}[(\cos kl_i\,\mathrm{sh}kl_i+\sin kl_i\,\mathrm{ch}kl_i)a_i-(\cos kl_i\,\mathrm{sh}kl_i-\sin kl_i\,\mathrm{ch}kl_i)M/(2k^2EJ)] \quad (i=1,2) \tag{17}$$

$$D_i=\frac{1}{S_i}[(\cos kl_i\,\mathrm{ch}kl_i)a_i+(\sin kl_i\,\mathrm{sh}kl_i)M/(2k^2EJ)] \quad (i=1,2) \tag{18}$$

其中，

$$S_i=\sin kl_i\,\mathrm{sh}kl_i(\cos kl_i\,\mathrm{sh}kl_i+\sin kl_i\,\mathrm{ch}kl_i)+\cos kl_i\,\mathrm{ch}kl_i(\cos kl_i\,\mathrm{sh}kl_i-\sin kl_i\,\mathrm{ch}kl_i) \quad (i=1,2) \tag{19}$$

到此为止，直管段的挠度方程 y_i 并未彻底解出来，其中还含有未知量 a_1，a_2 及 M。为了确定 a_1，a_2 及 M，必须同时考虑 Δ_1，Δ_2，N_1，N_2，Q_1，Q_2 等总共九个待定量。这九个待定量之间已经有了两个关系式，即几何关系式(4)和(5)。还有七个关系式建立如下。

二段直管在弯头 W 处的转角协调关系：

$$\frac{\mathrm{d}y_1}{\mathrm{d}x_1}\Big|_{x_1=l_1}+\frac{\mathrm{d}y_2}{\mathrm{d}x_2}\Big|_{x_2=l_2}=\frac{LR\phi}{EJ'}M \tag{20}$$

直管段在 W 端的剪力边值关系：

$$\frac{\mathrm{d}^3y_i}{\mathrm{d}x_i^3}\Big|_{x_i=l_i}=-\frac{Q_i}{EJ} \quad (i=1,2) \tag{21}$$

弯头“点”W 的静力平衡关系：

$$(Q_1-Q_2)\sin\frac{\phi}{2}-(N_1-N_2)\cos\frac{\phi}{2}=0 \tag{22}$$

$$(Q_1+Q_2)\cos\frac{\phi}{2}-(N_1+N_2)\sin\frac{\phi}{2}=0 \tag{23}$$

直管段纵向伸长的物理关系：

$$\Delta_i=l_i\alpha T-\frac{ql_i^2}{2EF}-\frac{N_il_i}{EF} \quad (i=1,2) \tag{24}$$

式中，F 为直管的横截面面积，近似等于 $2\pi rt$。

根据(4)式、(5)式及(20)～(24)式，共九个关系式，联解可定九个未知量。首先由(20)式可得

$$M=k^2EJC_M(H_1a_1+H_2a_2) \tag{25}$$

其中，

$$C_M=\frac{1}{kLR\phi(J/J')+\frac{1}{2}(I_1+I_2)} \tag{26}$$

$$I_i=\frac{1}{S_i}[(\mathrm{sh}kl_i)^2-(\sin kl_i)^2]\qquad(i=1,2)\tag{27}$$

$$H_i=\frac{1}{S_i}[(\cos kl_i\,\mathrm{sh}kl_i)^2+(\sin kl_i\,\mathrm{ch}kl_i)^2]\qquad(i=1,2)\tag{28}$$

将所得(25)式代入(21)式，可得剪力

$$Q_1=2k^3EJ(C_{Q_1}a_1+B_Qa_2)\tag{29}$$

$$Q_2=2k^3EJ(C_{Q_2}a_2+B_Qa_1)\tag{30}$$

其中，

$$C_{Q_i}=I_i+\frac{2}{S_i}+\frac{1}{2}C_MH_i^{\ 2}\qquad(i=1,2)\tag{31}$$

$$B_Q=\frac{1}{2}C_MH_1H_2\tag{32}$$

将(29)式、(30)式代入(22)式及(23)式可得

$$N_1=k^3EJ(C_{N_1}a_1+B_{N_1}a_2)\tag{33}$$

$$N_2=k^3EJ(C_{N_2}a_1+B_{N_2}a_2)\tag{34}$$

其中，

$$C_{N1}=(C_{Q1}+B_Q)\cot\frac{\phi}{2}-(C_{Q1}-B_Q)\tan\frac{\phi}{2}\tag{35}$$

$$C_{N2}=(C_{Q1}+B_Q)\cot\frac{\phi}{2}+(C_{Q1}-B_Q)\tan\frac{\phi}{2}\tag{36}$$

$$B_{N1}=(C_{Q2}+B_Q)\cot\frac{\phi}{2}-(B_Q-C_{Q2})\tan\frac{\phi}{2}\tag{37}$$

$$B_{N2}=(C_{Q2}+B_Q)\cot\frac{\phi}{2}+(B_Q-C_{Q2})\tan\frac{\phi}{2}\tag{38}$$

联解(4)式及(5)式得到

$$\Delta_1=(\csc\phi)a_2-(\cot\phi)a_1\tag{39}$$

$$\Delta_2=(\csc\phi)a_1-(\cot\phi)a_2\tag{40}$$

最后将(39)式、(40)式、(33)式及(34)式代入(24)式，可得以下二个只含未知量 a_1 和 a_2 的方程式

$$\left(\frac{k^3Jl_1}{F}C_{N1}-\cot\phi\right)a_1+\left(\frac{k^3Jl_1}{F}B_{N1}+\csc\phi\right)a_2=l_1\alpha T-\frac{ql_1^2}{2EF}\tag{41}$$

$$\left(\frac{k^3Jl_2}{F}C_{N2}+\csc\phi\right)a_1+\left(\frac{k^3Jl_2}{F}B_{N2}-\cot\phi\right)a_2=l_2\alpha T-\frac{ql_2^2}{2EF}\tag{42}$$

联解这两个方程式可求得 a_1，a_2 之值如下：

$$a_1=\frac{\left(l_1\alpha T-\frac{ql_1^2}{2EF}\right)\left(\frac{k^3Jl_2}{F}B_{N2}-\cot\phi\right)-\left(l_2\alpha T-\frac{ql_2^2}{2EF}\right)\left(\frac{k^3Jl_1}{F}B_{N1}+\csc\phi\right)}{\left(\frac{k^3Jl_1}{F}C_{N1}-\cot\phi\right)\left(\frac{k^3Jl_2}{F}B_{N2}-\cot\phi\right)-\left(\frac{k^3Jl_1}{F}B_{N1}+\csc\phi\right)\left(\frac{k^3Jl_2}{F}C_{N2}+\csc\phi\right)}\tag{43}$$

$$a_2=\frac{\left(l_2\alpha T-\frac{ql_2^2}{2EF}\right)\left(\frac{k^3Jl_1}{F}C_{N1}-\cot\phi\right)-\left(l_1\alpha T-\frac{ql_1^2}{2EF}\right)\left(\frac{k^3Jl_2}{F}C_{N2}+\csc\phi\right)}{\left(\frac{k^3Jl_1}{F}C_{N1}-\cot\phi\right)\left(\frac{k^3Jl_2}{F}B_{N2}-\cot\phi\right)-\left(\frac{k^3Jl_1}{F}B_{N1}+\csc\phi\right)\left(\frac{k^3Jl_2}{F}C_{N2}+\csc\phi\right)}\tag{44}$$

将所得的 a_1，a_2 解逐步向前回代，便可彻底算出其他七个未知量：Δ_1，Δ_2，N_1，N_2，Q_1，Q_2，M。弯头的位移量 δ 应在确定出 Δ_1，Δ_2 之后，按(6)式计算。

四、对称锚固情况下水平弯头升温载荷的近似简化式

在热油气长输管道结构中，弯头两侧直管段上所装的锚固墩，许多是对称安置的，$l_1=l_2=l$。这种情况下必有 $\Delta_1=\Delta_2=\Delta$，$a_1=a_2=a$，$Q_1=Q_2=Q$，$N_1=N_2=N$。根据上一节的分析结果，不难获得对称情况下弯头的升温载荷及位移的计算公式如下：

$$a=\frac{\left(\alpha TEF-\frac{1}{2}ql\right)\tan\left(\frac{\phi}{2}\right)}{2k^3EJ\left[I+\frac{2}{S}+C_MH^2+\frac{F\tan^2(\phi/2)}{2k^3Jl}\right]} \tag{45}$$

$$\delta=a\sec\left(\frac{\phi}{2}\right) \tag{46}$$

$$Q=2k^3EJ\left(I+\frac{2}{S}+C_MH^2\right)a \tag{47}$$

$$N=2k^3EJ\left(I+\frac{2}{S}+C_MH^2\right)a\cot\left(\frac{\phi}{2}\right) \tag{48}$$

$$M=2k^2EJC_MHa \tag{49}$$

各式中的 C_M，I，S，H 四个值，分别按照(26)，(27)，(19)，(28)式计算，但是需将其中角标“1”及“2”去掉。由于 I，S，H 诸量中含有许多三角函数及双曲线函数，应用时计算较为繁琐。

在长输管道线路上，锚固墩至弯头总有一定距离，l 值往往在 10 m 左右。如果回填土壤较为密实，则 kl 值会大于 3，此时 I，S，H 诸值大可简化。因为当 $kl>3$ 时：

$$\mathrm{ch}\,kl\approx\mathrm{sh}\,kl$$

则有

$$I\approx1 \tag{50}$$

$$H\approx1 \tag{51}$$

$$\frac{2}{S}\approx0 \tag{52}$$

$$C_M\approx\frac{1}{kLR\phi(J/J')+1} \tag{53}$$

将这些近似值代回(45)～(49)式，便可得到计算弯头升温载荷及位移的简明近似式。下文中分析无锚固墩弯头的升温载荷等问题时，一律采用简明近似式，因为“过渡段”长度 l_{go} 总是比较长，一般满足 $kl_{go}>3$ 的条件。

现在指出一个埋地弯头升温载荷的近似特性。在(45)～(49)式中，除去 C_M 外，右端各量皆与曲率半径 R 无关。C_M 值在不计弯头内压影响和边界支撑效应的前提下，也是与 R 近似无关的，因为对薄壁弯头[2,4]有

$$L\approx\frac{1.65r^2}{Rt'} \tag{54}$$

由此可见，在不计弯头内压和边界支撑效应的情况下，埋地弯头的升温载荷与 R 值近似无关。

另一方面，按照薄壁弯头平面弯曲的应力计算公式[2,5]

$$\sigma_{q\max}=\beta_q\left(\frac{Mr}{J'}\right) \tag{55}$$

$$\sigma_{L\max}=\beta_L\left(\frac{Mr}{J'}\right) \tag{56}$$

$$\beta_q = 1.80\left(\frac{r^2}{Rt'}\right)^{2/3} \tag{57}$$

$$\beta_L = 0.835\left(\frac{r^2}{Rt'}\right)^{2/3} \tag{58}$$

式中，$\sigma_{q\max}$，$\sigma_{L\max}$分别代表环向及纵向最大弯曲应力；β_q，β_L 分别代表环向及纵向应力放大系数。既然 M 值与 R 近似无关，故增大 R 值时，弯头的升温应力必然降低，其降低程度等同于 β_q 值的降低程度。因此，在埋地长输管道工程中加大弯头曲率半径，是提高管道强度的一个合理措施。

采用(50)、(51)及(52)式近似值时，弯头两侧直管段的挠度曲线形状由(14)式及(17)式、(18)式简化成如下形式：

$$\frac{y}{a} = \frac{1}{\mathrm{sh}kl}\{[(1-C_M)\cos kl + (1+C_M)\sin kl]\sin kx\,\mathrm{sh}kx + (\cos kl + C_M\sin kl)(\cos kx\,\mathrm{sh}kx - \sin kx\,\mathrm{ch}kx)\} \tag{59}$$

图 4 所示为直管段挠度曲线形状的例题。实线与虚线的相同参数为 $r=36$ cm，$t'=t=0.8$ cm，$\phi=45°$，$C=1$ kg/cm^3。实线的 $l=10$ m，虚线的 $l=7$ m。由图表明：采用 $l=10$ m 时，直管有 3 m 多长的一段基本上没有挠曲；有显著挠曲而能起到补偿作用的只有 6 m 长直管段。这表明锚固墩位置还可以向弯头移近一些。虚线就是移到 $l=7$ m 的情况，各处基本上都有显著的挠曲变形。

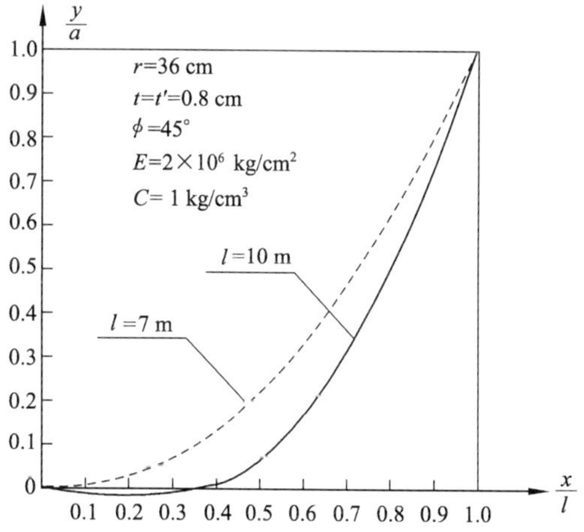

图 4

五、无锚固墩时“过渡段”长度近似计算

如果管道拐弯时在弯头两侧不装锚固墩，直管段又很长，那么当管道升温时，靠近弯头的直管部分有一个通常所谓的“过渡段”存在。在“过渡段”内各截面皆有纵向位移，在“过渡段”外各截面位置保持不动，形成所谓的“自锚区”。目前管道设计资料中还没有一种计算“过渡段”长度的合理公式，通常都是将弯头端假定为自由端，然后考虑土壤摩擦力等因素，按静力平衡条件计算出“过渡段”长度[6,11]，这样算出的都很长，而且与拐弯角度无关，这显然是不合理的。如果考虑到弯头端并非自由端，存在着轴向顶力 N，不难得出计算“过渡段”长度的合理近似式。

设“过渡段”长度为 l_{go}，“过渡段”与“自锚区”分界面的轴向力为 N_A。根据分界面的边

界条件应有

$$\alpha T-\frac{N_A}{EF}=0 \tag{60}$$

根据“过渡段”纵向受力平衡条件应有

$$N_A-ql_{go}-N=0 \tag{61}$$

由于分界面 A 相当于锚固端，故 N 值可按(48)式及(45)式计算，只是其中所含的 l 应该改为 l_{go}。采用(50)～(53)式近似值，将(48)式及(45)式所确定的 N 值代入(61)式，并与(60)式联解消去 N_A，从而可得计算“过渡段”长度的近似式如下：

$$l_{go}=\sqrt{Z^2+\left(\frac{2Z}{q}\right)\alpha TEF}-Z \tag{62}$$

其中，

$$Z=\frac{F\tan^2(\phi/2)}{2k^3J(1+C_M)} \tag{63}$$

(63)式中的 C_M 按(53)式计算。

(62)式表明："过渡段"长度 l_{go} 并不和升温值 T 成简单的正比关系，也不和摩擦力 q 成简单的反比关系。l_{go} 同时与 T,q,C,ϕ 等许多因素有关，而且是非线性关系。l_{go} 和拐角 ϕ 的关系很大，ϕ 大则 l_{go} 大，ϕ 小则 l_{go} 小，当 ϕ 趋向于零时，l_{go} 也趋向于零。这符合实际情况。

按(62)式计算的 l_{go} 显然要比假定弯头为自由端算出的 l_{go} 小得多。例如，设 $r=36$ cm，$t=t'=0.8$ cm，$\phi=30°$，$E=2\times10^6$ kg/cm²，$\alpha=12\times10^{-6}$ ℃$^{-1}$，$T=100$ ℃，$q=45.3$ kg/cm，$C=1$ kg/cm³，不考虑内压影响，按(62)式算得 $l_{go}=43.3$ m。而假定弯头端为自由端时算出的结果为 $l=96$ m，后者比前者大一倍多。

图 5 所示为二组 l_{go} 的计算示例。这些数值是结合 ϕ720 管道升温 60 ℃计算的。图中实

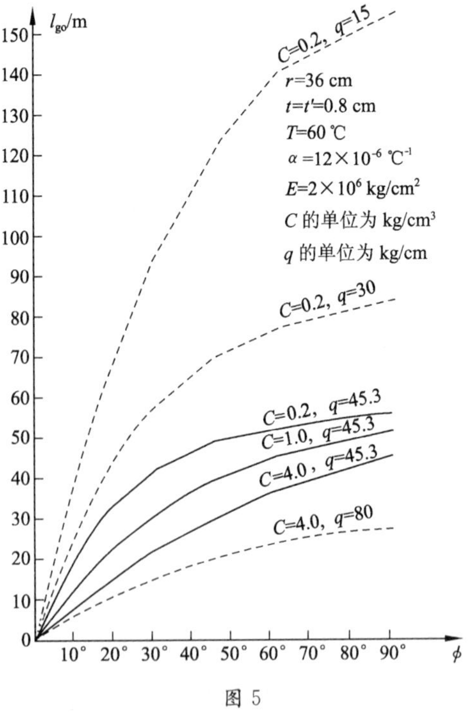

图 5

线组的土壤压缩反力系数 C 分别为 0.2，1.0，4.0 kg/cm³，虚线组的摩擦力 q 分别为 15，45.3，80 kg/cm。这些曲线的目的在于表明土壤参数及拐弯角度对“过渡段”长度的影响。

六、无锚固墩时弯头的升温载荷计算

在长输管道线路中，弯头两侧的直管多半是很长的，在不用锚固墩的情况下，弯头每侧都存在一个“过渡段”与“自锚区”，而且两侧是对称的。我们将“过渡段”与“自锚区”的分界面视为自然的锚固端，则计算无锚固墩状况下弯头的升温载荷时，完全可以采用“五”中所述的计算式，只需将其中的 l 换成 l_{go} 即可。如果消去 l_{go}，可以导出无锚固墩时弯头的升温载荷及横向位移的近似计算式。

弯头的升温弯矩为

$$M=\frac{\left[\alpha TEF-\frac{1}{2}qZ\left(\sqrt{1+\frac{2\alpha TEF}{qZ}}-1\right)\right]\tan\left(\frac{\phi}{2}\right)}{k\left(1+\frac{1}{C_M}\right)\left[1+\left(\sqrt{1+\frac{2\alpha TEF}{qZ}}-1\right)^{-1}\right]} \tag{64}$$

弯头的升温推力为

$$P=\sqrt{N^2+Q^2}=\frac{\alpha TEF-\frac{1}{2}qZ\left(\sqrt{1+\frac{2\alpha TEF}{qZ}}-1\right)}{\left[1+\left(\sqrt{1+\frac{2\alpha TEF}{qZ}}-1\right)^{-1}\right]\cos\left(\frac{\phi}{2}\right)} \tag{65}$$

弯头的横向位移为

$$\delta=\frac{\left[\alpha TEF-\frac{1}{2}qZ\left(\sqrt{1+\frac{2\alpha TEF}{qZ}}-1\right)\right]\tan\left(\frac{\phi}{2}\right)\sec\left(\frac{\phi}{2}\right)}{2k^3EJ(1+C_M)\left[1+\left(\sqrt{1+\frac{2\alpha TEF}{qZ}}-1\right)^{-1}\right]} \tag{66}$$

图 6、图 7 及图 8 是按照(64)、(65)及(66)式进行的计算示例。已知参数与绘制图 5 时所用的相同，仍为：$r=36$ cm，$t=t'=0.8$ cm，$E=2\times10^6$ kg/cm²，$T=60$ ℃，$\alpha=12\times10^{-6}$ ℃$^{-1}$，C 值分别为 0.2，1.0，4.0 kg/cm³，q 值分别为 15，30，45.3，80 kg/cm。由图 6 可见，升温弯矩 M 的最大值并不发生在拐角 $\phi=90°$ 的情况下，而是发生在拐角不大的情况下(本图中约在 15°～25°的范围内)。增加土壤密实度提高 C 值时，能使中小拐角的弯头 M 值降低，但对 90°拐角的弯头 M 值不利。提高土壤摩擦力 q 值时，对降低弯头升温载荷普遍有利。弯头的推力 P 随 ϕ 连续变化，$\phi=0$ 时 P 最大，$\phi=90°$ 时 P 最小，ϕ 增加，P 值单调下降。

和国内热油长输管道现场开挖情况对照，以上所做的近似分析大体是合理的[6]。因此，所得分析结果可供设计单位作为粗略参考。

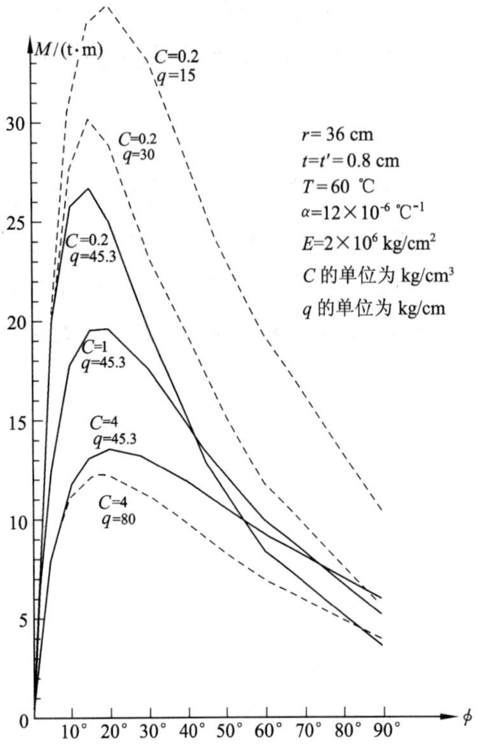
M/(t·m)
C=0.2
q=15
C=0.2
q=30
C=0.2
q=45.3
C=1
q=45.3
C=4
q=45.3
C=4
q=80
r= 36 cm
t=t′= 0.8 cm
T= 60 ℃
α=12×10⁻⁶ ℃⁻¹
E=2×10⁶ kg/cm²
C 的单位为 kg/cm³
q 的单位为 kg/cm
0
5
10
15
20
25
30
10°
20°
30°
40°
50°
60°
70°
80°
90°
ϕ

图 6

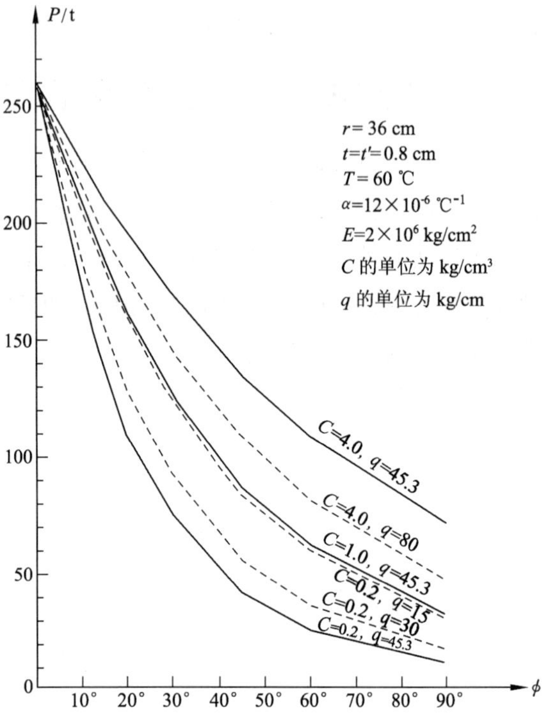
P/t
r= 36 cm
t=t′= 0.8 cm
T= 60 ℃
α=12×10⁻⁶ ℃⁻¹
E=2×10⁶ kg/cm²
C 的单位为 kg/cm³
q 的单位为 kg/cm
C=4.0, q=45.3
C=4.0, q=80
C=1.0, q=45.3
C=0.2, q=15
C=0.2, q=30
C=0.2, q=45.3
0
50
100
150
200
250
10°
20°
30°
40°
50°
60°
70°
80°
90°
ϕ

图 7

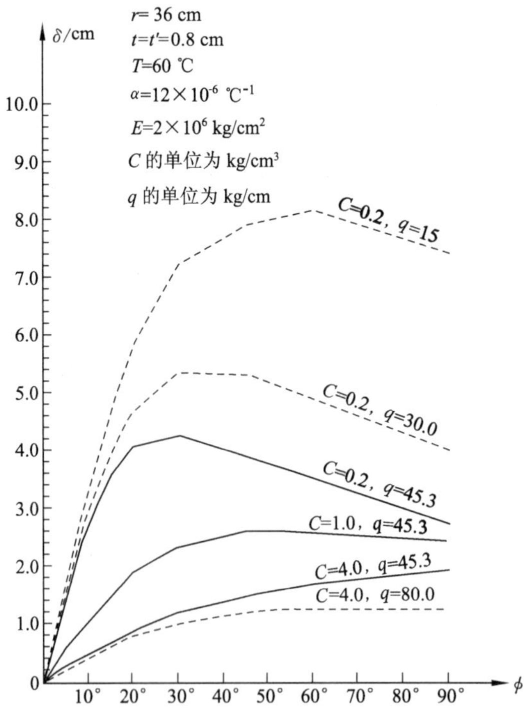
δ/cm
r= 36 cm
t=t′=0.8 cm
T=60 ℃
α=12×10⁻⁶ ℃⁻¹
E=2×10⁶ kg/cm²
C 的单位为 kg/cm³
q 的单位为 kg/cm
C=0.2, q=15
C=0.2, q=30.0
C=0.2, q=45.3
C=1.0, q=45.3
C=4.0, q=45.3
C=4.0, q=80.0
0
1.0
2.0
3.0
4.0
5.0
6.0
7.0
8.0
9.0
10.0
10°
20°
30°
40°
50°
60°
70°
80°
90°
ϕ

图 8

七、降低弯头升温载荷的建议及设计曲率半径的粗略方法

为了降低弯头的升温载荷,目前常见的措施是安装锚固墩。这当然是行之有效的方法,但这种措施要消耗大量水泥和钢材,增加投资。

根据上文分析,除去管道线路上某些重要设备邻近的弯头需要安装锚固墩加以保护外,长输管道线路上大部分中小拐角的水平弯头都不一定要安装锚固墩。为了降低升温载荷,应设法提高"过渡段"邻近区域内土壤的 q 值和 C 值。我们建议,在"过渡段"直管周围用"3∶7灰土"回填。只要有适当厚度和宽度的灰土,提高 q 值和 C 值的目的就可以实现,这是因为灰土的压缩反力系数甚高,内摩擦角又能稳定在 40°～42°之间[7],而且随着时间的增长,灰土强度总是缓慢升高并不降低,愈变愈硬,这些都有利于降低弯头升温载荷。此外,灰土原料处处都有,价格低廉,也是一个优点。

为了降低弯头的升温应力,弯头结构的设计应该合理化。不管拐角 ϕ 多大,都使用同一个 R 值的做法是不合理的,因为升温载荷与 ϕ 有关。根据上文的分析,大 ϕ 弯头的 R 应该取小些,小 ϕ 弯头的 R 应该取大些。这样做不但可以使各种 ϕ 值的弯头的升温应力趋于均匀,而且也能使这些弯头的弧长比较接近,便于制造。当然,弯头的规格品种有限,对于同一类土壤,如能采用四种 R 值的弯头,基本上可以满足要求。

作为粗略设计的参考,弯头的 R 值可按下列强度式进行估算:

$$\beta_q\left(\frac{Mr}{J}\right)\leqslant\sigma_* \tag{67}$$

式中,σ_* 是按照材料的机械性质,并结合弯头具体受载情况适当给定的折算性极限值。将 β_q 的表达式(57)式代入(67)式,整理后可得

$$\frac{R}{r}\geqslant\left(\frac{0.434}{r^2 t^{5/2}\sigma_*^{3/2}}\right)M^{3/2}=\left(\frac{R}{r}\right)_{\min} \tag{68}$$

前已说明,在不考虑内压影响和边界支撑效应的前提下,M 与 R 近似无关,因而使用(68)式粗略设计 R 相当简便。

图 9 所示是一个粗略设计 R 的例题。已知量为 $r=36$ cm,$t=t'=0.8$ cm,$E=2\times10^6$ kg/cm²,$\alpha=12\times10^{-6}$ ℃$^{-1}$,$T=60$ ℃,$C=4$ kg/cm³,$q=80$ kg/cm,$\sigma_*=2\,000$ kg/cm²。

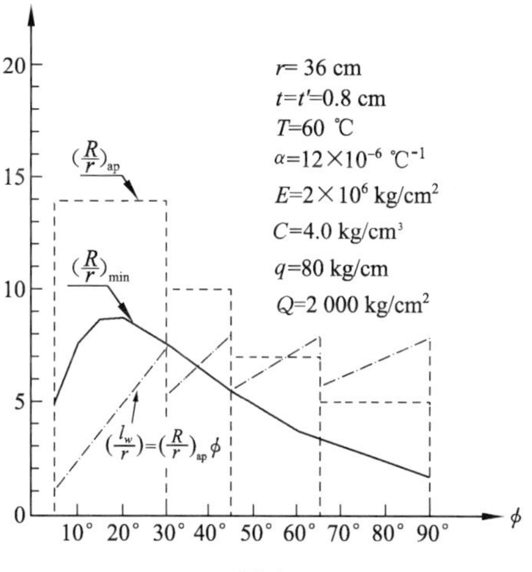

图 9

相应的 M 值在图 6 中已经算出。根据(68)式算出的 $(R/r)_{\min}$ 如图 9 中的实线所示,这是设计参考的下限。考虑到制造的可能性,并保持弯头具有不太短的弧长,可取 $(R/r)_{ap}$ 四段水平线确定 R 较为合理。这样,只要生产 R 分别为 $5r$,$7r$,$10r$ 及 $14r$,而弧长基本上都等于 $8r$ 的四种弯头就够了,其他各种 ϕ 角的弯头分别从这四种弯头上切割使用。当然这只是粗略设计,还要结合各种具体因素进行校核和修改,并配合一定的实验检查。

八、水平弯头旁有一根短直管的情况

在长输管道线路上,弯头两侧直管多数是很长的,其长度大大超过 l_{go}。因而弯头的无锚固升温载荷彼此无关,各自均可按照"六"中所述的近似式计算。但也有少数情况弯头旁边有一根直管很短,其长度小于相邻两个弯头按"五"中分析算出的 l_{go} 之和。此时弯头的升温载荷不能用"六"中公式计算,而应重新具体分析。

以图 10 所示三段直管两个弯头的结构为例,假设中间那段直管很短,两边直管很长。升温时长管上所受的摩擦力是背向弯头的,短管上所受的摩擦力有一个分界点 K,K 点两侧的摩擦力方向相反,都朝向 K 点。假定 K 的截面转角为 θ_K,挠度为 v_K,K 至 W_1 之距为 l_K,同时假设长管的"过渡段"为 l_{go1} 和 l_{go2}。按照"二"中分析方法,由 AW_1K 部分可以解出弯头 W_1 的升温载荷,但其中含有待定量 l_{go1},l_K,θ_K 和 v_K。由 BW_2K 部分可以解出弯头 W_2 的升温载荷,但其中含有 l_{go2},l_K,θ_K 及 v_K。最后这五个待定量 l_K,l_{go1},l_{go2},θ_K,v_K 可以由五个补充条件决定,它们是:A,B 处的轴向力应为 αTEF,K 点弯矩、轴向力、剪力应满足连续条件。算出具体结果是较为繁琐的。

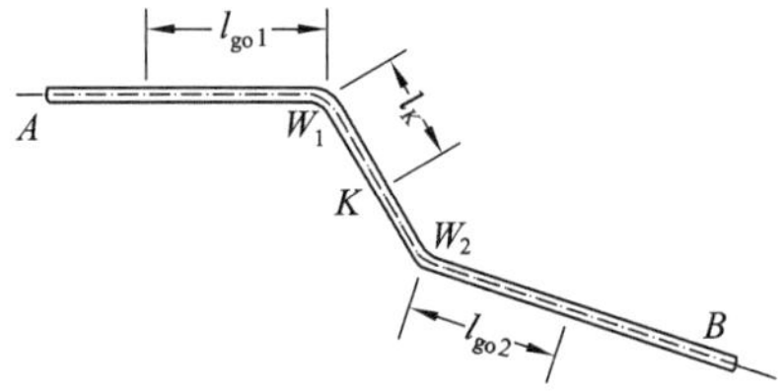

图 10

实际上,进行这种计算是没有必要的,因为按直观判断,这种情况下弯头的升温载荷应该小于三根直管都很长时弯头的升温载荷,而前者的热胀量比后者小。因此,设计弯头曲率半径时,按"六"和"七"中的算法进行,结果将偏于安全,材料消耗上并无损失。

九、结束语

由于土壤性质的复杂性,准确分析埋地长输管道弯头的升温载荷相当困难。本文做了一些较为粗略的基本假定,分析出埋地弯头升温载荷的近似特性,结果简明易用,与现场调查情况大体符合,这些是优点,但本文的缺点也是明显的。由于基本假定的粗略性,整个弯头上只能给出一个弯矩值和一个推力值反映升温载荷,而不能确定弯头各个横截面的内力数值。同时本文所得结果只能用于管道首次升温的情况,而不能用于升温后的退温情况,因为在退温时土壤的力学性质和基本假定完全不符。

在与实验结果对比时,本文提供的弯头升温载荷值,应该和弯头中部横截面上实测的内力值相对比。计算中所用土壤参数 q 及 C 值,应按实验场地实测数值代入。关于埋地管道摩擦力 q 的计算方法有一些参考资料[8],但差异甚大,不可确信,必须进行具体实验。关于

土壤压缩反力系数 C，目前参考资料甚少，市政工程单位测定桥台后背土体抗力的方法和结果，可以用来近似地确定 C 值[9]。

本文中没有考虑内压影响，实际上内压总是存在的。Rodabaugh 在文献[10]中已给出计算内压影响的近似公式，可用于修正弯头的柔软系数 L 和弯头的应力放大系数 β_q。建议在初步设计弯头曲率半径时，先不考虑内压影响，而在屈服极限 σ_s 中应当扣除一定数值，以补偿内压所消耗的强度。初步设计出 R 值后，再考虑内压影响进行校核和修正。

参考文献

[1] H. V. 尤根生. 管道弹性与强度. 中国工业出版社，1964

[2] 弯头的平面弹性弯曲. 华东石油学院石油科技通讯，1976(4)

[3] 大口径的 90°弯头强度试验研究. 华东石油学院学报，1977(2)

[4] E. C. Turner, H. Ford. Examination of the Theories for Calculating the Stress in Pipe Bends Subjected to in Plane Bending. Proc. Inst. Mech. Eng., 1957, 171

[5] R. C. Clark, E. Reissner. Bend of Curved Tubes. Advances in Applied Mechanics, 1961, Vol. 2

[6] 华北输油管线指挥部设计研究所线路组. 输油管道线路工程调查报告. 1975

[7] 刘均竹. 灰土. 建筑工程出版社，1958

[8] 大庆油田科学研究设计院. 油气集输储运设计手册. 1975

[9] 双曲拱桥. 人民交通出版社，1971

[10] E. C. Rodabaugh, H. H. George. Effect of Internal Pressure on Flexibility and Stress Intensification Factors of Curved Pipes or Welding Elbows. Trans. ASME, 1957, Vol. 79

[11] 东北输油管线指挥部设计研究所. 热输管线的强度计算. 1974

锚固墩的推力和位移分析

崔孝秉

一、概　述

在热油气长输管道系中，为了限制热胀位移，保护弯头及泵站等安全运转，往往安装锚固墩。锚固墩所受推力究竟多大，尚未见到理论分析。有些管道设计单位曾按照锚死直管自由端时所需承受的推力来设计锚固墩[1]，实践表明，这是过于保守的。后来又按经验多次减少设计推力，但无可靠的理论根据。

本文只分析水平埋地管道系中弯头附近锚固墩的位移及其所受推力，给出了位移计算公式及推力计算公式，可供管道设计单位作为参考。文中考虑了温差、内压及封头力等多种影响。

设有锚固墩 A_1A_2 如图 1 所示。A_1 是和受锚区邻接的端面，可称为前端；A_2 是和受护区邻接的端面，可称为后背。

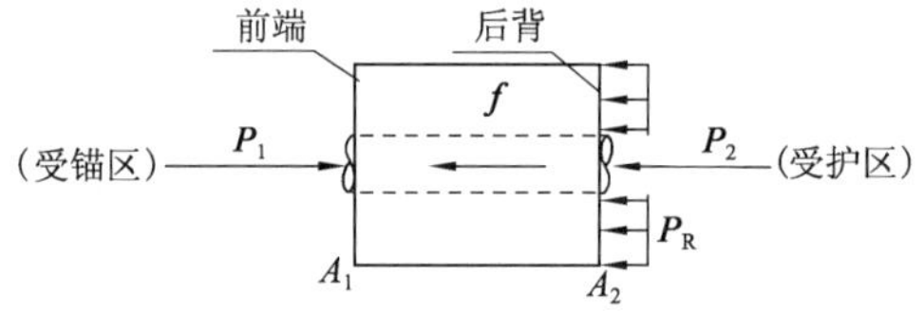

图 1

锚固墩的载荷有主动载荷与被动载荷两部分。主动载荷主要来源于管道的受热膨胀，同时与管道的内压有关，经由 A_1 及 A_2 两个端面作用到锚固墩上，在图 1 中分别以 P_1 及 P_2 表示。锚固墩上面的土重以及锚固墩本身的自重也是一部分主动载荷，但是这部分载荷在锚固墩装完后基本上不再变化，其方向铅直向下。图 1 是锚固墩的顶视图，这些铅直方向的载荷在图 1 中皆未画出。

锚固墩的被动载荷来自土壤对它的约束。其中包括两项，一是阻止锚固墩移动的摩擦力 f，二是因锚固墩移动而产生的后背土压反力 P_R。f 及 P_R 已在图 1 中画出。墩底土壤给出的铅直向上的反力也是被动载荷，图 1 中没有画出，它与分析无关。

我们的任务是要根据管道结构情况、土壤情况、温度和内压等已知参数，确定出锚固墩的位移和推力。为此，首先要对 P_1，P_2，P_R 等各力的构成逐一加以研究。本文假定锚固墩已发生一定的位移，因而 f 应为最大静摩擦力，无须多加讨论。

二、关于 P_1 值(前端所受管道推力)

在远离前端 A_1 的锚固段上任选一个截面 O，截出直管段 OA_1，如图 2 所示。由于锚固

墩具有轴向位移 u_A，在 OA_1 管段上靠近 A_1 端的一侧必然产生一个"小过渡段"GA_1，在 GA_1 内各截面都具有轴向位移，并受到土壤给管道的摩擦阻力作用。而在 OG 内管道各截面都没有轴向位移，完全被锚固住了。

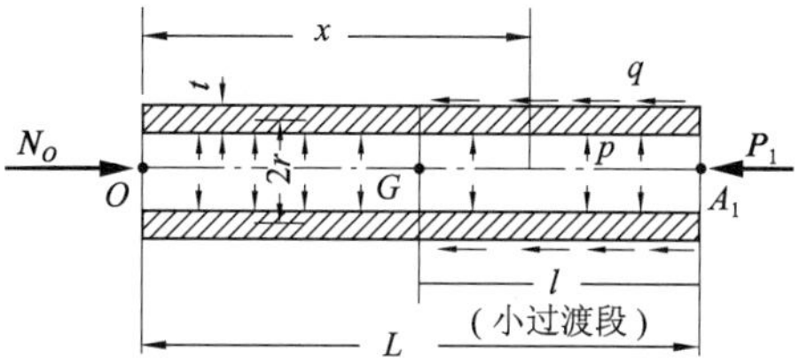

图 2

按照锚固条件，截面 O 的轴向压力应为

$$N_O=\alpha TEF-\mu F\left(\frac{pr}{t}\right) \tag{1}$$

式中，α 为管道钢材的热胀系数；T 为温度升高值；E 为弹性系数；F 为管道截面面积，近似等于 $2\pi rt$；μ 为波桑系数；p 为管道内压；r 为管道内外壁的平均半径；t 为管道壁厚。

由 OA_1 管的轴向受力平衡条件，很易得出锚固墩的前端管道推力为

$$P_1=\alpha TEF-\mu F\left(\frac{pr}{t}\right)-ql \tag{2}$$

式中，q 为单位管长所受的土壤摩擦力；l 为小过渡段长度，未知量，待定。

三、关于 P_2 值(后背所受管道推力)

假设被保护的弯头两臂情况对称，由弯头中部至锚固墩的长度为 l_B，如图 3(a)所示。图 3(b)为管段 A_2B 的受力情况。

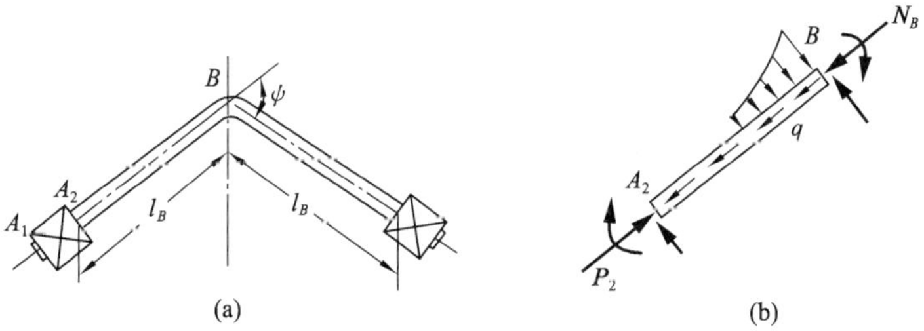

图 3

在参考文献[2]中已给出计算 B 端轴向压力 N_B 的基本方法。按照该方法，同时将温升、内压、封头力及锚固墩位移等诸因素都考虑进去，不难求得

$$N_B=\frac{EF}{1+\zeta}\left[\left(\alpha T-\frac{ql_B}{2EF}\right)-\frac{\mu pr}{Et}+\frac{\pi r^2 p}{EF}+\frac{u_A}{l_B}\right]-\pi r^2 p \tag{3}$$

式中，

$$\zeta=\frac{F\tan^2(\psi/2)}{2k^3 J l_B}\left[1-\frac{1}{2+kL_pR\psi(t/t')}\right] \tag{4}$$

$$L_p=\frac{1.65\left(\frac{r^2}{Rt'}\right)}{1+6\left(\frac{pr}{Et'}\right)\left(\frac{r}{t'}\right)^{4/3}\left(\frac{R}{r}\right)^{1/3}} \tag{5}$$

$$k=\sqrt[4]{\frac{Cr}{2EJ}} \tag{6}$$

式中，u_A 为锚固墩朝向弯头的轴向位移；ψ 为弯头的夹角，即管道拐弯角度；J 为管道截面的轴惯性矩，近似为 $\pi r^3 t$；t' 为弯头壁厚；C 为土壤对管道的侧向压缩反力系数。

根据管段 A_2B 的轴向受力平衡条件，并运用(3)式关系，即可求得锚固墩后背的管道推力为

$$P_2=\frac{1}{(1+\zeta)}\left[\alpha TEF+EF\left(\frac{u_A}{l_B}\right)+(0.5+\zeta)ql_B-(2\mu+\zeta)\pi r^2 p\right] \tag{7}$$

式中，u_A 为未知量，留待下面与 l 值一起分析确定。

四、关于 P_R 值(后背土壤压缩反力)

一定尺寸及重量的锚固墩以一定深度埋入一定类型的土壤后，它承受侧向推力的承载能力是一定的，其大小取决于土壤对锚固墩的最大静摩擦力 f，以及土壤对锚固墩后背的被动土压力 P_S。较为可靠的 f 值和 P_S 值必须配合试验才能取得，目前常用的计算方法都偏于保守。f 值的保守计算方法是，用摩擦系数乘锚固墩自重及其顶上覆土重量之和，这就是只考虑锚固墩底面的摩擦力，而将顶面和侧面的摩擦力都略去了。P_S 值的保守计算方法(参看图 4a)是使用下列近似式：

$$P_S=\frac{b\gamma}{2}(H^2-h^2)\tan^2\left(45°+\frac{\varphi}{2}\right) \tag{8}$$

式中，H 为锚固墩底面的埋深；h 为锚固墩顶面的埋深；b 为锚固墩的宽度；γ 为土壤的容重；φ 为土壤的内摩擦角。

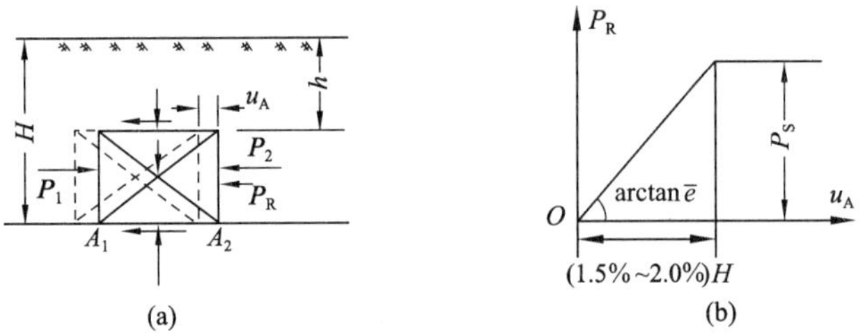

图 4

国内外的一些试验研究结果表明，(8)式中 P_S 值大大低于试验中的实测值(参考文献[3]及[4])。Ovesen[4] 较为系统地介绍了地下锚固板被动土压的试验研究成果，以及较为切合实际的设计计算方法，可供参考。

锚固墩在正常使用情况下，P_R 值总小于 P_S 值。P_R 近似地和 u_A 成正比，通常取为

$$P_R=\bar{e}u_A \tag{9}$$

式中，$\bar{e}$ 称为锚固墩后背土压的弹性模数。由试验测得的 $\bar{e}$ 较为可靠，但也有一些近似计算式。按照参考文献[5]的试验研究介绍，$\bar{e}$ 值可近似地取为(参看图 4)

$$\bar{e}=\frac{P_S}{0.02H}\ (\text{松土}),\qquad \text{或}\ \frac{P_S}{0.015H}\ (\text{密土}) \tag{10}$$

应该指出，若 P_S 值采用(9)式计算，则所得的 $\bar{e}$ 值必将偏小。

以上分析介绍了 P_1，P_2，P_R 诸力的构成，其中含有待定未知量 l 和 u_A。下面运用位移

协调关系和锚固墩平衡条件，来确定 l 和 u_A。

参看图 2，首先计算直管段 OA_1 右端的位移 u_{A_1}。由于 OG 是锚固不动的部分，故 GA_1 的伸长量即为 A_1 端的位移量。

设 ε_x 和 N_x 分别代表 GA_1 段任意截面的轴向应变和轴向压力，则 A_1 端的轴向位移应为

$$u_{A_1}=\int_{L-l}^{L}\varepsilon_x\mathrm{d}x=\int_{L-l}^{L}\left(\alpha T-\frac{\mu pr}{Et}-\frac{N_x}{EF}\right)\mathrm{d}x \tag{11}$$

因

$$N_x=N_O-q(x+l-L)=\alpha TEF-\mu F\left(\frac{pr}{t}\right)-q(x+l-L) \tag{12}$$

故

$$u_{A_1}=\int_{L-l}^{L}\frac{1}{EF}q(x-l+L)\mathrm{d}x=\frac{ql^2}{2EF} \tag{13}$$

由于 OA_1 管段的 A_1 端是和锚固墩连接在一起的，故 A_1 端的位移就是锚固墩的位移(锚固墩本体的微小弹性变形略去不计)，则有

$$u_A=u_{A_1}=\frac{ql^2}{2EF} \tag{14}$$

上式建立了锚固墩位移 u_A 和小过渡段长度 l 之间的关系。为了最后确定 u_A 和 l，还须应用锚固墩的平衡条件

$$P_1-P_2=P_R+f \tag{15}$$

将(2)、(7)、(9)式及(14)式所表达的 P_1，P_2，P_R 及 u_A 诸量代入(15)式，可得关于 l 的二次代数方程如下：

$$\frac{q}{2EF}\left[\bar{e}+\frac{EF}{(1+\zeta)l_B}\right]l^2+ql=\frac{\zeta}{1+\zeta}[\alpha TEF+(1-2\mu)\pi r^2p]-\left(\frac{0.5+\zeta}{1+\zeta}\right)ql_B-f \tag{16}$$

解之可得

$$l-\frac{(1+\zeta)l_B}{\eta}\left\{\sqrt{1+\frac{2\eta}{(1+\zeta)ql_B}\left[\left(\frac{\zeta}{1+\zeta}\right)Q-\left(\frac{0.5+\zeta}{1+\zeta}\right)ql_B-f\right]}-1\right\} \tag{17}$$

式中，

$$\eta=1+\frac{(1+\zeta)\bar{e}l_B}{EF} \tag{18}$$

$$Q=\alpha TEF+(1-2\mu)\pi r^2p \tag{19}$$

应该指出，Q 值有特定的意义，它代表当锚死直管自由端时，锚固墩所承受的管道推力。

因为 $l>0$，使用(17)式应受下列限制：

$$f<\left(\frac{\zeta}{1+\zeta}\right)Q-\left(\frac{0.5+\zeta}{1+\zeta}\right)ql_B \tag{20}$$

如果超出限制条件，应取 $l=0$，锚固墩不动。这种情况下，土壤给予锚固墩的摩擦力小于最大静摩擦力，直接等于管道总推力。

既定 l 值，代回(14)式即可求得 u_A 值。再将 l 和 u_A 代回(2)、(7)和(9)式，就能算出作用在锚固墩上的 P_1，P_2，P_R 诸力。

管道作用在锚固墩上的总推力 P 应为 P_1 和 P_2 之差，根据以上分析结果可得

$$P=\left(\frac{\zeta}{1+\zeta}\right)Q-\left[\frac{EFu_A}{(1+\zeta)l_B}+\sqrt{2EFqu_A}\right]-\left(\frac{0.5+\zeta}{1+\zeta}\right)ql_B \tag{21}$$

(21)式清楚表明:锚固墩用于保护弯头时,受到的管道总推力 P 总是小于锚死直管自由端时所需承受的推力 Q。小的程度和弯头夹角及锚固墩位移有较大关系。为了进一步阐明这些关系,下面举例加以说明。

【例】 设已知某管线的基本数据如下:

结　构	物　性	土　质	负　荷
$r=36$ cm $t=0.8$ cm $R=180$ cm $t'=1.2$ cm	$E=2.1\times10^6$ kg/cm^2 $\mu=0.3$ $\alpha=12\times10^{-6}$ ℃$^{-1}$	$C=1$ kg/cm^3 $q=20$ kg/cm	$p=40$ kg/cm^2 $T=50$ ℃

为了保护一个夹角为 $\psi=45°$ 的弯头,准备在离开弯头 $l_B=10$ m 的直管上安装锚固墩。锚固墩的位移只容许 $u_A=0.2$ cm。问:

① 设计该锚固墩时该取多大的管道总推力 P?

② 如果锚固墩的后背形状及埋土深度已选定,土压弹性模数为 $\bar{e}=10^5$ kg/cm,该按多大的摩擦力 f 设计锚固墩身长?

【解】 ① 由(6)式及(5)式得 $k=2.9\times10^{-3}$ cm^{-1}, $L_p=6.42$,代入(4)式可得

$$\zeta=\frac{181\times0.172}{2\times24.5\times10^{-9}\times1.18\times10^5\times10^3}\left(1-\frac{1}{2+2.9\times10^{-3}\times6.42\times0.787\times180\times0.666}\right)$$

$$=5.42\left(1-\frac{1}{2+1.76}\right)=3.97$$

再由(19)式计算锚死直管自由端的推力为

$$Q=12\times10^{-6}\times50\times2.1\times10^6\times181+0.4\times3.14\times36^2\times40$$
$$=228\times10^3+65.2\times10^3=293\times10^3\text{(kg)}$$

最后将所得 ζ, Q 值及其他已知数据代入(21)式,即可算得设计锚固墩的总推力应为

$$P=0.797\times293\times10^3-(15.5\times10^3+55.1\times10^3)-17.9\times10^3$$
$$=144\times10^3\text{(kg)}$$

显然,P 值低于 Q 值,P 值只为 Q 值的 49.1%。

② 参看(15)式可知,f 值应为 P 值与 P_R 值之差。现已知 P, $\bar{e}$, u_A,故可得

$$f=P-\bar{e}u_A$$
$$=144\times10^3-10^5\times0.2$$
$$=124\times10^3\text{(kg)}$$

这是就设计锚固墩身长应参考的摩擦力数值。

为了进一步显示总推力 P 随着拐角 ψ 及位移 u_A 的变化特性,将上述例题所给的基本数据代入(21)式,然后以 P 为函数,ψ 为自变量,u_A 为参变数,进行一系列计算,绘制出图 5 所示的曲线族。此图清晰表明,ψ 值越小则 P 值越小,而且当 u_A 增加时,P 值迅速降低。

显然,图 5 用于设计锚固墩比较方便。首先根据弯头强度情况确定容许的 u_A 值,按照 ψ 和 u_A 值可由图 5 迅速查出总推力 P。然后,根据管线所经地段的具体情况,合理选定锚固

墩后背形状及其埋深，定出 $\bar{e}$ 值。最后，由 P，u_A，$\bar{e}$ 算出 f 值，参考 f 值，锚固墩的身长可初步设计出来。

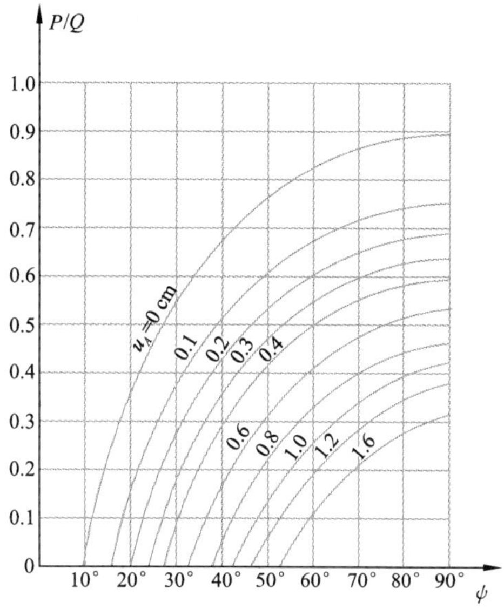

图 5

但是，对于已经安装好的锚固墩，用图 5 去核算它的位移和推力并不方便。为便于核算，将图 5 改编成图 6。在图 6 中(P/Q)仍为纵坐标，但 u_A 变成横坐标，ψ 变成曲线参数。

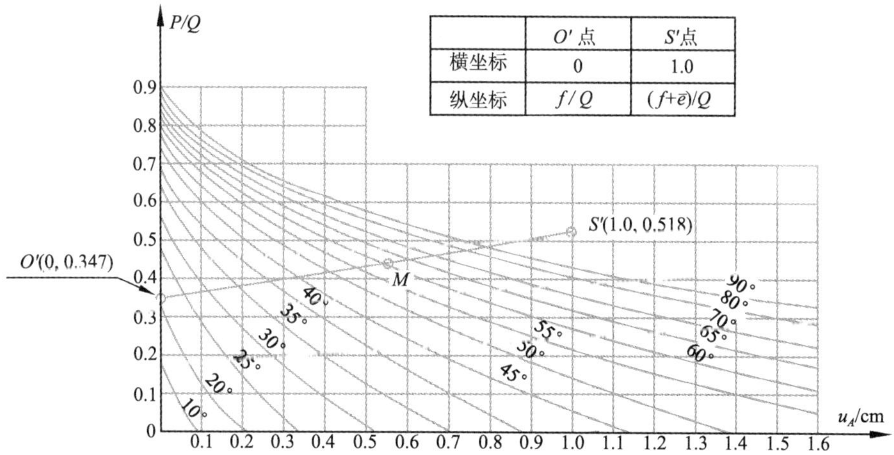

图 6

运用图 6 核算 P 和 u_A 的方法如下：首先根据锚固墩的尺寸大小、埋地深度及土质情况，定出 $\bar{e}$ 值和 f 值。然后，在图 6 的纵坐标轴上取 O'点，使它与 O 点之距为 f/Q，同时在图 6 的右上方再找一点 S'，使它的横坐标为 1.0 cm，纵坐标为$(f+\bar{e})/Q$。连接 O'点及 S'点得斜直线$\overline{O'S'}$，它与图 6 中参数为 ψ 的曲线有一个交点 M，M 点的二个坐标就是所要核算的 u_A 值及 P/Q 值，后者乘以 Q 即得 P 值。

假定已知锚固墩的 $f=100\times10^3$ kg，$\bar{e}=50\times10^3$ kg/cm，它所保护的弯头夹角 $\psi=60°$，要求核算该锚固墩的位移和推力。首先算得 $f/Q=0.347$，$(f+\bar{e})/Q=0.518$，在图 6 中作斜直线$\overline{O'S'}$。然后找出$\overline{O'S'}$与参数为 60°的曲线的交点 M，得到二个坐标：$u_A=0.55$ cm，P/Q

$=0.435$。由此可知：该锚固墩的位移为 0.55 cm，管道总推力为 $0.435Q=127.5\times10^3$ kg。

为什么交点 M 的坐标就是所要求核算的位移和推力？道理很简单，因为$\overline{O'S'}$斜直线代表的是方程式 $P=f+\bar{e}u_A$，而 ψ 曲线代表的是式(21)，它们的交点坐标必然满足条件式(15)，所以就是所要核算的位移和推力。

由$\overline{O'S'}$斜直线和 ψ 曲线族的交点可以看出，同一个锚固墩用于保护不同夹角的弯头时，夹角大则推力大，位移大；夹角小则推力小，位移小。当 ψ 小到一定数值以下后，ψ 曲线和$\overline{O'S'}$斜直线没有交点，这种情况下锚固墩的位移应取为零，推力应由 ψ 曲线在纵坐标轴上的交点位置决定。

最后还应说明，图 6 中 ψ 曲线与横坐标轴的交点有着特定的意义。设该点至原点之距为 u_O，则 u_O 是弯头处于无锚固墩状态时，直管上距离弯头 $l_B=10$ m 处截面的轴向位移值。将 u_O 代入(14)式，不难算出无锚固状态下的过渡段长度。

五、结束语

由本文分析可见，锚固墩用于保护水平弯头时，所受管道推力和许多因素有关。就长输管线而言，中小夹角弯头居多，保护这类弯头时，锚固墩所受推力大大低于锚死直管自由端时受到的推力。

由于锚固墩所受推力的大小和弯头夹角及土壤性质有关，在整个管线上锚固墩的规格应该多种化。

设计锚固墩时必须首先了解弯头的强度和刚度要求，明确锚固墩的位移许可值，而后才能确定设计推力，需用的土壤性质参数最好配合适当的实验加以测定。

为了确保使用效果，锚固墩的设计方案应进行一定的试验检查，加以调整修改。管线试运投产时也应进行一定的测定。

参考文献

[1] 东北输油管线指挥部设计研究所. 输油管线的强度计算. 1974

[2] 崔孝秉. 埋地长输管道水平弯头的升温载荷近似分析. 华东石油学院学报，1978(2)

[3] 北京市市政工程研究所. 北辛安方涵后背土体强度试验总结. 1973

[4] N. K. Ovesen. Design Method for Vertical Anchor Slabs in Sand. Proc. ASCE JSMFD Speciality Conference on Performance of Earth and Earth-Supported Structures. 1972

[5] J. Audibert, K. Nyman. Coefficients of Subgrade Reactions for the Design of Buried Piping. 2nd ASCE Speciality Conference on Structure Design of Nuclear Plant Facilities. New Orleans, La., 1975

埋地长输管道水平弯头升温载荷的进一步分析

（弹性抗弯铰模型校核之一）

崔孝秉

一、概　述

在参考文献[1]中我们采用“弹性抗弯铰”的力学计算模型代替弯头，获得了计算埋地弯头升温载荷的近似解。关于这个解的准确度，应从两方面加以评定，一是实验研究，二是寻求更准确一些的分析解加以对比。

1978年至1979年间，北京市煤气热力设计所、北京市市政四公司、北京市市政工程研究所、北京市热力公司和我院协作，进行了一系列埋地管道实验研究，其中有关埋地弯头温度应力的实验结果，都与参考文献[1]的理论计算值一致，相差不大。

本文目的在于给出一个比参考文献[1]更准确一些的分析解以资对比。本文放弃“弹性抗弯铰”的假定，考虑弯头的几何尺寸及物理性质。但是，为了避免烦琐性，在分析弯头部分所受的侧向土壤压缩反力的分布情况时，只考虑弯头的刚性位移，不考虑弯头本身弹性变形的影响。

二、基本分析　方程和未知量

设有两臂对称的弯头结构如图1所示。由于对称，只画了左半侧情况。直管 AB 的 A 端被锚固，B 端和弯头切向相接，BW 为弯头的一半。当温度升高 T 时，结构产生热胀，同时出现土壤摩擦力和侧向土壤压缩反力，结构位置由 ABW 变到 $AB'W'$，处于弹性平衡状态。要求分析弯头各横截面内的内力。

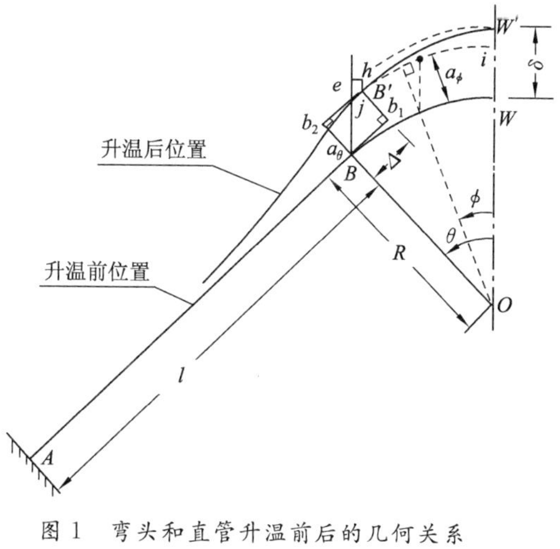

图1　弯头和直管升温前后的几何关系

由 B' 向 AB 线作垂线，可得直管的总伸长量 Δ。再由 B' 向 OB 线作垂线，可得直管 B 端的侧向位移量 a_θ。然后，过 B 点作 OW 的平行线 Be，Be 与 $B'b_2$ 相交于 j 点，通过 j 点作 BW 的平移圆弧 ji，它就是弯头只作刚性位移的位置。当计算弯头部分所受的侧向土壤压缩反力时，我们就按 ji 弧线进行计算，这样所得的近似分布值将比准确分布值略小一些，主要小在弯头的中部，所引起的误差将使管道轴向压力略为减小，使弯头中部的弯矩值略为增大，偏于安全。这种近似处理能使我们减少许多工作量。由于在长输管线中，弯头尺寸总比直管长度小得多，这样处理所引起的误差很小。

设 θ 为弯头端部截面相对于中部截面的角坐标，ϕ 为弯头任一截面相对于中部截面的角坐标。按上所述，作用在任一截面处的侧向土壤压缩反力为

$$g(\phi)=2rca_\theta\frac{\cos\phi}{\cos\theta} \tag{1}$$

式中，r 为管道半径；a_θ 为端部的法向位移分量；c 为侧向土壤压缩反力系数。当 $\phi=\theta$ 时，$g=2rca_\theta$，与管端 B 的土壤压缩反力连续；当 $\phi=0$ 时，$g=2rca_\theta/\cos\theta$，为 g 的最大值。$g(\phi)$ 在 $\phi=0$ 至 $\phi=\theta$ 区间，按余弦关系分布，如图 2 所示，含有一个待定的未知量 a_θ。弯头部分的土壤摩擦力略去不计。

为了分析问题，按图 2 所示将弯头与直管拆开研究。这里出现三个未知量，即截面 B 内的三个内力分量：弯矩 M_θ，轴向压力 N_θ 和剪力 Q_θ。参看图 1，位移方面的基本未知量，除 a_θ 外，还有直管的轴向伸长量 Δ 和弯头中部的横向位移 δ。这样总共有六个待定的未知量：M_θ，N_θ，Q_θ，a_θ，Δ 和 δ。按照直管和弯头的弹性平衡关系，以及它们在截面 B 的几何连续条件，不难列出决定这六个未知量的六个方程。

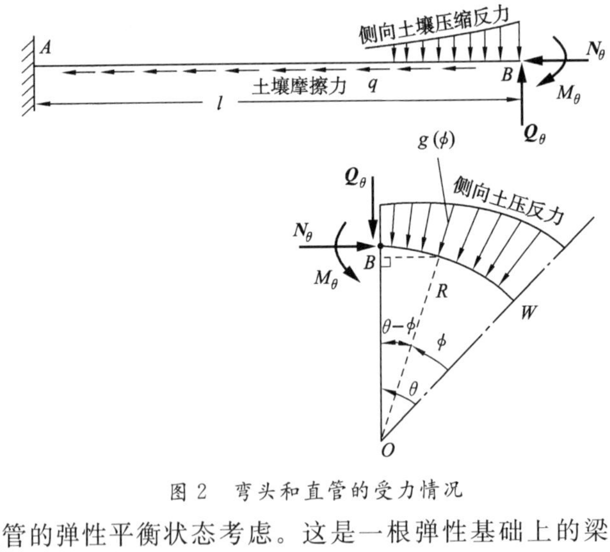

图 2 弯头和直管的受力情况

首先由 AB 直管的弹性平衡状态考虑。这是一根弹性基础上的梁，同时也有轴向力作用。它的左端被锚固，右端有 M_θ，N_θ，Q_θ 作用，而且有轴向位移 Δ 和横向位移 a_θ。这和参考文献[1]中所处理的直管情况完全一样。列出微分方程，结合边界条件进行积分，不难得出 M_θ，N_θ，Q_θ，a_θ 和 Δ 之间存在二个代数关系：

$$\Delta=\alpha Tl-\frac{ql^2}{2EF}-\frac{N_\theta l}{EF} \tag{2}$$

$$Q_\theta = kHM_\theta + 2k^3 EJ\left(\frac{2}{S}+I\right)a_\theta \tag{3}$$

式中，α 为线胀系数；T 为升温值；l 为管长；q 为单位管长所受土壤摩擦力；E 为管材的弹性系数；F 为管道横截面面积；J 为管道横截面的惯性矩。其他各量表达式如下：

$$k=\sqrt[4]{\frac{rc}{2EJ}}$$

$$S=\sin kl\,\mathrm{sh}\,kl(\cos kl\,\mathrm{sh}\,kl+\sin kl\,\mathrm{ch}\,kl)+\cos kl\,\mathrm{ch}\,kl(\cos kl\,\mathrm{sh}\,kl-\sin kl\,\mathrm{ch}\,kl)$$

$$H=\frac{1}{S}\left[(\cos kl\,\mathrm{sh}\,kl)^2+(\sin kl\,\mathrm{ch}\,kl)^2\right]$$

$$I=\frac{1}{S}\left[(\mathrm{sh}\,kl)^2-(\sin kl)^2\right]$$

当 $kl\geqslant 3$ 时，H，I 以及 $(2/S)+I$ 均可取为 1。

再考虑弯头的受力平衡状况，它的两端受到 M_θ，N_θ 及 Q_θ 的作用，它的侧向受到土壤压缩反力 $g(\phi)$ 的作用。这些作用力在对称线 OW 方向应该满足静力平衡条件

$$N_\theta \sin\theta = Q_\theta \cos\theta + \int_0^\theta Rg(\phi)\cos\phi\,\mathrm{d}\phi \tag{4}$$

此外，直管 B 端的位移和转角及弯头 B 端的位移和转角，应该满足几何协调关系，共有三个关系式，分述如下：

(1) 直管 B 端的反时针转角等于弯头 B 端的反时针转角，因此应有：

$$kHa_\theta - \frac{I}{2kEJ} - M_\theta = \frac{LR}{EJ'}\int_0^\theta M(\phi)\,\mathrm{d}\phi \tag{5}$$

上式左端的来源可参看参考文献[1]；右边 $M(\phi)$ 为弯头任意截面（角坐标为 ϕ）内的弯矩；L 为弯头的柔软系数；J' 为弯头横截面的惯性距。

(2) 直管 B 端在垂直于 OW 方向的由左向右的位移分量，应该等于弯头 B 端在同一方向的位移分量：

$$\Delta\cos\theta - a_\theta \sin\theta = \frac{LR^2}{EJ'}\int_0^\theta (\cos\phi-\cos\theta)M(\phi)\,\mathrm{d}\phi - \alpha TR\sin\theta \tag{6}$$

(3) 直管 B 端在 OW 方向由下向上的位移分量，应该等于弯头 B 端在同一方向的位移分量：

$$\Delta\sin\theta + a_\theta\cos\theta - \delta - \frac{LR^2}{EJ'}\int_0^\theta (\sin\theta-\sin\phi)M(\phi)\,\mathrm{d}\phi - \alpha TR(1-\cos\theta) \tag{7}$$

由以上所列出的(2)，(3)，(4)，(5)，(6)，(7)六个方程联解，即可得出计算 M_θ，N_θ，Q_θ，a_θ，Δ 及 δ 六个未知量的公式。由于方程(4)，(5)，(6)，(7)含有积分，运算较为繁琐，这些积分在下一节专门列出。

三、弯头的弯矩计算式以及和它有关的各项积分

(1) 弯头任意截面内的弯矩可由截面法平衡条件求出，应为

$$M(\phi)=M_\theta+Q_\theta R\sin(\theta-\phi)-N_\theta R[1-\cos(\theta-\phi)]+R^2\int_\phi^\theta g(x)\sin(x-\phi)\,\mathrm{d}x \tag{8}$$

这里 g 为作用于弯头侧向的分布土压力，按照表达式(1)的关系，(8)式中的积分项应为

$$R^2\int_\phi^\theta g(x)\sin(x-\phi)\,\mathrm{d}x=\frac{R^2 rca_\theta}{\cos\theta}\left[\frac{1}{2}\cos\phi-\frac{1}{2}\cos(2\theta-\phi)-(\theta-\phi)\sin\phi\right] \tag{9}$$

将(9)式代入(8)式,消去积分项,同时将(4)式代入(8)式,消去其中的 Q_θ,可得弯头的弯矩计算式如下:

$$M(\phi)=M_\theta+N_\theta R\left(\frac{\cos\phi-\cos\theta}{\cos\theta}\right)+R^2 rca_\theta\left\{\frac{1}{\cos\theta}\left[\frac{1}{2}\cos\phi-\frac{1}{2}\cos(2\theta-\phi)-(\theta-\phi)\sin\phi\right]-\left(\tan\theta+\frac{\theta}{\cos^2\theta}\right)\sin(\theta-\phi)\right\} \tag{10}$$

弯矩的最大值发生在弯头中部 $\phi=0$ 的截面内,其值为

$$M_{\max}=M(0)=M_\theta+N_\theta R\left(\frac{1-\cos\theta}{\cos\theta}\right)-R^2 rca_\theta\left(\frac{\theta\sin\theta}{\cos^2\theta}\right) \tag{11}$$

(2) 和 $M(\phi)$有关的几个积分式的计算结果:

$$\int_0^\theta M(\phi)\mathrm{d}\phi=M_\theta\theta+N_\theta R\left(\frac{\sin\theta-\theta\cos\theta}{\cos\theta}\right)+R^2 rca_\theta\left(\tan\theta-\frac{\theta}{\cos^2\theta}\right) \tag{12}$$

$$\int_0^\theta(\cos\phi-\cos\theta)M(\phi)\mathrm{d}\phi=M_\theta(\sin\theta-\theta\cos\theta)+N_0 R\left(\frac{\theta+2\theta\cos^2\theta-3\sin\theta\cos\theta}{2\cos\theta}\right)-R^2 rca_\theta\left[\frac{3}{4}\sin\theta+\frac{\theta}{4\cos\theta}(2\theta\tan\theta-3)\right] \tag{13}$$

$$\int_0^\theta(\sin\theta-\sin\phi)M(\phi)\mathrm{d}\phi=M_\theta(\theta\sin\theta+\cos\theta-1)+N_0 R\left[\frac{1}{2}\sin\theta\tan\theta-\theta\sin\theta-\cos\theta+1\right]+R^2 rca_\theta\left[\frac{3\sin^2\theta-\theta(2\tan\theta+\theta)}{4\cos\theta}\right] \tag{14}$$

四、方程联解

将(12)式所示积分值代入(5)式,并记:

$$K=\frac{LR^2}{EJ'}$$

可以得到下式:

$$\left(\frac{I}{2kEJ}+\frac{K\theta}{R}\right)M_\theta+K\left(\frac{\sin\theta-\theta\cos\theta}{\cos\theta}\right)N_\theta=\left[kH-RrcK\left(\tan\theta-\frac{\theta}{\cos^2\theta}\right)\right]a_\theta \tag{15}$$

将(1)式所表达的 $g(\phi)$代入(4)式,并进行积分,可得

$$Q_\theta=N_\theta\tan\theta-Rrca_\theta\left(\tan\theta+\frac{\theta}{\cos^2\theta}\right) \tag{16}$$

再将此式代入(3)式,消去 Q_θ,整理可得

$$kHM_\theta-N_\theta\tan\theta=-\left[2k^3 EJ\left(\frac{2}{S}+I\right)+Rrc\left(\tan\theta+\frac{\theta}{\cos^2\theta}\right)\right]a_\theta \tag{17}$$

联解(15)式和(17)式,可以得到用 a_θ 表示的 M_θ 值和 N_θ 值

$$M_\theta=C_m a_\theta \tag{18}$$

$$N_\theta=C_n a_\theta \tag{19}$$

式中,系数 C_m 和 C_n 按下列二式计算:

$$C_m=\frac{kH\sin\theta-2k^3 EJK\left(\frac{2}{S}+I\right)(\sin\theta-\theta\cos\theta)-KRrc\left[2\sin\theta\tan\theta-\theta\left(\sin\theta+\frac{\theta}{\cos\theta}\right)\right]}{\left(\frac{I}{2kEJ}+\frac{K\theta}{R}\right)\sin\theta+KkH(\sin\theta-\theta\cos\theta)} \tag{20}$$

$$C_n=\frac{\left[k^2H^2+2k^3EJ\left(\frac{2}{S}+I\right)\left(\frac{I}{2kEJ}+\frac{K\theta}{R}\right)\right]\cos\theta+Rrc\left[\left(\frac{I}{2kEJ}+\frac{K\theta}{R}\right)\left(\sin\theta+\frac{\theta}{\cos\theta}\right)-kHK\left(\sin\theta-\frac{\theta}{\cos\theta}\right)\right]}{\left(\frac{I}{2kEJ}+\frac{K\theta}{R}\right)\sin\theta+KkH(\sin\theta-\theta\cos\theta)} \tag{21}$$

再将积分式(13)所得结果代入(6)式的右端，同时将(2)式求出的 Δ 值代入(6)式的左端，就会得到一个只具有 a_θ，M_θ 和 N_θ 三个未知量的方程式，然后用(18)式和(19)式消去其中的 M_θ 和 N_θ，从而可以解出 a_θ

$$a_\theta=\frac{\alpha T(l\cos\theta+R\sin\theta)-\frac{ql^2}{2EF}\cos\theta}{\sin\theta+b_mC_m+b_nC_n-KR^2rc\Omega} \tag{22}$$

式中，b_m，b_n，Ω 都是和 θ 有关的系数

$$b_m=K(\sin\theta-\theta\cos\theta) \tag{23}$$

$$b_n=KR\left(\frac{\theta+2\theta\cos^2\theta-3\sin\theta\cos\theta}{2\cos\theta}\right)+\frac{l\cos\theta}{EF} \tag{24}$$

$$\Omega=\frac{3}{4}\sin\theta+\frac{\theta}{4\cos\theta}(2\theta\tan\theta-3) \tag{25}$$

解得 a_θ 后，向(18)式和(19)式回代，即可算出 M_θ 和 N_θ，再向(16)式回代，可得 Q_θ 值

$$Q_\theta=\left[C_n\tan\theta-Rrc\left(\tan\theta+\frac{\theta}{\cos^2\theta}\right)\right]a_\theta \tag{26}$$

将(19)式表达的 N_θ 代入(2)式，可求得 Δ 值

$$\Delta=\alpha Tl-\frac{ql^2}{2EF}-\frac{C_nl}{EF}a_\theta \tag{27}$$

至此已求得 a_θ，M_θ，N_θ，Q_θ 及 Δ 五个未知量。将这五个量代入(7)式，即可算出弯头的横向位移 δ。最后按照(10)式和(11)式，不难算出弯头任意横截面内的弯矩值，以及最大弯矩值。

五、例题和比较

设有夹角为 90°的埋地水平弯头，两臂对称，在距离弯头 $l=1\ 940$ cm 处装有锚固墩，管道和弯头的结构尺寸为：$r=26.08$ cm，$t=t'=0.83$ cm，$R=125$ cm，弹性系数 $E=2.1\times10^6$ kg/cm²，线胀系数 $\alpha=12\times10^{-6}$ ℃$^{-1}$，管道单位长度所受的土壤摩擦力 $q=24.5$ kg/cm，侧向土壤压缩反力系数 $c=0.276$ kg/cm³。要求计算当温度升高 $T=100$ ℃时，弯头的最大弯矩值，并作出弯头各截面的弯矩图。

【解】 按照所给数据应有

$$\lambda=\frac{Rt'}{r^2}=0.152\ 5$$

$$L=\frac{1.65}{\lambda}=10.82$$

$$\theta=\frac{90^\circ}{2}=45^\circ$$

$$K=\frac{LR^2}{EJ'}=1.73\times10^{-6}\ \text{kg}^{-1}$$

$$k=\sqrt[4]{\frac{cr}{2EJ}}=2.46\times10^{-3}\ \text{cm}^{-1}$$

由于 $kl=4.77>3$，故可取 $I=1$，$H=1$，$\frac{2}{S}+I=1$。

将以上诸值代入(22)～(25)式和(20)及(21)式，可得

$$b_m=2.62\times10^{-7}\ \mathrm{kg^{-1}}$$

$$b_n=4.62\times10^{-5}\ \mathrm{cm/kg}$$

$$C_m=1.007\times10^{5}\ \mathrm{kg}$$

$$C_n=5.48\times10^{3}\ \mathrm{kg/cm}$$

则有

$$a_\theta=\frac{0.707\times(12\times10^{-4}\times2\,065-0.162)}{0.707+2.62\times1.007\times10^{-2}+4.62\times5.48\times10^{-2}-0.032\,4}=1.714\ (\mathrm{cm})$$

将此值代回(18)式及(19)式，可得出弯头端部的弯矩和轴向压力

$$M_\theta=C_m a_\theta=1.726\times10^{5}(\mathrm{kg\cdot cm})$$

$$N_\theta=C_n a_\theta=9.39\times10^{3}(\mathrm{kg})$$

然后将所得的 M_θ，N_θ 及 a_θ 诸值代入(11)式，可以算出弯头的最大弯矩值：

$$M_{\max}=M_\theta+0.414RN_\theta-1.11R^2rca_\theta=4.45\times10^{5}(\mathrm{kg\cdot cm})$$

图 3 所示为弯头的弯矩图。

最后计算直管端的轴向位移 Δ 和弯头中部横向位移 δ。按(27)式应有

$$\Delta=2.2\ \mathrm{cm}$$

按(7)式应有

$$\delta=0.707\Delta+0.707a_\theta+0.293\alpha TR+K(0.262M_\theta+0.090\,7RN_\theta-0.242R^2rca_\theta)=2.99\ (\mathrm{cm})$$

图 4 所示为按照 Δ，a_θ 及 δ 的值作出的弯头位移图。

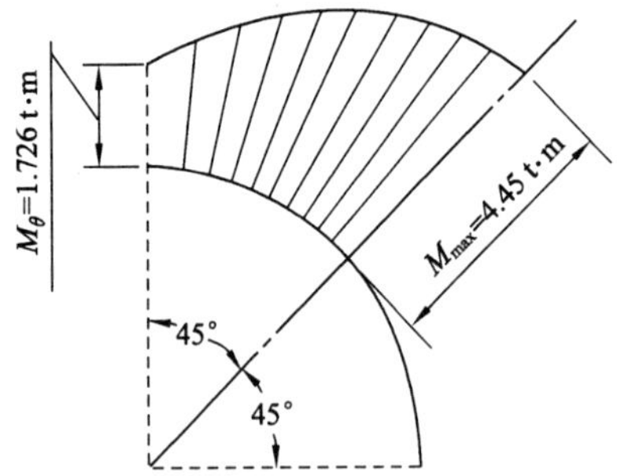

图 3 弯头弯矩图

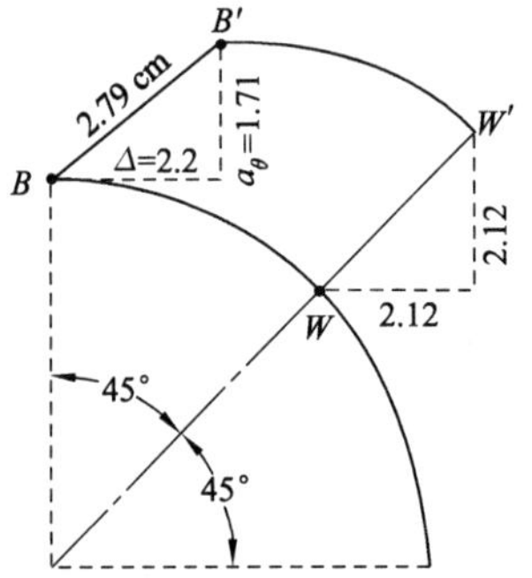

图 4 弯头位移图(单位：cm)

结合上述例题，可以评比参考文献[1]中近似分析法的准确程度。按参考文献[1]中的近似分析法，对于 90°弯头升温弯矩应按下式计算：

$$M=\frac{2k^2EJa}{1+0.5\pi kLR} \tag{28}$$

式中，

$$a=\frac{\alpha T(l+R)-\frac{q}{2EF}(l+R)^2}{1+\xi} \tag{29}$$

这里 ξ 是个与 1 相比显得很小的量

$$\xi=\frac{2k^3J(l+R)}{F}\left(1+\frac{1}{1+0.5\pi kLR}\right) \tag{30}$$

将本文例题中所给定的数据代进(30)、(29)及(28)式，可得

$$\xi=0.023,\quad a=2.316\ \text{cm},\quad M=4.37\times10^5\ \text{kg}\cdot\text{cm}$$

得到的 M 值比本文所得 M_{max} 值只小 1.8%。由此可见，参考文献[1]采用“弹性抗弯铰”力学模型代替弯头的近似分析法，具有可靠的准确度。

如果在计算 a 值的(29)式中略去 ξ 项，则可得

$$a=2.37\ \text{cm},\quad M=4.47\times10^5\ \text{kg}\cdot\text{cm}$$

这样所得的 M 值更接近于 M_{max}，只大 0.5%。由此可见，对于 90°弯头，计算升温弯矩时，可以采用下列更简易的公式：

$$M=\frac{2k^2EJ}{1+0.5\pi kLR}\left[\alpha T(l+R)-\frac{q(l+R)^2}{2EF}\right] \tag{31}$$

评比参考文献[1]中 a 值的准确度时，不应和本文中的 a_θ 值相比，应该和 $\delta/\sqrt{2}$ 值相比，也就是和弯头中点位移在垂直于管轴方向的分量相比。因为参考文献[1]中的 M 和 a 都应理解为弯头中部的弯矩和位移分量。已知 $\delta=2.99$ cm，$\delta/\sqrt{2}=2.12$ cm，故当 a 取 2.316 cm 时，误差为 9.2%；a 取 2.37 cm 时，误差为 11.7%，都是偏大。由此可见，a 值的误差较 M 值大些。

六、结束语

通过本文的分析和例题对比可以看出：在埋地长输管道强度计算中，如果考虑弯头尺寸及物性，则计算过程相当繁杂，如果采用“弹性抗弯铰”模型代替弯头，则计算过程大为简化，而且也具有可靠的准确度。因此，可以将这种模型推广到更复杂的管道强度分析中去。

参考文献

[1]　崔孝秉. 埋地长输管道水平弯头的升温载荷近似分析. 华东石油学院学报，1978(2)

埋地长输管道纵向弯头温度内力的近似分析

崔孝秉

一、概　述

通过山区和丘陵地带的长输管道，纵向拐弯很多，弯头有朝上的也有朝下的，土壤性质各地段也不一样，故分析弯头的温度内力较为复杂。有一种情况是，在摩擦很小，几乎可以略而不计的地段，当管道升温膨胀时，这一地段内的各直管的变形将互相牵制，每个弯头的温度内力不能单独算出，必须和其他弯头联解才能算出，这种情况本文暂不考虑。

在土质较干，回填较密实的地段，摩擦并非很小，这种情况下当管道升温时，弯头两侧直管的过渡段长度是有限的。由于纵向弯头的夹角通常都较小，两侧直管的过渡段长度必然是比较短的。只要弯头两侧直管足够长，存在过渡段和自锚区，则该弯头的热胀变形将与其他弯头无关，因而温度内力可以单独算出。这种自锚状态下的弯头内力值，和两臂直管较短而达不到自锚状态的弯头内力相比，总是大一些，因而该值在设计上具有参考意义。如果某个弯头的曲率半径是按自锚状态设计出来的，那么当它用于直管较短的非自锚状态时，一定是偏于安全、可用的。

本文只限于分析纵向弯头自锚状态下的温度内力，而且只分析顶朝上、曲率中心在下的弯头。因为顶朝下的弯头，完全可按参考文献[1]中的公式计算，只是侧向土压系数 C 要取大些，约在 3 kg/cm^2 左右，垂直于沟底土压的 C 值比垂直于沟壁土压的 C 值大多了。

对于顶朝上的纵向弯头，不能用参考文献[1]中的公式计算。当热胀产生弯曲变形时，直管所受到的上部土壤压力是有限的，并不与其横向弯曲位移成比例地增长。尤其是对于覆土不深的情况，单位管长所受到的上部土壤压力在有显著弯曲位移的区间几乎为一常数。因此，这种情况下的弯头温度内力不能用参考文献[1]中的公式计算，必须重新分析。这也就是本文的目的。

本文仍采用参考文献[1]中所定义的“弹性抗弯铰”模型来代替长输管道中的纵向弯头，这样分析出来的弯头弯矩值，在试验中应和弯头中部截面的弯矩相对比。

二、两臂对称锚固的纵向弯头的升温内力近似分析

设有纵向弯头夹角为 ϕ，两臂切向接管长度皆为 L，覆土和锚固情况皆对称于该弯头的分角线。图 1(a)为此结构的一半，虚线为热胀变形后的位置。

该管道覆土较浅，沟底土质又较为坚硬，这样，完全可以略去离弯头较远处直管向沟底沉陷的弯曲位移，因而管道只有向上拱起的弯曲变形，发生在靠近弯头的一侧。弯曲段的长度设为 l，它是个未知量，一般小于 L。

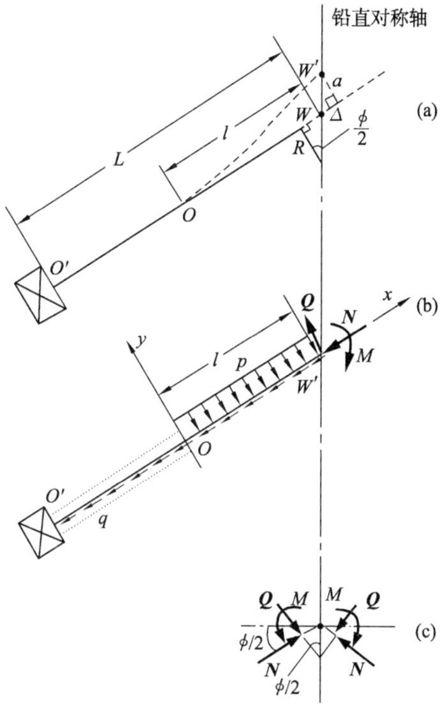

图 1

弯曲段内管道受到横向土压力，在覆土较浅的情况下，这部分土压力可视为均匀分布，单位管长上的土压力用 p 表示。

图 1(b)所示为直管的受力情况，图中 q 为单位管长所受土壤摩擦力；N，Q 分别为直管弯头端的轴向压力和横向剪力；M 为弹性抗弯铰的弯矩，即弯头的弯矩。图 1(c)为"弹性抗弯铰"的受力情况。

管道升温时弯头的温度内力来源于两侧直管的热胀变形。参看图 1(a)，由弯头变形后的位置 W' 向直管变形前的位置 $O'W$ 延长线上作垂直线，可得直管在弯头处的净伸长量为 Δ，横向挠度为 a。它们之间有着简单的几何关系

$$\Delta = a\tan\left(\frac{\phi}{2}\right) \tag{1}$$

结合图 1(b)，净伸长量 Δ 之值应为

$$\Delta = \alpha TL - \frac{qL^2}{2EF} - \frac{NL}{EF} \tag{2}$$

结合图 1(c)，将作用于弹性抗弯铰(即弯头)的剪力 Q 和轴力 N 向对称轴投影，取平衡条件可得

$$Q = N\tan\left(\frac{\phi}{2}\right) \tag{3}$$

由于弯矩 M、剪力 Q、挠度 a 以及直管弯曲段长度 l 都是和直管的弯曲变形相联系的，它们之间一定存在着规律性的关系，这些关系要分析直管弯曲的微分方程才能得出。

取直管上有弯曲段和无弯曲段的分点 O 为原点，建立坐标系 Oxy，Ox 轴沿直管轴线方

向，如图1所示。设直管的挠度曲线方程为 $y(x)$，则 $y(x)$ 应满足的弯曲微分方程为

$$\frac{\mathrm{d}^4 y}{\mathrm{d}x^4}=-\frac{p}{EJ} \tag{Ⅰ}$$

它的通解为

$$y=-\frac{px^4}{4!\ EJ}+Ax^3+Bx^2+Cx+D \tag{Ⅱ}$$

式中，A,B,C,D 为积分常数，是未知量，它们将在满足直管弯曲的边界条件时加以确定或消除；EJ 为直管截面抗弯刚度。

直管弯曲变形首先要满足以下边界条件：

$$x=0,\qquad y=0 \tag{4}$$

$$x=0,\qquad \frac{\mathrm{d}y}{\mathrm{d}x}=0 \tag{5}$$

$$x=l,\qquad y=a \tag{6}$$

$$x=l,\qquad \frac{\mathrm{d}^2 y}{\mathrm{d}x^2}=-\frac{M}{EJ} \tag{7}$$

$$x=l,\qquad \frac{\mathrm{d}^3 y}{\mathrm{d}x^3}=-\frac{Q}{EJ} \tag{8}$$

同时，还应满足以下两个附加的边界条件：

一个是直管和“弹性抗弯铰”相连处的转角连续条件：

$$x=l,\qquad \frac{\mathrm{d}y}{\mathrm{d}x}=\frac{KR\phi M}{2EJ'} \tag{9}$$

式中，R 为弯头曲率半径；K 为弯头的柔软系数（参考文献[1]中用 L 表示）；EJ' 为弯头截面的抗弯刚度。不计内压影响时应取

$$K=\frac{1.65r^2}{Rt'} \tag{Ⅲ}$$

考虑内压 p_r 影响时应将此值除以 $1+6\left(\frac{p_r r}{Et'}\right)\left(\frac{r}{t'}\right)^{4/3}\left(\frac{R}{r}\right)^{1/3}$。

还有一个条件是 O 点弯矩应该为零，因为 O 点是直管上有弯曲段和无弯曲段的分界点。从而应有

$$x=0,\qquad \frac{\mathrm{d}^2 y}{\mathrm{d}x^2}=0 \tag{10}$$

这样，共有10个代数方程：(1)，(2)，…，(10)，可定10个代数未知量：M,N,Q,a,Δ,l,A,B,C,D。

首先由(4)，(5)，(10)三式可得

$$D=0 \tag{11}$$

$$C=0 \tag{12}$$

$$B=0 \tag{13}$$

再由(6)式可得

$$A=\frac{1}{l^3}\left(a+\frac{pl^4}{4!\ EJ}\right) \tag{14}$$

将 A,B,C,D 四值代回(Ⅱ)式,可得直管的挠度曲线方程式如下:

$$y=-\frac{px^4}{4!\ EJ}+\frac{1}{l^3}\left(a+\frac{pl^4}{4!\ EJ}\right)x^3 \tag{Ⅳ}$$

$$y'=-\frac{px^3}{6EJ}+\frac{3}{l^3}\left(a+\frac{pl^4}{4!\ EJ}\right)x^2 \tag{Ⅴ}$$

$$y''=-\frac{px^2}{2EJ}+\frac{6}{l^3}\left(a+\frac{pl^4}{4!\ EJ}\right)x \tag{Ⅵ}$$

将(Ⅴ),(Ⅵ)式分别代入条件式(9)和(7),可得

$$\frac{3a}{l}-\frac{pl^3}{24EJ}=\frac{KR\phi M}{2EJ'}$$

$$\frac{6a}{l^2}-\frac{pl^2}{4EJ}=-\frac{M}{EJ}$$

由此二式联解,得到下列二式:

$$M=\frac{pl^3}{6(l+KR\phi J/J')} \tag{15}$$

$$l^4=\left(\frac{72EJa}{p}\right)\left[\frac{l+KR\phi(J/J')}{l+3KR\phi(J/J')}\right] \tag{16}$$

将(Ⅵ)代入条件式(8)可得

$$\frac{3pl}{4}-\frac{6EJa}{l^3}=Q \tag{17}$$

现在由(1)式和(2)式消去 Δ:

$$\alpha TA-\frac{qL^2}{2EF}-\frac{NL}{EF}=a\tan\left(\frac{\phi}{2}\right) \tag{18}$$

将(3)式代进(18)式消去 N:

$$\alpha TL-\frac{qL^2}{2EF}-\frac{LQ}{EF\tan\left(\frac{\phi}{2}\right)}=a\tan\left(\frac{\phi}{2}\right) \tag{19}$$

将(17)式代入(19)式消去 Q 并整理得

$$(\alpha TEF-0.5qL)\tan\frac{\phi}{2}-\frac{3pl}{4}=\left[\frac{EF}{L}\tan^2\left(\frac{\phi}{2}\right)-\frac{6EJ}{l^3}\right]a \tag{20}$$

联解(16)式和(20)式,消去 a 值,整理出决定弯曲段长度 l 的方程式如下:

$$\frac{(\alpha TEF-0.5qL)}{pl}\tan\left(\frac{\phi}{2}\right)=\frac{1}{2}(1+\xi)\left(\frac{l}{L}\right)+\left(\frac{L^2F}{12J}\right)\tan^2\left(\frac{\phi}{2}\right)(0.5-\xi)\left(\frac{l}{L}\right)^4$$

其中,

$$\xi=\frac{l}{3[l+KR\phi(J/J')]} \tag{21}$$

注意到薄壁情况下

$$J=\pi r^3t,\quad F=2\pi rt,\quad F/J=2/r^2$$

上式可化简成下列形式:

$$\frac{L^2\tan^2\left(\frac{\phi}{2}\right)}{6r^2}(0.5-\xi)\left(\frac{l}{L}\right)^4+\frac{1}{2}(1+\xi)\left(\frac{l}{L}\right)=\left(\frac{\alpha TEF-0.5qL}{pL}\right)\tan\left(\frac{\phi}{2}\right) \tag{22}$$

由于(22)式是 l 的超越方程，不可能由它得出 l 的封闭解答式。从(22)式计算 l 值只能使用迭代法或图解法。当 $\phi>20°$ 时使用迭代法较快，当 ϕ 很小时宜采用图解法，因为那时迭代法收敛较慢。

使用迭代法时，可将(22)式写成下列形式：

$$\left(\frac{l}{L}\right)^4=\frac{6r^2}{L^2(0.5-\xi)\tan^2\left(\frac{\phi}{2}\right)}\left[\left(\frac{\alpha TEF-0.5qL}{pL}\right)\tan\left(\frac{\phi}{2}\right)-\frac{1}{2}(1+\xi)\left(\frac{l}{L}\right)\right] \tag{23}$$

计算时首先取一个适当的初始近似值 $l_{(0)}$ 代入(23)式的右边，将其结果开四次方可以得出第一次近似解答 $\left(\frac{l}{L}\right)_{(1)}$，其误差一定小于 $\left(\frac{l}{L}\right)_{(0)}$。然后再以 $\left(\frac{l}{L}\right)_{(1)}$ 代入(23)式右端，计算开方后又可得出 $\left(\frac{l}{L}\right)_{(2)}$，如果 $\left(\frac{l}{L}\right)_{(n)}$ 和 $\left(\frac{l}{L}\right)_{(n-1)}$ 相差不超过 2%就可以停止了。

对于 $\phi720\times8$ 的长输管线，设 $t=t'=8$ mm，$E=2.1\times10^6$ kg/cm²，$\alpha=12\times10^{-6}$ ℃$^{-1}$，设摩擦力 $q=20$ kg/cm，横向土压力 $p=20$ kg/cm，按照计算结果，在 20 m$<L<$120 m 的范围内，l 大约介于 11～15 m 之间变化，因此作为初始近似值可取 $l_{(0)}=13$ m。

【例题】 设已知 $L=80$ m，$\phi=20°$，其他基本数据如上述。求弯曲段长度 l 值。

【解】 按已知数据有：$\tan\left(\frac{\phi}{2}\right)=0.1763$，$\tan^2\left(\frac{\phi}{2}\right)=0.0312$，$\frac{L^2}{6r^2}=8200$，$pL=qL=1.6\times10^5$ kg，$\alpha TEF=2.73\times10^5$ kg，$KR\phi=945$ cm，代入(23)式后化成

$$\left(\frac{l}{L}\right)^4=\frac{1}{256(0.5-\xi)}\left[0.213-0.5(1+\xi)\left(\frac{l}{L}\right)\right]$$

取 $l_{(0)}=13$ m，$\left(\frac{l}{L}\right)_{(0)}=0.163$，$\xi_{(0)}=0.193$，代入上式右边，计算可得 $\left(\frac{l}{L}\right)^4_{(1)}=14.65\times10^{-4}$，$\left(\frac{l}{L}\right)_{(1)}=0.196$，$l_{(1)}=15.7$ m，相应可得 $l_{(2)}=15.1$ m，$l_{(3)}=15.2$ m，$l_{(3)}$ 和 $l_{(2)}$ 相差只有 0.7%，故 $l=15.2$ m。

算出 l 值后其他各未知量皆可由之算出，由前边各代数方程可得

$$a=\frac{pl^4}{72EJ}\left(\frac{l+3KR\phi J/J'}{l+KR\phi J/J'}\right)=10.6\ \text{cm}$$

$$\Delta=a\tan\left(\frac{\phi}{2}\right)=1.87\ \text{cm}$$

$$M=\frac{pl^3}{6(l+KR\phi J/J')}=4.76\times10^6\ \text{kg}\cdot\text{cm}$$

$$Q=\frac{pl}{2}\left[1+\frac{l}{3(l+KR\phi J/J')}\right]=18.3\times10^3\ \text{kg}$$

$$N=\frac{Q}{\tan\left(\frac{\phi}{2}\right)}=104\times10^3\ \text{kg}$$

三、自锚状态纵向弯头的温度内力

当弯头两侧直管足够长时，离开弯头一定距离 L 后，远方的直管将自行锚固，此 L 值就

是过渡段长度，可用 L_{go} 表示。和 L_{go} 相应的弯曲段长度可用 l_{go} 表示。由于自然锚固状态下的弯头温度内力比人为锚固状态下的弯头温度内力大，因而计算自锚状态下的 L_{go} 值和相应的弯头温度内力具有较为重要的实用意义。

自锚状态下的 L 值和 l 值（即 L_{go} 和 l_{go}）除应满足方程式(22)之外，还应满足过渡段轴向受力的平衡方程

$$N+qL=\alpha TEF \tag{24}$$

由前已知

$$N=\frac{pl}{2\tan\left(\frac{\phi}{2}\right)}(1+\xi) \tag{25}$$

故(24)式化为

$$L=\frac{1}{q}\left[\alpha TEF-\frac{pl}{2\tan\left(\frac{\phi}{2}\right)}(1+\xi)\right] \tag{26}$$

将(26)式代入(22)式，消去其中的 L 值并经过化简，可得到决定 l 的方程如下：

$$l^2=\frac{\sqrt{3}r}{\sqrt{(0.5-\xi)pq\tan\left(\frac{\phi}{2}\right)}}\left[\alpha TEF-\frac{pl}{2\tan\left(\frac{\phi}{2}\right)}(1+\xi)\right] \tag{27}$$

这里 ξ 仍然含有 l 值，如(21)式所示。故由(27)式计算 l 值时仍要使用迭代法。求得 l 以后代入(26)式，可得过渡段长 L_{go} 为

$$L_{go}=\left(\frac{l^2}{r}\right)\sqrt{\frac{(0.5-\xi)p}{3q}\tan\left(\frac{\phi}{2}\right)} \tag{28}$$

为了加速使用迭代法由(27)式计算 l 值的收敛过程，在(27)式中相对于显函数 l 解成如下形式：

$$l_{go}=\frac{(1+\xi)r}{4\tan^{3/2}\left(\frac{\phi}{2}\right)}\sqrt{\frac{3p}{(0.5-\xi)q}}\left[\sqrt{1+\frac{16\tan^{5/2}\left(\frac{\phi}{2}\right)}{(1+\xi)^2pr}\sqrt{\frac{(0.5-\xi)q}{3p}}\,\alpha TEF}-1\right] \tag{29}$$

式中，ξ 仍如(21)式，为

$$\xi=\frac{l}{3(l+KR\phi J/J')}$$

由于 ξ 值相当小，它经过 $1+\xi$ 和 $\sqrt{0.5-\xi}$ 等关系给(29)式计算 l 值带来的误差很小，实践可以证明，该误差比计算 ξ 值时所采用的初始值 $l_{(0)}$ 的误差小多了。因此，利用(29)式计算 l 值收敛很快，一次近似结果或二次近似结果就足够准确了。下面举例表明。

【例题】设已知某管线的结构和土质数据如下：$r=36$ cm，$t=t'=0.8$ cm，$R=180$ cm，$p=20$ kg/cm，$q=20$ kg/cm，$E=2.1\times10^6$ kg/cm^2，$\alpha=12\times10^{-6}$ °C^{-1}，$\Delta T=60$ °C，弯头夹角 $\phi=30°$。不计内压影响，要求计算过渡段长度 L_{go} 及相应的弯曲段长度 l_{go}。

【解】　设取 $l_{(0)}=1\ 500$ cm，按(21)式算得初始值 $\xi_{(0)}=0.171\ 5$。将各已知值代入(29)式右端计算后可得 $l_{(1)}=1\ 480$ cm，由于 $l_{(1)}$ 和 $l_{(0)}$ 相差小于 2%，不需要再往下算，就取 $l_{go}=$

1 480 cm。代入(28)式后可得过渡段长度为 $L_{go}=104$ m。既得 l_{go}值,利用前面的计算式很易求得弯头内力

$$M=\frac{1}{2}\xi p l_{go}^2=3.73\times10^6\ \text{kg}\cdot\text{cm}$$

$$N=\frac{p l_{go}}{2\tan\left(\frac{\phi}{2}\right)}(1+\xi)=64.5\times10^3\ \text{kg}$$

如果弯头夹角为 $\phi=90°$,我们仍取 $l_{(0)}=1\ 500$ cm,则有 $\xi_{(0)}=0.087\ 1$,代入(29)式右端经计算可得 $l_{(1)}=1\ 125$ cm,相应的 $\xi_{(1)}=0.069\ 8$。再将 $l_{(1)}$ 和 $\xi_{(1)}$ 代入(29)式右端进行计算,可得 $l_{(2)}=1\ 112$ cm,这样 $\xi_{(2)}=0.069\ 3$。第二次迭代所得结果和第一次迭代所得结果相差只约 1.2%,可见收敛之快。如果继续算下去,可得 $l_{(3)}=1\ 118$ cm,相应的 $\xi_{(3)}=0.069\ 6$,和上次结果相差约 0.6%。一般看来第一次迭代所得的结果确是足够准确的,故使用(29)式计算 l 值相当方便。现在我们取 $l_{go}=1\ 118$ cm,$\xi=0.069\ 6$,代入(28)式后得到过渡段长度 $L_{go}=131$ m,与之相应的弯头内力为

$$M=\frac{1}{2}\xi p l_{go}^2=8.7\times10^5\ \text{kg}\cdot\text{cm}$$

$$N=\frac{p l_{go}}{2\tan\left(\frac{\phi}{2}\right)}(1+\xi)=11.92\times10^3\ \text{kg}$$

比较一下,可见 90°夹角弯头的温度内力比 30°夹角弯头的温度内力小得多。

图 2(a),图 2(b)和图 2(c)所示是 ϕ 由 0°增至 90°时,弯头温度内力的变化情况,以及相应的过渡段长度,基本已知数据都和上述例题相同。

由图 2(a)可见,当管系存在摩擦力,$q=20$ kg/cm 时,过渡段长度 L_{go}并不太长,尤其是对于小拐弯的直管(例如 $\phi<20°$),L_{go}不足 100 m。因此,在这种条件下管线中两侧直管较长的弯头的温度内力将与相邻的其他弯头无关,可以单独计算出来。

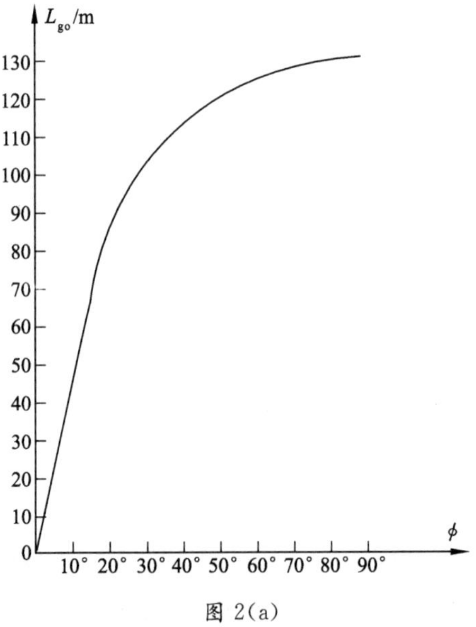

图 2(a)

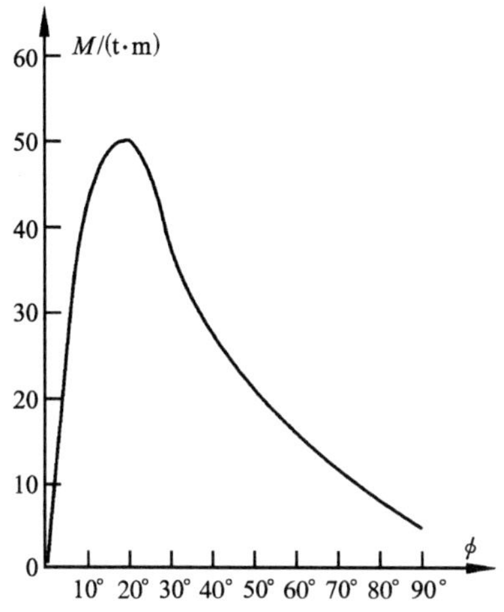

图 2(b)

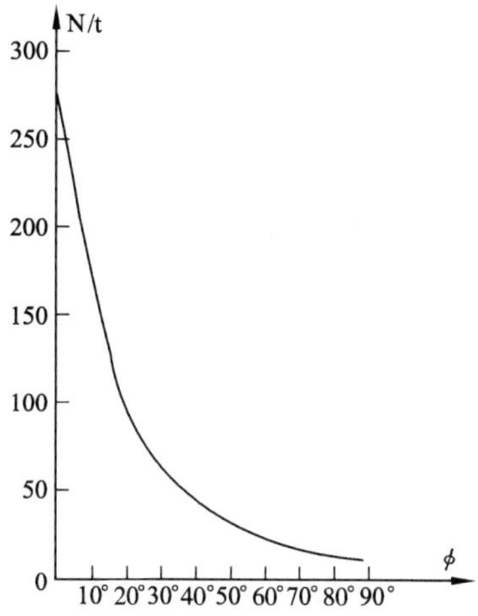

图 2(c)

由图 2(b)可见，较大的温度弯矩发生在 $\phi=7°$ 至 $\phi=40°$ 之间，当 $\phi\approx20°$ 时弯矩最大，而这类夹角的弯头在长输管线上用得很多，因此这种特性值得设计工作者注意。

由图 2(c)可见，弯头端直管的轴向压力 N 随着夹角 ϕ 的增大单调下降。当 $\phi=0$ 时，N 值最大，其值为 αTEF，这是合理的。

最后应该提一下，如果需要考虑内压 p_r 的影响，不仅只要对弯头的柔软系数 K 加以修正(在列出Ⅲ式时已经指出)，同时还要对内压在弯头处的封头力影响以及内压对直管轴向伸长变形的波桑效应加以考虑。这种影响和效应的考虑结果，应在以上分析中将数组 αTEF 改为 $\alpha TEF+(1-2\mu)\pi r^2 p_r$，这里 μ 为波桑系数，p_r 为管道内压。此外，就轴向压力 N 而言，还应同时将所得结果减去 $\pi r^2 p_r$。

四、纵向弯头的温度应力及其降低措施

前面两节对纵向弯头的温度内力进行了近似分析。弯头的温度内力中主要量为弯矩 M。M 的大小直接决定弯头由于升温引起的最大弯曲应力：环向弯曲应力 $\sigma_{q\max}$ 和纵向弯曲应力 $\sigma_{L\max}$，设应力放大系数分别为 β_q 和 β_L，则有

$$\sigma_{q\max}=\beta_q\left(\frac{M}{\pi r^2 t'}\right) \tag{30}$$

$$\sigma_{L\max}=\beta_L\left(\frac{M}{\pi r^2 t'}\right) \tag{31}$$

按照参考文献[1]，对于 $R>4D$ 的大口径薄壁弯头可取

$$\beta_q=1.80\left(\frac{r^2}{Rt'}\right)^{2/3} \tag{32}$$

$$\beta_L=0.835\left(\frac{r^2}{Rt'}\right)^{2/3} \tag{33}$$

不难说明，弯头曲率半径 R 的大小对温度内力 M 影响不大，而对温度应力 $\sigma_{q\max}$ 和 $\sigma_{L\max}$ 影响很大。由于 R 对 M 的影响是通过乘积 KR 起作用的，而当 R 增大时 K 总是减小，故乘积 KR 变化不大，因而对 M 值影响不大。但是由于 R 的加大而 β_q 和 β_L 值显著降低，故温度

应力将显著降低。若设计时不直接考虑内压对温度应力的影响，采用(Ⅲ)式计算 K 值时显然 KR 值和 R 无关，因而 M 值等和 R 值无关。此时，温度应力随曲率半径的加大而减小的关系就十分清楚了。

由此可见：降低弯头温度应力的最好措施是加大曲率半径 R，效果显著、成本低。

其他许多方法也能解决弯头的温度应力问题，例如安装锚固墩、采取特殊的回填工艺(先通热后回填)等，都有成本高而施工困难的缺点，尤其是对山区地带更是如此。

曲率半径 R 应该取为多大合适，有两种考虑方案，一种是弹性方案，这和我们在参考文献[1]中已经使用过的一样，按其中(68)式

$$\frac{R}{r}\geqslant\left(\frac{0.434}{r^2 t^{5/2}\sigma_*^{3/2}}\right)M^{3/2} \tag{34}$$

由于温度应力是二次应力(意指比内压应力次要的应力)，国外规范中将应力放大系数 β_q 折半计算，这相当于在上式中将弯矩 M 除以 2。这样处理将容许在弯头的局部地区有一定量的塑性变形产生。

作为粗略的例算，取 $r=36$ cm，$t=1$ cm，$\sigma_*=1\,600$ kg/cm^2，$M=5\times10^6$ kg·cm，按完全弹性的要求，代入(34)式可得

$$\frac{R}{r}\geqslant\left(\frac{0.434}{36^2\times1^{5/2}\times1\,600^{3/2}}\right)\times(5\times10^6)^{3/2}\approx58$$

即 $R\approx30D$。

如果按照温度应力为二次应力考虑，将 β_q 折半计算，相当于将 M 值折半计算，则得

$$\frac{R}{r}\geqslant\left(\frac{0.434}{36^2\times1^{5/2}\times1\,600^{3/2}}\right)\times(2.5\times10^6)^{3/2}\approx21$$

即 $R\approx10D$。我们认为完全弹性设计是没有必要的，因此取 $R\approx10D$ 是较为合理的。考虑到有的地区摩擦力较小，因而 M 较大，或者折算极限应力 σ^*(在 σ_s 中扣除内压应力等之后所剩之值)之值不足 1 600 kg/cm^2，那么 R 值还要取得大一些，不妨取 $R\approx20D$。当然，这只是对于弯头夹角 ϕ 在 20°左右而言；如果 ϕ 较大，则其 M 值迅速减低，R 并不需要如此之大。对于 90°的弯头用 $R=2.5D$ 完全可以。

据由国外考察回来的同志了解，加拿大的热输管线都是采用 $R=40D$，弯头没有出过热胀破坏事故。

参考文献

[1] 崔孝秉. 埋地长输管道水平弯头的升温载荷近似分析. 华东石油学院学报，1978(2)

埋地长输管道两臂不对称纵向弯头的温度内力近似分析

崔孝秉

一、概　述

埋地长输管线中两臂对称纵向弯头的温度内力分析已发表于参考文献[1]，该文重点为无锚状态（或称自锚状态）下弯头的温度弯矩计算。如果弯头两臂直管长度都短于过渡段长度，则其温度弯矩将小于无锚固状态下的温度弯矩。

本文给出不对称短臂情况下纵向弯头温度弯矩的计算方法，仍采用“弹性抗弯铰”作为弯头的力学计算模型。文中不只考虑两臂管长不对称，同时还考虑两臂的土壤摩擦力和横向土壤反作用力也都不对称。这样分析出的计算公式和计算方法，应用范围更广泛一些。

二、纵向弯头温度内力一般分析

设有埋地长输管道中的一段“Γ”形纵向拐弯结构如图 1 所示，结构尺寸符号标注于图中。由于管道升温膨胀，弯头邻近的直管将顶起土壤向上弯曲，在弯曲段内管道受到横向土壤反作用力 p_1 和 p_2，同时两臂直管受到土壤摩擦力 q_1 和 q_2，它们的方向都是背离弯头。

设两臂直管 L_1 和 L_2 的有效伸长量为 Δ_1 和 Δ_2，则靠近弯头的弯曲挠度应为 a_1 和 a_2。我们采用“弹性抗弯铰”的力学模型代替弯头，分析其中所受的温度内力 M, N_1, N_2, Q_1, Q_2。同时分析弯曲段长度 l_1, l_2 及变形量 $\Delta_1, \Delta_2, a_1, a_2$。

两臂直管有效伸长量 Δ_1, Δ_2 和升温值 T，摩擦力 q_1, q_2 及轴向压力 N_1, N_2 的物理关系如下：

$$\Delta_1 = L_1 \alpha T - \frac{q_1 L_1^2}{2EF} - \frac{N_1 L_1}{EF} \tag{1}$$

$$\Delta_2 = L_2 \alpha T - \frac{q_2 L_2^2}{2EF} - \frac{N_2 L_2}{EF} \tag{2}$$

挠度 a_1, a_2 与有效伸长量 Δ_1, Δ_2 的几何关系为

$$a_1 = \frac{\Delta_2 + \Delta_1 \cos\phi}{\sin\phi} \tag{3}$$

$$a_2 = \frac{\Delta_1 + \Delta_2 \cos\phi}{\sin\phi} \tag{4}$$

以上四式中 T 为升温值；ϕ 为拐弯角度（即弯头夹度）；α 为热胀系数；E 为弹性模量；F 为直管截面面积。

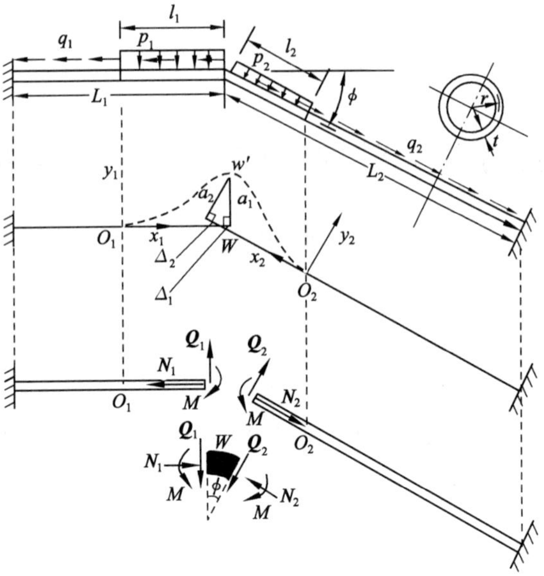

图 1 “Γ”形纵向拐弯管道

作用于“弹性抗弯铰”上的四个力 Q_1,Q_2,N_1,N_2 应满足下列平衡条件：

$$(Q_1-Q_2)\sin\frac{\phi}{2}+(N_1-N_2)\cos\frac{\phi}{2}=0 \tag{5}$$

$$(Q_1+Q_2)\cos\frac{\phi}{2}-(N_1+N_2)\sin\frac{\phi}{2}=0 \tag{6}$$

在弯曲段 l_1 和 l_2 范围内，直管弯曲的微分方程式为

$$\frac{\mathrm{d}^4 y_i}{\mathrm{d}x_i^4}=-\frac{p_i}{EJ}\qquad(i=1,2) \tag{7}$$

式中，J 为截面惯性矩。

(7)式 y_i 的通解可写为

$$y_i=-\frac{p_i x_i^4}{4!\ EJ}+\overline{A}_i x_i^3+\overline{B}_i x_i^2+\overline{C}_i x_i+\overline{D}_i \tag{8}$$

将坐标轴 x_1,y_1 和 x_2,y_2 的原点分别取在弯曲段的起点 O_1 和 O_2，则挠度函数 y_i 应在原点满足如下边界条件：

$$y_i|_{x_i=0}=0\qquad(i=1,2) \tag{9}$$

$$y_i'|_{x_i=0}=0\qquad(i=1,2) \tag{10}$$

$$y_i''|_{x_i=0}=0\qquad(i=1,2) \tag{11}$$

由此可定出积分常数：

$$\overline{B}_i=0\qquad(i=1,2) \tag{12}$$

$$\overline{C}_i=0\qquad(i=1,2) \tag{13}$$

$$\overline{D}_i=0\qquad(i=1,2) \tag{14}$$

在靠近弯头的一端，y_i 应满足边界条件：

$$y_i|_{x_i=l_i}=a_i\qquad(i=1,2) \tag{15}$$

由此可得积分常数 $\overline{A}_i$ 的值为

$$\overline{A}_i=\frac{1}{l_i^3}\left(a_i+\frac{p_i l_i^4}{4!\ EJ}\right)\qquad (i=1,2)\tag{16}$$

将 $\overline{A}_i$,$\overline{B}_i$,$\overline{C}_i$,$\overline{D}_i$ 诸值代回(8)式,最后可得挠度函数为

$$y_i=-\frac{p_i x_i^4}{4!\ EJ}+\frac{x_i^3}{l_i^3}\left(a_i+\frac{p_i l_i^4}{4!\ EJ}\right)\qquad (i=1,2)\tag{17}$$

在靠近弯头的一端,挠度函数 y_1,y_2 还应该和弯头的温度内力 M,Q_1,Q_2 共同满足如下五个连续条件:

$$y_i''|_{x_i=l_i}=-\frac{M}{EJ}\qquad (i=1,2)\tag{18}$$

$$y_i'''|_{x_i=l_i}=-\frac{Q_i}{EJ}\qquad (i=1,2)\tag{19}$$

$$\sum_{i=1}^{2}\left(y_i'|_{x_i=l_i}\right)=\frac{KR\phi M}{EJ'}\tag{20}$$

这里 K 为弯头的柔软系数,R 为弯头的曲率半径,J'为弯头的截面惯性矩。

将(17)式所表达的挠度函数 y_i 代入(18)~(20)诸连续条件,可得下列五个代数方程:

$$\frac{6a_i}{l_i^2}-\frac{p_i l_i^2}{4EJ}=-\frac{M}{EJ}\qquad (i=1,2)\tag{21}$$

$$\frac{6EJa_i}{l_i^3}-\frac{3p_i l_i}{4}=-Q_i\qquad (i=1,2)\tag{22}$$

$$\sum_{i=1}^{2}\left(\frac{3a_i}{l_i}-\frac{p_i l_i^3}{24EJ}\right)=\frac{KR\phi M}{EJ'}\tag{23}$$

以上总共得到(1),(2),(3),(4),(5),(6),(21),(22),(23)11 个代数方程式,可以联解出 11 个未知量:M,N_1,N_2,Q_1,Q_2,Δ_1,Δ_2,a_1,a_2,l_1,l_2。

由于方程组中含有 l_1,l_2 的高次项,故为非线性代数方程组,不可能求出诸未知量的封闭解,只能采用逐渐近似的迭代法求取数值解。

为计算方便起见,先消去 Δ_1,Δ_2,Q_1,Q_2,M 五个未知量,将问题转化成由下列六个代数方程式求解六个未知量:a_1,a_2,l_1,l_2,N_1,N_2。此六式的来源和结果如下:

由(1),(2),(3),(4)四式消去 Δ_1,Δ_2 可得

$$a_1=\frac{1}{EF\sin\phi}\left[L_2\left(\alpha TEF-\frac{q_2 L_2}{2}-N_2\right)+L_1\left(\alpha TEF-\frac{q_1 L_1}{2}-N_1\right)\cos\phi\right]\tag{24}$$

$$a_2=\frac{1}{EF\sin\phi}\left[L_1\left(\alpha TEF-\frac{q_1 L_1}{2}-N_1\right)+L_2\left(\alpha TEF-\frac{q_2 L_2}{2}-N_2\right)\cos\phi\right]\tag{25}$$

由(21)式和(23)式消去 M 后可得

$$l_1=\frac{\sqrt[4]{\dfrac{72EJa_1}{p_1}}}{\left[3-\dfrac{l_1+\left(\dfrac{p_2 l_2^2}{p_1 l_1^2}\right)l_2}{0.5(l_1+l_2)+KR\phi J/J'}\right]^{1/4}}\tag{26}$$

$$l_2=\frac{\sqrt[4]{\dfrac{72EJa_2}{p_2}}}{\left[3-\dfrac{\left(\dfrac{p_1 l_1^2}{p_2 l_2^2}\right)l_1+l_2}{0.5(l_1+l_2)+KR\phi J/J'}\right]^{1/4}}\tag{27}$$

由(5)、(6)、(22)式消去 Q_1,Q_2 后可得

$$N_1=\frac{3}{8}(Ap_1l_1+Bp_2l_2)-3EJ\left[A\left(\frac{a_1}{l_1^3}\right)+B\left(\frac{a_2}{l_2^3}\right)\right] \tag{28}$$

$$N_2=\frac{3}{8}(Bp_1l_1+Ap_2l_2)-3EJ\left[B\left(\frac{a_1}{l_1^3}\right)+A\left(\frac{a_2}{l_2^3}\right)\right] \tag{29}$$

式中,$A=\cot\frac{\phi}{2}-\tan\frac{\phi}{2}$,　　$B=\cot\frac{\phi}{2}+\tan\frac{\phi}{2}$。

由以上所得(24)、(25)、(26)、(27)、(28)及(29)六式组成的非线性代数方程组,可用迭代法算出 a_1,a_2,l_1,l_2,N_1,N_2 诸未知量的数值解。由于(26)及(27)式的四次开根关系,误差减小较快,迭代收敛也较快。考虑到 N_1,N_2 随弯头夹角变化的关系较强,随臂长变化的关系较缓,而且范围也比较好定,故选取六个未知量的零次近似值时,宜从 N_1 及 N_2 开始。

在参考文献[1]中已经给出两臂对称情况下的解法,特别是无锚固状态下的解法,并给出了 $\phi720\times8$ 管线升温 $T=60$ ℃时的无锚状态下的 N 随拐角 ϕ 变化的曲线。可以取无锚状态下的 N 值(以 $N_{无}$ 表之),根据 $(L_1+L_2)/2$ 比过渡段长度 L_{go} 短小的程度略为加以减小,作为 N_1 和 N_2 的零次近似值,即取:

$$N_{1(0)}=N_{2(0)}=N_{无} \tag{30}$$

相应地,l_1 和 l_2 的零次近似值可以简便地取为

$$l_{1(0)}=l_{2(0)}=\left(\frac{3\tan\frac{\phi}{2}}{p_1+p_2}\right)N_{无} \tag{31}$$

在(24)式和(25)式中将 N_1 和 N_2 用 $N_{1(0)}$ 和 $N_{2(0)}$ 代入,即可得 a_1 和 a_2 的零次近似值 $a_{1(0)}$ 及 $a_{2(0)}$。

一次近似解由 l_1 和 l_2 开始计算。将零次近似值 $a_{1(0)}$,$a_{2(0)}$ 及 $l_{1(0)}$,$l_{2(0)}$ 代入(26)式和(27)式的右端,即可算得一次近似值 $l_{1(1)}$ 和 $l_{2(1)}$。如果将所得 $l_{1(1)}$ 和 $l_{2(1)}$ 再代入(26)式及(27)式右端重新计算一次,则可得到更为准确的 $l_{1(1)}$ 和 $l_{2(1)}$ 值。将所得 $l_{1(1)}$ 和 $l_{2(1)}$ 的值连同 $a_{1(0)}$ 和 $a_{2(0)}$ 的值代入(28)式和(29)式,可以算出 N_1 和 N_2 的一次近似值 $N_{1(1)}$ 及 $N_{2(1)}$。再将所得 $N_{1(1)}$ 及 $N_{2(1)}$ 的值代入(24)式和(25)式,便可求得 a_1 和 a_2 的一次近似值 $a_{1(1)}$ 和 $a_{2(1)}$。

重复进行上述迭代计算过程,可以得出诸未知量的高次近似值。如果第 $n+1$ 次近似解的六个数值和第 n 次近似解的六个数值相比,差异都不超过1%,则计算可告结束。计算表明,二次近似解已足够准确,且工作量不大。

求得未知量 l_1,l_2,a_1,a_2,N_1 及 N_2 的数值解后,弯头的弯矩值可按下式计算:

$$M=\frac{p_1l_1^3+p_2l_2^3}{12\left(\frac{l_1+l_2}{2}+KR\phi J/J'\right)} \tag{32}$$

其他各量如 Q_1 及 Q_2 可按(22)式计算,Δ_1 及 Δ_2 可按(1)式及(2)式计算。

三、例题计算及讨论

【例Ⅰ】 已知埋地纵向"Γ"形管道的数据为:$D=72$ cm,$t=t'=0.8$ cm,$R=2.5D=180$ cm,$\phi=20°$,$L_1=40$ m,$L_2=80$ m,$p_1=p_2=20$ kg/cm,$q_1=q_2=20$ kg/cm,$E=2.1\times10^6$ kg/cm^2,$\alpha=12\times10^{-6}$ ℃$^{-1}$,并知管道升温 $T=60$ ℃。要求计算 l_1,l_2,a_1,a_2,N_1,N_2 及

M 值。

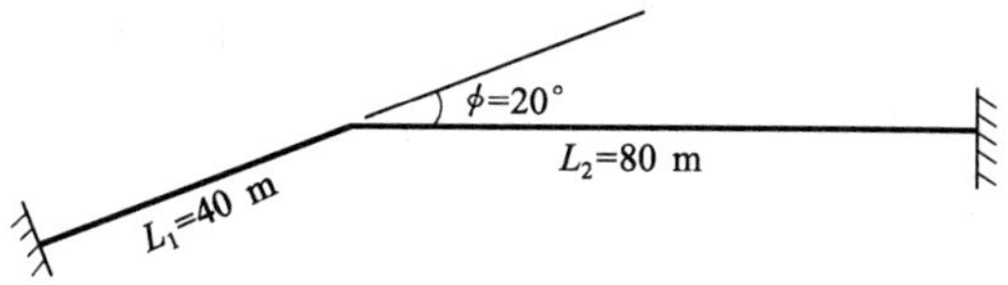

【解】 按题中数据先算好一些数组：

$$EF=3.81\times10^{8}\ \text{kg}$$

$$\alpha TEF-\frac{q_2L_2}{2}=1.94\times10^{5}\ \text{kg}$$

$$\alpha TEF-\frac{q_1L_1}{2}=2.34\times10^{5}\ \text{kg}$$

$$\frac{1}{EF\sin\phi}=0.77\times10^{-8}\ \text{kg}^{-1}$$

$$K=\frac{1.65}{(Rt'/r^2)}=15$$

$$KR\phi J/J'=942.3\ \text{cm}$$

$$EJ=2.46\times10^{11}\ \text{kg}\cdot\text{cm}^2$$

$$\sqrt[4]{72EJ/p_1}=970\ (\text{cm})^{3/4}$$

$$A=5.4949$$

$$B=5.848$$

① 选取零次近似值

根据参考文献[1]中图 2(c)的 N 曲线，取：

$$N_{1(0)}=N_{2(0)}=10^{5}\ \text{kg}$$

按照(31)式取：

$$l_{1(0)}=l_{2(0)}=1\,322\ \text{cm}$$

按照(24)式及(25)式取：

$$a_{1(0)}=0.77\times10^{-8}\times(8\,000\times0.94\times10^{5}+4\,000\times1.34\times10^{5}\times0.94)=9.67\ (\text{cm})$$

$$a_{2(0)}=0.77\times10^{-8}\times(4\,000\times1.34\times10^{5}+8\,000\times0.94\times10^{5}\times0.94)=9.57\ (\text{cm})$$

② 计算一次近似值

将 $a_{1(0)}, a_{2(0)}, l_{1(0)}, l_{2(0)}$ 代入(26)式及(27)式的右端计算 l_1 和 l_2 的一次近似值：

$$l_{1(1)}=970\times\sqrt[4]{\frac{9.67}{1.832}}=1\,470\ (\text{cm})$$

$$l_{2(1)}=970\times\sqrt[4]{\frac{9.57}{1.832}}=1\,467\ (\text{cm})$$

由于所得值和 $l_{1(0)}, l_{2(0)}$ 相差较大，需要将所得值再代入(26)式及(27)式的右端重复迭代一次：

$$l_{1(1)}=970\times\sqrt[4]{\frac{9.67}{1.7829}}=1\,480\ (\text{cm})$$

$$l_{2(1)}=970\times\sqrt[4]{\frac{9.57}{1.7792}}=1\,477\ (\text{cm})$$

第二次所得到的 $l_{1(1)}$ 和 $l_{2(1)}$ 值与第一次所得到的值相差小于 1%，故第二次所得到的 $l_{1(1)}$ 和 $l_{2(1)}$ 值可视为相对于 $a_{1(0)}$ 和 $a_{2(0)}$ 值满足(26)式及(27)式的准确解。

将 $l_{1(1)}$，$l_{2(1)}$，$a_{1(0)}$ 及 $a_{2(0)}$ 代入(28)式及(29)式右端计算 N_1 和 N_2 的一次近似值：

$$N_{1(1)}=\frac{3}{8}\times 20\times(5.495\times 1\,480+5.848\times 1\,477)-3\times 246\times\left(5.495\times\frac{9.67}{1.480^3}+5.848\times\frac{9.57}{1.477^3}\right)=1.008\,6\times 10^5(\text{kg})$$

$$N_{2(1)}=\frac{3}{8}\times 20\times(5.848\times 1\,480+5.495\times 1\,477)-3\times 246\times\left(5.848\times\frac{9.67}{1.480^3}+5.495\times\frac{9.57}{1.477^3}\right)=1.008\,65\times 10^5(\text{kg})$$

再将所得 $N_{1(1)}$，$N_{2(1)}$ 代入(24)式及(25)式计算 a_1 和 a_2 的一次近似值：

$$a_{1(1)}=0.77\times(8\times 0.931\,35+4\times 1.331\,4\times 0.94)=9.591\,8\ (\text{cm})$$

$$a_{2(1)}=0.77\times(4\times 1.331\,4+8\times 0.931\,35\times 0.94)=9.493\,6\ (\text{cm})$$

③ 计算二次近似值

将 $a_{1(1)}$，$a_{2(1)}$，$l_{1(1)}$，$l_{2(1)}$ 代入(26)式及(27)式的右端计算可得：

$$l_{1(2)}=970\times\sqrt[4]{\frac{9.592}{1.780\,9}}=1\,478\ (\text{cm})$$

$$l_{2(2)}=970\times\sqrt[4]{\frac{9.494}{1.776\,0}}=1\,475\ (\text{cm})$$

$l_{1(2)}$，$l_{2(2)}$ 和 $l_{1(1)}$，$l_{2(1)}$ 相差已小于 0.2%，(26)式及(27)式关于 $l_{1(2)}$ 及 $l_{2(2)}$ 无须再进行迭代。

将 $l_{1(2)}$，$l_{2(2)}$，$a_{1(1)}$，$a_{2(1)}$ 代入(28)式、(29)式可得 N_1 及 N_2 的二次近似值：

$$N_{1(2)}=1.007\,89\times 10^5\ \text{kg}$$

$$N_{2(2)}=1.007\,90\times 10^5\ \text{kg}$$

最后将 $N_{1(2)}$，$N_{2(2)}$ 代入(24)式、(25)式得到：

$$a_{1(2)}=9.598\ \text{cm}$$

$$a_{2(2)}=9.500\ \text{cm}$$

由于第二次近似解的六个值和第一次近似值的六个值相差都不超过 1%，计算结束。

④ 计算弯头弯矩值并加以讨论

将所得 $l_{1(2)}$ 及 $l_{2(2)}$ 值代入(32)式可得：

$$M=\frac{20\times(1\,478^3+1\,475^3)}{12\times(1\,476.5+942.3)}=44.36\times 10^5(\text{kg}\cdot\text{cm})$$

如果将本题折合成 $L=0.5(L_1+L_2)=60$ m 的对称情况进行计算，按参考文献[1]的计算方法，简便地可得弯曲段长度 $l_{对}=1\,494.4$ cm，弯头弯矩 $M_{对}=45.65\times 10^5$ kg·cm，此值比 44.36×10^5 kg·cm 大。由此可见，当纵向管道比较平坦，弯头两臂的横向土压反力及土壤摩擦力基本一样时，不等臂长的弯头温度内力可以折合成等臂长的情况进行计算，误差并不大。

对于 $\phi=20^\circ$、两臂直管很长的情况，必须按自锚状态进行计算。按参考文献[1]的方法所得结果，其过渡段长度为 $L_{go}=85$ m，其弯曲段长度 $l_{go}=1\ 526$ cm，相应的弯头弯矩为 $M_{无}=48\times10^5$ kg · cm。该值比本例题 $L_1=40$ m，$L_2=80$ m 的情况下的 M 值大 8.2%。

【例Ⅱ】 设已知弯头夹角 $\phi=60°$，两臂横向土压反力为 $p_1=20$ kg/cm，$p_2=10$ kg/cm，其他各项数据皆和例Ⅰ相同，要求计算弯头的 M 值。

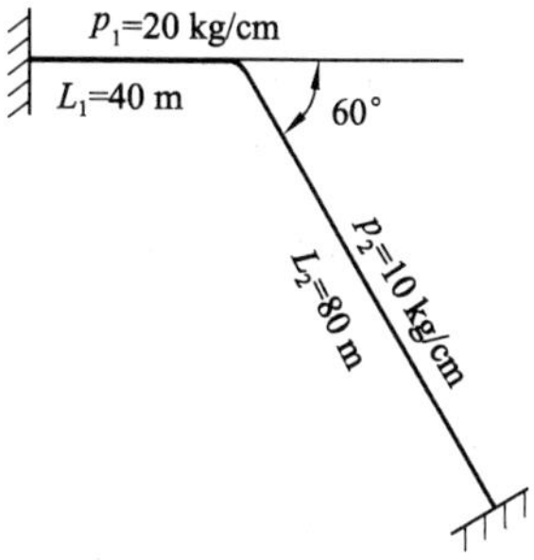

【解】 $KR\phi=2\ 827.4$ cm，$A=1.154\ 7$，$B=2.309\ 4$，

其他各数组值同例Ⅰ。

① 取零次近似值

根据参考文献[1]中图 2(c)的 N 曲线，取：

$$N_{1(0)}=N_{2(0)}=0.2\times10^5\ \text{kg}$$

相应可得：

$$l_{1(0)}=l_{2(0)}=\left(\frac{3\times0.577\ 4}{20+10}\right)\times0.2\times10^5=1\ 155\ (\text{cm})$$

$$a_{1(0)}=5.514\ 4\ \text{cm}$$

$$a_{2(0)}=4.702\ \text{cm}$$

② 计算一次近似值

$$l_{1(1)}=970\times\sqrt[4]{\frac{5.514\ 4}{2.565\ 0}}=1\ 174.6\ (\text{cm})$$

$$l_{2(1)}=970\times\sqrt[4]{\frac{4.702}{2.129\ 9}}=1\ 406\ (\text{cm})$$

将 $l_{1(1)}$，$l_{2(1)}$ 和 $a_{1(0)}$，$a_{2(0)}$ 再代入(26)式、(27)式右端计算一次得到更准确的一次近似值：

$$l_{1(1)}=1\ 185.7\ \text{cm}$$

$$l_{2(1)}=1\ 385.2\ \text{cm}$$

将它们代入(28)式及(29)式算出 N_1 和 N_2 的一次近似值为：

$$N_{1(1)}=0.164\ 30\times10^5\ \text{kg}$$

$$N_{2(1)}=0.193\ 89\times10^5\ \text{kg}$$

将所得 $N_{1(1)}$ 和 $N_{2(1)}$ 代入(24)式和(25)式可得 a_1 和 a_2 的一次近似值为：

$$a_{1(1)}=5.551\ \text{cm}$$

$$a_{2(1)}=4.753\ \text{cm}$$

③ 计算二次近似值

$$l_{1(2)}=970\times\sqrt[4]{\frac{5.551}{2.481\ 9}}=1\ 186.2\ (\text{cm})$$

$$l_{2(2)}=970\times\sqrt[4]{\frac{4.752}{2.240\ 8}}=1\ 392.1\ (\text{cm})$$

$$N_{1(2)}=0.164\ 86\times10^5\ \text{kg}$$

$$N_{2(2)}=0.194\ 00\times10^5\ \text{kg}$$

$$a_{1(2)}=5.550\ \text{cm}$$

$$a_{2(2)}=4.752\ \text{cm}$$

它们都和第一次近似值相差不超过 1%。

④ 计算弯头弯矩值

按照(32)式：

$$M=\frac{20\times 1\ 186.2^3+10\times 1\ 392.1^3}{12\times\left(\frac{1\ 186.2+1\ 392.1}{2}+2\ 827.4\right)}=12.22\times 10^5(\mathrm{kg\cdot cm})$$

如果折合成 $L=60$ m，$p=15$ kg/cm 的对称情况进行计算，可得 $M_{对}=17.27\times 10^5$ kg·cm，超过 M 值较多，约为 40%，故此种情况下不宜采用折合计算。

四、结束语

由本文分析可见，纵向弯头的温度内力计算比水平弯头的温度内力计算（参考文献[2]）复杂一些，因为前者得不出封闭解，只能用循环迭代的方法求取数值解。计算的收敛过程不慢，二次近似值就足够准确。

如果某段管路比较平坦，纵向弯头两臂横向土压反力及摩擦力都基本相同，则两臂不对称的情况可以折合成两臂对称的情况进行计算，误差不大。如果纵向弯头两臂横向土压反力相差较大，则不宜折合成对称情况计算。

例算表明，尽管纵向弯头的两臂不对称，但其两臂的弯曲段长度 l_1 和 l_2 相差并不太大。对于 $\phi720\times 8$ 的热输管线，$T=60$ ℃时，l 值多半在 10 m 至 15 m 的范围内，弯头横向位移多半在 10 cm 左右，或者更小一些。纵向弯头两臂直管内的轴向温度压力大体上和自锚状态下的数值接近，而且偏小一些，计算前者时可取后者作为零次近似值。

参考文献

[1] 崔孝秉.埋地长输管道纵向弯头温度内力的近似分析.华东石油学院学报，1980(2)
[2] 崔孝秉.埋地长输管道水平弯头的升温载荷近似分析.华东石油学院学报，1978(2)

埋地长输管道全线热胀强度问题的分割计算法

崔孝秉

在参考文献[1]～[6]中我们对埋地"Γ"形管道的热胀强度问题已进行过较为详细的研究，并在实验中取得一定的验证。本文在此基础上提出分割计算法，用以解决埋地热输管道全线热胀强度问题。按照埋地管道热胀变形的特点，一般情况下全程具有 n 个弯头的埋地长输管道总可以分割成 n 个"Γ"形管道进行计算。分割点的位置用迭代法确定，其零次近似位置可按过渡段长度的比例关系给出，收敛较快。

一、埋地管道热胀变形的特点

埋在地下的管道处处受到土壤约束，由于土壤的弹性和摩擦，管道中每一根直管如果两端没有刚性锚固，则热胀时将同时向两端产生轴向伸长。在弯头处由于两根相邻直管的轴向热胀方向不共线，互相受到横向推动而产生弯曲变形。但是，由于土壤约束反力的限制，直管的显著弯曲变形只能发生在离弯头不远的区域内，无法向远方扩大，于是每根直管的热胀变形基本上只对最近的两根相邻直管有影响，而对远方直管则影响甚小。同时，由于长输管道中直管一般都比较长，因而不但处于自锚状态的管段没有弯曲变形，在没有自锚区段的直管中部，其弯曲变形也可以近似地忽略不计。

综上所述，埋地管道的热胀变形具有以下三个特点：

(1) 介于两个弯头之间的直管，热胀时一定同时向两端有所伸长，所以在该直管的轴线上必有一个点无轴向位移。在它的两侧土壤摩擦力方向相反，该点可称为"驻点"。热胀时两个弯头之间至少存在一个驻点。

(2) 只在弯头的邻近区域内才有显著弯曲变形，离开弯头后弯曲变形衰减很快，所以在驻点处的横向位移和截面转角可以忽略不计，驻点相当于锚固点。

(3) 每根直管的变形情况主要和最近的两个弯头及两根直管有关，而和远方的弯头及直管关系甚小，所以各驻点位置之间的相关性必然不强。

二、埋地热输管道全线热胀强度问题的分割计算法

设埋地管道的全线除起点和终点被完全锚固外，整个线路上还具有 m 个人为的锚固点和 j 个自锚区，则全线的热胀强度问题可以分为 $m+j+1$ 个独立的局部管道系进行计算。

设有由 $n+1$ 根直管和 n 个弯头组成的两端锚固的局部管道系，按前述埋地管道热胀变形的特点，应具有 $n-1$ 个驻点，这些驻点将此管系分割成 n 个"Γ"形管道。各"Γ"形管道在计算驻点位置时互相有关联，驻点位置确定后，各"Γ"形管道的热胀强度问题可以单独分析。

分割计算法的关键在于确定驻点位置。我们假定长输管道的弯头弧长比直管短得多，

在管线中可以当做一个几何点看待，它的力学性能仍采用“弹性抗弯铰”（参考文献[1]）代替，则长输管道成为具有许多折点的折线，例如图3所示。由于在驻点的两侧土壤摩擦力异向，驻点位置的变动必然影响直管两端轴向顶力的大小，因此驻点位置应由直管轴向受力的平衡条件确定。

设图1所示代表管道系中任一直管的轴向受力情况及其驻点位置标号，L_i 为直管长度，x_i 为驻点 P_i 至直管左端的距离（未知量），q 为土壤摩擦力，$N_{左i}$ 和 $N_{右i}$ 为直管左端和右端所受的轴向顶力，i 为直管序号（参看图3）。我们假定管道热胀变形处于弹性阶段，而且为小变形，直管横向所受土壤约束力在直管轴向的微小分量可以略去不计，则直管轴向受力的平衡方程应为

$$N_{左i}-N_{右i}+q(2x_i-L_i)=0 \qquad (i=1,2,3,\cdots,m) \tag{A}$$

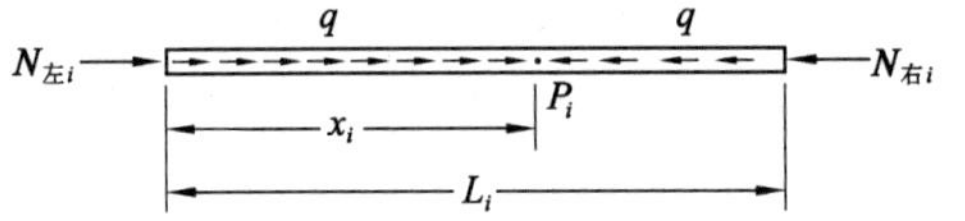

图1 第 i 根直管驻点位置及轴向受力情况

设某局部管道系共有 m 个驻点，则将有 m 个平衡方程，正好可以确定 $x_1,x_2,x_3,\cdots,x_m$ 共 m 个未知量，因此(A)式所代表的是一个代数方程组，联解(A)式可以确定 $x_1,x_2,\cdots,x_m$。(A)式中的 $N_{左i}$ 及 $N_{右i}$ 要由各自所在的“Γ”形管道中算出，它们不仅和 x_i 有关，而且还和 x_{i-1} 及 x_{i+1} 有关。根据参考文献[1]，对于水平“Γ”形管道，计算管端轴向顶力的公式简化后如下（参看图2）：

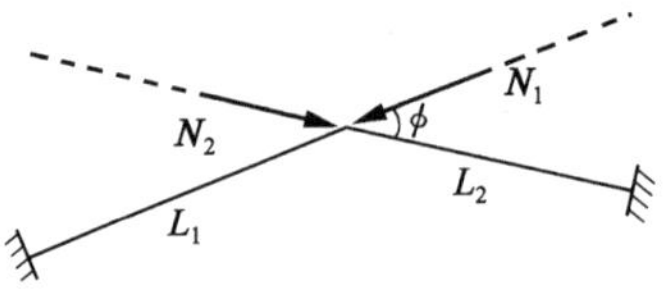

图2

$$N_1=k^3EJ(C_{N_1}a_1+C_{N_2}a_2) \tag{1}$$

$$N_2=k^3EJ(C_{N_2}a_1+C_{N_1}a_2) \tag{2}$$

在(1)式和(2)式中，

$$C_{N1}=(1+C_M)\cot\frac{\phi}{2}-\tan\frac{\phi}{2} \tag{3}$$

$$C_{N2}=(1+C_M)\cot\frac{\phi}{2}+\tan\frac{\phi}{2} \tag{4}$$

$$C_M=\frac{1}{1+kKR\phi J/J'} \tag{5}$$

$$a_1=\frac{1}{\psi}\left[\left(\alpha TL_2-\frac{qL_2^2}{2EF}\right)\left(\frac{k^3J}{F}L_1C_{N_2}+\csc\phi\right)-\left(\alpha TL_1-\frac{qL_1^2}{2EF}\right)\left(\frac{k^3J}{F}L_2C_{N_1}-\cot\phi\right)\right] \tag{6}$$

$$a_2=\frac{1}{\psi}\left[\left(\alpha TL_1-\frac{qL_1^2}{2EF}\right)\left(\frac{k^3J}{F}L_2C_{N_2}+\csc\phi\right)-\left(\alpha TL_2-\frac{qL_2^2}{2EF}\right)\left(\frac{k^3J}{F}L_1C_{N_1}-\cot\phi\right)\right] \tag{7}$$

$$\psi=\left(\frac{k^3J}{F}L_1C_{N_2}+\csc\phi\right)\left(\frac{k^3J}{F}L_2C_{N_2}+\csc\phi\right)-\left(\frac{k^3J}{F}L_1C_{N_1}-\cot\phi\right)\left(\frac{k^3J}{F}L_2C_{N_1}-\cot\phi\right) \tag{8}$$

$$k=\sqrt[4]{\frac{cr}{2EJ}},\qquad K=\frac{1.65r^2}{Rt}$$

以上诸式中，E 为材料弹性系数；α 为线胀系数；r 为直管平均半径；t 为壁厚；R 为弯头曲率半径；F 为直管截面面积；J 为截面惯性矩；c 为土壤侧向压缩反力系数；T 为管道升温值。

对于纵向"Γ"形管道，如果弯头顶朝下，则管端轴向顶力按水平管道公式(1)、(2)计算，但其中土压系数 c 的数值应取大些，因为管道是在铅垂面内压土的。如果弯头顶朝上，而且两臂不对称，根据参考文献[6]轴向顶力 N_1，N_2 要由以下六个方程进行迭代计算才能求得：

$$N_1=\frac{3}{8}(Ap_1l_1+Bp_2l_2)-3EJ\left[A\left(\frac{a_1}{l_1^3}\right)+B\left(\frac{a_2}{l_2^3}\right)\right] \tag{9}$$

$$N_2=\frac{3}{8}(Bp_1l_1+Ap_2l_2)-3EJ\left[B\left(\frac{a_1}{l_1^3}\right)+A\left(\frac{a_2}{l_2^3}\right)\right] \tag{10}$$

其中，　$A=\cot\frac{\phi}{2}-\tan\frac{\phi}{2}$，　$B=\cot\frac{\phi}{2}+\tan\frac{\phi}{2}$

$$l_1=\sqrt[4]{\left(\frac{72EJa_1}{p_1}\right)\Big/\left[3-\frac{l_1+\left(\frac{p_2l_2^2}{p_1l_1^2}\right)l_2}{\frac{1}{2}(l_1+l_2)+KR\phi J/J'}\right]} \tag{11}$$

$$l_2=\sqrt[4]{\left(\frac{72EJa_2}{p_2}\right)\Big/\left[3-\frac{\left(\frac{p_1l_1^2}{p_2l_2^2}\right)l_1+l_2}{\frac{1}{2}(l_1+l_2)+KR\phi J/J'}\right]} \tag{12}$$

$$a_1=\frac{1}{EF\sin\phi}\left[L_2\left(\alpha TEF-\frac{q_2L_2}{2}-N_2\right)+L_1\left(\alpha TEF-\frac{q_1L_1}{2}-N_1\right)\cos\phi\right] \tag{13}$$

$$a_2=\frac{1}{EF\sin\phi}\left[L_1\left(\alpha TEF-\frac{q_1L_1}{2}-N_1\right)+L_2\left(\alpha TEF-\frac{q_2L_2}{2}-N_2\right)\cos\phi\right] \tag{14}$$

以上诸式中，l_1 为左臂 L_1 的弯起段长度；l_2 为右臂 L_2 的弯起段长度；p_1 为作用于 l_1 上的单长土压力；p_2 为作用于 l_2 上的单长土压力；q_1，q_2 分别为左臂及右臂上的土壤摩擦力。

由于轴向顶力随管长 L 的变化很缓慢(参看图 8 及图 9)，当拐弯角度 ϕ 不超过 45°时，两臂不对称的"Γ"形管道可以按平均方法折换成两臂对称的"Γ"形管道计算，这对确定驻点位置引起的误差很小。在两臂对称情况下，水平"Γ"形管道中轴向顶力 N 和臂长 L 的关系如下：

$$N=\frac{\alpha TEF-0.5qL}{1+\frac{F\tan^2(\phi/2)}{2k^3JL(1+C_M)}}\qquad(L\leqslant L_{go}) \tag{15}$$

纵向"Γ"形管道(弯头顶朝上者)轴向顶力 N 和臂长 L 的关系为(参考文献[5])

$$N=\frac{(1+\xi)}{2\tan(\phi/2)}pl \tag{16}$$

$$\xi=\frac{l}{3(l+KR\phi J/J')} \tag{17}$$

$$l=L\sqrt[4]{\frac{6r^2}{L^2(0.5-\xi)\tan^2(\phi/2)}\left[\left(\frac{\alpha TEF-0.5qL}{pL}\right)\tan\left(\frac{\phi}{2}\right)-\frac{1}{2}(1+\xi)\left(\frac{l}{L}\right)\right]} \tag{18}$$

按臂长 L 由(18)式用迭代逼近法算出弯起段长度 l，然后代入(16)式算出 N。

不论是水平"Γ"形管道还是纵向"Γ"形管道，轴向顶力 N 都不是臂长 L 的线性函数，所以方程组(A)是非线性的,无法用消元法求解未知量 $x_1, x_2, \cdots, x_m$,只能使用数值法求其近似解。根据前述埋地管道热胀变形的特点,我们给出下列计算驻点位置的逐步逼近迭代法。

设有局部管道系如图 3 所示,由左端起第一根直管长度定为 L_0,然后由左向右依次定为 $L_1, L_2, L_3, \cdots$。$P_1, P_2, \cdots$ 依次代表各直管的驻点,它们的位置取决于 $x_1, x_2, \cdots$。图 3 下方是由这些驻点分割出来的一系列"Γ"形管道(Γ_1),(Γ_2),(Γ_3),…。为了用迭代法由方程组(A)计算出 x_i,我们将它改写成如下形式:

$$x_i = \frac{1}{2}\left[L_i - \frac{1}{q}(N_{左i} - N_{右i})\right] \qquad (i=1,2,3,\cdots,m) \tag{B}$$

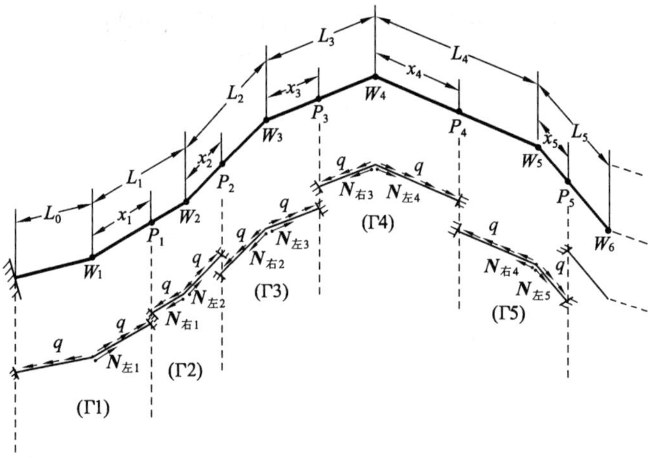

图 3 分割示意及标号

基于对"Γ"形管道的研究,已知轴向顶力 N 随臂长 L 的变化很迟缓,不难证明恒有

$$\frac{\Delta N}{N} \ll \frac{\Delta L}{L} \tag{19}$$

这由图 8 及图 9 所示的实例曲线可以很清楚地看出。因此,如果恰当地给出驻点位置的零次近似解$(x_i)_{(0)}$,由之初步定出各"Γ"形管道(Γ_1),(Γ_2),…的臂长,算出相应的轴向顶力零次近似值$(N_{左i})_{(0)}$,$(N_{右i})_{(0)}$,代入方程组(B)的右侧即可算得驻点位置的一次近似解$(x_i)_{(1)}$,它一定比零次近似解$(x_i)_{(0)}$误差小。然后再按$(x_i)_{(1)}$定出各"Γ"形管道的臂长,算出轴向顶力一次近似解$(N_{左i})_{(1)}$及$(N_{右i})_{(1)}$,然后再代入方程组(B)的右侧,又可算得二次近似解$(x_i)_{(2)}$,它一定比一次近似解$(x_i)_{(1)}$更准确。重复进行循环迭代计算,可以获得足够准确的驻点位置解,一般收敛很快。

作为驻点位置的零次近似解$(x_i)_{(0)}$,我们推荐按下列表达式计算:

$$(x_i)_{(0)} = \frac{(L_{go})_{左i}}{(L_{go})_{左i} + (L_{go})_{右i}} L_i \tag{20}$$

这里 L_{go} 代表过渡段长度,$(L_{go})_{左i}$ 指的是按照驻点 P_i 左端那个弯头算出的过渡段长度,$(L_{go})_{右i}$ 指的是按照驻点 P_i 右端那个弯头算出的过渡段长度。计算和某个弯头对应的 L_{go} 时,应将该弯头两侧的直管设想为无穷长,然后根据弯头夹角、土壤参数及管道尺寸等进行计算,或直接查阅已编制好的曲线。对于水平管道 L_{go} 的计算公式为(参考文献[1])

$$L_{go} = \sqrt{Z^2 + \left(\frac{2Z}{q}\right)\alpha TEF} - Z \tag{21}$$

其中，

$$Z=\frac{F\tan^2\left(\frac{\phi}{2}\right)}{2k^3J(1+C_M)} \tag{22}$$

对于纵向管道（弯头顶朝上者）L_{go}的计算公式为（参考文献[5]）

$$L_{go}=\left(\frac{l_{gob}^2}{r}\right)\sqrt{\frac{(0.5-\xi)p}{3q}\tan\left(\frac{\phi}{2}\right)} \tag{23}$$

其中，

$$l_{gob}=\frac{(1+\xi)r}{4\tan^{3/2}\left(\frac{\phi}{2}\right)}\sqrt{\frac{3p}{(0.5-\xi)q}}\left[\sqrt{1+\frac{16\tan^{5/2}\left(\frac{\phi}{2}\right)}{(1+\xi)^2pr}\sqrt{\frac{(0.5-\xi)q}{3p}}\alpha TEF}-1\right] \tag{24}$$

上式中的 ξ 按（17）式计算，只是（17）式中的 l 应以 l_{gob} 代替。用（24）式计算 l_{gob} 只能用循环迭代法，但收敛很快，第一次近似解或第二次近似解就足够准确了。

何以推荐（20）式作为计算 $(x_i)_{(0)}$ 的公式，现在略加解释。不难理解，驻点 P_i 至管端的距离应是管端弯头夹角的增函数，也应是管端土质松软程度的增函数，这正好和管端过渡段长度的性质类似，因此，驻点 P_i 至两端的距离可以初步按两端 L_{go} 长度之比来决定，这样就导出了（20）式作为 $(x_i)_{(0)}$ 的计算式。许多例算表明，使用（20）式时解方程组（B）的迭代计算收敛很快，通常一次近似或二次近似就具有良好的工程准确度，少数情况要算到四次近似解（可定 2%或者 1 m 为许可误差）。

如果在算出零次近似解 $(x_i)_{(0)}$ 的全部数值后，不将它们同时代入方程组（B）的右侧，而是先将 $(x_1)_{(0)}$ 和 $(x_2)_{(0)}$ 代入第一式算出 $(x_1)_{(1)}$，然后将所得 $(x_1)_{(1)}$ 及 $(x_2)_{(0)}$ 和 $(x_3)_{(0)}$ 代入第二式算出 $(x_2)_{(1)}$，接着再将所得 $(x_2)_{(1)}$ 和 $(x_3)_{(0)}$ 和 $(x_4)_{(0)}$ 代入第三式算出 $(x_3)_{(1)}$，…，如此逐式顺序迭代所得的第一次近似解本身就相当准确。

三、分割计算法例题

（1）计算图 4(a)和图 4(b)所示二个"Z"形水平管道的驻点 P_1 位置。管道规格为 $\phi720\times8$，管道升温值 $T=60$ ℃，钢材 $E=2.1\times10^6$ kg/cm²，$\alpha=12\times10^{-6}$℃$^{-1}$，土壤 $c=0.4$ kg/cm³，$q=20$ kg/cm。

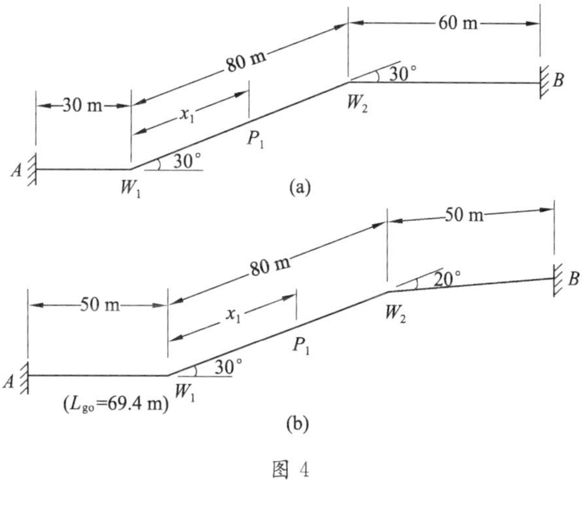

图 4

【解】 图 4(a)"Z"形管道的特点是驻点两侧的弯头夹角相同，只是弯头外侧两根直管的长度不等，故本例目的在于考察相邻直管长度对驻点位置的影响。按前述分割法，应取 $(x_1)_{(0)}=40$ m，然后由"Γ"形管道 AW_1P_1 按公式(4)算得

$$(N_{左1})_{(0)}=3\,095(4.877\times4.158+4.341\times4.098)=11.8\times10^3(\text{kg})$$

由"Γ"形管道 P_1W_2B 按公式(3)算得

$$(N_{右1})_{(0)}=3\,095(4.341\times4.565+4.877\times4.052)=129.3\times10^3(\text{kg})$$

代入(B)式可得驻点 P_1 的一次近似位置为

$$(x_1)_1=\frac{1}{2}\left(80-\frac{117.8\times10^3-129.8\times10^3}{20}\right)=4\,288\ (\text{cm})$$

再迭代一次，可得

$$(x_1)_2=\frac{1}{2}\left(80-\frac{119.4\times10^3-128.1\times10^3}{20}\right)=4\,218\ (\text{cm})$$

$(x_1)_{(2)}$ 和 $(x_1)_{(1)}$ 相差小于 2%，无需再算。结果可取 $x_1=42.2$ m。这一结果表明：相邻两根直管的长度虽然为 30 m 和 60 m，相差很大，但对驻点位置的影响并不大，只约 5%。

图 4(b)"Z"形管道的特点是驻点两侧的弯头夹角不相等，分别为 30°和 20°，但相邻直管的长度相同，均为 50 m。本例目的在于考察弯头夹角的影响。按照公式(21)算得的与弯头 W_1 及 W_2 对应的过渡段长分别为 69.4 m 及 50.5 m，故驻点 P_1 的零次近似位置应取为

$$(x_1)_{(0)}=\left(\frac{69.4}{69.4+50.5}\right)\times80=46.44\ (\text{m})$$

第一次迭代获得

$$(x_1)_{(1)}=\frac{1}{2}\left(8\,000-\frac{129.5\times10^3-170.7\times10^3}{20}\right)=5\,030\ (\text{cm})$$

第二次迭代获得

$$(x_1)_{(2)}=\frac{1}{2}\left(8\,000-\frac{130.4\times10^3-169.4\times10^3}{20}\right)=4\,975\ (\text{cm})$$

二者相差近于 1%，无需再算。取 $x_1=50$ m。由此可得驻点 P_1 至两个弯头的距离比为 5/3 =1.667，这和弯头夹角比 3/2=1.500 相差约 10%。这个结果表明：对于水平管道而言，驻点位置大体上接近于两侧弯头夹角之比，但不等于该比值。显然，驻点两侧弯头夹角比的影响大于相邻直管长度比的影响。

(2) 图 5 所示为纵向"Z"形管道，管道材料、管道尺寸及升温值和上题相同，土壤摩擦力也相同，唯独横向土壤约束力不同。"Γ"形 AW_1P_1 部分，热胀时向上弯曲顶土，取单长土压 $p=20$ kg/cm。"Γ"形 P_1W_2B 部分热胀时向下弯曲压土，取土压系数 $c=2$ kg/cm³。要求计算驻点 P_1 的位置。本例目的在于考察驻点两侧土壤约束情况不同的影响。

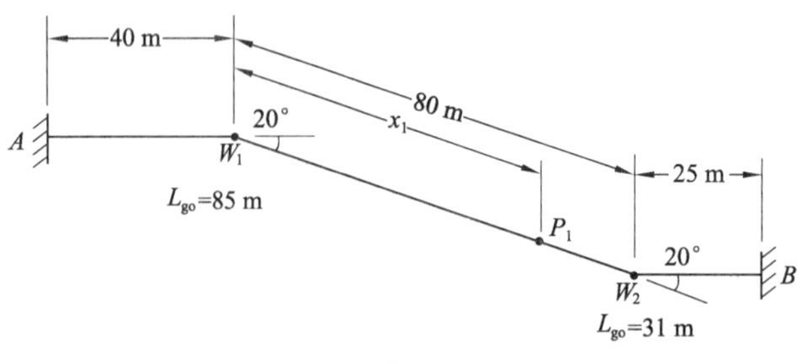

图 5

【解】 首先按照(23)式及(24)式求得弯头 W_1 处过渡段长为 85 m，按照(21)式及(22)式算得弯头 W_2 处过渡段长度为 31.2 m，故零次近似值应取为

$$(x_1)_{(0)}=\left(\frac{85}{85+31.2}\right)\times 80=58.62\ (\mathrm{m})$$

“Z”形管道 $AW_1P_1W_2B$ 按 $W_1P_1=(x_1)_{(0)}$ 分割成两个“Γ”形管道。AW_1P_1 为顶朝上的纵向“Γ”形道道，用(9)～(14)式进行迭代计算，获得

$$(l_1)_{(0)}=1\ 456\ \mathrm{cm},\qquad (l_2)_{(0)}=1\ 453\ \mathrm{cm}$$
$$(a_1)_{(0)}=9.086\ \mathrm{cm},\qquad (a_2)_{(0)}=9.021\ \mathrm{cm}$$
$$(N_1)_{(0)}=100\times 10^3\ \mathrm{kg},\qquad (N_2)_{(0)}=100\times 10^3\ \mathrm{kg}$$

P_1W_2B 为顶朝下的纵向“Γ”形管道，用(3)～(8)式进行计算，获得

$$(a_1)_{(0)}=1.439\ \mathrm{cm},\qquad (a_2)_{(0)}=1.436\ \mathrm{cm}$$
$$(N_1)_{(0)}=208.5\times 10^3\ \mathrm{kg},\qquad (N_2)_{(0)}=208.5\times 10^3\ \mathrm{kg}$$

由此可知 W_1W_2 直管两端的顶力为$(N_{左1})_{(0)}=100\times 10^3$ kg，$(N_{右2})_{(0)}=208.5\times 10^3$ kg，代入方程组(B)可得驻点 P_1 位置的一次近似解为

$$(x_1)_{(1)}=\frac{1}{2}\left(8\ 000-\frac{100\times 10^3-208.5\times 14^3}{20}\right)=6\ 712\ (\mathrm{cm})$$

取为 67 m，继续进行第二次迭代，可得$(x_1)_{(2)}=6\ 575$ cm，前后相差已小于 2%，无需再算，故驻点 P_1 的位置为 $x_1=66$ m。本例结果表明，在纵向管道中，驻点位置和两侧弯头的方位很有关系，如果两个弯头的顶点都是朝上，或都是朝下，则驻点位置大体上接近于按两端弯头夹角之比决定的部位；如果两个弯头的顶点一个朝上，另一个朝下，则驻点位置大大不同于按两端弯头夹角比所决定的部位，而是显著地偏向朝下弯头的一端。基本原因是：“Γ”形管道向上顶土阻力小，位移较大；向下压土阻力大，位移较小。由本例计算结果还可看出，同一个弯头两侧的管端顶力(N_1 和 N_2)当弯头夹角不大时基本上相同，尽管这个弯头两侧直管的长度并不相等。在长输管道中多数弯头的夹角是不大的，因此，在下面的局部管道系例题中计算轴向顶力 N 时，将采用两臂对称的“Γ”形管道的公式(15)和(16)，其中臂长 L 按$(L_1+L_2)/2$ 计算。

驻点位置确定后，弯头中部截面内的弯矩可由各自所在的“Γ”形管道中算出。因为在计算 x_i 的过程中各种数据都已齐备，故计算弯矩值相当简便。本例中 W_1 弯头的弯矩为 $M=44.5$ t·m，W_2 弯头处的弯矩为 $M=19.5$ t·m。

(3) 图 6 所示为纵向管道系，含有八根直管和七个弯头，直管长度皆短于过渡段长度，共有六个驻点。假设管道的升温值和其他已知数据皆和上例相同，要求确定驻点位置及各弯头中部截面的弯矩值。

【解】 首先列出各弯头处(假设直管很长时)的过渡段长度 L_{go} 的值。图 7 是结合本例题需要，按公式(21)和公式(23)绘制的 L_{go} 曲线。由图可直接查得各弯头处的 L_{go} 值列于表 1。

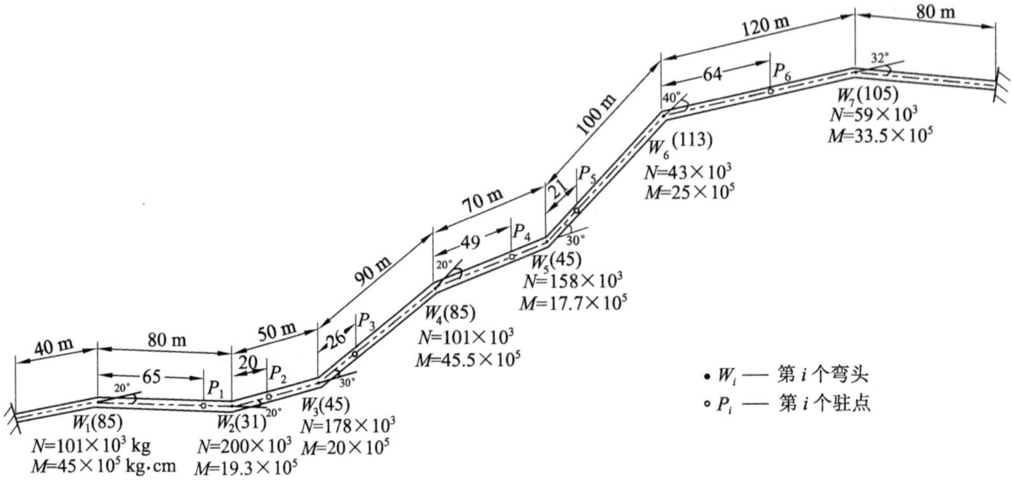

图 6 埋地纵向管道热胀内力分割计算

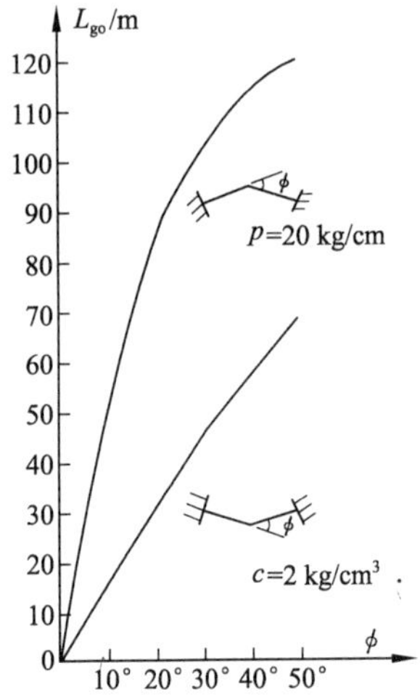

图 7 纵向管道过渡段长度曲线
(ϕ720×8, T=60 ℃, q=20 kg/cm)

表 1

弯头号	W_1	W_2	W_3	W_4	W_5	W_6	W_7
L_{go}/m	85	31	45	85	45	113	105

按照(20)式应取驻点位置的零次近似值如表 2 所示。

表 2

驻点号	P_1	P_2	P_3	P_4	P_5	P_6
$(x_i)_{(0)}$/m	59	20	31	46	28	62

根据零次近似值$(x_i)_{(0)}$，六个驻点将管道系分割成七个"Γ"形管道。为获得$(x_i)_{(1)}$值，要在各"Γ"形管道中算出轴向顶力 N。图 8 及图 9 是按公式(15)和公式(16)结合本例数据绘制的 N 曲线。根据各个"Γ"形管道平均臂长与 L_{go}之比值，迅速地由图 8 及图 9 查得 N 值，它们是和零次近似$(x_i)_{(0)}$对应的，故标之以$(N)_{(0)}$，列于表 3。

表 3 第一次迭代计算表

管端号	W_1	W_2	W_3	W_4	W_5	W_6	W_7
$(N)_{(0)}$/t	100	205	178	100	173	43	59

ΔN/t	−105	27	78	−73	130	−16
L_i/m	80	50	90	70	100	120
$\frac{1}{2}\left(L_i-\frac{\Delta N}{q}\right)$/m	66	18	26	53	18	64
驻点位置	$(x_1)_{(1)}$	$(x_2)_{(1)}$	$(x_3)_{(1)}$	$(x_4)_{(1)}$	$(x_5)_{(1)}$	$(x_6)_{(1)}$

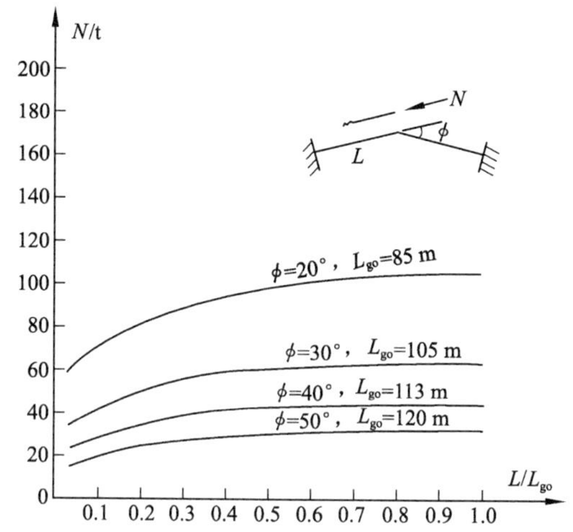

图 8　顶朝上纵向“Γ”形管道轴向顶力 N 和臂长 L 的关系
($\phi720\times8$，$T=60$ ℃，$E=2.1\times10^6$ kg/cm^2，$\alpha=12\times10^{-6}$ ℃$^{-1}$，
$p=20$ kg/cm，$q=20$ kg/cm)

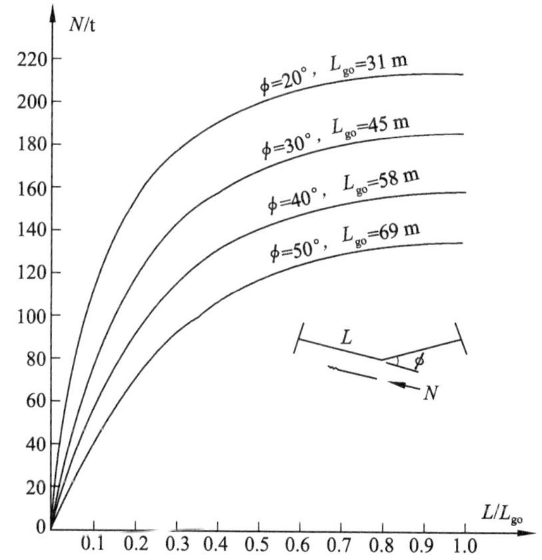

图 9　顶朝下纵向“Γ”形管道轴向顶力 N 和臂长 L 的关系
($\phi720\times8$，$T=60$ ℃，$E=2.1\times10^6$ kg/cm^2，$\alpha=12\times10^{-6}$ ℃$^{-1}$，
$c=2.0$ kg/cm^3，$q=20$ kg/cm)

按照方程组(B)，将所得各管端的$(N)_{(0)}$代入，完成第一次迭代计算，即得第一次近似解$(x_i)_{(1)}$。这些数值计算过程都一起列在表 3 中，用这种表格方式进行计算具有简便清楚的优点。

由于$(x_i)_{(1)}$和$(x_i)_{(0)}$相比有较大差异，需要进行第二次迭代计算，计算过程与前相同，全部数据列于表 4。

表 4 第二次迭代计算表

管端号	W_1	W_2	W_3	W_4	W_5	W_6	W_7
$(N)_{(1)}$/t	101	200	178	102	154	43	59

ΔN/t	−99	22	76	−52	111	−16
L_i/m	80	50	90	70	100	120
$\frac{1}{2}\left(L_i-\frac{\Delta N}{q}\right)$/m	65	20	26	48	22	64
驻点位置	$(x_1)_{(2)}$	$(x_2)_{(2)}$	$(x_3)_{(2)}$	$(x_4)_{(2)}$	$(x_5)_{(2)}$	$(x_6)_{(2)}$

继续进行第三次迭代计算，结果见表 5。

表 5 第三次迭代计算表

管端号	W_1	W_2	W_3	W_4	W_5	W_6	W_7
$(N)_{(2)}$/t	101	201	177	101	165	43	58

ΔN/t	−100	24	76	−64	122	−16
L_i/m	80	50	90	70	100	120
$\frac{1}{2}\left(L_i-\frac{\Delta N}{q}\right)$/m	65	19	26	51	20	64
驻点位置	$(x_1)_{(3)}$	$(x_2)_{(3)}$	$(x_3)_{(3)}$	$(x_4)_{(3)}$	$(x_5)_{(3)}$	$(x_6)_{(3)}$

对比第三和第二次迭代计算结果，可见 x_1，x_2，x_3 和 x_6 已稳定，只是 x_4 和 x_5 差异稍大，而管端顶力 N 除 W_5 一处外，其余各值也已稳定，故知 x_4 和 x_5 的稍大差异是由 W_5 处顶力 N 的差异引起的。W_5 处顶力 N 收敛稍慢的原因是以 W_5 为顶的"Γ"形管道两臂较短，N 对于 L 的变化较为敏感，因此再进一步的迭代计算无需全面进行，只要改变 W_5 一处的 N 值，调整 x_4 和 x_5 即可，即是只对方程组(B)的第四式和第五式进行迭代。计算结果见表 6。

表 6 局部迭代计算表

管端号	W_4	W_5	W_6
$(N)_{(3)}$/t	101	160	43

ΔN/t	−59	117
L_i/m	70	100
$\frac{1}{2}\left(L_i-\frac{\Delta N}{q}\right)$/m	50	21
驻点位置	$(x_4)_{(4)}$	$(x_5)_{(4)}$

至此全部结果已稳定，并已标注在图 6 中。实际上不难发现，即使取用第二次迭代计算的结果，其准确度就管道工程而言也完全够了。

驻点位置既已确定，按照各个"Γ"形管道的尺寸不难定出各弯头中部截面内的弯矩值。图 10 及图 11 是按照参考文献[1]及参考文献[5]中的弯矩计算式绘制的曲线。根据各个"Γ"形管道的平均臂长，由此二图可以迅速查得弯头的 M 值。结果已注明在图 6 中各个弯头的下方。

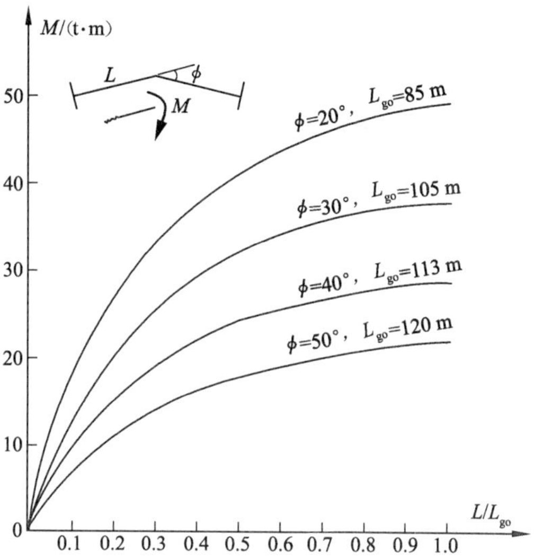

图 10　顶朝上纵向"Γ"形管道弯头弯矩和臂长 L 的关系

(ϕ720×8，T=60 °C，E=2.1×10^6 kg/cm^2，α=12×10^{-6} ℃$^{-1}$，

p=20 kg/cm，q=20 kg/cm)

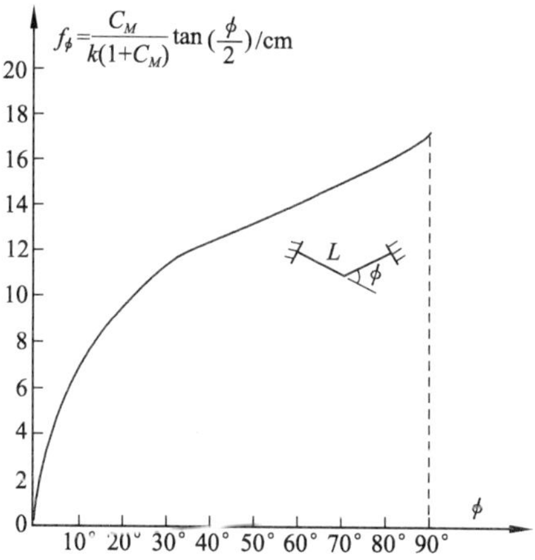

图 11　顶朝下纵向"Γ"形管道 M 与 N 的比值曲线

(ϕ=720×8，T=60 ℃，E=2.1×10^6 kg/cm^2，

α=12×10^{-6} ℃$^{-1}$，q=20 kg/cm)

参考文献

[1]　崔孝秉.埋地长输管道水平弯头的升温载荷近似分析.华东石油学院学报，1978(2)

[2]　崔孝秉.埋地长输管道水平弯头升温载荷的进一步分析——弹性抗弯铰模型校核之一.华东石油学院学报，1980(1)

[3]　蔡强康，吕英民.埋地热输管线的内力和应力计算.华东石油学院学报，1978(2)

[4]　蔡强康，吕英民.埋地热输管线的内力和应力计算的进一步研究——弹性抗弯铰模型校核之二.华东石油学院学报，1980(1)

[5]　崔孝秉.埋地长输管道纵向弯头温度内力的近似分析.华东石油学院学报，1980(2)

[6]　崔孝秉.埋地长输管道两臂不对称纵向弯头的温度内力近似分析.华东石油学院学报，1980(2)

埋地管道试验研究

华东石油学院力学教研室

这部分工作是应北京市公用局煤气热力设计所等四家单位邀请合作在北京东郊共同进行的，主要目的是为北京市热力管道的直埋无补偿敷设工程服务。其中埋地弯头温度应力部分的内容也是我们科研项目直接需要的，其他部分的内容，如管道摩擦力、固定墩后背土体抗力及大轴力三通强度等，对石油及天然气的热输管道设计也很有参考价值。

一、埋地管道摩擦力的试验研究

在热输管道的设计计算中，土壤给予管道的单长摩擦力是必不可少的基本数据。目前国内外文献已发表的计算方法相互差异很大，以致在设计工作中无法正确使用。本试验的目的在于摸清管道摩擦力的变化规律，并正确判别国内外各种计算方法的使用范围及其可靠性，为管道设计提供较为合适的计算方法。

试验是在北京东郊进行的，土质为常见的沙粘土和粘沙土。本实验采用不同的回填方式，对三种管径的埋地管道单长摩擦力进行试验测定。试验过程较为细致，每一根埋地直管来回推动很多次。测出了同一根直管在土壤中可能受到的最大摩擦力和最小摩擦力，以及这二者之间的变化过程。

共进行了六组试验，各组试验的顺序及有关填土性质、覆土深度见表1。

表 1

试验组别	试验管径 D_g /mm	保温层	实测外径 D /mm	试验管位置	埋地段长度 l /m	保温外顶覆土深度 /m	填土方式	填土性质			
								平均密实度 /%	容重 /(t·m^{-3})	含水率 /%	土质
1	150	无	172	A	15.6	1.27	全密	93.5	1.95	14.6	砂粘
2	400	无	440	B	18.18	1.11	密实	92.5	1.93	14.6	粘砂
3	500	有	723	A	15.61	1.19	密实	96.5	1.95	11.4	砂粘
4	500	有	723	B	17.97	1.26	密实	94.0	1.94	11.4	粘砂
5	500	有	723	A	16.0	1.18	中密	82.6	1.74	15.5	砂粘
6	500	有	722	B	18.25	1.18	松填	73.9	1.53	13.4	粘砂

试验现场示意图如图1所示，其中工作坑Ⅰ和工作坑Ⅱ之间的地段为 A 位置，工作坑Ⅲ和工作坑Ⅱ之间的地段为 B 位置。

试验时在直管的一端用油压千斤顶施加载荷，载荷数值由传感器输进电测系统测量，直管被推动后所产生的滑动位移由另一端安装的百分表等测量装置进行测量，当滑动达到5～6 cm时，试验停止，倒换千斤顶和百分表等的工作坑位置，反向推动直管，逐渐增加载荷，记录位移，当管道恢复到原来位置时停止。如此往复进行，直到载荷基本上不再下降为止。

各种管道第一次推动过程中单长摩擦力 p_1 的实测数据示于图 2 中。由第二次推动起，各次推动测得的单长摩擦力 p_2 逐次降低，大致在往返推动 8～12 次后趋于平缓。图 3 所示为 D_g500 的管道各次摩擦力下降的情况。

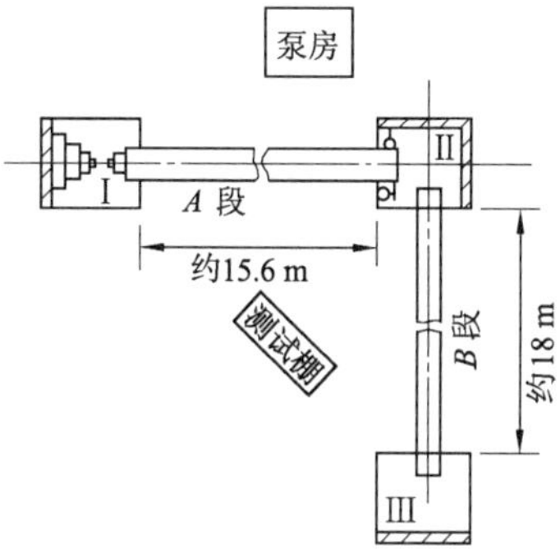

图 1

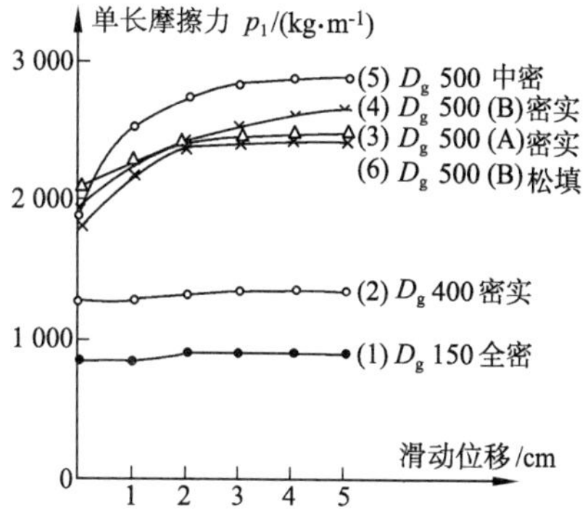

图 2　首次推动的单长摩擦力

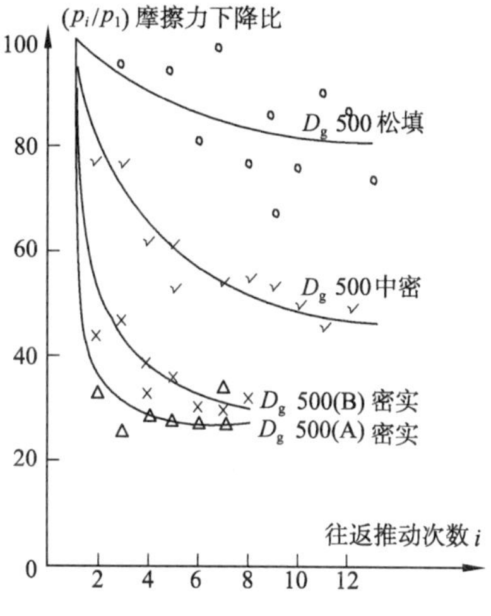

图 3　下降比与往复次数的关系

由图 2 和图 3 可见：不同的回填方式，对首次推动管道的单长摩擦力 p_1 影响很小，所得结果都在 2 500 kg/m 左右，但是不同的回填方式对往复推动 i 次后 p_i 的下降情况很有影响，密实回填的下降得多，松填的下降得少。由于所用 D_g500 的管道有保温层，其外径为 723 mm，和我国目前长输石油管道的尺寸相近，故所得试验结果对石油管道设计单位有一定的参考价值。

根据全部试验结果，对不同管径不同回填方式的埋地管道的单长摩擦力 p_i，按回归法给出了下列经验公式：

$$p_i = A\ D\ e^{\frac{0.78}{iB}} \quad (t/m)$$

式中，A，B 是与回填方式有关的系数，其值列于表 2；D 为管道保温层外径，m；i 为往复推动的次数；e 为自然对数的底。按照这个经验公式进行评比可以发现，大庆油田科研设计院和（前）苏联给出的摩擦力公式所计算的是最大摩擦力，而美国给出的摩擦力公式所计算的则是最小摩擦力。

表 2

回填方式 / 系数	全密	密实	中密	松填
A	1.4	1.0	1.9	2.6
B	2.0	1.8	1.2	0.35

二、直埋弯头的弯曲试验

本试验是直埋水平弯头温度应力的模拟试验。试验时，推顶埋地“Γ”形管段两端(参看图 4)，使管道产生位移，模拟管道热伸长，对弯头应力、管道推顶力等项数据进行测定，通过试验得出所测数据与“热伸长”之间的关系，为下阶段热状态管道试验和直埋管道设计提供必要的依据。

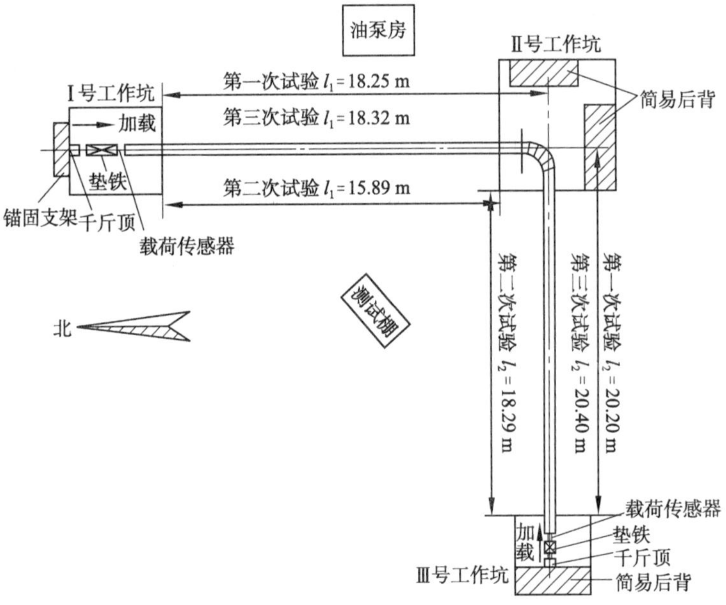

图 4

试验分三次进行，第一、二次采用的是焊接弯头(即虾米腰弯头)，如图 5 所示；第三次采用的是冲压弯头(即冲压对接弯头，由廊坊管道设计院提供)，如图 6 所示。三次所用弯头的规格数据列于表 3。

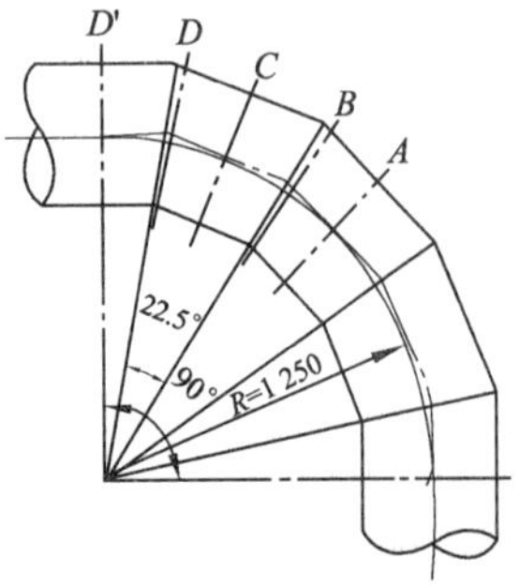

图 5

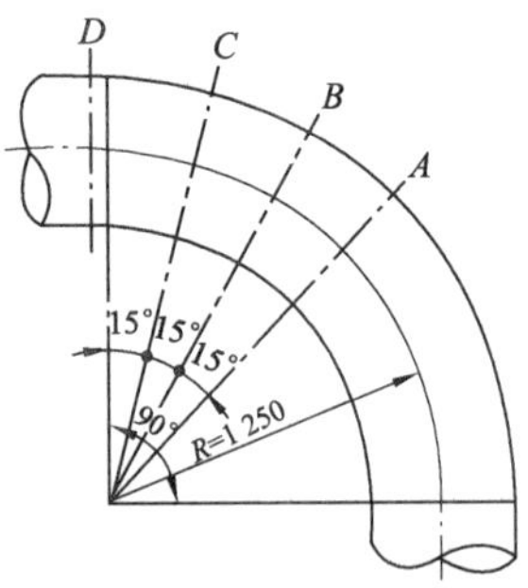

图 6

表 3

项目＼次序	公称直径 D_g/mm	外　径 D_0/mm	曲率半径 R/mm	管壁厚度 t/mm	尺寸系数 $\lambda=\frac{Rt}{r^2}$	材　质	弹性模量 $E/(kg\cdot cm^{-2})$	波桑系数 μ
第一次	500	530	1 250	8.2	0.151	A_3	2.1×10^6	0.29
第二次	500	530	1 250	7.4	0.136	A_3	2.1×10^6	0.29
第三次	500	530	1 250	9.7	0.176	16Mn	2.1×10^6	0.29

三次试验的直埋管道敷设情况如表 4 所示。

表 4

项目＼试验次别	直管部分		弯头部分		
	覆土深度/m	土壤密实度	保温情况	覆土深度/m	土壤密实度
一	1.2	除管顶 50 cm 松填外其余约 95%	无保温层	Ⅱ号坑局部填土 0.5 m	弯头顶部人工踩实，其余约 95%
二	1.2	同　上	喷涂聚异氯酸脲酸酯硬泡保温层 5～10 cm	无覆土	
三	1.2	除管顶上 50 cm 松填外，其余部分 80%	无保温层	Ⅱ号坑内全部填土 1.2 m	弯头顶部人工踩实，其余 80%

试验方法如下(参看图 4)：在Ⅰ，Ⅲ号测试工作坑内装有 200 吨油压千斤顶作为加载装置，自Ⅰ，Ⅲ号坑向Ⅱ号坑弯头方向推顶管端，使直管产生位移，模拟直管伸长，对应每一个给定的管端位移量，都同时测定弯头位移、管端推力及弯头各测点的应力等数据。试验时管道内压载荷由电动试验泵施加水压。

为了得到纯内压应力、纯平面弯曲应力，以及二者共同作用的应力，采用如下加载顺序：(1) 只加内压，不加管端推顶位移，测量弯头纯内压应力。(2) 卸掉内压，只加管端推顶位移，测量纯平面弯曲的弯头应力。(3) 在加了一定量的管端推顶位移后，增加内压载荷，测量弯头在内压和弯曲联合作用下的应力数据。三次试验中，内压都只加到 14 kg/cm^2，试验中推顶位移第一次最大加到 6.05 cm，第二次最大加到 9.41 cm，第三次最大只加到 4.06 cm。

弯头各截面位置的测点部署如图 7～图 9 所示，图中有号码的点为测试点，测点多数集中在弯头中部 A 截面上，每个测点贴两个电阻变应片。试验时应变值采用 YJD-1 型静动态应变仪配用 PZ-8 型数字电压表和 SY-3 型数字打印机进行记录。

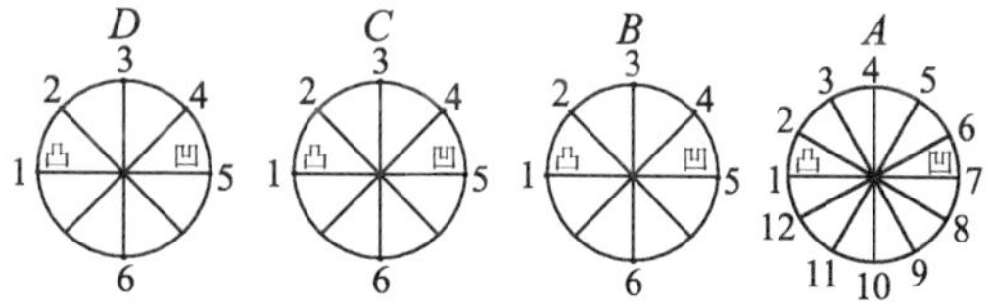

图 7　第一次弯头试验测点布置

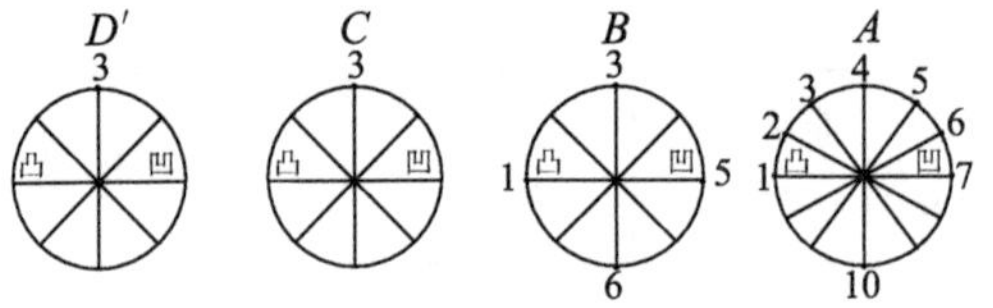

图 8　第二次弯头试验测点布置

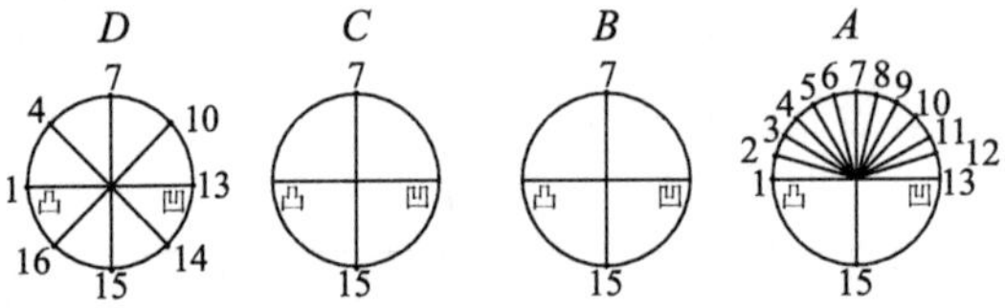

图 9　第三次弯头试验测点布置

管道单长摩擦力 p 在此试验之前已经实测过，平均约为 2.5 t/m，侧向土壤反力系数 C 按试验场地土压盒实测的平均值取定，约为 0.3 kg/cm^3。

三次弯头弯曲应力最大值的实测结果如图 10～图 12 中的黑点所示。图中实线是按照近似分析公式计算出的理论值。实验值都很接近理论值，在弹性范围内误差不超过 10%；管端推顶力的实测数据也和理论值基本吻合，误差不大。图 13 所示为冲压对焊弯头弯曲试验中管端推顶力的实测值和理论值，这次实验所测得的弯头位移值示于图 14。总之，无论是弯头应力值、管端推顶力值，还是弯头位移值，都和近似分析理论值吻合，有着良好的工程准确度。实验还表明，弯头横截面上的应力分布图形，无论是环向的还是纵向的，都和在地面上弯曲试验所得的结果相同，覆土所起的影响很小，见图 15。

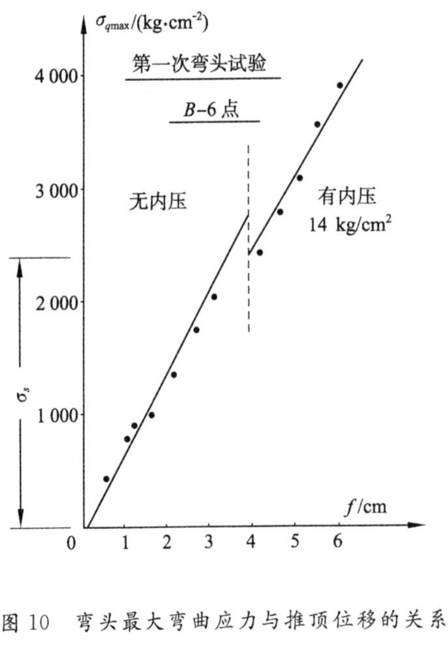

图 10　弯头最大弯曲应力与推顶位移的关系

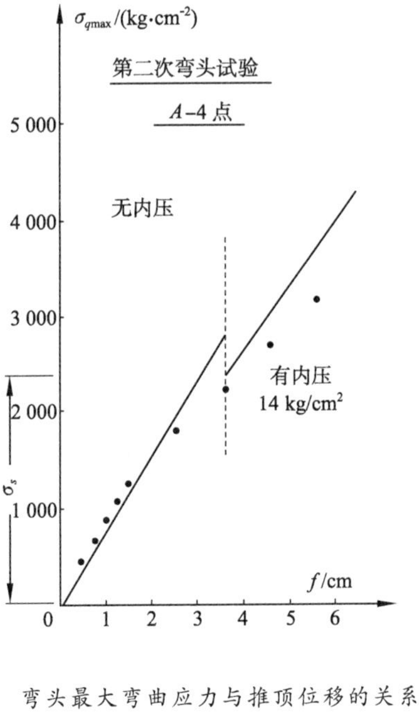

图 11　弯头最大弯曲应力与推顶位移的关系

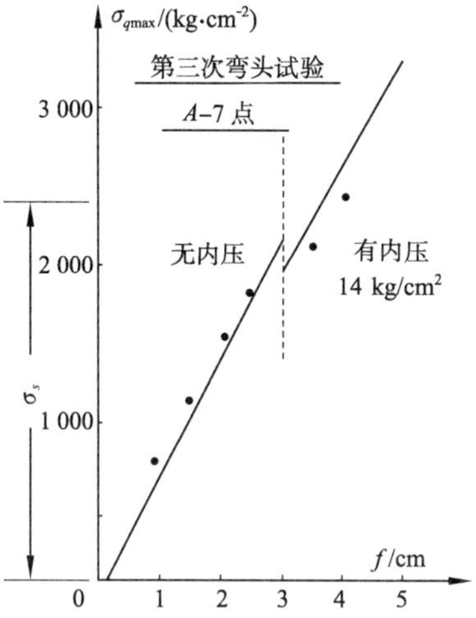

图 12　弯头最大弯曲应力与推顶位移的关系

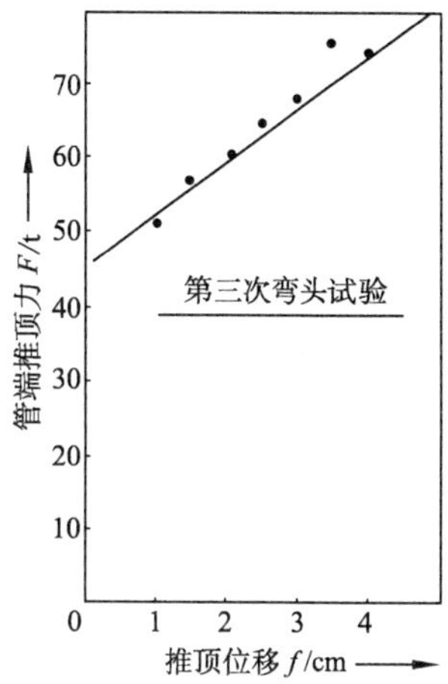

图 13　推顶力与推顶位移的关系

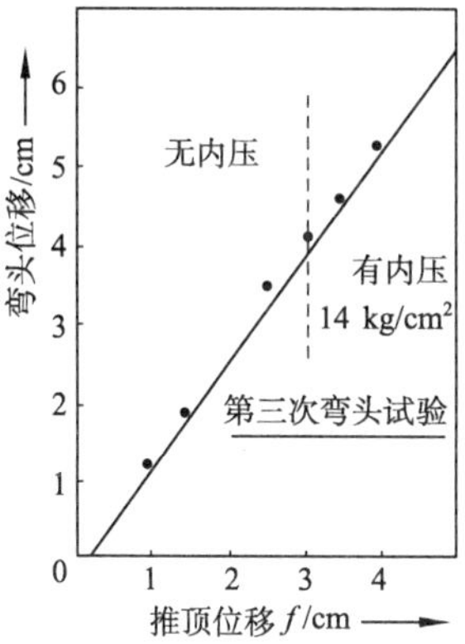

图 14　弯头位移与推顶位移的关系

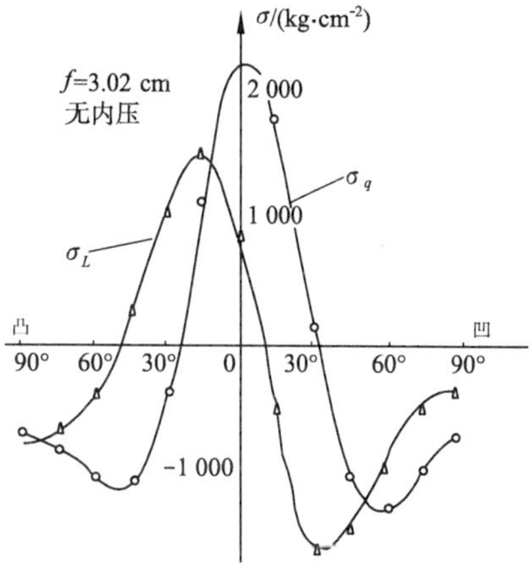

图 15　第三次弯头试验 A 截面应力

三、埋地固定墩稳定试验

城市热力管道由于所供应的热水温差很大，又不可能在拐角处采用较大的曲率半径，因此在直埋设计中，即使采用安定性理论，弯头两侧或一些重要地方也还要用固定墩保护，才能使管道中最大应变值不超过 $2\varepsilon_s$。固定墩的设计是以可能获得的土壤摩擦力及后背土体的被动土压力为依据的。对于一个特定形状的固定墩最大能够抵抗多少管道推力，后背土体给出的土反力和固定墩位移之间的关系如何，会不会发生大位移，后背土体在多大范围之内还会受到固定墩推力的影响，这些问题必须经过试验研究。

本次试验所用固定墩的结构如图 16 所示，总高 3.37 m，长 6.8 m，宽 2.6 m，形如板凳，中部多一立墙，固定墩立墙顶部离地面为 464 mm，安装在 1 号工作坑内。

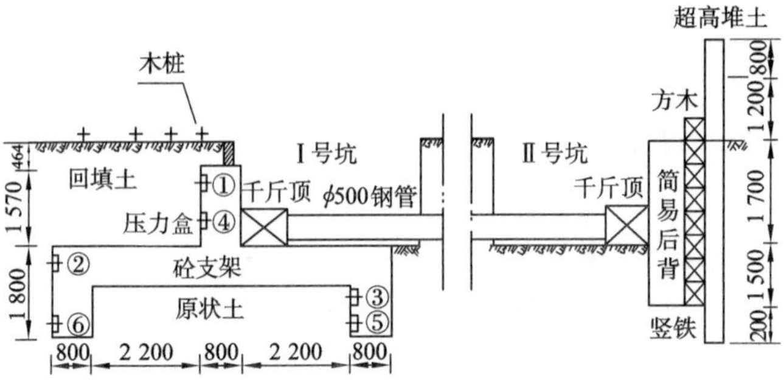

图 16 固定墩稳定试验布置图

固定墩后背土体为砂粘土，用三块剪切试样所做的土质分析见表 5。

表 5

项目 土类	天然含水量 %	天然单位重 g/cm³	土粒比重	饱和度 %	孔隙比	液限 %	塑限 %	塑性指数 %	抗剪强度 C /(kg·cm⁻²)	抗剪强度 ϕ
沙粘土	① 29.5	1.84	2.71	0.87	0.92	39°	22.4	16.6	0.74	16°30′
	② 29.7	1.85	2.72	0.89	0.91	33°	20.0	13.0	0.53	27°
回填土	③ 17.3	1.63	2.71	0.49	0.95	23.9°	16.3	7.6		

试验时用两排油压千斤顶施加载荷，水平推顶固定墩。记录推力值时，同时记录固定墩的水平位移值和立墙的转角值。在固定墩后背上安装了四个钢弦式土壤压力盒，在固定墩底部右内侧也装了两个钢弦式压力盒，这些压力盒用来测量固定墩被推时所受到的后背土反力，参看图 16。在固定墩后背土体的地面上横向 12 m、纵向 10 m 的范围内还布置了 45 个木桩点，见图 17，用以测量固定墩受载时后背土体表面的水平移动和高程变化，以及土体破坏时的表面裂纹发展情况。

试验分两次进行。第一次在 1978 年 6 月，推力载荷由 0 逐渐加到 229 t，而后卸载，大部分土体变形都恢复，残余变形极小。第二次试验是在 1978 年 12 月 29 日进行，推力载荷由 0 逐渐加到 280 t 时，位移急增至 8.0 cm，倾覆失稳，载荷开始下降，后背土体被破坏，地面出现裂纹和波形起伏，如图 17 所示。

图 18 为固定墩后背土压力在各载荷下沿深度的分布情况。图中①、④、②为压力盒编

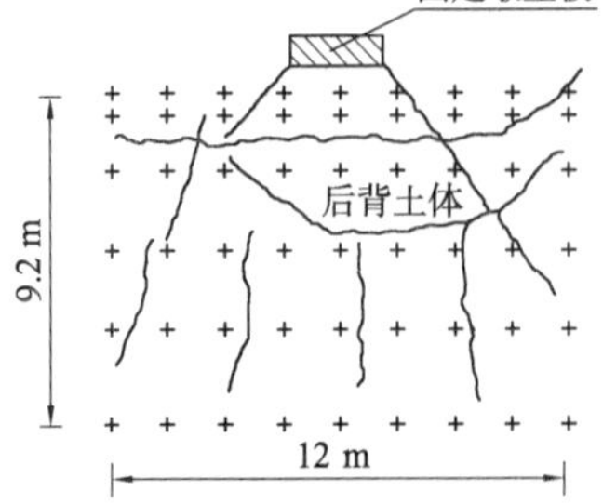

图 17 固定墩后背土面桩点及土体破坏时的裂纹

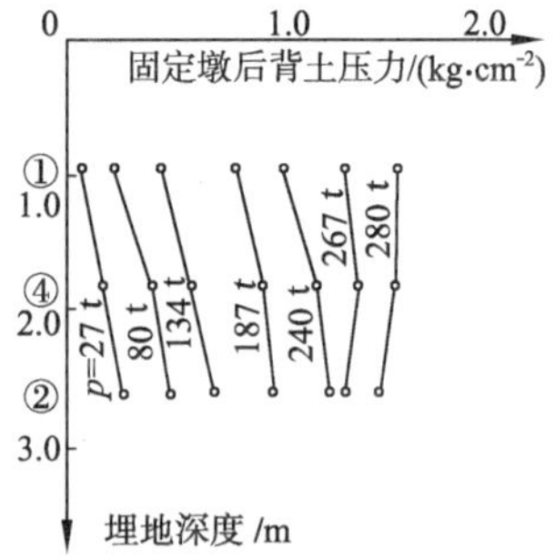

图 18 各载荷下后背土压力沿深度分布图

号，安装位置如图 16 所示。载荷小于 240 t 之前，土压力沿深度基本成直线分布；到 267 t 时，由于固定墩倾角突然加大，土压力沿深度的分布发生显著变化，上部增加很快，下部增加反而慢了。根据固定墩后背压力盒数据乘以固定墩后背面积，可以算出总的后背土反力。由总推力载荷中减去后背土反力即得固定墩所受的土壤摩擦力。

图 19 所示为固定墩水平位移和推力载荷的关系。图 20 为固定墩倾角和推力的关系。

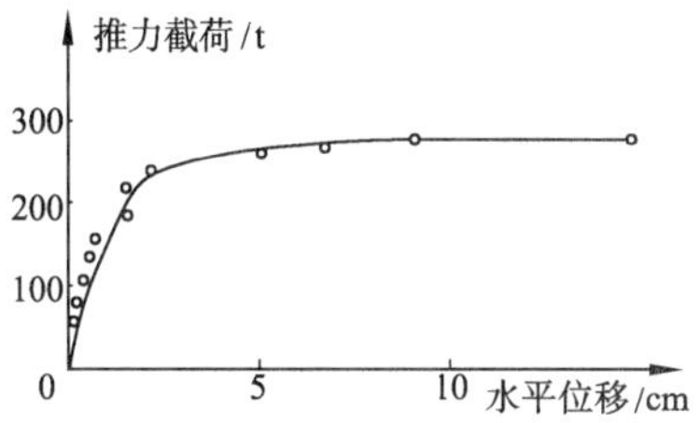

图 19　水平位移和推力载荷的关系图

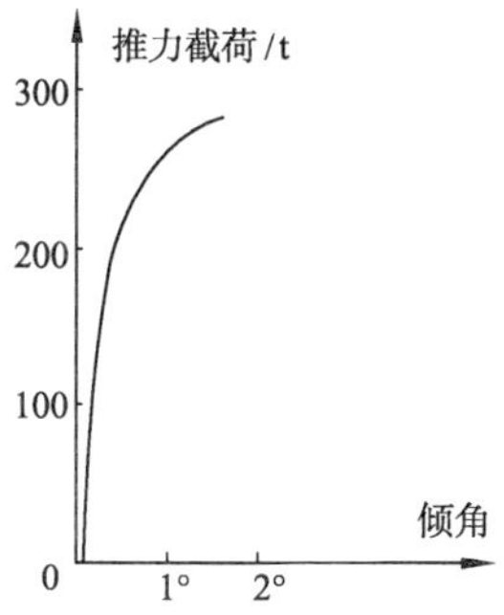

图 20　倾角和推力载荷的关系图

本试验固定墩按原设计要求，在小位移的条件下只能承载 110 t 推力。经试验表明，该固定墩实际上能承受 214 t 推力，位移只有 1.5 cm。使承载能力增加的主要原因是：土壤存在较大的粘聚力，同时土壤摩擦力也较大。我们认为设计时后背土体的被动土压力仍应采用简易兰京公式计算，粘聚力由于变化频繁应该不计，土壤对固定墩的摩擦力应仔细计算，除底部摩擦力外，支架两侧立面与土槽的摩擦力也应算入，摩擦系数可在 0.4～0.6 范围之内选用。

本试验固定墩后背土体破坏时的总推力载荷为 280 t，其中土体反力为 160 t，摩擦力为 112 t，出现较大位移 8.9 cm。破坏时，在固定墩后面纵向 7 m、横向 12 m 的范围内，土体都受到影响，如图 17 所示，故在固定墩的后方纵 7 m、横 12 m 的范围内不应做任何开挖。

四、大轴力三通的试验研究

在埋地热输管道及城市热力网中，有些三通所受的内压并不大，而由于热胀引起的轴力相当大。本次试验研究的目的在于弄清三通在轴力和内压共同作用下的应力分布规律和变形特点，选择合适的加固方案。

我们只做了两个常温状态下的 ϕ529×8 等径三通试验，一个是未加固的等径三通，一个是加固的等径三通。试验装置如图 21 所示，三通接在距直管一端不远的部位，由千斤顶推顶管道给三通施加轴力，模拟管道热胀，由手压泵给三通施加内压。试验进行时轴力和内压采用了许多比例关系加载，以观察应力分布的特点。在三通的腹部、肩部及相贯线的主管边缘上都布置了应力测量点，如图 22 所示。同时，在三通周围架设钢架，安装由电位器、钢弦和重锤组成的位移测量装置，以测量三通腹部位移和肩部位移。

试验结果表明，未加固的 ϕ529×8 等径三通在轴力和内压作用下的最大应力，始终发生在腹部偏上一些的地方，即图 22 中 $F_{Z\text{-}2}$点。图 23 所示轴力 $N=26$ t 及内压 $p=0$ 时测得的应力分布示意图。

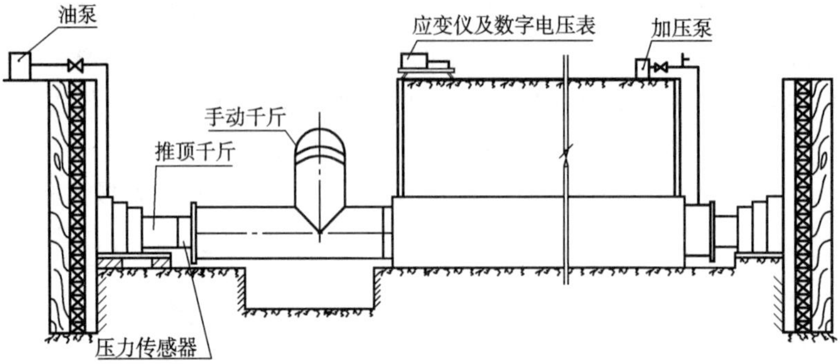

图 21 三通试验平面布置图

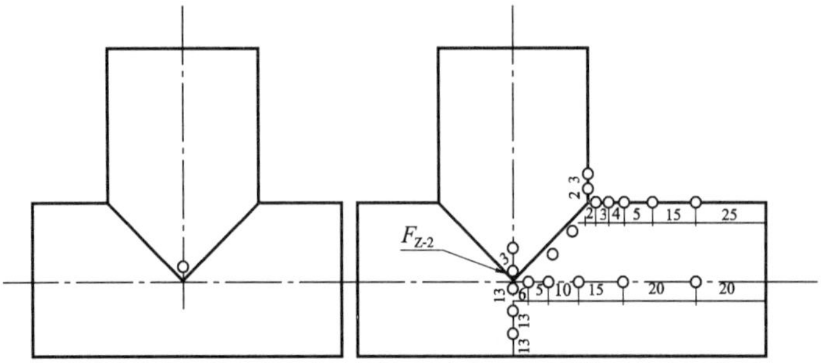

图 22 三通试验布点图(单位:cm)

根据试验结果,用回归分析法,获得 $\phi529\times8$ 等径三通的最大应力(在支管与主管相交的尖点上方,沿支管轴向)经验公式如下:

$$\sigma_{max}=9.28\sigma_t+11.15\sigma_N$$

这里,

$$\sigma_t=\frac{pD}{2\delta},\qquad \sigma_N=\frac{N}{\pi D\delta}\qquad\text{(以压为正)}$$

图 24 所示为内压固定在 $p=10\ \text{kg/cm}^2$,连续增加轴向压力 N 时,腹部凸出位移 S 和轴向压力 N 的关系。虽然由于内压 $p=10\ \text{kg/cm}^2$ 产生的 $\sigma_{max}=2\ 558\ \text{kg/cm}^2$ 已使 $F_{Z\text{-}2}$ 点外皮屈服,但在轴向压力 $N\leqslant40.8$ t 时,腹部凸出位移 S 和轴向压力 N 的关系基本上近似于直线,如图 24 中的 AB 线所示。当 N 超过 40.8 t 后,位移 S 迅速增大。当轴向压力达到 125 t 时,管道轴向加压的一端突然翘起,三通沿中部折曲失稳,达到结构破坏。

试验结果表明,等径三通承受轴向压力时导致破坏的主要原因在于主管开孔处的轴向抗压刚度上下不均匀,从而引起腹部显著的凸出位移,最后导致破坏。因此,加固方案较为有效的措施是在主管开孔处加焊轴向钢板条,补偿主管上半部被削弱了的截面刚度。

图 25 所示为这次所用补强三通的结构情况,除整体壁厚增加到 12 mm 外,又在主管开孔处增焊三条钢板。这样补强后的三通承受轴向压力时,应力分布大大均匀化,$F_{Z\text{-}2}$ 点的峰值应力降得很低。图 26 所示为 $p=0\ \text{kg/cm}^2$,$N=40$ t 时的实测应力分布示意图,这样补强的缺点是对支管的流量有一定影响,应设法解决。

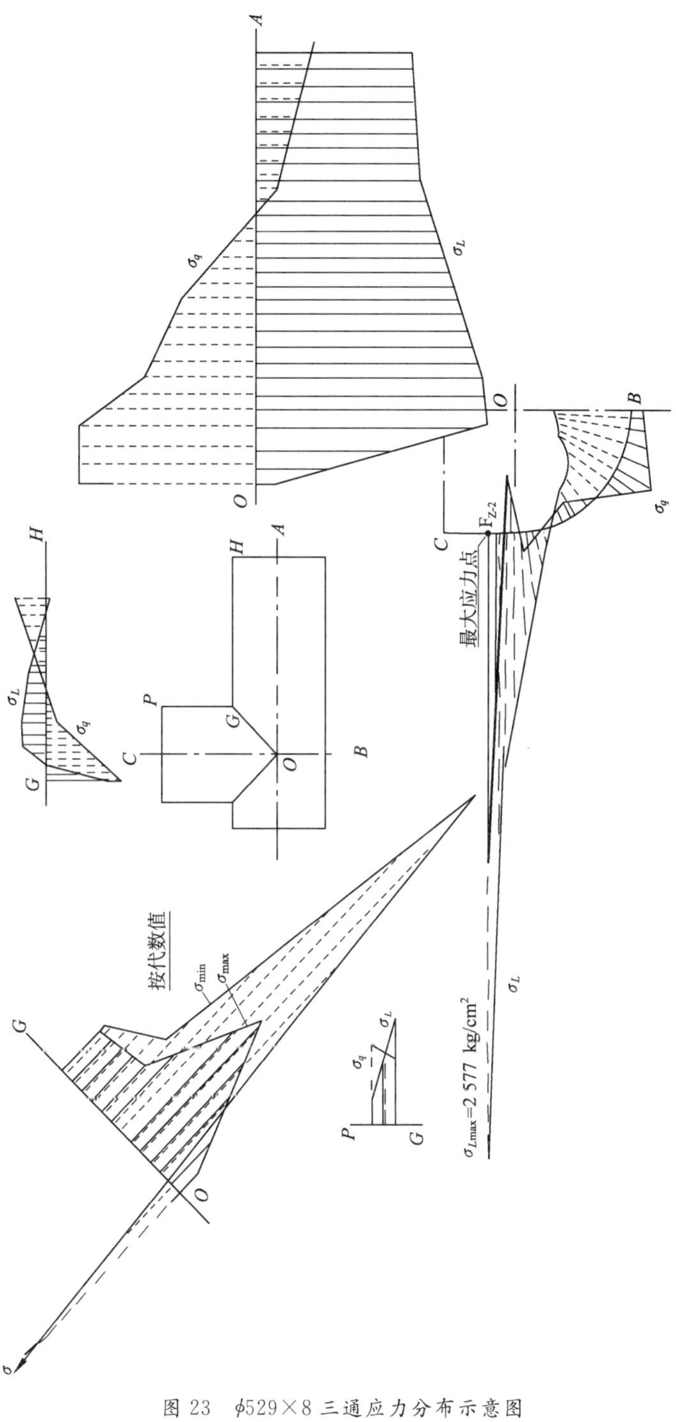

图 23　ϕ529×8 三通应力分布示意图

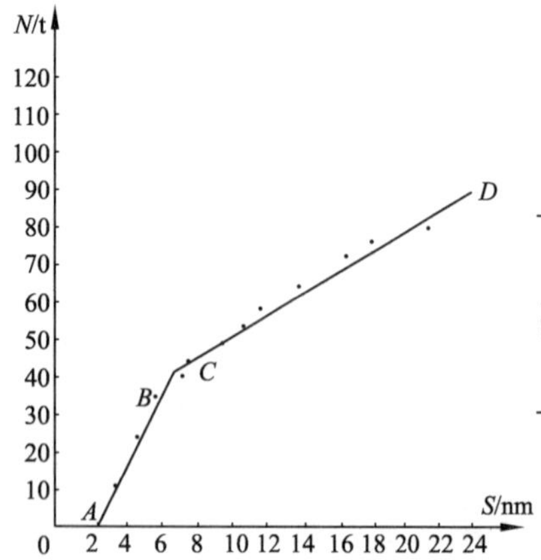

图 24 位移和载荷关系图

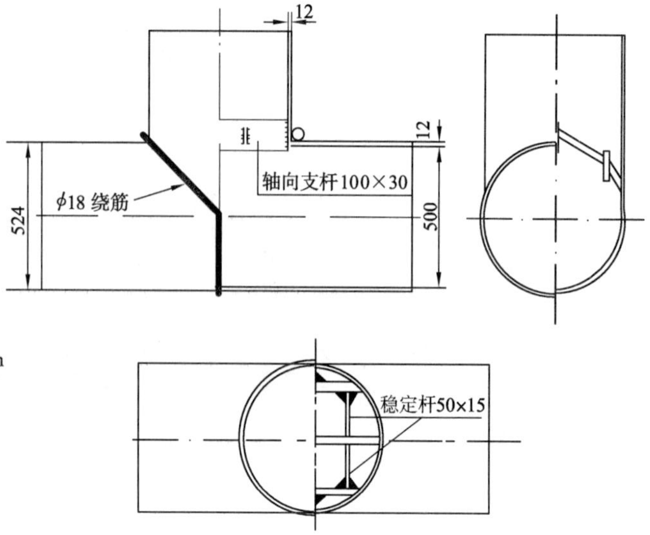

图 25 加固三通结构图

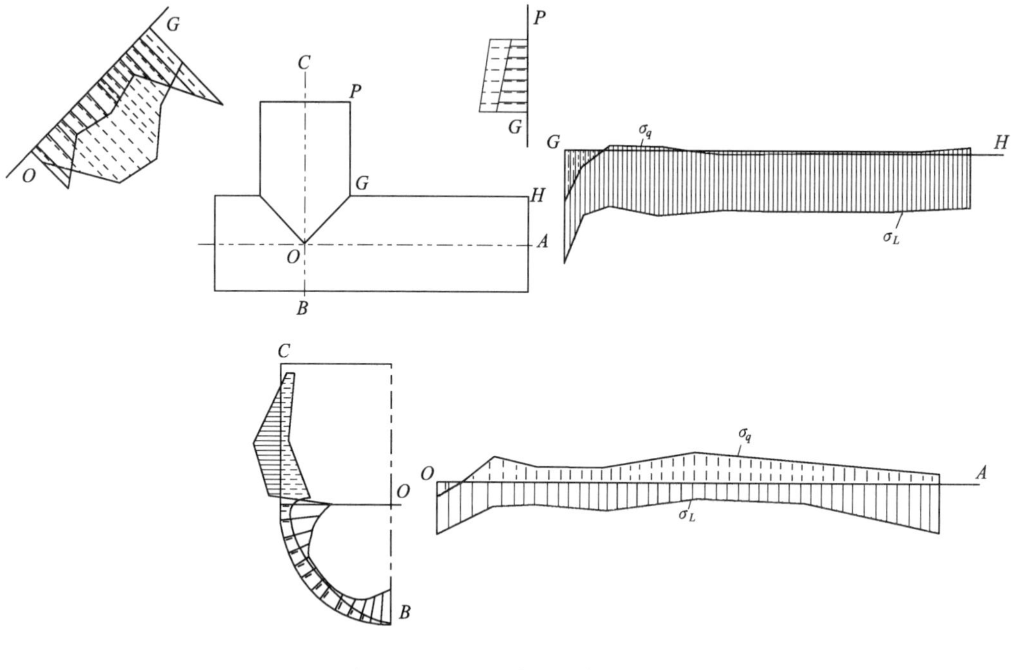

图 26 加固三通应力分布示意图

五、直埋 ϕ 529 热力管道试验

以上各节已概述过在常温下用机械办法模拟管道升温膨胀，研究管道元件(包括弯头、三通、固定墩等)的受力状态及温度应力等问题。在此基础上，进一步进行了真实的埋地热力管道试验，升温变化范围为 130 ℃，和城市热水供应的温度变化范围相仿，并且循环升降温度 50 次，模拟设计使用年限。埋地热力管道试验的场地布置如图 27 所示，管道顶部覆土深度为 1.2 m，密实回填。主要试验管道有两条，一条是长 100 m 的 ϕ529 直管，两端用60 m^3

的钢筋混凝土巨大锚固墩锚固，进行管道在升温情况下的安定性检验；另一条是 ϕ529“Γ”形管道，用于检验弯头应力及固定墩推力，同时测定管道摩擦力等。除这两条主要试验管道外，还有许多管道，它们是用于控制升温、降温和内部水压等的辅助管系。

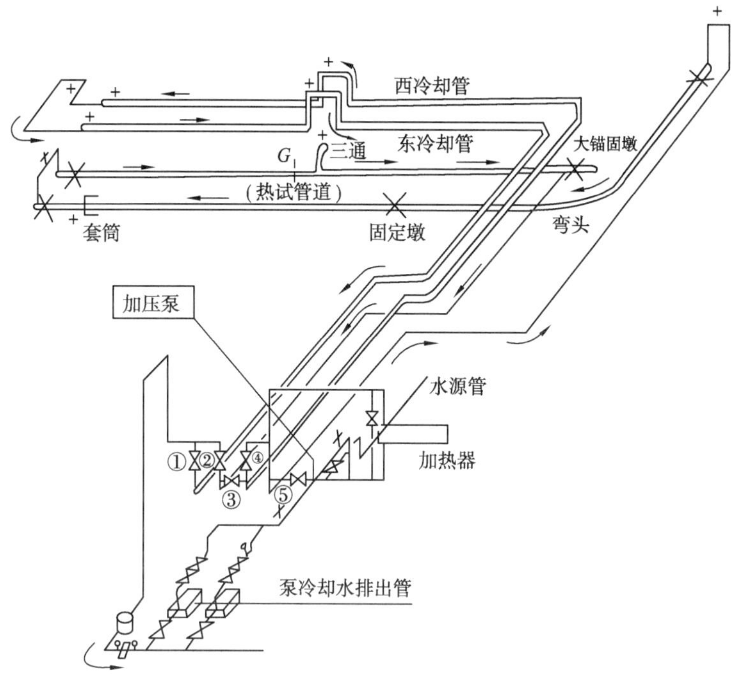

图 27　热试管道示意图

管道内部循环水系由两台 50 kW 的热水泵驱动，经过热交换器从高温蒸汽取得热量而升温，依靠地面上两条无保温层的露天管道向大气中散热而降温。

由于埋地热试电阻应变测量技术的复杂性，以及高温电阻片来之不易，试件上的测点数总共只有 29 个，共贴 58 片。这些高温电阻片在试验前都经过严格的性能检验和标定。它们先用胶水粘贴在小钢片上，检验合格后，再用点焊机将小钢片焊到试件上各测点。试验中各管道各元件的测点分配如下：测量直管应力的 8 点，测量弯头应力的 6 点，测量三通应力的 7 点，测量锚固墩推力的 8 点。

各部分测量结果和预期情况都比较一致，安定性试验管段上的轴向推力实测结果如图 28 中符号“△”所示，“○”为理论计算值，“×”为固定墩边上实测推力，理论值略高于实测值。

图 29 为直管第一、二次升降温过程中应力变化情况，在第一次升降温循环中出现了塑性变形，第二次升温过程中基本沿直线往复呈现弹性，这表明安定性理论的可靠性。

图 30 所示为弯头最大弯曲应力 $\sigma_{q\max}$ 随温度升高的变化情况，图中“○”表示扣除内压应力后弯头的弯曲应力实测值，“·”点值为按推导的近似公式算出的理论值。理论值和实测值相比误差很小，在升温差不超过 80 ℃前，误差小于 10%，几乎重合(见表 6)。图中每个理论值都是按该温度下相应的 α, q, E 值计算的，由于 α, q, E 随温度略有变化，故算出的弯曲应力值和温度不成严格的直线关系。

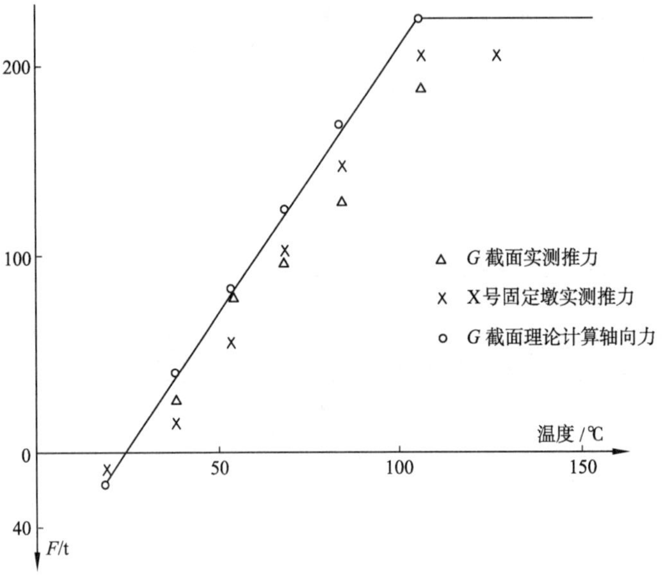

图 28　直管轴向力随温度变化图

表 6

管温 t/℃	18	37	53	67	83	104	123	148
$\sigma_{q\max}$ 理论计算值/(kg・cm^{-2})	0	344	726	1 053	1 431	1 920	2 409	3 005
包括内压应力在内的实测环向总应力/(kg・cm^{-2})	532 (p=14 kg/cm^2)	861	1 165	1 480	1 838	2 391	2 756	3 200
扣除内压应力后得到的实测环向弯曲应力/(kg・cm^{-2})	0	329	634	948	1 306	1 859	2 218	2 668

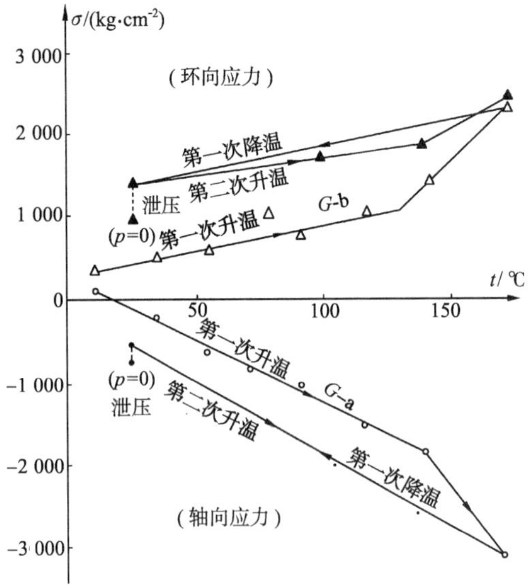

图 29　直管应力与升降温关系图

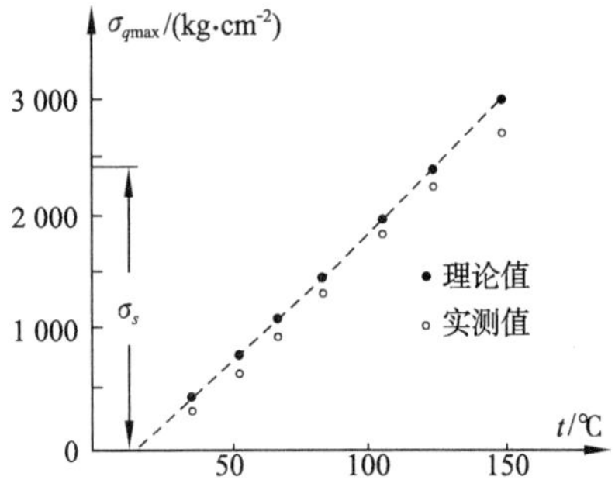

图 30　弯头环向最大弯曲应力与管道温度的关系
(ϕ529×8 埋地管道，R=125 cm，90°弯头)

图 31 所示为管道温度循环升降 20 次过程中弯头最大弯曲应力 σ_{qmax} 的变化情况。图中曲线表明，在这 20 次循环变化中，弯头的温度应力变化（高低温差值）基本是稳定的，可见我们研究的关于弯头温度内力的各项公式不仅适用于第一次升温状态，同样也能适用于多次重复变化温度后的情况。

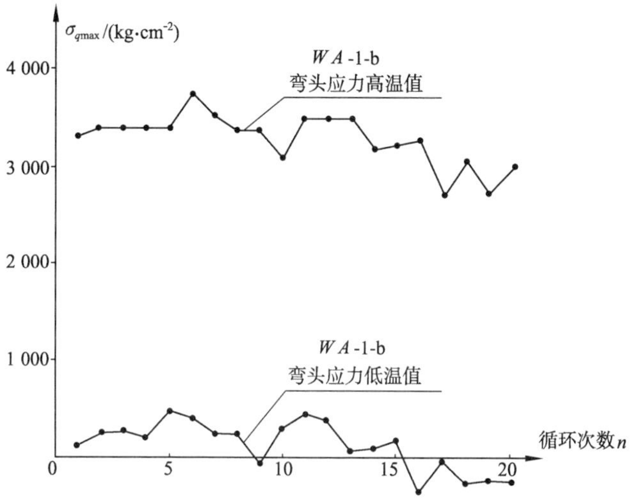

图 31　弯头应力高低温度循环变化图

六、关于埋地热输管道设计和施工的一些建议

根据本科研项目的研究成果，埋地长输管道热胀强度和许多因素有关。设计时不仅要考虑内压应力，同时还应考虑热胀应力。如果设计和施工不妥，管道弯头部分会引起过大的温度应力，造成强度破坏事故。影响弯头温度应力最主要的因素是弯头曲率半径与外径的比值 R/D。R/D 愈小，则环向应力系数 β_q 和纵向应力系数 β_L 愈大，这是引起温度应力愈大的一个原因。根据有限单元法的分析，在其他条件不变的情况下，R/D 愈小，引起的弯头部分的最大弯矩愈大。其次是土壤的侧向压力系数和土壤的摩擦力，这与施工有密切联系。在其他条件相同时，增加管线周围的土壤密实度可以提高土壤侧向压力系数，并能保持正常的土壤摩擦力，从而使可能产生的温度应力显著下降。尤其是北方地区冬季施工，若用冻土回填，过春后冻土溶化，土壤疏松，摩擦力大大降低，温度应力会大为增加，极易引起强度破坏事故。另一个重要因素是投产试运阶段的热水暖管操作不当引起的热冲击问题。由于目前国内各设计单位和科研单位所进行的分析和设计都是基于静载和均匀温度场的前提，因此如果热水暖管时水温升高过快、流速过高，管线将受到热冲击的作用，从而使实际产生的温度应力大大超过分析的结果，有可能导致管线出现早期破坏现象。如果设计正确，施工比较严格，弯头部分温度应力会大为降低，不用锚固墩也能控制在安全范围之内。

由于我们缺乏设计和施工的实践经验，知识面较窄，关于设计和施工问题，主要根据本科研项目的研究成果，提出以下一些初步建议，仅供参考。

(1) 选择埋地热输管道线路时主要研究地形，同时也应注意土壤的性质，有重点地测定一些地区的土壤侧向压缩系数、土壤摩擦系数。

(2) 决定管道线路走向和拐角时，在不影响选线原则的前提下，尽可能避开形成热胀弯矩极大值的拐弯角度。在许可的情况下，宁拐较大角度，不拐较小角度(除非特小角)。

(3) 选线任务完成后，应选择有典型性的若干区段的管线进行热胀强度分割计算。主要包括以下内容：

① 将每个弯头两侧的直管设想成无穷长，按照管道尺寸(r,t,ϕ 等)、材料性质(E,α 等)、土壤性质(q,C 等)计算每个弯头对应的过渡段长度 L_{go}。

② 按照过渡段长度的计算结果对全区段进行分割，如果某直管的长度 L 大于两端弯头所对应的 L_{go} 之和，则该直管中部有自锚区；如果某直管的长度 L 小于两端弯头的对应的 L_{go} 之和，则该直管中部有一个驻点。驻点位置的初步近似值可按两端 L_{go} 之比确定，必要时再计算其一次或二次近似值。

③ 对分割后的"Γ"形管道计算其热胀内力(M,N 等)。有条件的单位应将计算公式编成小程序上机电算，因为这是成批计算工作，重复量大，电算最合适。在没有计算机的情况下，可以将"Γ"形管道一律折合成两臂对称的"Γ"形计算，按对称情况下的计算公式事先编出曲线(L_{go} 曲线，M,N 随拐角 ϕ 及臂长比 L/L_{go} 的变化曲线等)，然后直接查用，这样比较顺当。

④ 按初步拟定的弯头规格计算其最大热胀弯曲应力 $\sigma_{q\max}$，进行强度校核。

(4) 强度设计和强度校核的标准应由设计单位按具体情况研究决定。我们研究得很不够，原则上至少应满足以下两个条件：

$$\frac{pr}{t}\leqslant[\sigma] \tag{A}$$

$$\frac{pr}{t}+\frac{1}{3}\sigma_{q\max}\leqslant\sigma_s \tag{B}$$

条件(A)是保证内压应力(一次应力)安全用的，是设计管道壁厚的基本依据。条件(B)是保证热胀应力(二次应力)安全用的，是选择弯头曲率半径 R 的依据。我们只取 $\frac{1}{3}\sigma_{q\max}$ 进入强度条件的原因，是考虑到 $\sigma_{q\max}$ 为热胀弯曲应力的局部峰值。如果不仅要求保证强度安全，而且还要求刚度上保证变形不严重，能够通球清管，则宜取 $\frac{1}{2}\sigma_{q\max}$。这些问题的最后决定应经过更充分的调研分析和试验。

如果校核时条件(B)不能满足，则应改用 R 较大的弯头使之满足。如果缺乏较大 R 值的弯头，则应采取其他措施来使条件(B)满足，例如在施工时在该弯头附近区域内用 3∶7 的灰土回填夯实，必要时安装锚固墩等。

(5) 校核热胀强度时，内压对热胀力的影响可以考虑，也可以不考虑。如果要考虑，必须对计算公式中的弯头柔性系数 K 和应力系数 β_q 同时用 Rodabaugh 系数加以修正，而且还要将 $aTEF$ 改为 $aTEF+(1-2\mu)\pi r^2 p$，工作量甚大，但对 $\sigma_{q\max}$ 值的影响并不太大，可不必考虑。

(6) 管线分割计算时，会有一些"Γ"形管道既不在水平面内也不在铅垂面内，这就出现所谓的"空间角弯头"问题。对于这类"Γ"形管道应按何种土壤约束情况计算，我们建议按照该"Γ"形管道平面(即两根直管所构成的平面)和弯头附近地表面切面的相对关系来处理。如果二者平行，则按水平管道的情况计算；如果二者垂直，则按纵向管道的情况计算；如果成一个夹角 θ，$0\leqslant\theta\leqslant90°$，需要先按水平管道情况和纵向管道情况，各算出一套所需数据(如内

力 N,M 等)，然后用插值法：

$$(M,N)_{空间角}=(M,N)_{水平}\cos\theta+(M,N)_{纵向}\sin\theta$$

可以定出“空间角弯头”所需数据的较合理的近似解答。

(7) 管道施工中至少要做到两点：① 开沟时，沟的尺寸要挖到规定的宽度和深度。② 回填土壤时，至少在弯头两侧的过渡段长度范围之内要分层夯实。严禁使用冻土回填。

(8) 管道施工完成后，热水暖管时一定要坚持缓慢升温，慢速进水，否则会引起热冲击，大大增加温度应力，超过按静载计算所得的结果，从而会使管道出现早期的破坏现象，使设计指标落空。

(9) 在穿跨越工程附近的管道热胀应力需要专门考虑，其结构有可能较为复杂，不可一概而论。

七、结论和结束语

埋地管道热胀强度问题不仅在石油贮运工程中存在，而且在城市水电热力网工程中也存在。它对工程的设计、投资、材耗及质量起着相当大的影响，但是国内长期以来一直缺乏解决这一问题的系统理论，我们所查阅到的国外文献上虽然有一些零散的计算，但概念仍不够清楚，误差很大，理论和试验相配合的研究成果更未见到，基本上是个空白点。

我国一些油田的原油凝固点较高，往往需要加热输送，因此埋地热输管道相当多。我国管道设计部门由于缺乏系统的理论依据，对如何设计热输管道过去存在着不少疑难问题。早期投产的东北某原油热输管线产生过较严重的热胀破坏事故，后来投产的其他一些原油热输管线不得不在弯头两侧装上锚固墩加以保护，使得工程投资大为增加。因此，迫切需要研究埋地管道热胀强度问题的科学理论。

我们接受这一任务以来，在石油部及四川石油管理局、石油部油田设计总院的正确领导下，在四川石油设计院的密切协作和廊房石油管道设计院等单位的大力支持下，以及部内外其他许多单位的配合下，经过四年的理论及试验研究，胜利完成了 1976 年石油部下达的这项科研任务。在理论研究方面，我们初步建立了一套埋地管道热胀强度问题的分析方法和计算方法，从管道元件强度性能到管道全线的热胀内力和热胀应力，各方面都取得了较为系统的计算公式、图表曲线乃至电算程序，可供设计部门参考使用。在试验研究方面，利用电测技术，我们成功地测定了大口径弯头的受力变形特性和极限载荷，测定了埋地中温管道的温度应力，所测结果和理论研究一致。

根据所得研究成果，对目前我国管道设计方面存在的一些问题初步作出如下结论：

(1) 设计热输管道必须考虑温度应力，只按照内压常温应力设计管道而不进行热胀强度校核是错误的。

(2) 埋地热输管线中弯头所受的热胀弯矩比直管大得多。管道全线各个弯头内力(包括弯矩和轴力)一般情况下皆可定量计算，其值与管道结构、土壤性质及管温升高等因素有关。最大的弯头弯矩不是发生在 90°的弯头内，而是发生在中、小角度的弯头内。就目前国内常用热输管道 $\phi720\times8$ 而言，15°～35°的弯头热胀弯矩较大，易于破坏。认为拐角越大，则弯矩越大的看法是错误的。注意施工质量，在过渡段范围内保证夯土密实度，加大土壤对管道的摩擦力，都能使弯头的热胀弯矩降低。

(3) 降低弯头热胀应力最经济最有效的措施是加大弯头曲率半径。采用安装锚固墩的措施来保护弯头虽然安全有效，但极不经济，浪费大量资金器材，而且还对施工进度有影响。因此，经济而有效的保障弯头热胀强度的措施是加大曲率半径。在90°拐弯处仍可采用$R=2.5D$的弯头，在15°～35°的拐弯处必须加大曲率半径，如能用到$R=10D$，则基本安全；用到$R=20D$则可确保安全。除少数特殊情况外，一般不需要安装锚固墩。

(4) 长期以来，管道界围绕过渡段长度的计算问题进行过不少探讨。有时将弯头当做自由端来进行计算，有时又将弯头当做刚体来进行计算。根据我们的理论分析，过渡段长度和管道结构、材料性质及土壤性质都有关系，尤其和弯头夹角有着十分规律性的关系。夹角大则过渡段长，夹角小则过渡段短，这是过去管道界所未注意到的。因此，离开弯头夹角影响而给出的过渡段长度近似计算式有一定的局限性，使用时应该谨慎。

(5) 埋地热输管线中，锚固墩所受的推力大小是可以定量计算的，其值和管道结构、土壤性质、墩体形状及容许位移都有关系，尤其和它所保护的弯头的夹角大小有密切关系。保护小夹角弯头受力小，保护大夹角弯头受力大。按经验设计的锚固墩，规格太少，尺寸也不够合理，用于全部管线不完全合适，有些地方可能偏于保守，有些地方还可能起不到应有的保护作用。锚固墩的大小应经过反复计算、合理设计加以确定。设计前对所在地段的土质情况一定要了解清楚。

关于埋地管道热胀强度问题方面，除去我们已做过的工作外，尚有许多工作值得研究，如抗震方面的动力问题、热冲击问题及局部稳定问题等。同时也还有不少试验工作应该设法继续进行，如管线温度应力的工业性测定等。限于力量和水平，上述方面我们尚未开展工作，热烈欢迎和兄弟单位进行友好合作。

在本项科研任务执行期间，我们得到许多单位的热情帮助和支持，如华东输油指挥部、东北输油指挥部、中国科学院力学研究所、北京市公用局煤气热力设计所、北京市市政四公司、北京市市政研究所及北京市热力公司等，在这里仅向这些单位及同志们表示深切的感谢。

“L”形及“Z”形直埋热力管道的内力计算

（兼谈SAP 4程序中边界元的性质和使用方法）

崔孝秉

一、概　述

作者在参考文献[4]～[7]中对埋地长输管道的热胀内力进行过近似分析，给出了一系列近似计算公式。这些公式的限制是要求直管段比较长。在城市热力管网中，有些管路包含特短的直管段，如“Z”形管路及“Ω”形管路等。这些管路已超出作者所给公式的使用范围。为满足工程设计需要，根据北京市煤气热力设计所的委托，作者特用结构分析程序SAP 4对“Z”形及“Ω”形等埋地管道的热胀内力进行了一批计算，同时也对“L”形管道进行了计算，并和参考文献[4]的近似分析结果加以对比。本文还就SAP 4程序中边界元的性能和使用方法做了补充注释，因为埋地管道所受的侧向土壤弹性反力是用大批边界元处理的。本文全部计算都限于水平埋地管道。

二、关于SAP 4边界元的补充注释

虽然在参考文献[1]～[3]内都有关于SAP4边界元的阐述，但是根据核算和使用，感到仍有必要再做如下补充注释：

(1) 边界元是按照一个弹簧支座和一个虚设的集中力相配合的模型设计的。弹簧有底座，根据程序SAP 4的使用说明推断，弹簧底座设在结点N和定向点I的连线上，如图1所示。虚设的集中力$\boldsymbol{P}$施加在结点N上，方向由N朝向I。下文简称它为虚力$\boldsymbol{P}$。

(2) 在结点N上配用虚力$\boldsymbol{P}$的目的只是为了便于在结点N输入一个给定的边界位移值，因此将虚力$\boldsymbol{P}$的信息用它与弹簧刚度k的比值δ(即$\delta=P/k$)来表示。当弹簧刚度很大，虚力$\boldsymbol{P}$也很大时，比值δ基本上就是结点N沿NI方向的位移值，故称δ为“给定位移”。实际上这只在k值趋向∞(程序中设定为10^{10})时才有意义。对于其他任何真正的弹簧支座，此δ只表示在结点N有一个虚力$\boldsymbol{P}$，δ本身并不代表N点的任何位移分量。

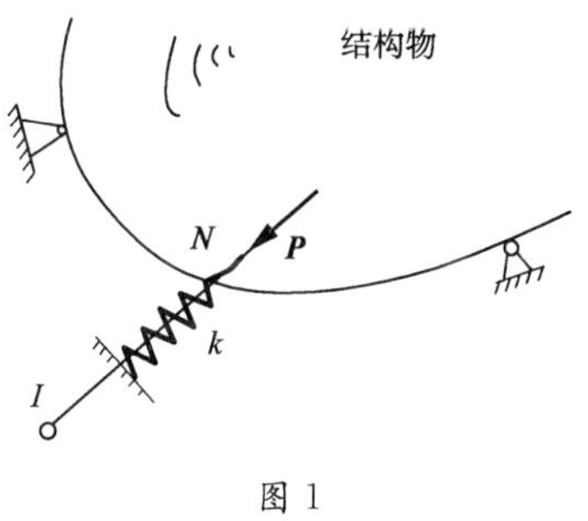

图1

(3) 边界元三种用途的使用方法如下：

① 用于求刚性支座的约束反力。不施加虚力，k值填大数。根据程序的约定写法，在单元卡中“δ”项和“k”项应留为空白。

② 用于输入给定的边界位移值。施加虚力$\boldsymbol{P}$，k值填大数。根据程序的约定写法，在单

元卡中“δ”项应填给定的位移值，“k”项应留为空白。

③ 用于模拟弹性边界约束，并求取弹性约束反力，不施加虚力 $\boldsymbol{P}$，k 值填实际的弹簧刚度。根据程序的约定写法，在单元卡中“δ”项应留为空白，“k”项应填写实际的弹簧刚度值。

(4) 在上述①～③三种使用情况中，输出数据都有边界元的受力值。①和③的受力值皆为实际约束反力，正者为压，负者为拉。如果定向点 I 和弹簧底座异侧，则正负号的含义相反。②情况下的受力输出数据就是虚力 $\boldsymbol{P}$ 的数值($\delta\times10^{10}$)，没有实际意义，这是程序的缺点。这种情况下有实际意义的受力值，需要根据相邻单元体在结点 N 的 NI 方向的作用力的代数和冠以负号进行计算。必须注意，此时不再考虑虚力 $\boldsymbol{P}$。这样所求得的力，正好是为了实现给定位移时在结点 N 沿 NI 方向所需施加的外力，在工程设计中有用处。

我们对图 2 所示的简单桁架结构设置弹簧支座边界元。边界元加在结点 1，定向点取在结点 4。做四种工况计算，输出结果都表明上述补充注释是正确的。参数 k，δ 和主动外力 $\boldsymbol{W}$ 所采用的四组数据都列在表 1 中。SAP4 输出的桁架杆拉力 N，弹簧支座边界元压力 $\boldsymbol{R}_e$，以及结点 1 沿 X 轴方向的位移 u_1 也列在表 1 中。

表 1

数据 / 工况	输入数据			输出数据		
	k /(kg·cm^{-1})	δ /cm	W /kg	N /kg	R_e /kg	u_1 /cm
1	10^{10}	2.0	0	−839 950	$1.999\,9\times10^{10}$	−1.999 88
2	10^4	2.0	0	−13 907	331.14	−0.033 114 2
3	10^4	2.0	1.5×10^4	−3 476.99	82.78	−0.008 278 5
4	10^4	0	1.5×10^4	10 430.99	−248.36	0.024 835 7

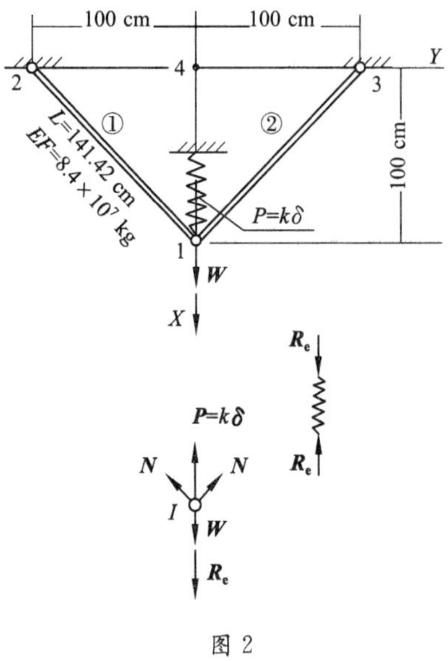

图 2

按照结构力学方法，N，R_e，u_1 三值的计算公式如下：

$$N=\frac{W-P}{\sqrt{2}\left(1+\dfrac{kl}{EF}\right)},\quad R_e=\sqrt{2}N-W+P,\quad u_1=\frac{\sqrt{2}Nl}{EF}=-\frac{R_e}{k}$$

由这些公式计算所得的结果，和 SAP4 的输出数据完全相同。

角位移边界元和线位移边界元的性质相同，不需赘述。

三、埋地“L”形管道热胀内力计算

设有水平埋地的“L”形管道如图 3 所示，两臂等长，两端固支。假定已知数据如下：

平均管径 $d=52.9$ cm　　保温外径 $d'=72$ cm

管道壁厚 $t=0.8$ cm　　直管长度 $L=50$ m

弯头夹角 $\theta=30°\sim90°$　　曲率半径 $R=50\sim500$ cm

管道温升 $\Delta T=120$ ℃　　管道内压 $p=7$ kg/cm^2

工作温度下的材料性质 $E=2\times10^6$ kg/cm^2， $\mu=0.25$

土壤侧向压缩反力系数 $c=0.35$ kg/cm^3

土壤轴向摩擦力测定值 $q=20.0$ kg/cm

要求用 SAP4 计算此“L”形管道的位移和内力。

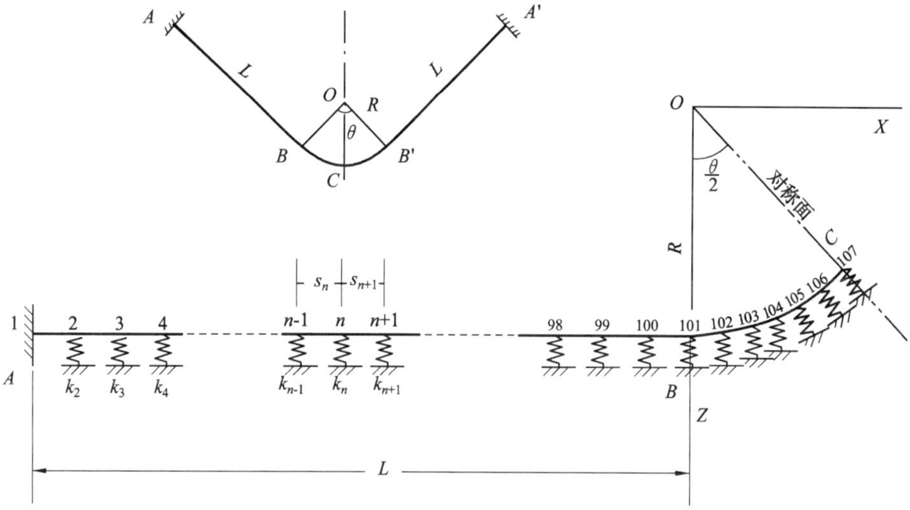

图 3

结点和单元划分基本上如图 3 所示。由于具有一个对称面，所以只需考虑一半。结点总数 107（边界元的定向点不算在内），管单元数 106。A 端固定约束，C 端对称约束（无转角、无切向位移）。除 A 端外其他各结点都沿侧向设置弹簧支座边界元，代替管道所受的侧向土壤弹性约束。弹簧刚度按下式计算：

$$k_n=\frac{1}{2}cd'(s_n+s_{n+1})$$

式中，s_n 和 s_{n+1} 为结点 n 两旁管单元的长度。管道沿轴向所受的土壤摩擦力被简化成许多集中力，分加到各个结点上去。弯头部位的摩擦力略去不计。

按照 SAP4 程序规定填写信息卡片，在邮电科学院 ACOS-500 计算机上进行计算。θ 角采用过 30°，60°和 90°，曲率半径 R 采用过 50 cm，125 cm，250 cm，375 cm 和 500 cm。图 4 所示为 $\theta=30°$，$R=500$ cm 时的计算结果。图 4(a)为管道热胀时的侧向位移图，图 4(b)为管道弯矩图，图 4(c)为管道轴向力图。

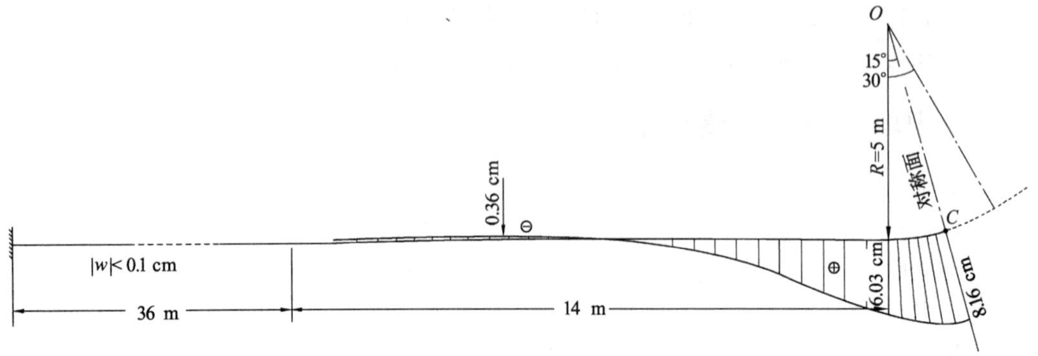

(a)　埋地“L”形管道热胀的侧向位移图

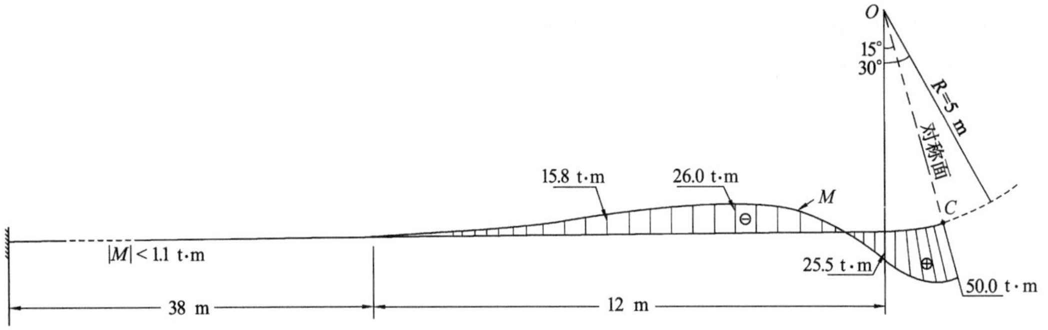

(b)　埋地“L”形管道热胀的弯矩图

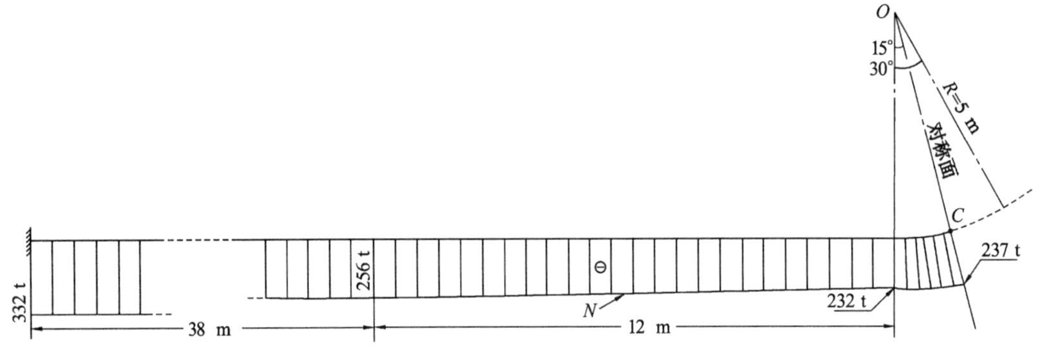

(c)　埋地“L”形管道热胀的轴向力图

图 4

图 4 表明,虽然此“L”形管道臂长为 50 m,但弯曲变形主要发生在弯头两旁的 14 m 范围内,其余部位很小。最大弯矩发生在弯头的中截面 C 处,其值等于 50.5 t·m。图 5 所示为弯头中截面弯矩 M_C 随曲率半径 R 及夹角 θ 的变化情况。由曲线看来,在 $R/d=1$ 至 $R/d=10$ 的范围内,M_C 的变化并不大,R 的影响平缓。对 M_C 有强烈影响的因素是弯头夹角 θ,和参考文献[4]的近似分析一致,$\theta=90°$时 M_C 约为 $\theta=30°$时的 30%。按参考文献[4]近似分析公式计算的结果也画在图 5 中。由曲线对比可以看出,$\theta=30°$时二者相差约为 3%～4%,$\theta=90°$时二者相差不均匀,最大为 23%,θ 为其他值时 M_C 的相差百分数介乎这两个百分数之间。差异主要来源于近似分析的误差,是合理的。这表明:在摩擦力情况比较简单的条件下,用边界元处理土壤侧向反力,使用 SAP4 程序计算热力管道的内力是可行和可靠的。

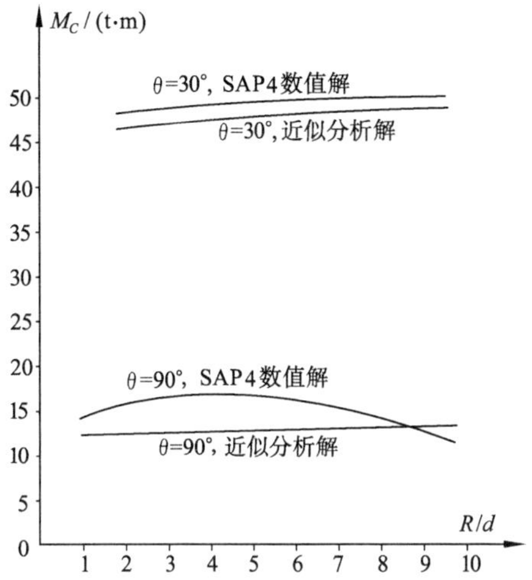

图 5

四、埋地“Z”形管道的热胀内力计算

在城市热力管网中，管线走向必须和建筑物布局配合。因此有时出现管线走向平行挪动的状况，如图 6 所示。管线平行挪动的距离一般很短，只有几米。两条平行直管的过渡连接是用一根短直管和两个弯头组成的。这种“Z”形管道中的热胀内力和短直管长度 L_2 有很大关系，必须加以计算。

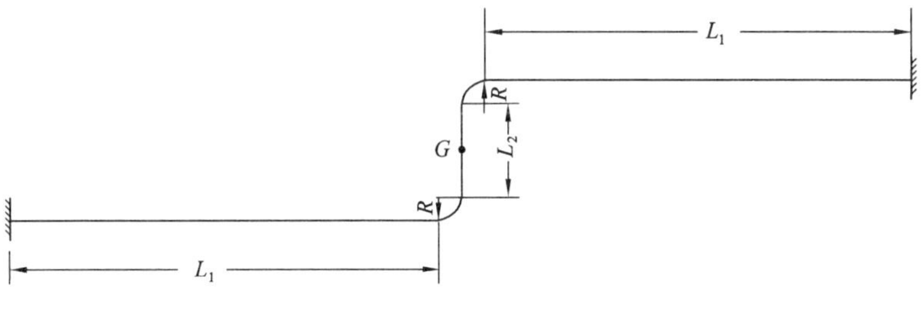

图 6

假定“Z”形管路两边的直管长度相等，都是 L_1，而且两端均为固定约束，则此管路反对称于短直管的中点 G。因此，计算时只需考虑一半，G 点按定铰约束处理。该管道的基本尺寸、材料性质、土壤性质、工作内压和温升值等都采用前例“L”形管道计算中用过的数据，并取弯头的 $\theta=90^\circ$，$R=125$ cm。由于计算的主要目的之一是考察管长 L_2 对内力的影响，故在计算中 L_2 取用多种数值：0，2，4，8，16，24 m。计算时的布点划元方案及边界元设置办法都和“L”形管道用过的相仿，不再重复叙述。

图 7 所示是“Z”形管道的一套计算结果，相应的主管长 $L_1=50$ m，短管长 $L_2=8$ m。由图 7 可见，弯头处的最大弯矩为 11.01 t · m，发生在偏近长管一侧的半个弯头的中部。当 L_2 变化时，弯头的最大弯矩值也随之变化。

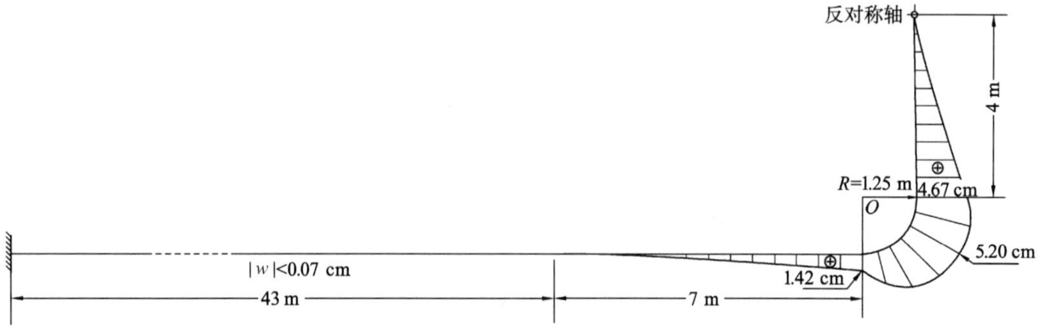

（a）　埋地“Z”形管道热胀的侧向位移图

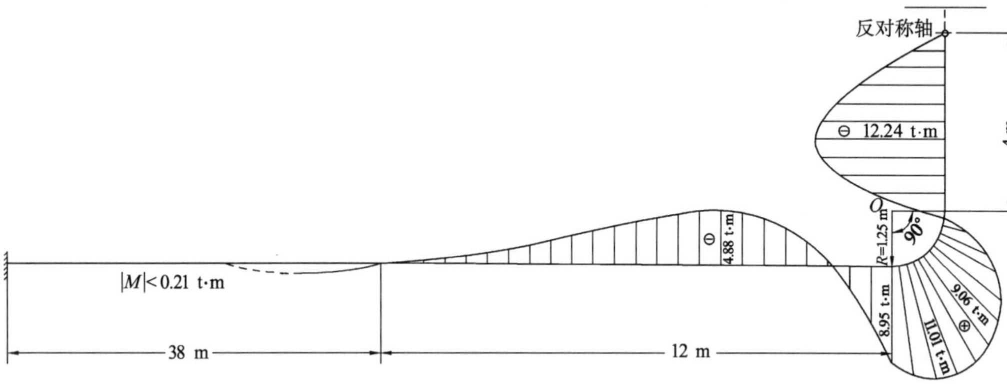

（b）　埋地“Z”形管道热胀的弯矩图

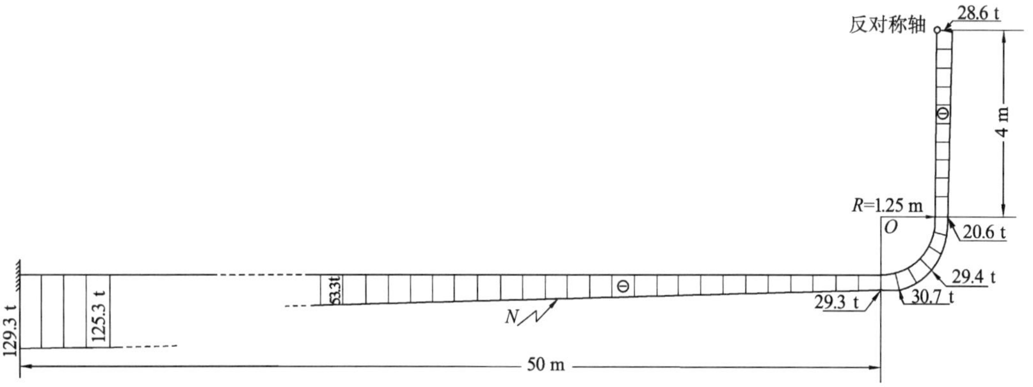

（c）　埋地“Z”形管道热胀的轴向力图

图 7

图 8 中的曲线 1 就是由 SAP4 算出的 M_{max} 与 L_2 的变化关系。当 $L_2=0$ 时此弯矩值最大，达到 37 t・m。随着 L_2 的增加，此弯矩值迅速减低，靠近 $L_2=6$ m 时减到最低值，约11 t・m，然后又缓慢上升。这种特性在设计热力管道时值得重视，应该避免采用 $L_2=0$ 的方案。

图 8 中的曲线 2 是将短管中点 G 按对称约束处理算出来的，它是“U”形管路中弯头弯矩随 L_2 变化的关系曲线，当 $L_2=0$ 时弯头弯矩最小，和“Z”形管路成明显对照，但当 L_2 增加到 16 m 以后，“U”形管路和“Z”形管路的弯头弯矩基本上相同。

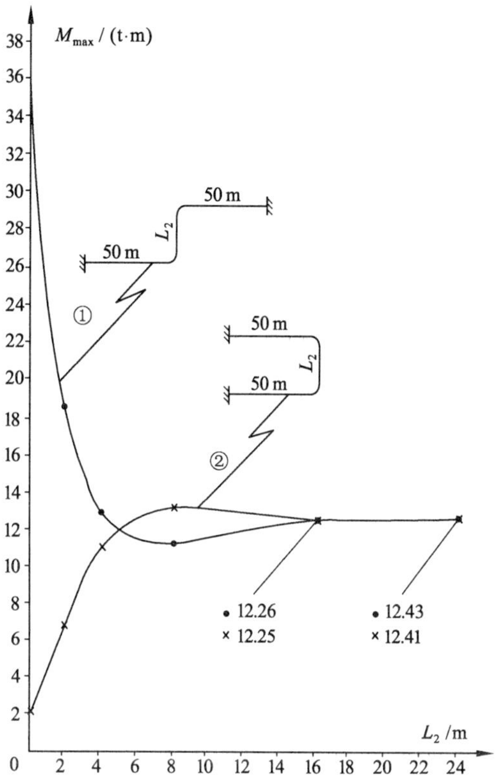

图 8

五、埋地"Ω"形管道的热胀内力计算

在热力管网设计中，为了减小热胀内力，有时采用"Ω"形补偿管路，如图 9 所示。这种管路中主管 L_1 很长，而补偿部分的直管 L_2 和 L_3 都相当短。L_2 和 L_3 的长度对"Ω"形管路中的内力有显著影响。在有沟敷设中，关于 L_2 和 L_3 有具体的设计方法，但是在直埋无沟敷设中，这些方法显然是不合适的，因为受力情况很不相同。

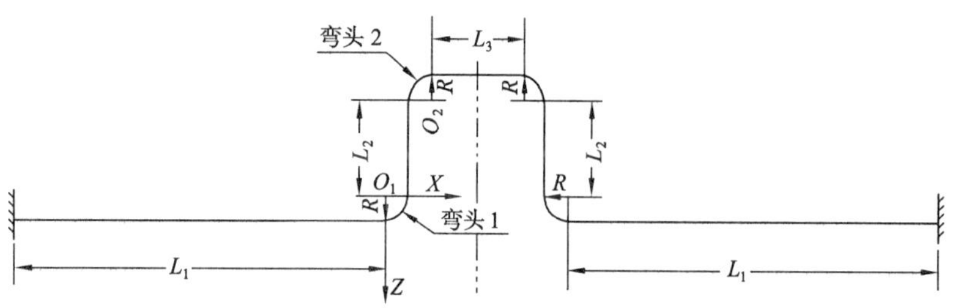

图 9

仍采用在"三"、"四"中计算使用过的基本已知数据，设定短管长度 $L_2=L_3=1$，2，4，6 m，用 SAP4 计算其内力。由于有对称面，计算中也只在半边布点。基本结点总数 153，管

单元 152，边界元 153。轴向土壤摩擦力的方向在主管 L_1 区段内很容易确定，都是沿着 X 轴反向；在短管 L_3 区段内也很容易确定，在左半边沿着 X 轴正向，右半边沿着 X 轴反向；唯独在短直管 L_2 区段内不易确定。计算结果表明，当 $L_2<6$ m 时，L_2 区段内的摩擦力都在 Z 轴正向；但 $L_2>6$ m后，L_2 区段内的轴向位移出现换向点，因而摩擦力也应有换向点，换向点的位置应按摩擦力与轴向位移方向相反的原则确定，需要经过两次以上的调整计算才能定出。图 10 所示曲线是 $L_2\leqslant 6$ m 情况下的弯头弯矩值。M_{1max} 是靠近主管的弯头内的最大弯矩，M_{2max} 是与两根短直管相邻的弯头内的最大弯矩（参看图 9），M_{1c} 和 M_{2c} 是上述二个弯头中部截面内的弯矩。由图 10 可看出：M_{1max} 总是大于 M_{2max}。M_{1max} 有个最低值，发生在 $L_2\approx 3$ m 处；M_{2max} 有个最高值，也发生在 $L_2\approx 3$ m 处。由此计算结果看来，设计类似于本例的“Ω”形管道时，取 $L_2=3\sim 4$ m比较合宜，内力既小，而且均匀，有利于节约材料。

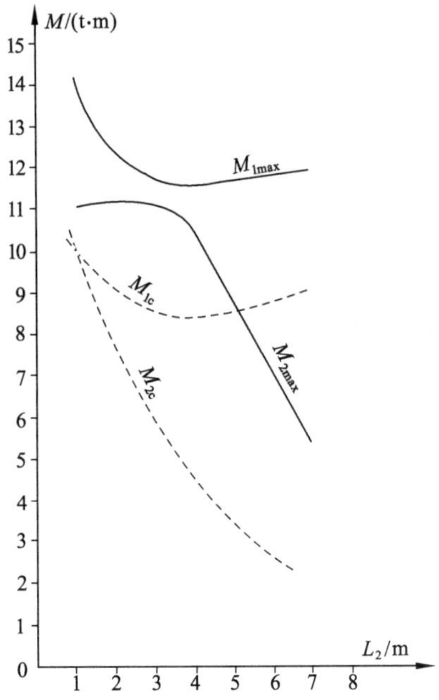

图 10

图 11 所示是 $L_2=L_3=4$ m 时“Ω”形管道的侧向位移和内力计算结果。从图 11(b)看到，全“Ω”形管道中弯矩的最大值并不在弯头 1 处，而是在短直管 L_2 的中部，达到 16.56 t · m，比弯头 1 部分的 M_{1max}（11.57 t · m）约大 30%。但是，最大的应力值仍在弯头 1 部分，因为那里有应力放大的特性。由图 11 还可看到，“Ω”形管道中轴向力降低很明显，顶部只剩压力2.6 t，而且在弯头 2 的右侧甚至出现少量拉力。这是土壤约束所起的作用，和有沟敷设不一样。

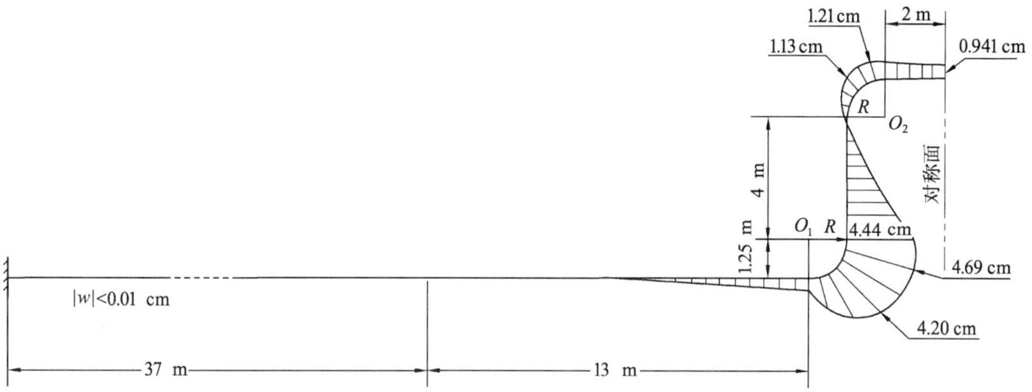

（a）　埋地“Ω”形管道热胀的侧向位移图

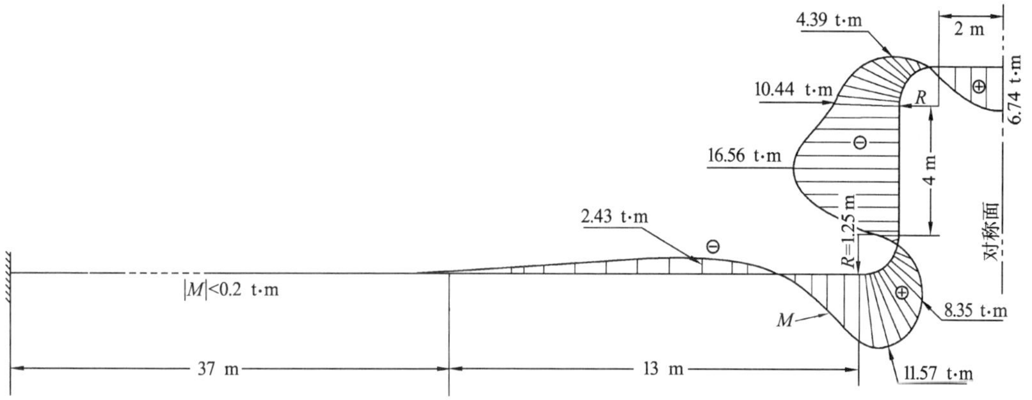

（b）　埋地“Ω”形管道热胀的弯矩图

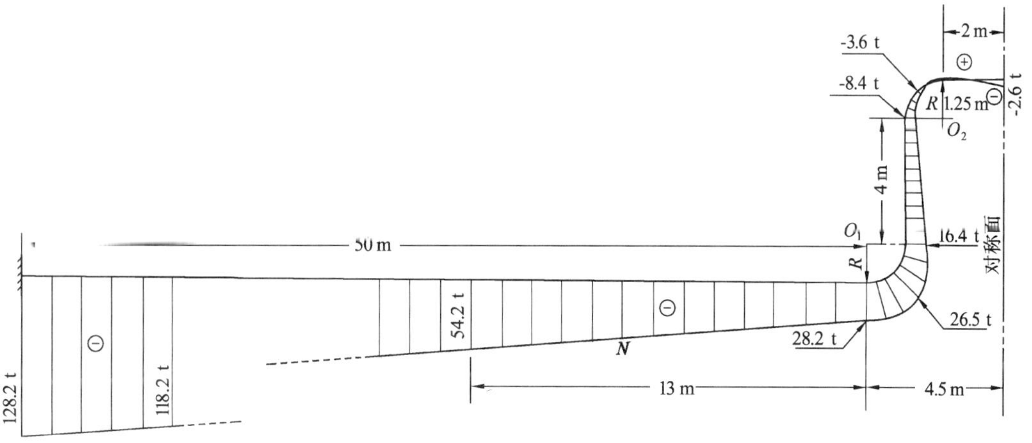

（c）　埋地“Ω”形管道热胀的轴向力图

图 11

六、结 束 语

本文介绍了应用 SAP4 程序计算几种特定形状埋地热力管道的内力情况，兼谈一些边界元的性能和使用方法。表明使用边界元作为弹性支座处理弹性基础上结构强度的计算问题,可以获得良好效果。但是,由于SAP4程序目前还没有对付摩擦力的好办法,因而比较复杂的埋地热力管道问题还难于用它计算,只有和一定的分析方法相配合,才能发挥作用。

参考文献

[1] 线性静动力结构分析程序程序说明与使用说明.北京工业学院,译.1980

[2] 结构分析程序专辑.机械强度,1980(3)

[3] 五机部二〇一所.线性静动力结构分析程序学习班讲义.1980

[4] 崔孝秉.埋地长输管道水平弯头的升温载荷近似分析.华东石油学院学报,1978(2)

[5] 崔孝秉.埋地长输管道纵向弯头温度内力的近似分析.华东石油学院学报,1980(2)

[6] 崔孝秉.埋地长输管道两臂不对称纵向弯头的温度内力近似分析.华东石油学院学报,1980(2)

[7] 崔孝秉.埋地长输管道全线热胀强度问题的分割计算法.华东石油学院学报,1981(1)

埋地长输管道热胀内力近似分析

崔孝秉

一、概　述

埋地长输管道热胀强度问题在石油管道工程及城市热力网工程中都存在，它对工程的质量、投资及材耗等方面都有相当大的影响。本文用弹性抗弯铰力学模型代替弯头，用分割迭代法进行分析，近似算出埋地长输管道的热胀位移和热胀内力。经试验验证和有限元法计算对比，表明本文所述方法具有良好的工程准确度。

我国石油凝固点偏高，常需加热输送。埋地长输管道一般在常温下施工敷设，建成投产时管温升到设计数值。由于热胀，管道产生相当大的热胀内力。倘若设计考虑不周，则管道弯头部位横截面将出现过大的扁平变形，妨碍通球清管，降低油品输送量，甚至引起破裂漏油事故。

文献中关于这个问题的研究很少，有些零散计算误差也较大，不能用于长输管线。1973年 Сазонов P M 给出过“L”形管道（图 1）许可臂长的计算公式[1]，在规定预拉伸为热伸长量50％的条件下，公式为

$$L_1+L_2=\frac{4}{\beta^2 D_H E\alpha}\cdot\frac{[\sigma]}{\Delta t}\cdot\frac{\cos\phi}{1+\sin\phi}$$

$$\beta=\sqrt[4]{\frac{KD_H}{4EI}}$$

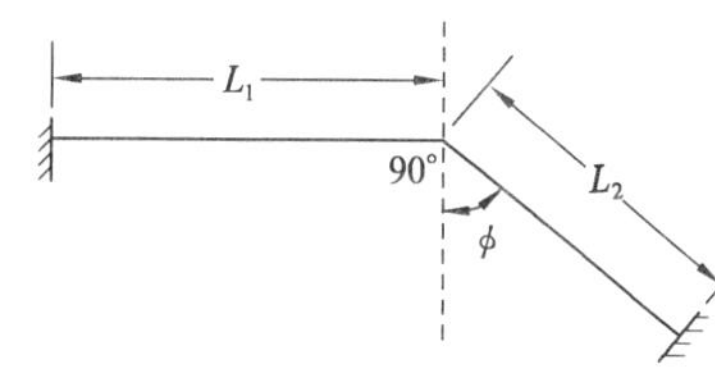

图 1

式中，L_1，L_2 为臂长；D_H 为管道外径；ϕ 为拐弯角度与 $\frac{\pi}{2}$ 的差量；Δt 为管道升温值；α 为热胀系数，E 为弹性系数；$[\sigma]$为许用应力；K 为侧向土壤压缩反力系数；I 为直管截面惯性矩。按照上式，“L”形管道弯头处的热胀弯矩应为

$$M=(L_1+L_2)\beta^2 EI\alpha\Delta t\cdot\frac{1+\sin\phi}{\cos\phi}$$

由于没有考虑弯头柔性、土壤摩擦以及轴向力对直管伸长的限制，按上式计算的 M 值必然总是大大偏高。当拐弯角趋向于零（即图 1 中 ϕ 趋于 90°）时，按此式计算的 M 并不趋向于零，反而趋向于无穷大，完全错误。所以，上式只能用于厚壁、小口径、大拐角的埋地短程热输管道，而不能用于薄壁大口径埋地长输石油管道。

1978 年美国《管道工业》刊载 Peng Liang-chaun 写的《埋地管线应力分析法》[2]，该文曾对 90°拐角的埋地“L”形管道热胀内力做过近似分析（图 2），给出弯头处热胀弯矩计算式如下：

$$M=\frac{1}{2\beta}\left[F+\frac{1}{K}\beta AEf-\sqrt{\left(F+\frac{1}{K}\beta AEf\right)^2-F^2}\right]$$

式中，F 为长直管的热胀自锚力；A 为横截面面积；K 为侧向土壤压缩反力系数与管道外径

的乘积；f 为单位管长所受土壤摩擦力。此式在推导过程中只考虑长臂的热胀和摩擦，不计短臂的热胀和摩擦；只考虑短臂的弯曲和侧向土反力，不计长臂的弯曲和侧向土反力，而且完全不考虑弯头的柔性，故误差甚大。该文结合 20 in 口径的管道升温 130 °F 时给出的 M 值，其误差据我们核算超出 500%。

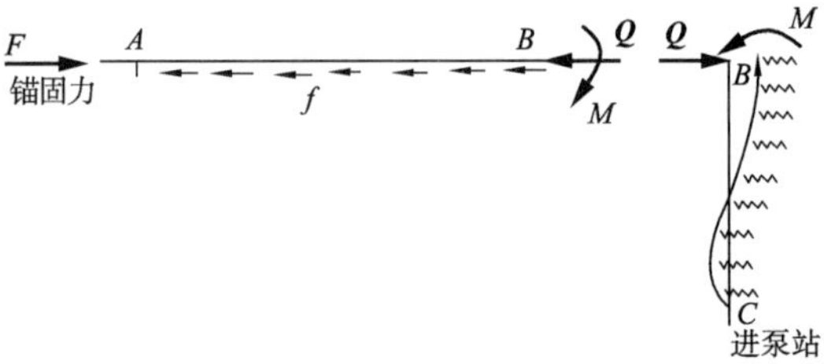

图 2

根据我国石油管道工程发展的需要，近几年来我们在这方面做过一些分析和实验研究，本文是这些工作部分内容的综合。

二、计算模型的简化处理

埋地长输石油管道由许多大口径薄壁直管和薄壁弯头光滑焊接而成。除起点和终点锚固外，长输区间还有因工程设施必须增建的锚固约束点，以及由于土壤摩擦力约束形成的自然锚固区，因此一条长输管道的全线可以视为若干个独立的两端锚固约束的局部管道系的组合。

在局部管道系中，由于土壤的弹性和土壤的摩擦力，介于两个弯头之间的每根直管热胀时一定同时向两端有所伸长，所以在该直管的轴线上必有一个点无轴向位移，在它的两侧土壤摩擦力方向相反，该点可称为"驻点"。由于土壤约束的限制，热胀时管道系显著的弯曲变形只能发生在弯头的邻近区间。离开弯头后，管道的热胀弯曲变形衰减很快，驻点处的横向位移和截面转角完全可以忽略不计，因此驻点也相当于锚固点，不过这是位置待定的锚固点。基于这些分析，可见局部管道系又可分割成若干个两端锚固的"L"形管道进行分析（可参看图 10）。研究清楚"L"形管道热胀内力与臂长的关系后，不难由驻点处轴向力连续条件确定出局部管道系中全部驻点的位置。

考虑到埋地长输石油管道的直管段比较长，弯头夹角比较小，弯头弧长比较短，因而弯头各截面内力相差也比较小的特点，在分析中将弯头的几何尺寸略去不计，而保留它的抗弯柔性，将它简化成能够传递弯矩的铰链模型，称为"弹性抗弯铰"，如图 3 所示。于是，长输管道可简化成空间折管系，"L"形管道可简化成由两根直管和一个弹性抗弯铰相连接的简单平面管道系。

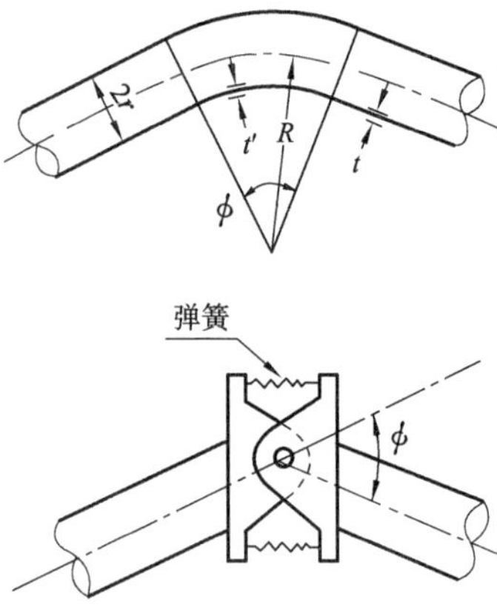

图 3

弹性抗弯铰传递的弯矩 M 应和它所代替的弯头的夹角变化量 $\Delta\phi$ 成正比。根据 Turner C E 的评定[3]，设 λ 为弯头参数，K 为弯头柔性系数，

$$K=\frac{1.65}{\lambda}=\frac{1.65r^2}{Rt'}$$

应有

$$\Delta\phi=\frac{KR\phi M}{EJ'}$$

式中，r 为管道平均半径；R 为弯头曲率半径；t' 为弯头壁厚；EJ' 为弯头截面抗弯刚度；$J'\approx\pi r^3 t'$。当 $\lambda<1$ 时，此式误差最大不超过 3%。当要求考虑内压对弯头柔性的影响时，K 值需用 Rodabaugh 系数修正[4]，将 K 除以一个与管道内压 p^* 有关的 n_ε 值

$$n_\varepsilon=1+\frac{6p^* r}{Et'}\left(\frac{r}{t'}\right)^{\frac{4}{3}}\left(\frac{R}{r}\right)^{\frac{1}{3}}$$

三、水平“L”形管道的热胀内力分析

由长输管道分割成的“L”形管道大体上可分为水平“L”形和纵向“L”形两类。前者多见于平川地区，后者多见于丘陵地区。热胀时二者的受力情况略有差别，需要分别研究。下面首先考虑水平“L”形管道。

设有埋地水平“L”形管道如图 4 所示。图中(a)为弯头点的热胀位移几何关系；(b)和(d)为直管的受力图，(c)为弯头点的受力图。在(b)和(d)中描绘侧向土壤反力时，采用了与管道横向位移 y_i 成比例的假定，同时还假定土壤摩擦力 q 沿轴向均匀分布。

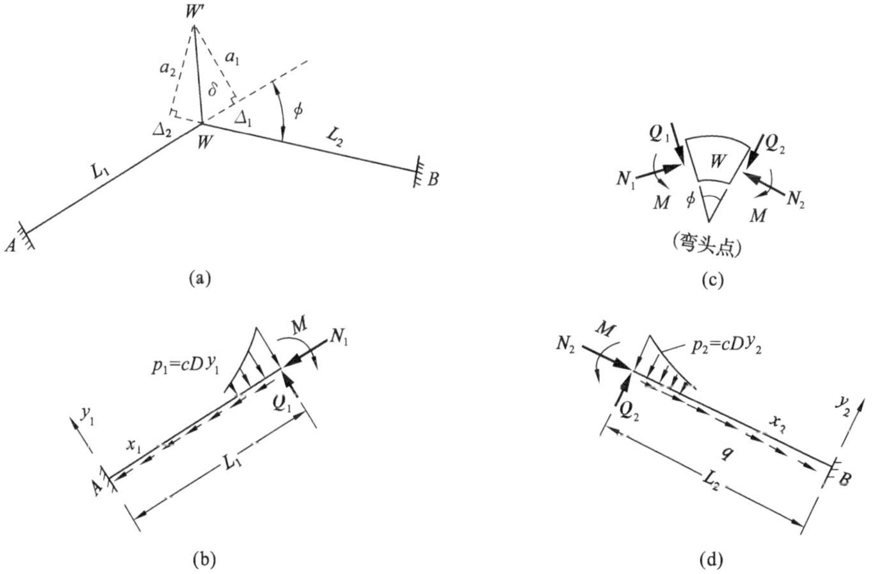

图 4

设取 y_1 坐标轴和 y_2 坐标轴如图 4 所示，则分析热胀内力时，直管段有关的方程及边界条件如下：

$$\frac{\mathrm{d}^4 y_i}{\mathrm{d}x_i^4}+4k^4 y_i=0\quad(i=1,2)\tag{1}$$

$$k^4=\frac{cD}{4EJ}$$

$$\left.\begin{aligned}&(y_i)_{x_i=0}=0, \quad \left(\frac{\mathrm{d}y_i}{\mathrm{d}x_i}\right)_{x_i=0}=0\\&(y_i)_{x_i=L_i}=a_i, \quad EJ\left(\frac{\mathrm{d}^2y_i}{\mathrm{d}x_i^2}\right)_{x_i=L_i}=-M\\&EJ\left(\frac{\mathrm{d}^3y_i}{\mathrm{d}x_i^3}\right)_{x_i=L_i}=-Q_i\\&\left(\frac{\mathrm{d}y_1}{\mathrm{d}x_1}\right)_{x_1=L_1}+\left(\frac{\mathrm{d}y_2}{\mathrm{d}x_2}\right)_{x_2=L_2}=\frac{KR\phi M}{EJ'}\end{aligned}\right\} \tag{2}$$

此外，还有弯头端的热胀几何关系及弯头本身(弹性抗弯铰)的受力平衡关系：

$$\Delta_i=\alpha TL_i-\frac{qL_i^2}{2EF}-\frac{N_iL_i}{EF} \quad (i=1,2) \tag{3}$$

$$a_1=\frac{\Delta_2+\Delta_1\cos\phi}{\sin\phi} \tag{4}$$

$$a_2=\frac{\Delta_1+\Delta_2\cos\phi}{\sin\phi} \tag{5}$$

$$(Q_1-Q_2)\sin\frac{\phi}{2}+(N_1-N_2)\cos\frac{\phi}{2}=0 \tag{6}$$

$$(Q_1+Q_2)\cos\frac{\phi}{2}-(N_1+N_2)\sin\frac{\phi}{2}=0 \tag{7}$$

以上各式中，y_i 为直管热胀时的横向位移；D 为管道外径(包括保温层尺寸)；L_i 为“L”形管道臂长；J 为直管的截面惯性矩；J'为弯头的截面惯性矩；N_i 为直管上弯头端的轴向压力；Q_i 为剪力；Δ_i 为直管轴向的总伸长量；a_i 为直管在弯头端的横向位移；T 为管道升温值；α 为线胀系数；E 为弹性系数；F 为直管横截面面积；c 为侧向土壤压缩反力系数。

根据以上各方程式和边界条件，可以解出热胀时的横向位移 $y_i(x_i)$，以及其他诸未知量 a_i,Δ_i,Q_i,N_i 及 M 等，都是三角函数和双曲函数的表达式，详见参考文献[5]。注意到石油长输管道管段较长，一般情况下总能满足 $kL\geqslant3$，可对双曲函数进行简化。经简化后所得到的对称情况($L_1=L_2=L$)下的横向位移曲线 $y(x)$及弯头端内力 N 和 M 表达式如下：

$$y=\frac{a}{\mathrm{sh}\,kL}\{[(1-C_M)\cos kL+(1+C_M)\sin kL]\sin kx\,\mathrm{sh}\,kx+(\cos kL+C_M\sin kL)(\cos kx\,\mathrm{sh}\,kx-\sin kx\,\mathrm{ch}\,kx)\} \tag{8}$$

$$N=2k^3EJa(1+C_M)\cot(\phi/2) \tag{9}$$

$$M=2k^2EJC_Ma \tag{10}$$

其中，

$$a=\frac{\left(\alpha TEF-\frac{1}{2}qL\right)\tan(\phi/2)}{2k^3EJ\left[1+C_M+\frac{F\tan^2(\phi/2)}{2k^3JL}\right]} \tag{11}$$

$$C_M=\frac{1}{1+KkR\phi(J/J')} \tag{12}$$

式中，系数 C_M 是大于零小于 1 的正值，它反映出弯头柔性对热胀弯矩的缩减效应。

当“L”形管道两臂不对称时，弯头热胀弯矩的表达式为

$$M=\frac{C_M\left[\alpha TEF-\frac{1}{2}\left(\frac{L_1^2+L_2^2}{L_1+L_2}\right)q\right]\tan(\phi/2)}{k\left[1+C_M+\frac{F\tan^2(\phi/2)}{k^3J(L_1+L_2)}\right]} \tag{13}$$

不难看出，如果在(13)式中用平均臂长取代$\frac{1}{2}(L_1+L_2)$，其结果很接近于(10)式。

由于显著的热胀弯曲位移及弯曲内力只发生在弯头邻近区域内，其值基本上只与"L"形管道两臂长度之和有关，而与其差的关系不大，因而上述两臂对称"L"形管道热胀内力的分析结果具有较广泛的实用范围。

当需要考虑管道内压对热胀内力的影响时，在以上诸表达式中，K 值应除以系数 n_ε，同时数组 αTEF 应改为 $\alpha TEF+(1-2\mu)\pi r^2 p^*$，其中 p^* 为管道内压，μ 为管材的波桑系数。

图 5 及图 6 所示为管道热胀内力随弯头夹角 ϕ 变化的曲线。当 $\phi=90°$时，N 和 M 都不大；当 $\phi=0°$时，N 达到最大值，M 则为零。最大的热胀弯矩 M_{max} 并不发生在 ϕ 值较大的弯头内，而发生在 ϕ 值较小的弯头内。按极值条件可以求得具有最大弯矩值的夹角值 ϕ_m，它应由下式计算：

$$\frac{F}{k^3J(L_1+L_2)}[1+C_MKkR(J/J')\sin\phi_m]\tan^2\left(\frac{\phi_m}{2}\right)+C_MKkR(J/J')\sin\phi_m=1+C_M \tag{14}$$

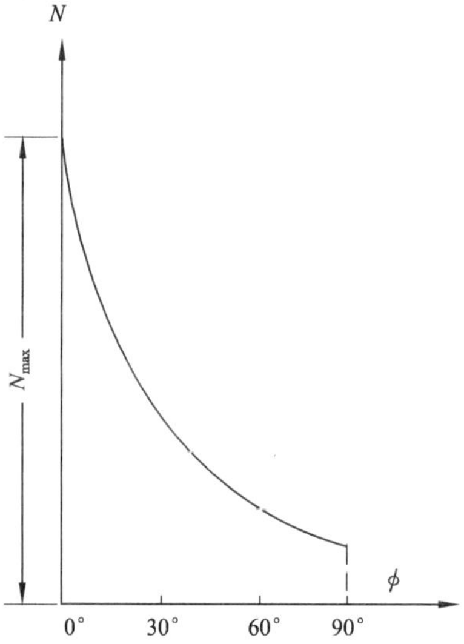

图 5

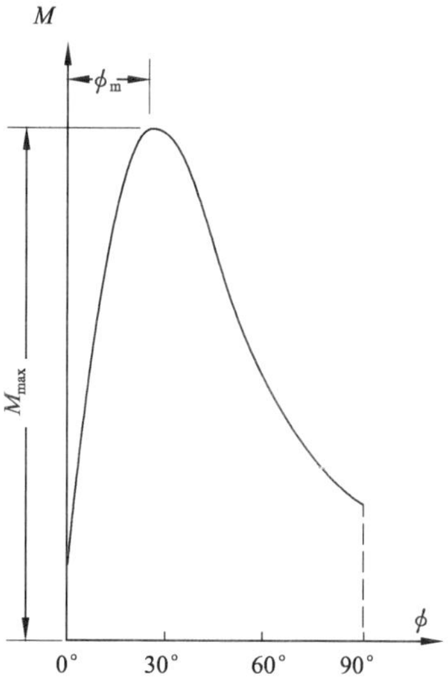

图 6

(14)式表明：ϕ_m 值主要取决于管道尺寸及弯头尺寸。ϕ_m 虽然与侧向土壤压缩反力系数 c 也有关系，但 c 的影响较弱。ϕ_m 值与摩擦力 q 及升温值 T 完全无关。因此，对于同一条长输管线，ϕ_m 的变化范围不大。设取 $r=36$ cm，$t=0.8$ cm，$t'=1.2$ cm，$L_1+L_2=200$ m，$c=0.4$ kg/cm³，$E=2.1\times10^6$ kg/cm²，可得 $\phi_m=28.6°$。若改取 $L_1+L_2=100$ m，则 $\phi_m=22.5°$，改变不大。

(13)式表明：增加土壤摩擦力 q 总能使热胀弯矩降低，但增加侧向土壤压缩反力系数 c 只能使夹角较小的弯头 M 值降低，而不能使大夹角弯头 M 值降低，甚至还可能有所增加。

如果"L"形管道两臂很长，则产生所谓"过渡段长度"L_{go}。在距离弯头不超过 L_{go} 的范围内直管各截面有轴向热胀位移；超出 L_{go} 以远，就没有轴向热胀位移，直管处于自锚状态。L_{go} 值在埋地管道计算中有许多用处，不难求得

$$L_{go}=\sqrt{Z^2+\left(\frac{2Z}{q}\right)\alpha TEF}-Z \tag{15}$$

$$Z=\frac{\tan^2\left(\frac{\phi}{2}\right)}{k^3 r^2(1+C_M)}$$

L_{go} 与许多因素有关，但和弯头夹角 ϕ 的关系最突出，是 ϕ 的增函数。用 L_{go} 作为臂长 L 代入(8)式至(11)式，可以算出自锚状态下的热胀位移和内力，在设计上可作为上限值参考。

为校核热胀弯矩计算式(11)的精度，我们曾用美国 SAP4 结构分析通用程序，结合北京市直埋热力管道的参数，计算出在各种 ϕ 值和各种 R/d 值情况下埋地水平"L"形管道弯头中部横截面内的 M 值，然后和用本文(10)式求得的结果对比，对比的情况部分如图 7 所示。$\phi=30°$时分歧在 5%以下，$\phi=90°$时分歧最大，约为 20%，详见参考文献[6]。此外，参考文献[7]用有限单元法计算埋地水平"L"形管道热胀内力和位移的结果，与本文分析结果也基本一致。

1977 年至 1979 年我们和北京市煤气热力设计所、北京第四市政工程公司等单位协作进行了热力管道直埋敷设试验研究，曾对埋地水平"L"形管道的热胀应力和位移做过三次冷推模拟试验和多次循环加温的热胀应力实测试验。试验所用管道的管径 $d=52.9$ cm，壁厚 $t=0.8$ cm，臂长 $L=18.3$ m，管顶覆土深度为 1.2 m，温升值 $T=120$ ℃，弯头夹角 $\phi=90°$，$R=2.5d$。试验结果表明，本文所给分析解无论计算位移、内力或应力，都具有良好的工程准确度。图 8 所示为一次冷推模拟试验的结果对比，图中 $\sigma_{q\max}$ 为弯头中部横截面上最大的环向弯曲应力，f 为模拟热胀量 αTL 的冷推位移，实线代表按本文分析的计算结果，黑点代表实验测量所得的结果。

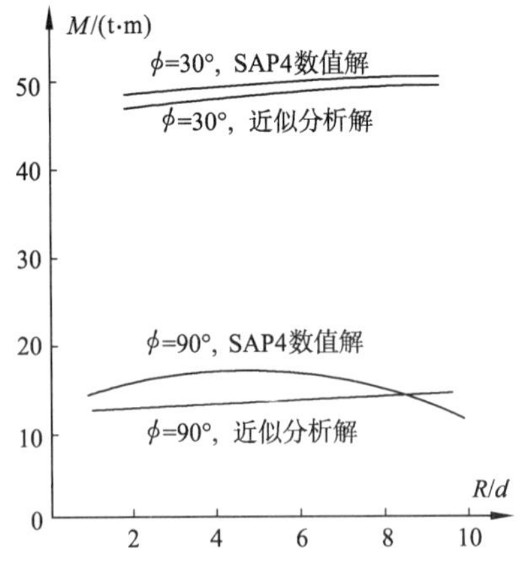

图 7

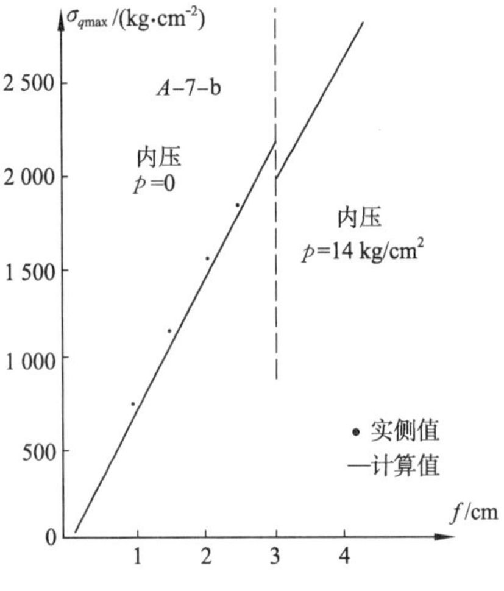

图 8

四、纵向"L"形管道的热胀内力分析

经过山区和丘陵地带的埋地热输管线，位于铅直平面内的"L"形特多，它们称为纵向

"L"形管道。弯头顶朝下、曲率中心在上的纵向"L"形管道其热胀内力分析和水平"L"形管道完全一样,只是土壤压缩反力系数 c 比较大。弯头顶朝上、曲率中心在下的纵向"L"形管道其热胀情况有些特点,要具体分析。过山区或丘陵地带的埋地管道,管顶覆土一般不深,热胀时弯头向上顶土,管道所受土壤反力接近于被顶土体的重量,近似于常数,而不是与管道位移成正比。

略去离弯头较远处管道的微小弯曲位移,假设弯头近旁向上弯起顶土的管段长度为 l_1 和 l_2,取坐标原点如图 9 所示,则分析纵向"L"形管道热胀内力时,直管段部分有关的方程及边界条件应如下:

$$EJ\frac{\mathrm{d}^4 y_i}{\mathrm{d}x_i^4}+p_i=0\quad(i=1,2) \tag{16}$$

$$\left.\begin{aligned}&(y_i)_{x_i=0}=0,\qquad \left(\frac{\mathrm{d}y_i}{\mathrm{d}x_i}\right)_{x_i=0}=0\\&\left(\frac{\mathrm{d}^2 y_i}{\mathrm{d}x_i^2}\right)_{x_i=0}=0,\qquad (y_i)_{x_i=l_i}=a_i\\&EJ\left(\frac{\mathrm{d}^2 y_i}{\mathrm{d}x_i^2}\right)_{x_i=l_i}=-M,\qquad EJ\left(\frac{\mathrm{d}^3 y_i}{\mathrm{d}x_i^3}\right)_{x_i=l_i}=-Q_i\\&\left(\frac{\mathrm{d}y_1}{\mathrm{d}x_1}\right)_{x_1=l_1}+\left(\frac{\mathrm{d}y_2}{\mathrm{d}x_2}\right)_{x_2=l_2}=\frac{KR\phi M}{EJ'}\end{aligned}\right\} \tag{17}$$

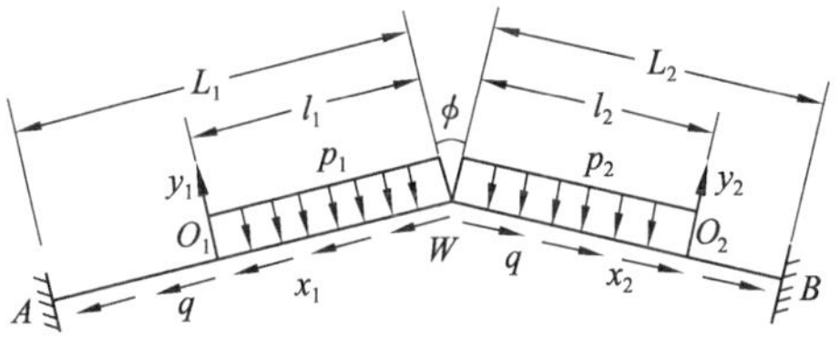

图 9

弯头端的热胀几何关系及弯头本身的受力平衡关系完全和(3)式至(7)式相同。经积分后可得

$$y_i=-\frac{p_i x_i^4}{4!\ EJ}+\frac{x_i^3}{l_i^3}\left(a_i+\frac{p_i l_i^4}{4!\ EJ}\right) \tag{18}$$

其中 l_1,l_2,a_1,a_2 连同轴向压力 N_1,N_2,需由下列六式构成的非线性代数方程组算出:

$$a_1=\frac{1}{EF\sin\phi}\left[L_2\left(\alpha TEF-\frac{qL_2}{2}-N_2\right)+L_1\left(\alpha TEF-\frac{qL_1}{2}-N_1\right)\cos\phi\right] \tag{19}$$

$$a_2=\frac{1}{EF\sin\phi}\left[L_1\left(\alpha TEF-\frac{q_1L_1}{2}-N_1\right)+L_2\left(\alpha TEF-\frac{qL_2}{2}-N_2\right)\cos\phi\right] \tag{20}$$

$$l_1=\frac{\sqrt[4]{72EJa_1/p_1}}{\left[3-\dfrac{l_1+\left(\dfrac{p_2 l_2^2}{p_1 l_1^2}\right)l_2}{(1/2)(l_1+l_2)+KR\phi(J/J')}\right]^{\frac{1}{4}}} \tag{21}$$

$$l_2=\frac{\sqrt{72EJa_2/p_2}}{\left[3-\dfrac{\left(\dfrac{p_1 l_1^2}{p_2 l_2^2}\right)l_1+l_2}{(1/2)(l_1+l_2)+KR\phi(J/J')}\right]^{\frac{1}{4}}} \tag{22}$$

$$N_1=\frac{3}{8}(Ap_1l_1+Bp_2l_2)-\frac{3EJa_1}{l_1^3}\left[A+B\left(\frac{a_2l_1^3}{a_1l_2^3}\right)\right] \tag{23}$$

$$N_2=\frac{3}{8}(Bp_1l_1+Ap_2l_2)-\frac{3EJa_1}{l_1^3}\left[B+A\left(\frac{a_2l_1^3}{a_1l_2^3}\right)\right] \tag{24}$$

式中，$A=\cot(\phi/2)-\tan(\phi/2)$，　　$B=\cot(\phi/2)+\tan(\phi/2)$。

采用循环迭代法可由以上六式求得 l_1,l_2,a_1,a_2 和 N_1,N_2。如果迭代从(19)、(20)两式开始，取自锚状态下的 N_1 和 N_2 作为(19)式和(20)式右边 N_1 和 N_2 的零次近似值，一般情况下，第二次近似解就足够准确，详见参考文献[9]。求得 l_1 和 l_2 后，弯头的热胀弯矩值按下式计算：

$$M=\frac{p_1l_1^3+p_2l_2^3}{12\left(\frac{l_1+l_2}{2}+KR\phi J/J'\right)} \tag{25}$$

如果"L"形管道两臂对称，$L_1=L_2=L$，则应有 $l_1=l_2=l$，它的计算式简化成如下形式：

$$\left(\frac{l}{L}\right)^4=\frac{6r^2}{L^2(0.5-\xi)\tan^2(\phi/2)}\left[\left(\frac{\alpha TEF-0.5qL}{pL}\right)\tan(\phi/2)-\frac{1}{2}(1+\xi)\left(\frac{l}{L}\right)\right] \tag{26}$$

$$\xi=\frac{l}{3(l+KR\phi J/J')}$$

由(26)式计算 l 值也需使用迭代法。按我国埋地长输石油管道的参数，l 值一般介于 11～15 m 范围内，故可取零次近似值 $l_{(0)}=13$ m，收敛甚快，二次迭代即够准确，见参考文献[8]。

从分析结果和许多算例可以看到，纵向"L"形管道的热胀内力和位移与水平"L"形管道的热胀内力和位移具有基本上类似的特点，90°弯头的热胀内力 N 和 M 都不大，M_{max} 发生在较小夹角的弯头内，N_{max} 发生在 $\phi\to0$ 的极限情况下。

五、埋地长输管道全线热胀内力的确定

"二"中已经说明，埋地长输管道总可以分割成许多"L"形管道的组合进行分析，关键在于如何定出驻点(即分割点)的位置。当驻点的位置确定后，全线热胀内力可用"三"或"四"中所述分析方法从各"L"形管道中计算出来。

设有局部管道系 AB 如图 10 所示。由左端 A 数起，第一根直管的长度设为 L_0，第二根为 L_1，其余依次为 $L_2,L_3,\cdots$。每根介于两个弯头之间的直管有一个驻点 P，它的位置用它至左边弯头的距离 S 来表示。设此局部管道系含有 n 个弯头，W_i 代表左起第 i 个弯头，则此管道系可以分割成 n 个以 W_i 为折点的"L"形管道，驻点的总数为 $n-1$。

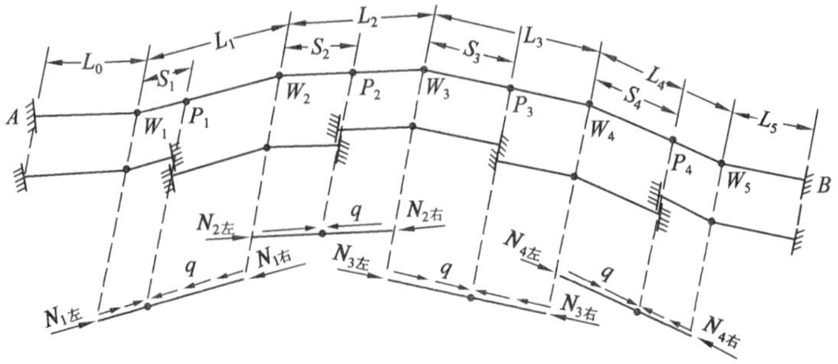

图 10

决定驻点位置 S_i 的条件应该是每个驻点处管道横截面上轴向力的连续条件，它等价于

每根直管所受全部轴向作用力的平衡条件。参照图 10 所示，设驻点 P_i 所在直管段左右两端的轴向压力分别为 $N_{i左}$ 和 $N_{i右}$，单长土壤摩擦力为 q，则应有

$$S_i=\frac{1}{2}\left[L_i-\frac{1}{q}(N_{i左}-N_{i右})\right]\qquad(i=1,2,3,\cdots,n-1)\tag{27}$$

这是关于 S_i 的非线性代数方程组，其中 $N_{i左}$ 应该从折点为 W_i 的"L"形管道中计算，它和 S_i 及 $L_{i-1}-S_{i-1}$ 有关；$N_{i右}$ 应该从折点为 W_{i+1} 的"L"形管道中计算，它和 L_i-S_i 及 S_{i+1} 有关。因此，一般说来由(27)方程组求 S_i 不太容易。但是，对于长输管道的情况，求解 S_i 并不困难，因为长输管道的直管段比较长，$N_{i左}$ 和 $N_{i右}$ 随其所在"L"形管道臂长的变化很弱，一般情况下臂长误差 $\Delta L/L$ 总是大于它所引起的轴向力误差 $\Delta N/N$。因此，可以用迭代法从方程(27)求解驻点位置 S_i。为此先选取一组合理的零次近似解 $S_{i(0)}$，从而给出各"L"形管道臂长的零次近似值，并由这些"L"形管道中算出相应的零次近似轴向压力值 $N_{i左(0)}$ 和 $N_{i右(0)}$，然后代入方程(27)的右端，即可得出第一次近似解 $S_{i(1)}$。重复迭代直至 S_i 的数值稳定为止。如何选 $S_{i(0)}$ 比较关键，我们推荐用过渡段长度插值，按下式计算：

$$S_{i(0)}=\frac{(L_{go})_{i左}L_i}{(l_{go})_{i左}+(L_{go})_{i右}}\tag{28}$$

式中，$(L_{go})_{i左}$ 和 $(L_{go})_{i右}$ 分别代表按照弯头 W_i 和弯头 W_{i+1} 算得的过渡段长度。若采用(28)式，则计算 S_i 值的迭代过程收敛很快，一般第二次或第三次近似解就足够准确[10]。

此外，由于在长输管线上夹角 ϕ 都较小，$N_{i左}$ 和 $N_{i右}$ 的计算过程可以简化。遇到不等臂"L"形管道时，可以折换成等臂"L"形管道进行计算(按平均臂长折换)，这对确定 S_i 引起的误差很小。

作为例题，在图 11 中给出了一条纵向埋地的局部管道系。它含有八根直管、七个弯头。计算其热胀内力时，取用下列基本数据：$\phi720\times8$，$T=60$ ℃，$\alpha=12\times10^{-6}$ ℃$^{-1}$，$E=2.1\times10^6$ kg/cm^2。顶朝上"L"形的 $p_1=p_2=20$ kg/cm，$q=20$ kg/cm；顶朝下"L"形的 $c=2$ kg/cm^3，$q=20$ kg/cm。各段直管长度及各弯头夹角皆标注在图 11 中。经过三次迭代后求得六个驻点位置如图所示。详细计算过程见参考文献[10]。

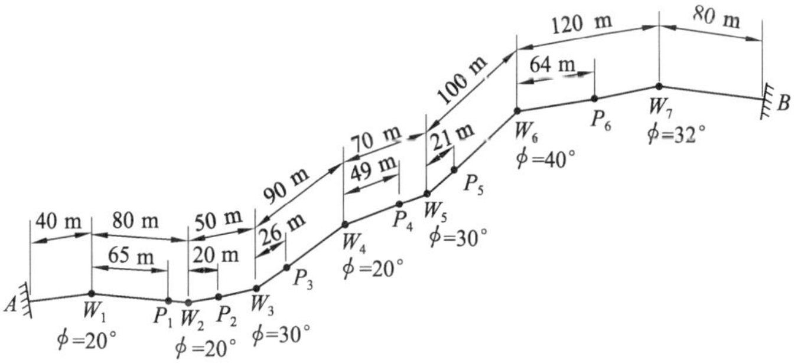

图 11

参考文献

[1] Тамчук А В. Бесканальная Прокладка Теплотрасс. 1975

[2] L. C. Peng. Pipe Line Industry, 1978,48(5)

[3] C. E. Turner, H. Ford. Proc., Instn. Mech. Engrs., 1957,171

[4] E. C. Rodabaugh, H. H. George. Trans ASME, 1957,79

[5] 崔孝秉.埋地长输管道水平弯头的升温载荷近似分析.华东石油学院学报,1978(2)
[6] 崔孝秉."L"形及"Z"形直埋热力管道的内力计算.华东石油学院学报,1981(3)
[7] 蔡强康,吕英明.埋地长输管线的内力和应力计算的进一步研究——弹性抗弯铰模型校核之二.华东石油学院学报,1980(1)
[8] 崔孝秉.埋地长输管道纵向弯头温度内力的近似分析.华东石油学院学报,1980(2)
[9] 崔孝秉.埋地长输管道两臂不对称纵向弯头的温度内力近似分析.华东石油学院学报,1980(2)
[10] 崔孝秉.埋地长输管道全线热胀强度问题的分割计算法.华东石油学院学报,1981(1)

对关于埋地长输管道水平弯头升温载荷下的计算问题两篇商榷的几点认识

管大为

《油气储运》第6卷第2期刊载了梁政、袁祥忠的"埋地长输管道水平弯头升温载荷下的计算问题"[1]，第6卷第5期又刊载了张怀法关于该文的"商榷(一)"[2]，以及史永成、崔东植关于该文的"商榷(二)"[3]。读完文章后提出下面几点认识：

(1) 文[1]试图应用纵横弯曲弹性地基梁理论来提高水平弯头升温载荷下的内力计算精度，这是有意义的工作。但由于数理分析方面有一系列误差，未能取得正确结果。这些误差中最主要的是：不考虑轴向力本身所构成的轴向应变，而只考虑横向弯曲所构成的轴向应变，主次关系处理方面欠妥当。这些误差中最明显的是该文图8，以正整数为横坐标画出了轴向力的连续变化曲线，而且还有拉有压，和一般常识有些不符。

(2) 文[1]认为参考文献[5]，[6]把"置于弹性基础上承受有轴向载荷作用之直管段近似按未承受轴向载荷作用之直管段来计算。"这并非事实，在文献[5]，[6]中都考虑了轴向力对直管段的作用，不过是在线性问题的范畴内处理的，只考虑轴向力对直管段的压缩作用，不考虑轴向力对直管段横向弯曲的影响。这和采用"弹性抗弯铰"代替弯头，采用Winkle假定处理土反力等简化计算的措施，是总体上配套的。详细情况可参看文[5]的式(24)及图3。

(3) 文[3]针对文[1]的误差进行了认真细致的分析和计算，所提出的商榷性意见完全正确。文[3]的严谨科学作风，我们认为很值得学习。

(4) 文[2]认为文[4]所用弯头点的"几何关系推算有误"，文[2]"根据矢量合成的平行四边形法则"提出了另一套几何关系。

文[4]所用的几何关系及图1是：

$$a_1=\frac{\Delta_2+\Delta_1\cos\varphi}{\sin\varphi}$$

$$a_2=\frac{\Delta_1+\Delta_2\cos\varphi}{\sin\varphi}$$

$$\delta=\frac{\sqrt{\Delta_1{}^2+\Delta_2{}^2+2\Delta_1\Delta_2\cos\varphi}}{\sin\varphi}$$

文[2]提出的几何关系及图2是：

$$a_1=\Delta_2\sin\varphi$$

$$a_2=\Delta_1\sin\varphi$$

$$\delta=\sqrt{\Delta_1{}^2+\Delta_2{}^2-2\Delta_1\Delta_2\cos\varphi}$$

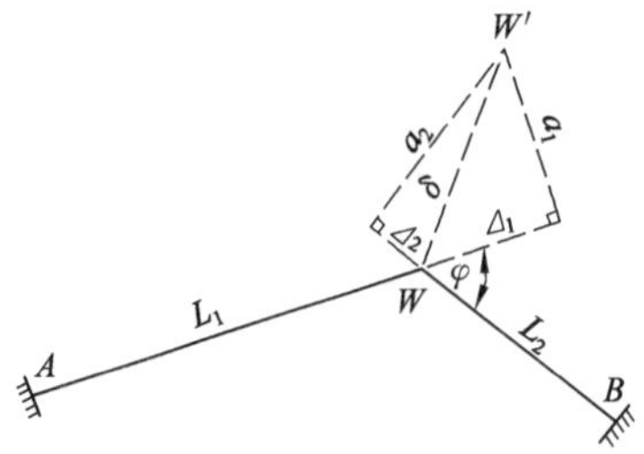

图 1

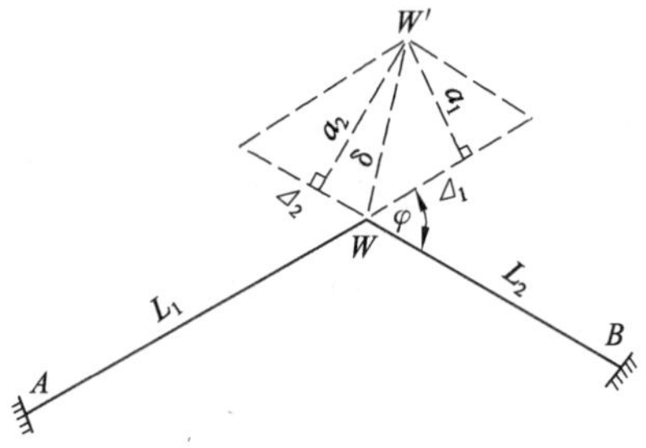

图 2

根据材料力学基础知识[7],[8],我们认为文[4]所用的几何关系完全正确,而文[2]提出的几何关系有误。分析杆系结点位移的初等方法和道理在材料力学拉伸压缩的章节里讲得很清楚,应该是按照各杆的伸长量作各杆自身的垂线去找交点,而不是按照各杆的伸长量作另一杆的平行线去找交点。文[4]所用的几何关系在文[5]中还有较详细的推算叙述,这里不再重复。为具体检验正确性起见,现在结合图 3 所示的二杆对称结构进行对比计算。图中 AW 杆和 BW 杆长皆为 L,截面抗拉刚度皆为 EF,A、B 端铰支,W 端铰接,P 力作用在 W 点,沿对称线方向。要求计算结点 W 的位移 δ。

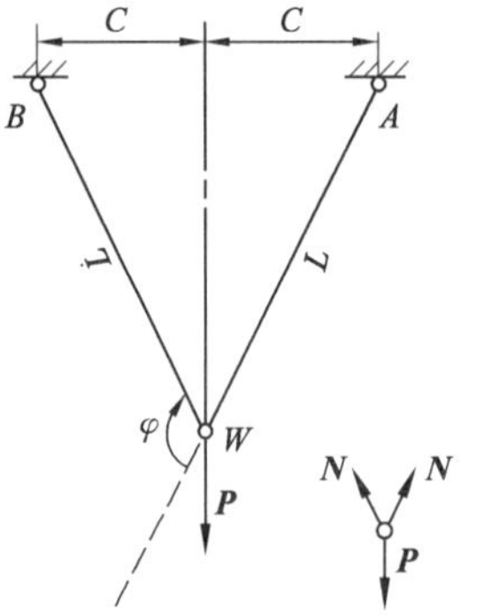

图 3

首先由平衡方程和物理方程计算各杆的轴向力 N 和轴向伸长 Δ:

由于

$$2N\cos\frac{\pi-\varphi}{2}=P$$

则

$$N=\frac{P}{2\sin(\varphi/2)}$$

$$\Delta=\frac{PL}{2EF\sin(\varphi/2)}$$

按文[4]所用几何关系可得 W 点位移:

$$\delta_{[4]}=\frac{\sqrt{\Delta^2+\Delta^2+2\Delta\Delta\cos\varphi}}{\sin\varphi}=\frac{\Delta}{\sin(\varphi/2)}=\frac{PL}{2EF\sin^2(\varphi/2)}$$

按文[2]所提几何关系可得 W 点位移:

$$\delta_{[2]}=\sqrt{\Delta^2+\Delta^2-2\Delta\Delta\cos\varphi}=2\Delta\sin(\varphi/2)=\frac{PL}{EF}$$

当 $\varphi=\pi$ 时,两杆并联重合,δ 应为 $PL/(2EF)$;当 φ 趋向于零时,两杆趋向于平放铰接的危险结构,N 趋向于无穷大,δ 也应趋向于无穷大。上面求得的 $\delta_{[4]}$ 都符合这些变化要求,而

$\sigma_{[2]}$都不符合这些变化要求。此检验结果表明，文[4]所用几何关系正确，文[2]所提几何关系有误。

参考文献

[1] 梁政，袁祥忠. 埋地长输管道水平弯头升温载荷下的计算问题. 油气储运，1987，6(2)
[2] 张怀法. 关于"埋地长输管道水平弯头升温载荷下的计算问题"的商榷(一). 油气储运，1987，6(5)
[3] 史永成，崔东植. 关于"埋地长输管道水平弯头升温载荷下的计算问题"的商榷(二). 油气储运，1987，6(5)
[4] 崔孝秉. 埋地长输管道热胀内力近似分析. 力学学报，1984，16(1)
[5] 崔孝秉. 埋地长输管道水平弯头的升温载荷近似分析. 华东石油学院学报，1978(2)
[6] 崔孝秉. 埋地长输管道水平弯头升温载荷的进一步分析. 华东石油学院学报，1980(1)
[7] 孙训方，方孝淑，关来泰. 材料力学(上册). 2版. 北京：高等教育出版社，1987
[8] S. P. Timoshenko, James M. Gere. Mechanics of Materials. 1971

埋地热输管道锚固段弹塑性变形分析及安定性条件研究

崔孝秉　王修斋　张　宏

长距离埋地热输管道的最大轴向力发生在锚固段内。目前对锚固段的强度问题一般采用弹性设计,用各种补偿措施使其当量应力不超过弹性许用范围,因此造价较高。实际上在许多当量应力超过屈服限的锚固段内并未发生明显的强度破坏现象,这表明锚固段的强度设计还有潜力可挖,值得加以探讨。文献[1]已提出"约束度"的新概念,对此问题进行研究开辟了一条新的途径,意义深远。本文则通过弹塑性变形定量分析的基础理论,从另一方面探讨了锚固段的强度潜力问题,共同为管道设计的经济效益提供参考意见。

一、锚固段弹塑性变形分析

设有埋地管道的直管锚固段如图 1 所示。它的外径为 d,壁厚为 t。材料为理想弹塑性,屈服限为 σ_s。管道工作内压为 p,温升为 T。在求其变形之前我们作如下几点假设:

(1) 直管锚固段埋地不深,在内压和温升载荷作用下,管径扩张很小,管道外壁所受土壤压力可以略去。管道自重也相应地略去。

(2) 直管锚固段为大口径管道,其力学模型可按薄壁圆筒处理,壁厚方向的应力分量可以略去,各点的应力状态为二向应力状态。

(3) 锚固段的长度远大于管径,计算中可不计两端约束对径向位移的影响,而只考虑两端对管道轴向位移的刚性约束。

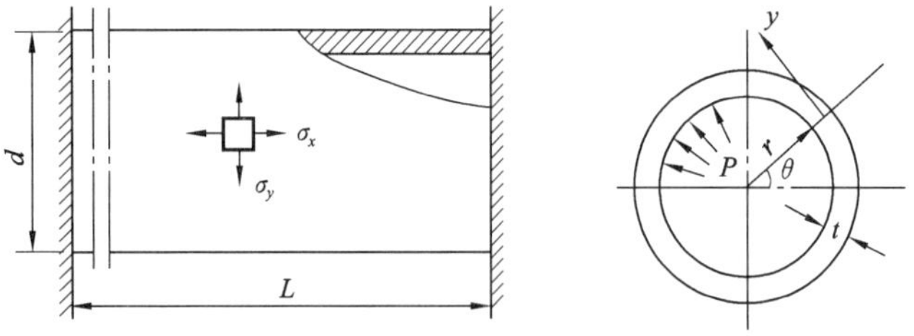

图 1

为了计算变形,首先计算应力。无论锚固段处于弹性段还是塑性阶段,其环向应力分量 σ_y 只取决于平衡条件,其大小为:

$$\sigma_y = \frac{pr}{t} \tag{1}$$

轴向应力分量 σ_x 在弹性阶段取决于锚固条件:

$$\alpha T + \frac{\sigma_x - \mu\sigma_y}{E} = 0 \tag{2}$$

式中,E——管道弹性模量;

μ——泊桑比。

在塑性阶段,σ_x 应按屈服条件计算。适用于钢材的二向应力状态下的 Mises 和 Tresca 屈服条件曲线,如图 2 所示。

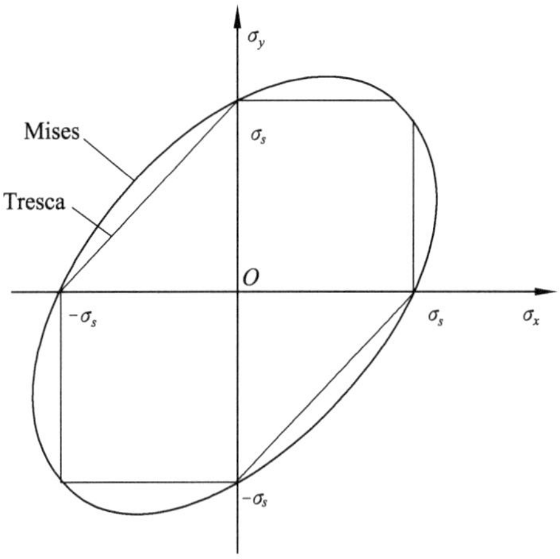

图 2

按 Mises 屈服条件:

$$\sigma_x^2-\sigma_x\sigma_y+\sigma_y^2=\sigma_s^2$$

$$\sigma_x=\frac{1}{2}\left[\frac{pr}{t}-\sqrt{4\sigma_s^2-3\left(\frac{pr}{t}\right)^2}\right] \tag{3}$$

按 Tresca 屈服条件:

$$\sigma_y-\sigma_x=\sigma_s$$

$$\sigma_x=\frac{pr}{t}-\sigma_s \tag{4}$$

锚固段处于弹性极限时的对应温度可由式(2)、式(3)或式(2)、式(4)确定:

$$T_e=\frac{1}{\alpha E}\left[\sigma_s\sqrt{1-\frac{3}{4}\left(\frac{pr}{t\,\sigma_s}\right)^2}-\left(\frac{1}{2}-\mu\right)\frac{pr}{t}\right]\quad \text{(Mises)} \tag{5}$$

$$T_e=\frac{1}{\alpha E}\left[\sigma_s-(1-\mu)\frac{pr}{t}\right]\quad \text{(Tresca)} \tag{6}$$

由上述几式可见,当 $T<T_e$ 时,锚固段的应力值与 p,T 同时有关,而当 $T\geqslant T_e$ 后,锚固段的应力值只与 p 有关。

锚固段从塑性阶段卸载后会有残余应力存在。设卸载应力为$\tilde{\sigma}_x$,$\tilde{\sigma}_y$,残余应力为 σ_x^*,σ_y^*。由于卸载为弹性过程,应有:

$$\left.\begin{aligned}\tilde{\sigma}_y&=-\frac{pr}{t}\\ \tilde{\sigma}_x&=-\frac{\mu pr}{t}+E\alpha T\end{aligned}\right\} \tag{7}$$

$$\sigma_y^*=\sigma_y+\tilde{\sigma}_y=0$$

$$\sigma_x^*=\sigma_x+\tilde{\sigma}_x=\begin{cases}\left(\frac{1}{2}-\mu\right)\frac{pr}{t}-\sigma_s\sqrt{1-\frac{3}{4}\left(\frac{pr}{t\,\sigma_s}\right)^2}+E\alpha T & \text{(Mises)}\\ (1-\mu)\frac{pr}{t}-\sigma_s+E\alpha T & \text{(Tresca)}\end{cases} \tag{8}$$

将式(8)分别代入式(5)、(6)可得：

$$\sigma_x^* = E\alpha(T-T_e) = E\alpha\,\Delta T \tag{9}$$

由 $T>T_e$，所以 σ_x^* 为拉伸应力，它的大小正比于锚固段屈服后的管温增量。

现在可以通过本构关系由应力计算应变。考虑到锚固条件 $\varepsilon_x=0$ 及轴对称条件，只需要计算两个应变分量 ε_y 和 ε_z。在弹性阶段：

$$\varepsilon_y = \frac{1}{E}(\sigma_y-\mu\sigma_x)+\alpha T = \frac{1-\mu^2}{E}\cdot\frac{pr}{t}+(1+\mu)\alpha T \qquad (T<T_e) \tag{10}$$

$$\varepsilon_z = -\frac{\mu}{E}(\sigma_x+\sigma_y)+\alpha T = -\frac{\mu(1+\mu)}{E}\cdot\frac{pr}{t}+(1+\mu)\alpha T \qquad (T<T_e) \tag{11}$$

当 $T>T_e$ 后，有塑性应变产生，此时应用塑性增量理论计算应变，其结果与屈服条件和加载路线有关。用 Mises 增量理论和屈服条件，相应的塑性势函数为：

$$f=\sigma_x^2-\sigma_x\sigma_y+\sigma_y^2-\sigma_s^2 \tag{12}$$

塑性应变增量的分量为：

$$\left.\begin{aligned} d\varepsilon_x^p &= \frac{\partial f}{\partial\sigma_x}d\lambda = (2\sigma_x-\sigma_y)d\lambda \\ d\varepsilon_y^p &= \frac{\partial f}{\partial\sigma_y}d\lambda = (2\sigma_y-\sigma_x)d\lambda \\ d\varepsilon_z^p &= -(d\varepsilon_x^p+d\varepsilon_y^p) = -(\sigma_x+\sigma_y)d\lambda \end{aligned}\right\} \tag{13}$$

式中，$d\lambda$——比例因子，为待定量。

总的应变增量应有弹性增量、塑性增量及热胀增量三部分合成：

$$\left.\begin{aligned} d\varepsilon_x &= \frac{1}{E}(d\sigma_x-\mu d\sigma_y)+(2\sigma_x-\sigma_y)d\lambda+\alpha dT \\ d\varepsilon_y &= \frac{1}{E}(d\sigma_y-\mu d\sigma_x)+(2\sigma_y-\sigma_x)d\lambda+\alpha dT \\ d\varepsilon_x &= -\frac{\mu}{E}(d\sigma_x+d\sigma_y)-(\sigma_x+\sigma_y)d\lambda+\alpha dT \end{aligned}\right\} \tag{14}$$

根据锚固条件 $d\varepsilon_x=0$，有

$$d\lambda = -\frac{d\sigma_x-\mu d\sigma_y+E\alpha dT}{E(2\sigma_x-\sigma_y)} \tag{15}$$

将式(15)代入式(14)，再由式(3)消去 σ_x，有

$$\left.\begin{aligned} d\varepsilon_y &= \frac{1}{E}\left[\left(\frac{1}{2}-\mu\right)+\frac{3\sigma_s^2}{4\sigma_s^2-3\sigma_y^2}+\left(\frac{3}{2}-3\mu\right)\frac{\sigma_y}{\sqrt{4\sigma_s^2-3\sigma_y^2}}\right]d\sigma_y+ \\ &\quad \frac{3}{2}\left(1+\frac{\sigma_y}{\sqrt{4\sigma_s^2-3\sigma_y^2}}\right)\alpha dT \\ d\varepsilon_z &= \frac{1}{E}\left[(1-2\mu)-\frac{3\sigma_s^2}{4\sigma_s^2-3\sigma_y^2}\right]d\sigma_y++\frac{3}{2}\left(1-\frac{\sigma_y}{\sqrt{4\sigma_s^2-3\sigma_y^2}}\right)\alpha dT \end{aligned}\right\} \tag{16}$$

式中，σ_y 由式(1)计算，$d\sigma_y$ 正比于 dp，因此由式(16)可以根据 p 和 T 的具体加载路线定出加载过程中各段的应变增量，积分后可得总的应变量。假设加载的最大值为 p_m 和 T_m，且 $\alpha T_m>\varepsilon_s$，$p_m r/t<\sigma_s$，按图 3 所示的两种加载路线，可以计算出锚固段的应变值。

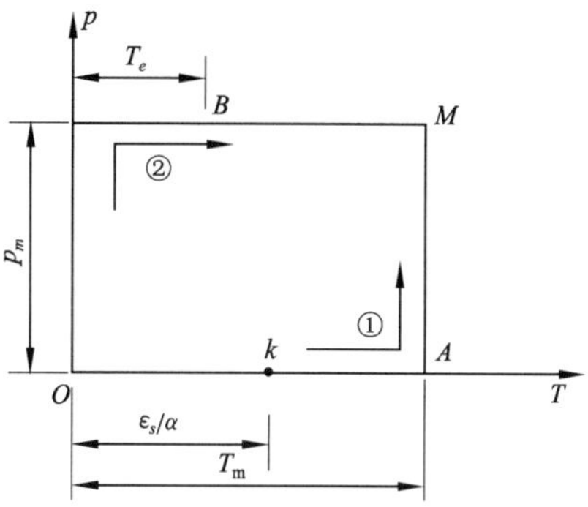

图 3

路线①是先加温 T_m，后加内压 p_m。因为 $\alpha T_m \geqslant \varepsilon_s$（$\alpha T_m < \varepsilon_s$ 时的应变比 $\alpha T_m \geqslant \varepsilon_s$ 的应变小得多，本文不再考虑），弹性阶段的极限点在 OA 上，由式(5)、(10)、(11)得：

$$\varepsilon_y(k)=\varepsilon_z(k)=(1+\mu)\sigma_s/E=(1+\mu)\varepsilon_s \tag{17}$$

以此作为塑性阶段应变的初始值，按式(16)沿 kA 和 AM 两段加载路线积分：

$$\int_{\varepsilon_{y(k)}}^{\varepsilon_{ym}} \mathrm{d}\varepsilon_y=\frac{3}{2}\int_{T(k)}^{T_m}\alpha \mathrm{d}T+\frac{1}{E}\int_0^{\sigma_{ym}}\left[\frac{1}{2}-\mu+\frac{3\sigma_s^2}{4\sigma_s^2-3\sigma_y^2}+\left(\frac{3}{2}-3\mu\right)\frac{\sigma_y}{\sqrt{4\sigma_s^2-3\sigma_y^2}}\mathrm{d}\sigma_y\right]$$

$$\int_{\varepsilon_{z(k)}}^{\varepsilon_{zm}} \mathrm{d}\varepsilon_z=\frac{3}{2}\int_{T(k)}^{T_m}\alpha \mathrm{d}T+\frac{1}{E}\int_0^{\sigma_{ym}}\left[1-2\mu-\frac{3\sigma_s^2}{4\sigma_s^2-3\sigma_y^2}\right]\mathrm{d}\sigma_y$$

积分后得：

$$\left.\begin{aligned}\varepsilon_{ym}&=\frac{3}{2}\alpha T_m+\frac{\sqrt{3}}{4}\varepsilon_s\ln\frac{2\sigma_s+\sqrt{3}\sigma_{ym}}{2\sigma_s-\sqrt{3}\sigma_{ym}}+\left(\frac{1}{2}-\mu\right)\left[1+\frac{\sigma_{ym}}{\sigma_s}-\sqrt{4-3\left(\frac{\sigma_{ym}}{\sigma_s}\right)^2}\right]\varepsilon_s\\ \varepsilon_{zm}&=\frac{3}{2}\alpha T_m-\frac{\sqrt{3}}{4}\varepsilon_s\ln\frac{2\sigma_s+\sqrt{3}\sigma_{ym}}{2\sigma_s-\sqrt{3}\sigma_{ym}}+(1-2\mu)\left(\frac{\sigma_{ym}}{\sigma_s}-\frac{1}{2}\right)\varepsilon_s\end{aligned}\right\} \tag{18}$$

式中，$\sigma_{ym}=\dfrac{p_m r}{t}$。

路线②是先加 p_m，后加 T_m，由于 $p_m r/t<\sigma_s$，管道只有在 p_m 加完后再加上由式(5)确定的温升 T_e 时才开始屈服(图 3 中 B 点)，B 点的应变值可由式(10)、(11)求得：

$$\left.\begin{aligned}\varepsilon_{y(B)}&=\frac{1+\mu}{2E}\left(\sigma_{ym}+\sqrt{4\sigma_s^2-3\sigma_{ym}^2}\right)\\ \varepsilon_{z(B)}&=\frac{1+\mu}{2E}\left(-\sigma_{ym}+\sqrt{4\sigma_s^2-3\sigma_{ym}^2}\right)\end{aligned}\right\} \tag{19}$$

以此作为应变初值，按式(16)沿 BM 加载路线积分：

$$\int_{\varepsilon_{y(B)}}^{\varepsilon_{ym}} \mathrm{d}\varepsilon_y=\frac{3}{2}\left(1+\frac{\sigma_{ym}}{\sqrt{4\sigma_s^2-3\sigma_{ym}^2}}\right)\int_{T_e}^{T_m}\alpha \mathrm{d}T$$

$$\int_{\varepsilon_{z(B)}}^{\varepsilon_{zm}} \mathrm{d}\varepsilon_z=\frac{3}{2}\left(1-\frac{\sigma_{ym}}{\sqrt{4\sigma_s^2-3\sigma_{ym}^2}}\right)\int_{T_e}^{T_m}\alpha \mathrm{d}T$$

将上两式积分后得：

$$\left.\begin{aligned}\varepsilon_{ym}&=\frac{3}{2}\left(1+\frac{\sigma_{ym}}{\sqrt{4\sigma_s^2-3\sigma_{ym}^2}}\right)\alpha T_m+\frac{1-2\mu}{4}\left[\left(2+\frac{3\sigma_{ym}}{\sqrt{4\sigma_s^2-3\sigma_{ym}^2}}\right)-\sqrt{4-3\left(\frac{\sigma_{ym}}{\sigma_s}\right)^2}\right]\varepsilon_s\\ \varepsilon_{zm}&=\frac{3}{2}\left(1-\frac{\sigma_{ym}}{\sqrt{4\sigma_s^2-3\sigma_{ym}^2}}\right)\alpha T_m+(1-2\mu)\left(\frac{\sigma_{ym}}{\sigma_s}-\frac{\sigma_s}{\sqrt{4\sigma_s^2-3\sigma_{ym}^2}}\right)\varepsilon_s\end{aligned}\right\} \tag{20}$$

从式(18)和式(20)可以看到,对于不同的加载路线,ε_{ym},ε_{zm}值不同,但均为确定的数值。如取 $\mu=0.5$,同所得应变表达式将大为简化。

按加载路线①:

$$\left.\begin{aligned}\varepsilon_{ym1}&=\frac{3}{2}\alpha T_m+\frac{\sqrt{3}}{4}\varepsilon_s\ln\frac{2\sigma_s+\sqrt{3}\sigma_{ym}}{2\sigma_s-\sqrt{3}\sigma_{ym}}\\ \varepsilon_{zm1}&=\frac{3}{2}\alpha T_m-\frac{\sqrt{3}}{4}\varepsilon_s\ln\frac{2\sigma_s+\sqrt{3}\sigma_{ym}}{2\sigma_s-\sqrt{3}\sigma_{ym}}\end{aligned}\right\}\tag{21}$$

按加载路线②:

$$\left.\begin{aligned}\varepsilon_{ym2}&=\frac{3}{2}\left(1+\frac{\sigma_{ym}}{\sqrt{4\sigma_s^2-3\sigma_{ym}^2}}\right)\alpha T_m\\ \varepsilon_{zm2}&=\frac{3}{2}\left(1-\frac{\sigma_{ym}}{\sqrt{4\sigma_s^2-3\sigma_{ym}^2}}\right)\alpha T_m\end{aligned}\right\}\tag{22}$$

取 $p_m=\sigma_s t/r$, $T_m=150$ ℃, $\alpha=0.12\times10^{-4}$ ℃$^{-1}$, $\varepsilon_s=0.2\%$,由式(21),(22)算出的应变值为 $\varepsilon_{ym1}=2.5\varepsilon_s$,$\varepsilon_{zm1}=0.2\varepsilon_s$, $\varepsilon_{ym2}=2.7\varepsilon_s$, $\varepsilon_{sm2}=0$。可见应变值仍属于小塑性变形的范围,因加载路线引起的差异也只有 $0.2\varepsilon_s$。如果管道中存在高频次交变载荷,应变值即使不大也足以导致管道破坏。但埋地输油管道的载荷基本是稳定的,因季节变化和故障修理引起的加载变动的次数很少,对于小塑性应变不会导致破坏。这在一定程度上解释了埋地热输管道开挖时锚固段较少见到强度破坏迹象的原因。

在求得应变 ε_{ym} 和 ε_{zm} 后很易求得锚固段管径 d 的增量 Δd 及壁厚增量 Δt:

$$\Delta d=\varepsilon_{ym}d\tag{23}$$

$$\Delta t=\varepsilon_{zm}t\tag{24}$$

对于 $\phi720\times10$ 的管道,即使取 $\varepsilon_{ym}=\varepsilon_{zm}=0.005$,$\Delta d$ 和 Δt 也只有 3.6 mm 和 0.05 mm,这对锚固段管道的运输功能不会有任何影响。

二、锚固段的安定性条件

安定状态是指结构在外载的重复过程中,只在初始阶段产生一些塑性变形,当达到一定的残余应力状态后,在外载的变化范围内就完全按弹性规律变化[2]。保证结构处于安定状态的最大外载限制条件为结构的安定性条件。

埋地热输管道的锚固段,所受载荷具有一定的重复性,载荷的方向基本上是单向的,因此可以实现安定状态。

图 4 为锚固段的应力轨迹。椭圆和六边形为屈服线,其他各水平线段和斜直线段分别为单纯改变管道和单纯改变内压的弹性过程应力迹线。屈服线上 M 点为锚固段最大载荷对应点。M 点及 Q 点的应力坐标可由式(1),(3),(4),(8)确定。卸载时 MQ 间的应力轨迹可按具体卸载路线绘出,图中为弹性卸载的两种特定情况:① 为先卸管温后卸内压;② 为先卸内压后卸管温的路线。各种加卸载路线都处于平行四边形 $MRQS$ 内。但这种弹性卸载和重复加载的实现,其残余应力不能超过一定量。

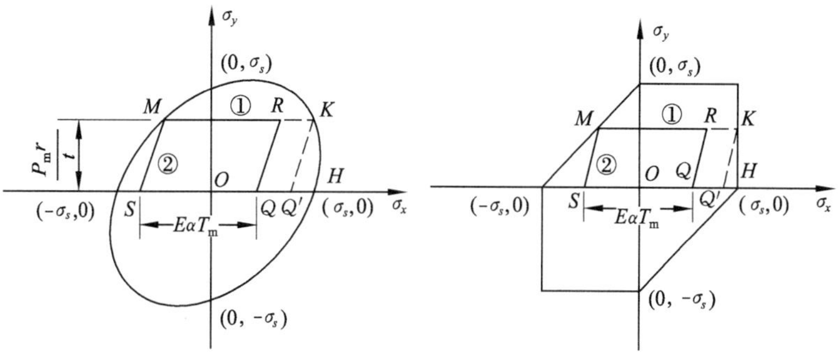

图 4

如图 4 所示，过 M 点作 $\overline{MK}\,/\!/\,\overline{Q\sigma_x}$，再作 $\overline{KQ'}\,/\!/\,\overline{MS}$，当残余应力点 Q 不超过 Q' 而重复加载时，全部过程将是弹性的，故安定性条件为：$\overline{OQ}\leqslant OQ'$，即

$$\sigma_x^*(p_m,T_m)\leqslant\sigma_x(K)-\frac{p_m r}{t}\cos\theta \tag{25}$$

将残余应力式(8)、屈服条件式(3)、(4)和 $\cos\theta=\mu$ 代入式(25)可得

$$E\alpha T_m\leqslant\begin{cases}2\sigma_s\sqrt{1-\dfrac{3}{4}\left(\dfrac{p_m r}{t\,\sigma_s}\right)^2} & \text{(Mises)}\\[2ex] 2\sigma_s-\dfrac{p_m r}{t} & \text{(Tresca)}\end{cases} \tag{26}$$

或

$$T_m\leqslant\begin{cases}\dfrac{2\varepsilon_s}{\alpha}\sqrt{1-\dfrac{3}{4}\left(\dfrac{p_m r}{t\,\sigma_s}\right)^2} & \text{(Mises)}\\[2ex] \dfrac{2\varepsilon_s}{\alpha}\left(1-\dfrac{p_m r}{2t\,\sigma_s}\right) & \text{(Tresca)}\end{cases} \tag{27}$$

这就是保证锚固段实现安定状态时温度及内压最高值必须满足的安定性条件。图 5 为按式(26)及式(5)、(6)画出的锚固段安定工作范围和纯弹性工作范围，显然安定区比纯弹性区大多了。由于管道内压 $p_m<(\sigma_s t)/r$，只要 $T_m<\varepsilon_s/\alpha$，锚固段总是处于安定状态。对于石油管道常用的 X60 钢材，其 ε_s/α 值可达 150 ℃左右，而实际管道温升多不足 100 ℃，这也可以说明为什么开挖输油管道时极少见到锚固段强度破坏的迹象。

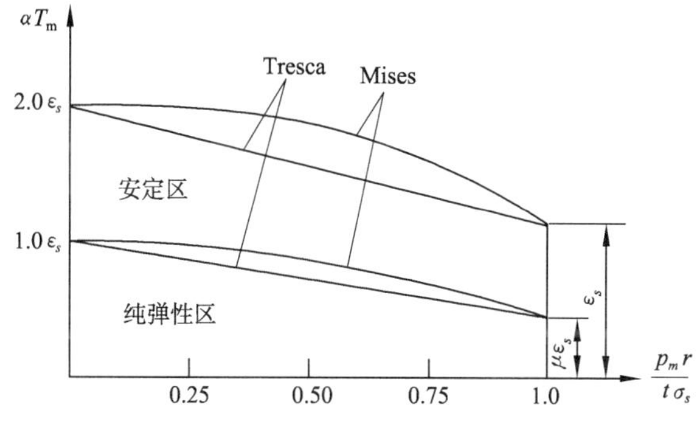

图 5

当锚固段实现安定状态时,其应变范围可由式(26)、(21)、(22)消去 αT_m 得到:

$$\left.\begin{aligned}\varepsilon_{ym}^{①}<\xi_y^{①}&=3\varepsilon_s\left[\frac{1}{4\sqrt{3}}\ln\left(\frac{2\sigma_s+\sqrt{3}\sigma_{ym}}{2\sigma_s-\sqrt{3}\sigma_{ym}}\right)+\sqrt{1-\frac{3}{4}\left(\frac{\sigma_{ym}}{\sigma_s}\right)^2}\right]\\ \varepsilon_{xm}^{①}<\xi_x^{①}&=3\varepsilon_s\left[\sqrt{1-\frac{3}{4}\left(\frac{\sigma_{ym}}{\sigma_s}\right)^2}-\frac{1}{4\sqrt{3}}\ln\left(\frac{2\sigma_s+\sqrt{3}\sigma_{ym}}{2\sigma_s-\sqrt{3}\sigma_{ym}}\right)\right]\end{aligned}\right\}\tag{28}$$

$$\left.\begin{aligned}\varepsilon_{ym}^{②}<\xi_y^{②}&=3\varepsilon_s\left[\sqrt{1-\frac{3}{4}\left(\frac{\sigma_{ym}}{\sigma_s}\right)^2}-\frac{\sigma_{ym}}{2\sigma_s}\right]\\ \varepsilon_{zm}^{②}<\xi_z^{②}&=3\varepsilon_s\left[\sqrt{1-\frac{3}{4}\left(\frac{\sigma_{ym}}{\sigma_s}\right)^2}-\frac{\sigma_{ym}}{2\sigma_s}\right]\end{aligned}\right\}\tag{29}$$

图 6 为根据(28)、(29)两式绘制出的曲线。由图 6 可见,当锚固段处于安定状态时,ε_{ym}不会超过3.5ε_s,ε_{zm}不会超过 3ε_s,而且其中还包括直接的热胀效应在内,所以变形是很小的。

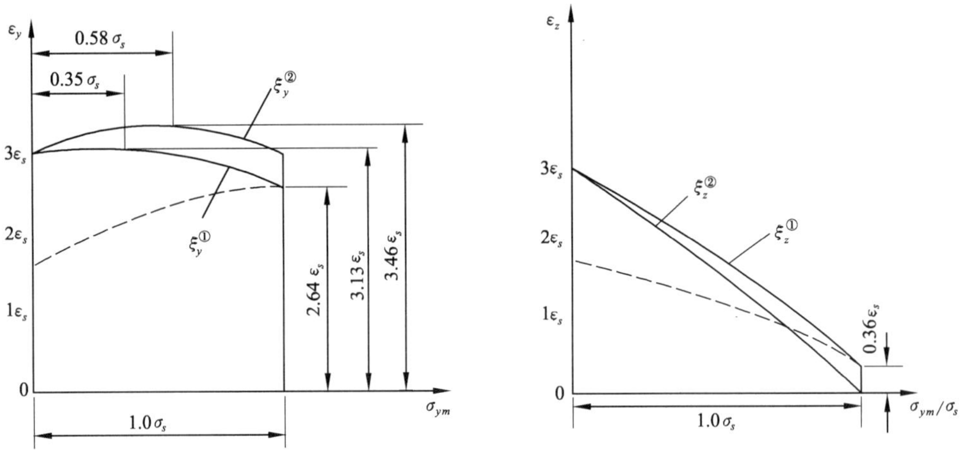

图 6

锚固段的残余应变值在管道进入安定状态后不再变化,其大小为在 ε_y 和 ε_z 上叠加弹性卸载应变:

$$\left.\begin{aligned}\varepsilon_y^{*①}&=\frac{3\varepsilon_s}{4}\left[\frac{1}{\sqrt{3}}\ln\left(\frac{2\sigma_s+\sqrt{3}\sigma_{ym}}{2\sigma_s-\sqrt{3}\sigma_{ym}}\right)-\frac{\sigma_{ym}}{\sigma_s}\right]\\ \varepsilon_z^{*①}&=-\varepsilon_y^{*①}\end{aligned}\right\}\tag{30}$$

图 7 为 ε_y^* 的极值 ξ_y^* 在各种(σ_{ym}/σ_s)值下的分布曲线,其最大值为0.75ε_s。当然此值是 μ 取 0.5 的近似结果,实际上即使 μ 取 0.3,ξ_y^* 的最大值也只有 1.2ε_s。

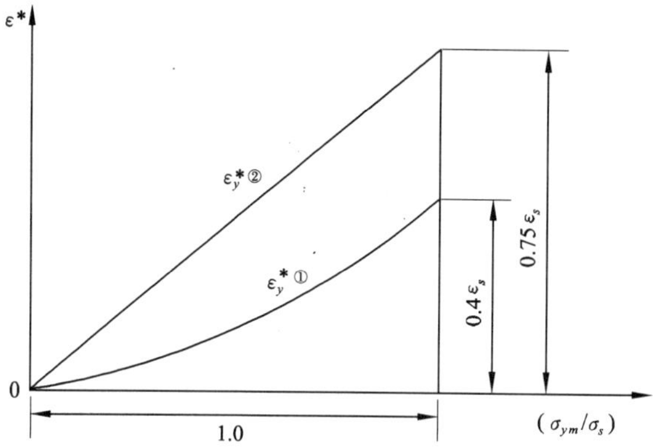

图 7

三、锚固段弹塑性实验

为了验证以上理论分析的正确性，我们在 MTS-810 液压伺服材料试验系统上进行了模拟。所用试件为薄壁不锈钢和普通碳钢钢管，可以注油加内压，其热胀载荷是利用试验系统的轴向应变控制功能模拟的，没有直接加温，所以 ε_{ym} 和 ε_y 应比前述计算值小 αT_m。

图 8 为试验中采用的各种加载和退载路线，每个试件的重复加载次数一般在 20～30 次之内。试验中所得的试件的最大环向应变 ε_{ym} 和残余环向应变 ε_y^* 及其理论计算值见图 9。图 9 中实线为按材料实测 $\mu=0.284$ 算出的理论值，虚线代表取 $\mu=0.5$ 时的理论值。由此图可见，本文的理论分析计算与试验实测结果基本符合。

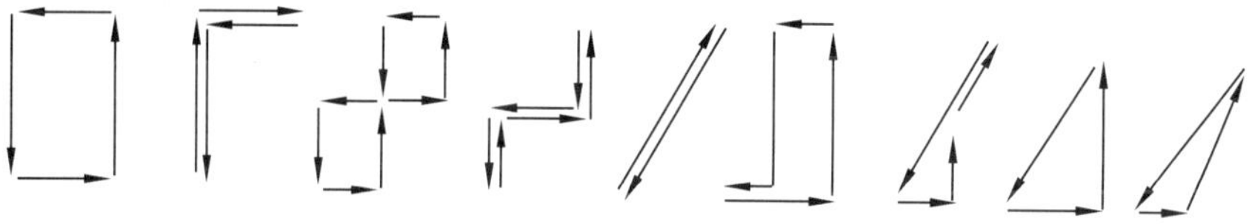

图 8

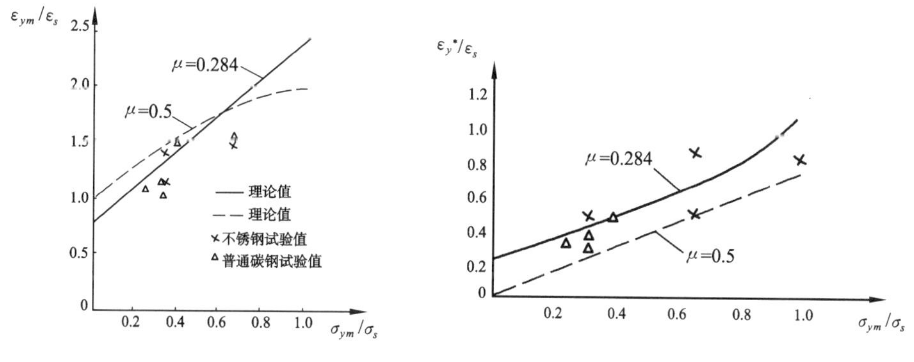

图 9

四、结 束 语

根据本文分析，埋地热输管道无论是输油还是热水，只要其内压环向应力的最高值 σ_{ym} 不超过 σ_s，管道温度升高的最大值 T_m 不超过 $\left(2\varepsilon_s/\alpha\sqrt{1-0.75(\sigma_{ym}/\sigma_s)^2}\right)$，则锚固段应该是处于安定工作状态，只有微小的塑性变形存在，不会影响管道的正常工作。目前我国埋地原油热输管道的环向应力按规范不超过 $0.72\sigma_s$[3]，所选用钢管的屈服应变 ε_s 一般略高于 0.15%，热胀系数一般取为 $\alpha=1.2\times10^{-5}$ ℃$^{-1}$，于是只要管温升高值不超过 190 ℃，锚固段仍应处于安定工作状态，而实际的 T_m 尚不到 100 ℃，可见锚固段的强度是有潜力的。如能防止意外载荷、钢材缺陷及腐蚀，且严格控制施工质量，则锚固段的钢材用量是可以节约的。

当然，本文只是一种理论探讨，没有考虑管道工程中的各种复杂因素，因此本文的研究仅供管道工作者作为参考，尚需更深入的研究。

参考文献

[1] 潘家华.埋地长输管道强度设计中的几个基本概念.油气储运，1985(3)

[2] 王仁，黄文彬.塑性力学引论.北京：北京大学出版社，1982

[3] 中华人民共和国石油工业部部颁标准，原油长输管道线路设计规范 SYJ14—85

埋地热输管线锚固段弹塑性变形及安定性条件模拟试验

崔孝秉　王修斋　张　宏

一、试验目的

目前对于埋地热输管线锚固段的设计，一般限制其应力在弹性范围之内，这主要是为了防止管道在施工和运行中发生偶然的不安全载荷。实际的管道运行表明，当锚固段中的应力超出弹性限时，锚固段并不一定发生明显的破坏现象。这说明锚固段的强度有可能进一步得到利用，甚至可能用到塑性区。文献[1]从理论上证明了当管道中的载荷小于某一极限值时，即使管道的当量应力进入了塑性区，而管道的变形仍为有限值，并不影响管道的正常工作。当载荷在该极限值内反复加退时，管道除首次加退载产生的塑性变形之外，不再产生塑性变形积累。此载荷限称为安定范围和安定性条件。管道在安定性范围内加载而不产生变形积累的性质称为安定性。本文旨在用试验手段验证文献[1]关于埋地管道锚固段弹塑性变形及安定性条件的理论分析，并测量试件进入塑性区后的残余变形及多次加退载循环所产生的应变积累。

本次试验是在 MTS-810 液压伺服材料试验系统上完成的。试验中用手动油泵对试件施加了内压。由于实验系统不具备加温手段，试验中采用沿试件轴向施加机械压缩应变模拟管道轴向所受温度载荷，所以试件受载后的最大环向应变及弹性退载应变都将比实际施加温升时小 αT_m。α 为试件材料的线胀系数，T_m 为模拟的温升值。另外内压和模拟的温升载荷两者施加顺序不同，管道的应变不同。按文献[1]得出的安定性条件消去 αT_m 后，实际试件在先加轴向压缩应变后加内压时的最大环向应变为

$$\varepsilon_{ym1}=\left(\frac{1}{2}-\mu\right)\left(1+\frac{\sigma_{ym}}{\sigma_s}\right)\varepsilon_s+\frac{\sqrt{3}}{4}\varepsilon_s\ln\left(\frac{2\sigma_s+\sqrt{3}\sigma_{ym}}{2\sigma_s-\sqrt{3}\sigma_{ym}}\right)+2\mu\varepsilon_s\sqrt{1-\frac{3}{4}\left(\frac{\sigma_{ym}}{\sigma_s}\right)^2} \tag{1}$$

式中，μ——管材泊桑系数；

ε_s——管材的屈服应变；

σ_s——管材的屈服应力；

σ_{ym}——由内压引起的管道环向应力。

先加内压再加轴压时试件的最大环向应变为

$$\varepsilon_{ym2}=(2-\mu)\frac{\sigma_{ym}}{\sigma_s}\varepsilon_s+\frac{1+2\mu}{2}\sqrt{1-\frac{3}{4}\left(\frac{\sigma_{ym}}{\sigma_s}\right)^2}\varepsilon_s+\frac{3(1-2\mu)}{8}\frac{\left(\frac{\sigma_{ym}}{\sigma_s}\right)^2}{\sqrt{1-\frac{3}{4}\left(\frac{\sigma_{ym}}{\sigma_s}\right)^2}}\varepsilon_s \tag{2}$$

弹性退载应变为

$$\tilde{\varepsilon}=(1-\mu^2)\frac{\sigma_{ym}}{\sigma_s}\varepsilon_s+2\mu\varepsilon_s\sqrt{1-\frac{3}{4}\left(\frac{\sigma_{ym}}{\sigma_s}\right)^2} \tag{3}$$

两种加载途径各自的残余应变为各自的最大环向应变减去退载应变

$$\varepsilon_y^{①}=\left(\frac{1}{2}-\mu\right)\varepsilon_s+\left(\mu^2-\mu-\frac{1}{2}\right)\frac{\sigma_{ym}}{\sigma_s}\varepsilon_s+\frac{\sqrt{3}}{4}\varepsilon_s\ln\frac{2\sigma_s+\sqrt{3}\sigma_{ym}}{2\sigma_s-\sqrt{3}\sigma_{ym}} \tag{4}$$

$$\varepsilon_y^{②}=(1-\mu+\mu^2)\frac{\sigma_{ym}}{\sigma_s}\varepsilon_s+\left(\frac{1}{2}-\mu\right)\varepsilon_s\sqrt{1-\frac{3}{4}\left(\frac{\sigma_{ym}}{\sigma_s}\right)^2}+\frac{3(1-2\mu)\left(\frac{\sigma_{ym}}{\sigma_s}\right)^2}{8\sqrt{1-\frac{3}{4}\left(\frac{\sigma_{ym}}{\sigma_s}\right)^2}}\varepsilon_s \tag{5}$$

二、试验装置及试件

1 试验装置

MTS-810 液压伺服材料试验系统；YJD-1 静动态应变仪；40 MPa 手动油泵。

2 试 件

本试验所用试件由一段薄壁圆管与两端夹持封头焊接而成。封头上有进出油孔和排气孔，便于施加内压。管子部分贴有应变片，且装有轴向和环向应变规（MTS-810 附件），以测量试件的轴向和环向应变。参见图 1。

试件的材料分别用不锈钢和普通碳钢。试件的尺寸和机械特性见表 1。

图 2 为普通碳钢试件的拉伸曲线，可以看出材料基本上是理想的弹塑性体。

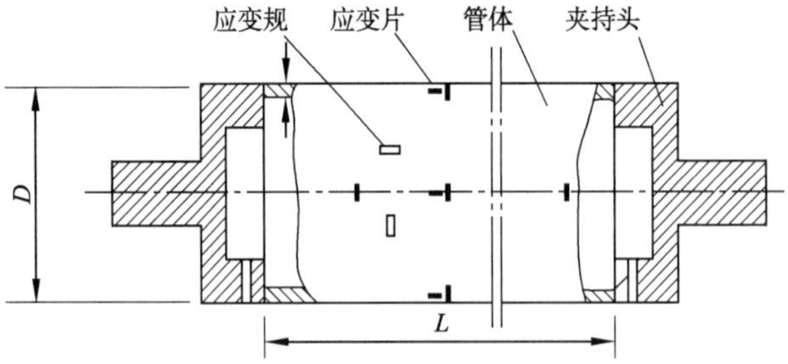

图 1 试件示意图

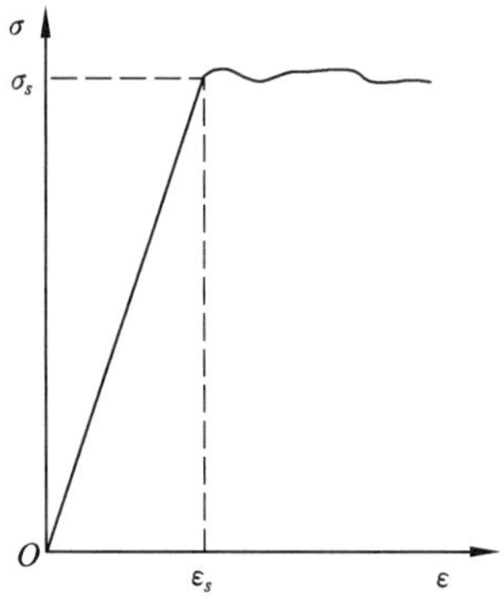

图 2 试件拉伸曲线

由表 1 可以看出试件的长度远大于直径。由圣文南原理，试件中段较长的范围内应变是均匀的，不受两端夹头端部效应的影响。实际测量也可得到同样结论。

表1　试件尺寸和机械特性

管　材	D/mm	t/mm	L/mm	E/GPa	μ	σ_s/MPa	ε_s/($\times10^{-6}$)
不锈钢	60.0	2.2	500.0	228	0.284	342.9	1 600
	90.0	2.0	500.0				
普通碳钢	57.4	3.7	500.0	217	0.289	323.1	1 600
	89.4	4.5	500.0				
	100.0	5.0	500.0				

三、试验内容及试验结果

本试验的整个过程为：对各试件施加大小不同的内压，同时施加与内压相对应的符合安定条件上限的轴向压缩应变。加载的同时不断测量试件的轴向及环向应变。当首次将载荷加到规定的最大值后退载，将内压和轴向应变卸零，然后每次按不同的加退载路线（见文献[1]中的图8）将载荷加到与首次载荷的同样大小，再退载。如此循环多次，以测量试件在每次载荷循环中的最大环向应变 ε_{ym}、残余应变 ε_y^* 及应变积累 ε_{ya}。

试件首次加载可以有两个路径，即先加内压再加轴压，或先加轴压再加内压。实际上，由于试件的材料基本上是理想的弹塑性体，如将试件先加轴压到屈服限时，材料的塑性应变增长较快，不易控制，此时再加内压容易造成试件过载。所以本次试验均是先加内压再加轴压。

图3是试件在加载和退载过程中的轴向应变变化轨迹。首先加载从 O 点开始沿 Oab 先加内压再加轴压至 b 点，然后沿 bcd 退载至 d 点，此时的内压和轴向应变均为零。以后多次改变加退载路径（参见文献[1]中的图8），在 bd 之间施加循环载荷，并在 b 点和 d 点测量试件的轴向和环向应变。从而可得试件在满载时（b 点）的最大环向应变 ε_{ym}，首次加载退载后的环向残余应变 ε_y^*，以及以后多次载荷循环后试件的环向残余应变积累 ε_{ya}（试件最后总的环向残余应变为 ε_y^* 与 ε_{ya} 之和）。

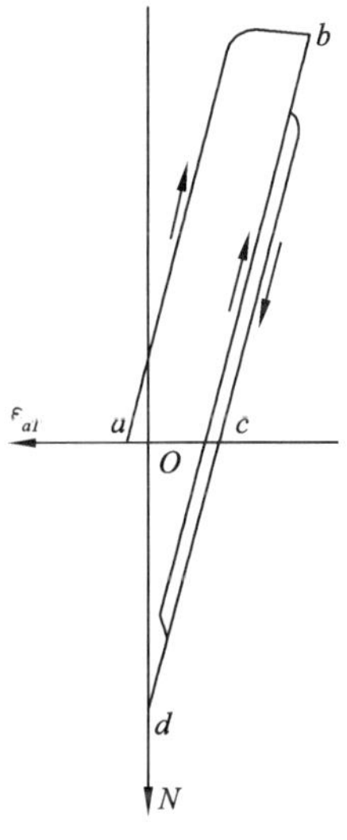

图3　轴向应变变化轨迹

试验过程中施加的轴向压缩应变是由 MTS-810 系统通过轴向应变规控制的。内压是用手动油泵施加的。由于油管强度的限制，本试验中试件的最大内压控制在20 MPa以下。

试件中各试件的内压以内压环向应力 σ_{ym} 分为 $\sigma_s/4$，$\sigma_s/3$，$2\sigma_s/5$，$2\sigma_s/3$ 及 σ_s 等5挡。试件在加载过程中，除首次加载之外，其余每次的加载途径可以变化，但最大载荷始终保持不变。对每根试件所施加的载荷是按安定条件的上界确定的，内压在4.3～18.4 MPa范围内，模拟的轴向温升压缩应变为1 600～3 200 $\mu\varepsilon$。对于每个试件重复加载次数一般为20～30次。试件的试验结果见表2。各试件试验结果与理论分析结果的比较曲线参见文献[1]中的图9。

表 2　试件试验结果

试件号	材料	外径/mm	壁厚/mm	p_m/MPa	$\varepsilon_{aT}/\mu\varepsilon$	$\varepsilon_{ym}/\mu\varepsilon$		$\varepsilon_y^*/\mu\varepsilon$		载荷循环次数 n	$\varepsilon_{ya}/\mu\varepsilon$
						理论值	实测值	理论值	实测值		
1	不锈钢	60.0	2.2	0	3 200($2\varepsilon_s$)	1 254	1 420	345	90	11	60
2				8.0($p_s/3$)	3 050($1.91\varepsilon_s$)	2 170	1 853	788	360	25	410
3		90.0	2.0	0	3 200($2\varepsilon_s$)	1 254	2 130	345	560	25	560
4				4.3($p_s/3$)	3 050($1.91\varepsilon_s$)	2 170	2 315	788	750	24	500
5				8.5($2p_s/3$)	2 610($1.61\varepsilon_s$)	3 104	2 410	1 277	800	21	200
6				12.6(p_s)	1 600(ε_s)	3 963	3 210	1 971	1 390		
7	普通碳钢	57.5	3.7	0	3 200($2\varepsilon_s$)	1 254	1 204	345	310	24	470
8				11.5($p_s/4$)	3 120($1.95\varepsilon_s$)	1 802	1 764	673	540	21	0
9				19.4($2p_s/5$)	2 992($1.87\varepsilon_s$)	2 350	2 460	880	780	19	0
10		89.4	4.5	0	3 200($2\varepsilon_s$)	1 254	1 944	345		25	490
11				9.2($p_s/3$)	3 050($1.91\varepsilon_s$)	2 170	1 846	788	570	29	140
12				18.4($2p_s/3$)	2 610($1.61\varepsilon_s$)	3 104	2 511	1 277	1 440	28	220
13		100.0	5.0	11.6($p_s/3$)	3 050($1.91\varepsilon_s$)	2 170	1 644	788	480	13	20

从试验结果的分析看，此次试验是比较成功的，基本上达到了试验的预期目的。

(1) 试验测出的试件满载状态下最大环向应变 ε_{ym} 是有限值。实测值虽比理论值略小一些，但相差无几。将实测值加上 αT_m 最大也只有 $3.5\varepsilon_s$，如管道直径为 720 mm，$\Delta D=3.5\varepsilon_s D=4.032$ mm，这说明在安定范围内加载，管道的环向应变不会产生无限制的塑性增长，管道是安全的。

(2) 试件的环向残余应变与理论值比较接近，一般都处于按纯弹性和纯塑性二个泊桑比计算的理论值之间。这说明理论分析是可靠的。而且，试件在理论分析的安定范围内加载，其环向残余应变基本上均小于 ε_s。对于 $\phi720$ 的管子来说，直径的残余变形增量为 $\varepsilon_s D=1.152$ mm，此变形是安全的。

(3) 平均每次载荷循环所积累的环向应变是很小的。将每个试件的 ε_{ya} 值除以总的循环次数，一般在 10 $\mu\varepsilon$ 左右，最大为 22 $\mu\varepsilon$。对于某些试件，应变积累值为零。这说明理论分析所给的载荷范围是安定的。试件产生一些应变积累的原因是由于材料性质的不均匀和加载操作的误差所致。即使按每次积累 22 $\mu\varepsilon$ 来计算，试件也要经 72 次载荷循环才能达到 ε_s。而且试件的载荷为安定范围的临界值，实际管道一般不会有这么大的载荷，所以不可能有塑性应变积累。

(4) 试验过程中，除首次加载之外，其他每次加退载的途径是多样的(见文献[1]中的图 8)；所测得的残余应变和满载应变是稳定的，没有因为加载路径的不同而产生影响。

总之，尽管由于材料在塑性区加载较难控制，且由于某些设备和技术上的不完善，本次试验略有些误差。但从总的试验结果和得出的上述几点结论看，基本上验证了其理论分析的正确性，达到了预期的目的。

参考文献

[1] 崔孝秉，张宏，王修斋. 埋地热输管道锚固段弹塑性变形分析及安定性条件研究. 油气储运，1989，8(1)：35

埋地热输管道结构分析及固定墩优化设计系列程序简介

崔孝秉　张　宏　石临嵩　杨祖佩

目前我国原油输送、城市供热等行业中大量使用埋地热输管道。如何合理、经济、安全而又方便地设计埋地热输管道是我们面临的重大课题。自 1976 年以来，我们一直从事于埋地热输管道强度方面的研究，建立了一套埋地热输管道热胀强度理论计算公式，并与有关单位合作，作了大量的模拟试验和工业试验，对理论分析进行了验证。近年来，随着计算机的广泛应用，为了使科研成果更好地用于生产实际，为此编制了一系列计算程序。这套程序可以迅速而又准确地计算埋地热输管道的强度以及设计固定墩的几何尺寸，功能较全。程序占机内存小，使用简便，完全可以应用于各种微机，很适合于从事埋地热输管道设计的工程设计人员使用，下面将这些程序分别加以介绍。

一、无锚固状态下埋地热输管道结构分析程序 ADUP

本程序用于埋地热输管道的结构强度、刚度的计算及校核。所计算的这段管道中间必须没有固定墩，如有则须以锚固点为界将其划为若干段分别进行计算。弯头两侧过渡段长度可由“埋地管道弯头两侧过渡段长度计算程序 ADUP 1”计算确定。本程序须输入管道的结构参数、管材及土壤的特性参数以及管道的内压及温升载荷，即可计算出管道中各弯头及直管段的内力、应力、位移和变形，并根据设计标准和规范进行强度和刚度校核。

弯头是管道中容易产生强度（破裂）和刚度（影响通球清蜡）问题的地方。管道弯头又由于所敷设的地形的不同而分为水平弯头和纵向弯头。它们各自的受力状态不同，计算中所建立的微分方程也不同。长输管道中弯头的数量较多，它们的受力和变形情况是互相关联的，必须同时进行计算。本程序采用迭代法，首先假设管道中各直管段驻点的位置，对管道进行分割计算，再由求得的弯头内力通过连续条件求直管的驻点位置，反复迭代，直至收敛，综合计算给出全部弯头及直管的内力数据，同时输出强度和刚度的检查结果。

本程序由一个主程序和五个子程序构成，它们相互之间的调用关系见图 1，其中主程序

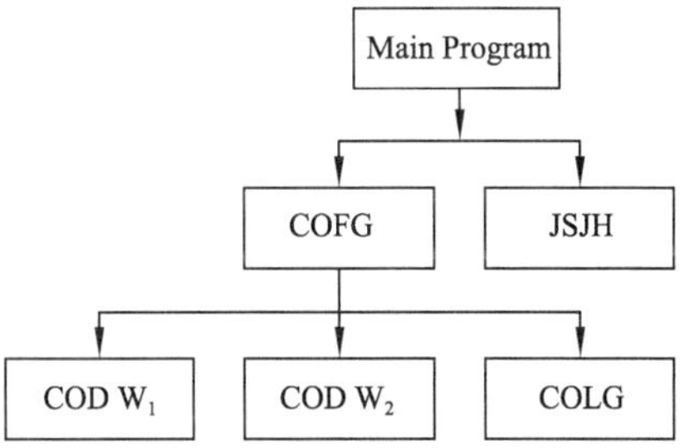

图 1　ADUP 程序框图

用于输入输出计算参数，并调用子程序 COFG 进行分割迭代计算。子程序COD W_1 和 COD W_2分别计算水平弯头和纵向弯头的内力，子程序 JSJH 由弯头的内力求弯头的应力、应变以及变形，并校核其强度和刚度。

本程序输出的计算结果数据文件将给出各弯头的弯矩、轴向力、内压和热胀引起的应力和截面变形，并且指出强度和刚度不满足设计要求的弯头，以便设计人员重新调整设计方案。

对于强度或刚度不足的弯头，可以加大其壁厚、加大弯头曲率半径或设置固定墩，这须由设计人员根据工程具体情况选择。只要将修改后的参数重新输入计算机，程序将再次运算，给出新设计方案的管道强度。计算速度很快，使用也极为方便。

二、泵站进出站管道结构分析程序 ESTAP

在埋地长输管道中，为了保持管内的压力和温度，常设有泵站。为限制管道的热胀位移，保护出入土管道弯头及泵站设备，在管线中又常设置固定墩。在此固定墩与泵站设备之间的这段管线一半是埋地的，另一半是地面上的。其力学模型与全埋地管道不同，且由于出土管线段很短，所以我们用有限元法另行编制了此结构分析程序 ESTAP。

为了使固定墩体积尽可能地小，应考虑允许它有一定的位移。由于泵站处的情况较复杂，对固定墩许可位移的限制条件较灵活，所以本程序在考虑固定墩时，从零值位移到土壤所许可的墩子极限位移之间按一定步长进行系列划分，分别计算不同墩子位移时管道结构的内力、应变等参数，以供设计人员参考使用。

本程序的输入参数包括管道的结构参数、管材及土壤特性参数、管道所受内压及热胀载荷。程序的输出包括管道中各弯头的弯矩、轴向力、位移、应力和截面变形，以及固定墩的设计推力。

三、固定墩许可位移及最小设计推力计算程序 ADUP 2

为保护埋地长输管道中强度(或刚度)不足的弯头，常在其两侧设置固定墩。为使固定墩体积在保证弯头强度和刚度满足设计要求的前提下尽可能地小，可以允许它有适量的位移(许可位移)，当然此位移应小于土壤弹性许可的范围。固定墩的几何尺寸还应通过优化计算确定。本程序为固定墩尺寸优化计算提供两个必要的指标性参数，即许可位移与最小设计推力。

许可位移的大小应由弯头的强度和刚度条件决定。为了充分利用弯头的强度和刚度，本程序用迭代法求许可位移 u，使弯头的强度和刚度逼近许可值，同时限制 u 值小于土壤弹性许可范围。许可位移越大，固定墩推力越小，两者的变化均有利于减少固定墩体积。所以最好能使墩子许可位移大些，尽量使其接近或等于土壤弹性许可范围。由试验研究可知，土壤弹性许可范围为固定墩底部埋深 H^* 的1%比较合适，即 $0.01H^*$。

此外，固定墩设置位置也是影响墩子许可位移的重要因素。现行管道设计中，墩距一般是设计人员视具体情况由经验决定的。就从使许可位移尽可能地大这一点看，人为给定的墩距一般不是最合理的，可以通过本程序的计算加以调整。单纯从弯头的强度和刚度角度讲，u 值可能小于 $0.01H^*$，也可能大于 $0.01H^*$。对于前者，程序中逐步减少墩距，降低弯头应力，加大 u 值，使之逼近 $0.01H^*$。当然墩距不能太小，本程序控制最小墩距为管径尺寸的10倍。对于后者,由于墩子位移被土壤所限制,弯头的强度没有得到充分利用。程序则逐步加大墩距,使在一合适位置设墩时,从弯头的强度来看,u 等于 $0.01H^*$,而此时墩子最小设计推力则降到最低限度。程序给出的输出结果将包括按原给定墩距设墩和按程序寻求的新墩距设墩时的不同许可位移和最小设计推力。

本程序由一个主程序及五个子程序组成,见图2。其中主程序主要完成整个程序运行中的数据输入和输出,调用子程序COU分别按强度和刚度标准计算不同墩子的许可位移和相应的最小设计推力。其他子程序的功能同程序ADUP。

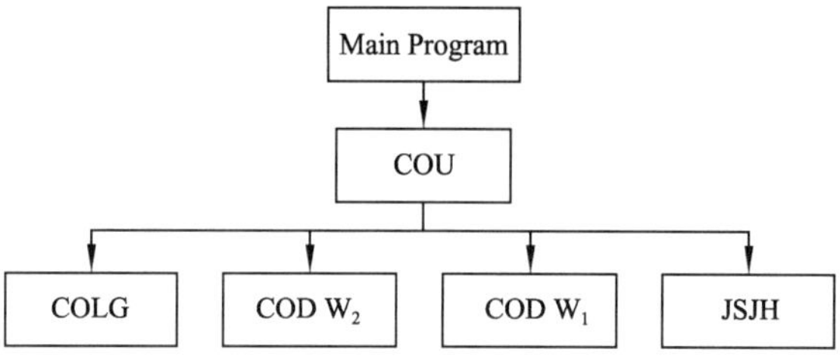

图2　ADUP 2程序框图

四、固定墩尺寸优化设计程序

由理论研究和试验验证可知,燕翅墩的承载能力和抗倾性能均优于目前常用的矩形墩。但矩形墩形状简单,施工方便,也是可用的墩形之一。当固定墩许可位移和最小设计推力为已知时,要想减小墩子体积,必须对墩子的几何尺寸进行优化计算。本程序应用优化理论,采用网格法,对两种墩形墩子的三维尺寸进行优化选择。优化的目标函数为墩子的体积,优化约束条件为:

(1) 作用于墩子上土壤摩擦力和土反力与管道推力平衡。

(2) 作用于墩子上全部外力相对于墩子迎土面下边缘的前倾合力矩小于零。

(3) 固定墩迎土面各点的弯曲正应力小于混凝土材料的抗弯许可应力。

(4) 固定墩内管道热胀引起的轴向拉伸应力小于混凝土材料的抗拉许可应力。

(5) 固定墩轴向位移小于墩底埋深的1%。

由于程序优化计算确定的墩子尺寸有可能在施工上产生困难,所以程序不仅计算出最优解,而且可以给出满足上述约束条件且使墩子体积比较小的一些可行解供设计人员选用。其中最优解算法可以给出对应于同一推力不同许可位移的固定墩尺寸和体积。可行解算法可以给出对应同一位移同一推力的体积比较小的一系列固定墩尺寸。为了使程序免于计算的一些工程中不可能实现的尺寸,可以给程序输入三维尺寸的尺寸界限,此尺寸界限也可在程序运行中进行修改,使用比较方便。

运用本程序计算大量不同数据的结果,汇编成册,也可供设计人员很方便地查用。

五、结束语

上述几个程序均已通过技术鉴定,并已在有关单位得到实际应用,效果良好。完全可以确信,随着我国热输管道的进一步广泛应用,这些程序将会在长距离热输及城市供热等领域发挥更大的作用。

埋地热输管线固定墩选形试验研究

傅雅琳　岳伯谦　崔孝秉

摘要： 为了充分利用埋地管线固定墩材料的承载能力，必须加大墩子迎土面积，且墩子的尺寸应经优化计算。本试验验证了优化设计的燕翅墩的承载能力。试验结果表明，新设计的固定墩的承载能力比原有固定墩大得多，经济效益明显。

关键词： 地下管道固定墩；推力；土壤反力；摩擦力；位移；试验

一、概　述

为了限制埋地热输管线中的热胀位移，保证泵站和弯头安全工作，常常要设置固定墩。我国常用的矩形固定墩，是按照锚死固定墩的要求设计的，而且仅考虑了墩子与土壤之间的静摩擦力。其体积大，消耗材料多，需要工时多，因而成本较高。评价固定墩设计水平的依据是固定墩可提供推力与其自身的重量(或费用)之比。比值越大，说明投资少，效益高[1]。根据实际管线中各弯头或泵站设备的强度，一般不要求固定墩必须被锚死，可以根据实际结构情况，计算出固定墩轴向允许的位移值大小。这样，当墩子有位移时，作用于上面的土压反力就开始上升，固定墩的承载能力也就随之提高。理论研究认为[2]，固定墩的设计不能只考虑“设计推力”这一个指标，必须同时考虑“设计推力”和“许可位移”两个指标，即应按“双指标”进行设计。根据这一原理，可对原来常用的墩形进行优化设计和改形。本文用试验方法验证这一新的理论和新的设计方法，并考察经优化理论确定了墩形和尺寸的固定墩的承载能力。试验中所用的墩子体积完全相同，但墩形和尺寸各不相同。

二、试验原理

将几个浇注好的体积相同而形状不同的混凝土固定墩，以相同的中心深度埋入土质较为均匀、地下水位较深的土壤里。在固定墩的迎土面装上土压盒，在墩子的受推一侧装上位移传感器，用千斤顶通过压力传感器对固定墩均匀加载，用相应的仪表测出固定墩的推力值以及对应的位移值和土反力值。试验一直进行到将固定墩迎土面的土体推垮破裂为止。试验中各墩本身参数(如体积、埋深等)及其环境物理性质参数(如土壤密实度、含水量)要相同，将测出的推力、位移及土压力值等数据整理分析后绘制成各种曲线，就可以比较出不同尺寸、不同形式固定墩的优缺点。

三、试件及试验装置

为了比较不同形状及不同尺寸的固定墩的抗推承载能力，本试验选择了四种固定墩：

(1) 普通矩形混凝土固定墩(矩形Ⅰ墩)；

(2) 优化矩形混凝土固定墩(矩形Ⅱ墩);
(3) 普通燕翅混凝土固定墩(短燕翅墩);
(4) 优化燕翅混凝土固定墩(长燕翅墩)。
它们的墩形各不相同,其尺寸分别经优化计算并按常用尺寸比例选取,如图 1 所示。

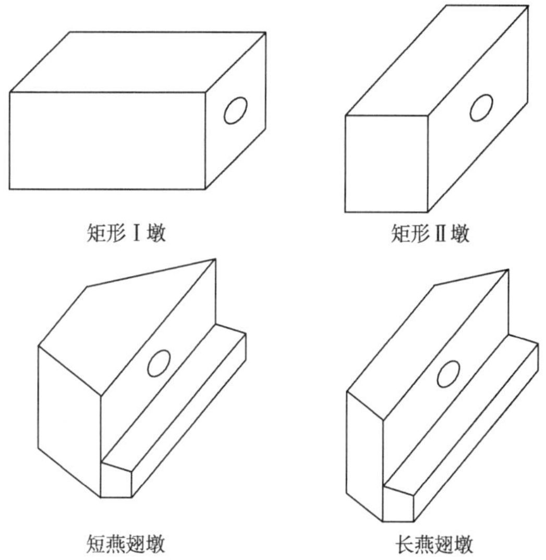

图 1　试验选用的固定墩形

这四个墩子均采用 200# 混凝土制成,其物理性能经过取样测定合格。墩子体积均为 1.1 m^3,高度均为 80 cm,分为两类进行试验比较:(1) 考虑不同尺寸的影响,即将普通的两固定墩分别与优化的两墩进行比较;(2) 考虑不同墩形的影响,即将矩形墩与燕翅墩产生相同位移时各自的承载能力进行比较,从而评估各种固定墩的优劣。

1　加载装置

施加于混凝土固定墩的推力是由 500 kN 千斤顶通过压力传感器作用于固定墩。为了使墩体发生位移和倾斜时力的方向维持不变,在压力传感器与千斤顶之间安装了导向装置和顶杆。导向装置由滚珠滑板组成,以保证加力点的位置及方向不变,由一导向管和导向支座维持顶杆加力方向。

2　测试仪表

推力测量仪表为 BHR-4 型 300 kN 和 500 kN 压力传感器以及 YJD-1 型静动态电阻应变仪。位移测量仪表为 WCY-50 型应变式位移传感器和 YJD-1 型静动态电阻应变仪。土压力测量仪表为 BY-箱式微型压力盒(0.3 MPa)和 YJD-1 型静动态电阻应变仪。使用环刀和小秤测量土壤密实度。

3　后背装置

后背装置是每边由 15 根 2 m 长的导木和几根由 10# 槽钢对焊成的矩形截面立柱所组成(见图 2),中间填土夯实。后背受力的分布面积是固定墩迎土面积的 4 倍多,因而,后背土体的位移比墩子迎土面土体的位移小得多。

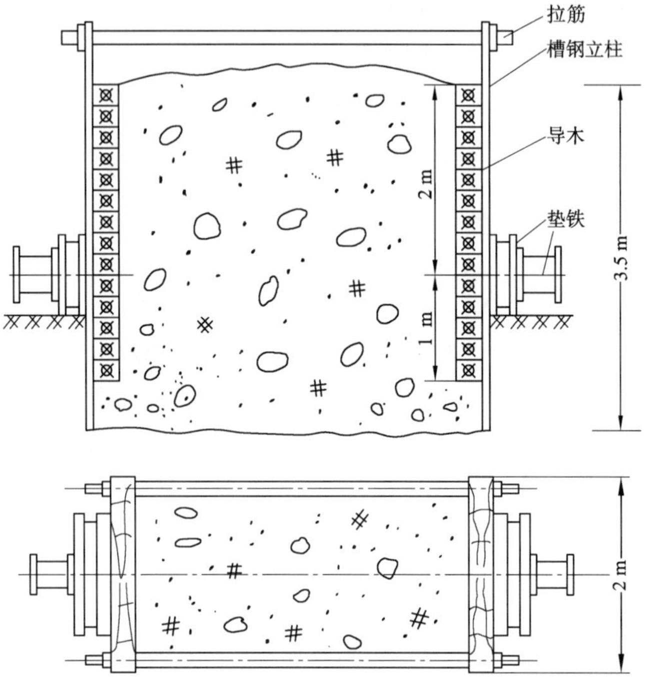

图 2 推力试验的后背装置

四、试验过程

这次试验规模大，且在野外作业，传感元件埋于地下，测试周期较长。为了确保测试结果的精确度，整个试验分阶段进行。

首先选择合适的试验场地。本次试验是在东营一处比较高的河岸上进行的，此处土壤经北京市市政工程局研究所实验室化验基本上属于粘质土，含重亚粘土，以粉质亚粘土为主。该处地下水位深，适于作固定墩试验的场地。

为了确保试验方案、测试仪器、测试方法及加载装置的可靠性，在正式试验之前，在该场地用三个不同尺寸和墩形而体积均为 0.14 m^3、高均为 0.5 m 的小型固定墩作了一次推力试验。

试件安装过程中，其位置采用经纬仪严格按照现场布置放线定点的，开挖墩坑时，测量坑深以保证两个墩子就位在同一平面上，保证墩子的埋深相同。墩体下坑就位后，在墩体前后安装了一系列仪表装置，然后严格土壤分层回填夯实。每层厚 15 cm，并测量其密实度。经测定夯实后土壤的容重达到 1 845 kg/m^3，密实度为 95% 以上，墩体周围回填的夯实程度一般比较均匀，保持与原土一致。

整个试验过程从土壤夯实后开始，到加载推垮为止，不允许重复。首先对矩形Ⅰ和短燕翅两个普通墩进行测定，然后对矩形Ⅱ和长燕翅两个优化墩进行测定。每次测定的两个固定墩分别放在后背的两边，保证其轴线在同一中心线上，试验时使用了两套加载装置和两套测试装置。试验中每次分别对两墩增加 5 kN 载荷，测出固定墩相应的位移值、土壤压力值。当固定墩迎土面土壤出现裂纹并迅速扩展，墩子位移连续流动增加，载荷停止上升，甚至出现下降的趋势时试验停止。

各墩子的位移测点都布置在千斤顶加载的一侧，每墩 4 个位移测点成方形分布，便于计算均值与墩子倾角。

五、试验结果及分析

本次试验共取得 3 000 多个数据，并整理出各种关系曲线。

1　各墩的位移及承载能力对比

图 3 为四个固定墩所承受的载荷 P（推力）与其位移 u 间的关系曲线。由图 3 可见，每一个墩子的承载能力是随其位移而变，体积相同而形状不同的固定墩在同一位移的抗推能力各不相同，这说明固定墩的抗推能力与墩形有密切关系。由试验结果可以看到，矩形Ⅰ墩抗推能力最低，短燕翅墩略高，矩形Ⅱ墩则高得多，而长燕翅墩抗推能力为最高。固定墩抗推能力总趋势是随其迎土面的大小而变化，为增函数关系。从这四条曲线还可看到，虽然墩形和抗推能力不同，但当位移达到 2.8 cm 左右时，各墩的抗推能力都达到极限，此时土壤开始破裂。这说明土壤所许可的固定墩轴向位移是有限的，其大小与固定墩墩底埋深 H 有关，约为 $0.01H$。该值为优化设计中固定墩许可位移的上限值，因此，可作为土壤许可的墩子最大轴向位移值。从图 3 中可以看到，当墩子位移为 $0.01H$ 时，长燕翅墩的承载能力比现场常用的矩形Ⅰ墩提高了 77.8%，优化矩形墩比常用的矩形墩的承载能力提高了 58%。

本次试验中四个墩子的极限载荷虽然差别很大，但达到极限载荷时的位移值基本相同，约为 $0.02H$，与当前国内外试验结果一致。

2　各固定墩的倾角对比

固定墩在位移过程中产生的倾角为 α，假定墩体上部沿推力方向的位移大于下部沿推力方向位移时，α 为正，反之为负。则有

$$\tan\alpha = \frac{u_1 - u_2}{L}$$

式中，u_1 和 u_2 分别为上下位移传感器所测得的位移；L 为上下测点间的垂直距离。

由图 4 可以看出：(1) 各墩的位移小于 $0.01H$(1.3 cm)时，墩子的倾角均很小，不超过 0.5°。(2) 矩形墩的倾角曲线无极值，随载荷的增大而增大。载荷达到一定值时，其增大的

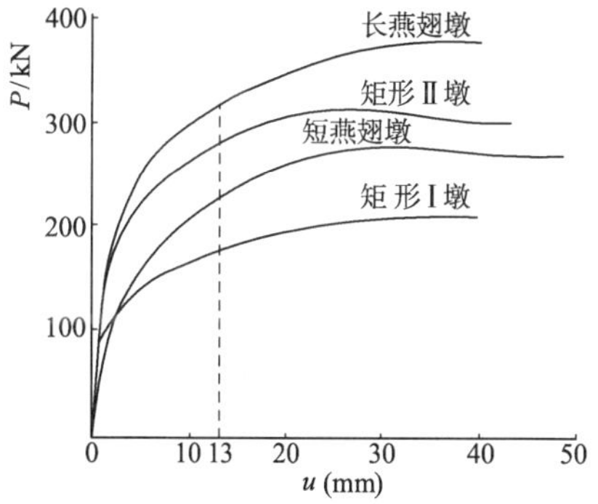

图 3　四个固定墩推力与位移关系曲线

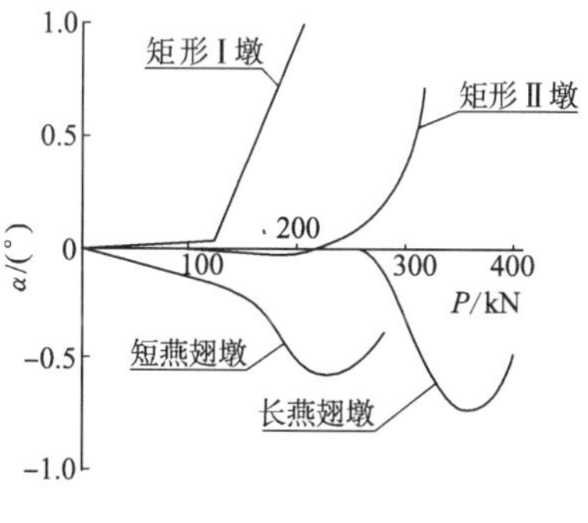

图 4　四个固定墩推力与倾角的关系

速度相当快。而燕翅墩由于有小腿的存在，其倾角曲线有极值，其抗倾性能明显地比矩形墩好。

图中燕翅墩的倾角开始时出现负值，这是由于燕翅墩的迎土面下部有小腿，且迎土面上布有土压力盒、导线等，因而被夯实的空间小。由于怕碰坏导线，所以下部土壤回填夯实不如上部密实，墩子产生位移时，土反力是上大下小，造成一个使墩子向后倾翻的力矩。理论计算和补充试验表明，只要回填土上下夯实程度相同，墩子不可产生负倾角。

3 固定墩的土壤压缩反力及土压系数分析

由于燕翅墩各方面性质均优于矩形墩，本次试验中只测定了燕翅墩迎土面的土壤压缩反力。两燕翅墩的载荷 P 与土反力 p 曲线、位移 u 与土反力 p 关系曲线分别见图 5 和图 6。

从图中可所看到，土壤对固定墩的压缩反力随载荷和位移的增大而增大，墩子的承载能力也相应提高。

土反力与墩子位移之间不是线性关系。根据线性关系式 $p=cu$ 计算土反力值时，应考虑到影响 p-u 关系的很多因素，如土壤的物理性质等。为了安全起见，土壤压缩反力系数 c 的取值应该小些为好。

固定墩的最大轴向许可位移值取 $u=0.01H$，则可按下式计算 c 值：

$$c=\frac{p_{0.015H}}{0.015H}$$

式中，$p_{0.015H}$ 为固定墩位移 $u=0.015H$ 时的迎土面压力值。

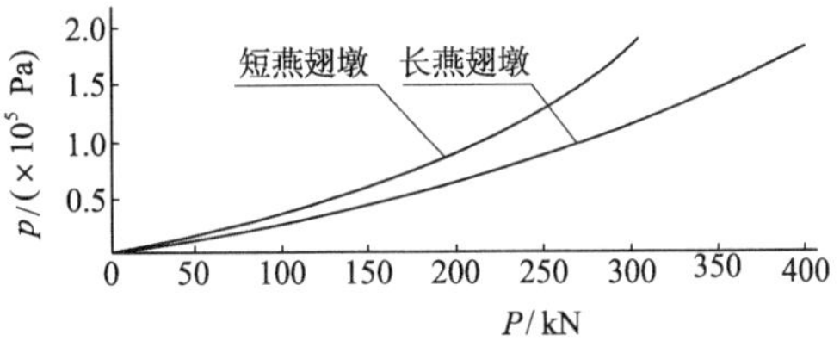

图 5 两燕翅墩推力与土壤反力的关系

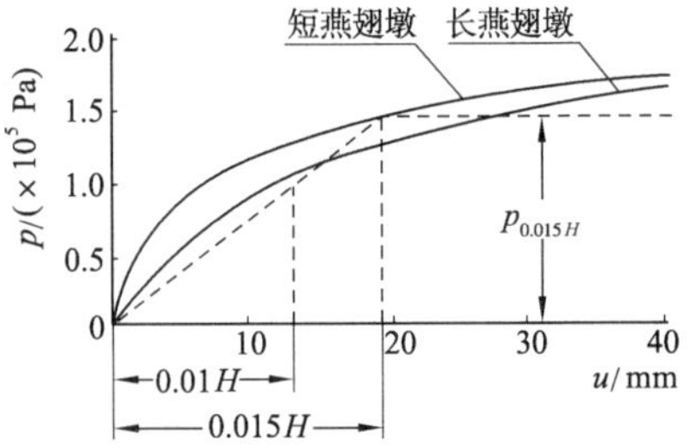

图 6 两燕翅墩位移与土反力关系曲线

这样处理，相当于将 u-p 曲线简化为图 6 中虚线所示的理想弹性模型，这是偏于安全的，因为计算中所取的土压力比实际值小。

本次试验中，H 为 130 cm，$u=1.95$ cm 对应此位移值的两个燕翅墩的土反力 $p_{0.015H}$ 分别为：0.125 MPa 和 0.146 MPa。土壤侧向压缩反力系数 c 值分别为 6.4 N/cm^3 和 7.5 N/cm^3，平均约为 7.0 N/cm^3。

4 土壤摩擦力和凝聚力的分析

由于土壤和固定墩之间总有一定的凝聚力存在，试验所测推力与迎土面总的土反力值之差值应恒大于土壤摩擦力。但由于凝聚力受多种因素影响，其值不稳定，因而一般不考虑利用它。由试验数据可以计算出短燕翅墩和长燕翅墩在不同位移时的总的凝聚力 s，见附表。

附表　不同位移时两种墩子总凝聚力

位移 u/mm	3	5	7	10	13	15	17	20
凝聚力 s/kN（短燕翅墩）	25.2	39.9	45.8	48.2	48.5	50.5	49.0	42.0
凝聚力 s/kN（长燕翅墩）	57.4	53.9	57.4	40.0	49.7	51.8	52.5	50.6

由表中数据可见，随着固定墩位移的增加，两墩的凝聚力基本上趋于稳定，其值为 40～50 kN，这表明试验数据基本上是合理的。

六、结　论

（1）设计埋地热输管线固定墩时，应考虑固定墩沿管道轴向的允许位移，以降低管道推力来增大土壤反力，从而提高固定墩的承载能力。实测结果证明，固定墩的承载能力与其结构形式和位移大小有关。因此，设计固定墩时，依据"许可位移"和"设计推力"进行设计。

（2）固定墩的结构形状及尺寸比例不同，其承载能力也不同，试验所用四种墩形中，经优化设计的长燕翅墩为最佳墩形，其极限承载能力最大，抗倾翻能力最好，试验证明固定墩优化计算的结果是正确的。

（3）热输埋地管道强度及固定墩优化设计中，固定墩沿管道轴向位移值应低于迎土面土壤弹性工作许可数值，这个数值建议取为 $0.01H$。

（4）文中给出的土壤侧向压缩反力系数 c 值计算式是确保安全的情况下选取的，因此土压力计算值小于实验值。

致谢　本项工作得到了王修斋、李茂福、曹玲、陈鹏发、严鸿、房军、杨祖佩、张宏、徐桂珍、张志田、赵卫华、吕晓东、薛世峰、胡玉林、孙俊亭、王德国及袁骥年、李长祥等同志的大力支持和协助，特此致谢。

参考文献

[1]　潘家华. 埋地管道强度设计中存在的一些问题. 油气储运，1985，4(3)

[2]　崔孝秉. 锚固墩推力和位移分析. 华东石油学院学报，1979，3(2)：74-81

[3]　J. Audibert, K. Nyman. Coefficients of Subgrade Reactions for the Design of Buried Piping. 2nd ASCE Speciality Conference on Structure Design of Nuclear Plant Facilities. New Orleans, La, 1975

埋地原油热输管线中混凝土固定墩的优化设计

崔孝秉　岳伯谦

摘要： 埋地原油热输管线中混凝土固定墩的用量很大，为了节省材耗，研究其优化设计方法十分必要。本文提出按推力和许可位移两个指标对混凝土固定墩进行优化设计的方法，并经过分析和试验推荐了一种燕翅状的新墩形。文中以混凝土用量为目标函数，以受力平衡、抗倾稳定、强度安全等要求为约束条件，研究了确定墩体各边尺寸优化解的数学模型，并开发了成套的计算软件。大量系列例算的结果表明，优化设计的混凝土固定墩比一般设计的混凝土固定墩可以节省材料20%～60%，具有显著的经济效益。

一、概　述

在埋地热输管道工程中，为防止热胀位移推坏弯头及泵站设备，常需设置固定墩作为保护性措施。我国热输管线很长，目前已建成八千多千米。随着石油工业发展，今后还要继续敷设新管线，固定墩的用量非常之大，它的材耗和投资占管道建设总开支相当大的比重。因此，研究它的优化设计就十分必要。

我国早期设计固定墩时大体上以锚死直管端所需之力作为外载，以土壤对固定墩的摩擦约束力为抗力，材料浪费颇为严重。后经管道设计工作者的努力，在分析固定墩承载能力时，不仅考虑摩擦力，同时也考虑迎土面的被动土压，将二者相加除以安全系数后供设计使用，使每1.0 t设计推力所需混凝土的用量下降到0.65～0.94 t，进步相当大。但由于对固定墩的位移缺少定量分析，这种改进基本上仍属经验性的。国外文献资料中直到目前为止也未见到有关固定墩优化设计的理论研究。

1980年我们发表过《锚固墩的推力和位移分析》一文[1]，给出了墩体所受推力与管道结构参数、土壤性质及管温增量之间的关系，并重点分析了墩体位移对推力的影响。1985年在《埋地管道强度设计中存在的一些问题》一文[2]中提出："固定墩设计水平的主要评价，为固定墩可提供的推力与其自身的重量或费用之比，这一数值越大越好，越大则说明以较小的投入得到较大的效果。"文中强调："设计固定墩的一般原则应使倾倒力矩减至最低，同时迎土面适当加大"，明确地提出了改进固定墩设计方法的方向。

近两年来我们以混凝土固定墩优化设计为课题，从试验和理论两方面开展了专题研究，取得了一定成果，本文内容是这些研究工作的部分综述。

二、固定墩的受力分析及"双指标"设计研究

在埋地原油热输管线中，固定墩的作用在于约束管道的热胀位移，而给固定墩提供约束能力的则是周围土壤。因此固定墩沿管道轴线方向所受之力可分为两部分：管道推力及土壤约束力。管道推力是管道通过安装部位作用给固定墩的推力，方向指向弯头，为主动载荷，是设计固定墩的重要依据。土壤约束力是由摩擦力及弹性压缩反力组成的土壤反作用力，其组成情况与固定墩的墩形及尺寸有很大关系，直接影响固定墩的投资费用。在正常工

作情况下，管道推力和土壤约束力大小相等、方向相反，且相互平衡。图 1 为一般管线中固定墩沿轴向受力的示意图（顶视）。

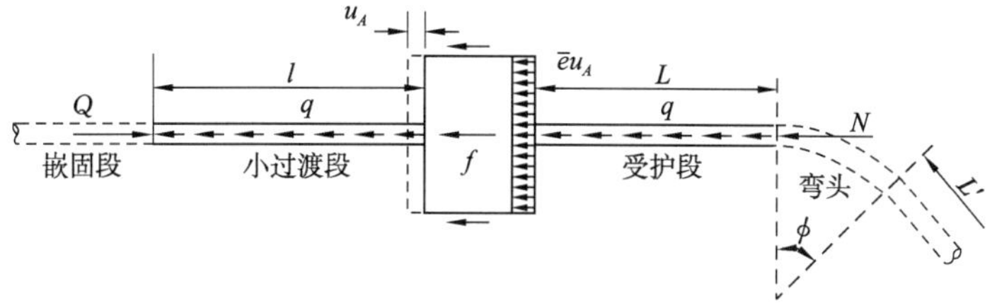

图 1　固定墩轴向受力图

如图所示，直管被划分成三部分：嵌固段、小过渡段及受护段。图中 Q 为锚死直管端所需之力

$$Q=EF\alpha T+(1-2\mu)\pi r^2 p \tag{1}$$

式中，　E——管材弹性模量；

μ——管材波桑系数；

α——热胀系数；

T——管道温升值；

p——管道内压值；

r——管道壁厚平均半径；

F——管道横截面面积。

图中 N 则为弯头给直管的轴向推力，其大小与管系的结构参数、土壤性质及工况载荷等有关，可按文献[3]的方法算出。

在直管受护段和小过渡段上皆有土壤摩擦力作用，单位长度摩擦力的值为 q，受护段长度 L 是选定的，小过渡段长度 l 与固定墩位移 u_A 有关，其关系在文献[1]中已导出：

$$ql^2=2EFu_A \tag{2}$$

图 1 中 f 为土壤作用于固定墩的总摩擦力，$\bar{e}u_A$ 则为固定墩迎土面受到的土弹性压缩反力，$\bar{e}$ 代表固定墩朝弯头方向移动单位位移量时受到的土壤压缩反力，它与迎土面的形状、尺寸、深度及土壤性质有关。

由图 1 不难看出，管道作用于固定墩的推力为

$$P_{管推}=Q-N-q(L+l) \tag{3}$$

土壤作用于固定墩的约束反力为

$$P_{土反}=f+\bar{e}u_A \tag{4}$$

按照轴向力平衡条件应有

$$Q-N-q(L+l)=f+\bar{e}u_A \tag{5}$$

根据(3)式和(2)式可知，管道推力 $P_{管推}$ 总是小于 Q，小的程度和 u_A 有关，u_A 越大则 $P_{管推}$ 越小。在 u_A 值没有给定之前，$P_{管推}$ 值不好确定。许可的 u_A 值应该根据弯头的强度条件计算出来，同时还应该兼顾到土壤的弹性承受能力等。因此固定墩的设计推力必须通过周密的计算才能取得，不能任意给定。计算设计推力的有关理论已在文献[3]内给出。

在 $P_{管推}$ 定值后，可以按照(4)式设计固定墩，选择形状并确定尺寸。由于(4)式右边第二项与 u_A 有关，可见只给 $P_{管推}$ 值是无法设计的，必须同时给出 u_A 值，而且 u_A 和 $P_{管推}$ 应该符合(3)式所要求的匹配关系。

综上所述，过去只采用推力大小作为设计指标去设计固定墩的做法，可见是不够科学的。科学的做法应该同时给出设计推力和相应的许可位移两个设计指标，这就是按“双指标”设计固定墩的新概念，是实现固定墩优化设计的一个基础概念。

根据上述的“双指标”设计固定墩时，满足(4)式要求的 f 值和 $\bar{e}$ 值有多种解答，这与墩形及尺寸配合有关，合理的墩形及配套尺寸应使固定墩在满足(4)式及其他一系列力学性能要求的前提下，同时符合用料节省、制造简便，这就是本文要讨论的优化设计。

三、混凝土固定墩的选形及试验

我国埋地原油长输管线上曾经使用过的固定墩大体有两种类型：(A)——管道从墩体中间穿过的矩形混凝土素墩；(B)——管道从墩体顶面上通过的钢筋混凝土墩(图 2)。

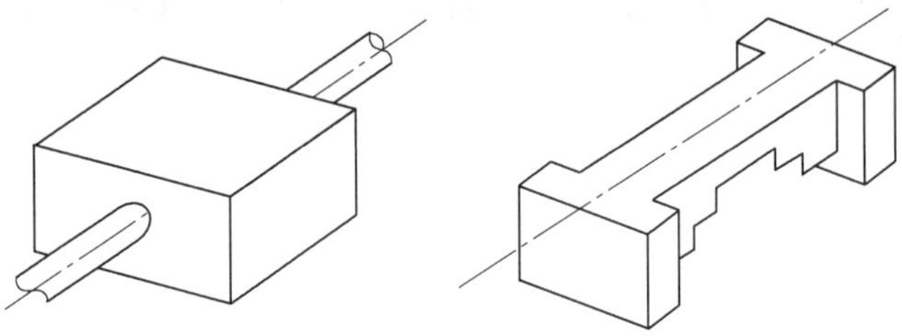

图 2　两种固定墩形状

(A)型墩倾覆力矩小，稳定性好，埋地浅，不配筋，便于施工，费用及工时都比较少。这是我国目前用得最多的墩形。但是由于这种墩形的尺寸过去并未经过优化设计，混凝土材料单重的承载能力仍较低，有待于提高。(B)型墩埋土较深，抗力大，材料单重的承载能力较强，但是稳定性不好，易于撕破管壁或剪坏止推件，而且要配钢筋，施工复杂，成本高，现在已经较少采用。按照文献[2]所提的评价标准，我们认为(A)型墩值得保留并加以改进，改进的方法是对三边尺寸进行优化设计。而(B)型墩则应该淘汰。

为了找出一种更好的固定墩形状，我们从修改矩形墩的结构形状开始。假设图 3 所示是一个优化设计的矩形混凝土墩，设想从其推力一侧垂直削去两个三棱块，并将这些削下来的材料一部分用去增大迎土面的面积，一部分用去做成迎土面下方的横向小腿，于是在相同的许可位移下，迎土面的土壤压缩反力将有所增加，抗倾力矩也将有所增加，显然提高了锚固效益，并未多用材料，只是墩体形状有所改变，变成了一种类似于燕翅而又带有小腿的形状，如图 4 所示。我们定义这种墩形为“燕翅伸腿形”，简称燕翅形。可以确信，用这种燕翅形混凝土固定墩一定更能节省混凝土材料，降低管线建设工程的投资。

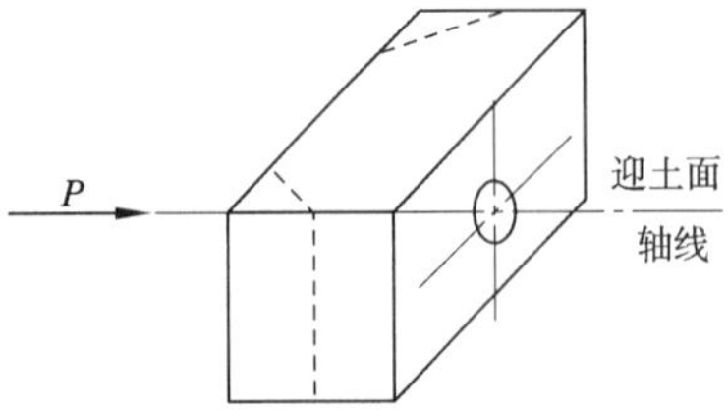

图 3　矩形固定墩形状的修改

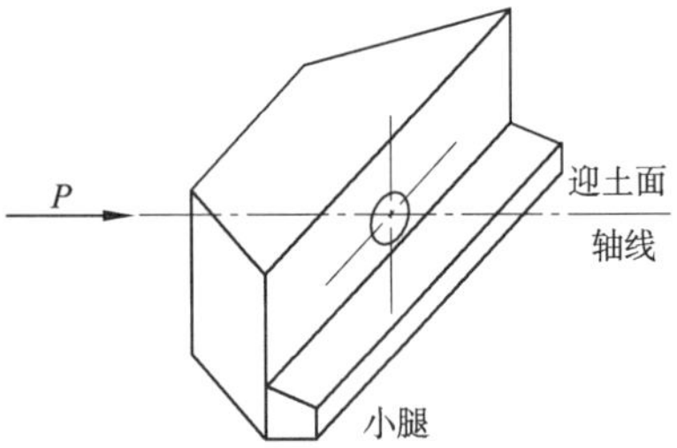

图 4　燕翅伸腿形固定墩

为了观察墩形对承载能力的影响，对比推力与位移的关系，1986 年我们在东营市广利河边高地上开展了选形试验研究。场地的土壤性质是重亚粘土及粉质亚粘土的混合，土质较干，有利于保证试验质量。所用试件为四个混凝土固定墩，每个体积都为 1.1 m^3，但形状不同，两个是矩形，两个是燕翅形。这四个墩的迎土面高度 h 都是 80 cm，但宽度 a 各不相同，有 80 cm，170 cm，180 cm 和 224 cm。试验场地按设计图经过找平、放线、定位及开挖等作业。在试验场地中央专门构筑了牢固的加载后背。后背由 15 根道木及 5 根 $10^{\#}$ 槽钢组成，其面积为固定墩试件面积的 4～5 倍。在最大试验推力作用下，后背单位面积的受力只有 4 N/cm^2，位移不到 1 cm。固定墩试件就位填土后，底部的埋深为 1.3 m，顶部覆土为 50 cm。墩体周围半米宽范围内的土壤经过回填分层夯实。对各墩施加推力的工具为 50 吨级的千斤顶，墩上装有压力传感器、位移传感器及土压盒等仪表。通过电阻应变仪测出试验过程中的推力、位移及土压力。位移传感器的表壳固定在离墩体较远的插地很深的钢桩上，该处基本上不受加载后背变位的影响。

试验操作过程中基本上以推力为主导，每加半吨推力记录一次位移及土压力，一直进行到固定墩迎土面土体被推裂失稳，产生流动现象，推力不再上升，甚至下降时为止。

图 5 所示为四个试验墩抗推力与位移关系的试验结果。对于同一个固定墩，抗推能力不是常数，随其位移而变，表现为增函数关系。对于不同的固定墩，抗推能力的大小主要与迎土面的大小有关，迎土面大者抗推能力大，迎土面小者抗推能力小。当各墩迎土面土体被推裂，载荷达到极限数值时，各墩测得的位移值很接近，在 2.8 cm 左右，约为墩底埋深的 2%。加载过程中当位移小于 0.4 cm 时，各墩基本无倾角，位移超过 0.4 cm 后，矩形墩急剧产生正倾角，不再下降。燕翅墩则无此现象，正倾角值始终保持很小，未超过 0.06°，具有较高的抗推稳定性。

通过试验研究得到的主要结论为：燕翅伸腿形固定墩比矩形固定墩好；尺寸优化的比尺寸未优化的好。

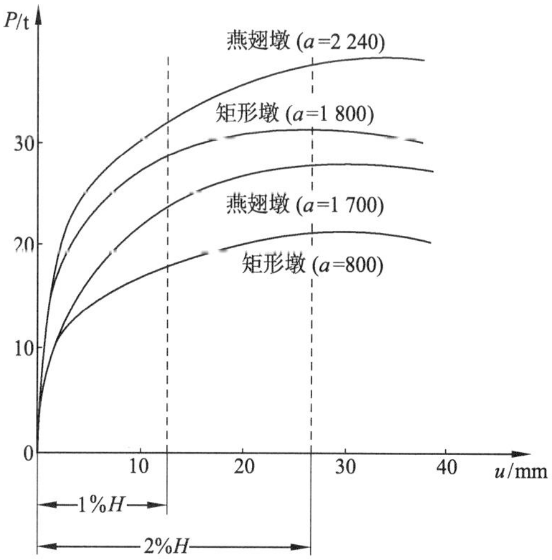

图 5　试验墩抗推力与位移关系的试验结果

四、混凝土固定墩尺寸优化设计

研究优化设计问题，首先必须明确目标函数、优化变量及约束条件。对于混凝土固定墩来说，目标函数为材耗量，具体到常用的矩形墩和本文推荐的燕翅墩，皆为实心素墩，材耗量正比于其体积，因此目标函数可以直接使用体积，相应的优化变量应该是各边的几何尺寸。对于矩形墩而言，优化变量就是宽度 a、长度 b 及高度 h。燕翅墩结构尺寸较多，在考虑了墩体强度要求和计算简洁性要求之后，对燕翅墩的独立几何尺寸个数进行了精简，规定迎土面宽度 a、高度 h 及其沿管轴方向的长度 b 三者为独立尺寸变量，而其他尺寸则按一定关系由 a,b,h 及管径 D 决定。这些关系是：背土面取为方形 $h\times h$；小腿截面取为梯形，梯形底和高都是 $0.5(h-D)$，梯形顶则为 $0.25(h-D)$。

当固定墩的尺寸 a,b,h 及管径 D 改变时，固定墩的抗推能力及体积都有变化，相对既定的设计指标，优化设计的任务在于根据必要的工程约束条件，求出变量 a,b,h 的优化解，使体积 V 达到最小。主要的工程约束条件有以下五个：

(1) 推力约束条件。摩擦力及土壤压缩反力之和与管道推力相平衡。

(2) 稳定约束条件。除去墩底土壤约束反力以外，作用于固定墩上的全部外力，相对于迎土面下边缘的前倾合力矩应该小于零。

(3) 横向防断约束条件。迎土面中垂线各点的弯曲正应力不得超过混凝土材料的抗弯许可应力。

(4) 纵向防裂的约束条件。和固定墩固结在一起的那段管道因受混凝土约束在升温时不能自由膨胀，有将混凝土沿轴向撑开的趋势，这会使固定墩内部产生轴向拉伸应力，该轴向拉伸应力不得超过混凝土材料的抗拉许可应力。

(5) 保持土壤弹性约束条件。固定墩的轴向位移不得超过其迎土面土壤弹性工作许可数值（从安全简便的角度考虑，该值可取用墩底埋地深度的 1%）。

此外，其他一些次要的不再列入。至于墩顶覆土深度的限制，在变量 h 寻优求解的界限值中考虑，这里也不作为单独的约束条件。

矩形墩、燕翅墩的目标函数及约束条件的数学表达式如下：

(1) 矩形墩的目标函数及约束条件：

$$V_{矩}=6\left(ah-\frac{\pi}{4}D^2\right) \tag{6}$$

$$f+R\approx P \tag{7}$$

$$\frac{1}{2}\left[r_1a\left(H-\frac{h}{2}\right)+r_2\left(ah-\frac{\pi}{4}D^2\right)\right]b^2+f_1h+\frac{1}{2}(f_2+R)\left(1-\frac{h}{bH}\right)h\geqslant\frac{1}{2}Ph \tag{8}$$

$$[\sigma_2']\geqslant\frac{3a}{4(h-D)b^2}(R+f_1+2f_2+f_3) \tag{9}$$

$$[\sigma_1']\geqslant\frac{E\pi Dt\alpha T}{ah-\pi D^2/4} \tag{10}$$

$$H+\frac{h}{2}\geqslant 100u \tag{11}$$

(2) 燕翅墩的目标函数及约束条件：

$$V_{燕}=\frac{1}{2}(a+h)bh-\frac{\pi}{4}bD^2+\frac{3}{16}a(h-D)^2 \tag{12}$$

$$f+R\approx P \tag{13}$$

$$2f_1+\left[2\mu\gamma_1 bhH\tan^2\left(45^\circ-\frac{\phi}{2}\right)+R\right]\left(1-\frac{h}{6H}\right)+$$
$$bh(b+h-D)\left(\frac{\gamma_1\delta}{h}+\gamma_2-\frac{\pi D^2}{4h^2}\gamma_2\right)+b(a-h)\left(\frac{b}{3}+\frac{h-D}{2}\right)\left(\frac{\gamma_1\delta}{h}+\gamma_2\right)+$$
$$\frac{1}{4}\left(\frac{\gamma_1 a}{h}\right)\left(H+\frac{h+3D}{8}\right)(h-D)^2+\frac{3}{32}\left(\frac{\gamma_2 a}{h}\right)(h-D)^3+$$
$$\frac{9}{64}\mu\gamma_1\left(\frac{H}{h}+\frac{1}{4}+\frac{D}{4h}\right)(h-D)^3\tan^2\left(45^\circ-\frac{\phi}{2}\right)\geqslant P \quad (14)$$

$$\frac{1}{6}(h-D)b^2[\sigma'_2]\geqslant\frac{1}{8}aR+\frac{1}{12}(f_1+f_3)(a^2+ha+h^2)/(a+b)+$$
$$\mu\gamma_1\left[\frac{1}{4}bhH(a+h)+\frac{3}{512}(h-D)^2(16H+5h+3D)a\right]\tan^2\left(45^\circ-\frac{\phi}{2}\right) \quad (15)$$

$$[\sigma'_1]\geqslant\frac{2E\pi Dt\alpha T}{h(a+h)} \quad (16)$$

$$H+\frac{h}{2}\geqslant 100u \quad (17)$$

在以上各式中，R 为迎土面土压反力 $\bar{e}u_A$；$[\sigma'_2]$为混凝土抗弯许可应力；$[\sigma'_1]$为混凝土抗拉许可应力；δ 为墩顶覆土深度；t 为管道壁厚；γ_1，γ_2 为土壤及混凝土的单重；f_1，f_2，f_3 为墩顶、墩侧及墩底的土壤摩擦力；H 为管道轴线至地面的深度；P 为 $P_{管推}$；u 为 u_A。

显然，变量 a，b，h 的寻优求解为非线性规划问题，我们采用优化设计理论中的“网格法”编制程序进行电算。按 5 cm 的步长搜索，可求得全部所需可行解及最优解。上下界限值应参考工程环境的许可情况及固定墩设计指标给定的数值范围。鉴于我国原油热输管道的轴线埋地深度一般在 1.5 m 左右，墩顶覆土深度一般在 50 cm 左右，管径一般在 Dg216 至 Dg720 范围之内。因此，变量 h，a，b 的上下界宜按以下各式取得：

$$h_{\min}\sim h_{\max}=(2D+40)\sim(2D+70)\quad(\text{cm}) \quad (18)$$

$$a_{\min}\sim a_{\max}=0.5h_{\min}\sim 2.4h_{\max} \quad (19)$$

$$b_{\min}\sim b_{\max}=1.5h_{\min}\sim 3.0h_{\max} \quad (20)$$

对于一般情况，取这样的范围足够使用；对于特大的推力指标，这样的范围可能不够，因此我们在程序中将 $a_{\max}$ 和 $b_{\max}$ 设计成了可调参数。有关的程序软件是用 FORTRAN 语言编制的，可在 IBM-PC/XT 及其兼容机上操作。

运用这些优化设计软件，结合国内原油长输管线的常用参数及固定墩推力级别，我们计算了推力为 20 t 至 50 t，许可位移为 0 至 2.4 cm 等各种设计指标时，尺寸变量 a，b，h 的优化解，作为例算资料，可供工程设计单位参考。从已算出的系列数据可以看出，按照本文所研究的新概念、新方法设计混凝土固定墩时，获得同一推力所需的混凝土用量确实随许可位移而变，差别相当大，而且燕翅墩比矩形墩更节省。图 6 及图 7 所示为优化矩形墩及优化燕翅墩在推力为 20 t 至 50 t 范围内的 P-V 关系线，横坐标为设计推力，纵坐标是所需的混凝土体积。由图可见，当许可位移为 0.5 cm，1.0 cm 及 1.5 cm 时，优化矩形墩的混凝土用量比许可位移为零时将分别下降 21%，51% 及 58%；而优化燕翅墩混凝土的用量比许可位移为零时将分别下降 30%，60% 及 70%。为了比较起见，我们统计过国内近几年所用混凝土矩形墩的 P-V 关系，其结果如图 8 所示，基本上和许可位移为零时优化矩形墩的 P-V 线接近。由此表明，使用优化设计的混凝土固定墩会给我国管道建设工程带来经济效益。

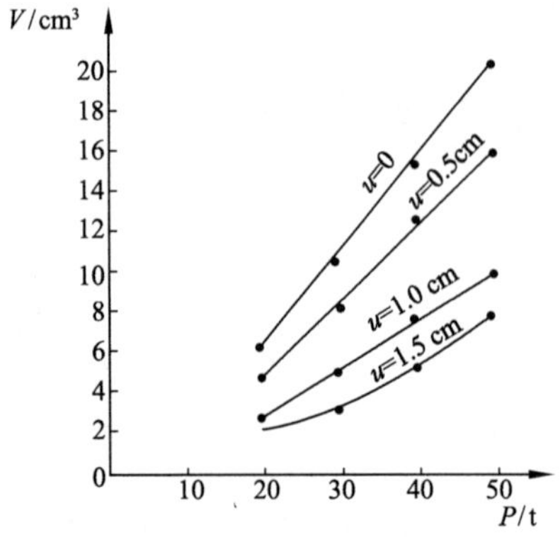

图 6　优化矩形墩的 P-V 关系

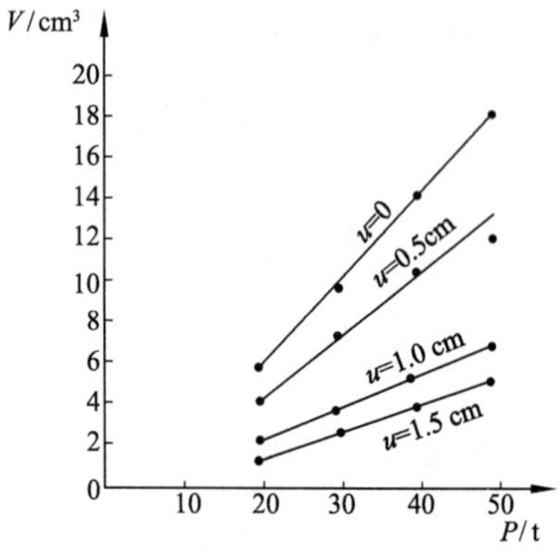

图 7　优化燕翅墩的 P-V 关系

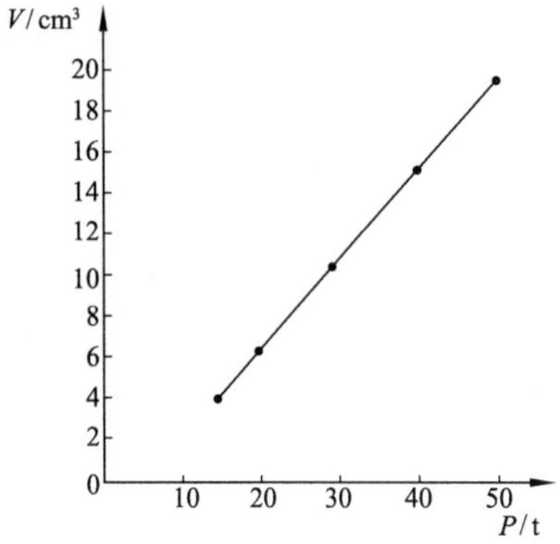

图 8　国内以往所用矩形墩的 P-V 关系

参考文献

[1]　崔孝秉. 锚固墩的推力和位移分析. 华东石油学院学报，1979，3(2)

[2]　潘家华. 埋地管道强度设计中存在的一些问题. 油气储运，1985，4(3)

[3]　崔孝秉. 埋地长输管道热胀内力近似分析. 力学学报，1984，16(1)

APPROXIMATE ANALYSIS OF THERMAL STRENGTH OF BURIED PIPELINE FOR HEATING TRANSPORTATION

Cui Xiaobing, Zhang Hong, Wang Xiuzhai

ABSTRACT

This paper presents a brief introduction of the research work of thermal strength analysis of buried pipeline for heating transportation that has been done by University of Petroleum during the last decade. It includes:

A. The theoretical and experimental research on the mechanic behaviors of thin wall elbow subjected to planar bending and internal pressure.

B. The approximate analysis and experimental results of thermal internal forces in buried "L" type pipeline.

C. The approximate analysis of thermal internal forces in buried pipeline system and computer program.

D. The approximate analysis of elastoplastic deformation and stability condition in the anchored segment of buried pipeline.

NOTATION

p —internal pressure in pipeline;

T—temperature of pipeline;

r —average radius of cross section of pipeline;

R—curvature radius of elbow;

K—flexibility coefficient of elbow;

ϕ —turning angle of elbow;

E—Young's modulus of pipe material;

ν —Poisson's ratio of pipe material;

F—cross section area of pipe;

J —bending resistant modulus of pipe section;

q —soil friction force per unit length of pipe.

INTRODUCTION

Along with the progress of oil pipeline industry and urban heating supply engineering, the structural analysis of buried pipeline for heating transportation is being more and more important. During the recent decade, we have synthesized the works of Sino and foreign experts and have established a set of analysis methods and calculation formulas. These works have been applied to pipeline design and pipeline engineering.

RESEARCH ON THE MECHANICAL BEHAVIORS OF THE THIN WALL ELBOW DUE TO PLANAR BENDING AND INTERNAL PRESSURE

When subjected to the same bending moment and internal pressure, the stress distribution and section deformation of a straight thin wall pipe and elbow with the same dimension and wall thickness are different. For realizing the mechanical behaviors of elbow, we have done theoretical analysis and experimental work.

1. Experimental Work and Finite Element Method (FEM) Calculation

For understanding the stress and deformation of large dimension and thin wall elbow subjected to internal pressure and bending moment, we have done two experiments using two elbows with the same diameter of 720 mm and with the different turning angles of 90° and 45°. Also we calculated stresses and deformations of these two elbows with FEM. The experimental and FEM calculated results are showed in Fig. 1 and Fig. 2.

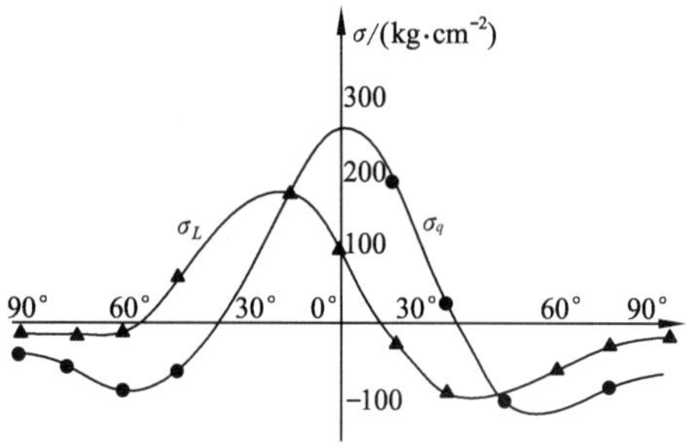

Fig. 1 Stress distribution of 90° elbow

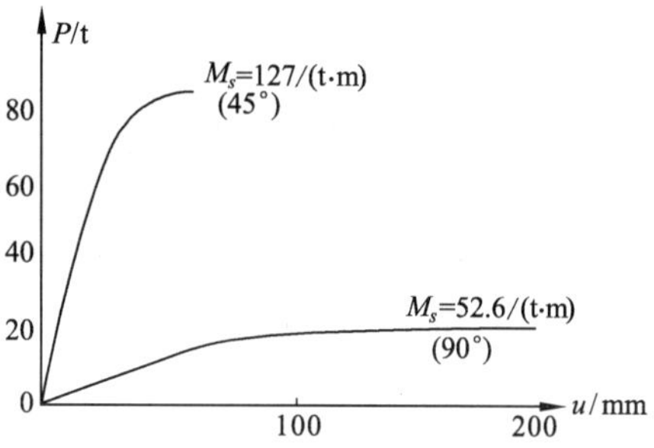

Fig. 2 Plastic limit of bending moment of elbow

2. Theoretical Analysis

(1) Elbow stresses due to internal pressure

We use stress formulas of circular pipe with thin wall subjected to internal pressure to calculate the axial and maximum circular stresses of elbow:

$$\sigma_a=\frac{pr}{2t} \tag{1}$$

$$\sigma_t=\frac{2R-r}{2(R-r)}\cdot\frac{pr}{t} \tag{2}$$

(2) Elbow stresses due to planar bending moment and internal pressure

Comparing the bending deformations of straight pipe and elbow with the same dimension, wall thickness and axial length, the latter is K times of the former. When elbow parameter $\lambda=Rt/r^2$ is less than 1, we obtain the elbow flexibility coefficient K, that is

$$K=1.65\Big/\lambda\left[1+6\frac{pr}{Et}\left(\frac{r}{t}\right)^{\frac{4}{3}}\left(\frac{R}{t}\right)^{\frac{1}{3}}\right] \tag{3}$$

Also the axial and circular maximum stresses of elbow are β_L and β_q times of those of straight pipe

$$\beta_L = 0.83\left(\left[1+2\left(\frac{r}{R}\right)^2\right]\left(\frac{1}{\lambda}\right)^{\frac{2}{3}}\right/\beta_p \quad (4)$$

$$\beta_q = 1.8\left[1-\left(\frac{r}{R}\right)^2\right]\left(\frac{1}{\lambda}\right)^{\frac{2}{3}}\Big/\beta_p \quad (5)$$

where

$$\beta_p = \left[1+3.25\frac{pr}{Et}\left(\frac{r}{t}\right)^{\frac{3}{2}}\left(\frac{R}{t}\right)^{\frac{2}{3}}\right]$$

Ellipticties of cross section of the bended elbow are

$$\varphi_y = 1.65\left(\frac{r}{t}\right)\left[1+2\left(\frac{r}{R}\right)^2\right]\varepsilon_0 \quad (6)$$

$$\varphi_x = 1.65\left(\frac{r}{t}\right)\left[1+2\left(\frac{r}{R}\right)^2\right]\left[\frac{22+600\lambda^2}{12+600\lambda}\right]\varepsilon_0 \quad (7)$$

The plastic limit of bending moment is

$$\left.\begin{aligned} M_s &= 6.56Rt^2\sigma_s \qquad (\lambda \leqslant 0.35) \\ M_s &= \frac{8Rt^2\sigma_s}{\sqrt{1+4\lambda^2}} \qquad (\lambda > 0.35) \end{aligned}\right\} \quad (8)$$

From some calculated examples, we find the difference of the above theoretical analysis, experimental result and FEM calculation is a little. So we can say this research on mechanical behaviors of elbow is correct.

THE APPROXIMATE ANALYSIS OF THERMAL INTERNAL FORCES IN "L" TYPE BURIED PIPE WITH ELBOW

1. Thermal Internal Force Analysis of Horizontal "L" Type with Elbow

For a long distant pipeline, the elbow is regarded as an elastic bending hinge without dimension. The turning angle increment $\Delta\varphi$ due to bending moment equals to $KRM\varphi/EJ$.

Turning point structure in horizontal plane is shown in Fig. 3. The two ends are fixed by two anchorage piers. There is a segment near the elbow, the end of the segment is connected to the elbow, and also the segment with a length b_i is a part of main pipe and with bending deformation. Its effect on main pipe is replaced with reaction forces M_{bi}, N_{bi} and P_{bi}.

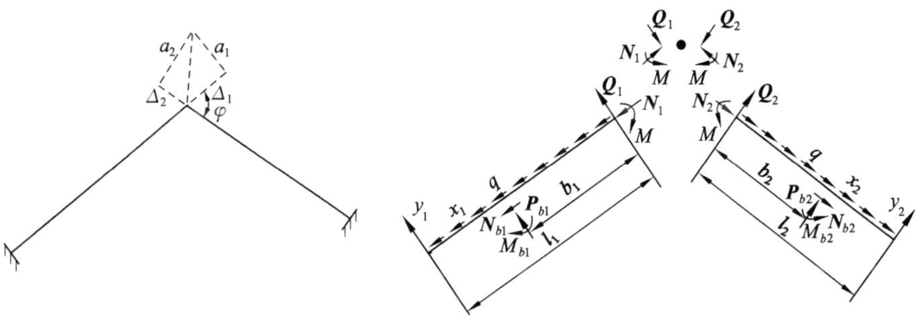

Fig. 3　Horizontal elbow structure and load analysis

If setting a_i, Δ_i as the lateral and axial displacements of a straight pipe, respectively, we have

$$\left.\begin{aligned} a_1 &= \frac{\Delta_2 + \Delta_1 \cos\varphi}{\sin\varphi} \\ a_2 &= \frac{\Delta_1 + \Delta_2 \cos\varphi}{\sin\varphi} \end{aligned}\right\} \tag{9}$$

According to bending theory of straight bar with small deflection, the deflections of two straight pipes should satisfy

$$\frac{d^4 y_i}{dx_i^4} + 4k^4 y_i = 0 \qquad (i=1,2) \tag{10}$$

where $$k = \sqrt[4]{rc/2EJ}$$

From the fixed boundary conditions and effect of the segment near the elbow we have

$$y_i = A_i \sin kx_i \operatorname{sh} kx_i + D_i (\cos kx_i \operatorname{sh} kx_i - \sin kx_i \operatorname{ch} kx_i) + Y_{pMi} \qquad (i=1,2) \tag{11}$$

in which y_{pMi} is the deflection due to action of the segment near the elbow

$$y_{pMi} = \frac{P_{bi}}{8EJk^3}\left[A_{k|l_i - x_i - b_i|} + 2D_{kb_i} D_{k(l_i - x_i)} + C_{kb_i} C_{k(l_i - x_i)}\right] + \frac{M_{bi}}{4EJk^2}\left[C_{k|l_i - x_i - b_i|} + 2B_{kb_i} D_{k(l_i - x_i)} + A_{kb_i} C_{k(l_i - x_i)}\right] \quad (i=1,2)$$

$$A_{kz} = e^{-kz}(\sin kz + \cos kz)$$

$$B_{kz} = e^{-kz}\sin kz$$

$$C_{kz} = e^{-kz}(\cos kz - \sin kz)$$

$$D_{kz} = e^{-kz}\cos kz$$

From the boundary conditions where $x_i = l_i$, we obtain

$$A_i = \frac{1}{\sinh kl_i}\left[(\sin kl_i + \cos kl_i)a_i' - (\cos kl_i - \sin kl_i)\frac{M_i'}{2k^2 EJ}\right] \qquad (i=1,2) \tag{12}$$

$$D_i = \frac{1}{\sinh kx_i}\left[\left(\cos kl_i\, a_i' + \sin kl_i \frac{M_i'}{2k^2 EJ}\right)\right. \qquad (i=1,2) \tag{13}$$

where

$$a_i' = a_i - \frac{P_{bi}}{8EJk^3}(A_{kb_i} + 2D_{kb_i} + C_{kb_i}) - \frac{M_i}{4EJk^2}(C_{kb_i} + 2B_{kb_i} + A_{kb_i})$$

$$M_i' = M_i + M_{bi} A_{kb_i} \qquad (i=1,2)$$

Δ_i, N_i, Q_i must be considered when solving a_i and M. So the following equations are used:

Turning angle compatibility relation

$$y_1'|_{x=l_1} + y_2'|_{x=l_2} = \frac{KR\varphi}{EJ} M \tag{14}$$

Shearing force boundary conditions

$$y_i'''|_{x=l_i} = -\frac{Q_i}{EJ} \qquad (i=1,2) \tag{15}$$

Static force equibibrium equations

$$\left.\begin{aligned}(Q_1-Q_2)\sin\frac{\varphi}{2}+(N_1-N_2)\cos\frac{\varphi}{2}=0\\(Q_1+Q_2)\cos\frac{\varphi}{2}-(N_1+N_2)\sin\frac{\varphi}{2}=0\end{aligned}\right\}\tag{16}$$

And straight pipe lengthening equations

$$\Delta_i=l_i\alpha T-\frac{ql_i^2}{2EF}-\frac{N_il_i}{EF}-\frac{N_{bi}(l_i-b_i)}{EF}\qquad(i=1,2)\tag{17}$$

From the above equations, all the parameters we need have been determined.

2. Thermal Internal Force Analysis of Vertical "L" Type with Elbow

Different from horizontal elbow, the straight pipe beside vertical elbow will be bended upward having been heated (See Fig. 4). The well-distributed soil pressures p_i will be acted on the bended segments. For the defletion of vertical elbow is mainly in vertical plane, the horizontal displacement caused by branch pipe is not considered. Then the deflections of straight pipes should be satisfied

$$\frac{d^4y_i}{dx_i^4}=-\frac{p_i}{EJ}\qquad(i=1,2)\tag{18}$$

By considering fixed boundary condition, the following solution of these equations is

$$y_i=-\frac{p_ix_i^4}{4!\,EJ}+\frac{x_i^3}{l_i^3}\left(a_i+\frac{p_il_i^4}{4!\,EJ}\right)\qquad(i=1,2)\tag{19}$$

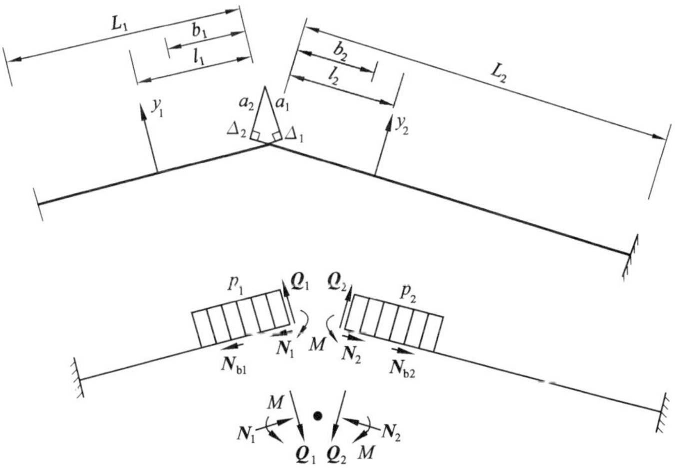

Fig. 4　Vertical elbow structure and load analysis

For solving a_i and l_i, we use Eq. 9, Eqs. 14～16 and the following equations to solve M, N_i, Q_i, Δ_i together

$$y''_{i|x_i=l_i}=-\frac{M}{EJ}\qquad(i=1,2)\tag{20}$$

$$\Delta_i=L_i\alpha T-\frac{q_iL_i^2}{2EF}-\frac{N_iL_i}{EF}-\frac{N_{b_i}(L_i-b_i)}{EF}\qquad(i=1,2)\tag{21}$$

Because high power of l_i is contained in above equations, iteration method must be used. From Eqs. 9 and 21, 14 and 20, 15 and 16, we find a_i, l_i and N_i with iteration and carry out M, Q_i and Δ_i from Eqs. 20, 15, 9.

In the above analysis of horizontal and vertical elbow, if there are axial displacements u_i in fixed ends of straight pipe, we should plus u_i to $l_i \alpha T$. And if considering the effect of internal pressure, we should plus $(1-2\nu)\pi r^2 p$ to $EF\alpha T$.

For checking the above analysis, we have made an experiment with a horizontal "L" type pipe with 90° turning angle. Internal pressure and axial thrust are exerted on the both ends of the straight pipe to stimulate thermal expansion, and the displacements of two straight pipes and stress distributions of elbow are measured. The maximum error between experimental result and theoretical analysis is less than 10%.

METHOD OF DIVISION FOR ANALYZING THERMAL INTERNAL FORCES IN BURIED PIPELINE SYSTEM

Due to the existing of fixing anchors and self-fixed pipeline segment, the pipeline system can be divided into a lot of "L" type pipe and straight pipe elements. What we should solve here is how to divide these pipe elements. The steps of analysis are as follows:

A. Dividing the pipeline system into main pipeline and the segment near the elbow. Because the length of straight pipe in pipeline system is large, and the reaction on the segment near the elbow is lateral displacement of main pipeline, so the reaction on main pipeline is the reaction forces of the segment near the elbow.

B. Calculating the internal forces, displacements of the segment near the elbow and reaction forces between main pipeline and the segment near the elbow, and calculating internal forces and displacements of main pipeline with these reaction forces.

C. Calculating again the internal forces and displacements of the segment near the elbow, and reaction forces between main pipeline and the segment near the elbow with the displacement of main pipeline calculated in step B. And calculating internal forces and displacements of main pipeline with new calculated reaction forces.

D. Comparing the results of step B and step C, and checking whether the difference satisfies precision. If not, doing step C and step D again until the difference satisfies precision.

For the straight pipe in pipeline will expand to its two ends having been heated, there is a point in its axis where the diplacement is zero. These points divide whole pipeline into lots of "L" type pipelines, and these point positions can be determined by equilibrium equation of axial forces

$$N_{Li}+N_{bLi}-N_{Ri}-N_{bRi}+q(2x_i-L_i)=0 \qquad (i=1,2,\cdots) \tag{22}$$

Thus

$$x_i=\frac{1}{2}\left[L_i-\frac{1}{2q}(N_{Li}+N_{Lbi}-N_{Ri}-N_{Rbi})\right] \qquad (i=1,2,\cdots) \tag{23}$$

From this equation, the positions of dividing points using iteration method can be determined.

THE APPROXIMATE ANALYSIS OF ELASTOPLASTIC DEFORMATION AND STABILITY CONDITION IN ANCHORED SEGMENT OF BURIED PIPELINE FOR HEATING TRANSPORTATION

1. Elastoplastic Deformation Analysis of Anchored Segment

In this analysis, neglect the weight of the pipe, soil reaction force and fixed end effect. Also we suppose the segment is in two dimension stress state, and the axial stress and circular stress are σ_x, σ_y.

The stresses of pipe are

$$\sigma_y = \frac{pr}{t} \tag{24}$$

$$\sigma_x = \begin{cases} \nu\sigma_y - E\alpha T & \text{(plastic state)} \\ \frac{1}{2}\left(\sigma_y - \sqrt{4\sigma_s^2 - 3\sigma_y^2}\right) & \text{(plastic state)} \end{cases} \tag{25}$$

The elastic strains of pipe are

$$\left.\begin{aligned} \varepsilon_y &= \frac{1-\nu^2}{E}\sigma_y + (1+\nu)\alpha T \\ \varepsilon_z &= \frac{\nu(1+\nu)}{E}\sigma_y + (1+\nu)\alpha T \end{aligned}\right\} \tag{26}$$

In plastic state, the plastic strain increments are

$$\left.\begin{aligned} d\varepsilon_x &= \frac{1}{E}(d\sigma_x - \nu\, d\sigma_y) + (2\sigma_x - \sigma_y)d\lambda + \alpha dT \\ d\varepsilon_y &= \frac{1}{E}(d\sigma_y - \nu\, d\sigma_x) + (2\sigma_y - \sigma_x)d\lambda + \alpha dT \\ d\varepsilon_z &= -\frac{\nu}{E}(d\sigma_x + d\sigma_y) - (\sigma_x + \sigma_y)d\lambda + \alpha dT \end{aligned}\right\} \tag{27}$$

According to fixed condition $d\varepsilon_x = 0$, $d\lambda$ is substituted to Eq. 27, we obtain

$$\left.\begin{aligned} d\varepsilon_y - \frac{1}{E}\left[\left(\frac{1}{2} - \nu\right) + \frac{3\sigma_s^2}{4\sigma_s^2 - 3\sigma_y^2} + \left(\frac{3}{2} - 3\nu\right)\frac{\sigma_y}{\sqrt{4\sigma_s^2 - 3\sigma_y^2}}\right]d\sigma_y + \frac{3}{2}\left(1 + \frac{\sigma_y}{\sqrt{4\sigma_s^2 - 3\sigma_y^2}}\right)\alpha dT \\ d\varepsilon_z = \frac{1}{E}\left[(1-2\nu) - \frac{3\sigma_s^2}{4\sigma_s^2 - 3\sigma_y^2}\right]d\sigma_y + \frac{3}{2}\left(1 - \frac{\sigma_y}{\sqrt{4\sigma_s^2 - 3\sigma_y^2}}\right)\alpha dT \end{aligned}\right\} \tag{28}$$

The total strain can be calculated by integrating along loading path. Because the effect of loading path on strain is small, so we only present the results of load path by which internal pressure p first and load temperature T second is exerted.

Because p is less than $\sigma_s t/r$, so the pipe will yield after loading p and T_e.

By integrating Eq. 28, we find

$$\left.\begin{aligned}\varepsilon_{ym}&=\int_0^{\varepsilon_{ym}}\mathrm{d}\varepsilon_y=\frac{3}{2}\left(1+\frac{\sigma_{ym}}{\sqrt{4\sigma_s^2-3\sigma_{ym}^2}}\right)\alpha T_m+\frac{1-2\nu}{4}\left[2+\frac{3\sigma_{ym}}{\sqrt{4\sigma_s^2-3\sigma_{ym}^2}}-\sqrt{4-3\left(\frac{\sigma_{ym}}{\sigma_s}\right)^2}\,\right]\varepsilon_s\\ \varepsilon_{zm}&=\int_0^{\varepsilon_{zm}}\mathrm{d}\varepsilon_z=\frac{3}{2}\left(1-\frac{\sigma_{ym}}{\sqrt{4\sigma_s^2-3\sigma_{ym}^2}}\right)\alpha T_m+(1-2\nu)\left(\frac{\sigma_{ym}}{\sigma_s}-\frac{\sigma_{ym}}{\sqrt{4\sigma_s^2-3\sigma_{ym}^2}}\right)\varepsilon_s\end{aligned}\right\}\tag{29}$$

Supposing $p_m=\sigma_s t/r$, $T_m=150$ ℃, $\nu=0.5$, and given $\varepsilon_{ym}=2.5\,\varepsilon_s$, $\varepsilon_{zm}=0.2\,\varepsilon_s$, then these strains are in small plastic deformation and have no effect on the transportation of pipeline.

2. The Stability Condition of Anchored Pipeline Segment

Worded in plastic state, the pipe should be kept in stable state during load change. From stress track of the pipe, as shown in Fig. 5, the pipe would be stable if the temperature unloading stress $E\alpha T_m$ is less than KM. That is

$$E\alpha T_m<\sigma_{x(K)}-\sigma_{x(M)}=\sqrt{4\sigma_s^2-3\sigma_y^2}\tag{30}$$

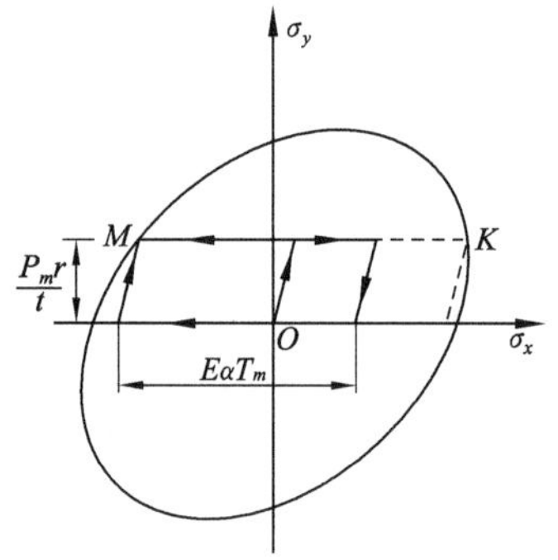

Fig. 5 Stress path of fived pipe segment

From this stability condition, we know ε_{ym} and ε_{zm} are less than $3.5\,\varepsilon_s$ and $3\varepsilon_s$, respectively. These strains have no effect on the work of pipe. For the stabitity load T_m is more than twice elastic load T_e, so temperature-bearing capacity of anchored pipe has great potentialities to be further used.

All the experimental results have proved the above analysis.

STRUCTURAL ANALYSIS PROGRAM OF BURIED PIPELINE SYSTEM

The theoretical analysis of the thermal internal force of buried pipeline system in this paper has been compiled into computer program SABPS, the abbreviation of STRUCTURAL ANALYSIS PROGRAM OF BURIED PIPELINE SYSTEM. This program has been applied to pipeline design and its engineering in China.

REFERENCE

[1] Cui Xiaobing. Approximate analysis of the thermal internal forces in a long undergrand pipeline. ACTA MECHANICA SINICA, 1984,16(1):51

[2] The Mechanic Research Group of East-China Petro. Inst.. Strength Experiment Research of Large Dimension 90° Elbow. J. of East-China Petro. Inst., 1977, 1(2)

[3] The Mechanic Research Group of East-China Petro. Inst.. Strength Experiment Research of 720 mm 45° Elbow. J.

of East-China Petro. Inst. , 1978,2(2)
[4] Cui Xiaobing. The Plastic Limit Bending Moment of Thin Wall Elbow. J. of East-China Petro. Inst. , 1978,2(2)
[5] Cui Xiaobing, Wang Xiuzhai, Zhang Hong. Elastoplastic Deformation and Stability Condition of Anchored Pipe Segment. J. of Oil & Gas Storage and Transportation, 1989,8(1): 35
[6] A. P. Boresi, et al.. Advanced Mechanics of Materials. John Wiley & Sons, 1978

LOAD ANALYSIS AND OPTIMUM DESIGN OF CONCRETE ANCHORAGE PIER IN BURIED PIPELINE FOR HEATING TRANSPORTATION

Cui Xiaobing, Yue Boqian, Fu Yalin, Shi Linsong

ABSTRACT

This paper presents at first the analysis of loads acting on concrete anchorage pier installed near the ellow of buried pipeline for heating transportation. Based on the theoretical solution of equilibrium equation of forces and compatibility equation of displacements, the conclusion is derived that the thrust on anchorage pier due to thermal expansion of pipeline is a decreasing function of displacement of anchorage pier. Therefore, a new concept is proposed that the thrust of pipe and allowable displacement of anchorage pier must be considered together while designing anchorage pier.

Then, this paper presents an optimum design method and recommended a new "Swallow-Wing" type of concrete anchorage pier. The calculation results show that the amount of concrete of optimized pier is less than that of pier designed by usual method about 20% ～50%. The experimental results of buried anchorage piers have got a good agreement with the theoretical research given in this paper.

INTRODUCTION

The anchorage piers are often installed to protect the pipeline elbows and pump stations in buried pipeline system. The used amount of anchorage pier is very large, so it is very important to research the optimum design method.

Early design of anchorage pier only dealt with soil friction of pier. The soil reaction of pier is considered together with soil friction in recent design, and it makes the volume of pier be decreased a lot. But this consideration depends on experience of designers. In recent two years, we have completed the research of optimum design method in the respects of theory and experiment.

THE LOAD ANALYSIS AND DOUBLE PARAMETER DESIGN OF ANCHORAGE PIER

The forces acting on anchorage pier can be divided into two parts, the pipe thrust P_p and soil binding force P_e which are in equilibrium state. As shown in Fig. 1, the straight pipe around anchorage pier could be divide into three parts, the fixed segment, movable segment and protected segment. Q is the axial anchorage force of pipe.

$$Q=EF\alpha T+(1-2\nu)\pi r^2 p \tag{1}$$

in which

E——elastic tension modulus of pipe material;

F——area of pipe section;

α——linear heat expansion coefficient;

T——temperature of pipe;

ν——Poisson's ratio;

r——mean radius of pipe section;

p——internal pressure of pipe.

N is axial thrust acted on protected segment by elbow. From the reference [3] we have

$$N=\frac{1}{(1+\zeta)}\left(Q-\frac{qL}{2}+\frac{u_A EF}{L}-N_b\frac{L-b}{L}\right)-\pi r^2 p \tag{2}$$

in which

$$\zeta=\frac{Ftg^2\dfrac{\Phi}{2}}{2k^3 JL}\left(1-\frac{1}{2+kKR\Phi}\right)$$

q——soil friction force per unit pipe length;

u_A——displacement of anchorage pier;

N_b——axial thrust on protected segment by;

b——distance between the segment near the elbow and elbow;

ϕ——turning angle of elbow;

J——bend resisting modulus of pipe section;

k——calculation parameter, equals to $\sqrt[4]{cr/2EJ}$;

c——compact reaction coefficient of soil;

K——flexibility coefficient of elbow;

R——curvature radius of elbow.

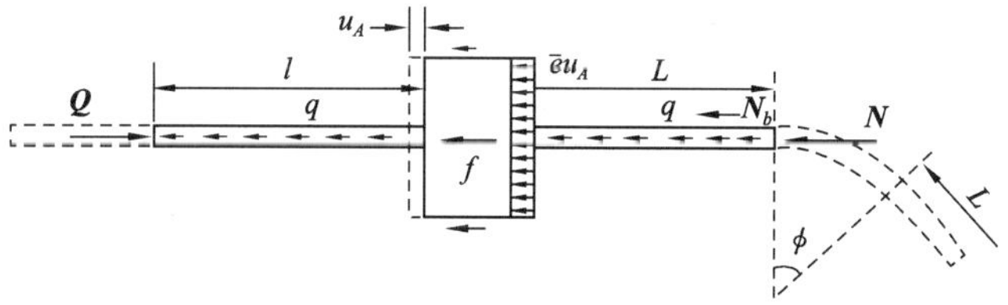

Fig. 1 Axial forces acting on concrete anchor

The movable segment length l could be given by the displacement compatibility relation of movable segment and anchorage pier. We know the axial strain of movable segment is

$$\varepsilon_x=\alpha T-\frac{\nu pr}{Et}-\frac{N_A}{EF} \tag{3}$$

$$\begin{aligned}u_A &=\int_0^l \varepsilon_x \mathrm{d}x=\int_0^l\left(\alpha T-\frac{\nu pr}{Et}-\frac{N_A}{EF}\right)\mathrm{d}x=\int_0^l\left[\alpha T-\frac{\nu pr}{Et}-\left(\alpha T-\frac{\nu pr}{Et}-\frac{qx}{EF}\right)\right]\mathrm{d}x\\ &=ql^2/2EF\end{aligned} \tag{4}$$

That is

$$l=\sqrt{2EFu_A/q} \qquad (5)$$

So the total thrust on anchorage pier by pipe is

$$P_P=Q-N-q(L+l) \qquad (6)$$

The soil binding force is

$$P_e=f+\bar{e}u_A \qquad (7)$$

in which f is maximum static friction force of soil. It depends on the shape and dimension of pier. $\bar{e}$ in Eq. 7 is elastic modulus of soil compact due to displacement of pier, and equals to area of pier facing with soil times compact reaction coefficient of soil.

From the equilibrium relation of axial forces acting on pier, we obtain

$$Q-N-q(L+l)=f+\bar{e}u_A \qquad (8)$$

It should be satisfied that P_e equals to P_p when designing anchorage pier. Because u_A exists in Eq. 6 and Eq. 7, so it is unscientific not considering u_A in design of anchorage pier. The allowable value of u_A could be determined by elbow strength and soil ability of subjecting to displacement. With u_A, we can calculate P_p and design pier with Eq. 8. So we propose here the new concept of designing concrete anchorage pier with double parameters—thrust and allowable displacement.

Designing anchorage pier with Eq. 8, we should find out f and $\bar{e}$. These two parameters depond on the shape and dimension of pier. The optimum design of ancharage pier is to choose its reasonable shape and dimension for less concrete amount and easy construction, and is the presupposition of that the pier satisfies Eq. 8 and other mechanic demands.

SHAPE CHOOSING AND EXPERIMENT OF CONCRETE ANCHORAGE PIER

The anchorage piers often used in long distant pipeline for heating transportation are rectangular ones which have the advantages of good steady and small buried depth as well as easy construction. But because their dimensions are not determined by optimizing, the load subjecting ability of unit weight concrete material is lower. Looking for better pier shape, we have improved the rectangular pier. Fig. 2 shows an optimized rectangular pier, we remove its part material to increase pier area facing with soil and a small cross leg showed in Fig. 3. This improved pier named"Swallow-Wing" type pier has larger soil compact reaction force and inclination resisting moment with the same allowable displacement and the same material amount comparing rectangular pier. So it is an ideal pier shape.

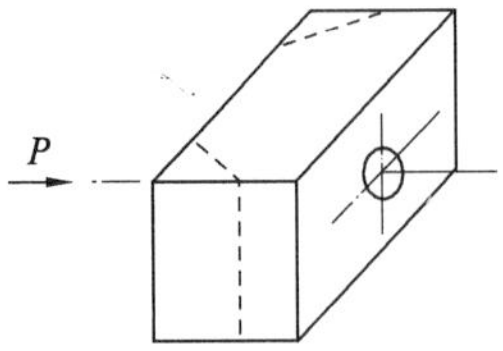

Fig. 2 Optimized rectangular anchor

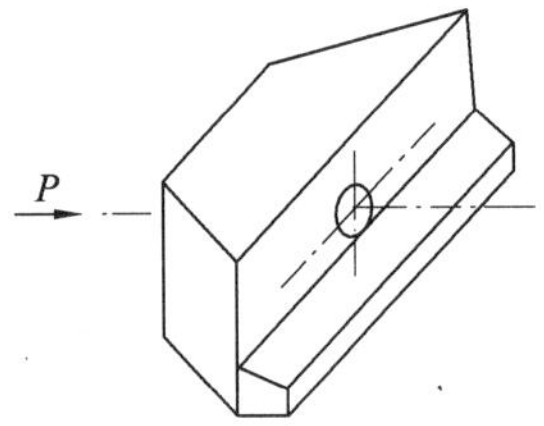

Fig. 3 Swallow-wing anchor

For understanding the effect of pier shape on load subjecting ability and the relation of thrust and displacement, four concrete anchorage piers with the same volume of 1.1 m^3 and different outlines are selected as choosing shape test. In these four piers, two of them are rectangular and the others are swallow-wing type. The height of these piers is 80 cm, and the width is 80 cm, 170 cm, 180 cm and 224 cm, respectively. The buried depth of pier top is 50 cm. The thrust acted on piers, pier displacement and soil pessure were being measured until the soil around piers was pushed and breakdown appeared.

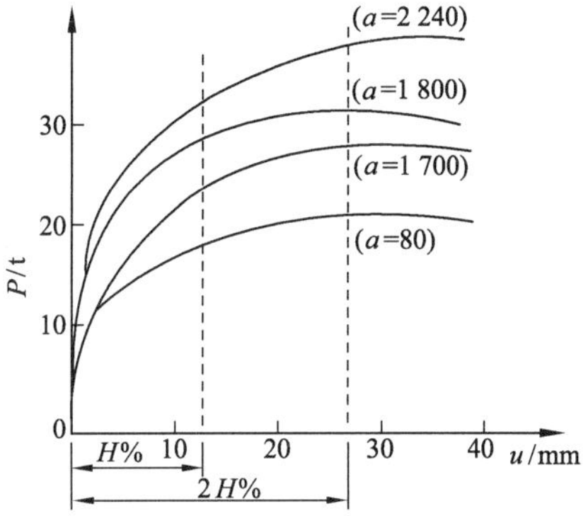

Fig. 4 Experimental thrust—displacement relations

Fig. 4 shows the experiment results. It is found that the thrust is an increasing function of pier displacement and pier area facing with soil. The pier displacement corresponding to maximum thrust is all equal to 2.8 cm. In pushing process, the rectangular piers had increasing inclination angle after the displacement is larger than 0.4 cm, the swallow-wing piers had no inclination angle. That is to say, the stability of swallow-wing pier is better than that of rectangular one.

The conclusion form this experiment is that the push resisting ability of swallow-wing pier is better than that of rectangular one, and that of optimized pier is better than that of no optimized one.

OPTIMUM DESIGN OF CONCRETE ANCHORAGE PIER DIMENSION

To research the problem of optimum design, we have to realize the objective function, optimum variables and binding conditions. For the optimum design of concrete anchorage pier, the objective function is the volume of pier, optimum variables are pier dimensions of length b, width a and height h. The binding conditions are:

A. Soil binding force equals to pipe thrust.

B. Besides the soil reaction force on bottom of pier, the resultant pitch moment to bottom edge of area facing with soil is less than zero.

C. The bending stress in centural plane crossed to area facing soil is less than allowable bending stress of concrete.

D. The axial tension stress of pier due to heat expansion of pipe is less than allowable tension stress of concrete.

E. The axial allowable displacement of pier is less than elastic displacement limit of soil.

The mathematic equations of objective function and binding conditions of rectangular pier and swallow-wing pier are:

$$V_r=b\left(ah-\frac{\pi}{4}D^2\right) \tag{9}$$

$$f+R=P \tag{10}$$

$$\frac{1}{2}\left[\gamma_1 a\left(H-\frac{h}{2}\right)+\gamma_2\left(ah-\frac{\pi}{4}D^2\right)\right]b^2+f_1 h+\frac{1}{2}(f_2+R)\left(1-\frac{h}{6H}\right)h\geqslant\frac{1}{2}Ph \tag{11}$$

$$[\sigma_2']\geqslant\frac{3a}{4(h-D)b^2}(R+f_1+2f_2+f_3) \tag{12}$$

$$[\sigma_1']\geqslant\frac{E\pi Dt\alpha T}{ah-\pi D^2/4} \tag{13}$$

$$H+\frac{h}{2}\geqslant 100u \tag{14}$$

and

$$V_s=\frac{1}{2}(a+h)bh-\frac{\pi}{4}bD^2+\frac{3}{16}a(h-D)^2 \tag{15}$$

$$f+R=P \tag{16}$$

$$\begin{aligned}&2f_1+\left[2\mu\gamma_1 bhH\tan^2\left(45^\circ-\frac{\varphi}{2}\right)+R\right]\left(1-\frac{h}{6\mathrm{H}}\right)+\\&bh(b+h-D)\left(\frac{\gamma_1\delta}{h}+\gamma_2-\frac{\pi D^2\gamma_2}{4h^2}\right)+b(a-h)\left(\frac{b}{3}+\frac{h-D}{2}\right)\times\\&\left(\frac{\gamma_1\delta}{h}+\gamma_2\right)+\frac{1}{4}\left(\frac{\gamma_1 a}{h}\right)\left(H+\frac{h+3D}{8}\right)(h-D)^2+\frac{3}{32}\left(\frac{\gamma_2 a}{h}\right)(h-D)^3+\\&\frac{9}{64}\mu\gamma_1\left(\frac{H}{h}+\frac{1}{4}+\frac{D}{4h}\right)(h-D)^3\tan^2\left(45^\circ-\frac{\varphi}{2}\right)\geqslant P\end{aligned} \tag{17}$$

$$\begin{aligned}&\frac{1}{6}(h-\mathrm{D})b^2[\sigma'_2]\geqslant\frac{1}{8}aR+\frac{1}{12}(f_1+f_3)(a^2+ha+h^2)/(a+h)+\\&\mu\gamma_1\left[\frac{1}{4}bhH(a+h)+\frac{3}{512}(h-D)^2(16H+5h+3D)a\right]\tan^2\left(45^\circ-\frac{\varphi}{2}\right)\end{aligned} \tag{18}$$

$$[\sigma_1']\geqslant\frac{2E\pi Dt\alpha T}{h(a+h)} \tag{19}$$

$$H+\frac{h}{2}\geqslant 100u \tag{20}$$

in which

R——soil compact reaction force;

$[\sigma_1'],[\sigma_2']$——allowable stresses of tension and bend of concrete, respectively;

δ——buried depth of pier top;

t——wall thickness of pipe;

γ_1,γ_2——specific gravities of soil and concrete, respectively;

f_1, f_2, f_3——soil friction forces of top, side and bottom area of pier;

H——buried depth of pipe.

The optimum of variable a, b, h is a problem of nonlinear programme. A computer program to solve this problem by the "net method" of optimum design theory has been edited. According to the buried depth of pipeline for oil transportation, we obtained the largest and least limit of a, b, h as follows:

$$h_{min} \sim h_{max} = (2D+40) \sim (2D+70)\ \text{cm} \tag{21}$$

$$a_{min} \sim a_{max} = 0.5h_{min} \sim 2.4h_{max} \tag{22}$$

$$b_{min} \sim b_{max} = 1.5h_{min} \sim 3.0h_{max} \tag{23}$$

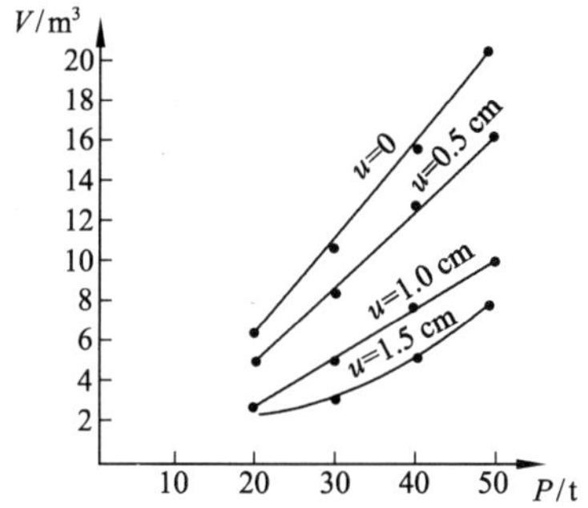

Fig. 5　P-V relation of optimized rectangular anchor

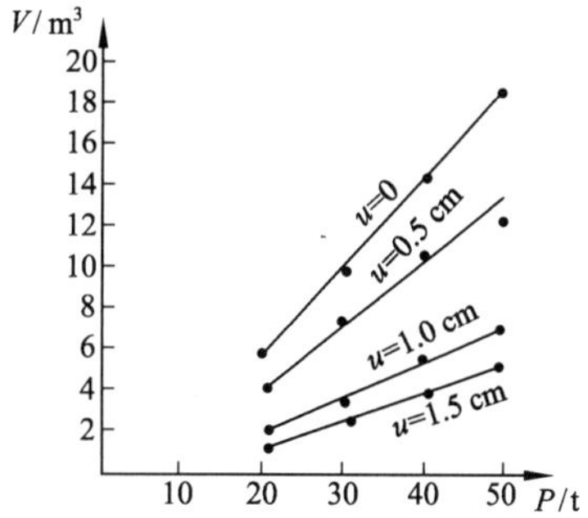

Fig. 6　P-V relation of optimized Swallow-wing anchor

Using the program, we have calculated the solution of anchorage pier dimension which is corresponded to thrust of 20～50 t and allowable displacement of 0～2.4 cm. From this solution, we find that the pier volume varies significantly as the allowable displacement while designing pier with the concept and method presented in this paper. Fig. 5 and Fig. 6 show the P-V relations. The rectangular pier volumes corresponding to allowable displacement of 0.5 cm, 1.0 cm and 1.5 cm decrease 21%, 51% and 58%, respectively, comparing with the volume of pier having no displacement. And the swallow-wing pier volumes decrease 30%, 60% and 70%. The P-V relation of anchorage pier used in recent years in China is closed to that have no displacement. So the optimized concrete anchorage pier will bring large benefit for the pipeline industry of China.

REFERENCE

[1] Cui Xiaobing. Thrust and Displacement of Anchorage Pier. J. of East-China Petro. Inst., 1980,4(2)

[2] Cui Xiaobing, Yue Boqian. Optimum Design of Concrete Anchorage in Hot Oil Pipeline. ACTA PETROLEI SINICA, 1990,1(1)

[3] Cui Xiaobing, Zhang Hong, Wang Xiuzhai. Approximate Analysis of Thermal Strength of Buried Pipeline for Heating Transportation. Conference of ISSTEF, 1991

第三部分 架空热力管道的非线性结构分析

◆ 架空热力管道的热膨胀位移分析

（发表于《力学与实践》1986 年第 8 卷第 5 期）

◆ 架空热力管道热胀位移的进一步分析

（发表于《石油大学学报（自然科学版）》1989 年第 13 卷第 1 期）

◆ 架空热力管道数值结构分析的一种新方法

（发表于《电力技术》1990 年第 4 期）

◆ 弹性抗弯铰模型在管系结构分析中的应用

（发表于《石油大学学报（自然科学版）》1989 年第 13 卷第 5 期）

◆ 管系球形补偿器的受力分析及其应用

（发表于《石油化工设备》1990 年第 19 卷第 3 期）

◆ 用有限元迭代法分析有滚柱支架的架空热力管道系统

（发表于《石油大学学报（自然科学版）》1992 年第 6 卷第 6 期）

◆ **THEORETICAL ANALYSIS OF ANISOTROPIC FRICTIONAL CONTACT IN PIPELINES**

（《Proceedings of the International Symposium on Structural Technique of Pipeline Engineering》，1992）

◆ **A NEW METHOD FOR STRUCTURAL ANALYSIS OF OVER-HEAD PIPING SYSTEMS WITH SUPPORT FRICTIONS**

（《Proceedings of the International Symposium on Structural Technique of Pipeline Engineering》，1992）

架空热力管道的热膨胀位移分析

崔孝秉

一、概 述

输送热水、蒸汽或其他化工流体的架空热力管道热胀时都受到支架摩擦力的作用。由于摩擦力方向未知,求解位移成为非线性问题,迄今未见解决。

城市热力管网工程中设计这类管道时,一直沿用 20 世纪 50 年代 E. Я. Соколов 及 A. A. Николаева 等人编写的教科书和手册[1-3],按"补偿段长度法",L 形管路臂长一律取 20～25 m,U 形管路臂长一律取 40 D_W,换成无摩擦状态对挠曲变形进行近似计算,从而确定内力作为强度设计依据。这种方法显然过于粗糙,不能反映管道实际变形和受力情况。

本文将支架摩擦力分量视为管道位移分量的函数,建立非线性位移方程,采用"变弹簧系数迭代法",求解 L 形和 U 形架空热力管道的热胀位移分量和摩擦力分量,收敛很快,二至四次迭代即获得足够准确的近似解。

二、摩擦约束的处理及管路简化

架空热力管道与滑动支架间的摩擦一般为钢材平面与平面或钢材平面与柱面之间的摩擦,摩擦力比较小,在管道热胀过程中各接触点都有位移。根据这种情况,同时考虑到所用弯头曲率半径特短,我们作出如下假定:

(1) 全部支架顶面都处在同一个水平面内,每个支架处管道只有一个点受到支架顶面的摩擦约束,该点给支架的压力沿铅垂方向,大小与管道自重及支架位置有关,与管温无关,可按一般结构力学方法求得,本文只当作已知量处理或者近似取值。

(2) 管道上各摩擦约束点所受摩擦力,其大小等于各点正压力与最大静摩擦系数的乘积,其方向近似地沿该点位移向量的反向。

(3) 管路弯头曲率半径很小,弯头可用"弹性抗弯铰"代替,位于两侧直管轴线的交点上,其弹簧系数 k 的计算公式详见文献[4]。

三、变弹簧系数迭代法的概念

设 f 代表滑动支架作用于管道的摩擦力,q 和 P 代表此摩擦力沿管道轴向及横向的分量,同时以 u 和 v 代表 f 作用点的位移向量沿这两个方向的分量,按照本文二的假定(2),则摩擦力分量 q,P 和位移分量 u,v 之间的关系可以写成

$$q=-\zeta u,\qquad P=-\zeta v,\qquad \zeta=\frac{f}{\sqrt{u^2+v^2}} \tag{1}$$

如果我们将 ζ 看成弹簧系数,则摩擦力分量 P,q 对管道的约束可视为一种弹性约束,但

弹簧系数 ζ 是待定变量。于是只要给 ζ 以适当的零次近似值，则摩擦约束下的非线性问题可以转化成弹性约束下的线性问题，不难求得一次近似解。进行循环迭代，可逐步逼近摩擦约束下非线性问题的准确解。迭代过程的收敛性由下列两方面因素可以肯定：

(1) 在弹性约束状态中，管道的位移解由两部分构成：自由热胀部分和机械约束部分。弹簧系数 ζ 的误差只能影响后一部分，而不影响前一部分，因此位移解的误差小于 ζ 的误差。

(2) 在架空 L 形和 U 形热力管道中，轴向位移分量 u 易于相当准确地估算出来，且其值一般总大于横向位移分量 v，因此按(1)式计算弹簧系数时，ζ 值的误差总小于 v 值的误差。

迭代过程收敛速度与零次近似解有关，按本文选择的零次近似解，迭代两、三次即可收敛到三、四位有效数字。

四、L 形架空热力管道的热胀位移

设有 L 形水平架空热力管道如图 1 所示，两端固支、两臂对称，每臂具有几个滑动支架，结构尺寸、单长管重及材料性质等已知，管道由安装温度均匀升高 T，要求分析热胀位移及摩擦力分量。

用弹性抗弯铰代替弯头，因对称只需取出单臂分析。按图 2 所示将滑动支架及管道区段编号。设弯头内力及摩擦力分量皆以图中所示方向为正，同时规定位移分量 u 沿 Ox 轴反向为正，位移分量 v 沿 Oy 轴正向为正。略去大变形的影响，则管道热胀时各区段的挠曲微分方程应为

$$EJ\,\frac{d^2 v_{①}}{dx^2}=Nx-M \tag{2}$$

$$EJ\,\frac{d^2 v_i}{dx^2}=Nx-M-\sum_{j=1}^{i-1}P_j(x-x_j)\qquad(i=2,3,\cdots,n+1) \tag{3}$$

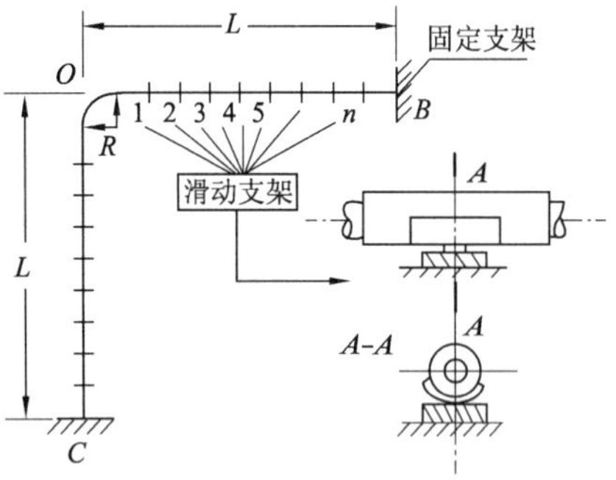

图 1

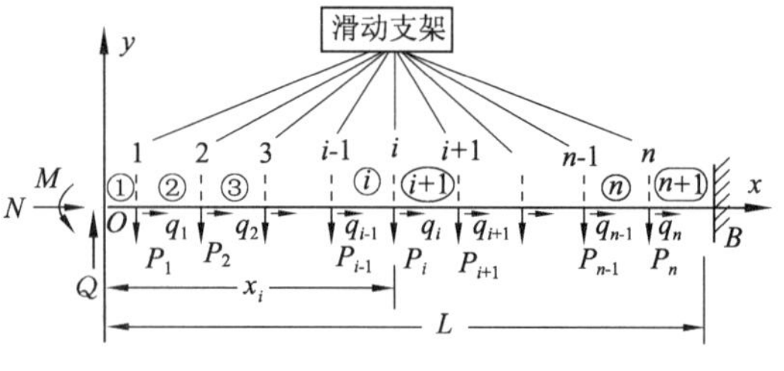

图 2

用初始参数法对上列方程进行积分，并以滑动支架的坐标 x_i 代入后，可得各滑动支架处管道的横向位移表达式如下：

$$v_i=\frac{1}{6EJ}Nx_i^3-\frac{1}{2EJ}Mx_i^2-\frac{1}{6EJ}\sum_{j=1}^{i}P_j(x_i-x_j)^3+\theta_0 x_i+v_0$$

$$(i=1,2,\cdots,n) \tag{4}$$

式中，N，M，θ_0 及 v_0 分别为左端的轴向压力、弯矩、转角和挠度。

支架处管道的轴向位移表达式甚易列出：

$$u_i=\left(\alpha T-\frac{N}{EF}-\frac{1}{EF}\sum_{j=1}^{i}q_j\right)(L-x_i)-\frac{1}{EF}\sum_{j=i+1}^{i}q_j(L-x_j) \tag{5}$$

以上诸式中，E 为杨式弹性模量；F 为管道横截面面积；J 为截面惯性矩。

管端的约束条件如下：

$$x=0:\quad v_0=u_0,\quad \theta_0=-M/k \tag{6}$$

$$x=L:\quad u=0,\quad v=0,\quad \theta=0 \tag{7}$$

各滑动支架处的摩擦约束条件应为

$$x=x_i:\quad P_i=\zeta_i v_i,\quad q_i=\zeta_i u_i \tag{8}$$

$$\zeta_i=\frac{f_i}{\sqrt{u_i^2+v_i^2}} \tag{9}$$

其中，f_i 按下式近似取值：

$$f_i\approx\begin{cases}0.5\mu W(x_1+x_2) & (i=1)\\ 0.5\mu W(x_{i+1}-x_{i-1}) & (i=2,3,\cdots,n)\end{cases} \tag{10}$$

式中，W 为单长管重；μ 为摩擦系数。

注意到几何特性 $6J/(L^2F)\ll1$，根据端点条件可以解得

$$M=\frac{L}{\left(1+\frac{4EJ}{kL}\right)}\left[\sum_{j=1}^{n}P_j\xi_j(1-\xi_j)^2+3\left(\frac{r}{L}\right)^2EF\alpha T\right] \tag{11}$$

$$N=\frac{2\left(1+\frac{EJ}{kL}\right)}{\left(1+\frac{4EJ}{kL}\right)}\left[\sum_{j=1}^{n}P_j\xi_j(1-\xi_j)^2+3\left(\frac{r}{L}\right)^2EF\alpha T\right]+\sum_{j=1}^{n}P_j(1-\xi_j)^2 \tag{12}$$

其中，$\xi_j=x_j/L$ 为滑动支架位置的无量纲坐标。

将(11)、(12)式代入(4)式，并在(4)式中以 αTL 近似取代 v_0，然后按条件(8)可以导出一组关于横向位移分量 v_i 的非线性代数方程：

$$v_i=(1-6A_i)\alpha TL-\left(\frac{L^3}{EJ}\right)\left[A_i\sum_{i=1}^{n}(1-\xi_j)^2\xi_j\zeta_jv_j-\frac{1}{6}\xi_j^3\sum_{j=1}^{n}(1-\xi_j)^2\zeta_jv_j+\frac{1}{6}\sum_{j=1}^{i}(\xi_i-\xi_j)\zeta_jv_j\right]\quad(i=1,2,\cdots,n) \tag{13}$$

其中，

$$A_i=\frac{1}{\left(1+\frac{4EJ}{kL}\right)}\left[\left(\frac{EJ}{kL}\right)\xi_i+\frac{1}{2}\xi_i^2-\frac{1}{3}\left(1+\frac{EJ}{kL}\right)\xi_i^3\right] \tag{14}$$

由于 $0<\zeta_i<1$，恒有 $0<A_i<1/6$。

将(12)式及(8)式代入(5)式可得另一组几个关于位移分量 u_i 的非线性代数方程，于是 $2n$ 个未知量 u_i 及 v_i 应由这 $2n$ 个方程联解，但在实际工程中，N 和 f_i 都远小于锚固力 $EF\alpha T$，因此第二组几个方程没有必要列出，v_i 可以直接由(13)求解，其中的 u_i 按下式近似取值：

$$u_i=(1-\xi_i)\left(1-\frac{\mu WL}{2EF\alpha T}\right)\alpha TL \tag{15}$$

而将(5)式留作核算使用，在 v_i，p_i，q_i，M，N 算出后用它核算 u_i 值。如果相差不超过1%就无需再算，如相差较大则应进行大循环计算。

按本文第三节所述，我们采用变弹簧系数迭代法由方程组(13)求解 v_i。对于管径较大而支架较少的蒸汽 L 形管道，取无摩擦状态下的 v_i 值作为零次近似，收敛速度不慢。例如，设有图 3 所示蒸汽 L 形管道，每臂只有两个滑动支架，$L=47$ m，$D_W=77$ cm，$t=0.7$ cm，$W=4.293$ kg/cm，$T=320$ ℃，$E=2\times10^6$ kg/cm^2，$\mu=0.3$，$\alpha=0.12\times10^{-6}$ ℃$^{-1}$，按(13)式列出方程组为

$$(1+0.001\,363\,3\zeta_1)v_1+0.001\,460\,7\zeta_2 v_2=15.014$$

$$0.001\,462\,8\zeta_1 v_1+(1+0.003\,468\zeta_2)v_2=5.131$$

先由(10)、(15)式算出 $f_1=2\,190$ kg，$f_2=2\,576$ kg，$u_1=15.32$ cm，$u_2=7.65$ cm，然后按无摩擦状态得到 $(v_1)_{(0)}=15.014$ cm，$(v_2)_{(0)}=5.131$ cm，相应得到 $(\zeta_1)_{(0)}=102.18$ kg/cm，$(\zeta_2)_{(0)}=280.2$ kg/cm。迭代计算进行三次后就收敛到四位有效数字，结果为 $\zeta_1=111.0$ kg/cm，$\zeta_2=331.7$ kg/cm，$v_1=12.44$ cm，$v_2=1.45$ cm。相应的摩擦力分量及弯头内力皆示于图 3 中。按(5)式核算的轴向位移值为 $u_1=15.30$ cm，$u_2=7.679$ cm，和(15)式给的相差 0.5%，故不必进行大循环计算。图 3 中还作出了热胀位移曲线，$x=37.8$ m处 $v=0$，在 $x>37.8$ m 后 v 值很小。本例如用 E. Я. Соколов 20～25 m 补偿段长度法进行计算，则弯头的弯矩将增大 20%～60%，偏于保守。

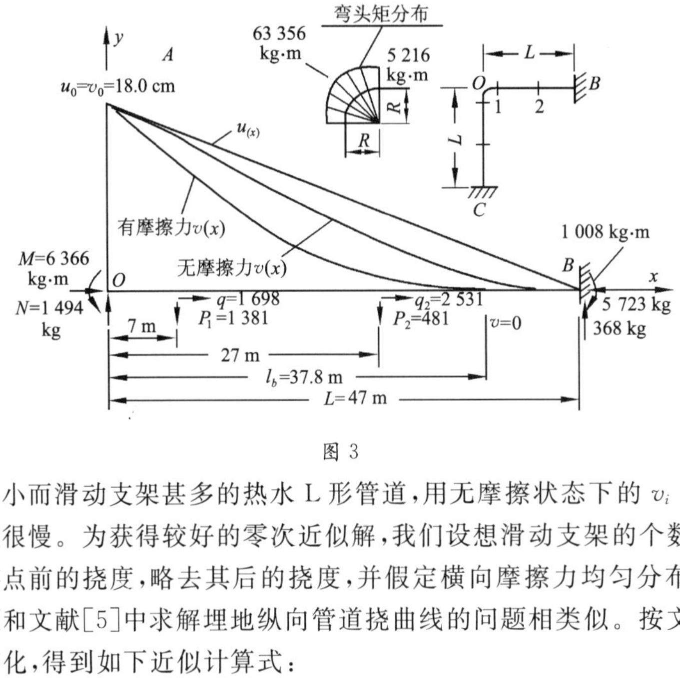

图 3

对于管径较小而滑动支架甚多的热水 L 形管道，用无摩擦状态下的 v_i 值作为零次近似则迭代过程收敛很慢。为获得较好的零次近似解，我们设想滑动支架的个数无穷多，但只考虑第一个 v 值零点前的挠度，略去其后的挠度，并假定横向摩擦力均匀分布，则此状态下求解挠曲线的问题和文献[5]中求解埋地纵向管道挠曲线的问题相类似。按文献[5]的方法进行粗略推导和简化，得到如下近似计算式：

$$v\approx\begin{cases}\left(\alpha TL-\dfrac{\mu WL^2}{2EF}\right)\left(1-\dfrac{x}{l_b}\right)\left(1+\dfrac{5x}{2l_b}\right) & (0\leqslant x\leqslant l_b)\\ 0 & (l_b\leqslant x\leqslant L)\end{cases}\qquad(16)$$

其中，l_b 为第一个 v 值零点位置的近似值，

$$l_b=\sqrt[4]{\frac{30\sqrt{2}EF\alpha TLr^2}{\mu W}} \tag{17}$$

使用效果表明，(16)式具有良好的近似性，用它给定$(v_i)_{(0)}$值能显著提高迭代收敛速度。

五、U 形架空热力管道的热胀位移

设有两臂对称的U形水平架空热力管道如图4所示，中间有一个滑动支架，两侧各具几个滑动支架，端点固支。按图示坐标系，将半个U形取为悬臂静定基，以弹性抗弯铰取代弯头，甚易列出管道上热胀位移分量与摩擦力及温差的弹性关系方程。然后根据摩擦约束条件和端点约束条件消去其中摩擦力分量等未知量，可以获得$2n$个关于位移分量u_i，v_i的方程组。用变弹簧系数迭代法可求其解。鉴于U形管道的工程特点，如$h \ll L$，$N_0 \ll EF\alpha T$，以及该管道在水平面内无主动外力作用等，可以推知应该$v_i \ll u_i$。故在迭代计算中取用零次近似值$(v_i)_{(0)}=0$。其他还有一些简化性措施也与L形管道采用的略有不同。

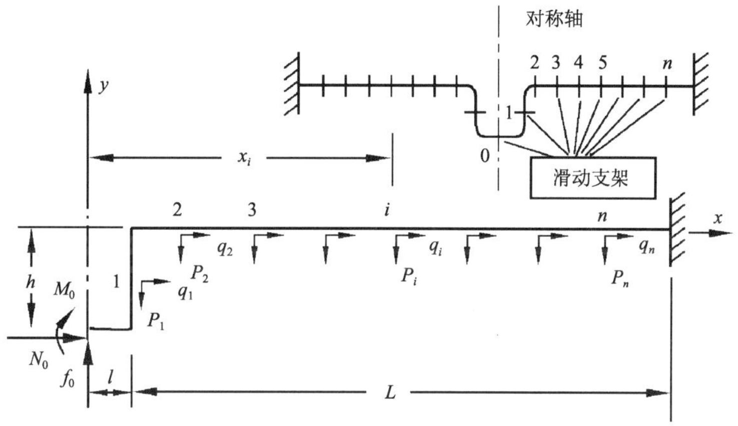

图 4

实际例算的结果表明，U形管道的中间滑动支架处的横向位移v_0很小，和使用40 D_W补偿段长度法算出的结果相比小十多倍。此外，在端点固定支架处的约束力矩和剪力也都很小，几乎可略去不计。这些特性对工程设计很有益。

参考文献

[1] E. Я. Соколов. 热网学. 孙可宗，译. 1958:153

[2] A. A. Нниколаева. Справочник Проектировщика, Проектирование тепловых сетей. 1965:206-208

[3] 哈尔滨建工学院，天津大学，太原工学院，等. 供热工程. 1980:294-307

[4] 崔孝秉. 埋地长输管道热胀内力近似分析. 力学学报，1984，16(1):1

[5] 崔孝秉. 埋地长输管道纵向弯头温度内力的近似分析. 华东石油学院学报，1980(2)

架空热力管道热胀位移的进一步分析

仝兴华　崔孝秉　蔡强康

摘要： 本文在文献[1]的基础上，进一步讨论了平面内不对称的“L”形及“U”形架空热力管道的热胀位移和支架处摩擦力的计算，计算中考虑了管道内压对弯头柔性系数和管道位移的影响。文中给出了计算实例，并编制了计算机程序，以便于工程设计使用。本方法也可适用于两个固定支架之间的其他形式的架空热力管道系统。

关键词： 热力管道；摩擦力；位移；计算机；程序

一、概　述

作为在架空热力管道系统中常见的平面内管系，“L”形和“U”形为其主要形式。文献[1]用变弹簧系数迭代法讨论了摩擦力作用时水平面内对称的“L”形和“U”形架空热力管道热胀位移的非线性问题。为了使问题更一般化，本文进一步讨论水平面内不对称的“L”形和“U”形架空热力管道热胀位移和支架摩擦力的分析计算。由于方程的复杂性，因此借助于计算机求算。程序中包括对称和不对称的“L”形及“U”形架空热力管道系统的热胀位移和支架处摩擦力的计算。同时为了适用于高温高压管道系统，也考虑管道内压对弯头柔性系数和管道位移的影响。对于在两个固定支架之间的其他形式的架空热力管道系统，可按类似的方法处理。

二、管系的处理与简化

根据文献[1]的基本假定，同时作如下处理：

(1) 假定各支架本身的变形对各支架反力计算的影响可略去。

(2) 除考虑内压对弯头柔性系数的影响外[2]，把直管段受内压的影响考虑成一个附加的升温，即

$$\Delta T_{附}=\frac{1-2\nu}{E\alpha}\cdot\frac{pr}{2t}$$

式中，p 为管道内压；α 为线热胀系数；t 为管壁厚度；r 为管道平均半径；E 为材料的弹性模量；ν 为波桑系数。

三、不对称“L”形架空热力管道热胀位移及摩擦力分析

设有两臂不对称的“L”形水平架空管道如图 1 所示。两端固支，每臂上分别具有 n_1 和 n_2 个滑动支架。管道的结构尺寸、单位长重量及材料性质等均为已知，管道内安装温度均匀升高 T ℃。分析由于热胀产生的位移和支架处的摩擦力。

用弹性抗弯铰代替弯头，建立图 1 所示的坐标系，分别编出每臂的滑动支架号数。受力

分析示意图如图2所示。各力规定以图中所示方向为正,同时规定轴向位移的正向为由固定支架到弯头的方向,其余位移及转角均以与对应的力和力矩的正向一致者为正。利用类似于文献[1]的推导方式,或直接利用叠加原理,可得到如下有关方程。

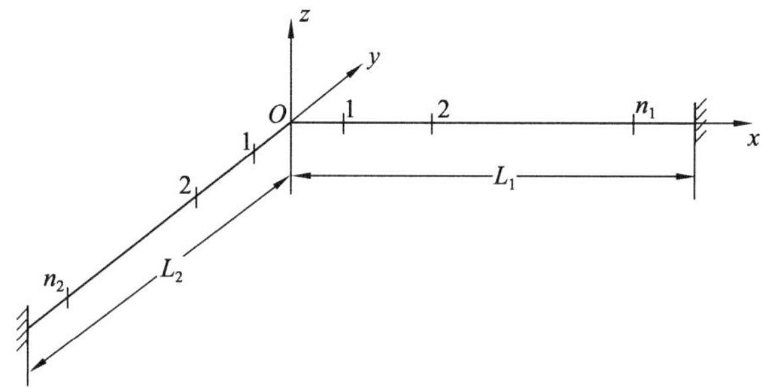

图1 "L"形水平架空管道示意图

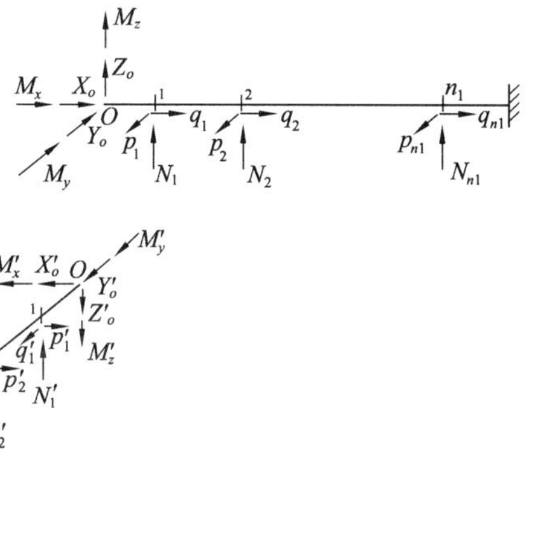

图2 "L"形管道受力分析

1. 臂 L_1 的有关方程

(1) 弯头处的转角和位移方程为

$$\theta_{ox}=\frac{M_xL_1}{GJ_p}-\sum_{j=1}^{n_1}\frac{p_j(L_1-x_j)r}{GJ_p} \tag{1}$$

$$\theta_{oy}=\frac{M_yL_1}{EJ}+\sum_{j=1}^{n_1}\frac{N_j(L_1-x_j)^2}{2EJ}+\frac{Z_0L_1^2}{2EJ}-\frac{WL_1^3}{6EJ} \tag{2}$$

$$\theta_{oz}=\frac{M_zL_1}{EJ}+\sum_{j=1}^{n_1}\frac{p_j(L_1-x_j)^2}{2EJ}-\frac{Y_0L_1^2}{2EJ} \tag{3}$$

$$u_0=\left(\alpha T-\frac{X_0}{EF}\right)L_1-\frac{1}{EF}\sum_{j=1}^{n_1}q_j(L_1-x_j) \tag{4}$$

$$v_0=\frac{Y_0L_1^3}{3EJ}-\frac{M_zL_1^2}{2EJ}-\sum_{j=1}^{n_1}\frac{p_j(L_1-x_j)^2}{6EJ}[3L_1-(L_1-x_j)] \tag{5}$$

$$w_0=\frac{Z_0L_1^3}{3EJ}+\frac{M_yL_1^2}{2EJ}+\sum_{j=1}^{n_1}\frac{N_j(L_1-x_j)^2}{6EJ}[3L_1-(L_1-x_j)]-\frac{WL_1^4}{8EJ} \tag{6}$$

(2) 管道支架处的位移方程为

$$u_i = \left(\alpha T - \frac{X_0}{EF} - \frac{1}{EF}\sum_{j=1}^{i} q_j\right)(L_1 - x_i) - \frac{1}{EF}\sum_{j=i+1}^{n_1} q_j(L_1 - x_j) \tag{7}$$

$$\begin{aligned} v_i = &\frac{Y_0(L_1-x_i)^2}{6EJ}[3L_1-(L_1-x_i)] - \frac{M_z(L_1-x_i)^2}{2EJ} - \\ &\sum_{j=1}^{i-1}\frac{p_j(L_1-x_i)^2}{6EJ}[3(L_1-x_j)-(L_1-x_i)] - \frac{p_i(L_1-x_i)^3}{3EJ} - \\ &\sum_{j=i+1}^{n_1}\frac{p_j(L_1-x_j)^2}{6EJ}-[3(L_1-x_i)-(L_1-x_j)] \end{aligned} \tag{8}$$

$$\begin{aligned} w_i = &\frac{Z_0(L_1-x_i)^2}{6EJ}[3L_1-(L_1-x_i)] + \frac{M_y(L_1-x_i)^2}{2EJ} + \\ &\sum_{j=1}^{i-1}\frac{N_j(L_1-x_i)^2}{6EJ}[3(L_1-x_j)-(L_1-x_i)] + \frac{N_i(L_1-x_i)^3}{3EJ} + \\ &\sum_{j=i+1}^{n_1}\frac{N_j(L_1-x_j)^2}{6EJ}[3(L_1-x_i)-(L_1-x_j)] - \\ &\frac{W(L_1-x_i)^2}{24EJ}-[(L_1-x_i)^2-4L_1(L_1-x_i)+6L_1{}^2] \quad (i=1,2,\cdots,n_1) \end{aligned} \tag{9}$$

2. 臂 L_2 的有关方程

(1) 弯头处的转角和位移

$$\theta'_{ox} = \frac{Z_0L_2^2}{2EJ} + \frac{M_xL_2}{EJ} - \sum_{j=1}^{n_2}\frac{N'_j(L_2-y_j)^2}{2EJ} + \frac{WL_2^3}{6EJ} \tag{10}$$

$$\theta'_{oy} = \frac{M_yL_2}{GJ_p} + \sum_{j=1}^{n_2}\frac{p'_j(L_2-y_j)r}{GJ_p} \tag{11}$$

$$\theta'_{oz} = \frac{M_zL_2}{EJ} - \frac{X_0L_2{}^2}{2EJ} + \sum_{j=1}^{n_2}\frac{p'_j(L_2-y_j)^2}{2EJ} \tag{12}$$

$$u'_0 = (\alpha T - \frac{Y_0}{EF})L_2 - \frac{1}{EF}\sum_{j=1}^{n_2} q'_j(L_2-y_j) \tag{13}$$

$$v'_0 = \frac{X_0L_2^3}{3EJ} - \frac{M_zL_2^2}{2EJ} - \sum_{j=1}^{n_2}\frac{p'_j(L_2-y_j)^2}{6EJ}[3L_2-(L_2-y_j)] \tag{14}$$

$$w'_0 = \frac{Z_0L_2^3}{3EJ} + \frac{M_xL_2^2}{2EJ} - \sum_{j=1}^{n_2}\frac{N'_j(L_2-y_j)^2}{6EJ}[3L_2-(L_2-y_j)] + \frac{WL_2^4}{8EJ} \tag{15}$$

(2) 管道支架处的位移

$$u'_i = \left(\alpha T - \frac{Y_0}{EF} - \frac{1}{EF}\sum_{j=1}^{i} q'_j\right)(L_2 - y_i) - \frac{1}{EF}\sum_{j=i+1}^{n_2} q'_j(L_2 - y_j) \tag{16}$$

$$\begin{aligned} v'_i = &\frac{X_0(L_2-y_i)^2}{6EJ}[3L_2-(L_2-y_i)] - \frac{M_z(L_2-y_i)^2}{2EJ} - \\ &\sum_{j=1}^{i-1}\frac{p'_j(L_2-y_i)^2}{6EJ}[3(L_2-y_j)-(L_2-y_i)] - \frac{p'_i(L_2-y_i)^3}{3EJ} - \\ &\sum_{j=i+1}^{n_2}\frac{p'_j(L_2-y_j)^2}{6EJ}[3(L_2-y_i)-(L_2-y_j)] \end{aligned} \tag{17}$$

$$w_i=\frac{Z_0(L_2-y_i)^2}{6EJ}[3L_2-(L_2-y_i)]+\frac{M_x(L_2-y_i)^2}{2EJ}-\sum_{j=1}^{i-1}\frac{N'_j(L_2-y_i)^2}{6EJ}[3(L_2-y_j)-(L_2-y_i)]-\frac{N'_i(L_2-y_i)^3}{3EJ}-\sum_{j=i+1}^{n_2}\frac{N'_j(L_2-y_j)^2}{6EJ}[3(L_2-y_i)-(L_2-y_j)]+\frac{W(L_2-y_j)^2}{24EJ}[(L_2-y_i)^2-4L_2(L_2-y_i)+6L_2{}^2]\quad(i=1,2,\cdots,n_2)\tag{18}$$

以上各方程中，符号 E 为材料弹性模量；F 为管道横截面面积；J 为截面惯性矩；J_p 为截面极惯性矩；r 为截面平均半径；W 为管道单位长重量。

根据弹性抗弯铰的假定，弯头处的变形协调条件为

$$\left.\begin{aligned}&\theta_{ox}+\theta'_{ox}=0\\&\theta_{oy}+\theta'_{oy}=0\\&\theta_{oz}+\theta'_{oz}+M_z/K=0\\&u_0-v'_0=0\\&v_0-u'_0=0\\&w_0+w'_0=0\end{aligned}\right\}\tag{19}$$

其中，K 为弹性抗弯铰的弹簧常数。

根据文献[1]的基本假定，同时忽略支架的变形，各支架处的约束和协调条件为

$$\left.\begin{aligned}&u_i=q_i/\zeta_i\\&v_i=p_i/\zeta_i\\&w_i=0\end{aligned}\right\}\tag{20}$$

其中，$\zeta_i=f_i/(u_i{}^2+v_i{}^2)^{1/2}$，又 $f_i=\mu N_i(i=1,2,\cdots,n_1)$，则有

$$\left.\begin{aligned}&u'_i=q'_i/\zeta'_i\\&v'_i=p'_i/\zeta'_i\\&w'_i=0\end{aligned}\right\}\tag{21}$$

其中，
$$\zeta'_i=f'_i/(u_i'^2+v_i'^2)^{1/2}$$
$$f_i'=\mu N'_i\quad(i=1,2,\cdots,n_2)$$

式中，μ 为管道与支架间的摩擦系数。

根据上述条件和已推出的方程，并注意到

$$GJ_p=\frac{E}{2(1+\nu)}2J=\frac{EJ}{1+\nu}\tag{22}$$

同时考虑到由于管道截面平均半径与臂长之比(r/L)很小，可在方程(1)和(11)中忽略由于支架处摩擦力而产生的扭转项，于是可以利用上述有关的条件和方程求算支架反力。根据求得的支架反力，然后迭代求算管道的热胀位移和支架处的摩擦力分量。其迭代方程为

$$\sum_{j=1}^{i-1}\frac{(L_1-x_i)^2}{6}[3(L_1-x_j)-(L_1-x_i)]p_j+\left[\frac{(L_1-x_i)^3}{3}+\frac{EJ}{\zeta_i}\right]p_i+\sum_{j=i+1}^{n_1}\frac{(L_1-x_j)^2}{6}[3(L_1-x_i)-(L_1-x_j)]p_j-$$

$$\frac{(L_1-x_i)^2}{6}[3L_1-(L_1-x_i)]Y_0+\frac{(L_1-x_i)^2}{2}M_z=0 \qquad (i=1,2,\cdots,n_1) \tag{23}$$

$$\sum_{j=1}^{i-1}\frac{(L_2-y_i)^2}{6}[3(L_2-y_j)-(L_2-y_i)]p'_j+\left[\frac{(L_2-y_i)^3}{3}+\frac{EJ}{\zeta'_i}\right]p'_i+$$
$$\sum_{j=i+1}^{n_2}\frac{(L_2-y_j)^2}{6}[3(L_2-y_i)-(L_2-y_j)]p'_j-$$
$$\frac{(L_2-y_i)^2}{6}[3L_2-(L_2-y_i)]X_0+\frac{(L_2-y_i)^2}{2}M_z=0 \qquad (i=1,2,\cdots,n_2) \tag{24}$$

其中，X_0，Y_0，M_z 的方程为

$$\left(\frac{L_2^3}{3}+L_1\frac{J}{F}\right)X_0-\frac{L_2^2}{2}M_z=EJ\alpha TL_1-\frac{J}{F}\sum_{j=1}^{n_1}q_j(L_1-x_j)+$$
$$\sum_{j=1}^{n_2}\frac{p'_j(L_2-y_j)^2}{6}[3L_2-(L_2-y_j)] \tag{25}$$

$$\left(\frac{L_1^3}{3}+L_2\frac{J}{F}\right)Y_0-\frac{L_1^2}{2}M_z=EJ\alpha TL_2-\frac{J}{F}\sum_{j=1}^{n_2}q'_j(L_2-y_j)+$$
$$\sum_{j=1}^{n_1}\frac{p_j(L_1-x_j)^2}{6}[3L_1-(L_1-x_j)] \tag{26}$$

$$-\frac{L_2^2}{2}X_0-\frac{L_1^2}{2}Y_0+\left(L_1+L_2+\frac{EJ}{K}\right)M_z=-\sum_{j=1}^{n_1}\frac{p_j(L_1-x_j)^2}{2}-\sum_{j=1}^{n_2}\frac{p'_j(L_2-y_j)^2}{2} \tag{27}$$

选取适当的迭代初值，根据方程(23)～(27)可迭代求解管系的横向位移和摩擦力分量，轴向位移分量由方程(7)和(16)决定。

四、不对称“U”形架空管道热胀位移及摩擦力分析

设有不对称“U”形水平架空管道，见图3。图中支架的设置可根据实际情况作适当的调整。图中也画出了所建立的坐标系及支架和弯头的编号。受力分析如图4所示。为清楚起见，将整个管系分为两部分，其坐标以绝对值的形式在方程中出现。根据已设的假定和已知的约束条件和位移协调条件，可较容易地求出管系的支架反力。求解管道热胀位移的迭代方程组为：

$$\left(\frac{EJ}{\zeta_1}+\frac{J}{F}y_1+\frac{L_1^3}{3}\right)p_1+\sum_{j=2}^{n_1}\frac{(L_a-x_j)^2}{6}[3L_1-(L_a-x_j)]p_j+N_0\frac{L_1^2H_1}{2}+$$
$$M_z\frac{L_1^2}{2}-V_0\left[\frac{J}{F}y_1+\frac{L_1^2}{6}(2L_1+3a_1)\right]=-EJ\alpha Ty_1-\frac{q_1y_1L_1^2}{2} \tag{28}$$

$$\sum_{j=1}^{i-1}\frac{(L_a-x_i)^2}{6}[3(L_a-x_j)-(L_a-x_i)]p_j+\left[\frac{EJ}{\zeta_i}+\frac{(L_a-x_i)^3}{3}\right]p_i+$$
$$\sum_{j=i+1}^{n_1}\frac{(L_a-x_j)^2}{6}[3(L_a-x_i)-(L_a-x_j)]p_j+N_0\frac{(L_a-x_i)^2H_1}{2}+$$
$$M_z\frac{(L_a-x_i)^2}{2}-V_0\frac{(L_a-x_i)^2}{6}[3L_a-(L_a-x_i)]=-q_1\frac{y_1(L_a-x_i)^2}{2}$$
$$(i=2,3,\cdots,n_1) \tag{29}$$

$$\left(\frac{EJ}{\zeta'_1}+\frac{J}{F}y'_1+\frac{L_2^3}{3}\right)p'_1+\sum_{j=2}^{n_2}\frac{(L'_a-x'_j)^2}{6}[3L_2-(L'_a-x'_j)]p'_j+$$
$$N'_0\frac{L_2^2H_2}{2}+M_z\frac{L_2^2}{2}-V'_0\left[\frac{J}{F}y'_1+\frac{L_2^2}{6}(2L_2+3a_2)\right]=-EJ\alpha Ty'_1-\frac{q'_1y'_1L_2^2}{2} \quad (30)$$

$$\sum_{j=1}^{i-1}\frac{(L'_a-x'_i)^2}{6}[3(L'_a-x'_j)-(L'_a-x'_i)]p'_j+\left[\frac{EJ}{\zeta'_i}+\frac{(L'_a-x'_i)^3}{3}\right]p'_i+$$
$$\sum_{j=i+1}^{n_2}\frac{(L'_a-x'_j)^2}{6}[3(L'_a-x'_i)-(L'_a-x'_j)]p'_j+N'_0\frac{(L'_a-x'_i)^2H_2}{2}+$$
$$M_z\frac{(L'_a-x'_i)^2}{2}-V'_0\frac{(L'_a-x'_i)^2}{6}[3L'_a-(L'_a-x'_i)]=-q'_1\frac{y'_1(L'_a-x'_i)^2}{2}$$
$$(i=2,3,\cdots,n_2) \quad (31)$$

其中，N_0，N'_0，V_0，V'_0 存在以下关系：

$$N_0-N'_0=q_0 \quad (32)$$
$$V_0+V'_0=p_0 \quad (33)$$

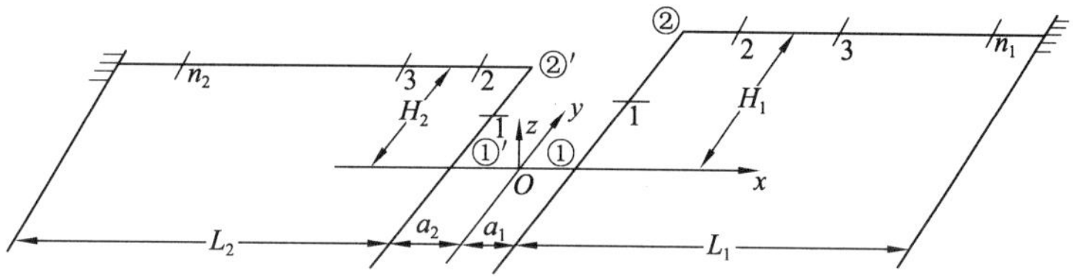

图 3　"U"形水平架空管道示意图

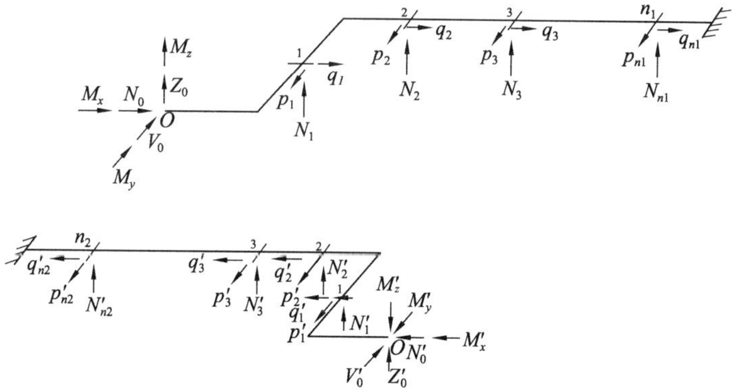

图 4　"U"形管道受力分析

在上述各方程中，中间支架处的位移和其余支架处的轴向位移都是作为已知值利用的，它们的迭代方程为

$$u_0=\alpha TL_a-\sum_{j=1}^{n_1}\frac{q_j(L_a-x_j)}{EF}-q_1\left[\frac{L_1H_1y_1}{EJ}+\frac{y_1^2}{6EJ}(3H_1-y_1)+\frac{H_1y_1}{K_2}\right]-$$
$$N_0\left[\frac{L_a}{EF}+\frac{H_1^2}{3EJ}(3L_1+H_1)+\frac{H_1^2}{K_2}\right]-M_z\left[\frac{H_1}{2EJ}(2L_1+H_1)+\frac{H_1}{K_2}\right]+$$
$$V_0\left[\frac{H_1}{2EJ}(L_1^2+2a_1L_1+a_1H_1)+\frac{a_1H_1}{K_2}\right]-\sum_{j=1}^{n_1}\frac{p_j(L_a-x_j)^2H_1}{2EJ} \quad (34)$$

$$v_0=\alpha TH_1+q_1\left[\frac{y_1}{2EJ}(L_1^2+2a_1L_1+a_1y_1)+\frac{a_1y_1}{K_2}\right]+$$

$$N_0\left[\frac{H_1}{2EJ}(L_1^2+2a_1L_1+a_1H_1)+\frac{a_1H_1}{K_2}\right]+M_z\left[\frac{L_a^2+2a_1H_1}{2EJ}+a_1\left(\frac{1}{K_1}+\frac{1}{K_2}\right)\right]-$$

$$V_0\left[\frac{H_1}{EF}+\frac{L_a^3}{3EJ}+\frac{a_1^2H_1}{EJ}+a_1^2\left(\frac{1}{K_1}+\frac{1}{K_2}\right)\right]+\frac{p_1y_1}{EF}+$$

$$\sum_{j=1}^{n_1}\frac{p_j(L_a-x_j)^2}{6EJ}[3L_a-(L_a-x_j)] \tag{35}$$

$$u_1=\alpha TL_1-\sum_{j=1}^{n_1}\frac{q_j(L_a-x_j)}{EF}-q_1\left[\frac{L_1y_1^2}{EJ}+\frac{y_1^3}{3EJ}+\frac{y_1^2}{K_2}\right]-$$

$$N_0\left[\frac{L_1}{EF}+\frac{y_1^2}{6EJ}(3H_1-y_1)+\frac{H_1L_1y_1}{EJ}+\frac{H_1y_1}{K_2}\right]-$$

$$M_z\left[\frac{y_1^2}{2EJ}+\frac{L_1y_1}{EJ}+\frac{y_1}{K_2}\right]+V_0\left[\frac{y_1}{2EJ}(L_1^2+2a_1L_1+a_1y_1)+\frac{a_1y_1}{K_2}\right]-$$

$$\sum_{j=1}^{n_1}\frac{p_j(L_a-x_j)^2y_1}{2EJ} \tag{36}$$

$$u_i=\left(\alpha T-\frac{N_0}{EF}-\frac{1}{EF}\sum_{j=1}^{i}q_j\right)(L_a-x_i)-\frac{1}{EF}\sum_{j=i+1}^{n_1}q_j(L_a-x_j)$$

$$(i=2,3,\cdots,n_1) \tag{37}$$

$$u'_1=\alpha TL_2-\sum_{j=1}^{n_2}\frac{q'_j(L'_a-x'_j)}{EF}-q'_1\left(\frac{L_2y'^2_1}{EJ}+\frac{y'^3_1}{3EJ}+\frac{y'^2_1}{K'_2}\right)-$$

$$N'_0\left[\frac{L_2}{EF}+\frac{y'^2_1}{6}(3H_2-y'_1)+\frac{H_2L_2y'_1}{EJ}+\frac{H_2y'_1}{K'_2}\right]-M_z\left(\frac{y'^2_1}{2EJ}+\frac{L_2y'_1}{EJ}+\frac{y'_1}{K'_2}\right)+$$

$$V'_0\left[\frac{y'_1}{2EJ}(L_2^2+2a_2L_2+a_2y'_1)+\frac{a_2y'_1}{K'_2}\right]-\sum_{j=1}^{n_2}\frac{p'_j(L'_a-x'_j)^2y'_1}{2EJ} \tag{38}$$

$$u'_i=\left(\alpha T-\frac{N'_0}{EF}-\frac{1}{EF}\sum_{j=1}^{i}q'_j\right)(L'_a-x'_i)-\frac{1}{EF}\sum_{j=i+1}^{n_2}q'_j(L'_a-x'_j)$$

$$(i=2,3,\cdots,n_2) \tag{39}$$

在以上各方程中，K_1，K_2 为右半部分两个弯头的抗弯刚度；K'_1，K'_2 为左半部两个弯头的抗弯刚度。并且式中的 $L_a=L_1+a_1$；$L'_a=L_2+a_2$。根据求得的管系的支架反力，选取适当的轴向位移近似值作为迭代初值，利用方程(28)～(33)迭代求解管系的横向位移，然后利用方程(34)～(39)检验轴向位移的合理性以决定是否进行大循环迭代，直到收敛为止。

五、例题与讨论

【例题 1】 图 5 中所示的蒸汽"L"形管道的两臂各具有两个滑动支架。已知 $L_1=47$ m，$L_2=55$ m，$x_1=7$ m，$x_2=27$ m，$y_1=9$ m，$y_2=30$ m，$r=38.5$ cm，$t=0.7$ cm，弯头曲率半径 $R=154$ cm，$W=4.293$ kN/m，$T=320$ ℃，$E=2\times10^3$ kN/m²，$\alpha=0.12\times10^{-4}$ ℃$^{-1}$，$\mu=0.3$。试计算位移分量和摩擦力分量。

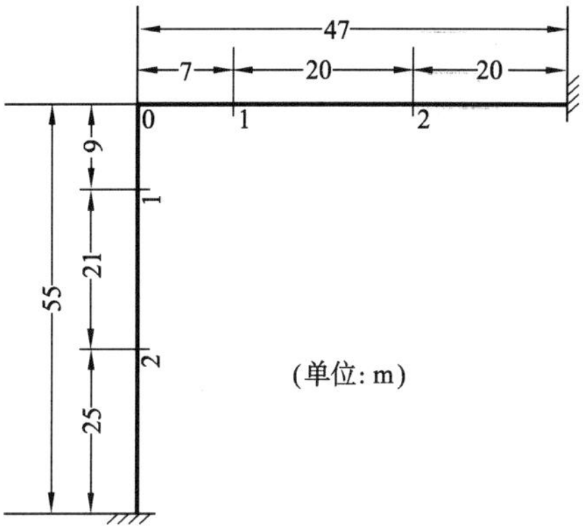

图 5　"L"形管道结构图

【解】 (1) 管系的支架反力为：

$$N_1=7.040\times10^4\ \text{N};\quad N_2=8.919\times10^4\ \text{N};$$

$$N_1'=8.276\times10^4\ \text{N};\quad N_2'=9.758\times10^4\ \text{N}$$

在各支架处的最大静摩擦力的值为：

$$f_1=2.112\times10^4\ \text{N};\quad f_2=2.676\times10^4\ \text{N};$$

$$f_1'=2.423\times10^4\ \text{N};\quad f_2'=2.928\times10^4\ \text{N}$$

(2) 由方程(23)～(27)可写出求解管系热胀位移的迭代方程为：

$$\begin{pmatrix} 2.1333+\lambda_1 & 0.6667 & 0 & 0 & 0 & -2.6933 & 4.08 \\ & 0.2667+\lambda_2 & 0 & 0 & 0 & -0.8067 & 1.02 \\ & & 3.2445+\lambda_1' & 1.1771 & -4.1967 & 0 & 5.3958 \\ & \text{对} & & 0.5208+\lambda_2' & -1.4583 & 0 & 1.5938 \\ & & & & 5.5462 & 0 & -7.7138 \\ & & & \text{称} & & 3.4612 & -5.6330 \\ & & & & & & 40.8049 \end{pmatrix}\begin{pmatrix} p_1 \\ p_2 \\ p_1' \\ p_2' \\ X_0 \\ Y_0 \\ M_z/L' \end{pmatrix}=\begin{pmatrix} 0 \\ 0 \\ 0 \\ 0 \\ b_5 \\ b_6 \\ 0 \end{pmatrix}$$

其中，　$\lambda_1=EJ/\zeta_1$；$\lambda_2=EJ/\zeta_2$；$\lambda_1'=EJ/\zeta_1'$；$\lambda_2'=EJ/\zeta_2'$，$L_1'=(L_1+L_2)/2=51$ m；

$b_5=4.5299\times10^2-0.7411\times10^{-4}(4q_1+2q_2)$；

$b_6=5.3009\times10^2-0.7411\times10^{-4}(4.6q_1+2.5q_2)$。

根据文献[1]，迭代初值为：

$$\begin{pmatrix} u_1 \\ u_2 \\ u_1' \\ u_2' \end{pmatrix}=\begin{pmatrix} 15.3243 \\ 7.6621 \\ 17.6159 \\ 9.5739 \end{pmatrix}\ (\text{cm});\quad \begin{pmatrix} \zeta_1 \\ \zeta_2 \\ \zeta_1' \\ \zeta_2' \end{pmatrix}=\begin{pmatrix} 137.8203 \\ 349.1967 \\ 140.9340 \\ 305.7782 \end{pmatrix}\ (\text{N/m})$$

迭代过程列于表 1。

表 1 迭代过程

次数 \ 迭代值	v_1/cm	v_2/cm	v_1'/cm	v_2'/cm	$\zeta_1/(N\cdot m^{-1})$	$\zeta_2/(N\cdot m^{-1})$	$\zeta_1'/(N\cdot m^{-1})$	$\zeta_2'/(N\cdot m^{-1})$
1	14.340 2	1.704 5	11.032 9	1.020 8	137.820 6	349.195 2	140.933 6	305.778 2
2	14.768 3	2.039 3	11.297 7	1.193 6	100.749 4	340.863 3	119.441 5	304.054 8
3	14.792 0	2.062 7	11.307 9	1.201 2	99.237 3	337.447 3	118.632 4	303.429 3

根据收敛结果计算轴向位移，得到：$u_1=15.30$ cm；$u_2=7.648$ cm；$u_1'=17.591$ cm；$u_2'=9.551$ cm。与迭代初值误差不大，无须进行大循环迭代。于是可得到支架处摩擦力分量与弯头处内力的值为：

$$\begin{pmatrix}p_1\\p_2\\p_1'\\p_2'\end{pmatrix}=\begin{pmatrix}14.668\\6.955\\13.411\\3.645\end{pmatrix}\ (\mathrm{kN});\quad \begin{pmatrix}q_1\\q_2\\q_1'\\q_2'\end{pmatrix}=\begin{pmatrix}15.196\\25.836\\20.893\\29.047\end{pmatrix}\ (\mathrm{kN});\quad \begin{pmatrix}X_0\\Y_0\\M_Z\end{pmatrix}=\begin{pmatrix}13.846\ \mathrm{kN}\\16.821\ \mathrm{kN}\\70.460\ \mathrm{kN\cdot m}\end{pmatrix}$$

而弯头处的位移值为：

$$u_0=17.996\ \mathrm{cm};\quad v_0=21.043\ \mathrm{cm}$$

上述结果是在管内无内压的情况下计算的，实际情况下内压总是存在的。当内压 $p=100\ \mathrm{MN/m^2}$ 时，管道的位移与无内压时的管道位移值的比较列于表 2。

表 2 有、无内压时管道位移值的比较 （单位：cm）

	u_0	v_0	u_1	v_1	u_2	v_2	u_1'	v_1'	u_2'	v_2'
无内压	18.00	21.04	15.30	14.79	7.65	2.06	17.59	11.31	9.55	1.20
有内压	20.57	24.06	17.50	19.47	8.75	4.23	20.12	15.98	10.92	3.28

【例题 2】 图 6 中所示为蒸汽“U”形管道，已知 $r=38.5$ cm，各弯头曲率半径皆为 $R=154$ cm，$W=4.293$ kN/m，T=320 ℃，$E=200\ \mathrm{GN/m^2}$，$\alpha=0.12\times10^{-4}$ ℃$^{-1}$，$\mu=0.3$，试计算位移分量和摩擦力分量。

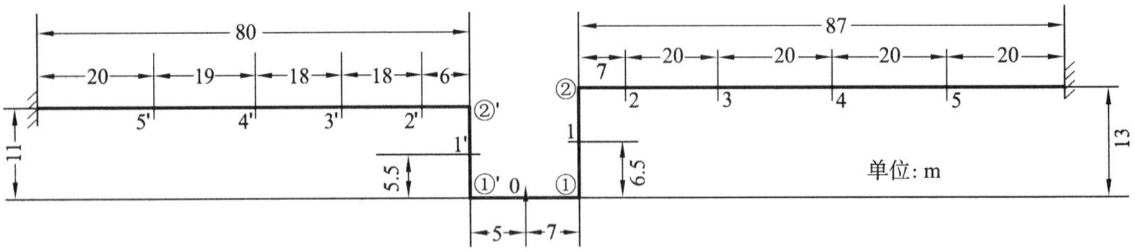

图 6 “U”形管系结构图

【解】 (1) 管系的支架反力为：

$(N_1,N_2,N_3,N_4,N_5)^T=(55.54, 70.19, 89.96, 84.76, 86,18)^T$ (kN)

$(N_1',N_2',N_3',N_4',N_5')^T=(31.82, 71.49, 77.72, 76.05, 81.48)^T$ (kN)

中央支架处的反力为 $Z_0=59.47$ kN。

(2) 由方程(28)～(33)写出的迭代方程简记为：

$$[A]\{p\}^T=\{b\}$$

其中，$[A]$为对称矩阵；

$$\{p\}^{\mathrm{T}}=(p_1,p_2,p_3,p_4,p_5;\ p'_1,p'_2,p'_3,p'_4,p'_5;\ N_0,M_Z/L',V_0)^{\mathrm{T}};$$

$\{b\}$与轴向位移值有关。

用类似于文献[1]的公式求出迭代初值，进行循环迭代求解，五次迭代收敛，其收敛结果（包括存在内压 $p=100\ \mathrm{MN/m^2}$ 时的迭代收敛结果）见表 3，4。

表 3　支架处的位移和摩擦力

	u/cm		v/cm		ζ/(kN·m^{-1})		p/kN		q/kN	
支架号	无内压	有内压	无内压	有内压	无内压	有内压	无内压	有内压	无内压	有内压
1	14.64	14.08	0.59	−6.58	113.75	107.20	0.68	−7.05	16.65	15.10
2	30.52	34.80	4.46	6.34	68.28	59.53	3.04	3.77	20.84	20.72
3	22.86	26.08	2.81	9.72	117.16	96.97	3.29	9.43	26.79	25.29
4	15.23	17.37	0.51	3.07	166.88	144.14	0.85	4.43	25.41	25.04
5	7.61	8.68	−0.06	0.12	339.88	297.90	−0.21	0.36	25.85	25.85
0	−0.59	−5.18	1.46	14.81	1 131.5	113.66	16.53	16.84	−6.71	−5.89
1′	14.52	18.32	1.96	−9.38	65.18	46.40	1.28	−4.35	9.46	8.50
2′	28.24	32.20	5.04	1.10	74.77	66.57	3.77	7.31	21.11	21.43
3′	21.35	24.35	3.25	7.13	107.98	91.91	3.51	6.55	23.05	22.38
4′	14.47	16.51	0.77	3.23	157.40	135.63	1.22	4.38	22.78	22.39
5′	7.61	8.68	−0.03	0.44	321.15	281.19	−0.09	1.24	24.44	24.41

表 4　弯头处的位移值　（单位：cm）

	u_{01}	v_{01}	u_{02}	v_{02}	u'_{01}	v'_{01}	u'_{02}	v'_{02}
无内压	−3.28	1.88	33.20	3.10	−1.33	0.18	30.54	4.05
有内压	−8.40	11.11	37.86	−5.41	2.84	11.74	34.82	−6.92

中央支架处的内力值为：

内压 $p=0$ 时，轴向力 $N_0=9.30\ \mathrm{kN}$；

剪切力 $V_0=7.35\ \mathrm{kN}$；

弯　矩 $M_Z=-65.45\ \mathrm{kN\cdot m}$。

内压 $p=100\ \mathrm{MN/m^2}$ 时，轴向力 $N_0=61.73\ \mathrm{kN}$；

剪切力 $V_0=9.58\ \mathrm{kN}$；

弯　矩 $M_Z=-427.37\ \mathrm{kN\cdot m}$。

参考文献

[1]　崔孝秉．架空热力管道的热膨胀位移分析．力学与实践，1986，8(5)

[2]　E. C. Rodabaugh, H. H. George. Effect of Internal Pressure on Flexibility and Stress Intensification Factors of Curved Pipe or Welding Elbows. Trans. ASME，1957，79：939～948

[3]　王致祥，等．管道应力分析与计算．北京：水利电力出版社，1983

架空热力管道数值结构分析的一种新方法

崔孝秉　仝兴华　蔡强康

一、概　述

输送热水、蒸汽或其他石油化工流体的架空热力管道，热胀时都受到支架摩擦力的作用。但是，现在常用的分析计算架空热力管道系统位移和应力的方法，如弹性中心法、等值刚度法，以及有限单元法等[1]，都没有明确提出如何能够准确考虑存在于管道与支架间摩擦力的影响。设计人员在设计这类管道时，一般都沿用50年代的“补偿段长度法”[2-3]，把“L”形管路臂长一律取20～25 m，“U”形管路臂长一律取40 D_W，换成无摩擦状态进行分析计算。因此，这些设计和分析方法都不能很好地反映管道的实际变形和受力情况，长期影响设计质量的提高，已不能满足我国电力、热力和石油化工工程发展的需要。

本文把变弹簧系数迭代法和有限单元法相结合，考虑各滑动支架的摩擦力向量，考虑管系各种可能的约束和连接条件(包括球型补偿器)，对管道系统进行了三维的数值结构分析研究，研制了专用于计算三维架空热力管道系统中热胀位移、内力和应力的“高级架空热力管道结构分析程序(AOPAP)”，经过国内几项大型架空蒸汽管道的参考性试用和小型试验，表明本文所提出的方法和程序比现在常用的方法和程序能更准确地反映管道的实际情况，提高设计的可靠性及质量。

二、变弹簧系数迭代法的基本思想[4]

管道系统热膨胀时，管道与支架间产生摩擦力。摩擦力作为被动力，它的方向与作用点的位移方向相反，大小由支架所受的正压力及摩擦系数决定。在计算中把摩擦力考虑进去后，系统的位移分析成为非线性问题，必须进行迭代计算。

设以 f 代表某滑动支架作用于管道的摩擦力向量的绝对值，以 $\bar{q}$ 和 $\bar{p}$ 分别代表此摩擦力沿管道轴向及横向的分量，同时以 $\bar{u}$ 和 $\bar{v}$ 分别代表摩擦约束点沿上述两个方向的位移分量。令：

$$\zeta=\frac{f}{(\bar{u}^2+\bar{v}^2)^{1/2}} \tag{1}$$

则摩擦力的两个分量可表示成位移的函数：

$$\left.\begin{aligned}\bar{q}&=-\zeta\bar{u}\\ \bar{p}&=-\zeta\bar{v}\end{aligned}\right\} \tag{2}$$

如果将 ζ 视为弹簧系数，则摩擦约束按式(2)所示关系，可以视为一种弹性约束，只是弹簧系数 ζ 为待定变量。只要给定 ζ 的初始近似值，则摩擦约束下的非线性问题就转化成为弹性约束下的线性问题。循环迭代进行分析计算，即可逼近摩擦约束下非线性问题的准确解。

三、变弹簧系数迭代法与有限单元法相结合求取架空热力管道的结构分析数值解

根据有限单元的理论，将一个三维架空热力管道系统分成有限个单元，写出每个单元的受力与变形的关系式，利用结点的位移连续条件及受力平衡条件，可以列出整个管系结点位移和结点力之间弹性关系的矩阵方程：

$$[K]\{D\}=\{F\} \tag{3}$$

式中$[K]$为管系的总体刚度矩阵，$\{D\}$为结点位移分量列阵，$\{F\}$为结点作用力分量列阵。一般情况下，在已知位移的边界上作用力为未知量，而在已知作用力的边界上位移为未知量。于是可将位移分量列阵$\{D\}$和作用力列阵$\{F\}$按已知和未知各分成两部分，改写成如下形式：

$$\{D\}=\begin{Bmatrix}\{D\}_T\\ \{D\}_u\end{Bmatrix} \tag{4}$$

$$\{F\}=\begin{Bmatrix}\{F\}_T\\ \{F\}_u\end{Bmatrix} \tag{5}$$

其中$\{D\}_T$和$\{F\}_T$分别表示已知作用力边界上的位移和作用力分量列阵，$\{D\}_u$和$\{F\}_u$分别表示已知位移边界上的位移和作用力分量列阵。

根据管系各结点的受力和约束条件，对式(3)进行初等变换，可以得到分块矩阵方程：

$$\begin{pmatrix}[K]_{11} & [K]_{12}\\ [K]_{21} & [K]_{22}\end{pmatrix}\begin{pmatrix}\{D\}_T\\ \{D\}_u\end{pmatrix}=\begin{pmatrix}\{F\}_T\\ \{F\}_u\end{pmatrix}$$

展开后成为：

$$[K]_{11}\{D\}_T+[K]_{12}\{D\}_u=\{F\}_T \tag{7}$$

$$[K]_{21}\{D\}_T+[K]_{22}\{D\}_u=\{F\}_u \tag{8}$$

由式(7)可求解出未知的结点位移：

$$\{D\}_T-[K]_{11}^{-1}(\{F\}_T-[K]_{12}\{D\}_u) \tag{9}$$

由式(8)可求解出未知的结点作用力：

$$\{F\}_u=[K]_{21}[K]_{11}^{-1}(\{F\}_T-[K]_{12}\{D\}_u)+[K]_{22}\{D\}_u \tag{10}$$

对于线性的弹性系统问题，这样便得到解决。

对于考虑支架摩擦力的三维架空热力管系，式(3)中的作用力列阵中包含着与位移相关的摩擦力分量，不能简单地通过上述过程一次得到问题的解答，必须进行迭代求解。设以$\{F\}_0$代表不考虑摩擦力的结点作用力列阵，以$\{F\}_f$代表管系有摩擦约束处的摩擦力列阵，则式(3)可写成：

$$[K]\{D\}=\{F\}_0+\{F\}_f \tag{11}$$

根据管系具体情况给定结点位移的迭代初始值$\{D\}_0$，按照式(1)、(2)确定初始的$\{F\}_f$，代入式(11)右端，而后求解出新的结点位移$\{D\}_1$，这就得到一次迭代的近似解。重复上述过程，可得一系列迭代解，直到收敛为止。最终求得考虑摩擦力作用时架空热力管系的位移分量、摩擦力分量、内力分量和应力分量等，为结构设计和强度检验提供较为准确的分析依据。

基于上述研究及工程使用的需要，采用 FORTRAN 语言专门研制了高级架空热力管道

结构分析程序(AOPAP)。该程序可在一般微型计算机上使用,可以处理具有直管、弯管及球形补偿器等元件的三维管系。程序中考虑了滑动支架、导向支架、固定支架和弹簧吊等各式支承条件,考虑了重力、内压和变温等各式外载。程序的输出内容有位移、内力、应力、支承反力和摩擦分量等,还可绘制管道系统在变形前后的图形。该程序在调通后曾对若干典型管系进行过模拟计算,配合某石化公司几条较大口径的高、中、低压的高温蒸汽架空管道的设计,进行过实际验算及优化工作,都获得较好的效果。

四、应用简例

下面举两个简单的计算结果和小型试验对比说明本文方法及程序的应用效果。

【例题 1】 图 1 所示是国内的一条 ϕ720 mm 大型架空蒸汽输送管线中的一段管道的水平管线结构。设计者使用 SAP5 通用程序以及其他专用的管道分析程序计算该管段位移场时,发现该管段中部的横向位移达到 500 mm 之多,与现场观察结果不符。后来使用 AOPAP程序核算,当取摩擦系数为零时,算得该管段中部的横向位移也是 500 mm 多;当取摩擦系数为实际数值 $\mu=0.1$ 时,算得该管段中部的横向位移只为 79.8 mm,与设计人员在现场观察测量到的结果基本符合。图 2 所示是 AOPAP 程序计算绘制的该段管线热胀变形图。图中变形位移的比例尺度放大了 10 倍。图中一条实线表示未曾变形的位置,另一条实线表示不考虑摩擦力时计算所得的变形后位置,而虚线表示的是考虑摩擦力时计算所得的变形后位置。

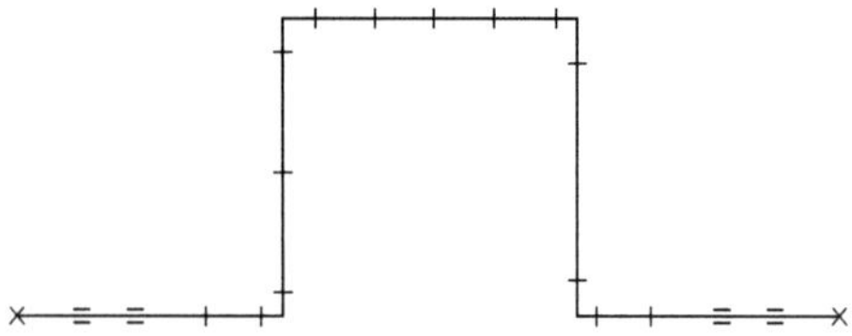

图 1 水平管线结构示意图

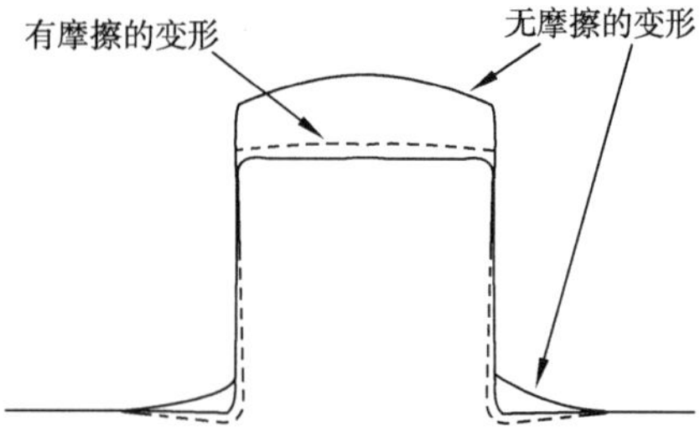

图 2 管线热胀变形图($\Delta T=300$ ℃)

【例题 2】 图 3 所示是进行小型试验的管系结构示意图。试验管系是一条新架设的供暖管线,用 AOPAP 程序计算了它的位移场,同时进行了实测,两者的对比结果表示在图 4 和图 5 中。图中的横坐标为活动支架顺序号,与图 3 中的支架顺序号一致。图中只比较支架处的管道位移值,中间连线只是为了方便区分,并无实际意义。由图可以看出,用 AOPAP 程序计算的结果与试验结果是比较一致的。

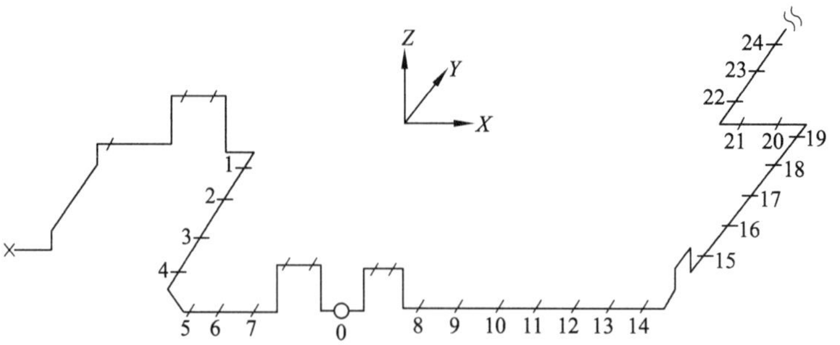

图 3 试验管线结构图

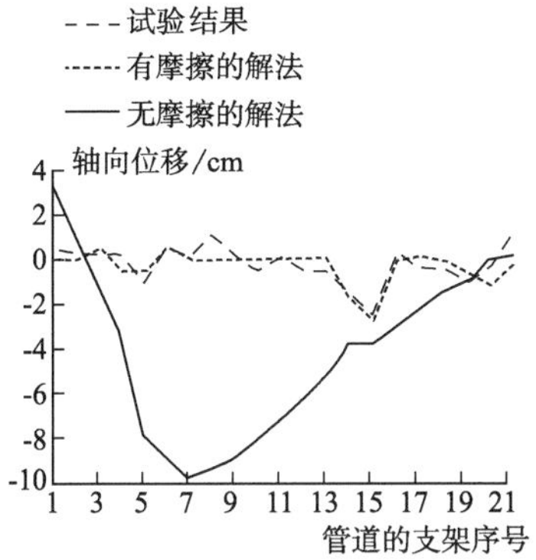

图 4 管道横向位移值的比较

（$\Delta T=60$ ℃）

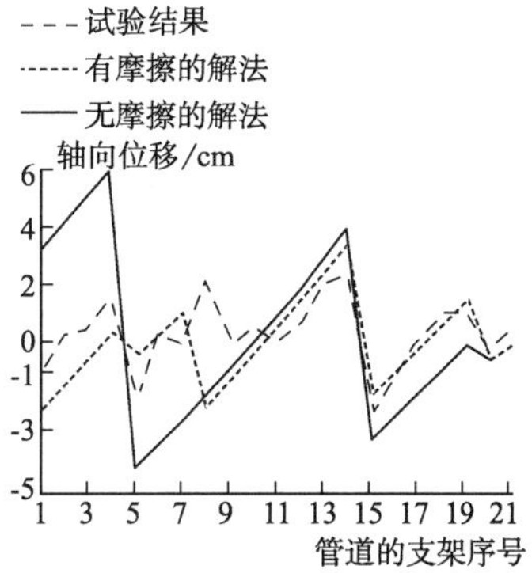

图 5 管道轴向位移值的比较

（$\Delta T=60$ ℃）

五、结 束 语

通过以上的理论分析和应用简例可以看出，架空热力管道系统中支架摩擦力的影响是不能忽略的。由于不考虑摩擦力时计算出的管道横向热膨胀位移偏大，从而要求较大的支架，这在长距离管线中将会浪费相当一部分投资。此外，在大型的走向比较复杂的三维架空热力管系中，不考虑摩擦力时算出的热胀内力也是不太可靠的，因为摩擦力限制了一部分热胀位移，会使管系中的热胀内力有所提高。因此，不考虑摩擦力影响的设计方案，其安全性不能令人完全放心。由于本文所提出的理论方法和应用程序能够比较准确地反映管道系统受力及变形的实际情况，因而可为管道工程的结构设计提供可靠的、经济的设计方案。

参考文献

[1] 王致祥，等. 管道应力分析与计算. 北京：水利电力出版社，1983

[2] E. Я. 沙科洛夫. 热力网. 高等教育出版社，1954

[3] 哈尔滨建筑工程学院，等. 供热工程. 中国建筑工业出版社，1985

[4] 崔孝秉. 架空热力管道的热膨胀位移分析. 力学与实践，1986，8(5)

弹性抗弯铰模型在管系结构分析中的应用

仝兴华 崔孝秉 蔡强康

摘要： 本文讨论了管道弯头的力学简化模型——弹性抗弯铰在管系结构分析中的应用，给出了考虑结点柔性的直管单元的单元刚度矩阵和等效结点载荷。与传统的弯管单元相比较，文中给出的方法可以减少单元和结点数目，节约计算机内存空间和计算时间，并能得到工程上较为满意的结果。

关键词： 管道；弯头；弹性抗弯铰；力学模型

一、概 述

一般的架空热力管道系统都是由许多直管和弯管组成的。用有限单元法对管系进行结构分析时，对弯管的处理方法一般有两种：一是用与弯管截面相等的几根直管组成的折线管来代替弯管[1]；二是使用弯管单元[2-3]。这两类方法普遍存在的问题是，由于一般情况下架空热力管道系统的直管段长度与弯管段长度相差很大，用有限元法求解时存在单元形态问题，影响计算精度；将每个弯管都划分成一个或多个单元，使得单元和结点数目增多，系统自由度数增大，占用较大的计算机内存空间。现已证明，在弯管段长度与直管段长度比值很小时，可以用"弹性抗弯铰"模型来代替弯头[4]。本文以平面"U"形管系为例，讨论管道弯头的力学简化模型——弹性抗弯铰在管系结构分析中的应用。

二、弹性抗弯铰模型的单元刚度矩阵

按文献[4]的分析，当管系中的直管段较长、弯头弧长较短时，弯头各截面的内力相差较小，因而在分析中可将弯头的几何尺寸略去不计，只保留它的抗弯柔性；将弯头简化成能够传递弯矩的铰链模型，即称之为弹性抗弯铰，见图1。弹性抗弯铰传递的弯矩 M 与它所代替的弯头的夹角变化量 $\Delta\phi$ 成正比，记成：

$$M=k\Delta\phi$$

其中，k 为抗弯刚度，即

$$k=E\pi rt^2/1.65\phi$$

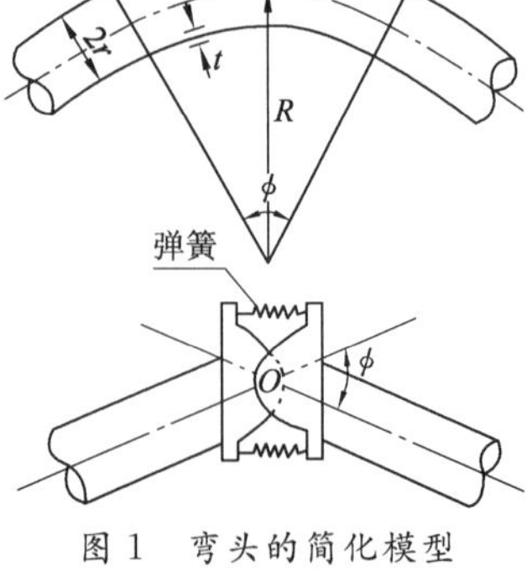

图1 弯头的简化模型

如需考虑内压影响，则：

$$k=\frac{E\pi rt^2}{1.65\phi}\left[1+\frac{6p^* r}{Et}\left(\frac{r}{t}\right)^{4/3}\left(\frac{R}{r}\right)^{1/3}\right]$$

上面各式中，k 为抗弯刚度；E 为材料的弹性模量；r 为管子的平均半径；p^* 为管道内压；t 为管子壁厚；R 为弯头的曲率半径；ϕ 为弯头的夹角。

用弹性抗弯铰来代替弯头单元，即把弯头单元简化成一个忽略几何尺寸、只考虑抗弯特性的"点"单元(图 2)，则容易得到弹性抗弯铰模型单元刚度矩阵。为了方便起见，只以平面管系为例，弹性抗弯铰模型单元的单元刚度矩阵为：

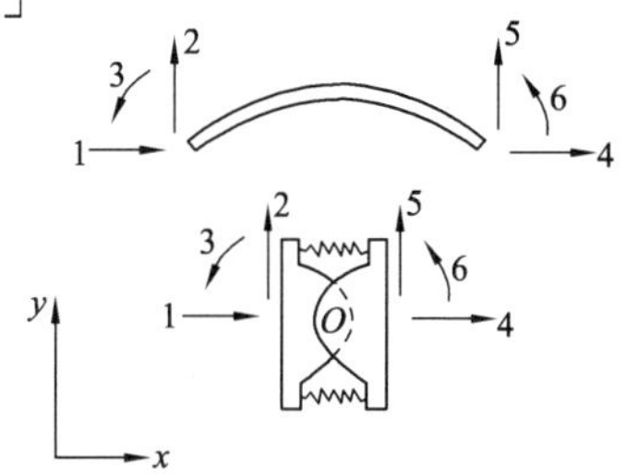

图 2　弯头单元的简化模型

$$[K]^*=\begin{pmatrix} 10^n & & & & & \\ 0 & 10^n & & \text{对} & & \\ 0 & 0 & k & & & \\ -10^n & 0 & 0 & 10^n & & \text{称} \\ 0 & -10^n & 0 & 0 & 10^n & \\ 0 & 0 & -k & 0 & 0 & k \end{pmatrix} \tag{1}$$

其中，n 代表一个大数；k 为弹性抗弯铰的抗弯刚度。

三、结点柔度矩阵与结点刚度矩阵

不失一般性，以平面直管单元为例，设一平面直管单元 ij，建立局部坐标系(见图 3)。

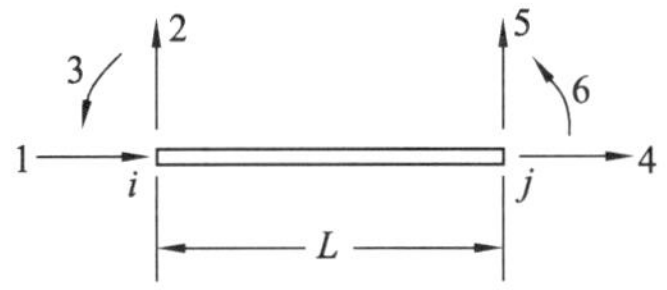

图 3　平面直管单元

首先令 j 端固定，在 i 端作用一个与坐标 1，2，3 方向一致的单位载荷，则定义 i 点的柔度矩阵为由这些单位载荷在 i 点产生的位移，即有：

$$[f]_{ii}=\begin{pmatrix} \frac{L}{EA} & 0 & 0 \\ 0 & \frac{L^3}{3EJ} & -\frac{L^2}{2EJ} \\ 0 & -\frac{L^2}{2EJ} & \frac{L}{EJ} \end{pmatrix}$$

定义结点刚度矩阵为结点柔度矩阵的逆矩阵，于是 i 点的刚度矩阵为：

$$[K]_{ii}=[f]_{ii}^{-1}=\begin{pmatrix} \frac{EA}{L} & 0 & 0 \\ 0 & \frac{12EJ}{L^3} & \frac{6EJ}{L^2} \\ 0 & \frac{6EJ}{L^2} & \frac{4EJ}{L} \end{pmatrix}$$

同理可得 j 点的柔度矩阵和刚度矩阵分别为：

$$[f]_{jj}=\begin{bmatrix}\frac{L}{EA} & 0 & 0\\ 0 & \frac{L^3}{3EJ} & \frac{L^2}{2EJ}\\ 0 & \frac{L^2}{2EJ} & \frac{L}{EJ}\end{bmatrix}$$

$$[K]_{jj}=[f]_{jj}^{-1}=\begin{bmatrix}\frac{EA}{L} & 0 & 0\\ 0 & \frac{12EJ}{L^3} & -\frac{6EJ}{L^2}\\ 0 & -\frac{6EJ}{L^2} & \frac{4EJ}{L}\end{bmatrix}$$

列出 i,j 点力的平衡方程：

$$\begin{cases}X_i+X_j=0\\ Y_i+Y_j=0\\ M_i+M_j+Y_jL=0\end{cases}$$

写成矩阵形式：

$$\begin{Bmatrix}X_i\\ Y_i\\ M_i\end{Bmatrix}=\begin{bmatrix}-1 & 0 & 0\\ 0 & -1 & 0\\ 0 & -L & -1\end{bmatrix}\begin{Bmatrix}X_j\\ Y_j\\ M_j\end{Bmatrix}$$

简记为：

$$\{F\}_i=[H]_{ij}\{F\}_j$$

其中，

$$[H]_{ij}=\begin{bmatrix}-1 & 0 & 0\\ 0 & -1 & 0\\ 0 & -L & -1\end{bmatrix}$$

为由 j 点到 i 点的力转换矩阵。则 i 和 j 点的交叉刚度矩阵为：

$$[K]_{ij}=[H]_{ij}[K]_{jj}=\begin{bmatrix}-\frac{EA}{L} & 0 & 0\\ 0 & -\frac{12EJ}{L^3} & \frac{6EJ}{L^2}\\ 0 & -\frac{6EJ}{L^2} & \frac{2EJ}{L}\end{bmatrix}$$

$$[K]_{ji}=[H]_{ji}[K]_{ii}=[K]_{ij}^{\mathrm{T}}$$

根据上述分析，平面直管单元的单元刚度矩阵可写成：

$$[K]=\left[\begin{array}{c:c}[K]_{ii} & [K]_{ij}\\ \hdashline [K]_{ji} & [K]_{jj}\end{array}\right] \tag{2}$$

四、平面 U 形管系的组合刚度矩阵

设有平面 U 形管系，三根直管段，两个弯头(图 4(a))。用弹性抗弯铰来代替弯头，得到另一个模型管系，见图 4(b)。对模型管系进行划分，其结点、单元和自由度编号如图 4(c)所

示。为了便于讨论,不妨设各单元坐标系与整体坐标系一致。

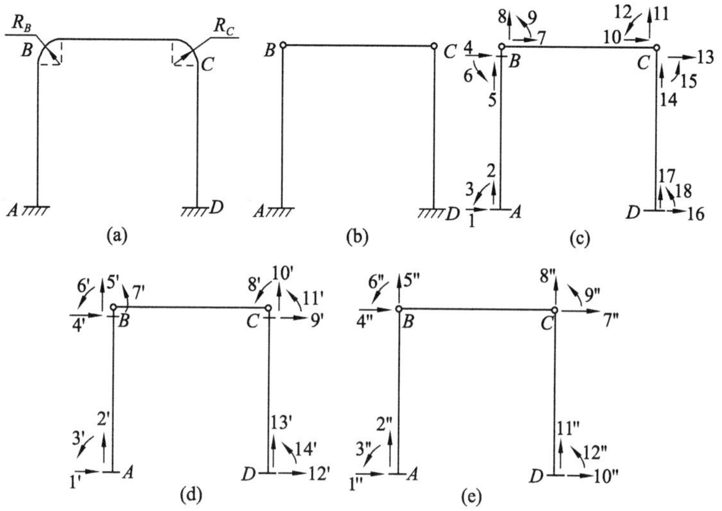

图 4　U 形管系的简化

根据图 4(c)所示的单元和结点划分,可以分别写出各直管单元和弹性抗弯铰模型单元的单元刚度矩阵,各单元刚度矩阵写成分块矩阵的形式为:

直管单元 AB:

$$[K]_{AB}=\begin{pmatrix}[K]_{11} & [K]_{12}\\ [K]_{21} & [K]_{22}\end{pmatrix}\tag{3}$$

弯管单元 B:

$$[K]_B^*=\begin{pmatrix}[K]_{22}^* & [K]_{23}^*\\ [K]_{32}^* & [K]_{33}^*\end{pmatrix}\tag{4}$$

直管单元 BC:

$$[K]_{BC}=\begin{pmatrix}[K]_{33} & [K]_{34}\\ [K]_{43} & [K]_{44}\end{pmatrix}\tag{5}$$

弯管单元 C:

$$[K]_C^*=\begin{pmatrix}[K]_{44}^* & [K]_{45}^*\\ [K]_{54}^* & [K]_{55}^*\end{pmatrix}\tag{6}$$

直管单元 CD:

$$[K]_{CD}=\begin{pmatrix}[K]_{55} & [K]_{56}\\ [K]_{65} & [K]_{66}\end{pmatrix}\tag{7}$$

式(4)形如式(1),把式(1)中的抗弯刚度 k 变成 k_B,便成为式(4)。同样,把式(1)中的元素 k 变成 k_C,便成为式(6)。这里的 k_B 和 k_C 分别是弹性抗弯铰 B 和 C 的抗弯刚度。

由以上各式得出平面 U 形管系的组合刚度矩阵为:

$$
[\widetilde{K}]_C=\begin{bmatrix}
[K]_{11} & & & & & \\
[K]_{21} & [K]_{22}+[K]_{22}^{*} & & \text{对} & & \\
[0] & [K]_{32}^{*} & [K]_{33}^{*}+[K]_{33} & & & \\
[0] & [0] & [K]_{43} & [K]_{44}+[K]_{44}^{*} & & \text{称} \\
[0] & [0] & [0] & [K]_{54}^{*} & [K]_{55}^{*}+[K]_{55} & \\
[0] & [0] & [0] & [0] & [K]_{65} & [K]_{66}
\end{bmatrix} \tag{8}
$$

式中各分块矩阵由式(3)～式(7)确定。

五、组合刚度矩阵的缩并与凝聚

根据弹性抗弯铰模型的基本假定，把结点 2 和 3 以及结点 4 和 5 的线位移进行合并，即把相同的位移用同一变量来表示，这样便可把图 4(c)的位移模式变换成为图 4(d)的形式。其中位移间的变换关系为：

$$
\begin{aligned}
&D_1=D'_1; && D_2=D'_2; && D_3=D'_3;\\
&D_4=D_7=D'_4; && D_5=D_8=D'_5; && D_6=D'_6;\\
&D_9=D'_6+D'_7; && D_{10}=D_{13}=D'_9; && D_{11}=D_{14}=D'_{10};\\
&D_{12}=D'_{11}-D'_8; && D_{15}=D'_{11}; && D_{16}=D'_{12};\\
&D_{17}=D'_{13}; && D_{18}=D'_{14}
\end{aligned}
$$

为了推导方便，把由于弯头柔性所产生的附加转动位移 D'_7 和 D'_8 都集中在直管单元 BC 上，D'_7 表示弯头 B 的附加转动位移，D'_8 表示弯头 C 的附加转动位移。

以上各式写成矩阵形式为：

$$
\{D\}=[T]\{D\}' \tag{9}
$$

其中， $\{D\}=(D_1 D_2 \cdots D_{18})^{\mathrm{T}}$； $\{D\}'=(D'_1 D'_2 \cdots D'_{14})^{\mathrm{T}}$

得到系统缩并后(图 4(d))的总体刚度矩阵为：

$$
[\widetilde{K}]'_C=[T]^{\mathrm{T}}[\widetilde{K}]_C[T] \tag{10}
$$

系统的作用力方程可写成：

$$
[\widetilde{K}]'_C\{D\}'=\{P\}' \tag{11}
$$

式中，$\{P\}'=(P'_1 P'_2 \cdots P'_{14})^{\mathrm{T}}$表示对应于图 4(d)所示的位移分量的结点载荷和等效结点载荷。

为了把弯头的柔性在直管单元上表现出来，对方程(11)进行静力凝聚，记为：

$$
\begin{aligned}
&\{D\}'_1=(D'_1 D'_2 D'_3 D'_4 D'_5 D'_6)^{\mathrm{T}}\\
&\{D\}'_2=(D'_7 D'_8)^{\mathrm{T}}\\
&\{D\}'_3=(D'_9 D'_{10} D'_{11} D'_{12} D'_{13} D'_{14})^{\mathrm{T}}
\end{aligned}
$$

可把方程(11)写成分块矩阵的形式：

$$
\begin{bmatrix}
[K]'_{11} & [K]'_{12} & [K]'_{13}\\
[K]'_{21} & [K]'_{22} & [K]'_{23}\\
[K]'_{31} & [K]'_{32} & [K]'_{33}
\end{bmatrix}
\begin{Bmatrix}\{D\}'_1\\ \{D\}'_2\\ \{D\}'_3\end{Bmatrix}
=
\begin{Bmatrix}\{P\}'_1\\ \{P\}'_2\\ \{P\}'_3\end{Bmatrix} \tag{12}
$$

其展开式为：

$$\{K\}'_{11}\{D\}'_1+\{K\}'_{12}\{D\}'_2+\{K\}'_{13}\{D\}'_3=\{P\}'_1 \tag{13}$$

$$\{K\}'_{21}\{D\}'_1+\{K\}'_{22}\{D\}'_2+\{K\}'_{23}\{D\}'_3=\{P\}'_2 \tag{14}$$

$$\{K\}'_{31}\{D\}'_1+\{K\}'_{32}\{D\}'_2+\{K\}'_{33}\{D\}'_3=\{P\}'_3 \tag{15}$$

由式(14)得：

$$\{D\}'_2=[K]'^{-1}_{22}(\{P\}'_2-[K]'_{21}\{D\}'_1-[K]'_{23}\{D\}'_3) \tag{16}$$

代入式(13)和(15)，经整理后得：

$$\begin{bmatrix}[K]'_{11}-[K]'_{12}[K]'^{-1}_{22}[K]'_{21} & [K]'_{13}-[K]'_{12}[K]'^{-1}_{22}[K]'_{23}\\ [K]'_{31}-[K]'_{32}[K]'^{-1}_{22}[K]'_{21} & [K]'_{33}-[K]'_{32}[K]'^{-1}_{22}[K]'_{23}\end{bmatrix}\begin{Bmatrix}\{D\}'_1\\ \{D\}'_3\end{Bmatrix}=\begin{Bmatrix}\{P\}'_1-[K]'_{12}[K]'^{-1}_{22}\{P\}'_2\\ \{P\}'_3-[K]'_{32}[K]'^{-1}_{22}\{P\}'_2\end{Bmatrix} \tag{17}$$

这样便可把附加位移 D'_7，D'_8 静力凝聚掉。基本位移量由 14 个减少到 12 个，见图 4(e)。方程(17)可以简记为：

$$[\widetilde{K}]''_C\{D\}''=\{P\}'' \tag{18}$$

其中，

$$\{D\}''=(D''_1D''_2\cdots D''_{12})^{\mathrm{T}}$$

$$[\widetilde{K}]''_C=\begin{bmatrix}[K]'_{11}-[K]'_{12}[K]'^{-1}_{22}[K]'_{21} & [K]'_{13}-[K]'_{12}[K]'^{-1}_{22}[K]'_{23}\\ [K]'_{31}-[K]'_{32}[K]'^{-1}_{22}[K]'_{21} & [K]'_{33}-[K]'_{32}[K]'^{-1}_{22}[K]'_{23}\end{bmatrix} \tag{19}$$

$[\widetilde{K}]''_C$ 为静力凝聚后的系统，即图 4(e)的总体刚度矩阵。

六、具有结点柔性的直管单元的单元刚度矩阵

从以上的分析可以看出，当管系中的直管段长度与弯管段长度相比很大时，可以用弹性抗弯铰模型来代替弯头，可减少系统自由度数。同时，对式(19)中的刚度矩阵元素进行分析，可以把静力凝聚后的管道系统的总体刚度矩阵分解成以下三个单元刚度矩阵的组合：

$$[\widetilde{K}]''_C=[K]''_{AB}\cup[K]''_{BC}\cup[K]''_{CD} \tag{20}$$

式中，$[K]''_{AB}$，$[K]''_{BC}$ 和 $[K]''_{CD}$ 分别表示凝聚系统中单元 AB，BC 和 CD 的单元刚度矩阵，其中 AB 和 CD 单元的单元刚度矩阵无变化，而单元 BC 的两端带有弹性抗弯铰，单元刚度矩阵有变化。设不带弹性抗弯铰的直管单元 BC 的单元刚度矩阵为 $[K]_{BC}=[k_{ij}]_{6\times6}$，则两端带有弹性抗弯铰的直管单元 BC 的单元刚度矩阵为：

$$[K]''_{BC}=(k''_{ij})_{6\times6}$$

其中，

$$k''_{ij}=k_{ij}-\frac{1}{R}[(k_B+k_{33})k_{i6}k_{j6}+(k_C+k_{66})k_{i3}k_{j3}-k_{36}(k_{i3}k_{j6}+k_{j3}k_{i6})]$$

$$(i,j=1,2,\cdots,6)$$

式中，

$$R=(k_B+k_{33})(k_C+k_{66})-k_{36}^2$$

为了讨论方便，引入结点柔性的概念。设有一平面直管单元 AB，两端有弯矩 M 作用(图 5)。如果在结点 A(或 B)的无穷小邻域里结点转动有突变，则称此结点 $A(B)$ 具有柔性，称此直管单元为具有结点柔性的直管单元。很显然，两端带有弹性抗弯铰的直管单元为具有结点柔性的直管单元。

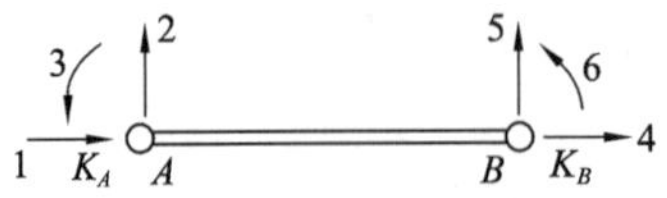

图 5 具有结点柔性的平面直管单元

根据前面的讨论，若图 5 所示的具有结点柔性的平面直管单元 AB 的两端部抗弯刚度分别以 k_A 和 k_B 表示，则此具有结点柔性的平面直管单元的单元刚度矩阵为：

$$[K]''=(k''_{ij})_{6\times 6}$$

其中，

$$k''_{ij}=k_{ij}-\frac{1}{R}[(k_A+k_{33})k_{i6}k_{j6}+(k_B+k_{66})k_{i3}k_{j3}-k_{36}(k_{i3}k_{j6}+k_{j3}k_{i6})] \quad (i,j=1,2,\cdots,6) \tag{21}$$

式中，

$$R=(k_A+k_{33})(k_B+k_{66})-k_{36}^2$$

$k_{ij}(i,j=1,2,\cdots,6)$为一般平面直管单元的单元刚度矩阵的元素。这样，便可由一般的平面直管单元的单元刚度矩阵求出具有结点柔性的平面直管单元的单元刚度矩阵。

讨论如下：

(1) 若 $k_A=\infty$，表示单元 A 端无柔性，B 端为柔性结点，则由式(21)得到单元刚度矩阵的元素为：

$$k''_{ij}=k_{ij}-(k_B+k_{66})^{-1}k_{i6}k_{j6} \quad (i,j=1,2,\cdots,6) \tag{22}$$

(2) 若 $k_A=\infty$，$k_B=0$，表示单元 A 端为刚性结点，B 端为铰链结点，则由式(21)得到单元刚度矩阵的元素为：

$$k''_{ij}=k_{ij}-k_{i6}k_{j6}/k_{66} \quad (i,j=1,2,\cdots,6) \tag{23}$$

因此，在分析热力管道系统时，可把弯头、球形补偿器等简化成结点柔性的影响。这样，一个管系便是由一系列直管单元组成的，这些直管单元的端部或者是刚性结点，或者是柔性结点，或者是铰结点。

上述结论可以类似地推广到空间管系的情况。

七、具有结点柔性的直管单元的等效结点载荷

一般利用形函数来计算单元载荷的等效结点载荷。对于杆系结构，则用查表求固端反力来确定等效结点载荷。对于具有结点柔性的直管单元，由于固端反力无表可查，形函数计算又较为复杂，因此可利用结点刚度矩阵来确定其等效结点载荷。

设有一平面直管单元 AB，结点 A 和 B 为柔性结点，其抗弯刚度分别为 k_A 和 k_B，单元上作用有均布载荷，温度变化 ΔT(图 6)。

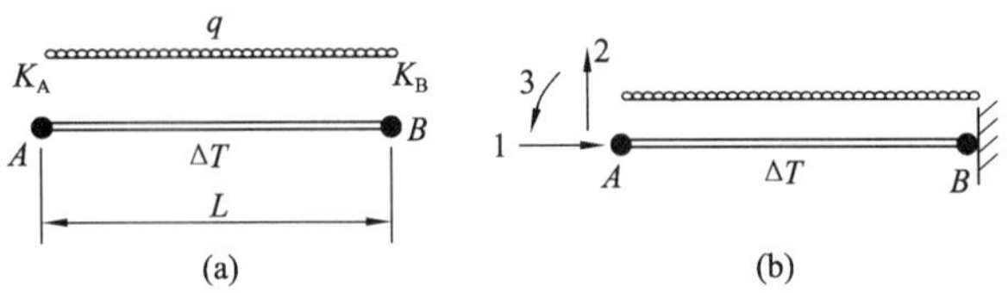

图 6 确定等效结点载荷

为了求出单元载荷的等效结点载荷，先令 A 端自由、B 端固定，见图 6(b)，求出均布载荷 q 作用下的 A 端位移$\{D\}_A^q$：

$$\{D\}_A^q=\begin{Bmatrix}u_A\\v_A\\\theta_A\end{Bmatrix}=\begin{Bmatrix}-a\Delta TL\\-\dfrac{qL^4}{8EJ}-\dfrac{qL^3}{2k_B}\\\dfrac{qL^3}{6EJ}+\dfrac{qL^2}{2k_B}\end{Bmatrix}$$

根据等效结点载荷的定义，A 端的等效结点载荷应满足条件：

$$[f]_{AA}\{P\}_A^q=\{D\}_A^q \tag{24}$$

于是可得到 A 端的等效结点载荷为：

$$\{P\}_A^q=[K]_{AA}\{D\}_A^q \tag{25}$$

同理可求出 B 端的等效结点载荷为：

$$\{P\}_B^q=[K]_{BB}\{D\}_B^q \tag{26}$$

此处的$[K]_{AA}$，$[K]_{BB}$分别为具有结点柔性的平面直管单元的 A 点和 B 点的结点刚度矩阵。

八、计算简例与讨论

根据以上讨论，编制了相应的有限单元法程序。现用两个计算简例来说明上述方法的应用。

【例题 1】 设有铅垂面内的 U 形管道如图 7(a)所示。已知：弹性模量 $E=2.1\times10^5$ MPa；泊松系数 $\nu=0.3$；管道直径 $D=0.30$ m；管壁厚度 $t=0.006$ m；温度升高 $\Delta T=150$ ℃；热胀系数 $\alpha=0.000\ 012\ 4$ ℃$^{-1}$；管道自重 $w=0.001$ MN/m，不考虑内压和剪切影响。四个弯头的尺寸和材料相同，曲率半径 $R=0.50$ m，材料性质与直管段相同。

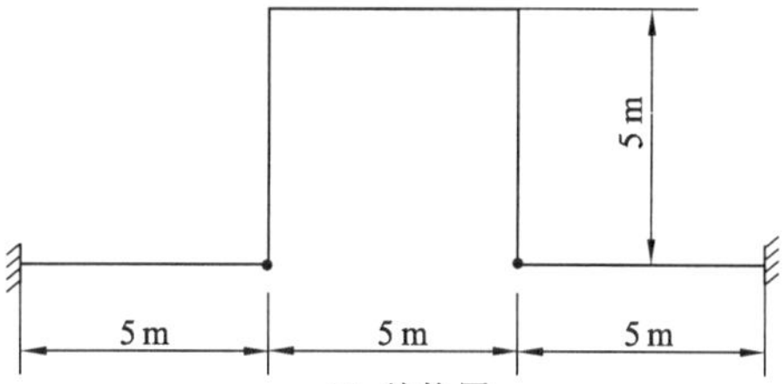

(a) 结构图

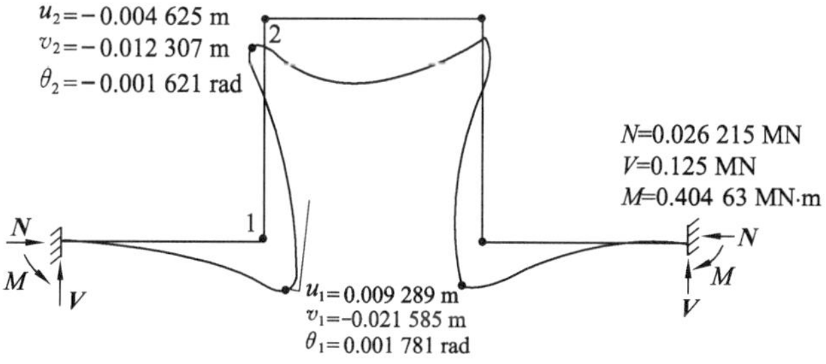

(b) 固端力和位移

图 7　U 形管系

把整个系统划分为 5 个单元，6 个结点，把弯头简化成弹性抗弯铰作为柔性结点考虑到直管单元中去。位移的计算结果见图 7(b)。固端反力为：

$$N=0.026\ 215\ \text{MN};\quad V=0.125\ \text{MN};\quad M=0.404\ 63\ \text{MN}\cdot\text{m}$$

该结果和利用力法解静不定问题的计算结果完全一致，说明所讨论的刚度矩阵的凝聚和等效结点载荷的计算方法是正确的。

【例题 2】 水平 L 形架空热力管道见图 8，已知：$E=2.0\times10^5$ MPa，$\nu=0.3$，$D=0.72$ m，$t=0.009$ m，$\Delta T=240$ ℃，$\alpha=0.000\,012$ ℃$^{-1}$，$w=0.003\,1$ MN/m，$R=1.5D$。用不同的方法进行对比分析。

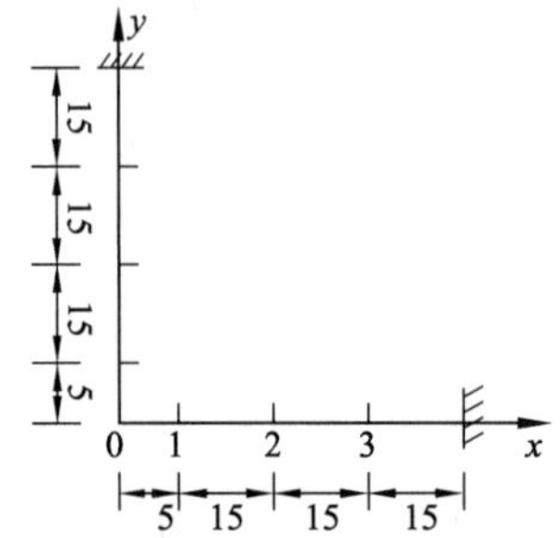

图 8　水平 L 形架空热力管道(单位：m)

记本文所讨论的方法为方法Ⅰ，记变弹簧系数迭代法为方法Ⅱ[6-7]，记把弯头作为单独单元的方法为方法Ⅲ，三种方法的计算结果见附表。

附表　结点位移与弯头处内力

结　点	位 移(内力)	摩擦系数 $\mu=0$			摩擦系数 $\mu=0.3$		
		方法Ⅰ	方法Ⅱ	方法Ⅲ	方法Ⅰ	方法Ⅱ	方法Ⅲ
0	轴 向 u/m	0.144	0.144	0.143	0.144	0.144	0.142
	横 向 v/m	0.144	0.144	0.143	0.144	0.144	0.142
1	轴 向 u/m	0.130	0.130	0.130	0.129	0.129	0.129
	横 向 v/m	0.130	0.130	0.132	0.118	0.117	0.123
2	轴 向 u/m	0.086	0.086	0.086	0.086	0.086	0.086
	横 向 v/m	0.075	0.075	0.077	0.044	0.041	0.047
3	轴 向 u/m	0.043	0.043	0.043	0.043	0.043	0.043
	横 向 v/m	0.023	0.023	0.024	0.006	0.005	0.007
弯头处内力	轴向力 N/MN	0.020	0.020	0.021	0.107	0.122	0.112
	弯矩 M/(MN・m)	0.357	0.366	0.377	0.641	0.684	0.634

由表可以看出，三种方法得到的计算结果是非常接近的。这表明用弹性抗弯铰模型来替代弯头的方法可以应用在架空热力管道上，并能得到较好的计算结果。同时，由于架空热力管道中有许多弯头和球型补偿器，利用具有结点柔性的直管单元来处理这些弯头和球型补偿器，可以减少单元和结点数目，节省计算机内存空间和计算时间。

参考文献

[1]　蔡强康，吕英民. 埋地热输管线的内力和应力计算. 华东石油学院学报，1978，2(2)

[2]　L. H. Sobel. In-Plane Bending of Elbows. Computers and Structures，1977，7(6)：701-715

[3]　吕英民. 四结点等参数弯管单元. 华东石油学院学报，1983，7(4)

[4]　崔孝秉. 埋地长输管道热胀内力近似分析. 力学学报，1984，16(1)

[5]　赵超燮. 结构矩阵分析原理. 人民教育出版社，1983

[6]　崔孝秉. 架空热力管道的热膨胀位移分析. 力学与实践，1985，8(5)

[7]　仝兴华，崔孝秉，蔡强康. 架空热力管道热胀位移的进一步分析. 石油大学学报(自然科学版)，1989，13(1)

管系球形补偿器的受力分析及其应用

崔孝秉　仝兴华　蔡强康

摘要： 球形补偿器是管系热补偿中的新结构。本文在对其进行力学简化的基础上分析了纳入系统计算处理的方法，最后列举了应用实例。

关键词： 球形补偿器；热力管道；结构分析

在热力管道设计中，为保证管系的安全运行，必须考虑对其热膨胀位移进行补偿。过去常用的方法是，利用弯头柔性变形来吸收直管段的热胀位移，但这种方法往往要受到地形和工艺流程等的限制。球形补偿器（简称"球补"）是管系热补偿的一项新技术。它具有补偿能力大、流体阻力小、管线热损失小和占地少等优点，其应用越来越广泛。但迄今对该补偿器只有一些定性的讨论，尚缺乏系统的定量研究。本文经过力学简化，分析了纳入系统计算处理的两种方法。

一、球形补偿器的力学模型

球形补偿器在管系中的设置、动作和热胀后的位移（虚线）见图 1(a)所示[1]。鉴于该补偿器的几何尺寸相对很小，故可简化看成是一个铰链来处理，当其产生相对转动时存在一个常数抵抗力矩，见图 1(b)。

二、元件分析

经上述简化后图 1(a)结构便可简化为图 1(c)所示的铰链结构，其受力分析见图 2。由该图受力关系可看出其内力分量有以下特点：

(1) 因 M 为常数抵抗力矩，故其方向应与相对转角相反。

(2) 两"球补"间的直管段上没有滑动支架时，剪力与弯矩的平衡关系为：

$$V=2M/L \tag{1}$$

(3) 轴向力因"球补"段本身的静力关系无法确定，必须根据管系结构分析后决定。

由图 2 还可看出，"球补"靠近弯头两端的弯矩应为：

$$M_1=M+Va \tag{2}$$

$$M_2=M+V(a+R)-NR \tag{3}$$

式中，a 为"球补"到弯头的直管段长度；R 为弯头的曲率半径。由此可知，欲使该弯头弯矩值降低，应采取以下措施：① 尽量采用高质量的球形补偿器，即抵抗力矩较小一些的"球补"；② 为减小"球补"处的剪力，若条件允许则应适当增大"球补"间距 L；③ 应尽量缩短力臂长度 a；④ 在靠近弯头的上下直管段处，应设置导向支架，以限制管子的横向位移，并使轴力 N 适当增加。但该支架不能靠弯头太近，否则"球补"段 L 热胀（包括由于球补转动所产生的位移影响）后若得不到释放，就会发生失稳。

还应指出，为考察轴力 N 的影响，应对管系进行更精确的分析。当“球补”间距 L 较大，且其间又设置有支架时，支架摩擦力的存在必然使得“球补”处的剪力出现重新分配，$V=2M/L$ 关系也不适用。此时“球补”处的剪力就需要通过管系结构精确分析来解决。

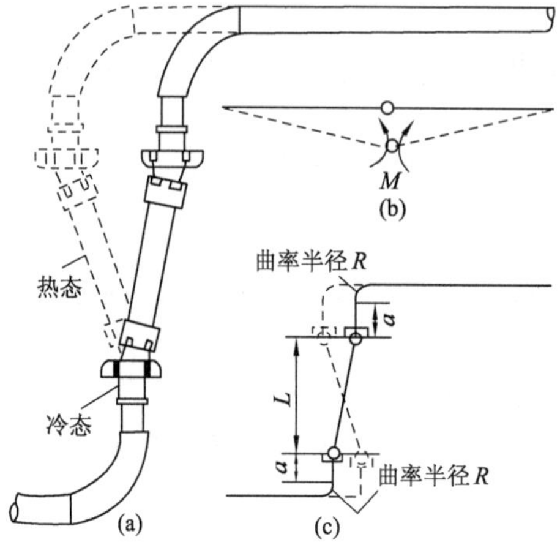

图 1 球形补偿器的动作原理及力学模型

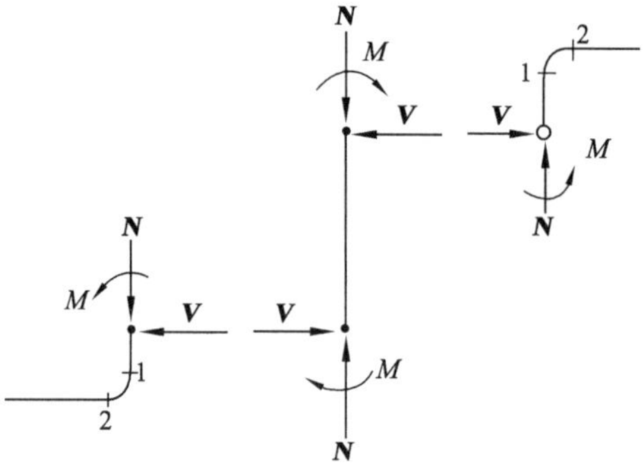

图 2 受力分析图

三、纳入系统计算的处理方法

既然“球补”可以简化为一个具有上述力学特性的铰链模型，那么也可按以下两种方法纳入系统进行计算。

1 读入单元刚度矩阵法

根据铰链处位移连续而转角不连续的性质，可把铰链作为一个特殊单元，并用读入单元刚度矩阵的方法进行处理。为不失其一般性，对平面管系中的球形补偿器，其读入单元刚度矩阵为：

$$[R]=\begin{pmatrix} 10^n & 0 & 0 & -10^n & 0 & 0 \\ 0 & 10^n & 0 & 0 & -10^n & 0 \\ 0 & 0 & 0 & 0 & 0 & 0 \\ -10^n & 0 & 0 & 10^n & 0 & 0 \\ 0 & -10^n & 0 & 0 & 10^n & 0 \\ 0 & 0 & 0 & 0 & 0 & 0 \end{pmatrix} \tag{4}$$

式中，n 为一个大数。

把“球补”转动抵抗力矩作为结点载荷输入，方向如前所述。但这种常规处理方法有一个计算机计算精度问题。尽管理论上 $n\to\infty$ 时铰链处位移连续，转角不连续的条件能精确满足，但当 n 值过大时总体刚度矩阵便会成为奇异矩阵。且计算机不同，其计算精度亦不同，n 的取值也不能一定。因此，用该法解决铰链问题存在一定局限性。

2　柔性结点处理法

据我们以前的分析研究，球形补偿器的简化模型可以被看作是一个特殊的“柔性结点”[2]。因此，亦可把一对“球补”及其连接管段合并看作是一个两端具有柔性结点的直管单元。按此纳入管系结构计算，便可简化系统的计算。据文献[2]分析，平面直管单元 AB 的单元刚度矩阵，当两端为刚性结点时应是 $[K]^e=[K_{ij}]^e$，而两端为柔性结点时则为 $[K'']^e=[K''_{ij}]^e$，见图 3a。其中，

$$K''_{ij}=K_{ij}-\frac{1}{R}[(K_A+K_{33})K_{i6}K_{j6}+(K_B+K_{66})K_{i3}K_{j3}-K_{36}(K_{i3}K_{j6}+K_{j3}K_{i6})]$$

$$(i,j=1,2,\cdots,6) \qquad (5)$$

式中，$R=(K_A+K_{33})(K_B+K_{66})-K_{36}^2$；$K_A$，$K_B$ 分别为结点 A，B 的抗弯刚度。

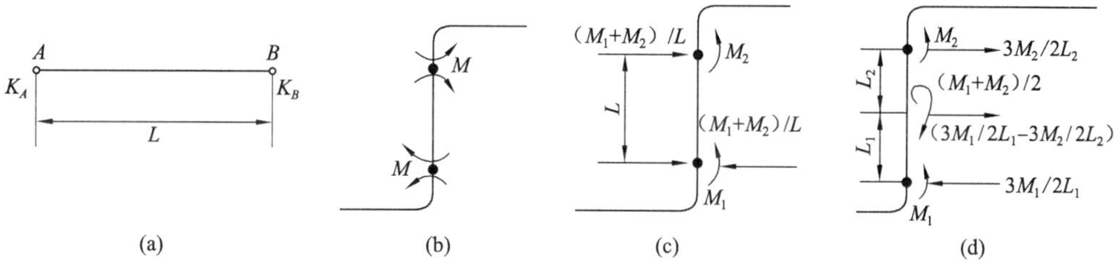

图 3　(a) 具有柔性结点的直管单元；(b) 重复结点单元的输入载荷；(c) 两端柔性结点的输入载荷；(d) 一端柔性结点的输入载荷

“球补”即使按柔性结点分析处理，亦有以下三种不同的情况：

① A 端为柔性结点，B 端为刚性结点：即 $K_A=0$，$K_B=\infty$，则式(5)变成：

$$K''_{ij}=K_{ij}-K_{i3}K_{j3}/K_{33} \qquad (i,j=1,2,\cdots,6) \qquad (6)$$

② A 端为刚性结点，B 端为柔性结点：即 $K_A=\infty$，$K_B=0$，则式(5)变成：

$$K''_{ij}=K_{ij}-K_{i6}K_{j6}/K_{66} \qquad (i,j=1,2,\cdots,6) \qquad (7)$$

③ A，B 端皆为柔性结点：即 $K_A=K_B=0$，则式(5)变成：

$$K''_{ij}=K_{ij}-\frac{1}{K_{33}K_{66}-K_{36}^2}[K_{33}K_{i6}K_{j6}+K_{66}K_{i3}K_{j3}-K_{36}(K_{i3}K_{j6}+K_{j3}K_{i6})]$$

$$(i,j=1,2,\cdots,6) \qquad (8)$$

前两种情况出现在一对“球补”间设置滑动支架时；第三种为“球补”间无滑动支架。

四、摩擦力矩的处理

据前讨论，当“球补”用读入单元刚度矩阵法处理时，其常数摩擦力矩可按图 3(b)所示的结点载荷输入。而若当作柔性结点处理时，则该摩擦力矩的输入还需作进一步讨论：① “球补”间无滑动支架时，根据文献[2]的理论，常数摩擦力矩 M_1 和 M_2 的输入可按图 3(c)所示的结点载荷处理。这样处理，手续较简便，但 AB 单元的弯矩将无输出值，需要时可由 M_1 和 M_2 的直线分布直接定出；② 若两“球补”间有滑动支架或其他约束时，则可视为

一端是柔性结点，一端为刚性结点的单元，摩擦力矩的处理可按图 3(d)所示的结点载荷输入。这样处理同样不输出柔性结点处的弯矩值，但并不影响整个系统的计算结果。

五、应用实例

为了对管系结构进行较精确的分析，我们在考虑了支架摩擦力和各种支架约束的基础上，编制了用于计算架空热力管道系统热胀位移和应力的高级架空热力管道结构分析程序(AOPAP)。1989 年 4 月，用此程序对某石化公司设计院设计的几条高、中、低压长距离蒸汽输送管线的设计方案进行了验算和比较，其中较多的问题出现在有球形补偿器的管路中。现选择一段管路作例子分析。

图 4 是原设计的一段管路示意图，其基本参数为：安装温度 20 ℃，介质温度 350 ℃。材料为 16 Mn 钢，20 ℃时的材料弹性模量为 $E_0=210$ GPa，350 ℃时的材料弹性模量为 $E_L=180$ GPa。管道内压 $p=1.4$ MPa，管道外径 $D=630$ mm，直管厚度为 $t_a=9$ mm，弯头壁厚为 $t_b=11$ mm。材料在 350 ℃时的线胀系数 $\alpha=0.000\,012\,77$ ℃$^{-1}$。长度单位为 m。

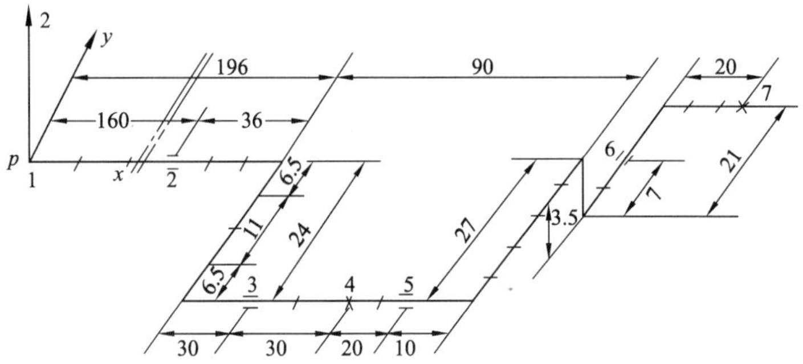

图 4 管系结构设计示意图

在对管系结构进行系统分析后发现，当把球形补偿器作为一刚性结点看待时，所算得两“球补”处的弯矩分别为 102.1 kN·m 和 144.4 kN·m，而已知“球补”的摩擦力矩为 147.2 kN·m。因此，在这种情况下，球形补偿器不起补偿作用，管系中弯头处最大热应力达 330 MPa，超出了安全范围。为此，在原管路走向不变的基础上，我们对原设计作了以下改进：① “球补”间距由 11 m 加大到 20 m。此时“球补”转动起到补偿作用，弯头处最大热应力降至 225 MPa，已能符合安全要求；② 在此改进的基础上，设置导向支架 2，并向弯头处靠近 18 m；导向支架 3 向弯头处靠近 19 m。弯头处最大应力降至 210 MPa，效果更好。

另外，原设计的固定支架 4 至固定支架 7 之间的应力分布很不均匀，弯头处的应力最小值只有 30 MPa，最大值达 160 MPa。把固定支架 4 和导向支架 5 的位置作了一些调整后，应力分布趋于均匀，弯头处最大应力值下降到 110 MPa。在不增加任何投资的情况下，改进后的设计达到了安全要求，且整体状态分布良好。

参考文献

[1] F. L. 埃文斯. 炼油厂和化工厂设备设计手册. 北京：烃加工出版社，1985

[2] 仝兴华，崔孝秉，蔡强康. 弹性抗弯铰链模型在管系结构分析中的应用. 石油大学学报，1989(4)

用有限元迭代法分析有滚柱支架的架空热力管道系统

仝兴华　崔孝秉　岳伯谦

摘要： 当架空热力管道系统中有滚柱支架时，热胀的管道与支架间的横向和轴向位移的摩擦系数不同，导致摩擦接触面处于正交各向异性摩擦接触状态。本文提出了处理这种摩擦接触情况的基本思想和分析方法，用有限元迭代法分析计算了有滚柱支架的架空热力管道系统的位移和应力。计算结果表明，影响管线变形的主要因素是沿管道横向的摩擦力。设置滚柱支架使管线在支架处的横向位移为滚动，可以减小摩擦对位移的影响。

关键词： 架空管道；滚柱；摩擦；结构分析；迭代法

一、概　述

对于一般的摩擦接触问题，当产生相对运动时，常假定接触处的摩擦力服从库仑摩擦定律，且摩擦系数的大小沿接触面各个方向都相同[1]。但架空热力管道工程中滚柱支架的设置就不能使用这一基本假定，因为对于滚柱支架，管道沿轴向位移和沿横向位移具有不同的摩擦系数[2]。由于管道热胀时在滚柱接触处会同时产生轴向和横向位移，从而导致摩擦接触面处于正交各向异性摩擦接触状态。为了解决这种工程实际问题，本文用有限元迭代法进行分析计算。

二、架空管系的结构分析

文献[3]根据有限单元法，把一个架空热力管道系统划分成有限个单元，建立每个单元的作用力与变形之间的关系，利用单元间的平衡条件和变形协调条件，建立了整个管系的有限元方程：

$$[K]\{D\}=\{F\} \tag{1}$$

式中，$[K]$为管系的总体刚度矩阵；$\{D\}$为管系的结点位移分量阵列；$\{F\}$为管系的结点作用力分量列阵。

如果考虑管系的约束条件，不考虑支架摩擦力，则方程(1)可写成：

$$\begin{pmatrix}[K]_{11} & [K]_{12}\\ [K]_{21} & [K]_{22}\end{pmatrix}\begin{pmatrix}\{D\}_1\\ \{D\}_2\end{pmatrix}=\begin{pmatrix}\{F\}_1\\ \{F\}_2\end{pmatrix} \tag{2}$$

式中，$\{D\}_1$ 和$\{F\}_1$ 分别表示在已知作用力的结点处的位移和作用力分量列阵，$\{D\}_2$ 和$\{F\}_2$ 分别表示在已知位移的结点处的位移和作用力分量列阵。方程(2)中，$\{D\}_2$ 和$\{F\}_1$ 为已知，$\{D\}_1$ 和$\{F\}_2$ 为未知。

由方程(2)得出未知的结点位移分量$\{D\}_1$ 和结点作用力分量$\{F\}_2$ 的表达式为：

$$\{D\}_1=[K]_{11}^{-1}(\{F\}_1-[K]_{12}\{D\}_2)$$

$$\{F\}_2=[K]_{21}[K]_{11}^{-1}(\{F\}_1-[K]_{12}\{D\}_2)+[K]_{22}\{D\}_2$$

当考虑支架摩擦力的影响时，由于管道与支架间有摩擦接触，使得接触处的位移和摩擦力都是未知量，方程(1)不能以方程(2)的形式直接求解。此时，方程(1)中的$\{F\}$可以表示成：$\{F\}=\{F\}_0+\{F\}_f$，式中，$\{F\}_0$为不考虑支架摩擦力的结点作用力分量列阵；$\{F\}_f$为管系热胀时在摩擦接触处的摩擦力组成的结点作用力分量列阵。这样，方程(1)变成：

$$[K]\{D\}=\{F\}_0+\{F\}_f \tag{3}$$

显然，管系无摩擦时解的有限元方程为：

$$[K]\{D\}_0=\{F\}_0 \tag{4}$$

方程(4)与(2)等价。于是，方程(3)的求解归结为寻求摩擦接触处摩擦力与位移之间的关系。

三、滚柱支架摩擦接触的分析

对于一般情况下管道与支架间的滑动摩擦接触，文献[4]～[6]曾给出了一种新的分析方法，并开发了相应的计算机程序供工程设计使用。但对于管道系统中有滚柱支架的情况，由于热胀时接触点处管道沿轴向位移和沿横向位移的摩擦系数不同，从而使接触点处管道所受的摩擦力不再符合简单的库仑摩擦定律。

建立如图1所示的坐标系。设物体在水平面上沿x和y方向的摩擦系数分别为μ_x和μ_y，物体在平面上的位移为：

$$\boldsymbol{u}=u_x i+u_y \boldsymbol{j} \tag{5}$$

物体所受的摩擦力为：

$$\boldsymbol{F}=F_x\boldsymbol{i}+F_y\boldsymbol{j} \tag{6}$$

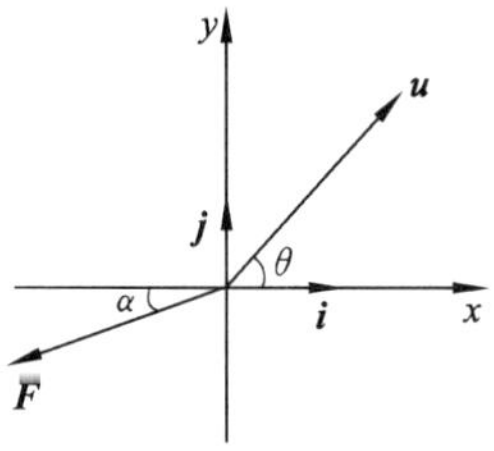

图1 坐标系

若物体对水平面的正压力为N，则当物体沿x方向位移时，有$\boldsymbol{u}=u_x\boldsymbol{i}$和$\boldsymbol{F}=F_x\boldsymbol{i}=-\mu_x N\boldsymbol{i}$；当物体沿$y$方向位移时，则有$\boldsymbol{u}=u_y\boldsymbol{j}$和$\boldsymbol{F}=F_y\boldsymbol{j}=-\mu_y N\boldsymbol{j}$。

于是，当物体位移为$\boldsymbol{u}=u_x\boldsymbol{i}+u_y\boldsymbol{j}$时，或者写成：

$$\boldsymbol{u}=u(\cos\theta\boldsymbol{i}+\sin\theta\boldsymbol{j}) \tag{7}$$

其中$u=\sqrt{u_x^2+u_y^2}$，则可认为位移$\boldsymbol{u}$在x方向的分量u_x对应于摩擦力$\boldsymbol{F}$的F_x分量，u_y对应于F_y，即有：

$$\boldsymbol{F}=-\mu_x N\cos\theta\boldsymbol{i}-\mu_y N\sin\theta\boldsymbol{j} \tag{8}$$

由此可求得摩擦力$\boldsymbol{F}$的方向与位移$\boldsymbol{U}$的方向之间的关系为：

$$\tan\alpha=\frac{\mu_y}{\mu_x}\tan\theta \tag{9}$$

当$\mu_x=\mu_y=\mu$时，有$\tan\alpha=\tan\theta$。此时为各向同性摩擦接触的情况。

由方程(8)可知摩擦力$\boldsymbol{F}$的大小为：

$$F=N\sqrt{\mu_x^2\cos^2\theta+\mu_y^2\sin^2\theta} \tag{10}$$

如果仍然把摩擦力的大小看成是摩擦系数和正压力的乘积，则可得到正交各向异性摩擦接触情况下的等效摩擦系数为：

$$\tilde{\mu}=\sqrt{\mu_x^2\cos^2\theta+\mu_y^2\sin^2\theta} \tag{11}$$

显然，等效摩擦系数$\tilde{\mu}$与位移的方向有关。

四、用有限元迭代法分析带有滚柱支架的管系结构

方程(8)为滚柱支架摩擦接触处摩擦力与位移之间的关系式。由方程(7)可知，$\cos\theta=u_x/\sqrt{u_x^2+u_y^2}$，$\sin\theta=u_y/\sqrt{u_x^2+u_y^2}$，则由方程(8)可得：

$$F_x=-\mu_x N\cos\theta=-\frac{\mu_x N}{\sqrt{u_x^2+u_y^2}}u_x, \qquad F_y=-\mu N\sin\theta=-\frac{\mu_y N}{\sqrt{u_x^2+u_y^2}}u_y$$

若记：

$$\zeta_x=\frac{\mu_x N}{\sqrt{u_x^2+u_y^2}}, \qquad \zeta_y=\frac{u_y N}{\sqrt{u_x^2+u_y^2}} \tag{12}$$

便有：

$$\boldsymbol{F}=-\zeta_x u_x\boldsymbol{i}-\zeta_y u_y\boldsymbol{j} \tag{13}$$

其分量形式为：

$$F_x=-\zeta_x u_x, \quad F_y=-\zeta_y u_y \tag{14}$$

当 $\mu_x=\mu_y=\mu$ 时，有 $\zeta_x=\zeta_y=\zeta$，从而得：$\boldsymbol{F}=-\zeta\boldsymbol{u}$，即为各向同性摩擦接触的情况。

根据方程(14)，可以把方程(3)中的$\{F\}_f$ 表示成如下形式：

$$\{F\}_f=-[Z]_f\{D\}_f \tag{15}$$

其中，$[Z]_f$ 是由对角线元素为 ζ_x 和 ζ_y 组成的对角线矩阵；$\{D\}_f$ 是摩擦接触处的结点位移分量列阵。考虑到在无摩擦结点处$\{F\}_f=\{0\}$，方程(15)可以扩充为：

$$\{F\}_f=-[Z]\{D\} \tag{16}$$

其中，$[Z]$仍为对角线矩阵，在摩擦接触处其对角线元素为 ζ_x 和 ζ_y，在无摩擦点处其对角线元素为零。这样方程(3)可以表示成：

$$[K]\{D\}=\{F\}_0-\{Z\}\{D\} \tag{17}$$

在方程(17)中，由于对角线矩阵$[Z]$中的元素 ζ_x 和 ζ_y 与位移 U_x 和 U_y 成非线性关系，因而必须迭代求解结点位移分量列阵$\{D\}$。其迭代方程为：

$$[K]\{D\}^{n+1}=\{F\}_0-[Z]^n\{D\}^n \tag{18}$$

或

$$([K]+[Z]^n)\{D\}^{n+1}=\{F\}_0 \tag{19}$$

其中，n 为迭代次数。

当求得位移分量的 n 次迭代值$\{D\}^n$ 后，可根据方程(12)、(13)、(15)求得$[Z]^n$，从而由方程(18)或(19)求出$\{D\}^{n+1}$，如此循环直至收敛，便可求出管系的位移分量、摩擦力分量、内力分量和应力分量等。

五、应用举例

由于滑动支架和滚动支架是滚柱支架在轴向和横向摩擦系数相同时的特例，故上述分析能反映出支架接触的一般情况。根据以上分析编制的相应的计算机程序，可用于工程实际管线的分析计算。

图 2 所示为一条 ϕ720 mm 大型蒸汽输送管线的一段水平段结构。图中，1 和 20 为固定支架；2～5 及 16～19 为滚柱支架，滚动摩擦系数为 0.1，滑动摩擦系数为 0.3；6～15 为滑动支架，摩擦系数为 0.3。分别按以下几种情况进行分析计算：

(1) 不考虑支架摩擦力影响；(2) 考虑支架摩擦力的影响；其中滚柱支架设置使管道沿轴向位移为滚动摩擦，沿横向为滑动摩擦；(3) 考虑支架摩擦力的影响，其中滚柱支架设置

使管道沿轴向位移为滑动摩擦，沿横向为滚动摩擦；(4) 考虑支架摩擦力的影响，把所有滚柱支架改为滑动支架，滑动摩擦系数都取 0.3；(5) 考虑支架摩擦力的影响，把所有滑动支架改为滚柱支架，滚柱支架设置与(2)相同；(6) 仍把所有滑动支架改为滚柱支架，滚柱支架设置与(3)相同；(7) 除两端固定支架外，其余支架全是滑动支架，但滑动摩擦系数取为 0.1。

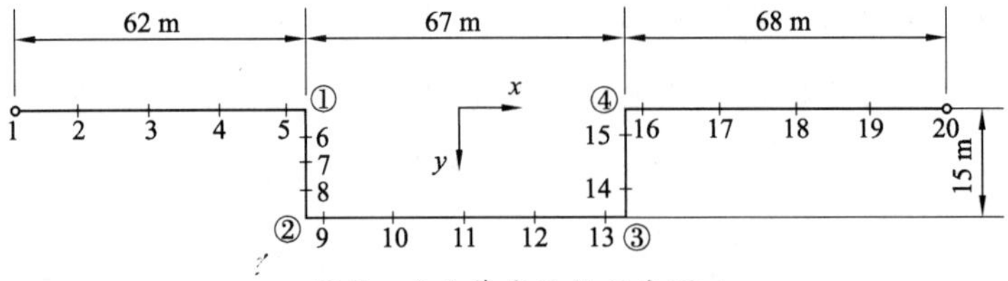

图 2　水平管线结构示意图

上述情况的管道位移和热应力的计算结果见表 1。表中数值与坐标轴正向一致时为正，反向为负。为了直观地考察支架摩擦力的影响，(1)和(2)两种管线的变形和弯矩分布情况分别如图 3(管线变形被放大了 15 倍)和图 4 所示。

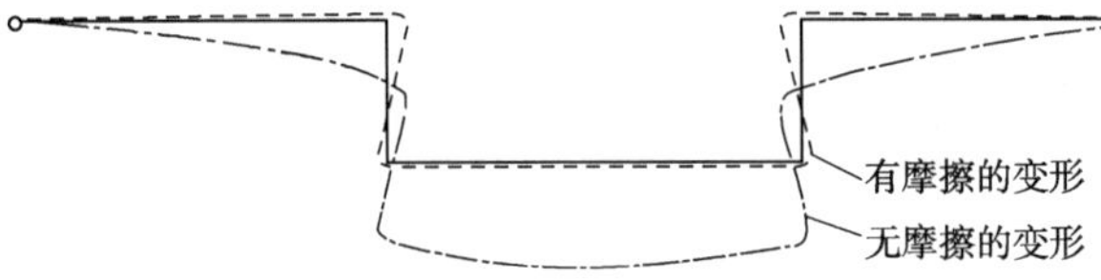

图 3　管线热胀变形图(ΔT=300 ℃)

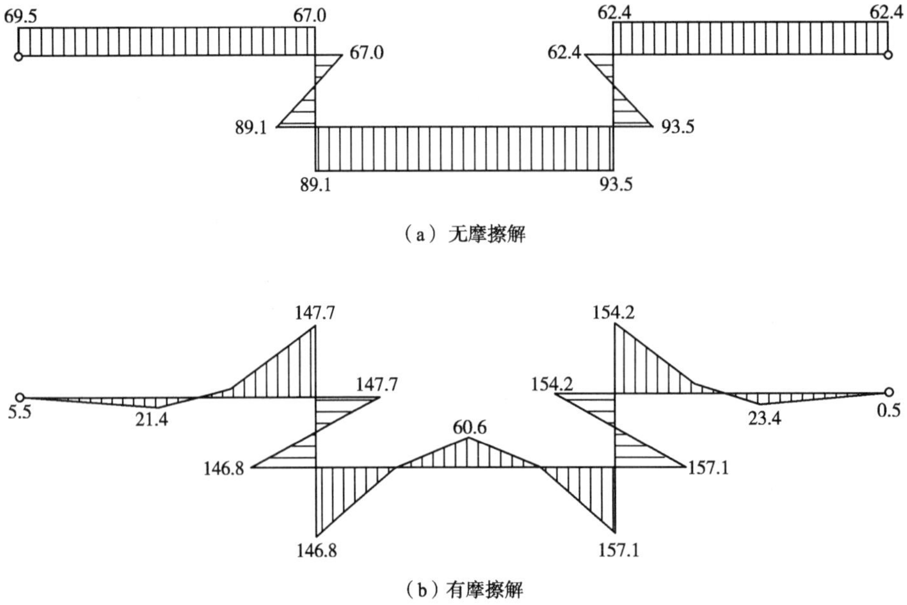

图 4　管线的热胀弯矩分布(单位:kN·m)

表 1　不同支架设置情况下管线在支架和弯头处的热胀位移和热应力($\Delta T = 300$ ℃)

序号		(1)			(2)			(3)			(4)			(5)			(6)			(7)		
		u_x /cm	u_y /cm	σ /MPa	u_x /cm	u_y /cm	σ /MPa	u_x /cm	u_y /cm	σ /MPa	u_x /cm	u_y /cm	σ /MPa	u_x /cm	u_y /cm	σ /MPa	u_x /cm	u_y /cm	σ /MPa	u_x /cm	u_y /cm	σ /MPa
支架	1	0.0	0.0	24.2	0.0	0.0	14.1	0.0	0.0	17.4	0.0	0.0	14.1	0.0	0.0	14.1	0.0	0.0	17.1	0.0	0.0	17.3
	2	5.2	2.5	24.6	5.2	−0.4	16.1	5.2	−1.2	17.1	5.2	−0.4	16.1	5.2	−0.4	16.1	5.2	−1.2	16.8	5.2	−1.2	16.9
	3	10.7	10.7	25.3	10.6	−2.2	17.5	10.6	−4.6	16.4	10.6	−2.2	17.5	10.6	−2.2	17.6	10.6	−4.3	16.4	10.6	−4.4	16.4
	4	16.2	24.6	25.2	16.2	−5.3	17.3	16.2	−8.0	20.8	16.2	−5.3	17.3	16.2	−5.4	17.2	16.2	−7.3	21.0	16.2	−7.6	21.0
	5	21.4	42.9	21.9	21.4	−6.0	35.2	21.4	−7.6	36.2	21.4	−5.9	35.2	21.4	−6.3	35.4	21.4	−6.3	35.6	21.4	−6.8	36.1
	6	13.5	50.8	7.8	14.2	−2.6	17.6	14.2	−3.8	16.1	14.2	−2.6	17.6	14.2	−3.0	18.1	14.2	−2.5	18.9	14.4	−3.0	19.5
	7	4.9	52.1	2.6	5.7	−1.3	3.0	5.7	−2.5	3.4	5.7	−1.3	3.0	5.6	−1.7	2.6	5.7	−1.2	1.4	5.5	−1.7	1.6
	8	−5.2	53.6	13.9	−4.2	0.2	22.3	−4.2	−1.0	21.8	−4.2	0.2	22.3	−4.4	−0.2	22.0	−4.3	0.4	19.0	−4.7	−0.1	19.0
	9	−12.8	60.2	28.1	−11.2	3.2	34.4	−11.2	2.2	34.5	−11.2	3.2	34.3	−11.5	3.0	34.7	−11.5	4.5	33.5	−12.0	4.0	34.1
	10	−7.2	72.8	31.1	−5.6	1.8	17.8	−5.5	1.6	17.7	−5.6	1.8	17.8	−5.9	1.9	17.7	−5.9	7.0	18.7	−6.5	6.7	19.1
	11	−1.6	77.9	30.3	0.0	0.1	23.3	−0.0	−0.1	22.2	−0.0	0.1	23.3	−0.3	0.2	22.5	−0.4	6.9	16.1	−0.9	6.6	16.0
	12	3.9	75.2	31.8	5.5	1.9	18.1	5.5	1.6	18.0	5.5	1.9	18.1	5.2	1.8	18.0	5.2	6.8	19.1	4.7	6.4	19.1
	13	9.5	64.8	28.7	11.1	3.1	36.6	11.1	2.1	36.6	11.1	3.1	36.6	10.8	2.7	36.7	10.8	4.1	34.6	10.3	3.4	34.1
	14	2.2	58.7	15.3	3.5	−0.2	20.3	3.5	−1.4	20.3	3.5	−0.2	20.3	3.2	−0.7	19.9	3.1	−0.2	18.8	2.7	−0.8	18.4
	15	−16.0	55.9	6.4	−16.1	−3.1	20.0	−16.0	−4.2	18.1	−16.1	−3.1	20.0	−16.2	−3.5	20.2	−16.2	−3.0	20.0	−16.3	−3.6	20.0
	16	−23.8	47.9	21.6	−23.8	−6.5	37.3	−23.7	−8.2	38.1	−23.7	−6.5	37.3	−23.8	−6.9	37.1	−23.7	−7.0	37.2	−23.8	−7.6	36.9
	17	−17.8	27.0	27.0	−17.8	−5.6	20.8	−17.8	−8.8	23.5	−17.8	−5.6	20.8	−17.8	−5.7	20.7	−17.8	−8.1	23.6	−17.8	−8.3	23.4
	18	−11.9	12.0	25.4	−11.9	−2.2	19.5	−11.9	−4.9	18.4	−11.8	−2.1	19.5	−11.9	−2.2	19.6	−11.9	−4.6	18.4	−11.9	−4.7	18.4
	19	−5.9	3.0	25.9	−5.9	−0.3	19.6	−5.9	−1.3	20.3	−5.9	−0.3	19.6	−5.9	−0.3	19.6	−5.9	−1.3	20.1	−5.9	−1.3	20.2
	20	0.0	0.0	25.9	0.0	0.0	18.7	0.0	0.0	20.3	0.0	0.0	18.7	0.0	0.0	19.4	0.0	0.0	20.2	0.0	0.0	21.5
弯头	①	22.5	49.7	96.3	22.5	−5.2	212.3	22.5	−6.5	203.5	22.5	−5.2	212.1	22.5	−5.7	214.8	−22.5	−5.1	198.2	22.5	−5.7	202.2
	②	−13.9	56.8	128.1	−12.3	2.7	211.1	−12.3	1.5	205.5	−12.3	2.7	210.9	−12.6	2.4	211.1	−12.6	3.1	189.4	−13.1	2.6	191.4
	③	10.6	61.8	134.5	12.2	2.4	225.8	12.1	1.3	219.9	12.2	2.4	225.6	11.9	2.0	222.6	11.9	2.6	197.9	11.4	2.0	194.5
	④	−24.9	54.8	89.9	−24.9	−5.7	211.6	−24.8	−7.0	211.2	−24.8	−5.7	221.5	−24.9	−6.1	221.1	−24.8	−5.8	204.2	−24.9	−6.4	203.1

六、结　论

（1）不考虑支架摩擦力时计算出的管线变形严重偏大。若按此结果设计管线，需很大尺寸的管架，以防管子从管架上滑掉，这样会造成浪费。同时，由于支架摩擦力限制了一部分管线的变形，而使管线中的应力有所提高，若按无摩擦的计算结果作为管线的设计依据也不安全。

（2）影响管线变形的主要因素是沿管线横向的摩擦力，当设置滚柱支架使管线在支架处的横向位移为滚动时，与选择低滑动摩擦系数材料作为管道与支架间的接触介质的效果基本相同。如果设置滚柱支架使管道的轴向位移为滚动时，不能减小摩擦对变形的约束。

（3）考虑和不考虑支架摩擦力，管道变形和应力的计算结果相差较大；而在都考虑支架摩擦力的情况下，管道与支架间摩擦系数的变化对计算结果的影响不太明显。因此，在实际工程管道设计中，必须考虑支架摩擦力的影响，但无需过多考虑选择低摩擦系数的接触介质。

参考文献

[1] П. A. 加林. 弹性理论的接触问题. 王君健，译. 北京：科学出版社，1958
[2] 水利电力部规划设计管理局. 火力发电厂汽水管道应力计算技术规定 SDGJ6—78. 北京：水利电力出版社. 1978
[3] 王致祥，等. 管道应力分析与计算. 北京：水利电力出版社. 1983
[4] 崔孝秉. 架空热力管道热膨胀位移近似分析. 力学与实践. 1985，8(5)：43-47
[5] 仝兴华，崔孝秉，蔡强康. 架空热力管道热胀位移的进一步分析. 石油大学学报（自然科学版）1989，13(1)：53-66
[6] 崔孝秉，仝兴华，蔡强康. 架空热力管道数值结构分析的一种新方法. 电力技术，1990，23(4)：40-42

THEORETICAL ANALYSIS OF ANISOTROPIC FRICTIONAL CONTACT IN PIPELINES

Tong Xinghua, Cui Xiaobing, Yue Boqian

ABSTRACT

If there are roller supports in an overhead pipeline, friction factors in the axial and lateral directions of pipe are different, thus the friction contact between pipe and roller support is orthotropic during pipe expansion. This paper gives a new idea of solving this anisotropic frictional contact problem, establishes the nonlinear relations between support frictions and pipe displacements along arbitrary direction at the contact surface, takes a comparison with a simple problem of mechanics, and finally, discusses the Finite Element Iteration Method of overhead piping systems with roller supports, which supplies a new theoretical foundation for the strength design of practical engineering pipelines.

1. INTRODUCTION

In usual cases of frictional contact, the friction force is assumed to obey Coulomb's law, i. e., if two contacting surfaces are actually sliding over each other, then the friction force is equal in magnitude to the product of the friction factor and the normal reaction and is opposite to the direction of the relative movement, where the friction factor is assumed to be isotropic on the contacting surface. But if there are roller supports in overhead heating pipelines, friction factor in axial direction is different from the lateral one. And it is noted that the axial and the lateral displacements of pipe at roller supports will occur simultaneously during the pipeline expansion. Therefore, the frictional contact between pipe and roller support is orthotropic and the friction force can not be simply determined by Coulomb's law. In order to solve this practical engineering problem, it is necessary to give a new idea and analysis method.

2. THE ANALYSIS METHOD OF ORTHOTROPIC FRICTION CONTACT

Consider an object moving on a horizontal plane, let f_x and f_y are friction factor along x and y directions, respectively. If we present the displacement vector of the object on the plane as

$$\boldsymbol{u}=u\,\boldsymbol{i}+v\,\boldsymbol{j} \tag{1}$$

and the friction force as

$$\boldsymbol{F}=F_x\,\boldsymbol{i}+F_y\,\boldsymbol{j} \tag{2}$$

as shown in Fig. 1.

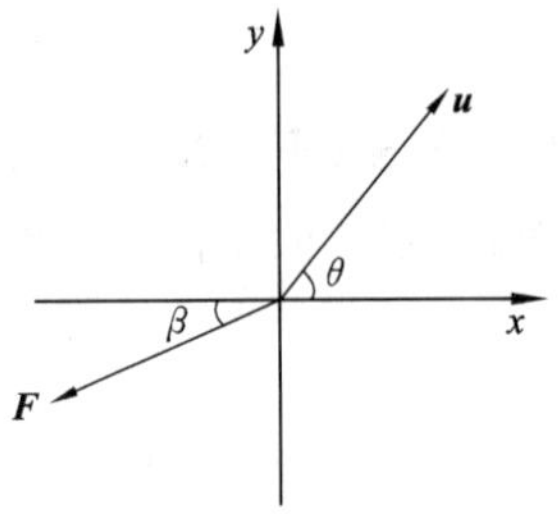

Fig. 1

Let N presents the normal reaction, when the object moves along x-axis, we have

$$\boldsymbol{u}=u\,\boldsymbol{i}$$

$$\boldsymbol{F}=F_x\,\boldsymbol{i}=-f_x N\,\boldsymbol{i}$$

Similarly, when the object moves along y-direction, we have

$$\boldsymbol{u}=v\,\boldsymbol{j}$$

$$\boldsymbol{F}=F_y\,\boldsymbol{j}=-f_y N\,\boldsymbol{j}$$

Thus, the object moves

$$\boldsymbol{u}=u\,\boldsymbol{i}+v\,\boldsymbol{j}$$

or

$$\boldsymbol{u}=d(\cos\theta\,\boldsymbol{i}+\sin\theta\,\boldsymbol{j}) \tag{3}$$

where $d=(u^2+v^2)^{1/2}$, and θ is the angle between u and x axis, as shown in Fig. 1.

Based on above analysis, let the part of $\cos\theta$ of $\boldsymbol{u}$ corresponding to component F_x of $\boldsymbol{F}$, and the part of $\sin\theta$ to F_y, we can obtain that

$$\boldsymbol{F}=-f_x N\cos\theta\,\boldsymbol{i}-f_y N\sin\theta\,\boldsymbol{j} \tag{4}$$

The relation between directions of friction force $\boldsymbol{F}$ and displacement $\boldsymbol{u}$ can be solved from Eqs. (3) and (4),

$$\tan\beta=\frac{f_y}{f_x}\tan\theta \tag{5}$$

If $f_x=f_y=f$, we have

$$\tan\beta=\tan\theta$$

This is the case of isotropic frictional contact.

The magnitude of friction force $\boldsymbol{F}$, from Eq. (4), is

$$F=N(f_x^2\cos^2\theta+f_y^2\sin^2\theta)^{1/2} \tag{6}$$

If still presenting the friction force as the product of friction factor and normal reaction, we can obtain the equivalent friction factor as

$$f_e=(f_x^2\cos^2\theta+f_y^2\sin^2\theta)^{1/2} \tag{7}$$

It is evident that the factor is related to the displacement direction.

3. COMPARISON OF A SIMPLE EXAMPLE

A simple example is given below to take comparison with the analysis above.

Now consider a block of weight $w=mg$ on an inclined plane of angle ϕ. A force P paralleled to the plane is applied to the block to cause it to move, as shown in Fig. 2. If the friction factor between the block and inclined plane is f, find relation between the block displacement u and the acting force P.

A plane coordinate system Oxy is given along the inclined plane. And let β is the angle between the force P and x-axis, and θ the angle between moving direction and x-axis, as is exhibited by Fig. 2.

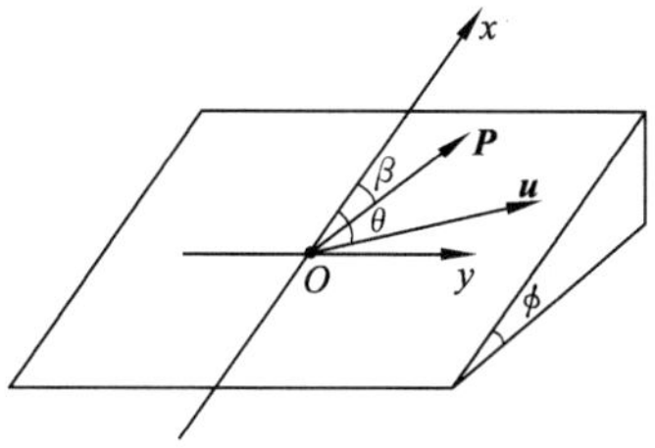

Fig. 2

The equilibrium equations of the block on the plane are

$$P\cos\beta - mg\sin\phi - fN\cos\theta = 0$$

$$P\sin\beta - fN\sin\theta = 0$$

$$N - mg\cos\phi = 0$$

Solving these equations, we have

$$N = mg\cos\phi \tag{a}$$

$$P = mg\cos\phi(\tan^2\phi + 2f\tan\phi\cos\theta + f^2)^{1/2} \tag{b}$$

and

$$\tan\beta = \frac{f\cos\theta}{\tan\phi + f\cos\theta}\tan\theta \tag{c}$$

If the inclined plane is considered as a horizontal surface, the moving friction of the block should be equal in magnitude and opposite in direction to the acting force P. Thus the equivalent friction factor can be obtained by Eqs. (a) and (b) as follows:

$$f_{e1} = (f^2 + 2f\tan\phi\cos\theta + \tan^2\phi)^{1/2} \tag{d}$$

Discuss:

(1) When the block moves along x-direction, we have

$$\boldsymbol{P} = (fN + mg\sin\phi)\boldsymbol{i}$$

then

$$f_x = f + \tan\phi \tag{e}$$

(2) When the block moves along y-direction, we have

$$\boldsymbol{P} = mg\sin\phi\,\boldsymbol{i} + fmg\cos\phi\,\boldsymbol{j}$$

then

$$P = mg\cos\phi(f^2 + \tan^2\phi)^{1/2}$$

$$\tan\beta = \frac{f}{\tan\phi}$$

If $f \gg \tan\phi$, then $\beta \approx 90°$, we can assume that

$$f_y = (f^2 + \tan^2\phi)^{1/2} \tag{f}$$

Based on the results of Eqs. (e) and (f), we can obtain the equivalent friction factor by using Eq. (7),

$$f_{e2}=(f^2+2f\tan\phi\cos^2\theta+\tan^2\phi)^{1/2} \tag{g}$$

And the direction of the friction is obtained from Eq. (5),

$$\tan\beta=\frac{(f^2+\tan^2\phi)^{1/2}}{f+\tan\phi}\tan\theta \tag{h}$$

In order to distinguish them conveniently, Eq.(c) and Eq.(h) are rewritten as follows:

$$\tan\beta_1=\frac{f\cos\theta}{\tan\phi+f\cos\theta}\tan\theta \tag{c'}$$

$$\tan\beta_2=\frac{(f^2+\tan^2\phi)^{1/2}}{f+\tan\phi}\tan\theta \tag{h'}$$

Let $f=0.8$ and $\phi=5°$, the results of Eqs.(d), (g), (c') and (h') are shown in table 1.

Table 1. The result comparison of f_{e1}, f_{e2}, β_1 and β_2

θ	f_{e1}	f_{e2}	β_1	β_2
0°	0.887 5	0.887 5	0°	0°
10°	0.886 3	0.885 1	9.02°	9.08°
20°	0.882 7	0.878 2	18.06°	18.27°
30°	0.876 9	0.867 5	27.14°	27.63°
40°	0.868 8	0.854 3	36.29°	37.27°
45°	0.864 1	0.847 1	40.89°	42.20°
50°	0.858 9	0.839 9	45.52°	47.22°
60°	0.847 1	0.826 2	54.87°	57.52°
70°	0.834 0	0.814 9	64.34°	68.13°
80°	0.819 7	0.807 4	73.97°	79.00°
90°	0.804 8	0.804 8	83.76°	90°

Although this example is not exactly an orthotropic frictional contact problem because it is noted that, from Eq.(c'), when $\theta=90°$, $\beta_1\neq 90°$, from above table we can see that the differences between f_{e1} and f_{e2} and β_1 and β_2 are very small. This comparison is proved in certain aspect that the analysis method of solving orthotropic frictional problem discussed in this paper is reliable in application of practical engineering.

4. THE FINITE ELEMENT ITERATION METHOD OF PIPING SYSTEMS WITH ROLLER SUPPORTS

Based on the Finite Element Method, if a pipeline is divided into finite elements, the system equations can be presented as below[2]:

$$[K]\{D\}=\{P\} \tag{8}$$

where $[K]$——the system or global stiffness matrix, $\{D\}$ ——the overall nodal displacement vector, and $\{P\}$ ——the overall nodal load vector.

It is noted that both the piping displacements and support frictional forces at contacting points are unknown. In order to determine the displacements and the frictions, the vector $\{P\}$ in Eq. (8) can be presented as

$$\{P\}=\{P\}_0+\{P\}_f \tag{9}$$

where $\{P\}_0$ is the overall nodal force vector except the support frictions, and $\{P\}_f$ is the force vector only caused by frictions at contact points.

In Eq. (4), if let

$$z_x = \frac{f_x N}{(u^2 + v^2)^{1/2}} \tag{10}$$

$$z_y = \frac{F_y N}{(u^2 + v^2)^{1/2}} \tag{11}$$

we have

$$\boldsymbol{F} = -z_x u\, \boldsymbol{i} - z_y v\, \boldsymbol{j} \tag{12}$$

Eq. (12) gives a nonlinear relation between displacement and friction force at each contact point. The components of the friction force are

$$F_x = -z_x u \tag{13}$$

$$F_y = -z_y v \tag{14}$$

Thus, the $\{P\}_f$ in Eq. (9) can be presented as

$$\{P\}_f = -[Z]_f \{D\}_f \tag{15}$$

where $[Z]_f$ is a diagonal matrix in which diagonal elements are consist of z_x and z_y at every roller support, and $\{D\}_f$ the displacement vector at frictional contact points. Considering that $\{P\}_f = 0$ at nonfrictional points, Eq. (15) can be expanded as:

$$\{P\}_f = -[Z]\{D\} \tag{16}$$

where $[Z]$ is also a diagonal matrix in which diagonal elements are z_x and z_y at each frictional contact point and are 0 at other nonfrictional points.

Based on above analysis, when considering an overhead piping system with roller supports, the Eq. (8) can be rewritten as

$$[K]\{D\} = \{P\}_0 - [Z]\{D\} \tag{17}$$

Thus the iteration formula of Eq. (17) can be given as follows:

$$([K] + [Z]^n)\{D\}^{n+1} = \{P\}_0 \tag{18}$$

where n is the iteration number.

When the initial value $\{D\}_0$ is given, the displacements and friction forces can be obtained by iterating calculation from Eq. (18).

REFERENCE

[1] H. G. Jerry, et al. Statics and Dynamics. New York: John Wiley & Sons, 1984: 172

[2] Wang Zhixiang, et al. Stress Analysis and Calculation of Pipelines. Water Resources and Electric Power Press, 1983:258

A NEW METHOD FOR STRUCTURAL ANALYSIS OF OVERHEAD PIPING SYSTEMS WITH SUPPORT FRICTIONS

Cui Xiaobing, Tong Xinghua, Cai Qiangkang

ABSTRACT

This paper considers the influence of support frictions, establishes nonlinear relation between the frictions and the pipe displacements, gives a nonlinear numerical structural analysis method of overhead piping systems, and develops an advanced computer program. The method and the program have been turned out to be successful, reliable, economic and convenient for piping designs.

1. INTRODUCTION

For the overhead piping system transported hot water, steam or other chemical liquid, their expansion displacement and stress analysis becomes nonlinear because of frictional forces existing on the pipe supports[1-2]. So far many calculating methods and computer programs for piping system have been developed, but all the frictional forces were not considered in any method[3]. Therefore, it is difficult to get accurate results when a designed pipeline is calculated by using those methods before the piping system is erected.

In order to solve practical problems in engineering designs, this paper gives a nonlinear numerical structural analysis method of overhead piping system—the Finite Element Iteration Method. Depending on it, the authors developed an advanced computer program—Advanced Overhead Pipeline Analysis Program(AOPAP). Considering the effects of support frictions, this method and program can be used to analyze any complex type of three dimensional overhead pipeline, deal with many kinds of piping components and constraint conditions, check the safety and economy of pipelines, and improve the engineering designs. The practical measurements show that the calculating results of AOPAP are well agree with the experimental data[4]. And also, good effect has been obtained in the applications of the AOPAP in large scale engineering pipelines.

2. BASIC ASSUMPTIONS

In general, the contact between pipe and support is sliding or rolling friction. The contact surfaces are smooth or frictional forces are small. And also, there are relative displacements on each contact support. Based on the considerations above, we give the assumptions as below [5]:

(1) The frictional contact between pipe and support is a point contact.

(2) The support reactions are only determined by pipe weights, external loads and support positions. The effects of temperature changes and support deflections are neglected

whilde calculating the reactions.

(3) The frictional force on each contact point is equal in magnitude to the friction factor times the support reaction and is opposite in direction to the displacement vector of the point.

3. BASIC PRINCIPLE OF FINITE ELEMENT ITERATION METHOD

Based on the Finite Element Method, if a pipeline is divided into finite elements, the system equations can be expressed as below:

$$[K]\{D\}=\{P\} \tag{1}$$

where $[K]$ is the system or global stiffness matrix, $\{D\}$ the overall nodal displacement vector and $\{P\}$ the overall nodal load vector.

Considering the constraints and boundary conditions of the piping system, the equation (1) can be rewritten as

$$\begin{bmatrix} [K]_{11} & [K]_{12} \\ [K]_{21} & [K]_{22} \end{bmatrix} \begin{Bmatrix} \{D\}_t \\ \{D\}_u \end{Bmatrix} = \begin{Bmatrix} \{P\}_t \\ \{P\}_u \end{Bmatrix} \tag{2}$$

where $\{D\}_u$ is assumed to be the vector of specified nodal displacements, and $\{D\}_t$ is the vector of free nodal displacements. Then $\{P\}_t$ will be the vector of known nodal loads and $\{P\}_u$ will be the vector of unknown nodal reactions.

The unknown nodal displacements $\{D\}_t$ and reactions $\{P\}_u$ can be obtained by solving Eq. (2):

$$\{D\}_t=[K]_{11}^{-1}(\{P\}_t-[K]_{12}\{D\}_u)$$
$$\{P\}_u=[K]_{21}\{D\}_t+[K]_{22}\{D\}_u$$

The support frictions have not been considered in above solutions. Otherwise, the displacements and frictional forces at contact points would all be unknown and Eq. (1) can not be changed into Eq. (2) to be solved directly. If the frictions are considered, the vector $\{P\}$ in Eq. (1) could be presented as

$$\{P\}=\{P\}_0+\{P\}_f$$

where $\{P\}_0$ is the overall nodal force vector except the support frictions, and $\{P\}_f$ the force vector only caused by frictions at contact points. Thus, the Eq. (1) can be written as

$$[K]\{D\}=\{P\}_0+\{P\}_f \tag{3}$$

Let f presents the frictional force, u the pipe displacement, q and p the components of friction f along axial and lateral directions of pipe, u and v the components of displacement u parallel to axial and lateral directions of pipe, respectively, at each contact point. Then, according to the assumption (3), we have

$$f=-z\,u \tag{4}$$

where

$$z=\frac{f}{(u^2+v^2)^{1/2}} \tag{5}$$

or

$$q=-zu$$
$$p=-zv \tag{6}$$

If z is a spring constant, the frictional constraint by Eq. (6) would be an elastic problem. Therefore, while giving out the initial approximate value of z, the nonlinear friction contact problem will become linear, and will be solved by using iteration method.

Based on the analysis above, the $\{P\}_f$ in Eq. (3) can be denoted as

$$\{P\}_f=-[Z]_f\{D\}_f \tag{7}$$

where $[Z]_f$ is a diagonal matrix in which diagonal elements are z determined by equation (4). Considering that $\{P\}_f=0$ at non-frictional points, we have

$$\{P\}_f=-[Z]\{D\} \tag{8}$$

where $[Z]$ is also a diagonal matrix in which diagonal elements are z at each frictional contact point and 0 at other non-frictional points. Therefore, Eq. (3) can be rewritten as

$$[K]\{D\}=\{P\}_0-[Z]\{D\} \tag{9}$$

Thus the iteration formula of Eq. (9) can be given by

$$[K]\{D\}^{n+1}=\{P\}_0-[Z]^n\{D\}^n \tag{10}$$

or

$$([K]+[Z]^n)\{D\}^{n+1}=\{P\}_0 \tag{11}$$

where n is the iteration number.

Initial values $\{D\}$ of displacements can be determined by

$$[K]\{D\}_0=\{P\}_0 \tag{12}$$

When the n-th iteration values $\{D\}^n$ have been obtained, $[Z]^n$ can be evaluated by using Eqs. (4),(5) and (6), thus $\{D\}^{n+1}$ can be solved by Eq. (10) or (11). Going on this procedure until convergency, the solution of pipe displacements, thereafter the support frictional forces, internal forces and stresses of the piping system can be obtained finally.

4. CALCULATING PROCEDURES

Considering the analysis above and requirements of practical engineering designs, we have developed an advanced computer program—Advanced Overhead Pipeline Analysis Program(AOPAP). Taking the effects of support frictions into account, this program can be used to analyze any complex type of three dimensional overhead piping system, to deal with many kinds of piping components and constraints, check the safety and economy of pipelines, and to improve practical engineering designs. The main calculation procedures of the Finite Element Iteration Method are shown as below:

(1) Idealization and discretization of the piping system.

Considering the characteristics of practical engineering pipelines, we assumed the pipelines as three dimensional frame structures which consist of many straight pipe elements, bend or elbow elements, ball joints, elastic flexure-resisting hinges, anchors, stops, guide supports, sliding supports, rolling supports, hangers, etc.

(2) Input of the structure data.

The structure data contain the basic parameters of the structure, nodal coordinates and its constraint conditions, friction factors, characteristics of materials, element types, and so on.

(3) Find out the transformation matrix between local and global coordinate systems.

The transformation matrices of elements are determined by nodal coordinates in loeal and global systems.

(4) Calculation and assemblage of element stiffness matrices.

In order to reduce the size of global stiffness matrix, boundary conditions are considered in the assemblage of element stiffness matrices.

(5) Formation of the global nodal load vector.

Nodal loads due to pipe weight, temperature change, snow and wind, as well as the frictional moments of ball joints, are considered.

(6) Iterating solution of nodal displacements and support frictions.

The approximate values of unknown nodal displacements can be solved by using Eq. (10) or (11). Depending on them, the corresponding support reactions and frictions will be found. Then, Eq. (10) or (11) will give further solution of nodal displacements, and the convergency solution will be obtained if going on above procedures. The first approximate nodal displacement values can be determined by Eq. (12).

A flow chart for the full solution process is given in Fig. 1.

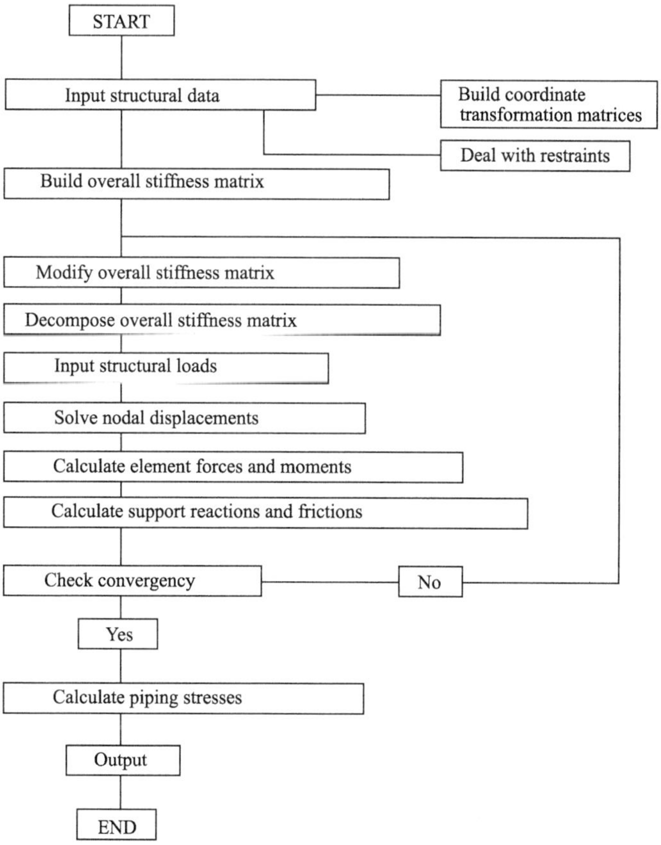

Fig. 1　The flow chart of AOPAP

5. NUMERICAL EXAMPLES

In order to present the applications of the method and the program, here we take two simple examples.

Example 1. A part of a ϕ720(mm) steam distribution pipeline is shown in Fig. 2. The designed temperature of this pipeline is 350 ℃. While calculating the pipe displacemnets by using the program SAP 5 which can not consider the support frictions, the designer got a result that maximum lateral displacement of the pipe was more than 590 mm. Thus the large and wide supports must be erected to prevent pipe drop. In fact, the calculating results of AOPAP are much less and agree well with the practical situations. In Fig. 3 the pipe deflections of nonfrictional solution (SAP 5) and frictional solution (AOPAP) are shown respectively, with enlarged scale of 1 : 10.

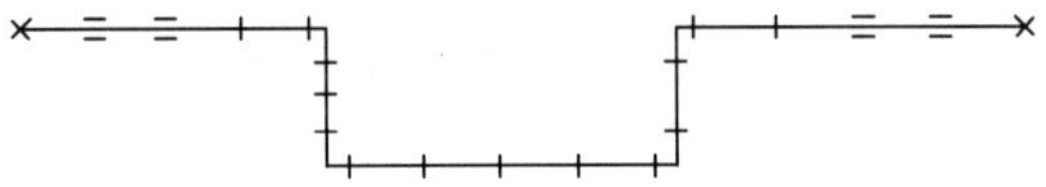

Fig. 2. A horizontal pipeline

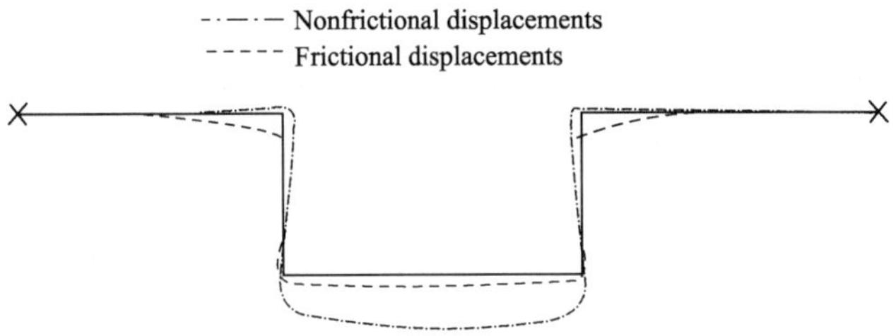

Fig. 3. Expansion displacements

Example 2. A pipeline shown in Fig. 4 is a practical heat supply pipe. Both the practical measurements and the calculations by using AOPAP were done. The numbers of supports at which we measured the pipe displacements are presented in the figure. The comparisions of measurements and calculation results are shown in Fig. 5 and Fig. 6. It is noted that in these two figures, only pipe displacements at supports are presented as dots, the connect lines between dots are used to be distinguished easily and have no practical significance. It is obvious that nonfrictional solution of displacements has a large error and the results of AOPAP(frictional solution) are well agree with the practical measurements.

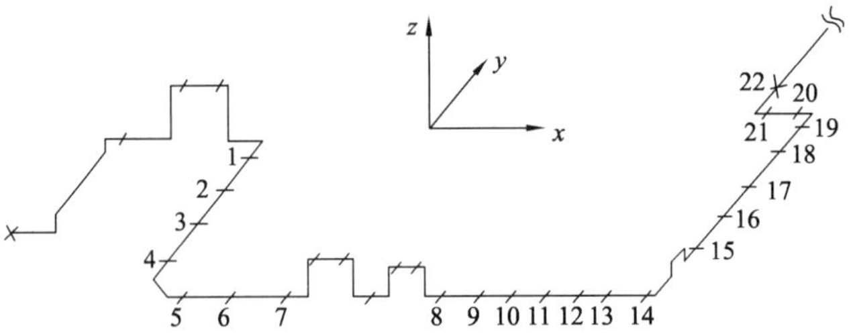

Fig. 4. Experimental piping system

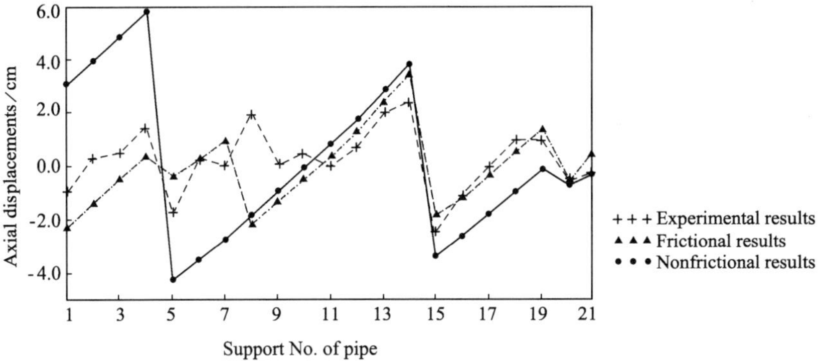

Fig. 5. Comparison of pipe axial displacements

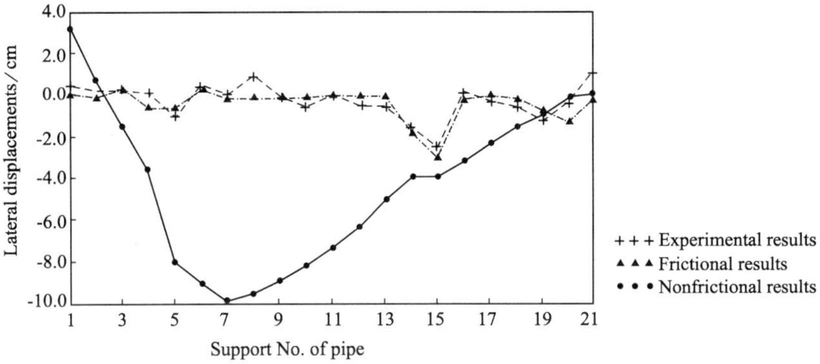

Fig. 6. Comparison of pipe lateral displacements

6. CONCLUSION

The above analysis and examples turn out that the support frictions take an important part in pipeline designs. It is known that the calculation results of pipe displacements are much larger than practical ones while no considering the frictions, thus the designs based on those results will be wasteful because the large supports are to be required, on the other hand, the designs will be also unreliable because the practical stresses are larger than calculation values. The method and the program stated in this paper take effects of support frictions into consideration and can be used to solve practical problems in engineering. They strengthen the scientific foundation of piping system analysis, and are of great value to piping engineers.

REFERENCE

[1] Cui Xiaobing. The Heat Expansion Displacements of the "L" Type and "U" Type Heat Supply Pipelines. Mechanics and Practice, 1986,8(5): 43-47

[2] Tong Xinghua, et al. Further Analysis of Thermal Expansion Displacements for Overhead Heating Pipelines. Journal of the University of Petroleum, China, 1989,13(1): 53-66

[3] Wang Zhixiang, et al. Stress Analysis and Calculation of Pipelines. Water Resources and Electric Power Press,1983

[4] Tong Xinghua, et al. On Structural Experiment of Thermal Expansion Displacement for Overhead Heating Pipelines. Journal of the University of Petroleum, China, 1990,14(2): 55-61

[5] H. G. Jerry, et al. Statics and Dynamics. New York: John Wiley & Sons, 1984: 172

第四部分　输油管道受载及试压等特殊问题

◆ 埋地热输管道大曲率半径水平弯头受载分析

（发表于《石油规划设计》1993 年第 4 卷第 2 期）

◆ 海上采油立管的动力分析

（发表于《华东石油学院学报》1986 年第 2 期）

◆ 固定式平台管道立管动力响应及疲劳强度分析

（发表于《油气储运》1988 年第 7 卷第 2 期）

◆ 输油管道强度试压最高应力研究

（发表于《油气储运》1995 年第 14 卷第 5 期）

◆ 用压力容积图进行管道试压方式研究

（发表于《油气储运》1996 年第 15 卷第 3 期）

◆ 管道承压能力逆转现象的定量估算

（发表于《石油大学学报（自然科学版）》1996 年第 20 卷第 4 期）

埋地热输管道大曲率半径水平弯头受载分析

张　宏　崔孝秉

摘要： 作为对弹性抗弯铰模型的补充，本文进一步分析了埋地热输管道大曲率半径水平弯头受载结构强度。

关键词： 埋地管道；结构力学；分析

一、基本分析　未知量和方程

设有两臂不对称水平弯头如图1所示。

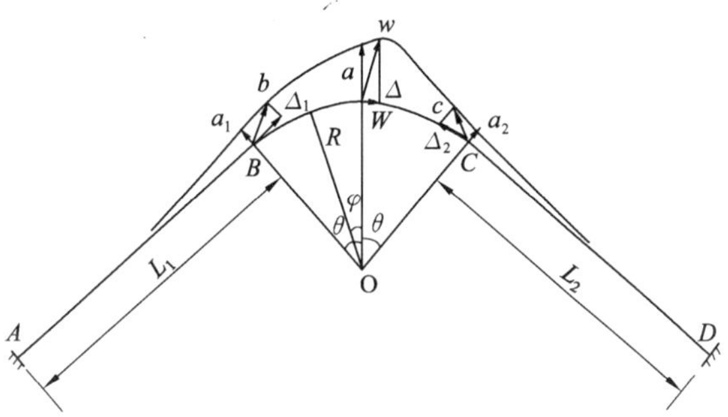

图1　弯头结构和位移

A,D两点锚固，直管AB,CD分别与弯头BWC切向相接。为使分析简化，本文将弯头对称地分为两部分BW及CW。管道工作时受温度T和内压P的作用，结构产生位移并受到土壤摩擦力和侧向压缩反力的作用。为了避免计算上的繁琐，本文在考虑弯头所受土壤压缩反力时作了一点简化。设弯头受载后位移到bwc，两直管的伸长为Δ_1和Δ_2，两直管端点的横向位移为a_1和a_2。设弯头各点径向位移线性分布，得弯头左右两部分各自所受土壤侧向压缩反力为：

$$g_i=\frac{rc}{\theta\cos\theta}[(a_1+a_2)\theta\pm(a_1-a_2)\varphi]\cos\varphi \quad (i=1,2) \tag{1}$$

式中，r为弯头截面平均半径，c为土壤侧向压缩反力系数。

这样处理所得土壤反力比实际值略小，使得弯头中部的弯矩略偏大，偏于安全，是可行的。

为了便于分析，将直管与弯头分开考虑，它们各自的受力情况和位移情况如图2所示。

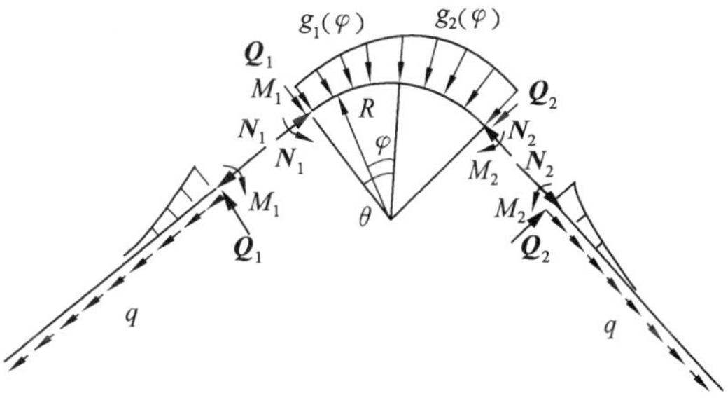

图2　弯头和直管受力分析

直管段弯头一侧端部的内力与位移之间存在如下关系：

$$\Delta_i = l_i\left[\alpha T + \frac{(1-2\mu)\pi r^2 p}{EF}\right] - \frac{q l_i^2}{2EF} - \frac{N_i l_i}{EF} \quad (i=1,2) \tag{2}$$

$$Q_i = kH_iM_i + 2k^3EJ(2/S_i + I_i)a_i \quad (i=1,2) \tag{3}$$

式中，α 为管材线胀系数；μ 为管材泊松比；E 为弹性模量；t 为管道壁厚；q 为单位长度土壤摩擦力；F 为管道截面积；J 为管道截面惯性矩。其他各量为

$$k = \sqrt[4]{rc/2EJ}$$

$$S_i = \sin kl_i \,\mathrm{sh} kl_i(\cos kl_i \,\mathrm{sh} kl_i + \sin kl_i \,\mathrm{ch} kl_i) + \cos kl_i \,\mathrm{ch} kl_i(\cos kl_i \,\mathrm{sh} kl_i - \sin kl_i \,\mathrm{ch} kl_i) \quad (i=1,2)$$

$$H_i = [(\cos kl_i \,\mathrm{sh} kl_i)^2 + (\sin kl_i \,\mathrm{ch} kl_i)^2]/S_i \quad (i=1,2)$$

$$I_i = [(\mathrm{sh} kl_i)^2 - (\sin kl_i)^2]/S_i \quad (i=1,2)$$

当 $k \geqslant 3$ 时，H_i，$I_i(I_i = 2/S_i)$均可近似取为 1。

弯头的受力平衡方程为：

$$(Q_1+Q_2)\cos\theta - (N_1+N_2)\sin\theta + \int_0^\theta [g_1(\varphi)+g_2(\varphi)]R\cos\varphi \,\mathrm{d}\varphi = 0 \tag{4}$$

$$(Q_1-Q_2)\sin\theta + (N_1-N_2)\cos\theta + \int_0^\theta [g_1(\varphi)-g_2(\varphi)]R\sin\varphi \,\mathrm{d}\varphi = 0 \tag{5}$$

$$M_1 - M_2 = R(N_1 - N_2) \tag{6}$$

弯头任意截面内力矩为：

$$M_i(\varphi) = M_i + Q_iR\sin(\theta-\varphi) - N_iR[1-\cos(\theta-\varphi)] + R^2\int_0^\theta g_1(x)\sin(x-\varphi)\,\mathrm{d}x$$

弯头与两直管之间的位移协调方程为：

$$\Delta_i\sin\theta + a_i\cos\theta = a - \frac{LR^2}{EJ}\int_0^\theta(\sin\theta-\sin\varphi)M_i(\varphi)\,\mathrm{d}\varphi - \left[\alpha T + \frac{(1-2\mu)\pi r^2 p}{EF}\right]R(1-\cos\theta) \quad (i=1,2) \tag{7}$$

$$\Delta_i\cos\theta - a_i\sin\theta = \pm\Delta - \frac{LR^2}{EJ}\int_0^\theta(\cos\varphi-\cos\theta)M_i(\varphi)\,\mathrm{d}\varphi - \left[\alpha T + \frac{(1-2\mu)\pi r^2 p}{EF}\right]R\sin\theta \quad (i=1,2) \tag{8}$$

$$k(H_1a_1 + H_2a_2) - \frac{I_1M_1 + I_2M_2}{2kEJ} = \frac{LR}{EJ}\int_0^\theta [M_1(\varphi) + M_2(\varphi)]\,\mathrm{d}\varphi \tag{9}$$

式中，L 为弯头柔性系数：

$$L = 1.65r^2/Rt(1 + 6Pr^2R^{0.33}/Et^{1.33})$$

由式(2)～(9)12 个方程可以求解 a_i，Δ_i，a，Δ，N_i，Q_i，M_i 等 12 个未知数。由于上述方程求解过程很长，本文不再列出。

二、计算与分析

根据上述分析，我们编制了计算程序 ADUP6，并与通用结构分析程序 SAP5 的结果进行了比较。

设有外径 529 mm、壁厚 6 mm、两臂长 30 m 的埋地水平弯头，其弯头拐角为 30°和 90°，曲率半径为 2.5D，5D，10D，内压为 4 MPa，温度为 60 ℃，土壤侧向压缩反力系数为 3 N/cm^3，单位长度土壤摩擦力为 300 N/cm。弯头的内力和位移计算结果见图 3、图 4 和图 5。

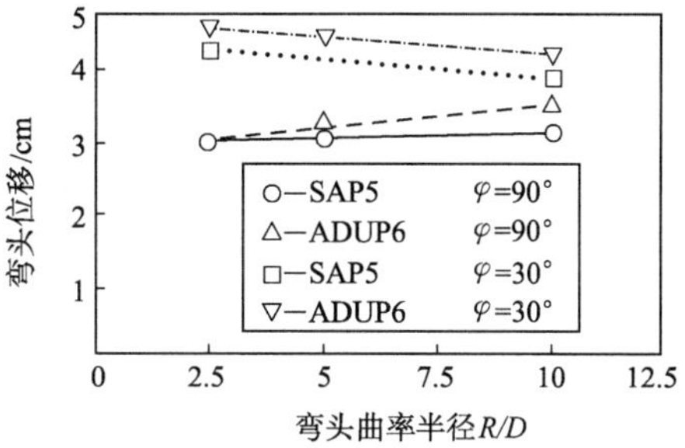

图 3　弯头位移计算结果

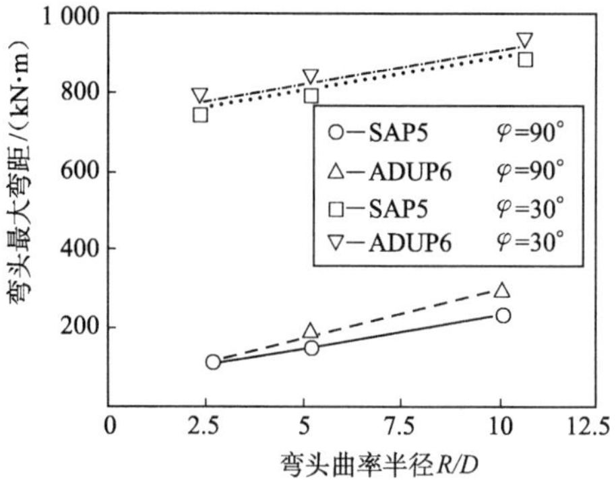

图 4　弯头轴向弯矩计算结果

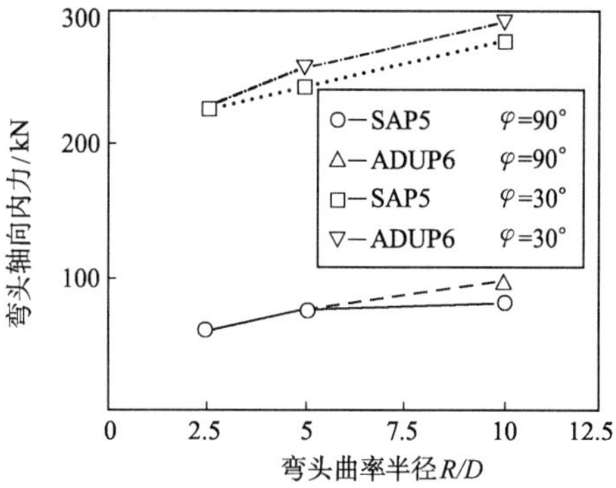

图 5　弯头最大内力计算结果

从图示结果可见,无论内力还是位移,两种结果非常接近,说明本文的分析是可靠的。加之本文中采用的是解析分析法,所编制的程序输入简便,计算速度快,从使用角度讲要优于 SAP5,十分适合管道工程设计。

参考文献

[1]　崔孝秉. 埋地长输管道水平弯头的升温载荷近似分析. 华东石油学院学报,1978(2)

[2]　崔孝秉. 埋地长输管道水平弯头的升温载荷的进一步分析. 华东石油学院学报,1980(1)

海上采油立管的动力分析

孟振虎 崔孝秉

摘要： 本文应用线性波理论，通过波浪叠加法，探讨了海洋平台油气生产立管系统的动力性质。应用线性化的 Morison 方程计算作用于立管的波浪力，包括随机波和规则波两种情况。有限元方程的求解是通过模式叠加方法在时域内进行的。分析了波力单独作用及由波力和平台位移共同作用下立管的两种动力响应情况。介绍并比较了所得到的数值结果，包括位移、扭矩和弯矩等数据。结果表明，本文所提出的分析方法是可行的，计算机程序则可为立管的强度设计提供方便。

关键词： 海上采油；输油管；有限元；动力学分析；叠加法；计算机模拟

一、概 述

近年来，随着海上石油工业的发展，海上钻采平台及其海洋管线系统的动力分析已显得更为重要。海洋管道工程是一项崭新的工程。对于海洋管线的采油立管，国外已做了大量工作，但重点放在立管管线的静力分析上[1-2]，对其动力分析所做的工作似乎并不多。在国内，海洋管道工程仍属空白，但目前已有不少研究单位和研究者开始从事于此项工作，并已取得一定成果。本文应用有限单元及波谱模拟方法，对海洋管线系统中的采油立管管线在随机波浪力及平台位移作用下的动力响应作了初步的理论分析，计算机程序可为立管系统的强度设计提供参考。

二、基本结构形式和力学模型简化

海上采油平台的采油立管可分为内立管和外立管两种基本结构形式。外立管结构见图1，它包括垂直段、立管弯头和支承管卡等。内立管在其垂直段受其他结构的有效保护，不直接承受风、波浪和海流作用。而外立管系统所处环境条件十分苛刻，除承受内压、温度变差、地震载荷外，还承受风、波浪、海流及冰载等作用。本文主要分析外立管系统在波力及波力和平台位移共同作用下的位移和内力反应。

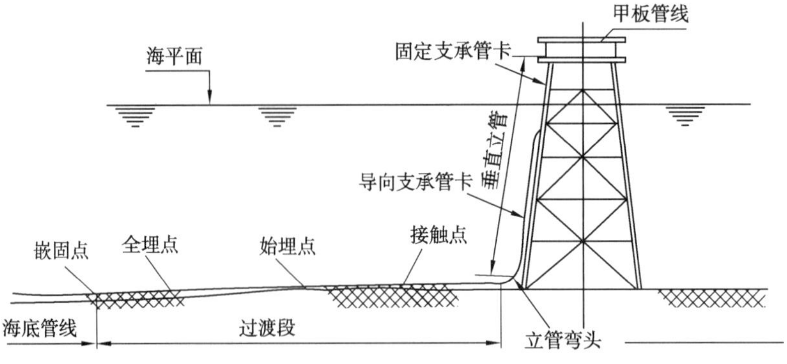

图1 普通导管架式平台立管系统

为使问题分析简便，将结构简化为图 2 所示的力学模型，并作如下假设：

(1) 立管与平台导管架的支承视为弹性支承，即将支承管卡简化为线性弹簧；

(2) 铺设在海底的立管，从始埋点起至某一嵌固点为止，摩擦力沿其长度均匀分布；

(3) 铺设立管的海底为弹性地基，即海底床基对管道的作用视为线弹性支承；

(4) 立管在波浪作用下所产生的振动位移满足弹性及小变形条件。

按上述简化条件，立管的运动可视为弹性支承的空间框架在波浪力、平台强迫位移等激励作用下的振动运动。

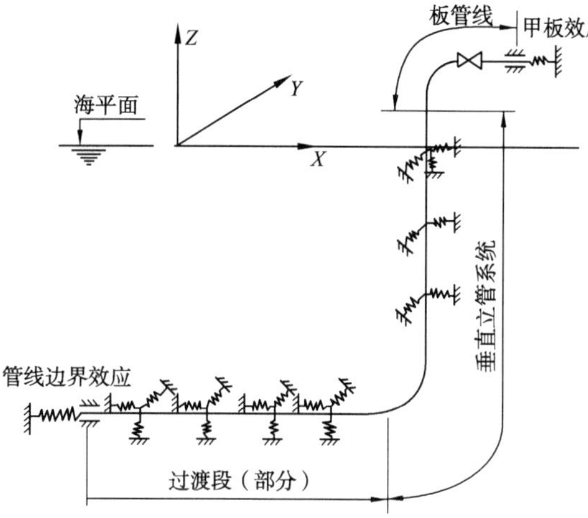

图 2　力学模型

三、结构动力学分析

为导出系统的有限元动力平衡方程，取能量形式的泛函：

$$J=\int_{t_1}^{t_2}(T-U+W)\mathrm{d}t \tag{1}$$

T,U,W 分别为系统的功能、势能和外力对系统所做的功。若取单元节点位移 $q_1,q_2,\cdots,q_n$ 为广义坐标，则系统的动能、势能和外力功可以表示为

$$\left.\begin{aligned}T&=T(q_1,q_2,\cdots,q_n;\dot{q}_1,\dot{q}_2,\cdots,\dot{q}_n)\\U&=U(q_1,q_2,\cdots,q_n)\\W&=Q_1q_1+Q_2q_2+\cdots+Q_nq_n\end{aligned}\right\} \tag{2}$$

式中，Q_1 称为广义力或称为节点力。系统的运动方程可通过对方程(1)取一阶变分并令其为零而得到

$$\delta J=\int_{t1}^{t_2}\delta(T-U+W)\mathrm{d}t=0 \tag{3}$$

应用式(2)得到

$$\delta T=\frac{\partial T}{\partial q_1}\delta q_1+\frac{\partial T}{\partial q_2}\delta q_2+\cdots+\frac{\partial T}{\partial q_n}\delta q_n+\frac{\partial T}{\partial \dot{q}_1}\delta\dot{q}_1+\frac{\partial T}{\partial \dot{q}_2}\delta\dot{q}_2+\cdots+\frac{\partial T}{\partial \dot{q}_n}\delta\dot{q}_n$$

$$\delta U=\frac{\partial U}{\partial q_1}\delta q_1+\frac{\partial U}{\partial q_2}\delta q_2+\cdots+\frac{\partial U}{\partial q_n}\delta q_n$$

$$\delta W=Q_1\delta q_1+Q_2\delta q_2+\cdots+Q_n\delta q_n$$

代入式(3)，最后得著名的 Lagrange 方程：

$$\frac{\mathrm{d}}{\mathrm{d}t}\left(\frac{\partial T}{\partial \dot{q}_i}\right)-\frac{\partial T}{\partial q_i}+\frac{\partial U}{\partial q_i}=Q_i \qquad (i=1,2,3,\cdots,n) \tag{4}$$

略去剪力及轴向载荷对弯曲变形的影响，并将结构离散化为若干梁单元，取图 3 所示单元和节点广义坐标，选取适当的插值函数后，可用节点广义坐标表示单元位移：

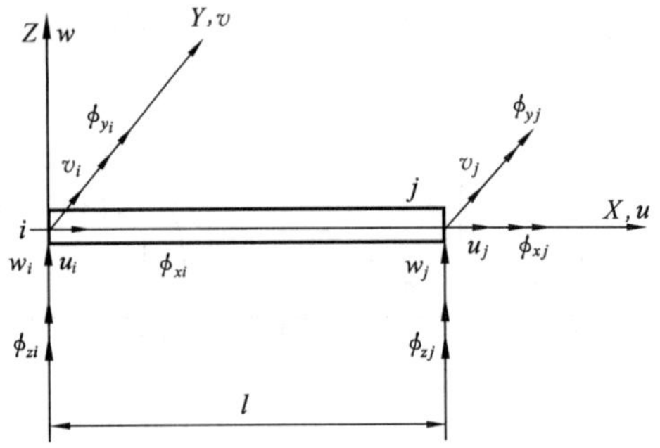

图 3 梁单元和节点广义坐标

$$\left.\begin{aligned}
&u=N_1u_i+N_2u_j\\
&v=N_3v_i+N_4\left(\frac{\partial v}{\partial x}\right)_i+N_5v_j+N_6\left(\frac{\partial v}{\partial x}\right)_j\\
&w=N_3w_i+N_4\left(\frac{\partial w}{\partial x}\right)_i+N_5w_j+N_6\left(\frac{\partial w}{\partial x}\right)_j\\
&\phi_x=N_1\phi_{xi}+N_2\phi_{xj}\\
&\phi_y=\frac{\partial w}{\partial x}=\frac{\mathrm{d}N_3}{\mathrm{d}x}w_i+\frac{\mathrm{d}N_4}{\mathrm{d}x}\left(\frac{\partial w}{\partial x}\right)_i+\frac{\mathrm{d}N_5}{\mathrm{d}x}w_j+\frac{\mathrm{d}N_6}{\mathrm{d}x}\left(\frac{\partial w}{\partial x}\right)_j\\
&\phi_z=\frac{\partial v}{\partial x}=\frac{\mathrm{d}N_3}{\mathrm{d}x}v_i+\frac{\mathrm{d}N_4}{\mathrm{d}x}\left(\frac{\partial v}{\partial x}\right)_j+\frac{\mathrm{d}N_5}{\mathrm{d}x}v_j+\frac{\mathrm{d}N_6}{\mathrm{d}x}\left(\frac{\partial v}{\partial x}\right)_j
\end{aligned}\right\} \tag{5}$$

其中，

$$\left.\begin{aligned}
&N_1=1-\frac{x}{l}; && N_2=\frac{x}{l};\\
&N_3=1-3\left(\frac{x}{l}\right)^2+2\left(\frac{x}{l}\right)^3; && N_4=x\left(1-\frac{x}{l}\right)^2;\\
&N_5=3\left(\frac{x}{l}\right)^2-2\left(\frac{x}{l}\right)^3; && N_6=\frac{x^2}{l}\left(\frac{x}{l}-1\right)
\end{aligned}\right\} \tag{6}$$

根据弹性力学中应变能表达式，则可用单元节点位移表示单元应变能，进而可得出系统应变能表达式 U。同样，略去 $\dot{\phi}_y$，$\dot{\phi}_z$ 的转动动能，得出系统动能表达式 T，以及外力功表达式 W，再将这些表达式代入式(4)，经过推导得出系统有限元动力平衡方程

$$[M]\{\ddot{q}\}+[C]\{\dot{q}\}+[K]\{q\}=\{\overline{p}\}-[K_i]\{\overline{\triangle}\} \tag{7}$$

其中，

$$\{\overline{\triangle}\}=\{q\}-\{\triangle\} \tag{8}$$

为弹簧的相对位移向量。进一步整理得到

$$[M]\{\ddot{q}\}+[C]\{\dot{q}\}+[K+K_i]\{q\}=\{\overline{p}\}+[K_i]\{\triangle\} \tag{9}$$

(8)，(9)两式中向量$\{\triangle\}$为平台导管架与立管支承管卡连接处导管架的绝对位移向量；$\{\overline{p}\}$为由波浪力产生的节点载荷向量；$\{q\}$，$\{\dot{q}\}$，$\{\ddot{q}\}$分别为立管节点位移、速度、加速度向量；$[M]$，$[C]$，$[K]$分别为结构的整体质量、阻尼和刚度矩阵；$[K_i]$为弹簧刚度矩阵。

可以看出，引起立管响应的激励主要来自作用于立管本身的波浪载荷及与立管相连的平台管架的强迫位移{△}。向量{△}可以是由于作用于平台导管架的波、浪、风载等引起的，也可以是其他情况引起的。若仅考虑平台强迫位移的影响，则式(9)可进一步简化为：

$$[M]\{\ddot{q}\}+[C]\{\dot{q}\}+[K+K_i]\{q\}=[K_i]\{\triangle\} \tag{10}$$

式(10)也可用来分析由于地震载荷所引起立管的动力响应。一般来说，立管相对于平台，柔性大而质量小，对于平台的运动几乎没有影响。因此，将通过各种平台模型振动试验、实测或者其他手段(例如各种平台的计算机模拟)得到的{△}向量代入式(10)，则可以讨论分析立管的地震响应。

由式(9)中向量$\{\overline{p}\}$的形式可以导出由波浪力引起的单元节点载荷的形式为

$$\{\overline{p}\}_e=(0,\int_0^l p_Y N_3(x)\mathrm{d}x,\int_0^l p_X N_3(x)\mathrm{d}x,0,\int_0^l p_X N_4(x)\mathrm{d}x,\int_0^l p_Y N_4(x)\mathrm{d}x,0,$$
$$\int_0^l p_Y N_5(x)\mathrm{d}x,\int_0^l p_X N_5(x)\mathrm{d}x,0,\int_0^l p_X N_6(x)\mathrm{d}x,\int_0^l p_Y N_6(x)\mathrm{d}x)^{\mathrm{T}} \tag{11}$$

式中，p_X，p_Y 分别为沿 X，Y 方向作用于立管上的波浪力。

由于立管管径不大，故作用于立管上的波浪力可用 Morison 方程计算[3-4]：

$$p(Z,t)=\frac{\pi}{4}D^2\rho C_M(\dot{u}_L-\ddot{w}_b)+\frac{1}{2}\rho C_D D|u_L-\dot{w}_b|(u_L-\dot{w}_b)+\frac{\pi}{4}D^2\rho\ddot{w}_b \tag{12}$$

式中，ρ 为海水密度；D 为水域深度；C_M，C_D 为惯性力系数和拖曳力系数。

由式(12)可见，作用于立管的波力与水质点及立管运动的速度 w_b 和加速度$\ddot{w}_b$ 有关。由于海浪运动具有明显的随机性，因而式(12)所给出的波力也是随机的，而且是非线性的。为使问题简化，假定了海浪运动满足无旋有势条件，且为一平稳随机过程，其波面历时满足零均值高斯分布及各态历经性条件。

在随机波浪载荷作用下，立管产生随机的动力响应。进一步假定立管的水平相对速度 $v_r=u_L-\dot{w}_b$ 也满足上述平稳性、零均值高斯分布及各态历经条件，其概率密度函数可表示为

$$f(v_r)=\frac{1}{\sqrt{2\pi\sigma v_r}}\exp\left(-\frac{{v_r}^2}{2\sigma {v_r}^2}\right) \tag{13}$$

用相对速度表示式(12)，可得：

$$p(Z,t)=\frac{\pi D^2}{4}\rho(1-C_M)\ddot{w}_b+\frac{\pi D^2}{4}\rho C_M\dot{u}_L+\frac{1}{2}\rho D C_D|v_r|v_r \tag{12a}$$

考虑式(12)的线性化。设以 Bv_r 代替式(12a)中的$|v_r|v_r$，则 Bv_r 与$|v_r|v_r$ 之差的平方平均值可表示为：

$$E[\triangle^2]=E[(Bv_r-|v_r|v_r)^2] \tag{14}$$

所选择的 B 值应使式(14)为一小量，为此可令$\frac{\partial E[\triangle^2]}{\partial B}=0$，据此可得

$$B=\frac{\int_{-\infty}^{\infty}v_r^2\ |v_r|\ f(v_r)\mathrm{d}v_r}{\int_{-\infty}^{\infty}v_r^2 f(v_r)\mathrm{d}v_r}=\frac{E[v_r^2\ |v_r|]}{E[v_r^2]}=\sqrt{\frac{8}{\pi}}\sigma_{rv} \tag{15}$$

从而可得线性化后的 Morison 方程为

$$p(Z,t)=\frac{\pi D^2}{4}\rho(1-C_M)\ddot{w}_b+\frac{\pi D^2}{4}\rho C_M\dot{u}_L+\frac{1}{2}\rho DC_D\sqrt{\frac{8}{\pi}}\sigma_{v_r}(u_L-\dot{w}_b)$$
$$=p_1+p_2 \tag{16}$$

式中，

$$\left.\begin{aligned}p_1&=\frac{\pi D^2}{4}\rho C_M\dot{u}_L+\frac{1}{2}\sqrt{\frac{8}{\pi}}\rho DC_D\sigma_{v_r}u_L\\p_2&=\frac{\pi D^2}{4}\rho(1-C_M)\ddot{w}_b-\frac{1}{2}\sqrt{\frac{8}{\pi}}\rho DC_D\sigma_{v_r}\dot{w}_b\end{aligned}\right\} \tag{17}$$

对于规则波，也可采用上述线性化方法，不同的是式(15)中的系数应为[9]

$$B=\frac{8}{3\pi}\sqrt{u_{LA}{}^2+\dot{w}_{bA}{}^2} \tag{18}$$

式中，u_{LA}和w_{bA}分别为水质点波动速度及立管法向运动速度幅值。

将式(16)代回式(11)，得单元节点波浪载荷向量，叠加后可得到整体波浪载荷向量

$$\{\overline{p}\}=\{p_l\}-[M_d]\{\ddot{q}\}-[C_h]\{\dot{q}\} \tag{19}$$

式中，$[M_d]$为波浪载荷引起的附加质量矩阵；$[C_h]$为附加阻尼矩阵。将式(19)代回式(9)得动力平衡方程为

$$[M+M_d]\{\ddot{q}\}+[C+C_h]\{\dot{q}\}+[K+K_i]\{q\}=\{p_l\}+[K_i]\{\triangle\} \tag{20}$$

若仅考虑波载作用，上式还可简化为

$$[M+M_d]\{\ddot{q}\}+[C+C_h]\{\dot{q}\}+[K+K_i]\{q\}=\{p_l\} \tag{21}$$

系统动力平衡方程式(21)、(10)、(20)是分析立管在随机海浪、平台强迫位移及二者共同作用下动力响应的三个基本方程式。显然，由于立管柔性所产生的相对运动，使系统的振动质量和振动阻尼都有增加。当C_M,C_D按常数处理时，可认为$[M_d]$是确定的。但$[C_h]$与海浪运动及立管相对运动有关。

四、波谱模拟

至此，经线性化处理后的有限元动力方程已经导出。然而，问题尚未完全解决，因为式(16)中水质点运动速度u_L和加速度$\dot{u}_L$的表达式仍未给出，而这些表达式与所选择的波浪理论有关。本文主要考虑二维波形式。应用Airy波理论[5]，选择下述模型(参考图4)后[5-6]，某一固定点的波面可表示为

$$\xi(t)=\sum_{j=1}^{\infty}a_j\cos(\omega_j t+\varepsilon_j) \tag{22}$$

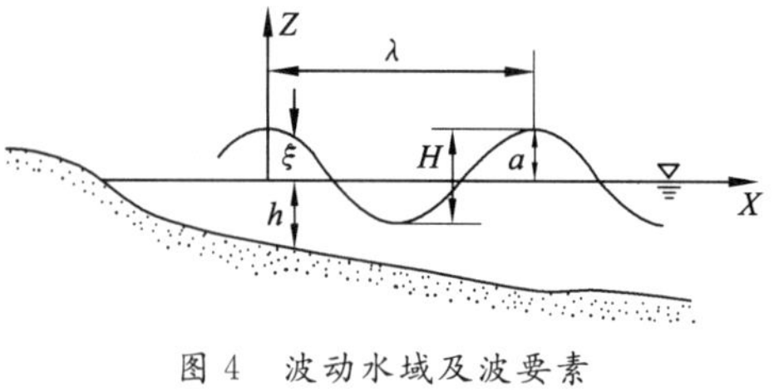

图4 波动水域及波要素

相应的水质点水平方向的速度和加速度表达式给出如下[4-6]：

$$\left.\begin{aligned} u_L &= \sum_{j=1}^{\infty} \omega_j \frac{\cosh k_j(Z+h)}{\sinh k_j h} a_j \cos(\omega_j t + \varepsilon_j) \\ \dot{u}_L &= -\sum_{j=1}^{\infty} \omega_j^2 \frac{\cosh k_j(Z+h)}{\sinh k_j h} a_j \sin(\omega_j t + \varepsilon_j) \end{aligned}\right\} \tag{23}$$

式中，ω_j 为相应于第 j 个随机波的波动圆频率；k_j 为第 j 个随机波的波数。两者之间存在如下关系：

$$\omega_j^2 = g k_j \tanh k_j h$$
$$k_j = \frac{2\pi}{\lambda_j} \tag{24}$$

如果立管所处海域的海浪谱 $S_\xi(\omega)$ 已经确定，通过谱可模拟波面过程及水质点速度和加速度[5]：

$$\left.\begin{aligned} \xi^{(d)} &= \sum_{j=1}^{N} \sqrt{2S_\xi(\omega)\Delta\omega} \cos(\tilde{\omega}_j t + \varepsilon_j) \\ u_L^{(d)} &= \sum_{j=1}^{N} \sqrt{2S_\xi(\omega)\Delta\omega}\, \tilde{\omega}_j \frac{\cosh k_j(Z+h)}{\sinh k_j h} \cos(\tilde{\omega}_j t + \varepsilon_j) \\ \dot{u}_L^{(d)} &= -\sum_{j=1}^{N} \sqrt{2S_\xi(\omega)\Delta\omega}\, \tilde{\omega}_j^2 \frac{\cosh k_j(Z+h)}{\sinh k_j h} \sin(\tilde{\omega}_j t + \varepsilon_j) \end{aligned}\right\} \tag{25}$$

式中，取

$$\Delta\omega = \frac{\omega_{N+1} - \omega_1}{N}$$

$$\omega_j = \omega_1 + \left(j - \frac{1}{2}\right)\Delta\omega$$

$$\tilde{\omega}_j = \omega_j + \left(\eta - \frac{1}{2}\right)\Delta\omega$$

$$\varepsilon_j = 2\pi\eta$$

η 为在[0,1]范围内均匀分布的随机变量；ω_1，ω_{N+1} 为波谱模拟所选择的频率范围；$S_\xi(\omega)$ 则为海浪频谱。在本文最后给出的实例分析中，主要以下述两个海浪频谱进行模拟：

a. Bretschneider 频率谱[7]：

$$S_\xi(\omega) = 400(H_{\frac{1}{3}}/T_{\frac{1}{3}})^2 \omega^{-5} \exp\left[-1\,605\left(\frac{1}{T_{\frac{1}{3}}\omega}\right)^4\right] \tag{26}$$

b. Pierson-Moskwitz(P-M)谱

$$S_\xi(\omega) = \frac{a g^2}{\omega^5} \exp\left[-\beta\left(\frac{g}{U_{19.5}\omega}\right)^4\right] \tag{27}$$

式中，$U_{19.5}$ 为距海平面 19.5 m 处风速；Philipo 常数 α 及系数 β 由海域条件定。在英国北海条件下，α=0.008 1，β=0.74。选定模拟靶谱后，应用式(16)、(25)，可计算得到作用于立管上的波压力分布，进而形成系统的节点载荷向量。在此过程中，为便于计算，以水质点速度均方差 σ_u 代表相对速度均方差 σ_{v_r}：

$$\sigma_{v_r} \approx \sigma_u = \int_0^\infty \omega^2 \frac{\cosh^2 k(Z+h)}{\sinh^2 kh} S_\xi(\omega)\,\mathrm{d}\omega \tag{28}$$

由于在随机海浪作用下，立管本身的振动位移不大，振动频率也并不很高，因而这样处理带来的误差不会很大。

五、程序简介

依上述分析过程，先形成式(10)、(20)、(21)中各已知项，然后通过数值积分法或振型叠加法[8]分析立管系统的动力响应，包括系统的固有振频和振型分析及系统的位移和内力响应，从而可对不同海况条件下立管的强度加以分析比较，以作为设计时参考。在此基础上编制的计算机程序，可用于下述几种情况的分析：

(1) 立管系统的振频和振型分析；

(2) 波面历程的模拟；

(3) 不同海况下由波浪载荷(随机波和规则波)引起的立管的位移和内力响应；

(4) 波浪载荷和平台强迫位移共同作用下立管的位移和内力响应。

只需对程序作很小的修改，即可进行立管系统的抗震分析，但需要输入由地震载荷所引起的平台导管架的位移响应历程。程序选入两个海浪频谱：B氏谱和P-M谱。每个频谱都有两种不同的参数输入方式，供使用者在波谱模拟时选择。

虽然程序较大，但由于采用一维存储方式，并在波谱模拟、形成节点载荷向量和迭代形成振型阻尼比过程中采用分块存贮方法，因而当采用覆盖手段之后，可在相当程度上减少运算过程中所占内存容量。

六、算例分析和结果讨论

立管系统动力分析程序编制完毕之后，在我院PDP-11/45计算机上进行了调试和运算，对几种不同的立管模型进行了多种海况下的动力响应分析。由于机器内存容量的限制(32 K字)，使所取算例结构较小，单元划分也较粗糙。并且由于对实际结构的了解并不十分详细，因而，所设计的计算模型及所取参数可能会与实际情况有些差异。但就目前得到的计算结果来看，程序的各项功能是可靠的，计算结果也是满意的。

本文主要介绍的算例见图5、图6。图5为20 m水深的立管模型，系统的受载及振动发生在XZ平面内。系统划分为14个单元，15个节点，41个自由度。其中节点7，11，15的弹簧参数略有差别，标之以A型、B型。图6为45 m水深情况下的立管计算模型，分别考察了波沿0°，45°，90°方向行进时系统的动力响应。两图中外涂层厚度主要指立管的保温层和防腐层，也可以考虑海洋浮游生物附着的影响。立管材料为钢质，其弹性模量及泊松比$E=2.1\times10^6$ kg/cm^2，$\mu=0.3$；剪切弹性模量$G=8.5\times10^5$ kg/cm^2；立管材质比重$\gamma=7.8$；原油、海水及外涂层比重分别为0.956，1.033，1.96。此外，图中所谓“输入结构振型阻尼比”是指尚未计入附加阻尼矩阵$[C_h]$影响的振型阻尼比，而在运算过程中，通过迭代方法，把此种影响引入分析过程。除此以外，尚有几个实际上为上述结构改型的算例(无图)。其中有结构1的改型，定义为结构3。同结构1的主要差别是在垂直段有三个支承管卡，分别位于$Z=0$，-8，-12 m处。相应的弹性系数：$Z=0$处，$k_x=2.0\times10^6$ kg/cm，$k_z=1.9\times10^6$ kg/cm；$Z=-8$ m及-12 m处，$k_x=1.9\times10^6$ kg/cm。此外，在$X=4$ m，$Z=8$ m处，$k_x=5.0\times10^4$ kg/cm，结构等距划分为10个单元，29个自由度，其余参数与结构1相同，作分析平面振动情况。

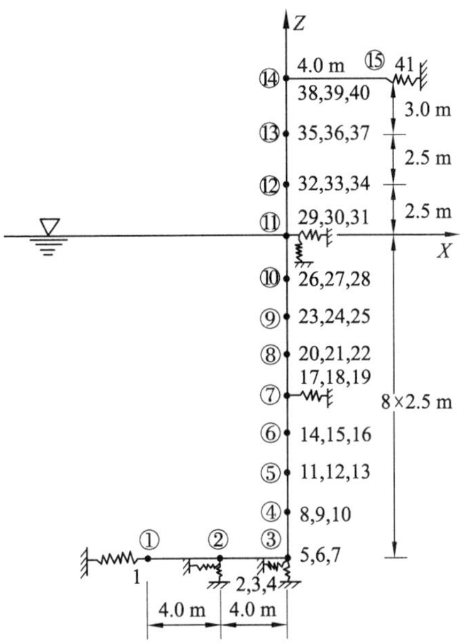

计算参数：

立管外径　280 mm

壁　　厚　10 mm

外涂层厚度　45 mm

波载系数　$C_M=2.0$

$C_D=0.6$

输入结构振型阻尼比

$\xi=0.017,0.025,0.028,0.030$

节点弹簧系数(kg/cm)

节点①　$k_x=6.06\times10^4$

节点②,③　$k_x=1.2\times10^4$

$k_z=2.5\times10^4$

A 型 { 节点⑦,⑪　$k_x=k_z=4.0\times10^4$

节点⑮　$k_x=5.0\times10^4$ }

B 型 { 节点⑦,⑪　$k_x=k_z=4.0\times10^7$

节点⑮　$k_x=1.5\times10^4$ }

图 5　结构 1(A,B 型)的计算机模拟

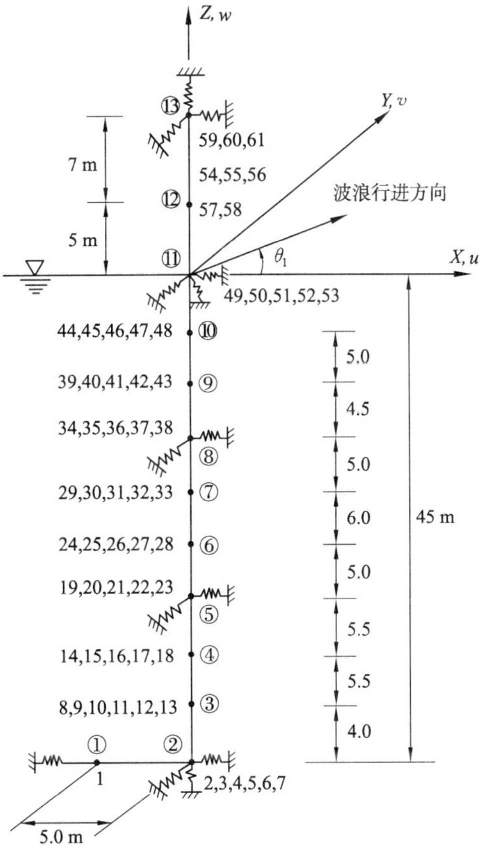

计算参数：

立管中径　270 mm

壁　　厚　12 mm

外涂层厚度　50 mm

波载系数　$C_M=2.0$

$C_D=0.8$

输入结构振型阻尼比

$\xi=0.012,0.015,0.020,0.024$

弹簧系数(kg/cm)

节点①　$k_x=1.21\times10^5$

节点②　$k_x=k_y=1.05\times10^4$

$k_z=2.1\times10^4$

节点⑥,⑧　$k_x=1.2\times10^6$

$k_y=0.6\times10^5$

节点⑪　$k_x=1.2\times10^6$

$k_y=0.6\times10^6$

$k_z=0.9\times10^6$

节点⑬　$k_x=k_z=1.0\times10^5$

$k_y=0.9\times10^5$

图 6　立管(结构 2)的计算模拟

(1) 振频和振型

表 1 结构的振频比较

结构类型	频　率/Hz				单元划分
	1	2	3	4	
结构 1-A	4.39	6.22	11.3	15.73	14
结构 1-B	4.43	6.47	11.99	18.04	14
结构 2	1.626	2.005	2.321	2.925	12
结构 3	8.55	9.44	12.89	—	9

表 1 给出了结构 1～3 的自振频率比较。由表可见,在较浅水域中,立管系统的振频比海浪谱中能量集中部分频率来得高。但随着水深的增加,立管加长,柔性相应增加,因而处于较深水域中的立管系统,其基本振频会降低。在此情况下,为避免系统自振频率过于接近波浪频率,可通过增加支承管卡数目和调整管卡间距的方法加以实现。图 7 给出了结构 1 的 A,B 型两种不同刚性支承管卡下前三个振型曲线比较。由表 1 和图 7 可见,支承管卡的刚性对系统前三个振频和振型的影响并不很大,只是在轴向位移 u 及支承管卡附近有些影响,但从第四振型开始,则不仅在振频(表 1),而且在振型(图未给出)上都有较大差别。图 8 给出的是结构 2 前四个空间振型曲线形状。由振型曲线可见,四个振型的主要振动形状恰好分置于 XZ 和 YZ 这两个互相垂直的平面内。这在一定意义上说明,按平面情况分析立管的动力响应也是有其根据的。从这些振型曲线及后面的计算结果还可看到,若不计平台位移影响,立管的轴向动力反应并不很大。

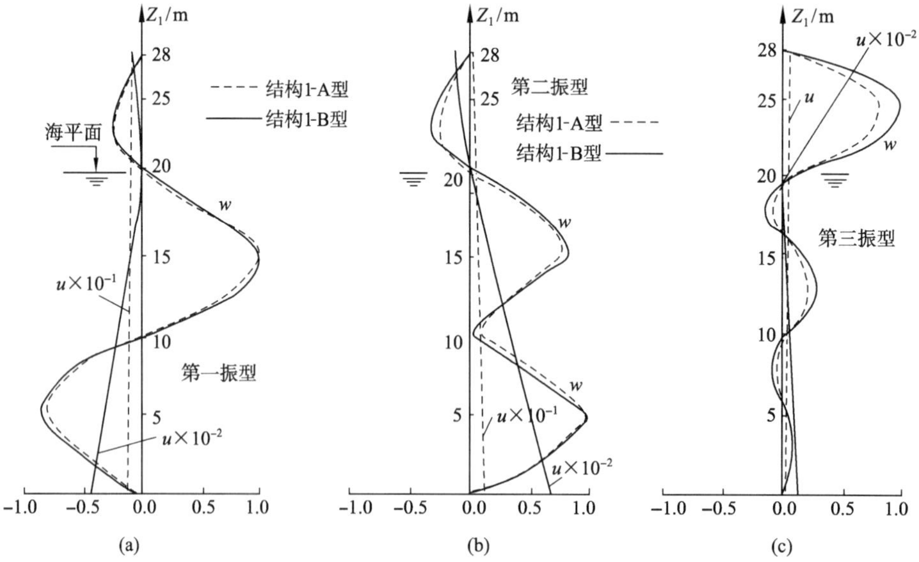

图 7 结构 1 的 A 型、B 型振型曲线

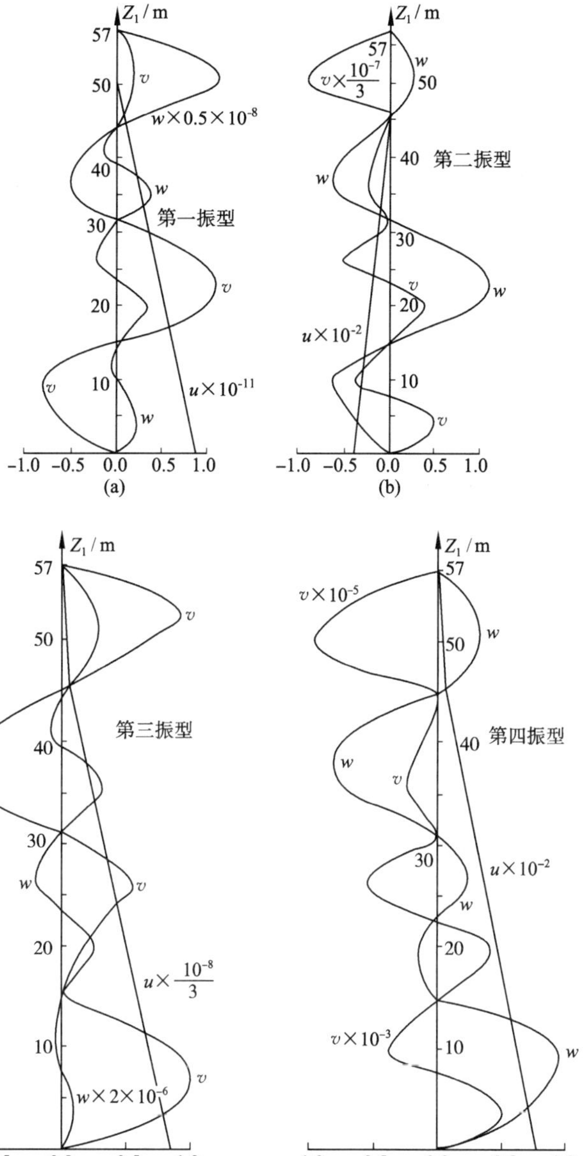

图 8　结构 2 的振型曲线

(2) 波谱模拟和位移响应

图 9 是深度为 20 m 水域中，以 P-M 谱为靶谱模拟 20 m/s 风速条件下的波面过程。比较了 50 波和 85 波叠加所形成的波面历时。图 10 给出了深度为 45 m 的水域中 B 氏谱的模拟结果，主要输入数据为 $H_{\frac{1}{3}}=6.5$ m，$T_{\frac{1}{3}}=0.8$ s。由图 10 可见，在一分钟左右的时间中所产生的最大波高大约为 6.85 m。图 9 的 50 波和 85 波叠加的两种情况，无论从波形还是从以上跨零点定义的波高值来看，都有些差别。前者最大波高为 7.2 m 左右，而后者则为 6.3 m左右。显然，随着叠加波数目的增加及波面历时的延长，模拟波面将会更接近实际情况。本文由于机器容量的限制，对这个问题未作更深入的研究，所采用的 50 波叠加数目是在文献[5]中所见到的一个较低的叠加数。

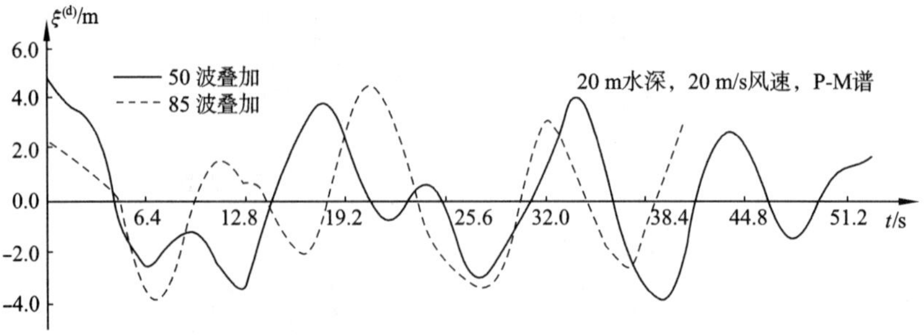

图 9 同一风速、不同波数叠加条件下波面模拟比较

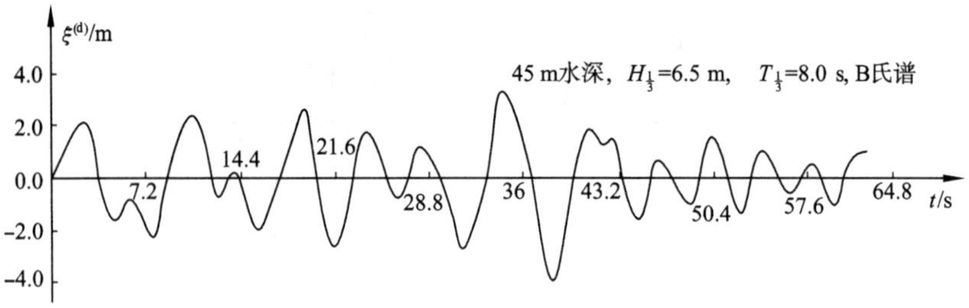

图 10 B氏谱为靶谱模拟的波面历程(50 波叠加)

图 11 给出了结构 1 的 A,B 两型立管垂直段在同一风速条件、不同的叠加波数目下的节点位移曲线(四振型叠加),图中的时间点对应着各段最大位移发生时刻。图 12 给出了 A 型结构在距海底 5,15 m 处法向位移历程响应。由图可见,立管的最大法向位移一般发生于海平面以下,但接近于海平面的位置,因为这一部分正好是波浪载荷较大的地方。

图 13 给出了结构 2 在图 10 条件下,波浪沿 0°,45°,90°方向行进时的节点位移反应。由图可见,波沿 0°方向行进时,*YZ* 平面内产生的振动位移远小于 *XZ* 平面。这说明,此时立管的振动主要由 *XZ* 平面内的两振型(二、四振型)激发而成,*YZ* 平面内两振型影响很小。90°情况则与此相反。而在 45°方向,振动位移包括了振型叠加过程中四个振型的全部影响。由图表明,最大位移也是发生在海平面以下,但接近于海平面的位置。

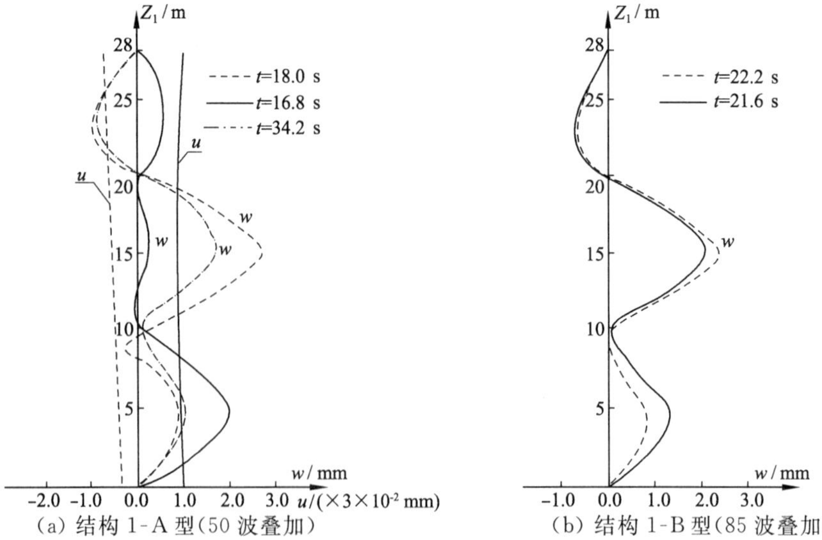

(a) 结构 1-A 型(50 波叠加) (b) 结构 1-B 型(85 波叠加)

图 11 结构 1 波浪载下的节点位移曲线(20 m/s 风速,P-M 谱)

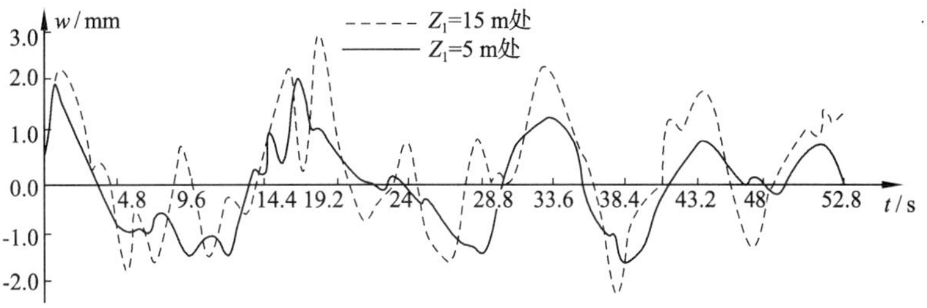

图 12 结构 1(A 型)节点位移历程响应(20 m/s 风速,50 波叠加,P-M 谱)

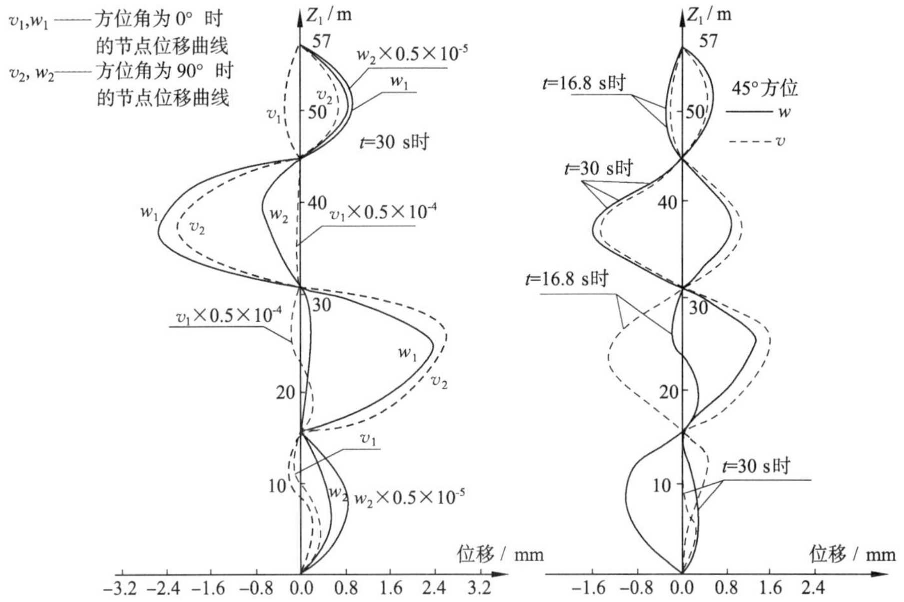

图 13 结构 2 的节点位移曲线比较(B 氏谱)

本文对立管海底水平段及甲板管线部分的位移反应,在图中均未给出。一方面由于计算机容量的限制,海底过渡段单元取得很少,未能进行更深入的研究;另一方面,就现有算例计算结果,波载引起的位移反应远小于垂直段,影响并非很大。

(3) 内力

表 2 给出了结构 2 在图 10 条件下,波浪沿 0°,45°,90°方向行进时最大内力绝对值比较。由表可见,由波载所产生的轴向内力 N 很小,较大轴力、弯矩发生平面的结论同上述对位移讨论的情况相似。还应注意,当波沿 45°,90°方向行进时,海底的立管还产生较大的扭矩。由于机器容量的原因,约束了较多的扭转自由度,海底水平段单元又取得太少,本文未能深入研究。此外,仅使用四个振型叠加,似乎也少,特别是波沿 0°,90°方向行进时。

由现有算例的结果可见,由波载所产生的内力是需要考虑的,最大内力基本上还是发生在海平面以下不远的地方。当波沿 0°方向行进时,各段最大弯矩处于－18.0～－0.9 m 之间。由最大弯矩所引起 XZ 平面内的弯曲应力 $\sigma_{max}=266.3\ kg/cm^2$,$YZ$ 平面内弯曲应力可忽略不计。由计算结果可知,当波沿 90°方向行进时,最大弯矩发生于 YZ 平面,虽然波载条件相同,但最大值比波沿 0°方向行进的情况要小得多。尽管最大剪应力 $\tau_{max}=5.6\ kg/cm^2$,但最大弯曲应力仅为 $\sigma_{max}=39.8\ kg/cm^2$。45°方向的情况也表明了这个现象,即 XZ 平面的内力响应大于 YZ 平面。很可能是海底管线对立管的约束起了作用。

表 2 结构 2 的最大内力值比较(随机波-B 氏谱,$H_{1/3}=6.5$ m,$T_{1/3}=8.0$ s)

坐标值/m		N/kg			M_{XZ}/(kg·cm)			M_{YZ}/(kg·cm)			M_n/(kg·cm)		
X	Z	0°	45°	90°	0°	45°	90°	0°	45°	90°	0°	45°	90°
−4.0	−45.0	31.0	19.8	0.000 2	5 320.8	3 400.7	0.030	0.033	542.84	906.8	0.101	4 222.6	7 386.4
−2.5	−45.0	31.0	19.8	0.000 2	6 184.7	3 952.8	0.034	0.016	287.2	479.8	0.101	4 222.6	7 386.4
−1.0	−45.0	31.0	19.8	0.000 2	17 690.3	11 306.2	0.099	0.001 3	31.5	52.76	0.101	4 222.6	7 386.4
0.0	−44.2	59.5	38.1	0.000 3	83 488.0	53 353.6	0.462	0.043	2 110.8	3 653.3	0.006 8	122.3	204.3
0.0	−41.8	59.5	38.1	0.000 3	96 427.8	61 618.4	0.530	0.310	4 812.1	8 016.9	0.006 8	122.3	204.3
0.0	−39.9	60.0	38.3	0.000 3	36 172.6	23 100.0	0.190	0.277	7 913.0	13 219.7	0.006 9	122.4	204.6
0.0	−36.6	60.0	38.3	0.000 3	10 886.5	6 700.6	0.015	0.108	7 658.9	13 336.4	0.006 9	122.4	204.6
0.0	−34.4	60.5	38.6	0.000 34	62 195.6	39 734.1	0.337	0.326	7 351.4	11 760.1			
0.0	−31.1	60.5	38.6	0.000 34	67 737.9	43 241.6	0.352	0.155	12 528.0	20 845.3			
0.0	−29.0	60.9	38.9	0.000 34	73 697.3	48 170.0	0.145	0.152	11 657.7	19 285.7			
0.0	−26.0	60.9	38.9	0.000 34	88 477.1	50 176.3	0.027	0.330	6 686.1	10 719.0			
0.0	−23.8	61.2	39.1	0.000 34	40 289.2	22 018.5	0.101	0.140	11 618.7	18 940.6			
0.0	−20.2	61.2	39.1	0.000 34	21 283.7	13 593.7	0.090	0.267	15 835.7	26 567.2			
0.0	−18.0	61.5	39.3	0.000 35	107 576.0	60 351.7	0.060	0.270	12 524.1	20 907.7			
0.0	−15.0	61.5	39.3	0.000 35	141 043.0	78 468.0	0.172	0.161	3 661.2	6 106.5			
0.0	−13.1	61.6	39.4	0.000 35	175 504	96 371.6	0.421	0.264	6 337.1	10 256.7			
0.0	−10.4	61.6	39.4	0.000 35	149 285	81 639.1	0.423	0.031	13 093.7	21 915.6			
0.0	−8.5	61.8	39.5	0.000 35	17 246.4	11 037.0	0.120	0.169	15 723.5	26 231.7			
0.0	−5.5	61.8	39.5	0.000 35	39 667.8	21 867.8	0.072	0.114	12 506.4	20 812.3			
0.0	−3.6	61.8	39.5	0.000 35	141 659.0	77 318.5	0.445	0.069	5 997.5	9 959.8			
0.0	−0.9	61.8	39.5	0.000 35	143 610.0	78 301.8	0.501	0.339	6 673.3	11 137.1			
0.0	1.0	4.07	2.6	0.000 02	66 533.2	36 221.7	0.300	0.191	10 502.9	17 503.6			
0.0	4.0	4.07	2.6	0.000 02	29 437.8	16 016.9	0.157	0.303	7 035.0	11 715.4			
0.0	6.4	4.1	2.6	0.000 02	15 861.4	8 633.4	0.074	0.352	3 288.0	5 472.1			
0.0	10.6	4.1	2.6	0.000 02	12 698.5	6 909.7	0.065	0.286	4 715.7	7 851.9			

表3给出了结构1-A型和结构3在同一规则波载条件下内力最大值的比较。虽然由于单元划分及振型叠加数目不同,对结果的比较会有些影响,但有些结果还是能得出的。由表可见,支承管卡数目过少,刚性过差,则在波载条件下,由于其变形较大会产生较大的内力。因而,在可能的条件下,适当增加支承管卡数目,有可能会较大程度地改善立管的内力分布。

表3 不同刚性立管结构在同一波载条件下最大内力比较

结构1-A型(四振型叠加)				结构3(三振型叠加)			
坐标值/m		N/kg	M/(kg·cm)	坐标值/m		N/kg	M/(kg·cm)
X	Z			X	Z		
−7.2	−20.0	41.04	918.4	−7.2	−20.0	27.8	528.7
−6.0	−20.0	41.04	614.6	−6.0	−20.0	27.8	357.5
−4.8	−20.0	41.04	2 147.5	−4.8	−20.0	27.8	1 243.8
−3.2	−20.0	49.2	798.1	−3.2	−20.0	33.02	408.0
−2.0	−20.0	49.2	3 026.3	−2.0	−20.0	33.02	1 753.4
−0.8	−20.0	49.2	6 738.1	−0.8	−20.0	33.02	3 914.9
0.0	−19.5	20.9	35 916.5	0.0	−19.2	11.7	10 982.0
0.0	−17.0	20.2	33 565.5	0.0	−16.8	11.7	8 840.9
0.0	−15.5	20.2	23 835.5	0.0	−15.2	11.9	8 288.1
0.0	−13.0	19.4	33 185.6	0.0	−12.8	11.9	14 357.4
0.0	−11.25	18.6	15 406.9	0.0	−11.2	12.1	4 053.9
0.0	−8.0	17.8	141 189.0	0.0	−8.0	12.1	10 131.2
0.0	−7.0	17.0	98 904.3	0.0	−7.2	12.3	30 975.4
0.0	−4.5	16.1	52 568.6	0.0	−4.8	12.3	22 518.7
0.0	−3.0	16.1	93 741.4	0.0	−3.2	12.4	22 203.7
0.0	−2.0	15.3	147 701.0	0.0	−2.0	12.4	5 224.6
0.0	−0.5	15.3	143 302.0	0.0	−0.8	12.4	32 652.8
0.0	0.5	37.2	88 397.5	0.0	0.8	15.7	18 702.8
0.0	3.0	36.5	10 113.8	0.0	3.2	15.7	6 659.8
0.0	4.5	36.5	19 474.7	0.0	4.8	15.6	8 958.8
0.0	7.4	35.7	31 683.1	0.0	7.2	15.6	8 638.9
0.8	8.0	63.0	7 037.3	0.8	8.0	30.5	2 638.6
2.0	8.0	63.0	2 394.3	2.0	8.0	30.5	932.4
3.2	8.0	63.0	2 248.7	3.2	8.0	30.5	773.8

注:规则波高 $H=4.5$ m,$T=6.0$ s。

(4) 平台位移的影响

平台位移对立管的动力响应有极大的影响。本文仅分析了刚性平台按简谐规律摆动的情况。图 14 给出了结构 1 在 $H=4.5$ m，$T=6.0$ s 规则波载及按 $\theta=0.041°\cos(1.037t+15°)$规律摆动的平台位移共同作用下最大位移绝对值曲线。由图可见，由于平台位移的影响，立管位移量很大，最大法向位移 $w\approx23$ mm，几乎为无平台位移情况下的 14.4 倍，且发生于海平面以上、甲板管线以下(也是最大内力区域之一)。这可能是由于甲板管线的约束，使此位置变形增大，构成复杂的应力集中区。至于支承管卡的刚性，对支承点附近区域有较大影响，但对最大值的影响似乎不是很大。

表 4　平台位移对立管内力的影响(结构 2-A)

坐标值/m		仅考虑波载作用				波载和平台位移共同作用			
X	Z	N/kg	M_{XZ} /(kg·cm)	M_{YZ} /(kg·cm)	M_n /(kg·cm)	N/kg	M_{XZ} /(kg·cm)	M_{YZ} /(kg·cm)	M_n /(kg·cm)
−4.0	−45.0	19.23	3 460.97	570.8	4 613.2	134.3	23 362.3	1 747.2	15 476.9
−2.0	−45.0	19.23	4 035.4	302.6	4 613.2	134.3	27 232.9	928.4	15 476.9
−1.0	−45.0	19.23	11 531.7	34.3	4 613.2	134.3	77 828.2	109.5	15 476.9
0.0	−44.2	39.14	55 421.7	2 109.7	128.8	264.6	370 216.0	7 498.0	395.3
0.0	−41.8	39.14	64 834.0	4 817.8	128.8	264.6	429 806.0	13 851.7	395.3
0.0	−39.9	39.38	26 967.1	8 325.0	129.0	266.4	168 234.0	25 494.8	395.7
0.0	−36.6	39.38	6 097.0	7 853.4	129.0	266.4	26 059.5	27 703.4	395.7
0.0	−34.4	39.63	43 573.3	6 587.3		268.3	281 850.0	16 464.7	
0.0	−31.1	39.63	53 409.8	8 534.0		268.3	322 837.0	14 803.7	
0.0	−29.0	39.84	48 074.2	10 158.6		269.8	219 312.0	23 392.8	
0.0	−26.0	39.84	40 619.2	5 831.7		269.8	114 875.0	13 376.9	
0.0	−23.8	40.0	17 961.7	9 773.7		271.1	83 768.4	10 081.5	
0.0	−20.0	40.0	15 542.2	10 916.7		271.1	98 231.1	10 829.5	
0.0	−18.0	40.15	45 653.1	7 700.2		272.1	42 861.9	11 520.7	
0.0	−15.0	40.15	56 117.2	3 739.6		272.1	106 774.0	11 048.0	
0.0	−13.1	40.23	74 130.1	5 217.5		272.8	303 036.0	6 293.2	
0.0	−10.4	40.23	66 002.9	8 466.9		272.8	302 673.0	9 349.3	
0.0	−8.5	40.29	10 515.8	9 863.3		273.2	71 650.7	15 242.5	
0.0	−5.5	40.29	16 004.6	8 476.9		273.2	56 972.2	14 623.0	
0.0	−3.6	40.32	63 962.2	4 315.38		273.4	307 348.0	8 009.0	
0.0	−0.9	40.32	65 562.2	4 143.8		273.4	322 548.0	6 284.5	
0.0	1.0	0.067	30 853.6	6 818.9		0.46	156 788.0	11 075.2	
0.0	4.0	0.067	13 728.5	4 675.0		0.46	70 617.5	7 848.3	
0.0	6.4	0.067	7 382.0	2 224.5		0.46	37 670.6	3 832.8	
0.0	10.6	0.067	5 928.3	3 156.2		0.46	30 449.1	5 332.0	

注：规则波高 $H=6.5$ m，$T=8.0$ s，45°方向行进。

表 4 给出了结构 2-A(图未给出)的最大内力比较。结构 2-A 主要尺寸及有关参数同结构 2 完全相同，只是其垂直段支承管卡的刚性大于结构 2。载荷 $H=6.5$ m，$T=8.0$ s 的规则波载及按 $\theta=0.0424°\cos(0.754t+30°)$规律摆动的平台位移共同作用，假定波浪进行方

向和平台摆动方向一致，均沿 45°方向。由表可见，尽管平台位移量很小，但由此产生的轴力 N 为无平台位移时的 6～7 倍；$\sigma_{N\max}=2.69\ \mathrm{kg/cm^2}$；扭矩 M_n 为 3.35 倍；最大剪应力 $\tau_{\max}=11.74\ \mathrm{kg/cm^2}$；$XZ$ 平面弯矩 M_{XZ} 一般为 3～4 倍，最大达 6～7 倍；最大弯曲应力为 $\sigma_{XZ\max}=652.1\ \mathrm{kg/cm^2}$，位于海底部分管线附近的立管垂直段。这很可能与海底管线的约束有关。YZ 平面情况较好，M_{YZ} 一般为无强迫位移时的 1～3 倍，最大弯曲应力 $\sigma_{YZ\max}=42.03\ \mathrm{kg/cm^2}$。至于立管顶端的内力，同对结构 1 讨论的情况不一致。原因在于：(1) 在本算例中，甲板管线的影响用三个沿坐标方向的弹簧表示，在一定程度上改变了立管顶部的实际约束情况。这样处理，对仅分析由波载引起的响应，影响可能不算太大，但当引入平台位移影响时，有可能会带来较大的影响；(2) 本算例立管较长，柔性较好，较结构 1 更能抵抗平台位移的影响。由于上述原因，使结构 2-A 不仅在立管顶端，而且在整体的内力分布上，显得比结构 1 的情况要好。也应指出，分析结构 1 时，甲板管线仅取一个单元，转折处弯头影响也未考虑，在一定程度上夸大了结构的刚性，使计算值可能偏高。但即使如此，考虑平台位移影响时，也不能忽略甲板管线和海底管线的约束影响。

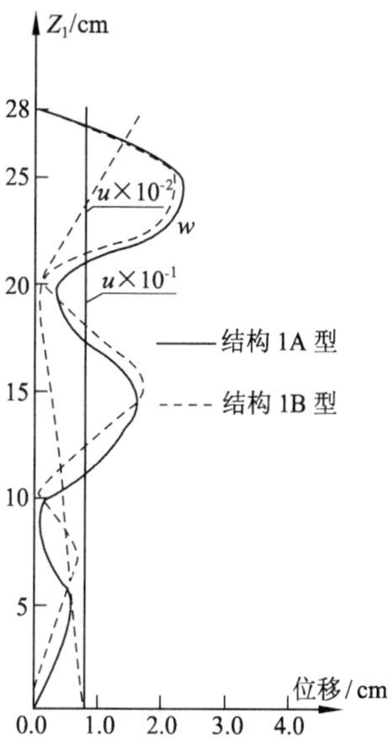

图 14 平台位移条件下立管的最大位移绝对值比较

七、结 论

(1) 立管系统的自振频率一般高于海浪谱中能量集中部分的频率。但对较深水域而言，由于垂直管线加长，其振频会降低。为避免两者过于接近，可通过增加管卡数目和调整管卡间距的方法加以实现。

(2) 在波载引起的立管响应中，轴向位移和内力很小，可忽略。法向位移和弯曲内力虽不算太大，但应该加以考虑，最大位移和内力一般发生在海平面以下但靠近海平面位置。适当增加管卡数目和调整管卡间距，可减小位移和弯曲内力。

(3) 在同样波载条件下，当波浪分别沿 0°，90°方向行进时，立管在 XZ 平面内的内力响应大于 YZ 平面，设计安装时应充分注意这一情况。

(4) 海底的立管和甲板管线部分波载响应不算太大，但当波浪行进方向不是 0°方向时，应注意扭转内力。

(5) 平台位移对立管的位移和内力有极大的影响，即使平台位移量不算很大，也会使立管产生很大的内力。由于海底管线和甲板管线的约束作用，在这些转折部位附近形成复杂的应力集中区，平台强迫位移所产生的最大内力一般也发生于这些位置。因此，设计安装时应尽可能增加转折处弯头的柔性，以降低和改善这些位置处的内力状况。

本文对随机海浪作用下采油立管的动力响应仅作了初步的工作，尚有不少工作需要进一步进行，如立管弯头柔性的影响，冰、流对立管的作用；立管的频域分析及动力性质的实验研究等。最后，对在工作过程中大力帮助搞这项工作的院计算机房的同志们表示感谢。

参考文献

[1] D. I. Karsan. 管线立管的结构分析. 石油工业部管道勘察设计院工艺组海洋室，译. 1982

[2] 石油部管道勘察设计院. 海底管道立管. 1982

[3] Bert Berge, Joseph Penzien. Three-Dimensional Stochastic Response of Offshore Tower to Wave Forces. OTC, 2050

[4] 天津大学水力学教研室. 海洋石油工程环境. 石油工业出版社，1983

[5] 文圣常，余宙文. 海浪理论与计算原理. 科学出版社，1984

[6] 薛鸿超，等. 海岸动力学. 人民交通出版社，1981

[7] 俞聿修. 海浪的数值模拟. 大连工学院学报，1981

[8] Bathe Klaus-Jürgen, Willson Edward L.. Numerical Methods in Finite Element Analysis. New Jersey: Prentice-Halline., Engleword Cliffs, 1976

[9] Lawrence P. Krolikowski, Tom A. Gay. An Improved Linearization Technique for Frequency Domain Riser Analysis. OTC, 3777

固定式平台管道立管动力响应及疲劳强度分析

张　宏　崔孝秉

一、立管结构的力学模型及其简化

管道立管是连接海底输油管线与平台上有关油气集输设备的一段垂直管线，包括甲板管线、垂直管线和海底过渡段三部分及支承防腐系统等(见图1、图2)

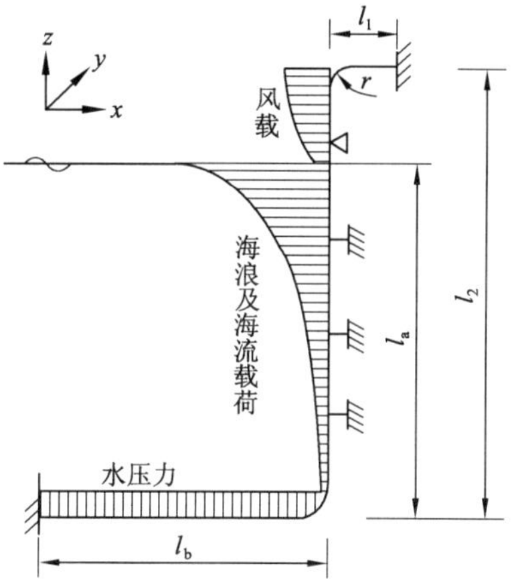

图1

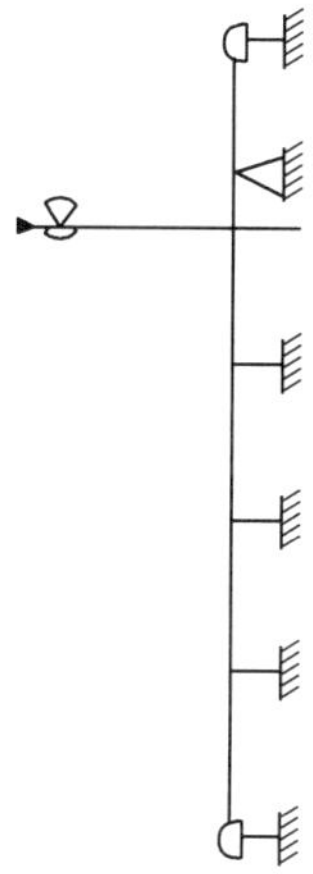

图2

立管支承在平台导管架上，它除了承受海风、海浪、海流以及冰载、地震、平台位移等随机动载荷之外，还承受内压、热胀应力及海水的飞溅腐蚀，所以立管的腐蚀疲劳破坏将可能是立管的一种重要的失效形式。目前国外关于立管做了一些工作，但主要是关于立管的安装及静力分析，很少涉及它的动力分析和疲劳分析。国内也有一些单位开始研究这方面的工作。本文主要分析了立管在海风、海流及海浪载荷作用下的动力响应及疲劳强度。

图2是根据图1中的结构简化而得到的力学模型。由于海底过渡段受沙土的摩擦约束，而甲板管线较短，它们很难产生较大位移，所以对垂直管线的影响较小，本文将图1的结构进行了简化，简化后得到的弹性支承刚度系数可由结构参数计算得到。

在以下的分析中，假定：(1) 立管系统为线性系统；(2) 海浪随机过程是平稳的，各态历经的，其大小服从Gauss分布；(3) 载荷以及立管的响应是平面的，且轴向振动与横向振动相比可以忽略。

二、立管的动力响应

本文所考虑的作用于立管上的载荷有三种，其中海风作用于立管水面上的部分，其值较海浪及海流载荷小且较为平稳，可以视为静载。

由 Morison 公式[2]，作用在单位管长立管上的海浪及海流载荷为

$$q(z,t)=\frac{1}{2}\rho_s C_D D u|u|+\frac{\pi}{4}\rho_s C_M D^2\frac{\partial u}{\partial t} \tag{1}$$

式中 $u=\dot{V}_W+\dot{V}_C-\dot{V}_g$，即海浪水质点、海流水质点及立管三者位移速度的代数和。

由于海浪水质点运动速度是随机值，作用在立管上的载荷 $q(z,t)$ 也是随机值，那么立管在这样的载荷作用下将产生随机振动。本文采用频率域谱分析法分析立管的随机动力响应[1,3]，其步骤见图 3。

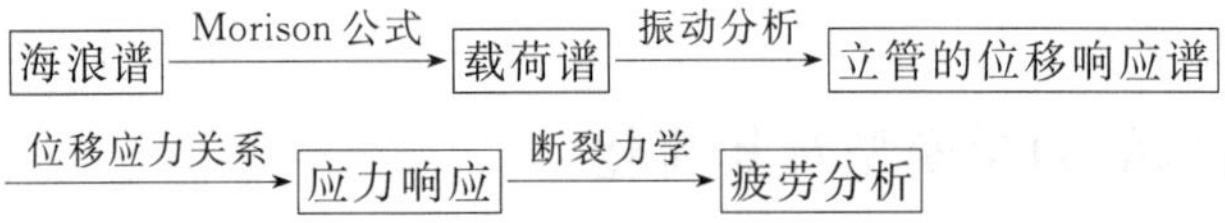

图 3　频率域谱分析法步骤

即由海浪的能量谱开始，寻找各变量之间的传递函数，最后得到立管的位移响应谱及应力响应谱，并由应力谱进行疲劳分析。

所采用的海浪谱是 P-M 谱：

$$S_u(\omega)=\frac{H_S^2}{173.3\overline{T}^4\omega^5}e^{-\frac{694.4}{\overline{T}^4}} \tag{2}$$

在式(1)中，载荷 q 与 u 之间不是线性关系，不便于求两者之间的传递函数，必须用最小误差原理将其线性化。线性化后的海浪、海流载荷表达式中有一项因海浪为平稳过程而成为与时间无关的量，可以与风载一起作为静载考虑。而其他项为与时间有关的且均值为零的随机动载。这样，作用在立管上的载荷可以分为动、静两部分，分别计算立管对两部分载荷的响应。静载荷实际上也是总载荷的均值，立管对它的响应可以用解线性方程组的方法求解，这里不再讨论。

应用有限元法，将立管划为若干个梁单元，由 Hamilton 方程可得整个结构的运动平衡微分方程：

$$[M]\{\ddot{V}_g\}+[C]\{\dot{V}_g\}+[K]\{V_g\}=\{P\} \tag{3}$$

式中，$[M]$，$[C]$，$[K]$，$\{P\}$分别为立管结构的质量矩阵、阻尼矩阵、刚度矩阵及载荷列阵。其中

$$\{P\}=\sum^{e_i}\int_0^{l_i}[N]^{\mathrm{T}}q(\xi,t)\mathrm{d}\xi \tag{4}$$

式中，$[N]$为梁单元位移插值函数；$q(\xi,t)$为作用于立管上的分布力，其中惯性力项包括两项：一是由立管排开的海水的质量引起的惯性力，大小为$\frac{\pi}{4}D^2\rho_s\ddot{V}_W$；二是附加质量在立管与海水质点间相对加速度的基础上产生的惯性力，其大小为$(C_M-1)\frac{\pi}{4}D^2\rho_s\ddot{r}$，其中 $r=V_W=V_g$。所以可得

$$q(\xi,t)=\frac{\pi}{4}D^2\rho_s\ddot{V}_W+(C_M-1)\frac{\pi}{4}D^2\rho_s\ddot{r}+\rho_s C_D D\sqrt{\frac{2}{\pi}}\left[\sigma_{\dot{r}}e^{-\frac{1}{2}\left(\frac{V_C}{\sigma_{\dot{r}}}\right)^2}+\sqrt{2\pi}V_C e^{\frac{V_C}{\sigma_{\dot{r}}}}\right]\dot{r} \tag{5}$$

将式(4)、(5)代入式(3)并整理得

$$[M']\{\ddot{V}_g\}+([C]+[C'])\{\dot{V}_g\}+[K]\{V_g\}=[M'']\{\ddot{V}_W\}+[C']\{\dot{V}_W\} \tag{6}$$

式中，$[C']$为流体阻尼矩阵。

$$[C']=\sum^{e_i}\rho_s C_D D\sqrt{\frac{2}{\pi}}\int_0^{l_i}\left[\sigma_{\dot r}\,\mathrm{e}^{-\frac{1}{2}\left(\frac{V_C}{\sigma_{\dot r}}\right)^2}+\sqrt{2\pi}V_C\,\mathrm{e}^{\frac{V_C}{\sigma_{\dot r}}}\right][N]^{\mathrm T}[N]\mathrm d\xi \tag{7}$$

由上式可见，立管响应$\{V_g\}$未求得之前，$\dot r$的标准偏差$\sigma_{\dot r}$为未知函数。即作用在立管上的外载与立管响应之间存在耦合，只有通过迭代求出$[C']$中的$\sigma_{\dot r}^0$后才能用式(6)求立管的响应。

为求$\sigma_{\dot r}$，先将式(6)变换为关于r的运动平衡微分方程：

$$[M']\{\ddot r\}+([C]+[C'])\{\dot r\}+[K]\{r\}=\{Q\} \tag{8}$$

式中，$\{Q\}=[M''']\{\ddot V_w\}+[C]\{\dot V_w\}+[K]\{V_w\}$

假设一组σ_{rt}的初值$\sigma_{rtf}^{[0]}$用振型叠加法求解式(8)，可求得r_i的功率谱密度。

$$\begin{aligned}S_u(\omega)&=\frac{1}{2\pi}\{\psi_{\mathrm m}\}^{\mathrm T}\int_{-\infty}^{\infty}E[Q(t)Q(t+\tau)]e^{i\omega\tau}\mathrm d\tau\{\psi_n\}\\&=\{\psi_m\}^{\mathrm T}[M'''](\left[S_{\ddot V_W\ddot V_W}(\omega)\right][M''']^{\mathrm T}+\left[S_{\ddot V_W\dot V_W}(\omega)\right][C]^{\mathrm T}+\left[S_{\ddot V_W V_W}(\omega)\right][K]^{\mathrm T})\{\psi_n\}+\\&\quad\{\psi_m\}^{\mathrm T}[C](\left[S_{\dot V_W\ddot V_W}(\omega)\right][M''']^{\mathrm T}+\left[S_{\dot V_W\dot V_W}(\omega)\right][C]^{\mathrm T}+\left[S_{\dot V_W V_W}(\omega)\right][K]^{\mathrm T})\{\psi_n\}+\\&\quad\{\psi_m\}^{\mathrm T}[K](\left[S_{V_W\ddot V_W}(\omega)\right][M''']^{\mathrm T}+\left[S_{V_W\dot V_W}(\omega)\right][C]^{\mathrm T}+\left[S_{V_W V_W}(\omega)\right][K]^{\mathrm T})\{\psi_n\}\\&\qquad(i=1,2,\cdots)\end{aligned} \tag{9}$$

由
$$S_{VW}^{(n)}S_{VW}^{(m)}(\omega)=(-1)^{n+1}(i\omega)^{(m+n-2)}S_{\dot V_W V_W}(\omega)$$

并设$[M_K]=[M'']-[K]/\omega^2$，有

$$S_{r_i}(\omega)=\sum_{m=1}^{n_5}\sum_{n=1}^{n_5}\frac{\psi_{im}\psi_{in}[(C_3C_1-C_2C_4)+i(C_1C_4+C_2C_3)]}{M_m^*M_n^*[(\omega_m^2-\omega^2)^2+4\xi_m\omega_m^2\omega^2][(\omega_n^2-\omega^2)^2+4\xi_n\omega_n^2\omega^2]}\quad(i=1,2,\cdots) \tag{10}$$

式中，
$$C_1=\{\psi_m\}^{\mathrm T}(\omega^2[M_K][S_{\dot V}(\omega)][M_K]^{\mathrm T}+[C][S_{\dot V}(\omega)][C]^{\mathrm T})\{\psi_n\}$$
$$C_2=\omega\{\psi_m\}^{\mathrm T}([C][S_{\dot V}(\omega)][M_K]^{\mathrm T}-[M_K][S_{\dot V}(\omega)][C]^{\mathrm T})\{\psi_n\}$$
$$C_3=(\omega_m^2-\omega^2)(\omega_n^2-\omega^2)+4\xi_m\xi_n\omega_m\omega_n\omega^2$$
$$C_4=2\omega[\xi_m\omega_m(\omega_n{}^2-\omega^2)-\xi_n\omega_n(\omega_m^2-\omega^2)]$$

由式(10)可求得立管两节相对位移速度的标准偏差。

$$\sigma_{\dot r_i}^{(1)}=\sqrt{\int_0^{\infty}\omega^2S_{r_i}(\omega)\mathrm d\omega}\qquad(i=1,2,\cdots) \tag{11}$$

从假设的立管相对位移速度标准偏差的初值$\sigma_{\dot r_i}^{(0)}$到式(11)的$\sigma_{\dot r_i}^{(1)}$，一个迭代循环就完成了，可以求两组值之间各自相对应的一组相对误差值$e_{l_i}^{(1)}$。我们设定一迭代精度，如$e_{l_i}^{(1)}$中有值不满足精度时，再将$\sigma_{\dot r_i}^{(1)}$代入式(7)重新迭代，直至精度完全满足为止。由实际计算可知，迭代是稳定的。一般三四次迭代即可满足5%的精度要求。

迭代完成后，$[C']$为已知值，可用同样方法解式(6)，得立管位移的响应谱：

$$S_{Vgi}(\omega)=\sum_{m=1}^{n_5}\sum_{n=1}^{n_5}\frac{\psi_{im}\psi_{in}[(C_3C_1-C_2C_4)+i(C_1C_4+C_2C_3)]}{M_m^*M_n^*[(\omega_m^2-\omega^2)^2+4\xi_m\omega_m^2\omega^2][(\omega_n^2-\omega^2)^2+4\xi_n\omega_n^2\omega^2]}\quad(i=1,2,\cdots) \tag{12}$$

式中，
$$C_1=\{\psi_m\}^{\mathrm T}(\omega^2[M'']S_{\dot V}(\omega)[M'']^{\mathrm T}+[C']S_{\dot V}(\omega)[C']^{\mathrm T})\{\psi_n\}$$
$$C_2=\omega\{\psi_m\}^{\mathrm T}([C']S_{\dot V}(\omega)[M'']^{\mathrm T}-[M'']S_{\dot V}(\omega)[C']^{\mathrm T})\{\psi_n\}$$
$$C_3=(\omega_m{}^2-\omega^2)(\omega_n{}^2-\omega^2)+4\xi_m\xi_n\omega_m\omega_n\omega^2$$

$$C_4=2\omega[\xi_m\omega_m(\omega_n{}^2-\omega^2)-\xi_n\omega_n(\omega_m{}^2-\omega^2)]$$

立管位移响应的标准偏差为：

$$\sigma_{V_{gi}}=\sqrt{\int_0^{\infty}S_{V_{gi}}(\omega)\mathrm{d}\omega}\qquad(i=1,2,\cdots)\tag{13}$$

由位移响应，可由应力、位移之间的关系找出立管的应力响应：

$$\sigma=Y_m\frac{D}{2}\frac{\mathrm{d}^2V_g}{\mathrm{d}z^2}\tag{14}$$

式中，Y_m 为立管材料弹性模量。由上式可知第 i 个单元的应力为：

$$\sigma^{e_i}(\xi)=Y_m\frac{D}{2}V_g''^{e_i}(\xi)=Y_m\frac{D}{2}[N'']\{V_g\}^{e_i}\tag{15}$$

各节点应力方差为：

$$\sigma_{\sigma_i}^2=E(\sigma_i^2)-E^2(\sigma_i)=\left(Y_m\frac{D}{2}\right)^2E\left|\sum_{j=1}^{4}\sum_{l=1}^{4}N''_j\ \Big|_{\xi=0}N''_l\Big|_{\xi=0}\sigma_{V_{gi}}^{e_i}\sigma_{V_{gl}}^{e_i}\right|\qquad(i=1,2,\cdots)\tag{16}$$

$\sigma_{\sigma_i}^2$ 是立管动态分析的重要参数，它反映了立管应力大小的概率分布及沿管长分布的统计特性，它对立管的疲劳强度影响很大。

三、立管疲劳强度及实验

根据前述动态分析，下面进一步用断裂力学方法估算立管的疲劳寿命。立管最容易产生疲劳破坏的位置是水面附近的飞溅段，因为这部分管道受载最大且腐蚀最严重。

应用随机变幅应力作用下的立管疲劳裂纹扩展分析方法，首先通过实验得到恒幅应力作用下构件材料的裂纹扩展速率 $\mathrm{d}a/\mathrm{d}N$，其中 a 为构件裂纹深度，N 为应力作用次数。再将随机变幅载荷划为 k 个应力水平，对变幅应力作用下的裂纹扩展速率积分：

$$F(a)=\int_{a_0}^{a_f}a\mathrm{d}F=\int_{a_0}^{a_f}\frac{\mathrm{d}a}{\sum\limits_{i=1}^{k}n_i\left(\frac{\mathrm{d}a}{\mathrm{d}N}\right)_i}\tag{17}$$

式中，F 为应力作用时间；n_i 为单位时间内第 i 个应力水平出现的次数；a_0，a_f 分别为裂纹初始深度和临界深度。

将恒幅应力作用下的裂纹扩展速率 $\mathrm{d}a/\mathrm{d}N$ 代入式(17)：

$$F(a)=\frac{1}{C\times1.95^m\left(\sum\limits_{i=1}^{k}n_i\Delta\sigma_i^m\right)}\int_{a_0}^{a_f}\left(\frac{0.95}{a}+\frac{1.03}{a^{1.81}}\right)^{\frac{m}{2}}\mathrm{d}a$$

式中，$\Delta\sigma_i$ 为第 i 个应力水平的大小；C，m 为材料常数。我们选用海工结构常用钢材 16Mn，做了大量试验寻求 C，m 值。试验中用的是表面半椭圆裂纹试样，这种试样国内做的较少，实际这种试样是比较符合实际情况的。试验中对试件加了海水腐蚀以模拟实际工况。整理试验数据可知：$C=2.43\times10^{-12}\sim7.47\times10^{-11}$，$m=3.26\sim3.88$。

四、实际算例及结论

依据上述理论分析及试验，我们编制了计算程序 DAR，它可以计算各种海况下立管的动态位移及应力响应，且能估算其疲劳寿命。

程序的输入包括：立管的结构参数、约束条件、单元划分情况及海况参数。程序将输出立管的自振特性、位移、应力的动态响应和静态响应以及立管的疲劳寿命。

作为算例,我们计算的立管垂直段 81 m,水下段长 61 m,立管上下弯头曲率半径分别为 1 m 和 2 m。管材及海水密度分别为 7 800 kg/m^3 和 1 030 kg/m^3。管材弹性模量为 0.21×10^6 MPa。

输入的海况参数为:海面上空 10 m 平均风速 10 m/s,海面海流平均速度 0.6 m/s,海浪惯性力及拖曳力系数分别为 2.0, 1.0。此外将海浪分为每年四个海况,各自的有效波高 H_s 为 0.8 m, 1.6 m, 2.4 m, 3.2 m,各海况的海浪平均周期为 3 s, 3 s, 4 s, 4.5 s。

另外,对不同管径、壁厚及约束情况分别进行了计算。单元划分情况及约束情况见图 4。

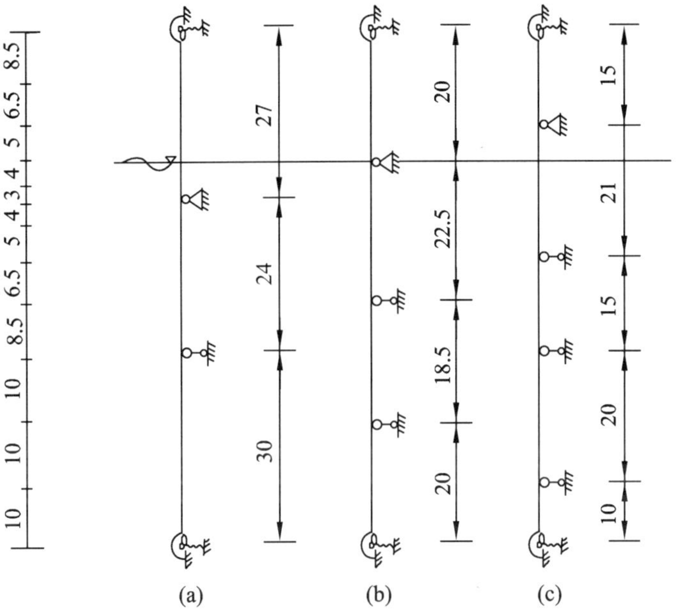

图 4　(单位:m)

部分计算结果见表。表中只列出了立管响应最大点的响应值,且只列了海况三及海况四的计算结果。

立管外径/m	约束情况	管道壁厚/mm	振动基频/Hz	海况三			海况四			立管疲劳寿命/年	危险点位置/m
				位移标准偏差/mm	应力标准偏差/MPa	应力响应最大点位置/m	位移标准偏差/mm	应力标准偏差/MPa	应力响应最大点位置/m		
0.3	a	10	0.77	1.9	36.8	20	8.1	159.0	20	19.6	20
	b	8	1.17	1.0	26.5	57	3.7	102.0	57	37.1	57
		10	1.26	1.0	23.1	57	3.2	88.5	57	65.5	57
		15	1.40	1.0	22.1	57	3.2	85.0	57	104	57
	c	10	1.56	1.1	17.3	61	2.5	83.0	61	80.9	61
0.5	b	10	1.75	0.5	22.2	57	1.7	80.9	57	86.5	57
		15	2.01	0.4	20.2	57	1.7	77.0	57	141	57

注:表中响应最大点位置指响应最大值点离海底高度。

分析计算结果可见:

(1) 立管的外径、壁厚及约束情况对立管的自振频率影响较大,尤其是约束情况。立管系统的自振频率一般高于海浪谱中能量较为集中部分的频率，但对于较深水域中的立管，自振频率相对降低，与海浪频率趋于接近。为避免两者的共振，可以通过增加管卡支承调整立管的跨距以改变其自振频率。

(2) 立管应力响应最大点一般处于立管的飞溅段中(水面稍偏下)，此位置只与约束情况有关。且约束对响应的大小及疲劳寿命有很大影响，当管卡支承增加到一定数时，立管基本上不存在疲劳问题了。所以根据计算，合理地确定支承的数量和位置是很重要的。

(3) 从输入的海浪谱看，谱的大小与海浪有效波高 H_s 成平方关系，与平均周期 $\overline{T}$ 成 4 次方关系。这两个参数的微小变化将会引起海浪谱较大变化，对计算结果影响也较大。所以实际计算时，海况参数的选择要尽量符合实际情况，以避免结果失真。

由于对海工结构和立管的实际结构了解不多，本算例所取模型及海况参数与实际可能有差异，这些问题有待进一步解决。但从计算情况看，本文的分析和程序功能基本是可靠的。

参考文献

[1] 庄表中，王行新. 随机振动概论. 地震出版社，1982

[2] 天津大学水文水力学教研室. 海洋石油工程环境及水文分析计算. 石油工业出版社，1983

[3] Song C. Wu, Chi C. Tong. Random Response of Offshore Structures to Wave and Current Force. Sea Grand Publication, 1975

输油管道强度试压最高应力研究

张　宏　崔孝秉　赵炳刚　陈三强

摘要： 管道试压后残存裂纹的疲劳扩展是影响管道正常使用寿命的主要因素之一。从管道缺陷的断裂特性入手，分析了试压应力对管道残存裂纹扩展寿命的影响。管道试压高应力过载峰对试压后裂纹扩展速率产生明显的延缓作用，过载峰愈高，延缓作用愈大；同时过载峰又增大了裂纹尺寸，造成管道承压能力逆转，加速裂纹扩展速率。定量分析表明，当表面裂纹的长度与深度的比值较小时，承压能力逆转量较小，对裂纹扩展速率影响不大；而裂纹尺寸较大的情况却正是需要通过试压来排除的。由此得出试压应力越高，裂纹寿命越长，管道工作寿命越长的结论。结合裂纹剩余寿命的计算分析和目前国内管材的实际情况，确定出管道强度试压的最高应力为管材的屈服极限。

关键词： 输油管道；压力试验；裂纹；承压能力；屈服点；研究

输油管道的母材和焊缝中不可避免地存在着一些缺陷，管道试压的直接目的是发现并修复这些缺陷，以避免这些缺陷在管道运行过程中发生断裂破坏。国内现行的输油管道工程设计规范中规定强度试验压力不得小于设计内压力的1.25倍(通常情况下管道环向应力为0.9倍的管材屈服极限与焊缝系数的乘积)，这个规定为保证现有输油管道的安全运行起到了很重要的作用，但规范中未对最高试压应力作出规定。从20世纪50年代起，国外许多学者提出提高试压应力以排除更多管道缺陷的观点，并在工程实际中加以采用。近年来国内不少管道专家也认为有必要提高管道试压应力水平。但究竟使用多高的试压应力进行管道试压为合理呢？其原则是该应力应有利于提高管道的正常使用寿命。而影响管道正常使用寿命有两个主要因素：一是腐蚀；二是试压后管道残存裂纹的疲劳扩展。本文将分析试压应力水平对管道残存裂纹扩展寿命的影响，以便确定合理的试压应力。

一、试压高应力过载峰的影响

试压后残存在管道中的缺陷裂纹多为尺寸较小的表面裂纹，这些残存的表面裂纹在管道运行中，由于内压变化而产生的交变应力的作用，不断产生亚临界扩展，深度和表面长度不断加大，最终穿透乃至失稳扩展。

设管道中存在一深度为a_0、表面长度为$2b_0$的表面半椭圆裂纹，试压后尺寸为a_1和$2b_1$，裂纹尖端的应力强度因子为：

$$K=\frac{1.1MT\sqrt{\pi a_1}}{\sqrt{Q}} \tag{1}$$

式中，　M——鼓胀系数，

$$M=\left(1+1.61\frac{a_1^2}{Rt}\right)^{\frac{1}{2}};$$

T——环向应力， $T=(pR)/t$ ；

p——内压；

R——管道半径；

t——管道壁厚；

Q——裂纹形状因子。

裂纹在内压交变应力作用下的扩展速率可用裂纹深度对应力作用次数的导数表达：

$$\mathrm{d}a/\mathrm{d}N=c(\Delta K)^n \tag{2}$$

式中， $\Delta K=\frac{1.1M\ \Delta T\ \sqrt{\pi a_1}}{\sqrt{Q}}$；

c,n——材料常数，由实验测得。

一般说来，管道操作压力的变化是较规律的，试压应力的幅值要远大于正常工作应力，两者之比要大于1.25，甚至可能大于1.5。这种高荷载(过载峰)对随后的管道正常运行时的交变应力引起的裂纹扩展速率将会产生明显的延缓作用，其延缓程度取决于该过载峰的大小，过载峰愈高，延缓作用愈大。这种延缓作用可用Wheeler模型描述，该模型认为过载峰在裂尖形成的大塑性区是随后在恒定ΔK作用下裂纹扩展的主要障碍。图1为裂纹穿越该大塑性区的过程。

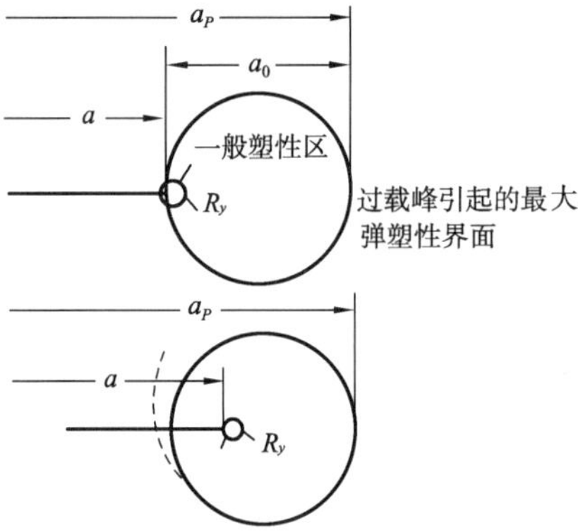

图1 裂纹穿越大塑性区的过程

裂纹尖端穿越大塑性区时的扩展速率为：

$$\left(\frac{\mathrm{d}a}{\mathrm{d}N}\right)_1=C_p\frac{\mathrm{d}a}{\mathrm{d}N} \tag{3}$$

式中， C_p——延缓系数，

$$C_p=\left(\frac{R_y}{a_P-a}\right)^m;$$

R_y——正常工作载荷在裂尖形成的塑性区尺寸，

$$R_y=\frac{(K/T_s)^2}{\pi(1+n_1)};$$

n_1——管材硬化指数；

T_s——管材屈服极限；

m——材料常数，由实验测定。

对于恒幅交变应力，R_y 近似为常数。在操作交变应力驱动下，裂纹在大塑性区开始扩展时扩展较缓慢；随着裂纹的扩展，由式(3)可以看出，a_P-a 变小，C_P 变大，$\left(\frac{da}{dN}\right)_1$ 上升，扩展加快。当 a_P-a 小到等于 R_y 时，裂纹尖端已穿过整个大塑性区，$C_P=1$，$\left(\frac{da}{dN}\right)_1=\frac{da}{dN}$，此时，过载峰的影响消失。

从过载峰对裂纹扩展速率的影响可知，因为 C_P 始终不大于1，试压高应力在裂尖形成的大塑性区对裂纹扩展总是起阻碍作用，延长了裂纹扩展寿命。从这个角度看，试压应力越高，过载越大，裂纹的扩展寿命越长。

二、管道承压能力逆转的影响

与管道运行过程中的载荷变化相比，试压可视为一个单独的载荷循环，在这个载荷循环中，管道中的缺陷裂纹必然要扩展，即裂纹深度由原始的 a_0 变为 a_1。这个裂纹尺寸的增加降低了管道的实际承压能力，称为管道的承压能力逆转。以前对此现象的研究基本上是定性的，定量研究的困难在于难以估算每次试压引起的裂纹扩展量。该裂纹扩展量与管材特性、初始裂纹长度及试压应力水平等诸因素有关。

对大于0.9倍管材屈服极限的试压应力来说，裂纹尖端将产生塑性疲劳。一般认为塑性疲劳裂纹扩展速率由下式计算：

$$\left(\frac{da}{dN}\right)_P=c_1(\Delta\delta)^{n_1} \tag{4}$$

式中，　$\Delta\delta$——裂纹尖端张开位移变化幅值；

c_1,n_1——材料常数。

由于式(4)在实际计算中的困难，文献[1]认为，将应力循环疲劳的低扩展速率外推到高扩展速率时，应力循环扩展速率与应变循环的扩展速率是一致的，即可以用式(2)代替式(4)计算试压高应力水平的塑性应变疲劳扩展速率。

为了证实该方法的正确性，用三种常用管材的标准紧凑拉伸试件(平面应力)在MTS试验机上进行了大载荷低周疲劳试验，用柔度法测量拉伸载荷 P 与试件裂纹张开位移 V 之间的关系，并从 P-V 关系中找出 P-a 关系。紧凑拉伸试件的裂纹尖端应力强度因子为：

$$K_1=\frac{3.4P}{B\sqrt{W}\left(1-\frac{a}{W}\right)^{1.5}} \tag{5}$$

式中，　B,W——试件尺寸。

施加一次载荷循环的裂纹扩展量为：

$$da=c(\Delta K)^n \tag{6}$$

试验数据及式(6)的计算结果列于表1。

表 1 试验数据及计算结果

试件材料	载荷 P/kN	位移 V/mm	柔度 V/P	裂纹长度 a/mm	Δa/mm	
					式(6)计算	实测
X52	15.00	0.650	29.50	29.75		
	22.50	1.375	29.50	29.75	0.000	0.00
	23.75	1.750	29.96	30.12	0.227	0.37
	25.00	2.525	30.43	30.45	0.280	0.33
	22.25	3.150	30.88	30.76	0.296	0.31
X60	15.25	0.625	28.22	29.50		
	24.75	1.425	28.22	29.50	0.000	0.00
	27.75	2.250	28.66	29.78	0.294	0.28
	28.00	3.025	29.14	30.08	0.310	0.30

注：X65 试件由于裂纹嘴位移超出引伸仪量程时裂纹尚未扩展，数据不再列出。

由表 1 可见，实测的裂纹扩展量与用式(6)计算值是相当吻合的，这说明用式(6)计算一次高应力试压产生的裂纹扩展量是可行的。将此方法应用于管道中的表面裂纹，设其原始尺寸为 a_0，$2b_0$，等效穿透裂纹长度为：

$$a_{ag0}=\frac{1.21a_0}{1+1.55(a_0/b_0)^{1.7}}$$

试压后的裂纹尺寸为 a_1，$2b_1$，其等效穿透裂纹长度 a_{ag1} 可由下式求得：

$$\int_{a_{ag0}}^{a_{ag1}}\frac{\mathrm{d}a}{c(\Delta K)^n}=1 \tag{7}$$

根据断裂力学的 D-M 模型，管道的极限承压值与等效穿透裂纹长度有如下关系：

$$P=\frac{2\overline{T}t}{\pi MR}\arccos\left[\exp\left(-\frac{\delta_c E\pi}{B\,\overline{T}a_{ag}}\right)\right] \tag{8}$$

式中，$\overline{T}$——管材料流变应力，取

$$\overline{T}=T_s+(T_b-T_s)/4;$$

E——管材拉伸弹性模量；

δ_c——管材裂纹尖端张开位移临界值。

将 a_{ag0} 和 a_{ag1} 代入式(8)即可求得一次试压产生的管道承压能力逆转值，即

$$\Delta P=P_0-P_1$$

表 2 为 X60 和 $\phi610\times10$ 管道的承压能力逆转值例算结果。

表 2 管道承压能力逆转值

裂纹深度 /mm	裂纹长度 /mm	a_{ag0} /mm	a_{ag1} /mm	P_1 /MPa	P_1 /MPa	$\frac{P_0-P_1}{P_0}$/%
6	48	22.8	22.9	8.25	8.23	0.26
6	96	45.5	46.1	4.82	4.75	1.32
6	192	91.0	99.1	2.19	1.96	10.40

由表2计算结果可见，管道承压能力逆转量除与试压应力有关外，在很大程度上与裂纹尺寸有关。一般说来，当表面裂纹的长度与深度之比较小时，管道承压能力逆转量是较小的，除非出现焊接质量很差，大尺寸范围焊缝未焊透的情况，而这种情况也正是需要通过试压来排除的。所以，尽管试压应力较高时管道会出现一定的承压能力逆转，但由于逆转量不大，故可以在确定试压应力时，不作为主要因素考虑。

三、高试压应力的确定

根据上述分析，试压应力形成的过载峰可以降低裂纹的扩展速率，但同时使裂纹尺寸增大造成承压能力逆转，所以试压应力对裂纹寿命的影响必须综合考虑。

试压后残存管道裂纹的剩余寿命可由下式计算：

$$N=\int_{a_1}^{a_c}\frac{\mathrm{d}a}{c(\Delta K)^n}=\int_{a_1}^{a_1+a^*}\frac{\mathrm{d}a}{c(\Delta K)^n}+\int_{a_1+a^*}^{a_L}\frac{\mathrm{d}a}{c(\Delta K)^n}+\int_{a_L}^{a_c}\frac{\mathrm{d}a}{c(\Delta K)^n} \tag{9}$$

式中， a_L——裂纹扩展穿透时的裂纹半长；

a_c——穿透裂纹的临界裂纹半长。

式(9)中裂纹寿命的三个积分式分别代表裂裂纹穿越大塑性区的寿命、穿透大塑性区后扩展至穿透壁厚的寿命和穿透裂纹扩展至失稳断裂时的寿命。将管道截面尺寸、管材特性、原始裂纹尺寸代入式(9)即可求得裂纹的总扩展寿命。

由于式(9)实际计算比较复杂，本文采用数值积分的方法进行了例算，计算所用试压应力范围为0.9～1.0倍管材屈服限，管材为X52，X60，X65，管道尺寸为是$\phi 610\times 10$。例算出的不同深度的裂纹在不同试压应力作用后的剩余寿命见图2。图中A为裂纹深度，t为管道壁厚。

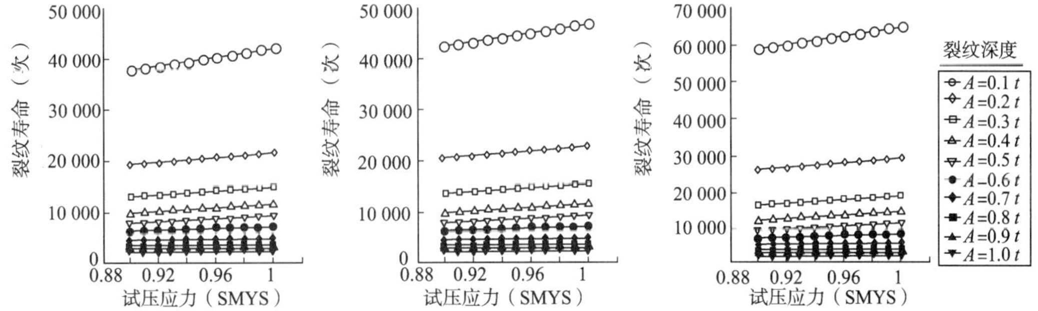

（a）X52直缝管 （b）X60直缝管 （c）X65直缝管

图2 试压应力与裂纹寿命

由图2可见，无论裂纹尺寸为何值，其试压后的剩余寿命总是随着试压应力的增加而有不同程度的提高，这表明当试压应力不超过管材屈服极限时，试压应力越高，裂缝的寿命越长，即管道的工作寿命越长。

因此，可以认为，从提高管道寿命的角度出发，在试压过程中应采用尽可能高的应力。但考虑到管材的来源不同，管材机械性能的离散程度比较大，有些管材的屈强比接近于1，如用过高的试压应力有可能造成试压应力接近管材强度极限而产生意外事故。因此，从目前使用管材的实际情况看，管道强度试压的最高应力应为管材的屈服极限。

四、结　论

采用较高的试压应力对增大排除管道中缺陷数量及提高残余裂纹的工作寿命均是有益的。从目前条件看，采用管材屈服极限作为最高试压应力，会使管道的使用寿命有所延长，降低由于裂纹开裂而产生管道破坏的概率，并可避免在试压过程中出现应力达到管材强度极限的情况。

参考文献

[1] 陈篪，等.工程断裂力学(上).北京：国防工业出版社，1997

用压力容积图进行管道试压方式研究

张 宏 赵炳刚 陈三强 崔孝秉

摘要： 目前国内外采用的管道试压方式大致有两种，一种是在试压时控制管道环向应力水平；另一种是以管道中试压介质的压力容积图控制试压。以前者作为试压方式虽然简便，但因其将每根管子管材的屈服极限作为非变量，因而用同一应力水平试压极有可能造成管材过分屈服或试压不足，试压应力难以确定。而后者只控制试压过程中压力容积图的线性关系，即在图形出现非线性时即停止加压，避免了试压应力难以确定的问题。多项研究和统计表明，试压应力越高，能够发现的管道缺陷也就越多，也就越能保证日后管道的安全运行。为此，对如何在我国采用这种已在国外得到较多采用的压力容积图试压方式、在试压过程中如何选用合理的控制参数，以及试压管段的自然高差和试压时的容积控制等问题进行了研究。

关键词： 管道；压力试验；压力容积图；方法；研究

一、概 述

管道投产前的强度试压是保证管道运行安全、可靠性的重要手段。由于各国对管道强度试压的认识、技术水平不同，因此对试压时采用的应力水平的规定、试压方式也有差异。现有的试压方式有两种：一种是靠控制管道环向应力水平试压，如我国规定试压应力为0.9倍管材最低屈服极限；另一种是用管道中试压介质的压力容积图(P-V Plot)控制试压，当图形出现非线性时停止加压。这两种方式各有其优缺点，控制应力水平方式较为简单，但面临的最大问题是在同一条管道中每根管子管材的屈服极限可能有差异，试压应力水平很难确定。对某一批管材的统计表明，管材的最大屈服极限与最小屈服极限相差1.27倍，对这批管子简单地用同一应力水平试压极有可能造成某管材过分屈服而某些管材试压不足。用压力容积图控制试压是国外在20世纪50年代开始采用的，它只控制试压过程中压力容积图的线性关系，避免了试压应力难于确定的问题，其实际试压应力水平约为管材屈服极限的0.93～0.95倍。目前国内外的研究均倾向于用较高的试压应力试压，并用压力容积图控制。如何在国内采用这种试压方式，必须进行具体研究。

二、试压中管道应力、应变、容积之间的关系及控制参量

多项研究和统计表明：在管道试压时，试压应力越高，可以排除的管道缺陷越多，管道的安全、可靠性越高。国外在20世纪50年代就有将管道试压至屈服的观点。较为理想的试压应力水平为管材屈服限σ_s，而又不超过该值。

在用压力容积图控制试压时，可以控制的参量有压力(应力)、容积及压力容积曲线的割线斜率。前面已经提及，试压时控制压力很困难，尤其在采用高应力试压时还不安全，实际可控制的参量只有容积和压力容积曲线的割线斜率。

常用管材的单向拉伸曲线均没有明显的弹、塑性分界点。这样材料的屈服点是用拉伸

曲线中对应残余变形为0.2%时的应力$\sigma_{0.2}$定义的。试压时的压力容积图与材料拉伸图很相似。在压力容积曲线一出现非线性时就停止加载，此时的管道实际应力并未达到$\sigma_s(\sigma_{0.2})_\sigma$。要想采用更高的试压应力，应该用管道容积或压力容积曲线的斜率控制试压。

当试压应力较小时，管道处于纯弹性状态，环向应力为$\sigma_y=\frac{pR}{t}$。由管道轴向应变$\varepsilon_x=0$的约束条件得

$$\sigma_x=\nu\sigma_y=\nu\frac{pR}{t} \tag{1}$$

$$\left.\begin{aligned}\varepsilon_y&=\frac{1}{E}(\sigma_y-\nu\sigma_x)=\frac{1-\nu^2}{E}\cdot\frac{pR}{t}\\ \varepsilon_z&=-\frac{\nu}{E}(\sigma_x+\sigma_y)=-\frac{\nu(1+\nu)}{E}\cdot\frac{pR}{t}=-\frac{\nu}{1-\nu}\varepsilon_y\end{aligned}\right\} \tag{2}$$

式中，E——管材的弹性模量；

ν——管材的泊松比。

各应力方向见图1。

由常用管材X52，X60，X65的拉伸曲线可以发现，只要控制材料变形不太大，可以将拉伸曲线近似看成两段直线，斜率分别为E和E_1，见图2。

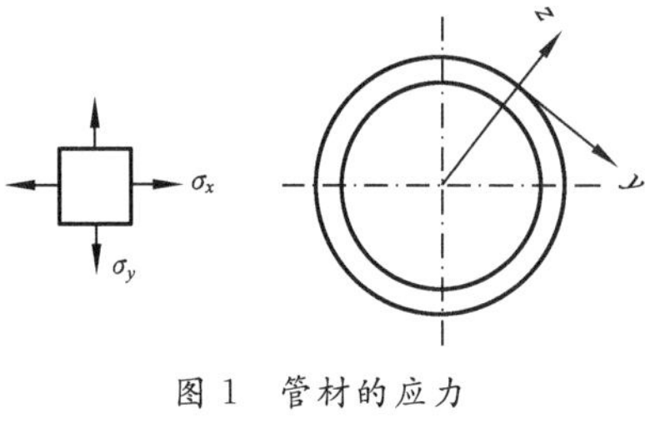

图1 管材的应力

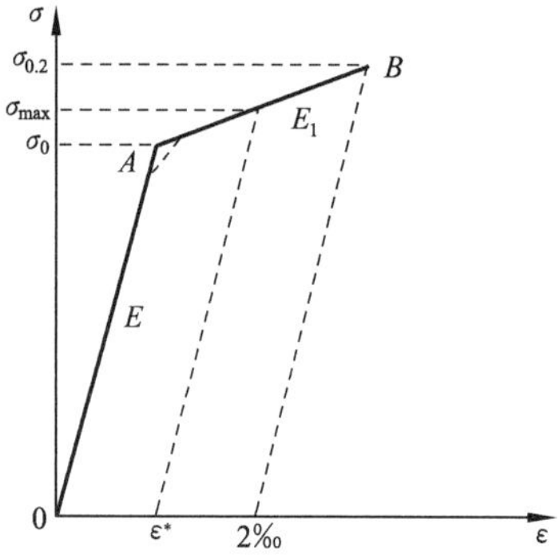

图2 管材应力应变关系

设σ_0为两段直线交点处的应力，塑性段AB各点的管道应变为

$$\left.\begin{aligned}\varepsilon_y&=\left(\frac{\sigma_0}{E}+\frac{\sigma-\sigma_0}{E_1}\right)(1-\nu^2)\\ \varepsilon_z&=-\left(\frac{\sigma_0}{E}+\frac{\sigma-\sigma_0}{E_1}\right)\nu(1+\nu)=-\frac{\nu}{1-\nu}\varepsilon_y\end{aligned}\right\} \tag{3}$$

式中，$\sigma_0=\sigma_{0.2}-\frac{EE_1}{E-E_1}\frac{0.2\%}{1-\nu^2}$。

管道截面变形为

$$\left.\begin{aligned}\Delta D&=\varepsilon_y D\\ \Delta t&=\varepsilon_z t\end{aligned}\right\} \tag{4}$$

试压过程中管道容积变化为

$$V=\frac{\pi}{4}L\{[D+\Delta D-2(t+\Delta t)]^2-(D-2t)^2\}$$

$$\approx \frac{\pi}{2} L\left(D^2-2Dt\frac{1-2\nu}{1-\nu}-4t^2\frac{\nu}{1-\nu}\right)\varepsilon_y$$
$$=CL\varepsilon_y \tag{5}$$

式中， $C=\frac{\pi}{2}\left(D^2-2Dt\frac{1-2\nu}{1-\nu}-4t^2\frac{\nu}{1-\nu}\right)$；

L——管道试压段长度。

进入非线性状态后，管道应变 ε_y 与残余应变 ε_y^* 之间存在如下关系：

$$\varepsilon_y=\frac{1-\nu^2}{E}\sigma_{0.2}+\frac{E\varepsilon_y^*-E_1\times 0.2\%}{E-E_1} \tag{6}$$

$$V=CL\left(\frac{1-\nu^2}{E}\sigma_{0.2}+\frac{E\varepsilon_y^*-E_1\times 0.2\%}{E-E_1}\right) \tag{7}$$

由式(5)、(7)可知，无论是线性状态还是非线性状态，管道试压过程中的容积变化总是与管道环向应变成正比的，控制容积实际上是控制管道的环向应变，同时也控制管道环向残余应变。

管道处于纯弹性阶段及弹塑性阶段的压力容积曲线的割线斜率为

$$E_{pv}^e=\frac{P}{V}=\frac{\sigma\frac{t}{R}}{CL\frac{\sigma}{E}(1-\nu^2)}=\frac{Et}{CLR(1-\nu^2)} \tag{8}$$

$$E_{pv}^p=\frac{P}{V}=\frac{\sigma\frac{t}{R}}{CL\left(\frac{1-\nu^2}{E}\sigma_{0.2}+\frac{E\varepsilon_y^*-E_1\times 0.2\%}{E-E_1}\right)}$$
$$=E_{pv}^e\cdot\frac{\sigma_{0.2}(E-E_1)(1-\nu^2)-EE_1 0.2\%+EE_1\varepsilon_y^*}{\sigma_{0.2}(E-E_1)(1-\nu^2)-EE_1 0.2\%+E^2\varepsilon_y^*} \tag{9}$$

两者的相对偏离量为

$$e=\frac{E_{pv}^e-E_{pv}^p}{E_{pv}^e}=\frac{E(E-E_1)\varepsilon_y^*}{\sigma_{0.2}(E-E_1)(1-\nu^2)-EE_1 0.2\%+E^2\varepsilon_y^*} \tag{10}$$

由表 1 可见，用压力容积图控制试压，如两者关系为纯线性时，管道实际应力并不大，当然这与材料的性质有关。当允许管道有 0.1%的残余应变时，管道应力接近于 $\sigma_{0.2}$，此时压力容积曲线的割线斜率偏离线性直线 30%左右。而当允许管道的残余应变为 0.2%时，管道应力等于管材屈服限 $\sigma_{0.2}$，此时压力容积曲线的割线斜率偏离 50%左右，而 0.2%的残余应变对管道的正常运行并无影响。由此可见，用压力容积图控制试压不必控制其纯线性，可以继续加载。不过，应强调的是，此时必须采用容积控制或压力容积曲线的割线斜率控制，而不能用压力控制，以防止因过载对管道造成的意外损伤。表 1 为对三种管材试压时相应不同残余应变的应力、容积及压力容积曲线割线斜率偏离量。

表 1　相应不同残余应变的应力、容积及压力容积曲线斜率偏离量

管　材	应力水平 σ_y			容积 V/m^3			斜率偏离量 e		
	$\varepsilon_{y=0}^*$	$\varepsilon_{y=1‰}^*$	$\varepsilon_{y=2‰}^*$	$\varepsilon_{y=0}^*$	$\varepsilon_{y=1‰}^*$	$\varepsilon_{y=2‰}^*$	$\varepsilon_{y=0}^*$	$\varepsilon_{y=1‰}^*$	$\varepsilon_{y=2‰}^*$
X52	$\sigma_{0.2}$	$\sigma_{0.2}$	$\sigma_{0.2}$	1 406	2 563	3 720	0	39%	53.7%
X60	$0.93\sigma_{0.2}$	$0.96\sigma_{0.2}$	$\sigma_{0.2}$	1 594	2 800	4 004	0	34.3%	48%
X65	$0.95\sigma_{0.2}$	$0.98\sigma_{0.2}$	$\sigma_{0.2}$	2 544	3 544	4 544	0	28%	44%

三、试压管段的自然高差及试压时的容积控制

我国现行规范规定试压管段的自然高差不得超过 30 m。对于处于大高差地域的西部管道来说，这个规定在施工中是很难实施的，必须采用其他方式或可加大自然高差限来解决。

前面已经提出，管道试压应力最高以 σ_s 为宜，最低也应大于 $0.9\sigma_s$。根据这两者之差即可确定分段试压管段的自然高差，见图 3。

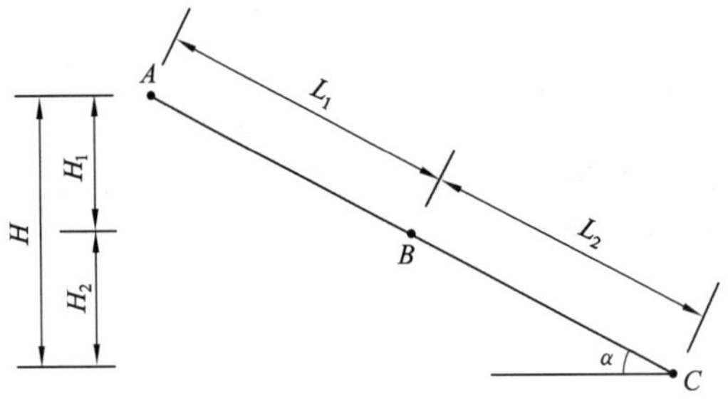

图 3 确定分段试压管段的自然高差

设具有高差为 H 的管段，其低点应力为 $\sigma_{0.2}$，高点应力为 $0.9\sigma_{0.2}$，两点压差 $\Delta p=\dfrac{\sigma_{0.2}t}{10R}$。设试压介质密度为 γ，则有

$$\Delta p=\gamma H=\frac{\sigma_{0.2}t}{10R}$$

$$H=\frac{\sigma_{0.2}t}{10\gamma R} \tag{11}$$

设管道截面尺寸为 $\phi 610\times 10$ mm，用水试压。已知 X52，X60，X65 三种管材管段的许可自然高差分别为 128.5，142.6，201.6 m，是目前规范规定值的 4.3，4.8，6.7 倍。对西部具有高差的管道试压，可以采用增加试压管段长度的办法，以减少施工工作量，并能保证试压效果。

对于这种具有高差的管道，如采用容积控制试压，其最大容积应分为两段计算。设图 3 中 A 点的环向应力为 $0.9\sigma_s$，B 点为 σ_0，C 点为 $\sigma_{0.2}$，则该段管道最大允许容积为

$$V=\frac{C(1-\nu^2)t}{2E\gamma R\sin\alpha}\left[\sigma_0(2\sigma_s-\sigma_0)-(0.9\sigma_s)^2+\frac{E}{E_1}(\sigma_s-\sigma_0)^2\right] \tag{12}$$

通过以上分析，可得如下结论：用压力容积图控制试压不必控制其纯线性，按式(7)和式(9)计算管道容积和压力容积图的割线斜率，管段的自然高差可以在目前规范规定值的基础上加大，按式(11)计算确定，试压管段容积由式(12)计算确定。

参考文献

[1] 潘家华. 油气管道断裂力学分析. 北京：石油工业出版社，1989
[2] 中华人民共和国石油天然气行业标准：长输管道线路施工及验收规范 SYJ4001-90. 北京：石油工业出版社，1991

管道承压能力逆转现象的定量估算

张　宏　　崔孝秉　　赵炳刚

摘要： 通过试验测试和理论计算，建立了管道承压能力逆转的定量估算方法。运用该方法对一条管道进行了估算。结果表明，试压管道裂纹较小时，一次试压造成的管道承压能力下降很小；裂纹尺寸加大，管道承压能力的逆转值就大；重复试压次数越少，管道承压能力逆转量越小。

关键词： 管道；强度试验；承压能力；裂缝扩展

一、概　述

在油气管道投产前的强度试压过程中，曾承受过较高压力的管道在承受较低的压力时常发生破裂，这种现象称为管道的承压能力逆转。对于发生这种现象的原因和机理，国内外曾有不少定性研究。由于这种现象对管道有危害，且直接影响管道试压应力水平的确定，并间接影响管道的安全运行，所以，对其研究仅局限于定性研究是远远不够的。本文在对其进行定性研究的基础上提出一种定量估算方法。

二、管道承压能力逆转现象的定性解释

由于管材加工及焊接质量等原因，管道中将不可避免地存在一些或长或短、或穿透其表面、或沿轴向及螺线方向(螺旋焊管)的裂纹。这些裂纹中，沿螺线方向的裂纹因其裂尖的应力状态较为复杂需专题探讨；穿透裂纹在较小的压力下将发生泄露易于发现，所以主要讨论直焊缝管中沿轴向的表面裂纹。

含有裂纹的管道在一定内压作用下是否发生断裂，与管材机械特性、管道截面尺寸以及裂纹的几何形状和尺寸有关。当试压应力水平较高时，裂纹较大者极易发生断裂；裂纹较小者也会发生亚临界扩展；裂纹进一步扩大，会使管道的承压能力下降。对于处于平面应力状态的管道中的低碳锰钢，裂纹从起裂到失稳扩展的亚临界扩展量较大，起裂压力与爆破压力相差很多，从而使管道在试压过程中可能产生较大的承压能力逆转值。所以说，管道承压能力逆转是由于管道在多次试压过程中，管道中裂纹的亚临界扩展过程使裂纹尺寸加大而引起的。试压应力越高，试压次数越多，这种现象就越严重。此外，管道承压能力逆转量与管材韧性、裂纹形状和加载方式等许多因素有关。

三、一次高水平应力循环后的裂纹扩展量

要定量计算试压引起的承压能力逆转量，必须首先计算出一次试压应力循环后裂纹的扩展量。管道试压时承受的环向应力要大于 0.9 倍的管材屈服极限，如此高的应力使管道裂纹产生较大的塑性变形，塑性疲劳的裂纹扩展速率一般由下式计算：

$$\frac{da}{dN}=c_1(\Delta\delta)^{n_1} \quad (1)$$

式中，$\Delta\delta$ 为裂纹尖端张开位移的变化幅值；c_1 和 n_1 为材料常数，由实验测定。

实验证明[2]，将应力疲劳的低扩展速率外推到高扩展速率时，以 Paris 公式表达的应力疲劳裂纹扩展速率与式(1)是一致的。Paris 公式为

$$\frac{\mathrm{d}a}{\mathrm{d}N}=c(\Delta k)^n \tag{2}$$

式中，Δk 为裂纹尖端应力强度因子变化幅值；c 和 n 为材料常数。

由式(2)可以得出一次试压应力循环造成的裂纹扩展量 Δa 应满足的计算式为

$$\int_{a_0}^{a_0+\Delta a}\frac{\mathrm{d}a}{c(\Delta k)^n}=1 \tag{3}$$

为了验证该方法的正确性，选用两种常用管材 X52 和 X60 的标准紧凑拉伸试样(平面应力)，在 MTS 材料试验机上进行了高应力拉伸低周疲劳试验，用柔度法测定拉伸载荷 P 与试样裂纹宽度之间的关系，由试样柔度变化整理出载荷 P 与裂纹长度 a 之间的关系，结果见表 1。

表 1　拉伸载荷与裂纹张开位移和裂纹长度的关系

试件材料	载　荷 P/kN	裂纹宽度 b/mm	柔　度	裂纹长度 a/mm	裂纹扩展量 Δa/mm	
					式(3)值	实验值
X52	15.00	0.65	29.5	29.75		
	22.5	1.375	29.5	29.75	0	0
	23.75	1.75	29.96	30.12	0.227	0.37
	25.0	2.525	30.43	30.45	0.28	0.33
	22.25	3.15	30.88	30.76	0.296	0.31
X60	15.25	0.625	28.22	29.5		
	24.75	1.425	28.22	29.5	0	0
	27.75	2.25	28.66	29.78	0.294	0.28
	28.0	3.025	29.14	30.08	0.31	0.3

由表 1 可以看出，当载荷达到最大值的 90％时，试件裂纹开始有明显扩展；载荷达到最大值时开始失稳扩展，此时维持裂纹继续扩展所需载荷下降。

将紧凑拉伸试样的裂纹尖端应力强度因子 $k=3.4P/\left[\beta\sqrt{w}\left(1-\frac{a}{w}\right)^{1.5}\right]$ 及材料常数 c 和 n 代入式(3)，即可求出用 Paris 公式计算的两个试件的裂纹扩展量。从表 1 中理论计算及实测的裂纹扩展量看，两者符合的程度很好。这说明用式(2)估算塑性应变疲劳的扩展速率及用式(3)估算一次高应力试压的裂纹扩展量是可行的。在此基础上，不难计算管道试压造成的管道承压能力逆转值。

四、管道承压能力逆转值的计算

设管道中有一表面非穿透裂纹，其表面长度为 $2b_0$，深度为 a_0。将该裂纹简化为半椭圆裂纹，其等效穿透裂纹长度为

$$a_{\mathrm{eq0}}=1.21a_0/\Phi^2 \tag{4}$$

式中，Φ 为第二类完整椭圆积分，可以通过查表近似取为常数，也可用下面的幂函数关系式

代替椭圆积分式：

$$\Phi^2=1+1.55\left(\frac{a}{b}\right)^{1.7} \tag{5}$$

根据断裂力学中 D-M 模型可以得到对应的 a_{eq0} 的管道极限承压值为

$$p_0=\frac{2\bar{\sigma}t}{\pi MR}\arccos\left[\exp\left(-\frac{\delta_c E\pi}{8\bar{\sigma}a_{eq0}}\right)\right] \tag{6}$$

式中，$\bar{\sigma}$ 为管材流变应力；t 为管道壁厚；R 为管道截面半径；M 为管道裂纹鼓胀系数，$M=\left(1+1.61\frac{a_{eq0}^2}{Rt}\right)^{\frac{1}{2}}$；$\delta_c$ 为管材裂尖张开位移临界值；E 为管材拉伸弹性模量。

设该裂纹在试压应力 σ 作用后扩展，尺寸为 $2b_1$ 和 a_1，其等效穿透裂纹长度 a_{eq1} 应满足

$$\int_{a_{eq0}}^{a_{eq1}}\frac{da}{c(\Delta k)^n}=1 \tag{7}$$

从而可求得试压后管道对应 a_{eq1} 裂纹的极限承压值为

$$p_1=\frac{2\bar{\sigma}t}{\pi MR}\arccos\left[\exp\left(-\frac{\delta_c E\pi}{8\bar{\sigma}a_{eq1}}\right)\right] \tag{8}$$

一次试压造成的管道承压能力逆转量为

$$\Delta p=p_0-p_1 \tag{9}$$

表 2 给出管道承压能力逆转值一个算例的计算结果。算例中管材为 X60，管道截面尺寸为 $\phi610\times10$，b_0/a_0 为 16。由计算结果可见，当裂纹尺寸较小时，一次试压造成的管道承压能力下降很小。裂纹尺寸加大，特别是裂纹表面长度加大，管道的承压能力逆转量就大。一般情况下，管道中出现大裂纹的可能性是很小的，除非是存在大范围焊缝未焊透的情况。1992 年轮库管线输油管道试压中有这种情况发生，应该说是很罕见的。总的看来，高应力试压造成的管道承压能力逆转是不严重的，在确定试压应力水平时可以不作为主要考虑因素。

表 2　管道承压能力逆转值的算例计算结果

裂纹深度 a_0/mm	裂纹宽度 b_0/mm	裂纹长度 a_{eq0}/mm	试压后裂纹长度 a_{eq1}/mm	承压极限		逆转量 Δp/%
				试压前 p_0/MPa	试压后 p_1/MPa	
0.1	0.8	0	0	14.121 91	14.121 91	0.00
1.0	16.7	1.4	1.4	14.114 78	14.114 77	0.00
2.0	32.6	5.2	5.2	13.544 50	13.542 36	0.02
3.0	48.6	11.6	11.6	11.307 91	11.299 01	0.08
4.0	64.5	20.4	20.5	8.786 14	8.767 65	0.21
5.0	80.4	31.7	31.9	6.582 48	6.547 61	0.53
6.0	96.3	45.5	46.1	4.816 68	4.752 91	1.32
7.0	112.2	61.8	63.6	3.495 67	3.384 20	3.19
8.0	128.2	80.6	85.5	2.551 59	2.368 74	7.17
9.0	144.1	101.8	114.7	1.889 38	1.612 45	14.66
10.0	160.0	125.6	157.0	1.424 43	1.043 97	26.71

五、结　论

管道试压的目的是发现和排除管道中的缺陷，提高管道运行的安全可靠性和运行寿命。目前国内外管道建设专家均倾向于用较高的应力试压，达到更多地排除管道缺陷的目的。分析结果表明，高试压应力造成的管道承压能力逆转量是较小的，所以进一步提高试压应力是可行的。

管道承压能力逆转量除了与试压应力水平有关外，很大程度上取决于管道中裂纹的尺寸。所以，必须提高管道制造及施工质量，特别是焊接质量。此外，还应尽量减少试压次数，缩短管道试压段的长度。试压长度愈短，出现管道破裂的概率愈小；重复试压的次数愈少，管道承压能力逆转量愈小。

参考文献

[1] 潘家华.油气管道断裂力学研究.北京:石油工业出版社,1989
[2] 陈篪,等.工程断裂力学(上).北京:国防工业出版社,1977

第五部分　油田套管损坏机理及其防治方法研究

◆ 注水开发油田套管损坏的机理研究

（发表于《石油学报》1993年第14卷第3期）

◆ 注水油田套管损坏区套管损坏预测法

（发表于《石油大学学报（自然科学版）》1994年第18卷第1期）

◆ 用光弹性法研究弹性体平面多点接触问题

（发表于《石油大学学报（自然科学版）》1992年第16卷第6期）

◆ 圆螺纹套管接头上扣与滑脱的数值模拟

（发表于《石油大学学报（自然科学版）》1998年第22卷第4期）

◆ 远近围岩含水不同对套管岩压外载的影响

（发表于《石油勘探与开发》1996年第23卷第3期）

◆ 注蒸汽井温度场分析计算设计原理

（发表于《石油钻采工艺》1996年第18卷第4期）

◆ 热采井注汽工艺参数对井筒温度的影响

（发表于《石油钻采工艺》1997年第19卷第2期）

◆ 注蒸汽热采井套管损坏机理研究

（发表于《石油大学学报（自然科学版）》1997年第21卷第3期）

◆ 注水开发油田套管损坏的机理研究

（《首届全国套损治理研讨会论文集》，2002）

注水开发油田套管损坏的机理研究

崔孝秉　宋　治　岳伯谦　曹　玲

摘要： 据统计，我国各油田油层套管损坏井的总数已超过七千口，成为我国石油工业发展中必须研究解决的重要问题。本文通过有限单元法，对注水开发油田高压注水阶段套管损坏的原因和规律，初步进行定量研究认为，在现有的固井质量和开发工艺水平下，高压注水窜入泥岩软弱层，浸水域中地应力改变，产生地层位移，是这类套管损坏的主导原因，应该采取综合措施进行防治。

关键词： 注水；油田开发；地层应力；套管损坏机理；有限单元法

一、概　述

按照套管常规设计方法，外载只考虑套管自重、水柱、泥浆柱外压及各种工艺因素的内压。近几年有些外国石油公司注意到盐岩等软弱层的蠕变效应，在软弱层井段采用上覆岩压作为围压进行套管设计。概括起来始终没有离开轴对称外载的一般模式，这种常规设计的套管，遭到非轴对称的外载袭击时，往往缺乏足够的抗力。

我国一些注水油田在开发中后期，由于种种原因，注水压力上升超过了上覆岩压，套管损坏井的数量迅速增长，大量出现弯曲或错断等不正常的损坏形态，损坏井的使用寿命一般也没有规律性。各油田作过不少调查研究[1-4]，从注水引起地层位移出发，通过定量分析探讨这类套管损坏机理的研究工作，到目前为止在文献资料中尚未见到。

根据注水油田现场调查和理论分析，提出高压注水引起地应力改变和套管承受位移性载荷等概念，并通过有限单元法，对位移性载荷进行近似计算，定量探讨高压注水阶段套管损坏的机理和发展规律，所得结论和一些油田的实况基本符合。最后提出了相应的防治方法。

二、高压注水引起地应力改变及套管承受位移性载荷的概念

从力学观点来看，包括油藏构造在内的地质区块，是一个可变形的组合体，其内部存在着一定的地应力场。在注水开发油田上有各种人为的原因可以导致地应力场发生变化，从而引起岩层位移。例如注采作业会使油层骨架发生膨胀或收缩引起位移，如果注采不平衡，地面还会发生上升或沉陷，这都是常见的现象。如果油藏内存在裂缝，不论它们是天然的，还是人为的，当注入水的压力超过裂缝处原有地应力后，这些裂缝会重新胀开，位移随之发生。

套管是靠水泥环、套管鞋及井口装置与地层围岩固定在一起的，套管穿过油层及泥岩层，有的还穿过断层和某些裂缝。当油层、泥岩层，断层或裂缝发生位移时，牵动套管一起发生变形，套管受到一种位移性载荷的作用。如果用作用力来描写这种载荷，它将和套管本身的刚度有关，刚度大则套管受力大；刚度小则套管受力小，不便用数值确定。因此使用位移

量来描写。

三、关于岩层位移的基本方程及边界条件

为了对套管损坏的机理进行初步定量分析，采用线弹性岩石力学理论[5]，并在本构关系中对孔隙压力的影响作简化处理。设 σ_{ij}，ε_{ij}，u_i 分别为应力张量，应变张量及位移张量，γ_{ij} 为剪切应变分量，F_i 为体积力分量，p 为孔隙压力，E 为弹性模量，ν 为泊松系数，则有关岩层位移的基本方程如下：

$$\sigma_{ij,j}+F_i=0 \tag{1}$$

$$\varepsilon_{ij}=\frac{1}{2}(u_{i,j}+u_{j,i}) \tag{2}$$

$$\varepsilon_{ij}=\frac{1}{E}[(1+\nu)\sigma_{ij}-\nu\sigma\delta_{ij}]+\frac{1}{E}(1-2\nu)p \tag{3}$$

$$\gamma_{ij}=2\varepsilon_{ij}\quad (i\neq j) \tag{4}$$

其中，

$$\sigma=\sigma_x+\sigma_y+\sigma_z \tag{5}$$

$$\delta_{ij}=\begin{cases}1 & (i=j)\\ 0 & (i\neq j)\end{cases} \tag{6}$$

边界条件分两部分：设给定外力的边界为 S_F；给定位移的边界为 S_D，则应力 σ_{ij} 和位移 u_i 在 S_F 和 S_D 上分别应满足如下边界条件：

$$\sigma_{ij}l_j=T_j \tag{7}$$

$$u_i=\tilde{u}_i \tag{8}$$

其中，l_j 代表 S_F 上各点法线方向余弦，T_j 和 $\tilde{u}_i$ 分别代表已知表面力和已知位移。

假设注水前在边界 S_F 和 S_D 上的表面力和位移为 T_i^0 和 $\tilde{u}^0$，相应的应力场、应变场和位移场为 σ_{ij}^0，ε_{ij}^0，u_i^0。注水后在 S_F 和 S_D 上的表面力和位移为 T_i^* 和 u_i^*，相应的应力场、应变场和位移场为 σ_{ij}^*，ε_{ij}^*，u_j^*。在有孔隙的部位，注水前和注水后其孔隙压力分别设为 p^0 和 p^*。

取一个包含油藏在内的地壳区块，假定此区块比油藏大得多，则此区块的地表面边界可视为自由面边界，其他各处的外表面边界可视为固定约束边界。这个地壳区块的内部在注水前假定为连续体，没有内部裂缝，但存在孔隙区。在注水后，假定某个泥岩软弱层被水浸泡，沿该层出现了若干个浸水区域（简称浸水域），其中原有的层间切向剪应力被释放，原有的层间法向正应力被水的压力代替。于是在处理边界条件时，不但要考虑这个地壳区块的外部边界条件，还应考虑它内部浸水域边界的受力条件。

设 S_W 为浸水域边界，注水前 S_W 上的正应力设为 σ_n^0，剪应力设为 τ_n^0。注水后 S_W 上的剪应力设为零，正应力设为注水压力 p_W 且其值高于 σ_n^0。我们将总体坐标轴的方向取在该区块注水前地应力的主应力方向，则注水前在边界 S_W 上应有

$$\sigma_n^0=\sigma_x^0l_x^2+\sigma_y^0l_y^2+\sigma_z^0l_z^2 \tag{9}$$

$$\boldsymbol{\tau}_n^0=l_x(\sigma_x^0-\sigma_n^0)\boldsymbol{i}+l_y(\sigma_y^0-\sigma_n^0)\boldsymbol{j}+l_z(\sigma_z^0-\sigma_n^0)\boldsymbol{k} \tag{10}$$

其中，σ_x^0，σ_y^0，σ_z^0 为地应力的三个主应力；$\boldsymbol{i}$，$\boldsymbol{j}$，$\boldsymbol{k}$ 为三个主应力方向的单位向量。

注水后在 S_W 上应有

$$\sigma_n^* = -p_w \tag{11}$$

$$\tau^* = 0 \tag{12}$$

注水前和注水后的位移、应变与应力都应该满足岩石力学的基本方程和边界条件。略去注水前后重力场(体积力)的微小变化,将注水前和注水后的两套方程和边界条件相减,得到一组适用于求解因出现浸水域而产生的位移场的基本方程

$$\sigma_{ij,j}^{\Delta} = 0 \tag{13}$$

$$\varepsilon_{ij}^{\Delta} = \frac{1}{2}(u_{i,j}^{\Delta} + u_{j,i}^{\Delta}) \tag{14}$$

$$\varepsilon_{ij}^{\Delta} = \frac{1}{E}[(1+\nu)\sigma_{ij}^{\Delta} - \nu\delta_{ij}\sigma^{\Delta}] + \frac{1}{E}(1-2\nu)p^{\Delta} \tag{15}$$

以上诸方程内的角标“Δ”表示注水前后的变化量,和这些方程相应的边界条件如下:

在地表面上,因为 $T_j^* = T_j^0 = 0$,应有

$$\sigma_{ij}^{\Delta} l_j = 0 \tag{16}$$

在固定约束的大边界上因 $u_i^* = u_i^0 = 0$,应有

$$\Delta u_i = 0 \tag{17}$$

在浸水域边界 S_W 上,按照(9)和(10)式关系,应有

$$\sigma_n^{\Delta} = -[p_W + (\sigma_x^0 l_x^2 + \sigma_y^0 l_y^2 + \sigma_z^0 l_z^2)] \tag{18}$$

$$\boldsymbol{\tau}_n^{\Delta} = l_x(\sigma_n^0 - \sigma_x^0)\boldsymbol{i} + l_y(\sigma_n^0 - \sigma_y^0)\boldsymbol{j} + l_z(\sigma_n^0 - \sigma_z^0)\boldsymbol{k} \tag{19}$$ ①

不难发现,所得到的基本方程式和求解热应力的数学模型是相似的,$(1-2\nu)/E$ 对应于线膨胀系数,而 p^{Δ} 对应于温度升高量。因此计算岩层位移,可以使用一般的结构分析程序,其方法是在孔隙区按孔隙压力增量输入对应的温度增量,按材料弹性系数输入对应的线胀系数。同时在浸水域边界上应按注水压力和原有地应力加以处理。

四、注水引起岩层位移的有限元分析例算

根据以上分析,采用有限单元法,对注水引起的岩层位移进行了一批数值例算,考查套管所受位移性载荷与注水压力及地质构造等因素之间的关系。计算是用通用结构分析程序 SAP5 进行的,所取平面计算模型如图 1 所示,其中油藏形状和大庆长垣的横截面有些相仿,长度 7 000 m。西边倾角大,东边倾角小,顶深取在 800 m,底深取在 1 400 m,计算模型东西大边界的长度采用 40 km。实算表明,在油藏部位进行开发作业时,在这样远的大边界上,其力学影响可忽略不计。

按有限单元法,我们将此平面计算模型用 1 704 个节点离散成 1 641 个单元,油层部位布置的节点比较密集,其他地方布置的节点比较稀疏。各层岩石弹性系数 E 和 ν 的数值,参照松辽地区软地层的一般概念,对油层底部以上的 E 值用过 0.5×10^4 MPa,1.0×10^4 MPa 及 2.0×10^4 MPa,对油层底部以下的 E 值,用过比其上部相应增大 50%～100%的数值。泊松系数 ν 的影响较小,都取为 0.25。注水前原有地应力在铅直方向取为 $0.022H$ MPa(H 为按米计的地层深度),水平方向取过 $0.020H$ MPa,也取过 $0.027H$ MPa。

---

① 以上全部推导中,应力、应变都是以拉伸为正,以压缩为负。

油田上一般习惯于用井口压力 p_b 来说明注水压力大小，对于深度为 H 的油层注水部位，其注水压力应为

$$p = p_b + 0.01H \quad (\text{MPa}) \tag{20}$$

令此注水压力等于上覆岩压 $0.022H$ MPa，可以得到注水压力不超过上覆岩压的临界深度为

$$H_K = \frac{p_b}{0.012} \quad (\text{m}) \tag{21}$$

在深度比 H_K 小的部位，注水压力将超过上覆岩压。这里没有考虑管道对于注水的阻尼，因为采用的各项参数精度都较低，阻尼影响可以暂不考虑。计算中我们用过的井口压力有：8.0，10.0，12.0，14.0 MPa 等，相应的临界深度分别为：660，833，1 000，1 167 m。

图 1 所示的例算剖面，当井口注水压力 p_b 为 8.0 MPa 时，各油层的注水压力皆不超过上覆岩压，这时岩层位移主要来自孔隙压力升高后骨架膨胀的效果。我们用 SAP5 首先计算了油藏部位孔隙压力普遍升高 1 MPa 时的位移分布情况，所得计算结果如图 2 所示。油藏骨架发生了膨胀，地表面向上隆起。地面最大升高值 3.36 cm，地面各点同时还有水平位移，由中央向两侧反向移动，最大值为 2.1 cm。根据大庆油田开发资料，1975 至 1982 年期间，油井所测油层静压升高值平均约为 2～3 MPa，水井排附近孔隙压力肯定还要升得高一些。由于孔隙压力上升引起的地面升高有可能达到 10 cm 以上。

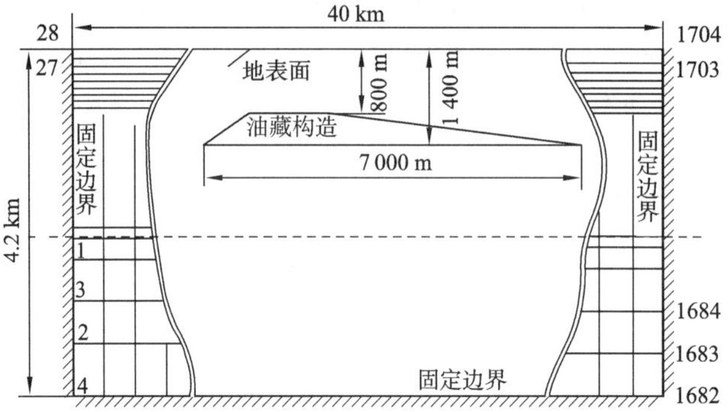

图 1　有限单元法计算岩层位移的网格及边界

当井口注水压力 p_b 达到 10，12，14 MPa 时，超上覆岩压的临界深度分别为 833，1 000 和 1 167 m，均低于图 1 中油藏顶部的深度（800 m）。因此，在油藏顶部以下和临界深度之间的泥岩层内如果有注水进入，裂纹便有可能张开，出现浸水域。本文计算中假定浸水域都出现在油藏上部边界的泥岩层内，以水井中心线为对称轴（图 3）。假设水井距离大于300 m，浸水域宽度为 200 m 互不连通。按照（18）、（19）式计算各个浸水边缘上应施加的浮托压力，以及剪切释放力，施加到浸水域内边缘上去。部分计算结果绘制在图 4 内，该图给出的是三口穿过浸水域的水井套管在三种井口注水压力下承受的位移性载荷。这三口井分别处在图 3 所示的 18，36，50 位置，18 在西部陡坡，36 在构造顶部，50 在东部肩部。图中纵坐标代表深度，横坐标代表位移，实线代表水平位移，虚线代表垂向位移。计算这些位移所用的弹性系数和地应力梯度 $E = 2\times10^4$ MPa，$\sigma_2 = 0.020H$ MPa，$\sigma_3 = 0.022H$ MPa。由图看出，最大的位移都发生在浸水域位置附近，离开浸水域越远，位移越小。浸水域的上界面相对于下界

面有很显著的相对位移，表明处于浸水域中的套管会受到错切和拉伸。当 p_b=10 MPa时，只有 36 号井套管受到较小的位移性载荷，横向剪切位移不足 1 mm，不可能引起套损。p_b=12 MPa 时，这三口井的套管同时都承受到了位移性载荷作用，顶部 36 号井套管通过浸水域受到轴向拉伸 4.9 cm、横向错切 0.02 cm；18 井套管通过浸水域受到轴向拉伸1.55 cm，横向错切 3.21 cm；50 号井套管受到轴向拉伸 0.6 cm，横向错切 0.26 cm，可见 p_b=12 MPa时，西部陡坡的套管已有可能发生错断或严重弯曲变形，顶部的井则可能发生脱扣等损坏，只有东侧位移量甚小，不易产生套管变形。当 p_b=14 MPa 时不论是 18，36，50 号井，它们的套管在穿过浸水域的部位都受到较大的位移性载荷，最大错切位移发生在 18 号井，达到 6.39 cm，最大轴向拉伸位移发生在 36 井，达到 9.54 cm。东侧 50 号井水平错切位移为 1.46 cm，但轴向拉伸位移也达到 5.7 cm，可见，p_b=14 MPa 时，这三口井的套管都有可能发生错断或严重变形。

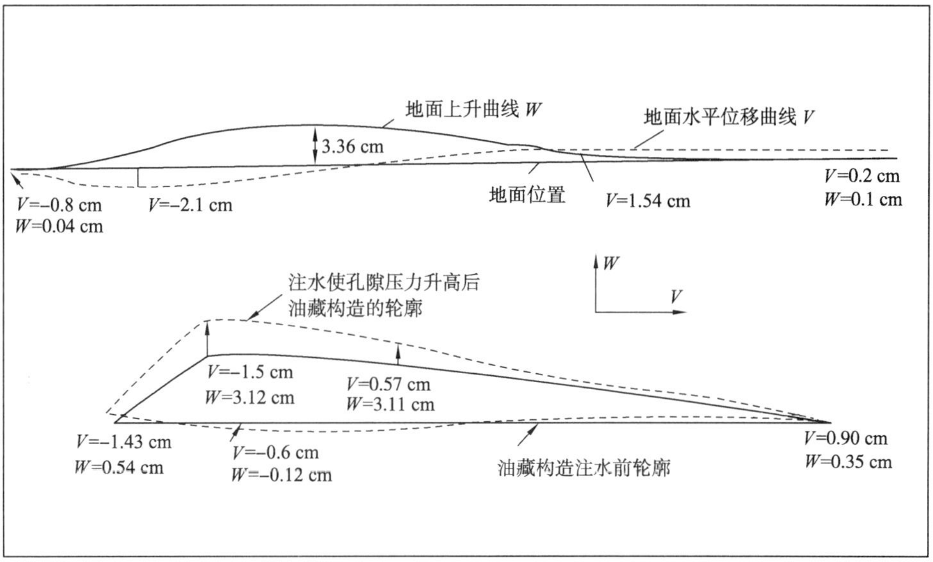

图 2　油层孔隙压力增加 1 MPa 引起的地面位移（$E=1.25\times10^4$ MPa，$\nu=0.25$）

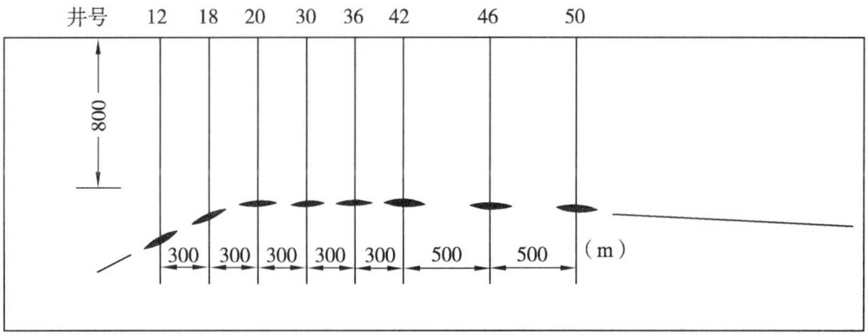

图 3　泥岩层浸水域位置及水井位置编号图

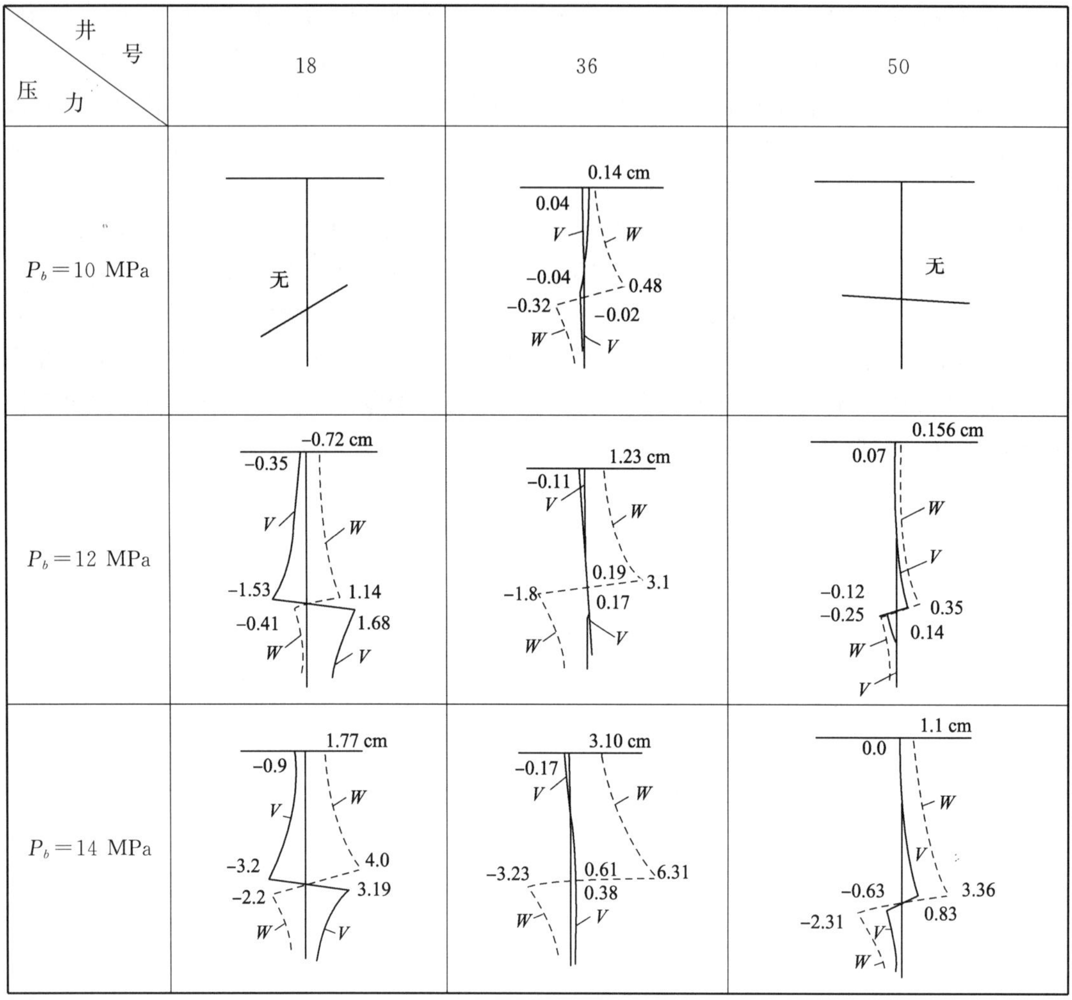

图 4　岩层位移沿井眼轴线的分布

以上计算中,尚未提及断层的影响。当注水压力较高,并有通道窜入断层面时,也可能形成局部充水而引起位移。为考察断层充水引起位移性载荷的情况,我们计算了以下几种方案:断层面单独充水,断层面上部与泥岩层连通充水,以及断层面上下皆与泥岩层连通充水。断层面的倾角为 45°,充水部分位于两个浸水泥岩层 50 m 的断距之间(图 5),当 p_b=

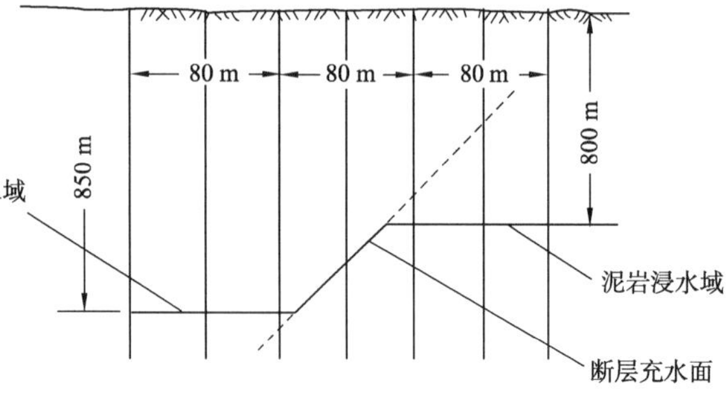

图 5　计算使用的断层面深度

12 MPa时，计算结果最大水平错动位移产生在断层充水面的中部，接近于 4 cm，这里垂向拉伸位移也相当大，接近于 5 cm，可见穿过断层充水部位的套管易于断裂。

五、高压注水阶段套管损坏机理

从注水引起岩层位移的有限元计算结果不难看到，高压注水阶段套管损坏的主要原因是注水压力超过了注水层上覆岩压。注入水有条件沿裂缝通道窜入泥岩软弱层，形成浸水域，改变地应力，产生浮托和滑移效应，引起浸水域上下界面的相对位移，迫使穿过浸水域的套管受到拉伸、弯曲和剪切，发生严重变形，甚至错断和脱扣，导致损坏。这方面实例甚多，如大庆油田萨Ⅱ顶黑色泥岩层内套管的损坏，玉门油田 BC 层棕红色泥岩层内套管的损坏及扶余油田青山口组底泥岩破碎带中套管的损坏，如扶余油田取出的摇把状变形套管。

计算结果还表明，迫使套管错断的剪切位移性载荷及迫使套管受拉脱扣的拉伸位移性载荷，都发生在浸水域的上下界面之间，或断层充水区的断层面之间。其大小随注水压力超过浸水域上覆岩压的程度增长，随浸水域中地应力变化的程度增长。因此，套管损坏的现象，一般是由构造顶部和陡坡肩部开始，而后逐渐向低处扩展。水井套管发生损坏早于油井套管发生损坏。油田套管损坏井的总数，随着注水压力的升高必将迅速增加，而且增加的速度会比注水压力快。因为随着注水压力升高，同一个浸水域中地应力的变化会加大，全油田出现浸水域的范围和个数也会扩大。大庆油田和扶余油田 1970 年至 1980 年统计资料充分反映了这种规律性[1]。

上述套管损坏的机理只侧重分析与注水压力有关的宏观规律性，还不可能准确解释每一口井套管的损坏或完好情况。必须开展大量的现场调查，深入掌握钻采动态资料，研究出定量估算浸水域尺寸的合理方法，通过分析，才可能使这些机理逐渐准确到具体井组。

有些高压注水油田，开始进行大压差降压转抽时，少数区块的油、水井套管不久便发生了成片损坏的现象。损坏点所在层位上升到了油藏上部边缘的外侧，损坏形态全是弯曲和错断。这些套管成片损坏的直接原因是区块之间油层孔隙压力变化不均匀，部分骨架膨胀，部分骨架收缩，引起地层位移；间接原因是大压差降压时，油藏上部外侧岩层的层间压力下降，易于滑移，以及这些区块历史上有过窜水情况等。这些区块的套管损坏机理及其治理问题，必须逐块结合历史动态资料及环境因素进行研究，不可一概而论。

六、防治套管损坏的方法

注水油田套管损坏和许多因素有关，在研究损坏机理的基础上，陆续提出过一系列的防治建议，主要有如下几方面：

(1) 控制注水压力不超过注水层的上覆岩压。

(2) 提高固井质量，增强界面粘结力，严防水窜；及时处理坏水井，切断窜水通道。

(3) 适当控制压裂作业的频次及泄压钻井的规模，限制放喷，防止岩层裂缝产生。

(4) 在套管损坏严重的区块打新井时，适当采取保护性措施，在套管危险段外围构成环形空间，避开岩层位移载荷的作用。

(5) 妥善安排降压转抽过程，适度维持油层压力变化的均匀性。相邻区块的作业计划应该协调配合，避免骨架胀缩引起岩层滑移。

(6) 选择重点区块建立套管监测系统，收集套管变形动态的信息，及时分析，采取排险措施。

(7) 结合区块的开发历史和套管损坏的历史,研究套损预测方法,逐个区块确定更具体更有效的防治方案。

参考文献

[1] 宋治.油层套管损坏原因及其预防措施.石油学报,1987,8(2)

[2] 李兴才,杨若义.岩石滑移是扶余油田套管变形的一种可能机制.石油学报,1987,8(4)

[3] 李子丰,杨敏嘉.油层套管损坏的机理分析.石油钻采工艺,1985(4)

[4] 王林发.套管损坏的地质因素分析.大庆石油地质与开发,1989,8(1)

[5] J.C.耶格,N.G.W.库克.岩石力学基础.北京:科学出版社,1981

注水油田套管损坏区套管损坏预测法

崔孝秉　岳伯谦　罗维东　张　宏

摘要： 在以前工作的基础上，对套管损坏区浸水域的形状和大小提出一种估算方法。同时根据地应力情况，对穿过浸水域的套管所承受的岩层位移性载荷进行了分析，以该区套管损坏历史和岩层位移性载荷发展的对应关系为依据，结合开发计划，预测未来一段时期内该区可能发生套管损坏的井数。实际使用效果表明，以这种理论和油田大量开发动态资料为基础所建立起来的预测方法，具有良好的准确性，对防止套管损坏工作有重要作用。

关键词： 注水；油田开发；套管损坏；地层应力；预测方法

一、概　述

关于注水油田套管损坏机理，文献[1]中已做过分析。为了配合注水油田对套管损坏进行具体治理，本文结合开发动态资料，近似分析了油田各区块内浸水域的大小，并给出三维空间岩层位移性载荷的计算模型。在此基础上，运用提出的套管损坏预测方法，对套管损坏区块内的套损发展状况作出预测，为油田及时发现套损并采取有效的防治措施提供依据。

二、套管损坏区浸水域分析

1　浸水域的位置和形状

浸水域是注入水从水井流入后经过某些窜水通道而进入泥岩层形成的区域，因此，浸水域首先应在水井周围出现，而后逐渐扩大。由于地质构造和窜水通道的复杂性，对浸水域的形状和尺寸难于进行精确的测定和分析。根据井网格式可以近似地按圆形的和矩形的两种形状考虑。前者适用于面积注水井网，后者适用于切割注水井网，分别以水井为圆心，以水井排连线为矩形的对称轴线，如图1所示。

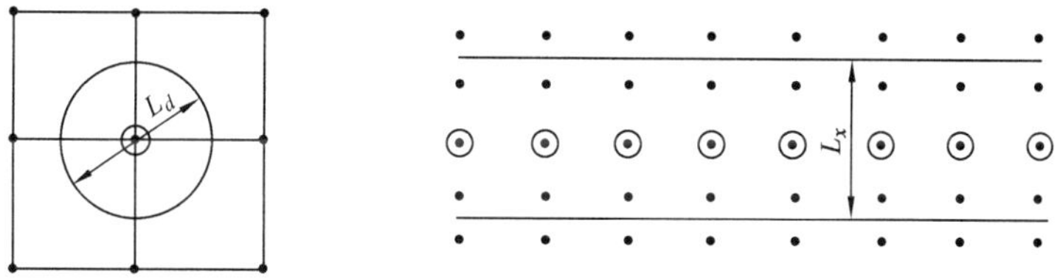

图1　两种假设的浸水域形状

2　浸水域的进水量

由于一部分注入水进入了浸水域，因此套损区内水井的注水量和油井的采液量一般不会相等，浸水域的进水量应和注采差有关。注采差内有一部分水量是属于本区块和相邻区块在油层内流通的,这部分流通量在注水压力不超过上覆岩压时也存在。如果不计注水压力变化的影响,其值大体上可以从区块的注采历史开发动态资料中统计出来。此外,注采差内还有一部分消耗于补充油层孔隙因地层压力升高引起的扩张。但是经过实例计算发现,这部分所占的比例极小,可以忽略不计。因此可见,浸水域中的进水量可以近似地从注采差内扣除区块边界油层流通量后得到。现定义从注采差扣除区块边界油层流通量后的结余量为"逻辑超注量",则浸水域的进水量近似等于逻辑超注量。从区块开发动态资料中统计逻辑超注量是一项相当繁重而且技术性较强的工作,为此编制了专用程序和配套软件,运用微机配合统计,速度较快。表1给出的是某注水油田一个套损区块高压注水阶段逻辑超注量的统计数据,图2给出逻辑超注量历年的变化曲线。

表1 某区块注水区采液量及超注量 (单位:m^3)

时间	1978.06	1978.12	1979.06	1979.12	1980.06	1980.12
注水量	379 747	401 836	400 690	529 771	541 962	554 530
采液量	326 298	350 624	373 862	429 776	451 827	508 987
超注量	53 449	51 212	26 828	100 005	90 135	45 543
逐年累加量	53 559	104 661	131 489	231 494	321 629	367 172
逻辑超注量	0	0	−25 502	22 172	59 976	53 189
浸水域宽度	0	0	0	271	445	445
时间	1981.06	1981.12	1982.06	1982.12	1983.06	1983.12
注水量	584 546	569 754	536 875	650 928	699 078	753 819
采液量	478 769	479 812	498 148	517 396	513 343	515 765
超注量	105 777	89 942	38 727	133 532	185 735	238 054
逐年累加量	472 949	562 891	601 618	735 150	920 885	1 158 939
逻辑超注量	106 636	144 247	130 644	211 845	345 250	530 973
浸水域宽度	594	691	691	837	1 069	1 325
时间	1984.06	1984.12	1985.06	1985.12	1986.06	1986.12
注水量	818 316	709 525	669 783	733 837	728 878	735 573
采液量	567 745	578 014	566 500	637 119	658 958	672 793
超注量	250 571	131 511	103 283	96 718	69 920	62 780
逐年累加量	1 409 510	1 541 021	1 655 305	1 741 022	1 810 942	1 873 722
逻辑超注量	729 214	808 394	859 356	903 734	921 324	931 773
浸水域宽度	1 553	1 635	1 686	1 729	1 746	1 755
时间	1987.06	1987.12				
注水量	719 192	571 311				
采液量	654 465	556 555				
超注量	64 727	14 756				
逐年累加量	1 938 449	1 953 205				
逻辑超注量	944 170	906 595				
浸水域宽度	1 767	1 767				

3　浸水域的大小

根据断裂力学原理[2]，如果在无限大弹性体内有一个圆盘状的裂缝，或者一个无穷长的等宽度的条带状的裂缝，当裂缝内受到均匀压力 p_0 作用时，裂缝将被顶开成为扁平空腔(见图 3)，空腔顶面的挠曲位移分别为

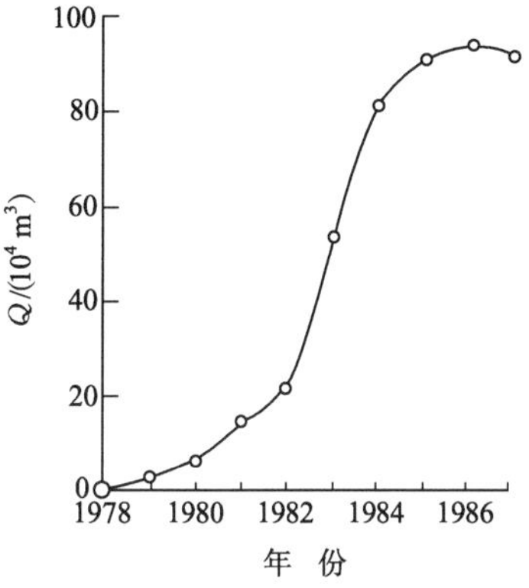

图 2　xx 块逻辑超注量曲线

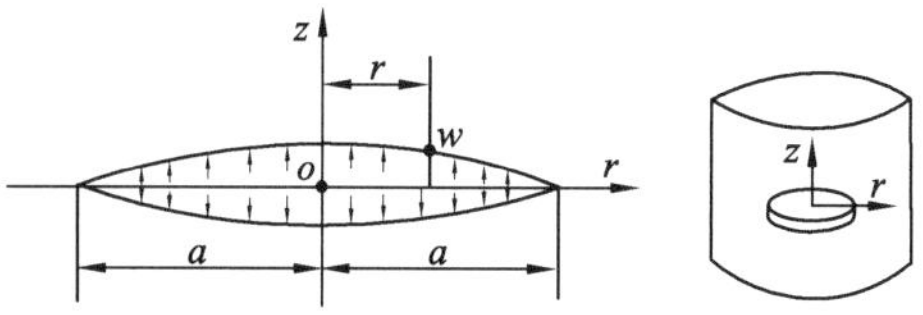

图 3　圆盘裂缝受内压作用

$$w=\frac{4(1-\nu^2)}{\pi E}p_0 a\left(1-\frac{r^2}{a^2}\right)^{1/2}\qquad(\text{圆盘})\tag{1}$$

$$w=\frac{2(1-\nu^2)}{E}p_0 a\left(1-\frac{x^2}{a^2}\right)^{1/2}\qquad(\text{条带})\tag{2}$$

式中，p_0 为裂缝内的压力，MPa；a 为裂缝尺寸，m；ν 为泊松系数；r 和 x 分别为圆盘裂缝或条带状裂缝各点至圆心或对称轴线的距离。按照式(1)和(2)，求得扁圆形空腔的体积为

$$Q=2\int_0^a 2\pi r w\,\mathrm{d}r=\frac{16(1-\nu^2)}{3E}p_0 a^3\tag{3}$$

L_y 长扁条形空腔所含体积为

$$Q=2\int_0^a L_y w\,\mathrm{d}x=\frac{2\pi(1-\nu^2)}{E}p_0 L_y a^2\tag{4}$$

如果近似地将油田地下全部岩体视为无穷大均质弹性体，将圆形和矩形浸水域近似地视为圆盘状裂缝和条带状裂缝在均匀水压 p_0 作用下形成的腔体，按照式(3)和式(4)的关系，令腔体的体积等于逻辑超注量，便可近似地求得衡量浸水域的大小尺寸。圆形浸水域的直径按照式(3)中的 $2a$ 衡量，应为

$$L_d=\sqrt[3]{\frac{3EQ}{2(1-\nu^2)p_0}}\tag{5}$$

矩形浸水域的宽度按照式(4)中的 $2a$ 衡量，应为

$$L_x=\sqrt{\frac{2EQ}{\pi(1-\nu^2)L_y p_0}}\tag{6}$$

式中，E 值应该理解为油藏岩体的平均弹性模量，MPa。

一些注水油田岩石试验测定的弹性模量，量级为 10^4 MPa，可以作为参考。另据岩石专家 Judd[3] 研究，岩石弹性模量 E 与密度 γ 之间存在如下的经验关系：

$$E=0.9(\gamma-2.1)\times10^5\tag{7}$$

以大庆油田为例，常用的岩石密度数据为 2.3，代入式(7)，可得 E 值为 1.8×10^4 MPa，比较接近测定的数值。因此，使用式(5)，(6)估算浸水域的大小时，可以采用式(7)计算 E 值，不一定需要进行大量的试验。

式(5)，(6)中的 p_0 值应该理解为浸水域中浮托压力的平均值。由于岩缝摩阻力的作用，浸水域各处的浮托压力并不均匀，中心较大，边缘较小，p_0 的取值方法详见式(12)。

三、套管损坏承受的岩层位移性载荷分析

1 浸水域地应力改变引起的岩层位移

在已知浸水域所在层位的等高线图上，沿水平地应力的两个主方向设置 ox 轴和 oy 轴，如图 4 所示，同时以铅垂线为 oz 轴，定义浸水域中心岩层法线 $\overrightarrow{AN}$ 与 oz 轴反向夹角 α 为倾角，定义 $\overrightarrow{AN}$ 的水平分量 $\overrightarrow{An}$（即等高线图上 A 点的法线）与 oy 轴的夹角 θ 为方位角。α 和 θ 可由等高线图上标注的参数直接得出，其表达式为

$$\theta=\arctan\left(\frac{\Delta x}{\Delta y}\right);\qquad \alpha=\arctan\left(\frac{\Delta z}{\Delta n}\right) \tag{8}$$

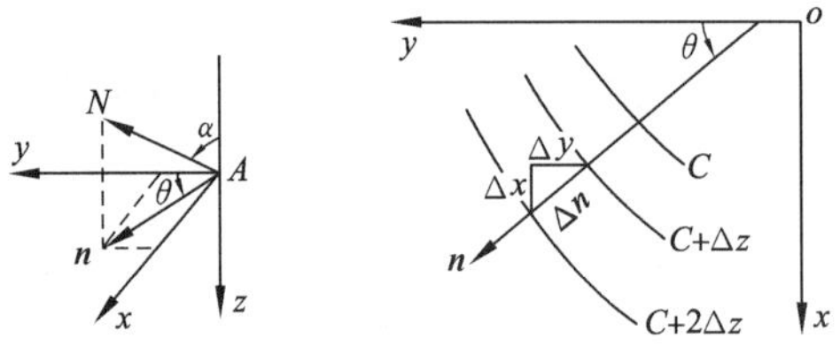

图 4 地层的倾角和方位角

参照图 4 所示的几何关系，求得 $\overrightarrow{AN}$ 法线在所设直角坐标系中的方向余弦为

$$l_x=\sin\alpha\sin\theta;\qquad l_y=\sin\alpha\cos\theta;\qquad l_z=-\cos\alpha \tag{9}$$

设地应力的三个主应力值为 σ_x，σ_y 和 σ_z，浸水域所在的岩层切面内，注水进入前原有地应力的正应力和剪应力[1]应为

$$\sigma_n=\sigma_x l_x^2+\sigma_y l_y^2+\sigma_z l_z^2 \tag{10}$$

$$\tau_n=\sqrt{(\sigma_x-\sigma_n)^2 l_x^2+(\sigma_y-\sigma_n)^2 l_y^2+(\sigma_z-\sigma_n)^2 l_z^2} \tag{11}$$

式(11)根号内的三项分别为向量 $\boldsymbol{\tau}_n$ 沿 ox，oy，oz 三个坐标轴方向的投影的平方值，$\boldsymbol{\tau}_n$ 的方向是确定的，这里不再列式。

当高压注入水进入泥岩层形成浸水域之后，由于裂缝充水和岩屑泥化等过程，浸水域内原有的剪应力大部分被释放，原有的正应力被数值较高的水压力代替，从而形成浮托压力。

在浮托压力和释放剪应力作用下，浸水域上、下界面将产生相对位移，这就是损坏套管的载荷。设浸水域中心深度为 H(m)，井口注水泵压为 p_b(MPa)，垂向地应力梯度为 C_3(MPa/m)，泥岩层间抗拉强度为 T(MPa)，不计井筒摩阻损失，平均浮托压力可近似取为

$$p_f=k(p_b+0.11H-|\sigma_n|)+(1-k)T \tag{12}$$

式中，k 为平均系数，可在 0.3～0.5 之间取值。如果在规则的水井排列之外，还有一些零散分布的调整水井，则 k 值宜取大一些，否则 k 值宜取小一些。当地层倾角很小时，式中的 $|\sigma_n|$ 项可用 C_3H 代替。

浮托压力引起浸水域上、下界面沿岩层法线方向的相对位移，会使穿过浸水域的套管段承受轴向拉伸作用和少量的横向剪切作用。此相对位移向量 $\Delta\boldsymbol{w}$ 可按式(1)和式(2)进行计算，式中，p_0 用 p_f 代替。因此在切割注水情况下，$\Delta\boldsymbol{w}$ 的近似计算式为

$$\Delta\boldsymbol{w}=\frac{2(1-\nu^2)L_x}{E}[k(p_b+0.01H-|\sigma_n|)+(1-k)T]\left(1-\frac{4x'^2}{L_x^2}\right)^{1/2}\boldsymbol{N}_0 \tag{13}$$

式中，x' 为计算点至水井排的距离；$\boldsymbol{N}_0$ 为浸水域泥岩层法线方向的单位向量，其表达式为

$$\boldsymbol{N}_0=l_x\boldsymbol{i}+l_y\boldsymbol{j}+l_z\boldsymbol{k} \tag{14}$$

其中，l_x，l_y 和 l_z 按式(9)取值。

释放剪应力引起浸水域上、下界面的相对位移，位于该处的套管段主要受剪切作用，同时也有少量的轴向拉伸或压缩作用。设此相对位移的向量为 $\Delta\boldsymbol{\xi}$，在假定浸水域内的剪切地应力 τ_n 完全释放的情况下，相对位移向量 $\Delta\boldsymbol{\xi}$ 可按文献[2]中(2－5－33)式进行近似计算，该式和本文式(2)完全相同。由此可得

$$\Delta\boldsymbol{\xi}=\frac{2(1-\nu^2)L_\tau}{E}[(\sigma_n-\sigma_x)l_x\boldsymbol{i}+(\sigma_n-\sigma_y)l_y\boldsymbol{j}+(\sigma_n-\sigma_z)l_z\boldsymbol{k}]\left(1-\frac{4x'^2}{L_\tau^2}\right)^{1/2} \tag{15}$$

其中，方括号内向量为($-\boldsymbol{\tau}_n$)，即释放剪应力的向量，L_τ 为沿着 $\boldsymbol{\tau}_n$ 方向在浸水域内量取的可滑移宽度。考虑到地质参数的复杂性，L_τ 的取值方法可以适当放宽，如在等高线图上沿法线方向量取可滑移宽度也具有合理性，而且取值过程比较简易。但在全部预测工作中的取值方法必须始终一样，方可缩小计算误差对预测结果的影响。

2　降压不均匀引起的岩层位移

降压不均匀会导致地质静压变化不均匀，因而引起岩层骨架收缩不均匀。一般情况下将会引起三维岩层位移。油田生产纪录和套损历史表明，并非任何情况下地层静压变化的不均匀都能引起套管成片损坏。只当油层上、下有两个滑移面出现时，其静压变化不均匀才会引起较剧烈的位移，因为在这种状态下它失去了切向约束力。

将具有上、下两个滑移面的岩体视为图5所示的孔隙平板，周边 S 设为固定约束。按照孔隙压力变化和温度变化引起的位移相似的原理[1]，由弹性力学温度应力平面问题基本方程[4]导出求解此孔隙平板平面位移场所需的基本方程如下：

$$\frac{\partial^2 u}{\partial x^2}+\frac{1-\nu}{2}\frac{\partial^2 u}{\partial y^2}+\frac{1+\nu}{2}\frac{\partial^2 v}{\partial x\partial y}-\frac{1-\nu}{E}\frac{\partial p}{\partial x}=0 \tag{16}$$

$$\frac{\partial^2 v}{\partial y^2}+\frac{1-\nu}{2}\frac{\partial^2 v}{\partial x^2}+\frac{1+\nu}{2}\frac{\partial^2 u}{\partial x\partial y}-\frac{1-\nu}{E}\frac{\partial p}{\partial y}=0 \tag{17}$$

式中，$p(x,y)$ 为地层静压变化量；u 及 v 为未知位移量。方程(16)，(17)相应的边界条件为

$$u_s=0;\qquad v_s=0 \tag{18}$$

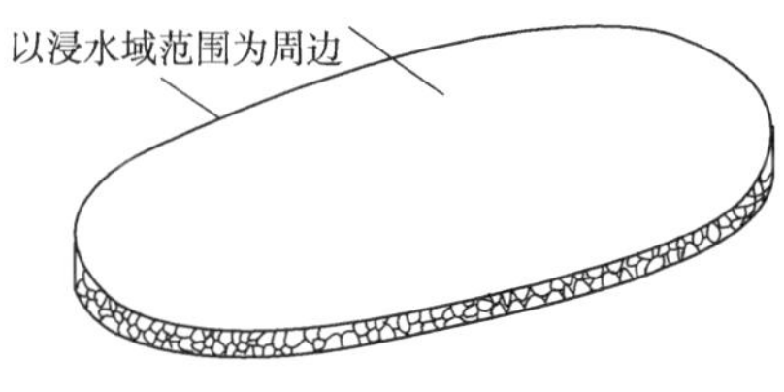

图5　孔隙平板

由于$p(x,y)$的复杂性，很难求得上列方程组的封闭解。为求近似解，用差分法编制了计算程序。此外，考虑到井排与井排之间有着较宽的地带，对于同一个井排，各井点在该井排方向的位移主要和本井排地层静压变化有关，邻排的影响较小，因此，某一井点的两个位移分量可以近似地按照该井点的两个相垂井排方向的地层静压资料分别进行计算。根据这种考虑，可以在式(6)和式(17)中略去交叉项，简化成两个二阶常微分方程，形式如下：

$$\frac{d^2u}{dx^2}-\frac{1-\nu}{E}\frac{dp}{dx}=0 \tag{19}$$

式(19)边界条件为$u_A=0$，$u_B=0$。A点和B点为边界端点，见图6。按井点位置将静压变化量$p(x)$作梯形化处理，很容易求得式(19)的解，各井点的位移值为

$$u_k=\frac{1-\nu}{E}\left[\sum_{i=1}^{k}p_i(\Delta l)_i-\sum_{i=1}^{n}p_i(\Delta l)_i\right] \tag{20}$$

式中，x_k为井点k坐标；n为井点号；$(\Delta l)_i$为井点距；p_i为井点的静压变化值；L为A和B两点之间的井排长度。类似地可以求得井点k在y方向的位移v_k。由于这种分条的积分方法不受井点距离和井点数量的限制，反映地层静压变化影响比较敏锐，具有一定的实用性。

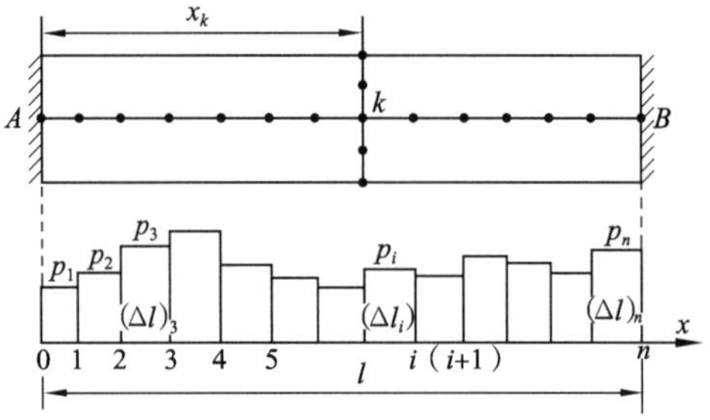

图6 地层静压变化量简化处理

四、套管损坏区套损井数的预测方法

对套管损坏区套损井数预测方法，除了上述的历史拟合法外，还需掌握未来的开发计划及作业安排等有关资料。根据这些资料分析该区在预测期间可能发生的岩层位移发展状况，然后以该区套损井的历史为依据，以岩层位移为参变数，通过比例插值关系可以近似预测未来一段时期内该区套损井的数量。

设Y_0为高压注水年数，M_0为总井数，N_0为套管损坏井数，V_0为套管承受的最大水平剪切位移性载荷；设M为预测期开始时具有的完好井数，V为预测期按计算套管可能承受到的水平剪切位移性载荷，则预测期间可能发生的套管损坏数可按下式进行估算：

$$N=\left(\frac{Y}{Y_0}\right)\left(\frac{M}{M_0}\right)\left(\frac{V}{V_0}\right)N_0 \tag{21}$$

式中，Y为预测期的年数，以一年为宜，最多不超过三年。预测期过长，则会由于影响预测效果的随机因素过多而导致预测准确度降低。

预测出一个区块的套损井数最终目的在于提出防治措施。因此，预测分析过程中，应注意发现该区块开发或固井方面存在的各种具体问题和隐患，对每口井的工作动态都需考查。凡是发现注采量或压力变化异常等现象时，必须查清原因，并提出解决问题的具体建议，以便制定防治措施。

五、结束语

用这种预测方法曾对某注水油田四个套管损坏区作过一至三年的预测分析。经使用考查，平均准确度在80%以上，并且发现了不少隐患，确实对提高油田套损防治效果、延长套管使用寿命起到了重要的作用。

参考文献

[1] 崔孝秉，宋治，岳伯谦，等. 注水开发油田套管损坏的机理研究. 石油学报，1993，14(3)
[2] 范天佑. 断裂力学. 南京：江苏科技出版社，1978
[3] 华东水利学院. 岩石力学. 北京：水利出版社，1981
[4] 徐芝纶. 弹性力学(上册). 北京：人民出版社，1979

用光弹性法研究弹性体平面多点接触问题

胡玉林　岳伯谦　崔孝秉

摘要： 应用光弹性法研究了类似特殊螺纹连接的弹性体平面多点接触问题，探索了平面多点接触问题的光弹性模型的制作技术和试验方法，并研究了在轴向拉伸载荷作用下齿的接触压力和模型内部的应力分布规律。结果表明，在轴向拉伸载荷作用下，齿的接触压力沿轴向呈对称分布，内部应力主要是由弯曲引起的轴向拉应力。

关键词： 光弹性法；连接件；接触应力；应力分析

一、概　述

接触问题在工程中广泛存在。由于接触问题自身的复杂性，要得到弹性体多点接触问题严格的理论解是极其困难的，对其进行数值计算难度也很大。光弹性法具有显示受力构件应力分布规律的全场性和直观性的优点。用光弹性法研究弹性体平面多点接触问题以及连接件的结构形式和载荷方式对接触应力的影响，是一种有效的方法。

二、试验模型的简化

石油工业中使用的套管特殊螺纹连接部分的受力，是一个空间螺旋曲面多点接触问题。在仅考虑轴向拉伸载荷作用的情况下，可以略去螺旋曲面的影响，取螺纹连接部分的轴对称剖面作为研究对象，将其简化为牙板状多齿平面多点接触问题。考虑到一般情况下螺纹齿的尺寸很小，为了清楚地反映齿的接触情况，并进行应力分析，同时考虑到工程实际问题中施加轴向拉伸载荷、轴向过盈量和径向过盈量等多种载荷工况的要求，设计了采用两边约束的单侧模型等多种试验方案，进行了反复试验对比，最后筛选出如图1所示的五齿对称模型。其中 a 为轴向过盈面；b 为径向过盈面。此模型由四块相同的五齿齿板，通过矩形齿相互啮合组成。两端分别用螺钉与加载钢板固定成一体，拉伸载荷 p 则沿其轴向作用于加载钢板上。这种模型与螺纹连接部分的轴对称图形类似，可以施加轴向拉伸、轴向过盈量和径向过盈量三种载荷。这种模型既能验证模型的加工质量和加载质量，又能用于分析接触应力。

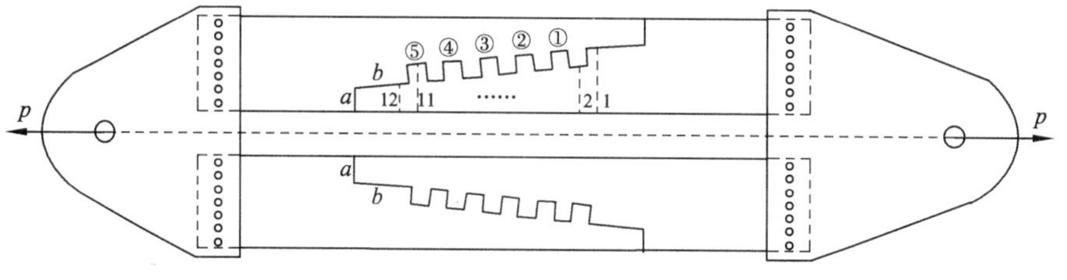

图1　试验模型加载情况

由于采用了对称模型，在轴向拉伸载荷作用下，内部的应力分布也是对称的，因此只需分析其中一块，其余三块可用于验证模型的制作和加载情况，或作为对结果分析的补充。为了便于分析，将 5 个齿分别编号 1，2，3，4，5；重点分析的径向截面分别编号为 1，2，…，12（如图 1）。

三、模型的制作及评价

1　模型的制作方法

由于所研究的是多点接触问题，要求各对接触齿都具有良好的接触，因此，要求所制作的试验模型具有较高的精度和良好的对称性，否则，就会使整体模型的受力不对称，而导致加载模型的应力干涉条纹不对称。另外，由于试验模型边界比较复杂，为了避免产生加工应力，光弹性试验模型的加工要求非常严格。因此，试验模型不宜直接采用一般的机加工方法制作，而是采用在线切割机（线切割机加工精度为 0.01 mm）上将厚钢板按设计要求加工成高精度的齿形板。以此为模板，再用光弹性材料准确地加工出试验用的光弹性材料模型。

2　模型质量检测

（1）模型的初应力检测

模型的初应力是指模型在不受任何载荷作用时已经存在的应力。这里主要指在模型加工过程中产生的边界应力。检验表明，本试验模型在不受载荷作用时，在亮场下测其初应力，没有发现明显的干涉条纹。

（2）齿的接触性能检测

各对齿之间有良好的接触，是指试验模型在很小的载荷作用下，每对齿的接触面附近都应显示有初级干涉条纹。图 2 是试验模型在 25 N 轴向拉伸载荷作用时及亮场下获得的半数级应力干涉条纹。检验结果表明，在施加 25 N 轴向拉伸载荷时，每对齿接触面附近都已产生明显的初级干涉条纹。这表明，加工模型的齿与齿之间的相互接触是良好的。

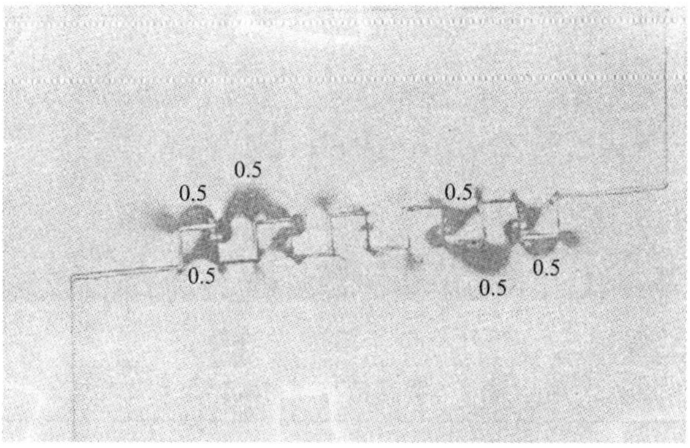

图 2　齿的接触性能验证应力干涉条纹图

（3）模型的对称性检测

图 3 是试验模型在 1 200 N 轴向拉伸载荷作用时，暗场下获得的整数级应力干涉条纹。检验结果表明，在对称载荷作用下，模型内部的应力干涉条纹具有良好的对称性。

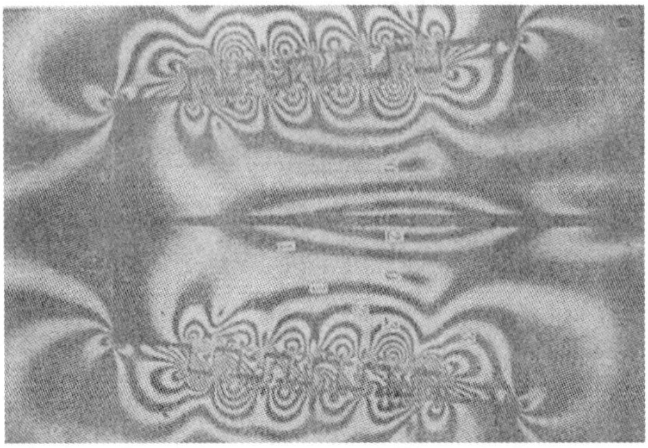

图3 模型的对称性验证应力干涉条纹图

四、光弹性模型加载试验

试验中，在光弹性模型上施加轴向拉伸载荷 600 N，每个齿板承受轴向拉力 300 N。用光弹性试验法测出受载模型内部各测点的干涉条纹等差线条纹级数和等倾线角度，由此可给出各应力分量及轴向合力的计算公式。

剪应力： $\tau_{xy}=\dfrac{fm}{2h}\sin2a$

径向应力： $(\sigma_s)_i=(\sigma_x)_{i-1}(\Delta\tau_{x\gamma})_{i-1}^{i}\dfrac{\Delta x}{\Delta y}$

轴向应力： $\sigma_y=\sigma_x-\dfrac{fm}{h}\cos2\alpha$

第一主应力： $\sigma_1=\dfrac{\sigma_x+\sigma_y}{2}+\dfrac{fm}{2h}$

第二主应力： $\sigma_2=\dfrac{\sigma_x+\sigma_y}{2}-\dfrac{fm}{2h}$

轴向合力： $N=\left[\dfrac{\sigma_{y1}+\sigma_{yn}}{2}\sum_{i=2}^{n-1}\sigma_{yi}\right]\Delta xh$

式中，f 为光弹性材料条纹值；m 为等差线条纹级数；α 为等倾线角度，本试验中表示 σ_1 与径向坐标 x 的夹角；h 为试验模型厚度；n 为径向截面测试点数。

五、试验结果的验证与分析

用平衡校核和边界应力校核两种方法对试验结果进行了核查。表1是2号径向截面试验所得轴向合力和齿边界第二主应力与理论值的核查结果。

表1 测量值与理论值对比

模型受力	理论值	测量值	误差/%
轴向合力/N	300.0	307.2	2.4
轴向应力/MPa	0.0	0.01	

图 4 是试验模型在 600 N 轴向拉伸载荷作用下的整数级等差线条纹。从图中可以看出，在 2 号和 3 号径向截面线之间偏外侧有一零数级条纹点；5 号齿接触面内侧附近也有一零数级条纹点。在较小载荷作用时，它们连成一条零数级条纹线。在两侧边界处条纹级数较高，且从 2 号径向截面到 12 号径向截面之间，两侧边界处的条纹级数依次减小。因此，应力的绝对值最大点将发生在 2 号径向截面上。

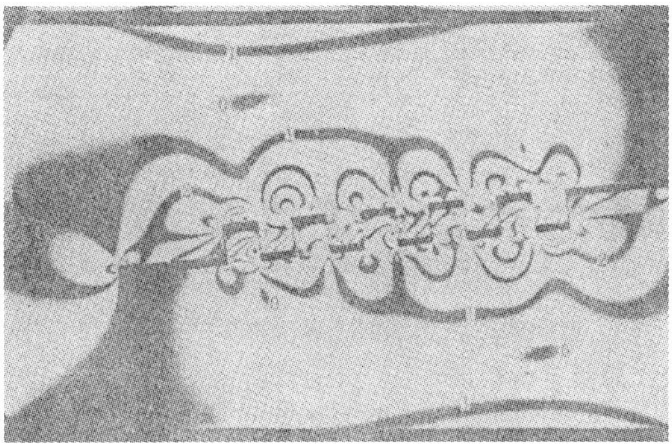

图 4　等差线条纹图

图 5 是模型在 600 N 轴向拉伸载荷作用下的等倾线条纹。从图中可以看出，过 2 号径向截面和 3 号径向截面线之间的零数级等差线条纹点，有一条贯穿两侧边界的 0°(或 90°)等倾线。对应于这条等倾线，模型上各点只有轴向正应力和径向正应力。由于第一主应力与径向截面线(x 轴)的夹角从外侧到内侧，角度从 0°变化到 90°(或从 0°变化到 −90°)，且边界区变化缓慢，中间区域变化较快。而变化较快的区域恰好处于等差线条纹级数较低的区域。根据计算公式可推知，内部的应力主要是轴向应力，外边界为压应力，内边界为拉应力，轴向应力的方向在低应力区内某点发生改变。

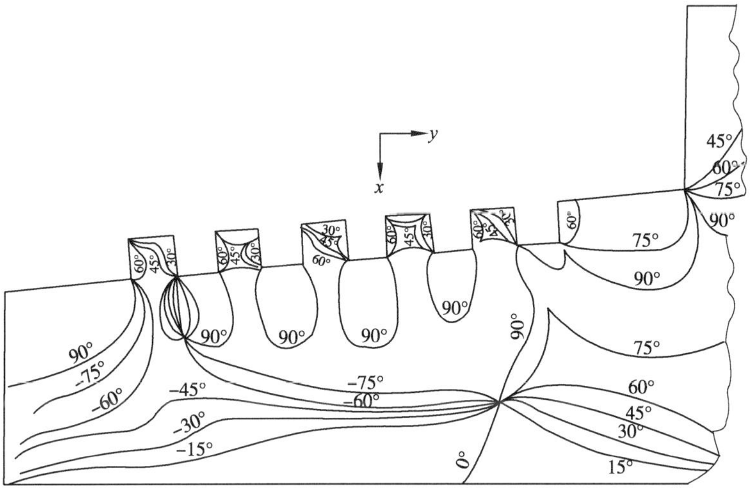

图 5　等倾线条纹图

图 6 绘出了 2 号径向截面的剪应力、径向正应力和轴向正应力分布曲线。在 2 号径向截面上，最大剪应力为 0.6 MPa，最大径向正应力为 1.1 MPa，最大轴向压应力为 1.8 MPa，最大轴向拉应力为 5.7 MPa。最大轴向拉应力是最大轴向压应力的 3.1 倍，是平均拉应力的 5.3 倍。由此可见，最大应力主要是由于弯曲引起的，且为轴向拉应力。

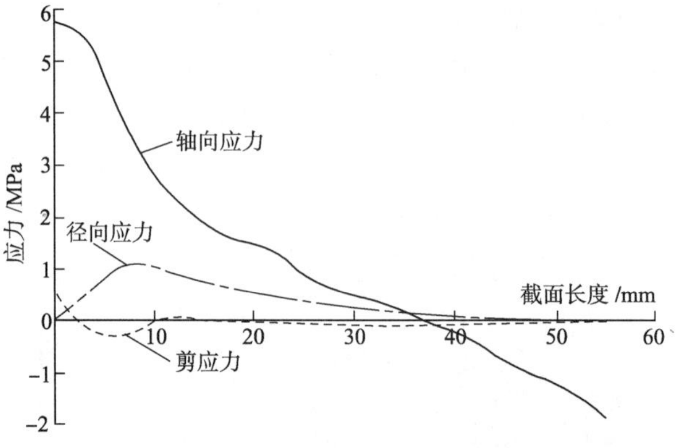

图 6 2 号径向截面应力分布曲线

通过计算各径向截面的轴向合力,可得出各齿的接触压力。表 2 给出模型在 600 N 轴向拉伸载荷作用下各齿产生的接触压力。从表中看出,各齿的接触压力以中间齿(3 号齿)最小,5 个齿的接触压力沿轴向对称分布。

表 2 各齿接触力

齿 号	1	2	3	4	5
接触力/N	75	52	46	50	77

由图 4 和图 5 可以看出,对于受接触压力作用的齿,等差线条纹级数从两个自由边角向模型内部均匀地增大,而第一主应力与径向(x 轴)的夹角在接触面边界为 0°,在侧边界为 90°,因此,齿内存在较大的剪应力。在齿根部,与齿顶边界距离相同的两个对应表面点的等差线条纹级数明显不同。以 1 号齿为例,距齿顶边界 9 mm 处,接触面一侧表面点为 4 级,接触面对边表面点为 3.5 级,对应的应力分别为拉应力 5.5 MPa 和压应力 4.8 MPa,最大值仍为拉应力。

图 7 和图 8 分别是根据模型内各径向截面和齿的测点上计算结果绘制出的第一主应力、第二主应力等值线。

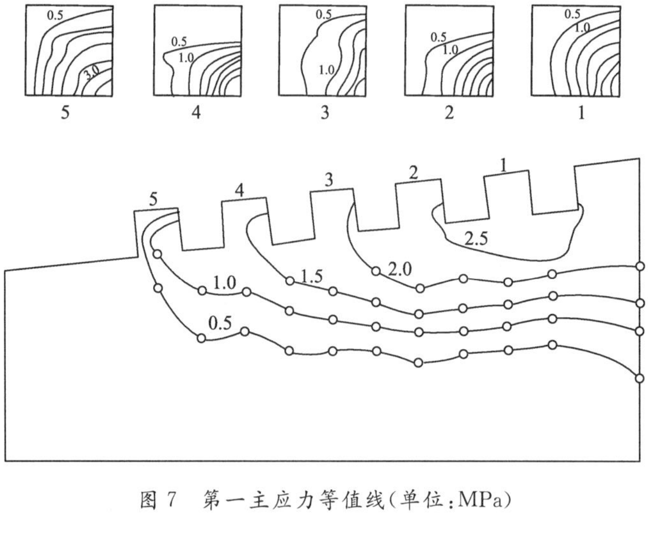

图 7 第一主应力等值线(单位:MPa)

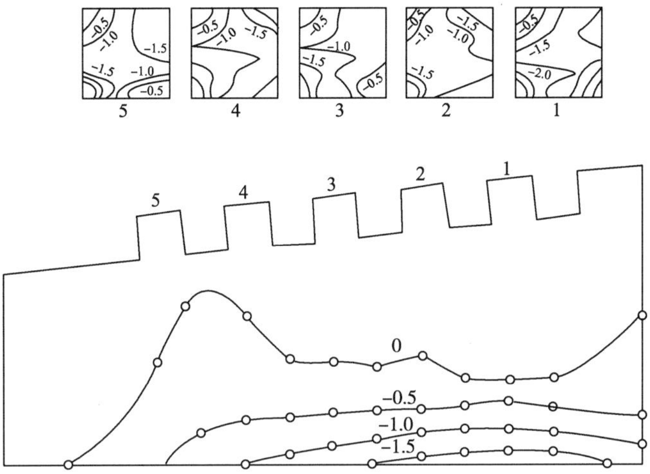

图 8　第二主应力等值线(单位:MPa)

六、结　论

(1) 对于有复杂边界的构件完全可以制作出理想的光弹性试验模型,为进一步研究复杂工况和三维结构的多点接触问题提供了可行的研究方法。

(2) 类似于特殊螺纹连接形式的平面多点接触,在轴向拉伸载荷作用下,两端齿所受的接触压力最大,中间齿所受的接触压力最小,各齿接触压力沿轴向呈对称分布。

(3) 在轴向拉伸载荷作用下,模型内部的应力主要是由弯曲引起的,且为拉应力。

参考文献

[1] 黄炎.工程弹性力学.北京.清华大学出版社,1982

[2] 西田正孝.应力集中.森北出版株式会社,1967

[3] 山本晃.螺纹连接的理论与计算.上海:上海科技出版社,1984

[4] D. Dilintas, P. Laurent-Gengoux, D. Trystran. A Conjugate Projected Gradient Method with Preconditioning for Unilateral Contact Problems. Computer and structures, 1988,29(4)

[5] K. Lee. An Efficient Solution Method for Frictional Contact Problems. Computer and structures, 1989,32(1)

圆螺纹套管接头上扣与滑脱的数值模拟

齐俊林 罗维东 张 宏 崔孝秉

摘要： 用有限元程序 ADINA 对圆螺纹套管接头的滑脱机理进行了研究。利用位移约束方程处理过盈量和接触条件，通过接触试探和弹塑性平衡迭代，考察了圆螺纹套管接头在上扣时以及拉伸载荷作用下的力学特性，提出了接头滑脱判据，确定了滑脱载荷。该研究结果有助于工程技术人员在进行套管柱设计时合理选用套管接头。

关键词： 螺纹；套管损坏；数值模拟；有限元法

一、概 述

在我国各个油田，圆螺纹套管接头被广泛使用，其滑脱载荷通常小于管体的拉断载荷。影响接头滑脱的因素很多，如接箍和管体的壁厚、螺纹牙形（牙侧面角度和螺纹高度等）、啮合状态（完整螺纹长度、螺纹锥度和接触面摩擦状态）、材料特性和服役环境。其机理十分复杂，属于材料、几何、边界条件的三重非线性问题。有关滑脱机理的文献很少。W. O. Clinedist 提出过一个圆螺纹滑脱经验公式[1,2]，该经验公式是基于对不同材质（K55，N80，P110 等）、不同尺寸（$4\frac{1}{2}''$，$5''$，$5\frac{1}{2}''$，$9\frac{5}{8}''$等）的 162 个标准长、短圆螺纹套管接头进行拉伸试验得到的结果，通过统计回归得到的。作为井下套管柱设计准则，这个公式被广泛应用。但是，该公式不适于定量分析不同载荷工况、接箍和管体材料以及尺寸公差对接头滑脱的影响。Y. Moria[3] 等曾对用有限元法模拟螺纹接头滑脱的有效性进行过研究，但缺乏对滑脱机理深层次的理论研究。

二、有限元计算模型

以直径为 224.47 mm J55 API 8R LTC 长圆螺纹套管接头[4-5]为研究对象，考察它在上扣和拉伸时的力学特性，评价它的抗滑脱性能。

不计螺纹螺旋结构的非轴对称因素，建立轴对称的力学模型（图 1），接箍中间对称面的

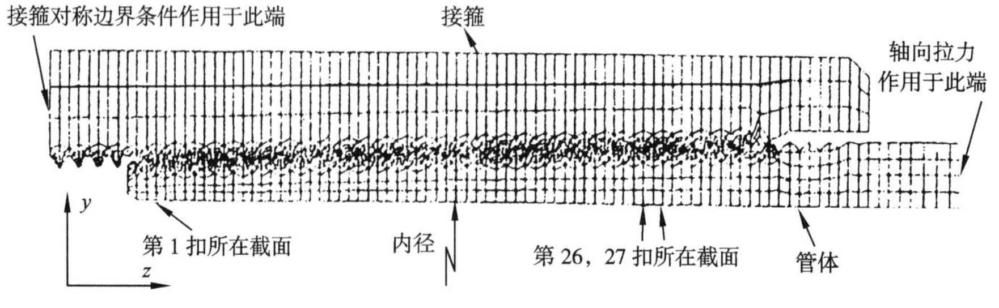

图 1 圆螺纹套管接头轴对称力学模型

边界条件是轴向位移为零，径向位移自由。为了消除力学模型中边界效应的影响，模型中所取管体部分的长度大约是管端到螺纹消失面距离的 2 倍。在使用螺纹脂的情况下，接触面处的摩擦系数 μ 很小（一般在 0.02 左右），为了简便，计算中不考虑摩擦的影响，同时，也不考虑大变形几何非线性。

采用轴对称四节点四边形等参单元对接箍和管体进行离散化（图 1）。取2 989个节点，2 295个单元。材料为随动线性强化弹塑性材料，材料的屈服强度 $\sigma_s=445$ MPa，极限强度 $\sigma_b=715$ MPa，延伸率 $\delta=31\%$，弹性模量 $E=200$ GPa，泊松比 $\nu=0.3$。

计算中考虑以下两种载荷工况：(1) 上扣 3.5 圈；(2) 先上扣 3.5 圈，然后拉伸至接头失效。拉伸时载荷增量取 $\sigma_b/40$。

三、求解方法

1　上扣过盈量的处理和接触状态的描述

在加载过程中，接箍和管体在螺纹牙侧面处接触，变形在此保持协调，忽略摩擦的影响，可能的接触状态有接触和分离。鉴于接触状态是待求的，计算中要不断地进行接触试探，即先假定一种接触状态，根据这种假定的接触状态所满足的条件（称为定解条件）进行求解，然后对所得的计算结果进行分析，看求解的接触状态是否和假定的一致，如不一致，看求解的接触状态符合那一种接触状态（称为判定条件），据此改变接触状态，重新求解，直至接触试探收敛。分别在接箍和管体的牙侧面上取代表点 b 和 p（图 2），则定解条件和判定条件可以用下面的位移约束方程来描述：

接触时定解条件为

$$(v_b\cos\alpha \pm w_b\sin\alpha)-(v_p\cos\alpha \pm w_p\sin\alpha)-\Delta\cos\alpha=0 \tag{1}$$

分离时 v_b，w_b，v_p 和 w_p 相互独立。

判定条件：若假定的接触状态为接触，而计算结果满足 $p_c>0$，则将接触状态改为分离；若假定的接触状态为分离，而计算结果满足

$$(v_b\cos\alpha \pm w_b\sin\alpha)-(v_p\cos\alpha \pm w_p\sin\alpha)-\Delta\cos\alpha<0 \tag{2}$$

和 $y_{bl}<y_{pu}$时，则将接触状态改为接触。

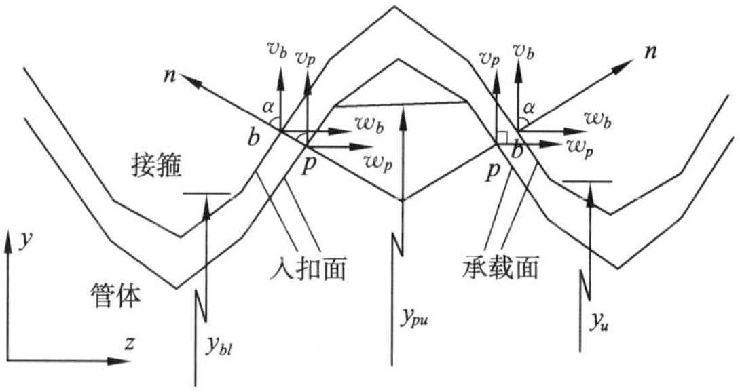

图 2　接箍和管体牙侧面接触状态的描述

以上各式中，对于承载面，“±”取“+”，对于入扣面，“±”取“−”；v_b 为接触面处接箍上 b 点的径向位移；w_b 为接触面处接箍上 b 点的轴向位移；v_p 为接触面处管体上 p 点的径向位移；w_p 为接触面处管体上 p 点的轴向位移；α 为接触面法向（由管体指向接箍）和径向之间的

夹角，$\alpha\approx\pi/3$；Δ 为接箍和管体的径向过盈量；y_{bl} 为接箍牙侧面上 b 点的最小径向坐标值；y_{pu} 为管体牙侧面上 p 点的最大径向坐标值；p_c 为接触面处的平均法向接触应力，以拉应力为正，压应力为负。

2 滑脱判据的建立

为了建立正确反映滑脱机理的滑脱判据，需要对接头的承载力学特性进行分析。接头上扣后，由于存在过盈量，接箍和管体的变形在接触面处互相协调，在承载面和入扣面都得到一定的预紧压力。随着轴向拉伸载荷的施加并不断加大，预紧压力不断变化，入扣面平均接触压力逐渐减小，承载面平均接触压力逐渐增大。由于承载面螺纹牙侧角的存在，接触压力的径向分量很大，它使得接箍外胀，管体内缩，两者在接触面产生滑动。计算结果表明，在加载过程中，接箍上的总体应力水平始终比管体低得多，在螺纹齿上也是如此。当接箍和管体的径向位移大到一定程度，并且管体上螺纹齿的极限剪切强度不足以抵抗轴向拉力时，将发生滑脱。

不考虑摩擦，在管体的接触面上只有接箍牙侧面作用于它的法向力，于是接头管体部分的轴向平衡条件为

$$P+\sum_{i=1}^{n_s}P_{psi}\sin\alpha-\sum_{i=1}^{n_l}P_{pli}\sin\alpha=0 \tag{3}$$

式中，P 为管体施加的轴向拉力；P_{psi} 为入扣面处分布接触力的法向主矢，以压力为正；P_{pli} 为承载面处分布接触力的法向主矢，以压力为正；n_s 为入扣面数；n_l 为承载面数。

计算表明，当管体上的螺纹齿全部进入塑性状态时，有

$$\sum_{i=1}^{n_s}P_{psi}\sin\alpha\ll P-\sum_{i=1}^{n_l}P_{pli}\sin\alpha$$

于是，滑脱判据可以表示为

$$P=\sum_{i=1}^{n_l}P_{pli}\sin\alpha \tag{4}$$

以一个齿为例来确定 P_{pli}，如图 3 所示。设管体螺纹齿滑脱时的塑性滑移面为旋转面 d，则下面的关系式成立：

$$P_{pli}=\frac{A_{si}\tau_b}{\sin\beta_i} \tag{5}$$

式中，τ_b 为材料的极限剪切强度，$\tau_b=\sigma_b/\sqrt{3}$；β_i 为旋转面 d 与接触面的夹角；A_{si} 为旋转面 d 的面积，其计算式为

$$A_{si}=\int_{y_{bli}}^{y_{bli}+h\frac{\sin(\frac{\pi}{3}-\beta_i)}{\sin(\frac{\pi}{3}+\beta_i)}}2\pi y\frac{1}{\tan\left(\frac{\pi}{3}-\beta_i\right)}\mathrm{d}y \tag{6}$$

$$h=\frac{3}{2}S_{CS}+(y_{pui}-y_{bli}) \tag{7}$$

式中，y_{bli} 为接箍牙侧面上点的最小径向坐标值；S_{CS} 为圆螺纹尺寸参数[5]；y_{pui} 为管体牙侧面上点的最大径向坐标值。

将式(6)和式(7)代入式(5)，整理得

$$P_{pli}=\frac{\pi h\sigma_b}{\sqrt{3}}\left[2y_{bli}\sin\left(\beta_i+\frac{\pi}{3}\right)-h\sin\left(\beta_i-\frac{\pi}{3}\right)\right]\cos\left(\beta_i-\frac{\pi}{3}\right)\left[\sin\beta_i\sin^2\left(\beta_i+\frac{\pi}{3}\right)\right]^{-1} \quad (8)$$

实际存在的 $P_{pli}(\beta_i)$ 应是式(8)在区间 $\left(0,\frac{\pi}{2}\right)$ 上的最小值，这个最小值存在且唯一。对式(8)求导可求得 P_{pli} 取最小值时 β_i 所满足的关系式为

$$\begin{aligned}&2y_{bli}(\cos4\beta_i-\sqrt{3}\sin4\beta_i-5\cos2\beta_i-\sqrt{3}\sin2\beta_i-2)-\\&h(\cos4\beta_i+\sqrt{3}\sin4\beta_i-5\cos2\beta_i+\sqrt{3}\sin2\beta_i+10)=0\end{aligned} \quad (9)$$

这是一个超越方程，可用数值方法求解。

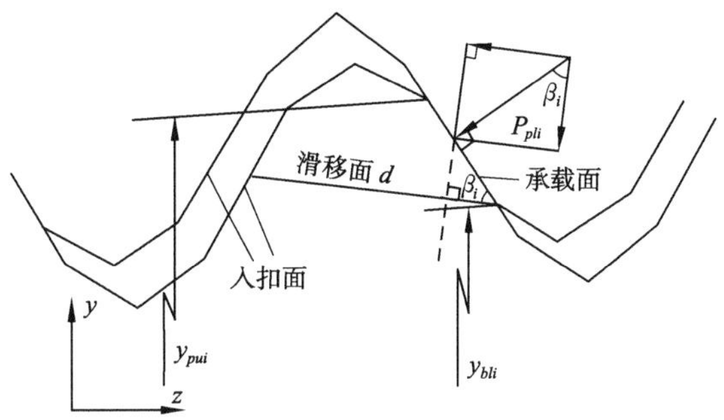

图 3　管体螺纹齿的滑移面

3　增量求解方法

不考虑大变形几何非线性，待求解的问题是物理、边界条件二重非线性问题。塑性因素的存在使待求解问题与加载路径有关，必须采用增量求解方法。为了避免解的漂移，提高求解精度，在每一增量步内均需要进行弹塑性平衡迭代。接触问题的存在还要求在每一增量步内进行接触试探。为了保证弹塑性平衡迭代和接触试探的收敛，载荷增量不应取的太大。在每一增量步内，把接触试探放在外循环，弹塑性平衡迭代放在内循环，而且在每次重新进行接触试探前，把结构恢复到增量步开始时刻的状态，避免把非真实的变形历史引入后续计算。为了提高计算效率，在每一增量步开始时先进行无弹塑性平衡迭代的接触试探，直至收敛，然后在此基础上进行弹塑性平衡迭代和接触试探。

利用 ADINA 程序中的位移约束方程和给定位移功能处理过盈量和接触边界条件，并修改 ADINA 源程序，使上述的滑脱判据和求解方法付诸于实施，然后用 NDP FORTRAN 386 重新进行编译计算。

四、计算结果分析

1　上扣分析

接头上扣 3.5 圈后，整个结构仍处于弹性状态。接箍的总体应力水平要比管体低得多。接箍绝大部分的等效应力不超过 386 MPa，其高应力区在接箍端内侧。管体绝大部分的等效应力也不超过 408 MPa，其高应力区在管体端内侧。这时，对等效应力贡献最大的是环向应力。

在过盈量作用下，接箍外胀，管体内缩，由于泊松效应，接箍要缩短，管体要伸长，但是这

种缩短和伸长在螺纹齿处受到相互制约，而且由于螺纹啮合长度两端的几何不连续性，导致螺纹齿上沿啮合长度的接触压力分布具有如下两个特点(图 4)：

(1) 两端接触压力很高，而且接箍端压力大于管体端压力，中间接触压力较低。各个齿上的压力分布比较均匀，接触压力沿螺纹啮合长度的分布呈马鞍形。

(2) 在两端，螺纹齿两侧面接触压力不相等。在接箍端，承载面压力比入扣面的大，而在管体端正好相反，在第 26,27 扣的入扣面处接箍和管体不接触。

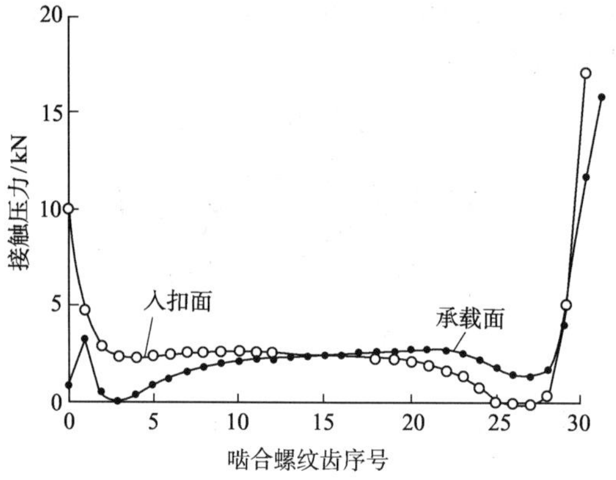

图 4　上扣后螺纹齿侧面的接触压力分布

2　滑脱分析

整个加载过程中，接箍的总体应力水平也比管体低得多。管体上离管体端面最远的一个啮合螺纹齿所在的横截面是管体的危险截面，当轴向拉力达到 1.85 MN 时，该截面在管体内表面首先屈服，当轴向拉力达到2.12 MN时，该截面全面进入塑性状态，之后，塑性区从该截面沿轴向两端扩展，管体的各个螺纹齿相继屈服。当轴向拉力达到 2.90 MN 时，管体及其所有螺纹齿全部屈服而进入强化状态。由材料特性可知，此时的变形速率将增大(图 5)。值得注意的是，即使在这时，接箍绝大部分的等效应力也不超过 425 MPa，仍处于弹性状态。

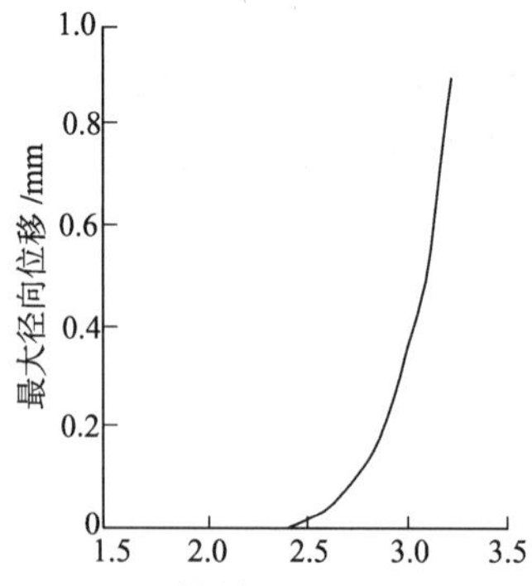

图 5　接箍和管体之间最大径向相对位移随拉伸载荷的变化

由图 5 可见，轴向拉力达到 2.90 MN 前后，最大径向相对位移陡然增大。从图 6 可见，拉伸作用降低了管体端的接触压力，加大了接箍端的接触压力，而对中间部分影响很小。从图 7 可见，最大径向相对位移发生在接箍端。

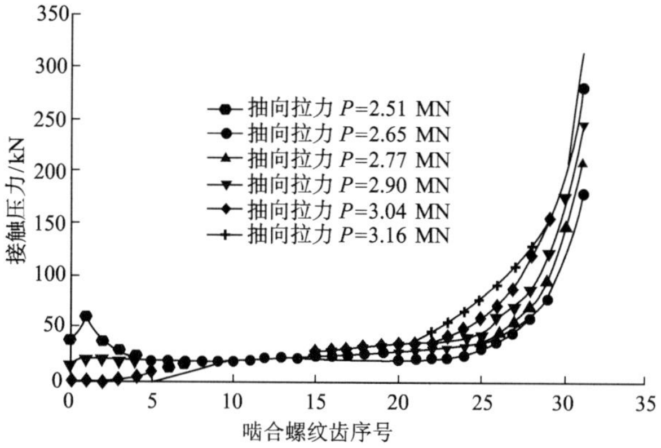

图 6　螺纹齿承载面接触压力随拉伸载荷的变化

最后计算结果表明，当轴向拉力达到 3.16 MN 时，接头发生滑脱，比用 W. O. Clinedist 的经验公式计算的结果约大 10%。这是意料之中的，因为本文采用的是轴对称、无缺陷、具有公称尺寸的长螺纹，是偏于安全的力学模型。

文中提出的滑脱判据式考虑了影响滑脱的各种因素，它可以写成

$$P=P(n_l,\alpha,y_{bli},h,\tau_b) \tag{10}$$

该式表明，随着 n_l，α，h，τ_b 的增加及 y_{bli} 的减小，滑脱载荷将增大。

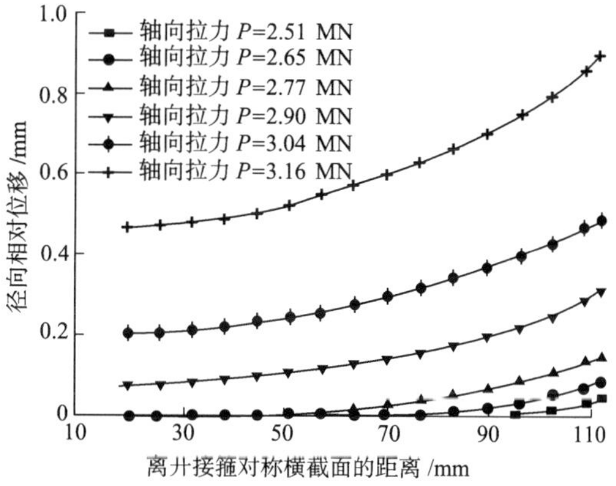

图 7　接箍和管体之间径向相对位移的变化

为了提高套管接头的抗滑脱性能，可采取以下措施：

(1) 增加完整螺纹数目 n_l，也就是增大塑性剪切面面积。长螺纹接头较短螺纹接头有更好的抗滑脱性能。

(2) 增大接触面法向与径向之间的夹角 α。在对抗滑脱性能要求较高的场合，应该用偏梯形螺纹接头或其他特殊丝扣接头，如 NK 3SB 接头($\alpha=\pi/2$)，它们在连接强度方面具有明显的优势，几乎不发生滑脱。

(3) 采用套管内外加厚技术增大接头刚度，采用小螺距、变螺距技术改善螺纹齿接触压力分布，减小局部高接触压力。

参考文献

[1] API Bul 5C3. 5th ed. 1989

[2] W. O. Clinedinst. Strength of Threaded Joints for Stell Pipe. Transactions of the ASME, 1964

[3] Y. Morita, H. Kawashima, K. Ishihara. Finite Element Simulation of Jump-Out Behavior of Threaded Pipe Joints Used in Oil Producing Well. 石油专用管,1991(3)

[4] API SPEC 5CT. 1st ed. 1988

[5] API STD 5B. 13th ed. 1988

远近围岩含水不同对套管岩压外载的影响

毛东风　崔孝秉　罗维东

摘要： 建立了围岩多层性受载模型，按粘弹对应原理，对均匀地应力场下及非均匀地应力场下蠕变引起的岩压外载及因远近含水量不同而引起的变化，从理论上进行了分析。

关键词： 套管；蠕变；地层；应力；含水量；岩压外载

一、概　述

流变性泥岩、盐岩的蠕变会导致油层套管损坏，许多文献已论述[1]。但当泥岩含水量不同以及套管远近含水程度不同时，其蠕变性质有很大差异，会影响套管外壁的岩压外载。本文建立了围岩多层性受载模型，按粘弹对应原理[2-3]，对蠕变引起的岩压外载及因远近含水量不同而引起的变化，从理论上进行探讨(包括均匀地应力场及非均匀地应力场)，可为预防套管损坏和改进开发方案提供参考依据。

二、力学模型处理

套管围岩的蠕变性沿浸水扩散方向发生变化，情况复杂。为方便起见，根据含水量不同，将围岩看成由具有不同蠕变参数的内层、外层材料组成。两种材料均为各向同性线性粘弹性的，且蠕变模式相同。本文采用 Maxwell 和 Burger 两种蠕变模式进行分析(见图 1)。忽略地层纵向影响，按平面应变问题处理，并假设：① 静水压力不产生蠕变，即体积蠕变等于零；② 时间坐标 t 的零点取在水泥环固结时，从 $t>0$ 开始，套管对井壁有支撑作用，承受围岩蠕变压力；③ 略去水泥环影响；④ 材料具有不可压缩性。

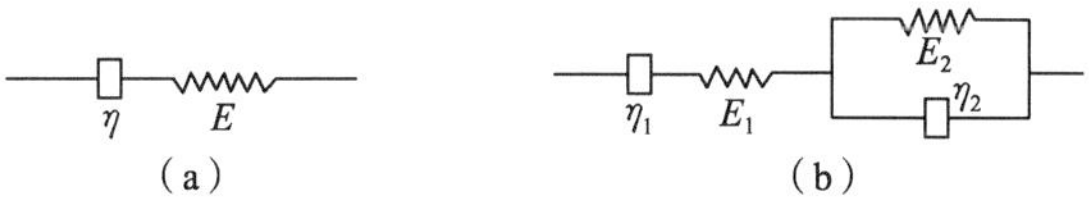

图 1　套管围岩的蠕变模式图

(a) Maxwell model;　(b) Burger model

三、地层蠕变产生套管岩压外载的计算

1　均匀地应力场岩压外载

图 2a 为极坐标下的均匀地应力场，远边界作用均匀地应力为 σ。它可以看成图 2b 与图 2c 情况的叠加。计算蠕变引起的岩压外载时的地应力应为图 2c 中的应力：

$$p_0=\sigma-p_i$$

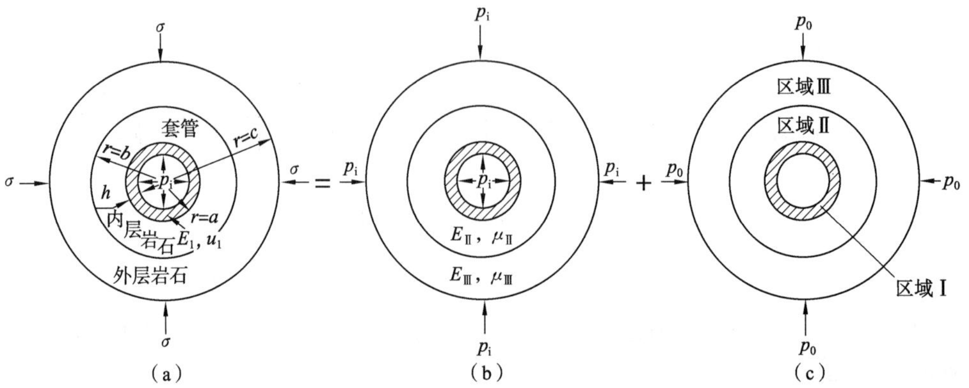

图2 极坐标下均匀地应力场图

设套管及内、外岩层三个区域分别以Ⅰ，Ⅱ，Ⅲ标注，在它们的连接边界上，应力和位移应该满足边界条件：

$$\left.\begin{aligned}&\sigma|_{r=c}=-p_0\\&\sigma_r|_{r=a-h}=0\\&\sigma_{r\mathrm{I}}|_{r=a}=\sigma_{r\mathrm{II}}|_{r=a}\overset{\text{记}}{=}-p\\&\sigma_{r\mathrm{II}}|_{r=b}=\sigma_{r\mathrm{III}}|_{r=b}\overset{\text{记}}{=}-p'\\&u_{\mathrm{I}}|_{r=a}=u_{\mathrm{II}}|_{r=a}\\&u_{\mathrm{II}}|_{r=b}=u_{\mathrm{III}}|_{r=b}\end{aligned}\right\}\tag{1}$$

单层厚壁筒($a\leqslant r\leqslant b$)在平面应变情况下，径向位移为[4]

$$u(r)=\frac{1+\mu}{E(b^2-a^2)}\left[(1-2\mu)(p_ia^2-p_eb^2)r-\frac{a^2b^2}{r}(p_e-p_i)\right]\tag{2}$$

将(1)式代入(2)式，得到弹性解($h\ll a$)

$$p=\frac{2(1-\mu_{\mathrm{III}}^2)p_0}{\alpha\beta E_{\mathrm{III}}(1-\xi_{\mathrm{III}}^2)-\dfrac{2E_{\mathrm{III}}}{E_{\mathrm{II}}}\dfrac{(1-\xi_{\mathrm{III}}^2)\xi_{\mathrm{II}}^2}{(1-\xi_{\mathrm{II}}^2)}(1-\mu_{\mathrm{II}}^2)}\tag{3}$$

$$p'=\alpha p$$

式中，$\xi_{\mathrm{II}}=a/b$

$\xi_{\mathrm{III}}=b/c$

$$\alpha=\frac{1}{2(1-\mu_{\mathrm{II}}^2)}\left\{(1-\mu_{\mathrm{II}}^2)(1+\xi_{\mathrm{II}}^2)+(1-\xi_{\mathrm{II}}^2)\left[\mu_{\mathrm{II}}(1+\mu_{\mathrm{II}})+\frac{aE_{\mathrm{II}}}{hE_{\mathrm{I}}}(1-\mu_{\mathrm{I}}^2)\right]\right\}$$

$$\beta=\frac{(1-\mu_{\mathrm{II}}^2)(1+\xi_{\mathrm{II}}^2)}{E_{\mathrm{II}}(1-\xi_{\mathrm{II}}^2)}-\frac{\mu_{\mathrm{II}}(1+\mu_{\mathrm{II}})}{E_{\mathrm{II}}}+\frac{(1-\mu_{\mathrm{III}}^2)(1+\xi_{\mathrm{III}}^2)}{E_{\mathrm{III}}(1-\xi_{\mathrm{III}}^2)}+\frac{\mu_{\mathrm{III}}(1+\mu_{\mathrm{III}})}{E_{\mathrm{III}}}$$

在围岩体积蠕变为零的条件下，根据 Maxwell 蠕变模式和 Burger 蠕变模式中力学参数与(3)式弹性解的代换关系，分别对(3)式进行 Laplace 正、反变换，可以得到均匀应力场中，两种粘弹性模式地层套管围压的表达式。

(1) Maxwell 模式：

$$p(t)=p_0(1-Re^{-C_1t}-We^{-C_2t}) \tag{4}$$

记

$$A=\frac{\eta_{\mathrm{II}}}{E_{\mathrm{II}}}\frac{\eta_{\mathrm{III}}}{E_{\mathrm{III}}}+\frac{a(1-\mu_{\mathrm{I}}^2)}{hE_{\mathrm{I}}}\left[\xi_{\mathrm{II}}^2(1-\xi_{\mathrm{III}}^2)\frac{\eta_{\mathrm{II}}}{E_{\mathrm{II}}}\eta_{\mathrm{III}}+(1-\xi_{\mathrm{II}}^2)\frac{\eta_{\mathrm{III}}}{E_{\mathrm{III}}}\eta_{\mathrm{II}}\right]$$

$$B=\frac{\eta_{\mathrm{II}}}{E_{\mathrm{II}}}+\frac{\eta_{\mathrm{III}}}{E_{\mathrm{III}}}+\frac{a(1-\mu_{\mathrm{I}}^2)}{hE_{\mathrm{I}}}[\xi_{\mathrm{II}}^2(1-\xi_{\mathrm{III}}^2)\eta_{\mathrm{III}}+(1-\xi_{\mathrm{II}}^2)\eta_{\mathrm{II}}]$$

则(4)式中,

$$R=\frac{1}{2}\left[1+\frac{1}{A}\frac{\eta_{\mathrm{II}}\eta_{\mathrm{III}}}{E_{\mathrm{II}}E_{\mathrm{III}}}\left(\frac{B}{\sqrt{B^2-4A}}-1\right)+\frac{B}{\sqrt{B^2-4A}}\right]-\frac{1}{\sqrt{B^2-4A}}\left(\frac{\eta_{\mathrm{II}}}{E_{\mathrm{II}}}+\frac{\eta_{\mathrm{III}}}{E_{\mathrm{III}}}\right)$$

$$W=\frac{1}{2}\left[1-\frac{B}{\sqrt{B^2-4A}}-\left(1+\frac{B}{\sqrt{B^2-4A}}\right)\frac{1}{A}\frac{\eta_{\mathrm{II}}\eta_{\mathrm{III}}}{E_{\mathrm{II}}E_{\mathrm{III}}}\right]+\frac{1}{\sqrt{B^2-4A}}\left(\frac{\eta_{\mathrm{II}}}{E_{\mathrm{II}}}+\frac{\eta_{\mathrm{III}}}{E_{\mathrm{III}}}\right)$$

$$\left.\begin{matrix}C_1\\C_2\end{matrix}\right\}=\frac{B\mp\sqrt{B^2-4A}}{2A}$$

(2) Burger 模式:

$$p(t)=p_0\left(1-\sum_{i=1}^{4}y_ie^{-x_it}\right) \tag{5}$$

该解析式为考虑岩压外载的物理性质(随时间逐步增长至稳定值)而可以得到的唯一可能的形式(证略),其解虽难以求得,但借助计算机可方便地得到具体情况下的数值。

2　非均匀应力场岩压外载

图 3a 为非均匀应力场套管、地层示意图。它可分解为均匀地应力场(见图 3b)和非均匀地应力场(见图 3c)。图 3b 的情况在前已述,在此只讨论图 3c 的情况。它应满足边界条件:

$$\left.\begin{aligned}
&\sigma_r|_{r=c}=\frac{\sigma_1-\sigma_2}{2}\cos2\theta\overset{\text{记}}{=}-\frac{p}{2}\cos2\theta\\
&\tau_{r\theta}|_{r=c}=\frac{\sigma_1-\sigma_2}{2}\sin2\theta\overset{\text{记}}{=}\frac{p}{2}\sin2\theta\\
&\sigma_r|_{r=a-h}=\tau_{r\theta}|_{r=a-h}=0\\
&u_{\mathrm{I}}|_{r=a}=u_{\mathrm{II}}|_{r=a}\\
&u_{\mathrm{II}}|_{r=b}=u_{\mathrm{III}}|_{r=b}\\
&(\sigma_r)_{\mathrm{I}}|_{r=a}=(\sigma_r)_{\mathrm{II}}|_{r=a}\overset{\text{记}}{=}-\frac{p_1}{2}\cos2\theta\\
&(\sigma_r)_{\mathrm{II}}|_{r=b}=(\sigma_r)_{\mathrm{III}}|_{r=b}\overset{\text{记}}{=}-\frac{p_2}{2}\cos2\theta\\
&(\tau_{r\theta})_{\mathrm{I}}|_{r=a}=(\tau_{r\theta})_{\mathrm{II}}|_{r=a}\overset{\text{记}}{=}\frac{p_1}{2}\sin2\theta\\
&(\tau_{r\theta})_{\mathrm{II}}|_{r=b}=(\tau_{r\theta})_{\mathrm{III}}|_{r=b}\overset{\text{记}}{=}\frac{p_2}{2}\sin2\theta
\end{aligned}\right\} \tag{6}$$

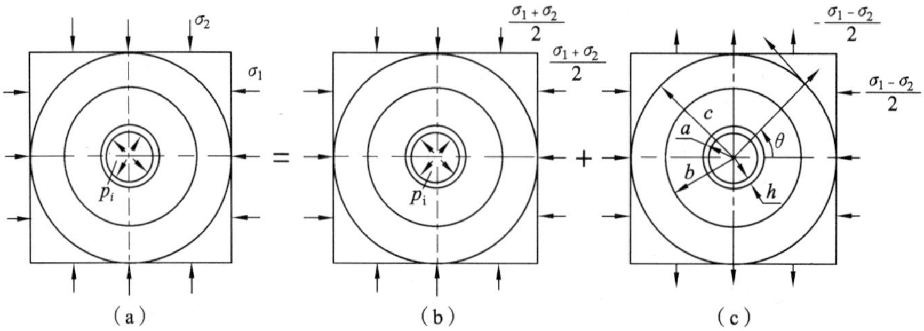

图 3 非均匀应力场套管、地层示意图

对图 3c 所示完全非均匀应力场套管岩压外载的弹性解，可参照带孔无限大平板问题的求解[1]而得到。弹性解表达式为

$$p_1=\left[\frac{1-\mu_{Ⅲ}^2}{E_{Ⅲ}}(1-\mu_{Ⅲ})C_{\xi Ⅱ}C_{\xi Ⅲ}p\right]\times$$
$$\left\{\frac{(1-\mu_{Ⅱ}^2)(1+\mu_{Ⅱ})}{E_{Ⅱ}}C_{\lambda Ⅱ}C_{\lambda Ⅲ}+\left[(M_{\xi Ⅱ}-\mu_{Ⅱ}N_{\xi Ⅱ})-\frac{1+\mu_{Ⅲ}}{1+\mu_{Ⅱ}}\frac{E_{Ⅱ}}{E_{Ⅲ}}(M_{\lambda Ⅱ}-\mu_{Ⅲ}N_{\lambda Ⅲ})\right]\times\right.$$
$$\left.\left[\frac{1+\mu_{Ⅰ}}{E_{Ⅰ}}(M_{\xi Ⅰ}-\mu_{Ⅰ}N_{\xi Ⅰ})-\frac{1+\mu_{Ⅱ}}{E_{Ⅱ}}(M_{\lambda Ⅱ}-\mu_{Ⅱ}N_{\lambda Ⅱ})\right]\right\}^{-1} \tag{7}$$

令 $\xi_{Ⅰ}=(a-h)/a$，$\xi_{Ⅱ}=a/b=\lambda_{Ⅱ}^{-1}$，$\xi_{Ⅲ}=b/c$，$\lambda_{Ⅱ}=b/a$，$\lambda_{Ⅲ}=c/b$，式(7)中的相关数据 $M_{\xi Ⅰ}$，$M_{\xi Ⅱ}$，$M_{\lambda Ⅱ}$，$M_{\lambda Ⅲ}$，$N_{\xi Ⅰ}$，$N_{\xi Ⅱ}$，$N_{\lambda Ⅱ}$，$N_{\lambda Ⅲ}$，$C_{\xi Ⅱ}$，$C_{\xi Ⅲ}$，$C_{\lambda Ⅱ}$，$C_{\lambda Ⅲ}$，可按式(8)模式分别将 x 换成 $\xi_{Ⅰ}$，$\xi_{Ⅱ}$，$\lambda_{Ⅱ}$，$\lambda_{Ⅲ}$ 进行计算。

$$\left.\begin{aligned}M_x&=(1+5x^2+7x^4+3x^6)/(1-x^2)^3\\N_x&=4x^2(2+x^2+x^4)/(1-x^2)^3\\C_x&=4(1+x^2+2x^4)/(1-x^2)^3\end{aligned}\right\} \tag{8}$$

应用粘弹对应原理对(7)式作 Laplace 变换及反变换后得到：

(1) 蠕变模式为 Maxwell Model 时：

$$p(t)=\frac{C_{\xi Ⅲ}(\sigma_1-\sigma_2)}{2C}\times$$
$$\left[1-R\exp\left(-\frac{B-\sqrt{B^2-4AC}}{2A}t\right)-W\exp\left(-\frac{B+\sqrt{B^2-4AC}}{2A}t\right)\right]\cos 2\theta \tag{9}$$

式中，

$$A=\left(C_{\lambda Ⅱ}-\frac{Q_{\lambda Ⅱ}Q_{\xi Ⅱ}}{C_{\xi Ⅱ}}\right)\frac{\eta_{Ⅱ}\eta_{Ⅲ}}{E_{Ⅱ}^2}-\frac{1+\mu_{Ⅰ}}{E_{Ⅰ}}\frac{Q_{\xi Ⅰ}Q_{\lambda Ⅲ}}{C_{\xi Ⅱ}}\frac{\eta_{Ⅱ}\eta_{Ⅲ}}{E_{Ⅲ}}+\frac{1+\mu_{Ⅰ}}{E_{Ⅰ}}\frac{Q_{\xi Ⅰ}Q_{\xi Ⅱ}}{C_{\xi Ⅱ}}\frac{\eta_{Ⅱ}\eta_{Ⅲ}}{E_{Ⅱ}}+\frac{Q_{\lambda Ⅱ}Q_{\lambda Ⅲ}}{C_{\xi Ⅱ}}\times$$
$$\frac{\eta_{Ⅱ}\eta_{Ⅲ}}{E_{Ⅱ}E_{Ⅲ}}$$

$$B=\left(C_{\lambda Ⅱ}-\frac{Q_{\lambda Ⅱ}Q_{\xi Ⅱ}}{C_{\xi Ⅱ}}\right)\frac{2\eta_{Ⅲ}}{E_{Ⅱ}}-\frac{1+\mu_{Ⅰ}}{E_{Ⅰ}}\frac{Q_{\xi Ⅰ}Q_{\lambda Ⅲ}}{C_{\xi Ⅱ}}\eta_{Ⅱ}+\frac{1+\mu_{Ⅰ}}{E_{Ⅰ}}\frac{Q_{\xi Ⅰ}Q_{\xi Ⅱ}}{C_{\xi Ⅱ}}\eta_{Ⅲ}+\frac{Q_{\lambda Ⅱ}Q_{\lambda Ⅲ}}{C_{\xi Ⅱ}}\left(\frac{\eta_{Ⅱ}}{E_{Ⅱ}}+\frac{\eta_{Ⅲ}}{E_{Ⅲ}}\right)$$

$$C=\left(C_{\lambda Ⅱ}-\frac{Q_{\lambda Ⅱ}Q_{\xi Ⅱ}}{C_{\xi Ⅱ}}\right)\frac{\eta_{Ⅲ}}{\eta_{Ⅱ}}+\frac{Q_{\lambda Ⅱ}Q_{\lambda Ⅲ}}{C_{\xi Ⅱ}}$$

$$R=\frac{1}{2}\left\{\left(1-\frac{C}{A}\frac{\eta_{Ⅱ}\eta_{Ⅲ}}{E_{Ⅱ}E_{Ⅲ}}\right)-\left[\left(\frac{\eta_{Ⅱ}}{E_{Ⅱ}}+\frac{\eta_{Ⅲ}}{E_{Ⅲ}}\right)\frac{2}{C}-B-\frac{C}{A}\frac{\eta_{Ⅱ}\eta_{Ⅲ}}{E_{Ⅱ}E_{Ⅲ}}\right]\Big/\sqrt{B^2-4AC}\right\}$$

$$W=\frac{1}{2}\left\{\left(1-\frac{C}{A}\frac{\eta_{Ⅱ}\eta_{Ⅲ}}{E_{Ⅱ}E_{Ⅲ}}\right)+\left[\left(\frac{\eta_{Ⅱ}}{E_{Ⅱ}}+\frac{\eta_{Ⅲ}}{E_{Ⅲ}}\right)\frac{2}{C}-B-\frac{C}{A}\frac{\eta_{Ⅱ}\eta_{Ⅲ}}{E_{Ⅱ}E_{Ⅲ}}\right]\Big/\sqrt{B^2-4AC}\right\}$$

$$\xi_{\mathrm{I}}=(a-h)/a,\qquad \xi_{\mathrm{II}}=\lambda_{\mathrm{II}}^{-1}=a/b,\qquad \xi_{\mathrm{III}}=\lambda_{\mathrm{III}}^{-1}=b/c,$$

$$Q_x=\begin{cases}2(M_x-\mu_{\mathrm{I}}N_X) & x=\xi_{\mathrm{I}}\\ 2M_x-N_x & x=\xi_{\mathrm{II}},\lambda_{\mathrm{II}},\lambda_{\mathrm{III}}\end{cases}$$

(2) 蠕变模式为 Burger Model 时：

$$p(t)=\frac{C_{\xi\mathrm{III}}}{F}\Big[1-\sum_{i=1}^{5}y_i\mathrm{e}^{-x_it}\Big]\frac{\sigma_1-\sigma_2}{2}\cos2\theta \tag{10}$$

(9)、(10)式即为完全非均匀地应力场中，围岩蠕变产生的套管岩压外载计算公式。

四、数值分析及结论

前面已给出粘弹性围岩中蠕变产生的套管围压计算公式，现代入具体数据进行运算，以考察围压在井身结构及围岩性质、注水情况变化时的改变规律(见图 4)。

地应力值取为：$\sigma_1=300\ \mathrm{kg/cm^2}$，$\sigma_2=200\ \mathrm{kg/cm^2}$；大庆泥岩可近似用 Maxwell Model 表示，其特性参数随含水量呈指数变化：

$$\begin{cases}E=a'\mathrm{e}^{-b'w}\\ \eta'=A\exp\left(-\dfrac{1}{w_0-w}\right)\end{cases}$$

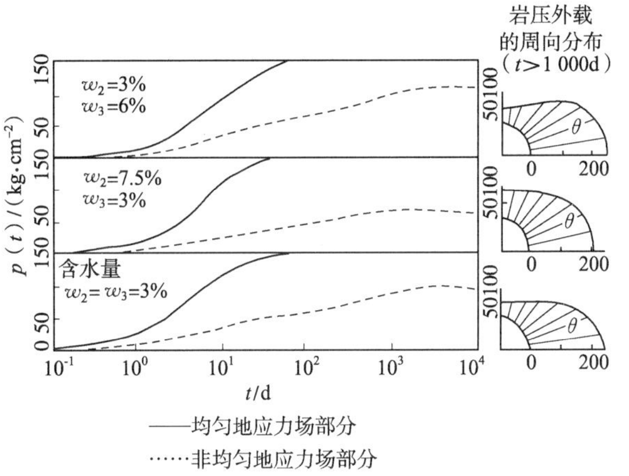

图 4　蠕变引起的岩压外载时变图

1　套管围压随时间变化的规律

(1) 当 $t=0$ 时，即在初始时刻，蠕变引起的套管围压大于零且大于远边界应力值，如果加上管内液柱压力，则套管的总围压小于地层压力，大于管内液柱压力(p_i)。

(2) 套管的围压随时间的延长而逐渐增加。虽然对应非均匀地应力场部分的值需较长时间接近终值，但对应均匀地应力场部分的值在初始阶段的增长梯度很大，较短时间内(约 60～100 d)即接近终值。现有的套管设计规范中一般不用管外压力为地层压力来设计套管，而是采用管外压力为管内掏空的液柱压力。可见，外挤力取得过低，套管强度不够，是套管变形损坏的主要原因之一。

2　套管围压随围岩含水状况的变化情况

在均匀应力场内，含水量改变只改变蠕变速度，而不影响岩压外载的终值。含水量增加，蠕变速率加大，达到终值的时间缩短。

在非均匀应力场中，岩压外载表达式(9)、(10)式可记为如下形式：

$$p(t)=F(r)\cos 2\theta$$

可见岩压外载分布沿周向(θ方向)的变化与地应力的分布状况一致，岩压外载的最大、最小方向与地应力的最大、最小方向相同，非均匀性的强弱程度则受到含水状况的影响。当内层岩石含水量增高时(见图4中部)，非均匀性减弱，甚至在含水趋饱和时非均匀性可消失。外层含水增高时(见图4上部)，不均匀性加强。即使内外含水趋于一致(见图4下部)，非均匀性仍是加强的。

总之，含水量的增加使岩压外载到达终值时间缩短，有时还会加剧非均匀应力的作用。一些理论(如美国的Nester)认为，套管的强度及寿命在其受到较大的不均匀外挤力作用时会大大降低。注水开发过程中套损加剧，特别是在注水区与非注水区交界处，或注水不均的地区发生，原因即在于此。

从以上套管围压的变化规律中可以看出，随着时间的推移，套管所受的围压是不断增大的，地层压力将或迟或早地全部作用到套管上。因此建议进行套管设计时，考虑围岩蠕变性的影响。在注水开发过程中，采取适当措施，避免注水不均，以减少套管过早损坏情况出现。

符号注释

t——时间，h；

a,h——套管内径及壁厚，m；

b,c——内、外层围岩外径，m；

$\mu_{\mathrm{I}},\mu_{\mathrm{II}},\mu_{\mathrm{III}}$——套管及内、外围岩的泊松比；

$E_{\mathrm{I}},E_{\mathrm{II}},E_{\mathrm{III}}$——套管及内、外围岩弹性模量，MPa；

p——套管围压弹性解，MPa；

p_0——远边界应力，MPa；

β——系数，$(\mathrm{MPa})^{-1}$；

C_1,C_2——系数，s^{-1}；

$M_\lambda,N_\lambda,M_\xi,N_\xi,C_\lambda,C_\xi$——系数，MPa；

$\xi_{\mathrm{I}},\xi_{\mathrm{II}},\xi_{\mathrm{III}}$——套管及内、外围岩材料的无量纲系数；

η'——由实验确定的阻尼系数；

x_i——与时间有关的系数，s^{-1}；

w_0,a',b'——大于零的系数，$a'/b'=0.01$；

$\eta_{\mathrm{I}},\eta_{\mathrm{II}},\eta_{\mathrm{III}}$——套管、内外层围岩的阻尼系数。

$u_{\mathrm{I}},u_{\mathrm{II}},u_{\mathrm{III}}$——套管及围岩内、外层的径向位移，m；

σ_r——径向应力，MPa；

μ——厚壁筒泊松比；

E——厚壁筒弹性模量，MPa；

r——厚壁筒半径，m；

p_i,p_e——厚壁筒内、外压，MPa；

α,ξ——无量纲系数；

$p(t)$——蠕变引起的套管岩压外载，MPa；

A,B,C,W,R,Q_x——系数，无量纲；

η_1,η_2——阻尼系数；

$\tau_{r\theta}$——剪切应力，MPa；

$\lambda_{\mathrm{I}},\lambda_{\mathrm{II}},\lambda_{\mathrm{III}}$——$1/\xi_{\mathrm{I}},1/\xi_{\mathrm{II}},1/\xi_{\mathrm{III}}$；

F,y_i——与材料系数、几何参数有关的系数，无量纲；

w——含水量，%；

参考文献

[1] 李子丰，等.油井套管损坏的机理分析.石油钻采工艺，1985，4(4)

[2] J.G.耶格，等.岩石力学基础.中科院力学所，译.北京：科学出版社，1983：94-171，382-397

[3] 杨挺青.粘弹性力学.武汉：华中理工大学出版社，1989

[4] 徐秉业.弹性与塑性力学.北京：机械工业出版社，1983：103-121

注蒸汽井温度场分析计算设计原理

徐玉兵　崔孝秉

摘要： 利用汽液两相流理论和传热学原理分别建立了基本符合现场实际的注蒸汽井筒（包括井筒外部受热地层）的温度场分布模型及井筒内部的蒸汽流动模型，并将这两种模型耦合在一起编制了相应的温度场分布分析计算软件 ISTAP。为了得到精确性较高的注汽过程蒸汽流动参数和温度分布，模型不仅考虑了井下封隔器和填充绝热材料的隔热管的使用及影响，还采用了更为合理的井底传热边界条件，并在瞬态地层温度场的分析中使用了边界适应性较好、计算精度较高的步进积分有限单元法。不仅给出了编程的计算原理及计算流程，还提出了一些有助于提高井筒温度场计算精度的处理技巧，使计算软件 ISTAP 有更好的实用性。

关键词： 注蒸汽井；流动模型；瞬变场；有限元法；温度分布；计算方法

对注蒸汽热采井来说，注入过程中井筒及其周围地层的温度分布是极其重要的数据参数；无论是热力采油工艺的确定还是延长油井使用寿命，井筒温度分布计算的准确性都起着举足轻重的作用。因此，对注蒸汽井温度场分布的研究几乎是伴随着热力采油工艺同步发展的。早在 20 世纪 60 年代，A. L. Farong 就提出了以流体流动状态分析和气体滑脱理论为基础的两相流动和传热综合模型。后来，Ramey 和 Satter 利用这一计算思想，通过建立和使用更符合实际情况的简化模型研究了蒸汽注入过程中的热损失。现在，他们使用的计算理论和设计思想已经成为这一领域研究与发展的经典方法，后人的工作大都是对这一工作的提高和改进。

进入 20 世纪 80 年代以后，先后有许多研究人员在 Ramey-Satter 方法的基础上提出自己的计算方法和计算模型，取得了一定的效果。但这些研究工作在分析处理井筒外部地层的温度分布时，几乎都采用了工作量大、精度不太高的有限差分法，未注意不同地层的物性参数的变化给地层温度场分布带来的影响，而且也都未考虑封隔器的作用以及蒸汽注入油层后对上部盖层的温度影响，因而其计算结果在很多方面都还不尽如人意。

本文针对这些问题，进一步完善了井筒温度场分析的物理模型，利用两相流理论差分处理蒸汽流动过程，用精度较高、计算量较小且对边界变化适应性较好的步进积分有限元法来计算地层内部的瞬态温度变化。编制了相应的计算机运算程序 ISTAP，并得到了较好的计算结果。

一、井况模拟

为了得到符合现场实况的计算结果，本文的模拟井况以锅炉出口为出发点，包括水平输汽管线、封隔器以上垂直管段及封隔器以下油层以上井段。允许地层分为多种层面，各层物质具有不同的物性参数，地表裸露于空气，井底考虑蒸汽注入油层后对上部盖层的影响。具体的地面管线及井筒结构示意见图 1。

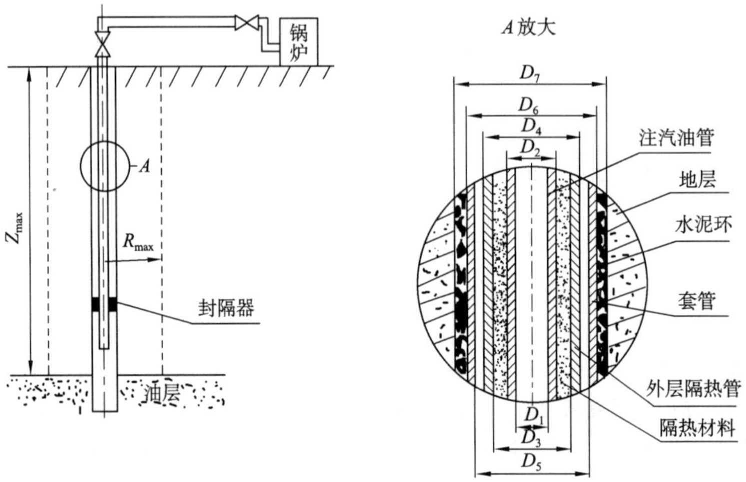

图 1 蒸汽吞吐油井管路模型示意图

通过运行本文设计的温度场分析程序可以得到以下各种数据：

(1) 蒸汽流动过程中的压力、干度、温度变化情况及注汽过程总体热损失；

(2) 井筒各组成部分，如套管、油管、水泥环等，在注汽过程中的温度变化；

(3) 注蒸汽过程中，地层温度场随时间变化的分布状况；

(4) 以油层静压为约束条件的锅炉出口蒸汽压力和蒸汽干度；

(5) 不同地层地质状况对温度场响应的影响。

二、基本假设

1 对蒸汽流动过程及其传热过程的假设

(1) 注汽过程中，锅炉出口的蒸汽压力、质量流量及蒸汽干度保持不变；

(2) 蒸汽流动过程符合一维两相均质流理论；

(3) 从井筒中心到第二界面的传热过程符合一维稳态热传导理论，从第二界面到外部地层的传热过程属于二维瞬态热传导；

(4) 除所注蒸汽和运行程序时前期输入的绝热材料物性外，其他材料的物性均不为时间和温度的函数；

(5) 绝热材料的导热系数与温度为线性关系；

(6) 各层管柱及井底封隔器密封性能良好；

(7) 初始地温梯度保持不变。

2 对地层温度场的基本假设

(1) 地层内围绕井筒轴心的温度场呈轴对称分布；

(2) 井筒散热作用范围有限，离井筒轴心足够远处的地层在注汽过程中保持原始地层温度不变；

(3) 地层内部为无内热源瞬态传导温度场。

三、计算设计的理论依据

1 总体设计思想

根据能量守恒原理，在地层为无内热源温度场时，蒸汽流动过程中的能量损失(包括动能损失及热量损失)必然与井筒和地层所得到的热能保持平衡，在蒸汽流动方向上的任意微小区间所对应的井筒截层中，流入该层的能量应和流出该层的能量与被该层吸收的能量之和保持平衡。依据这一原理，蒸汽流动模型在流动方向上离散化。先假设第二界面温度，根据一维两相均质流动的质量守恒、动量守恒及能量守恒原理确定特定瞬时特定位置的蒸汽流动状态，再由蒸汽流动状态和一维稳态热传导原理求得第二界面上各点的热流量，以此作为边界条件代入地层温度场控制方程，解得地层温度场分布状况及新的第二界面温度，作收敛性判别并将其回代入蒸汽流动方程组，重新确定第二界面热流量，进而计算新的地层温度场分布，从而形成一个迭代过程，最终确定近似的蒸汽流动参数、流动状态和整个井筒(包括地层)的温度场分布。

2 蒸汽流动及其散热过程计算原理

(1)蒸汽流动压降求解微分方程。根据两相流的质量守恒定律可推得注汽管内的一维两相均质流动量守恒方程式为

$$\left.\frac{\mathrm{d}P}{\mathrm{d}Z}\right|_{\mathrm{t}}=\left.\frac{\mathrm{d}P}{\mathrm{d}Z}\right|_{\mathrm{f}}+\left.\frac{\mathrm{d}P}{\mathrm{d}Z}\right|_{\mathrm{a}}+\left.\frac{\mathrm{d}P}{\mathrm{d}Z}\right|_{\mathrm{g}} \tag{1}$$

考虑加速损失在总压差中所占的比例，将管壁摩擦阻力产生的压力变化公式、流体动能改变而产生的压力变化及重力势能所产生的压力变化分别代入上式，并将其化简即可得到相应的蒸汽流动压降求解微分方程

$$\left.\frac{\mathrm{d}P}{\mathrm{d}Z}\right|_{\mathrm{t}}=\frac{g\rho_{\mathrm{m}}\sin\theta-\tau_{\mathrm{f}}}{1-\dfrac{Wq}{A^{2}P}} \tag{2}$$

上式中 ρ_{m} 和 τ_{f} 取决于当前的蒸汽汽液两相流流态。判别流态的方法很多，本文程序选用比较适合于蒸汽流动状态和汽液升举分析的经典 Orkiszewski 方法来判别蒸汽流态，再根据相应的流态分别确定蒸汽流动参数 ρ_{m} 和 τ_{f}。

(2) 蒸汽干度微分方程。由两相流的能量守恒原理可得蒸汽流动时的能量守恒微分方程

$$\frac{\mathrm{d}Q}{\mathrm{d}Z}+W\frac{\mathrm{d}}{\mathrm{d}Z}\left(H_{\mathrm{m}}+\frac{V_{\mathrm{m}}^{2}}{2}-qZ\sin\theta\right)=0 \tag{3}$$

将汽液混合物热焓的定义及流体流动速度的定义引入上式，化简即可得到相应的两相流蒸汽干度微分方程

$$a_{1}\frac{\mathrm{d}X}{\mathrm{d}Z}+a_{2}X+a_{3}=0 \tag{4}$$

其中，

$$a_{1}=W(H_{\mathrm{s}}-H_{\mathrm{w}}),\qquad a_{2}=W\left.\frac{\mathrm{d}P}{\mathrm{d}Z}\right|_{\mathrm{t}}\cdot\left(\frac{\mathrm{d}H_{\mathrm{s}}}{\mathrm{d}P}-\frac{\mathrm{d}H_{\mathrm{w}}}{\mathrm{d}P}\right)$$

$$a_{3}=\frac{\mathrm{d}Q}{\mathrm{d}Z}+W\frac{\mathrm{d}H_{\mathrm{w}}}{\mathrm{d}P}\cdot\frac{\mathrm{d}P}{\mathrm{d}Z}+\frac{W^{3}}{A^{2}}\cdot\frac{1}{\rho_{\mathrm{m}}}\cdot\frac{\mathrm{d}}{\mathrm{d}Z}\left(\frac{1}{\rho_{\mathrm{m}}}\right)-Wg\sin\theta$$

(3) 井筒传热微分方程。依照假设，从油井中心到水泥环外缘二界面的热传递过程符合一维稳态热传导原理。由一维稳态热传导理论给出的井筒径向热传导微分方程为

$$\frac{dQ}{dZ}=\pi D_1 U(T_s-T_{ref}) \tag{5}$$

上式中传热系数 U 取决于蒸汽流外部的传热环境。忽略管线外壁尘垢沉积物对传热的影响，注汽过程中不同位置从注汽管中心到第二界面的传热系数 U 可由下面各式分别确定：

① 水平输汽管道：

$$\frac{1}{U}=\frac{1}{h_f}+\frac{D_1}{2}\cdot\frac{1}{\lambda_p}\ln\left(\frac{D_2}{D_1}\right)+\frac{D_1}{2}\cdot\frac{1}{\lambda_{ins}}\ln\left(\frac{D_3}{D_2}\right)+\frac{D_1}{h_{fc}D_3} \tag{6}$$

② 垂直注汽管道封隔器以上部分：

$$\frac{1}{U}=\frac{1}{h_f}+\frac{D_1}{2}\cdot\frac{1}{\lambda_p}\ln\left(\frac{D_2}{D_1}\right)+\frac{D_1}{2}\cdot\frac{1}{\lambda_{ins}}\ln\left(\frac{D_3}{D_2}\right)+\frac{D_1}{2}\cdot\frac{1}{\lambda_p}\ln\left(\frac{D_4}{D_3}\right)+\frac{D_1}{h_{rc.an}D_4}+\frac{D_1}{2}\cdot\frac{1}{\lambda_p}\ln\left(\frac{D_6}{D_5}\right)+\frac{D_1}{2}\cdot\frac{1}{\lambda_{cem}}\ln\left(\frac{D_7}{D_6}\right) \tag{7}$$

③ 垂直注汽管道封隔器以下部分：

$$\frac{1}{U}=\frac{D_1}{h_f D_5}+\frac{D_1}{2}\cdot\frac{1}{\lambda_p}\ln\left(\frac{D_6}{D_5}\right)+\frac{D_1}{2}\cdot\frac{1}{\lambda_{cem}}\ln\left(\frac{D_7}{D_6}\right) \tag{8}$$

联立求解微分方程(1)、(2)、(3)即可得到蒸汽的流动状态参数(P,T,X)、流动过程热损失及井筒内部各部分的温度分布。

3 地层温度场计算模型

(1) 地层温度场控制方程。由基本假设可知，地层温度场为轴对称无内热源瞬态热传导温度场。根据传热学原理从第二界面到地层内部的传热控制方程为

$$\frac{\partial T}{\partial t}=\frac{\lambda_e}{C_{pe}\rho_e}\left(\frac{\partial^2 T}{\partial Z^2}+\frac{\partial^2 T}{\partial r^2}+\frac{1}{r}\cdot\frac{\partial T}{\partial r}\right) \tag{9}$$

(2) 地层温度场模型的边界条件和初始条件。根据本文对地层温度场计算的假设，控制方程(9)的初始条件为 $t=0$ 时

$$T=T_a+\gamma Z \tag{10}$$

如图 1 所示的地层温度场轴对称模型有 4 个相对独立的边界，第二界面上的边界条件如前所述由井筒温度场计算所得的第二界面热流密度给定；并在与井筒温度场的耦合迭代计算中保持第二界面热流量的连续性。上部界面暴露于空气，只需考虑与空气的自然对流换热。底部边界与油层毗接，根据 Marx 和 Langeheim 的研究，蒸汽注入时油层内部整个受热区的温度是均匀的且几乎与注入流体温度相等。他们还对受热区面积随蒸汽注入的扩展过程做了研究，并给出了该面积的计算公式：

$$A=k\,\frac{Q_i M_R h_{et}}{4\Delta T_i\,\alpha_s M_s^2}G \tag{11}$$

由此公式即可确定下部边界随时间变化的受热半径 $R_h(t)$，从而确定相应的下部边界条件。前面已假设井筒散热的作用区域是有限的，故可设离井筒轴心较远处的边界为绝热边界。将以上讨论写成数学形式

$$\left.\begin{array}{lll} r=\dfrac{D_7}{2}, & 0<Z<Z_{\max}, & -\lambda_e\dfrac{\partial T}{\partial r}=Q_z(Z,t) \\ \dfrac{D_7}{2}\leqslant r\leqslant R_h(t), & Z=Z_{\max}, & T=T_{sb}(t) \\ R_h(t)\leqslant r\leqslant R_{\max}, & Z=Z_{\max}, & \dfrac{\partial T}{\partial Z}=0 \\ r=R_{\max}, & 0\leqslant Z\leqslant Z_{\max}, & \dfrac{\partial T}{\partial r}=0 \\ \dfrac{D_7}{2}\leqslant r\leqslant R_{\max}, & Z=0, & -\lambda_e\dfrac{\partial T}{\partial Z}=\alpha_a(T-T_a) \end{array}\right\} \tag{12}$$

其中，

$$\frac{D_7}{2}\leqslant R_h(t)\leqslant R_{\max}$$

(3) 求解地层温度场控制方程。上节讨论的地层温度场控制方程和定解条件是一个非常复杂的抛物线型定解微分方程，解析求解非常困难，必须采用数值方法。本文程序在空间域内采用经典的有限元法。为了解决在时间域内有限元结果容易畸变的问题，程序采用有限差分网格的步进积分解法处理时间域。为节省机时并解决有限元畸变问题，还采用了特殊的自动网格划分技术，在径向采用逐稀网格划分技术；在轴向上，部分温度变化剧烈的区域采用网格加密技术，在时间域的处理上提供三种差分格式以适应不同的计算要求，并在时间项的处理上采用了变步长计算法。经过处理的地层温度场泛函计算式为

$$J[T(r,Z,t)]=\iint_{\Omega}\left\{\frac{K_e r}{2}\left[\left(\frac{\partial T}{\partial Z}\right)^2+\left(\frac{\partial T}{\partial r}\right)^2\right]+\frac{\rho C_p r}{\Delta t}\left(\frac{T^2}{2}-T_{t-\Delta t}T\right)\right\}dZdr+ \int_{AD}\alpha_a\left(\frac{T^2}{2}-T_aT\right)dr+\int_{AB}q_r(Z,t)TdZ \tag{13}$$

依照此泛函计算式离散化地层温度场，可导出不同时间差分格式下的温度场离散方程为

$$[\widetilde{K}^e]\{T^e\}=\{\widetilde{P}^e\} \tag{14}$$

其中，

① 向后差分格式：

$$[\widetilde{K}^e]-[K^e]+\frac{[N^e]}{\Delta t}$$

$$\{\widetilde{P}^e\}=\{P^e\}+\frac{[N^e]}{\Delta t}\{T^e\}_{t-\Delta t}$$

② Crank-Nicolson 格式：

$$[\widetilde{K}^e]=[K^e]+2\,\frac{[N^e]}{\Delta t}$$

$$\{\widetilde{P}^e\}=(\{P^e\}_t+\{P^e\}_{t-\Delta t})+\left(2\,\frac{[N^e]}{\Delta t}-[K^e]\right)\{T^e\}_{t-\Delta t}$$

③ Galerkin 格式：

$$[\widetilde{K}^e]=2[K^e]+3\,\frac{[N^e]}{\Delta t}$$

$$\{\widetilde{P}^e\}=(2\{P^e\}_t+\{P^e\}_{t-\Delta t})+\left(3\,\frac{[N^e]}{\Delta t}-[K^e]\right)\{T^e\}_{t-\Delta t}$$

利用经典数值方法求解线性方程组(14)，即可得到地层温度场各单元结点上的瞬态温

度响应。

4 蒸汽流动模型和地层温度场模型的相互耦合

确定了井筒蒸汽流动及散热模型和瞬态地层温度场模型后，为了保持整体温度场响应的连续性，耦合这两种模型的计算结果就成为确定正确的整体温度场分布不可缺少的一环。本文编程采用了一种交叉传递迭代求解的方法来解决两种温度场模型的耦合边界温度连续问题。这一计算方法的计算流程如图 2 所示。

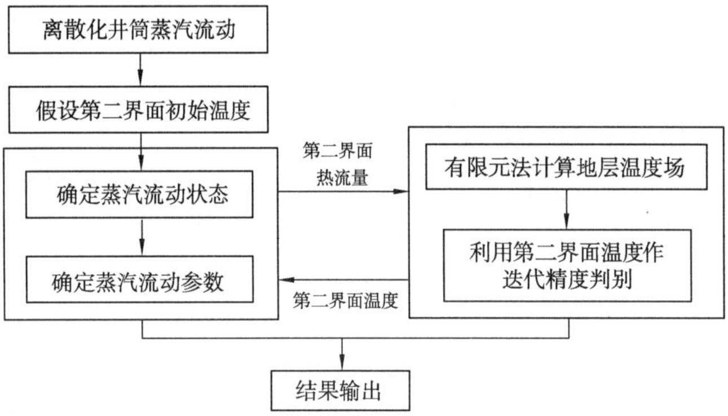

图 2 注蒸汽井整体温度场耦合计算流程

四、由油层静压预选锅炉出口蒸汽压力

研究前人对注蒸汽井内蒸汽压力、蒸汽干度及井筒热损失的计算方法，可以发现他们大都以假设井口的蒸汽压力及蒸汽干度为起点来确定井底的蒸汽参数。而在实际工程操作中，真正可控制的注汽参数是锅炉出口处的蒸汽压力和蒸汽干度。蒸汽能否注入油层主要取决于井底蒸汽压力是否大于井底油层静压与注入油层所需克服的压差之和。过大的井底蒸汽压力使井筒热损失增加，造成不必要的浪费；而蒸汽压力过小时又无法保证蒸汽顺利注入油层。因此，通过合理选择锅炉出口的蒸汽压力来有效控制井底蒸汽注入压力对热力注采工艺设计具有很重要的意义。沈惠芳等人作过这方面的研究，本文程序参考他们的方法编程，实现了根据初始实际工况预选锅炉出口蒸汽参数。

井底蒸汽压力设定的约束条件为

$$P_{wb} \leqslant P_{z\max} \leqslant P_{wb} + 0.5 \qquad (\mathrm{MPa}) \tag{15}$$

式中，P_{wb}取决于井底地质状况，为注入前油层静压和蒸汽注入油层所需克服的压差之和。

当井底蒸汽压力能够满足式(15)时，说明现在选取的锅炉出口蒸汽参数是合理的。若不能满足该条件，则用下式对选取的锅炉出口蒸汽压力进行亚松弛，并将其回代入整体计算步骤进行迭代，直到条件(15)被满足为止

$$P_0^{(i+1)} = P_0^{(i)} - \Omega(P_{z\max}^{i+1} - P_{wb}) \tag{16}$$

五、算　例

依据以上对注蒸汽井温度场分析方法的讨论，编制了可供现场使用的热采温度场分析计算程序 ISTAP，只要在程序运行的前处理过程中，按照提示要求输入必要的参数即可获得多种情况下水平管线及垂直注汽井筒中各点的蒸汽流动压力、干度、温度、热损失以及井筒中的套管温度、水泥环温度、地层温度等输出数据。算例井况为：

井深 1 200 m；封隔器深度 1 100 m；如图 1 的井筒及水平输汽段各部尺寸：D_1＝0.062 m，D_2＝0.073 m，D_3＝0.100 5 m，D_4＝0.114 3 m，D_5＝0.157 1 m，D_6＝0.177 8 m，D_7＝0.244 m。

各部分的物性参数为：

钢材的导热系数：56.5 J/(m·s·℃)；水泥的导热系数：14.0 J/(m·s·℃)；

地层的导热系数：0～500 m，K_e＝0.990 9 J/(m·s·℃)；

500～800 m，K_e＝0.770 6 J/(m·s·℃)；

800～1 200 m，K_e＝1.523 4 J/(m·s·℃)；

钢管表面绝对粗糙度：4.672×10^{-5}；　空气对流换热系数：5.74×10^{-7}；

原始地温梯度：0.036 ℃/m；　地表平均温度：16 ℃；

热影响区的最大半径：40 m。

图 3 给出了井筒周围地层在注汽 10 天时的温度分布。从图中可以看到，注蒸汽对外部地层的影响是非常有限的，地层温度场的温度在井筒半径方向下降得非常快，如隔热条件良好，则距离井筒轴心 5～6 m 的地方井筒向外部地层的散热效应就不太明显了。封隔器对地层的温度变化起着举足轻重的作用：在封隔器以下的地层，由于蒸汽直接窜入套管环空使其温度发生了剧烈陡升，在封隔器上下不太长的区域内产生了极大的温度差，这对于处在该区域内的套管和水泥环必然会有破坏性的影响。另外，从图中还可以发现外部地层的导热系数对地层温度场也有很大的影响，不同地层的交界区域内温度场的剧烈变化对套管和水泥环也会产生非常恶劣的影响。

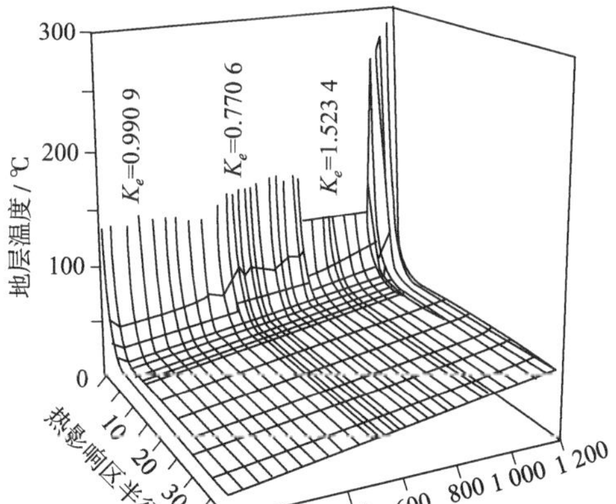

3　注汽第 10 天的地层温度场三维分布图(K_e 单位：J·m^{-1}·s^{-1}·℃$^{-1}$)

图 4～8 分别给出了汽液两相混合物的压力、温度、干度、热损失以及套管和水泥环的温度在不同的注入压力下的变化情况。

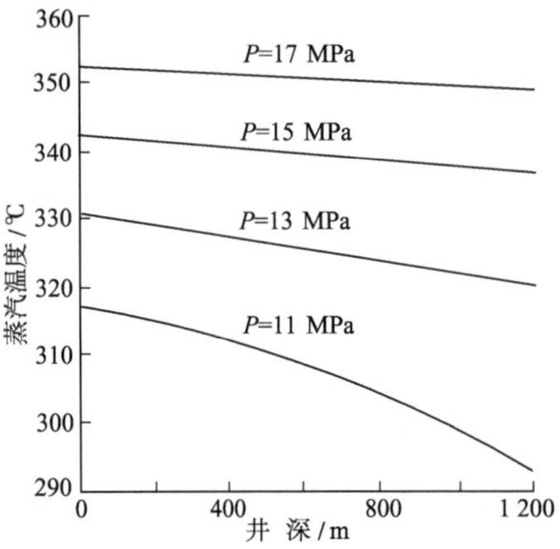

图 4 井口注入压力对蒸汽温度的影响

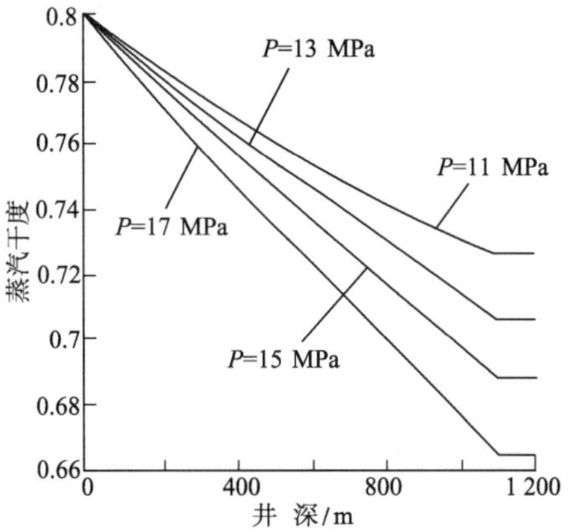

图 5 井口注入压力对蒸汽干度的影响

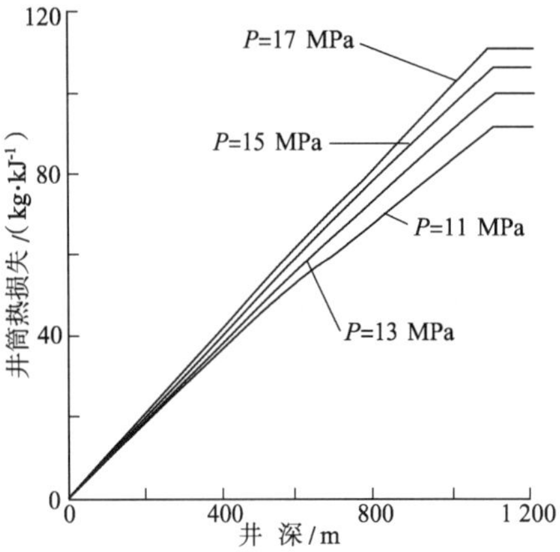

图 6 井口注入压力对蒸汽热损失的影响

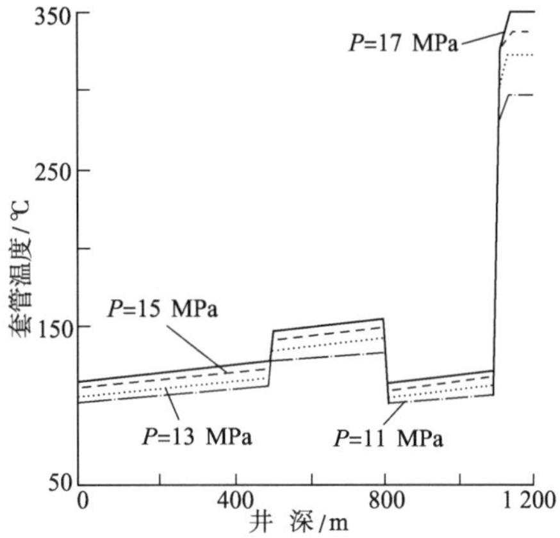

图 7 井口注入压力对套管温度的影响

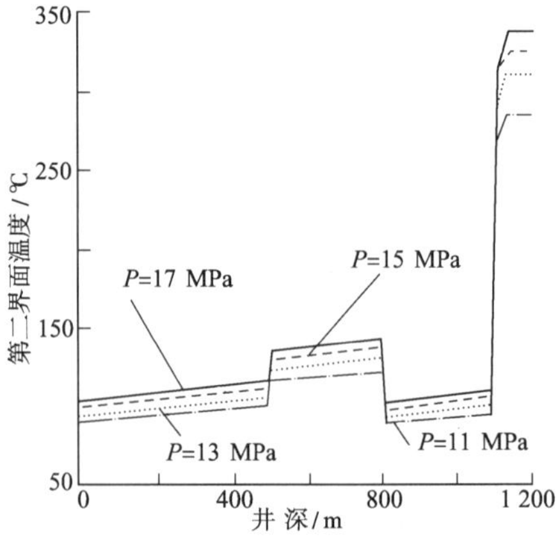

图 8 井口注入压力对第二界面的影响

从数据图形可以看出,本文计算结果与物理过程是相符合的。在入口干度不变的情况下,随注入压力的增大,蒸汽温度增加,流动干度也相应增大,总体热损失增大,套管和水泥环的温度也相应增加。从图中还可看到,井筒外部地层的物性参数对蒸汽的各项参数影响不太明显,但对套管和水泥环的温度影响很大,在地层交界面附近套管和水泥环都有明显的温度陡变,这些位置应该是套管防护的关键所在。与文献[8]和文献[9]所提供的数据相比,本文程序所得数据更接近于实际情况，也更有实用价值。与现场实际情况的具体比较，我们将在后续的工作中补充。

符号说明

A——面积，m^2；
$A(t)$——油层受热扩展区面积，m^2；
C_{pe}——地层容积比容，kJ/(kg·℃)；
D——直径，m；
g——重力加速度，m/s^2；
G——无因次时间辅助函数；
h——管体对流换热系数，℃；
h_{et}——油层厚度，m；
H——热焓，kJ/kg；
$[K]$——单元刚度矩阵；
M_r——油层容积热容，kJ/(kg·℃)；
M_s——盖层容积热容，kJ/(kg·℃)；
$[N]$——单元质量矩阵；
P——压力，MPa；
$\{P\}$——单元载荷向量；
q——汽液混合物体积流量，m^3/s；
q_r——第二界面热流密度，kJ/(m^2·s)；
Q——汽液混合物总能量，kJ。
Q_i——注入油层热量，kJ；
r——半径，m；
$R_h(t)$——油层受热扩展区半径，m；
t——时间，s；
T——温度，℃；
Ω——亚松弛因子；
U——传热系数，kJ/(m^2·s·℃)；
V——汽液混合物流速，m/s；
W——汽液混合物质量流量，kg/s；
X——蒸汽干度；
ρ——密度，kg/m^3；
τ_f——摩擦阻力引起的压降；Pa；
λ——导热系数，kJ/(m·s·℃)；
γ——原始地温梯度，℃/m；
α_a——空气对流换热系数，J/(m^2·s·℃)；
α_s——盖层热扩散系数，m^2/s；
θ——注汽管的水平夹角；

下标：
a——加速度，空气；
cem——水泥环；
fc——受迫对流；
g　重力作用；
ins——绝热材料；
m——汽液混合物；
o——锅炉出口；
p——注汽管道；
e——地层；
f——摩擦阻力；
rc. an——辐射对流；
ref——界面；
s——蒸汽；
t——总体，时间；
w——水；
wb——井底。

参考文献

[1] M. 帕拉茨. 热力采油. 北京：石油工业出版社，1989
[2] 孔祥谦. 有限单元法在传热学中的应用. 北京：科学出版社，1986
[3] 郭宽良. 计算传热学. 合肥：中国科技大学出版社，1988
[4] 新疆石油管理局油田工艺研究所. 蒸汽驱采油数学模拟研究. 1983
[5] 潘迎德. 多相垂直管流压降梯度"奥氏"法计算程序. 西南石油学院学报，1987，9(3)
[6] 确定注蒸汽井热损失的诺模图. 郑汉璇，译. 石油开发译丛，1989(8)
[7] 徐振章. 国外岩石流体热物性参数计算方法. 石油开发译丛，1989(3)
[8] 张允真，等. 注蒸汽井的温度场及其套管的热应力. 石油钻采工艺，1992，14(4)

[9] J. Orkszewski. 计算垂直管内的两相流压力降. 历日竹,译. SPE 1 546

[10] Abdus. Satter. 蒸汽注入井筒期间的热损失. 李怀萱,译. JPT,1965

[11] E. F. Pacheco, S. M. Farouqali. 蒸汽注入时的井筒热损失和压力降. 李怀萱,译. JPT,1972

[12] P. J. Closmann. 在预热油藏中蒸汽区的增长. 历日竹,译. SPEJ,1968

[13] H. A. Lauwerier. The Transport of Heat in an Oil Layer Caused by Injection of Hot Fluid. Applied Scientific Research, 1955

[14] H. J. Remey. Discussion of Reservior Heating by Hot Fluid Injection. AIME, 1959:216

[15] H. J. Remey. How to Calculate Heat Transmision in Hot Fluid Injection. SPE, 1964:110-120

[16] Ben A Eaton. The Prediction of Flow Patterns, Liquid Holdup and Pressure Losses Occurring During Continuous Two-Phase Flow in Horizontal Pipelines. JPT, 1967

[17] Kurt Leutwyler. Temperature Effects on Subsurface Equipment in Steam Injection Systems. JPT, 1965

[18] John C Martin. A Theoretical Analysis of Steam Stimulation. JPT, 1967

[19] 徐玉兵. 注蒸汽井温度场及应力场有限元分析. 石油大学(北京)硕士研究生毕业论文,1993

热采井注汽工艺参数对井筒温度的影响

徐玉兵　崔孝秉

摘要： 利用文献[1]所编制的注蒸汽井温度场计算程序 ISTAP，对热采井在不同注汽工艺参数下的井筒温度和蒸汽参数进行了计算，并考虑了注汽管下入深度对井筒温度的影响；提出了在井下工艺要求许可的情况下，加快蒸汽注入速度，缩短蒸汽注入时间是缩短井筒升温过程、减少蒸汽升温破坏性的有效方法。

关键词： 注蒸汽井；注蒸汽；工艺参数；井眼；温度；变化

注蒸汽开采稠油是迄今为止应用最广泛、效益最高的热采方法之一。但过热蒸汽对井内管柱及井外岩层都有很强的破坏作用，而且，生产过热蒸汽是一种高投入的生产过程，不合理的注蒸汽热力参数既会增加热损失造成的不必要的浪费，也会增加对井内管柱及周围岩层的破坏作用，从而引发套管损坏、封隔器卡死等事故，甚至会导致生产井停产报废。因此，合理选择注蒸汽热力工艺参数对提高热采井使用寿命、提高稠油开采经济效益有着非常重要的意义。

本文利用热采井温度场分析软件 ISTAP[1]，对一般井况的热采工艺进行了分析计算，并根据计算结果提出了相应的工艺原则，为注蒸汽热力工艺参数的设计提供了一定的理论基础。

一、计算原理

注蒸汽井筒温度场分析程序 ISTAP 是依据汽液两相流理论和传热学原理，分别建立符合现场实际的注蒸汽井筒(包括井筒外部受热地层)的温度场分布模型及井筒内部蒸汽流动模型[1]。

根据能量守恒原理，在地层为无内热源温度场时，蒸汽流动过程中的能量损失(包括动能损失及热量损失)必然与井筒和地层所得到的热能保持平衡，在蒸汽流动方向上的任意微小区间所对应的井筒截层中，流入该层的能量应和流出该层的能量与被该层吸收的能量之和保持平衡。依据这一原理蒸汽流动模型在流动方向上离散化。先假设第二界面温度，根据一维两相均质流动的质量守恒、动量守恒及能量守恒原理，确定特定瞬时特定位置的蒸汽流动状态，再由蒸汽流动状态和一维稳态热传导原理求得第二界面上各点的热流量，以此作为边界条件代入地层温度场控制方程，解得地层温度场分布状况及新的第二界面温度，作收敛性判别并将其代入蒸汽流动方程组，重新确定第二界面热流量，进而计算新的地层温度场分布，从而形成一个迭代过程，最终确定近似的蒸汽流动参数、流动状态和整个井筒(包括地层)的温度场分布。

为方便起见，本文的计算对注汽管出口处涡流特性未予考虑，只考虑简单的垂直井筒；时间差分格式选用稳定性较好的向后差分格式；以井口的蒸汽质量流量、蒸汽压力、蒸汽干度为基本热力参数；井况模型采用与文献[1]相同的模拟方式；注汽井筒均为长注汽管井筒(如不另加说明)，即注汽管一直下到油层射孔段。

二、注蒸汽工艺参数对井筒温度的影响

热采井注蒸汽的工艺参数主要包括：蒸汽出口压力、蒸汽出口温度和注入流量等，其中蒸汽压力和蒸汽温度受到油层性质如油层静压、注入条件、原油粘度、油层孔隙度等的影响，不宜进行大幅度的调整，而质量流量是一个相对灵活的调整参数。质量流量的改变对蒸汽热损失的影响较大。如图 1 所示，质量流量越大，单位质量蒸汽的热损失越小；质量流量越小，单位质量蒸汽的热损失越大。同时蒸汽注入流量的改变也会影响到蒸汽流动的物性参数和井筒的温度场分布；当注入流量增加时，蒸汽流动的总压降增大，蒸汽自身的总温降也会增大，但蒸汽的干度会有所升高；当注入流量减小时，蒸汽流动的压降幅度会减小，温度相对回升，蒸汽的干度降逐渐增大，而且蒸汽的注入流量越小，干度下降越明显。可见小的注入流量不仅会严重影响注入蒸汽的质量，也会因为热损失的增加而造成井筒温度的全面提升，因此在现场工艺确定过程中应尽量避免长时间的小流量注汽。

图 2 显示了选用不同蒸汽注入流量时，全井范围内水泥环第二界面上的温度变化，从中可看出小的流量导致的蒸汽热损失增加使水泥环的温度相应升高，在封隔器以下这一现象尤为明显。

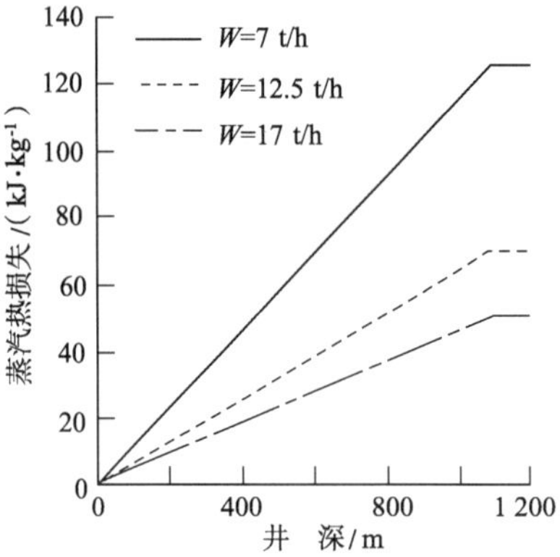

图 1 不同质量流量下注入蒸汽沿井筒热损失($P_0=17$ MPa, $X_0=0.8$)

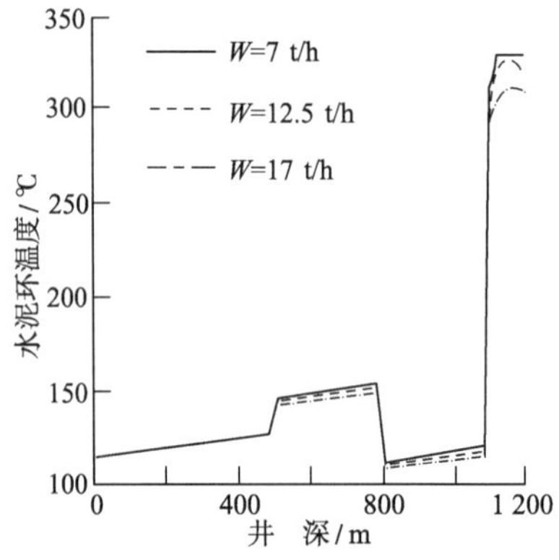

图 2 不同蒸汽注入流量下水泥环温度变化($P_0=17$ MPa, $X_0=0.8$)

以 3 000 t 为一次吞吐过程的蒸汽注入总量，图 3 表示采用不同注蒸汽质量流量时，封隔器以下井筒各径向层面温度随时间的变化过程。最短的一组曲线代表采用 17 t/h 的注入速度时，井筒各径向层面的温度变化过程，注入过程总共只需 8 d；最长的一组曲线代表蒸汽质量流量为 7 t/h 时的情况，中间的一组曲线代表注入流量为 12.5 t/h 时的情况。可以看

出，当质量流量增大时，套管温度反而有所下降；不同蒸汽质量流量对各层面的温度影响只在靠近井筒轴心的层面上有所差异，而且变化幅度不大，基本保持相同的温度扩展趋势；最大差别 15 ℃左右。图 4 是封隔器以上深度为 800 m 左右的井筒剖面，在选用不同蒸汽质量流量时，井筒各径向层面温度随时间的变化趋势。可以看出其变化趋势与封隔器以下各层面的温度变化趋势是相同的。

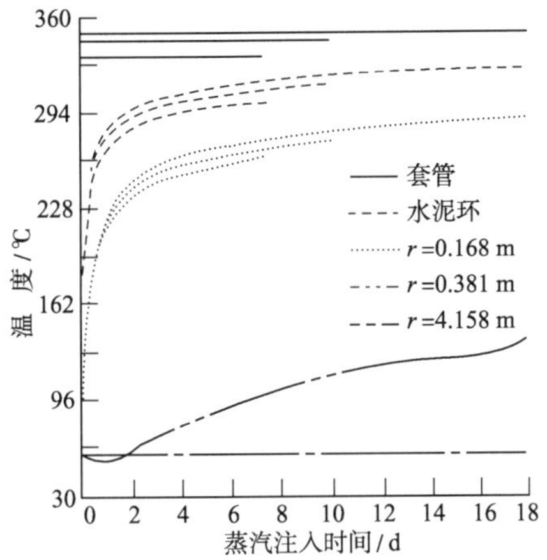

图 3　不同注入流量封隔器以下井筒各径向层面温度随注汽时间变化过程

($P_0=17$ MPa, $X_0=0.8$, $W=7$, 12.5, 17 t/h)

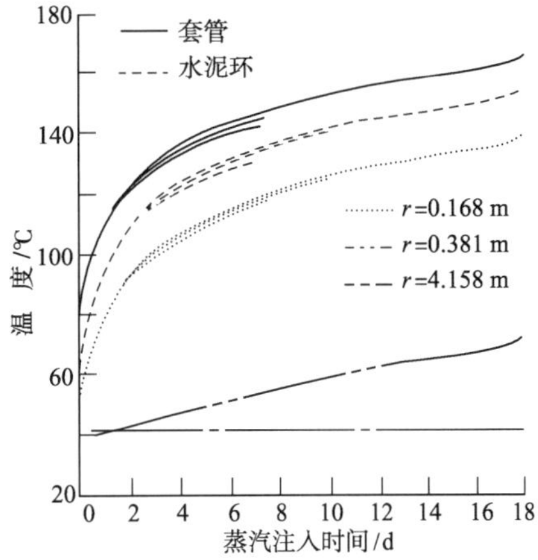

图 4　不同注入流量封隔器以上井筒各径向层面温度随注汽时间变化过程

($P_0=17$ MPa, $X_0=0.8$, $W=7$, 12.5, 17 t/h)

图 5 显示在封隔器以下的井筒剖面上，当其他注蒸汽参数不变时，改变井筒入口蒸汽压力，套管及其他井筒径向各层面温度随时间的变化过程。在表示同一径向层面的 3 根曲线中，随着井口蒸汽压力的升高(12↗15↗17 MPa)，层面温度也逐渐升高。可以看出，降低蒸汽入口压力，封隔器以下的套管温度会明显下降。在注汽初期不同的蒸汽初始压力产生的温度差异并不明显，但很快就出现了较大差异，注汽 1 d 以后这种差异就逐渐趋向稳定，差异最大时将近 100 ℃。可见井口蒸汽压力对井筒温度影响较大。

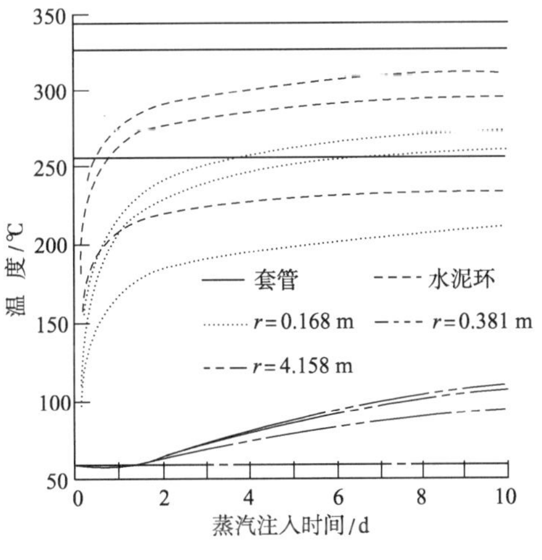

图 5　不同注入压力封隔器以下井筒各径向层面温度随注汽时间变化过程

($P_0=12,15,17$ MPa, $X_o=0.8$, $W=12.5$ t/h)

图 6～图 9 反映了将注汽油管只下到封隔器以下较短距离以内(即短注汽油管状态)和

将注汽油管一直下到油层内部(即长注汽油管状态)对蒸汽流动参数的影响。可以看出,使用短注汽油管时,封隔器以下的蒸汽压力有小幅度的回升,并能基本保持稳定,不再随蒸汽流动而下降;蒸汽温度也有小幅度回升且保持基本稳定。在短注汽油管情况下,相同注汽时间内套管的温度变化与长注汽油管工艺相比变化不大,但水泥环温度因蒸汽热损失增加而稍有提高。短注汽油管随注汽时间增加蒸汽流动参数及井筒温度的变化趋势,与长注汽油管相比蒸汽流动参数及井筒温度随时间的变化趋势是相同的,只是热损失稍有提高,但它换来了较稳定的蒸汽进入油层的注入压力和蒸汽进入油层的注入温度。

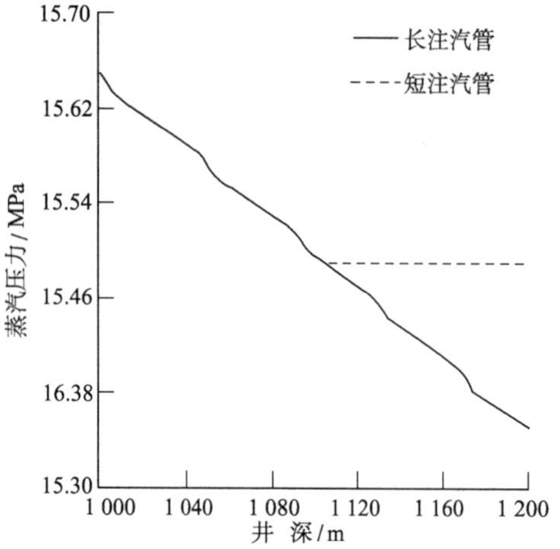

图6 蒸汽出口位置不同引起的蒸汽压力变化
($P_0=17$ MPa, $X_0=0.8$)

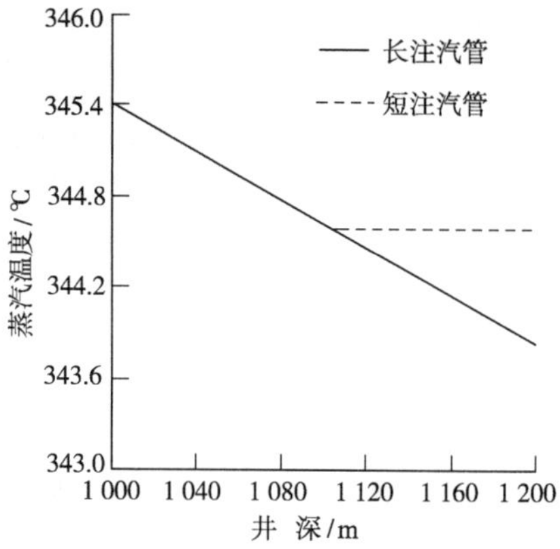

图7 蒸汽出口位置不同引起的蒸汽温度变化
($P_0=17$ MPa, $X_0=0.8$)

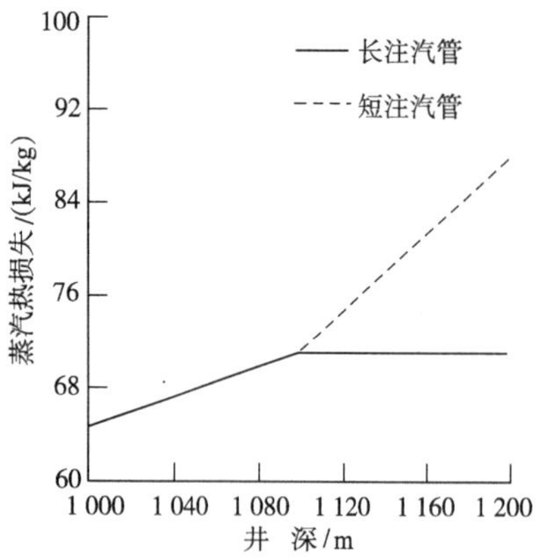

图8 蒸汽出口位置不同引起的蒸汽热损失变化
($P_0=17$ MPa, $X_0=0.8$)

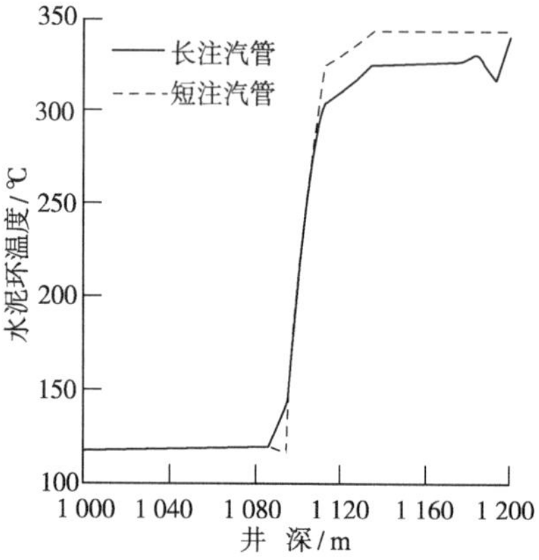

图9 蒸汽出口位置不同引起的水泥环温度变化
($P_0=17$ MPa, $X_0=0.8$)

纵观以上所有图可以看出,地层导热系数的不同对蒸汽的流动参数影响不大,但对井筒(包括套管、水泥环和地层)的温度影响较大,这将直接关系到套管和水泥环的使用效果,从而进一步影响井筒的使用寿命。因此,对地层物性参数及井筒周围地质情况的研究应该得到足够的重视。

三、结 论

(1) 改变注入速度即改变蒸汽注入质量流量对井筒内各组成部分的升温过程影响不

大，套管、水泥环和外部地层在不同蒸汽质量流量下具有基本相同的升温梯度。因此，加快蒸汽注入速度即提高蒸汽注入质量流量、缩短蒸汽注入时间是缩短井筒升温过程、减少热采井温升破坏性的有效方法。

(2) 高的入口蒸汽压力可以减少蒸汽温降，减少蒸汽单位质量热损失，提高注汽效率。因此，在条件许可的情况下，应尽量采取高入口压力、高质量流量、高蒸汽入口干度的注入工艺，从而达到减少热损失、缩短注汽过程、提高注热效率和稠油采收率的效果。同时，这种注热工艺也有助于井筒使用寿命的延长。但使用这种工艺的同时也应考虑注汽管件和密封元件的承受能力，如果高压、高干度的过热蒸汽造成注汽管路泄漏或油层破坏，这种工艺的效果就会适得其反，对井筒产生严重的破坏作用。

(3) 注蒸汽管下到油层射孔段以下还是下到封隔器以下不远处，对蒸汽压力和温度的影响不大，但会降低蒸汽最终的注入干度，增加蒸汽热损失量。不过总的来说改变幅度不大，因此在射孔段油层离封隔器距离不太长时，采用两种下管方式都是可行的。

(4) 在完井设计时，应特别注意加强导热物性差异较大的地层交界处的套管管柱设计，因为在这种交界面附近，套管和水泥环的温度会有较大幅度的陡升陡降，而较大的温度差异是热采井套管破坏的主要原因。

参考文献

[1] 徐玉兵，崔孝秉. 注蒸汽井温度场分析计算设计原理. 石油钻采工艺，1996，18(4)：53-61

注蒸汽热采井套管损坏机理研究

崔孝秉 曹玲 张宏 徐玉兵 吕素如 刘坤芳 宋治

摘要： 考虑环空水泥环在轴向和径向给予套管柱的弹性约束和摩擦约束，对注汽期间套管柱产生的轴对称热胀应力进行了近似分析。分析发现，在封隔器附近靠近接箍端面的地方，套管柱可能产生严重的缩颈变形，其变形值和套管柱受热膨胀时接箍端面对水泥环台肩的推力有关系。研究结果表明，大部分注蒸汽热采井的套管损坏位置都集中于油藏盖层内，其原因是存在着和局部缩颈变形相对应的恶性局部应力，必须设法控制这种局部应力才能延长套管柱的使用寿命。

一、概　述

稠油热采井套管损坏机理已有许多研究，普遍认为热采井套管损坏是因轴向热胀应力过高引起的[1-3]，因此，轴向热胀应力不得超过管材屈服极限 σ_s，并以此作为设计准则。如果这一要求得不到满足，则应更换管材，或采用隔热技术以及预拉技术，以降低轴向应力。我国热采工作者过去基本上沿此路线研究套损问题，围绕着分析井筒温度场、提高预拉固井技术、改进隔热工艺和设备等专题，作过许多研究[4-6]。但是迄今为止，治理效果并不理想，注汽温度在 350 ℃以上的热采油田，套损速度还在增加。以往研究热采井套损机理，对于套管柱和水泥环的交界面，都是按照无接箍的圆柱面处理的，这种模型不能用于分析接箍附近小范围内复杂的应力状况。因此这些机理无法解释当前我国注蒸汽井套损现象中的许多重要问题。本文废除套管柱和水泥环全长交界面为无接箍圆柱面的模型，采用套管柱嵌入水泥环的实际模型，考虑接箍端面和水泥环台肩的相互作用，通过近似的三维解析计算，推导热采井套管柱管体的热胀应力公式、接箍对水泥环台肩的推力公式以及水泥环台肩对管壁挤压引起的局部应力公式，为今后解决热采井套损防治问题提供了新的科学依据。

二、力学模型的建立

假设注蒸汽井的套管柱由井口到井底全部封固，蒸汽由隔热管注入封隔器以下油层部位的套管内，然后经射孔进入地层。在套管温度上升的同时，水泥环及围岩的温度也逐渐上升。为简化计算起见，假定当套管柱的温度达到最高状态时，水泥环及围岩的温度升高可忽略不计，从而将它们对套管柱的约束处理成沿管轴连续分布的径向弹簧约束，以及设置在接箍处的轴向弹簧约束，相应的弹簧系数可以根据岩石性质近似定出，结构如图 1 所示。水泥环对于套管柱的外壁还有摩擦约束，摩擦力的方向与套管的轴向位移方向相反，其大小与粘结强度有关。假定轴向位移为零时（低于某一微量），摩擦力为零；轴向位移非零时（大于等于某一微量），摩擦力沿轴向单位长度的分布量为 f。如果汽液窜流严重，摩擦力可以忽略不计。套管柱在井底的一端按刚性约束处理，在井口的一端按自由端处理。

按照上述力学模型，热采井注蒸汽时，套管柱将由井底向上产生轴向热胀位移。但是由于接箍部位有水泥环台肩约束，管体部位有水泥环摩擦约束，套管柱各处轴向位移的情况相当复杂。为了避开繁琐的数学表达，扼要阐明套管损坏机理，着重考虑套管柱升温分布曲线为梯形的情况。设封隔器以下的升温值全为 T_1，封隔器以上的升温值全为 T_2，且 $T_1>T_2$。这种情况下，套管柱的轴向位移将集中发生于井口附近和封隔器附近两个区域，而其他部分则近似于零。定义套管柱上没有轴向位移的区段为锚死段，有轴向位移的区段为活动段。于是套管柱全长可划分为两个锚死段和两个活动段，如图 1 所示。

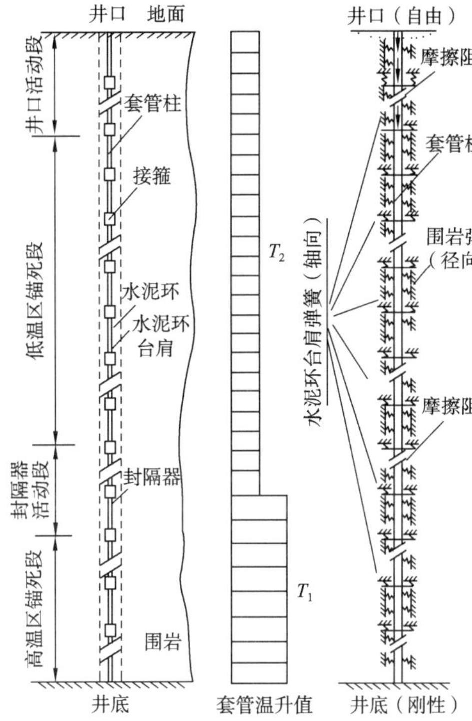

图 1　热采井套管柱力学模型

在锚死段内由于套管柱相对于水泥环没有位移，因此不存在水泥环台肩阻力和水泥环摩擦阻力，套管只受到沿壁厚均匀分布的管体热胀应力作用。在活动段内，由于套管柱相对于水泥环有位移，因此存在台肩阻力和摩擦阻力。套管不仅具有管体热胀应力，同时在靠近接箍端面的地方还具有复杂的局部应力。

三、套管柱锚死段热胀应力分析

1　水泥环对套管柱弹性约束影响的当量系数处理法

取一小段套管如图 2 所示，套管的半径为 R，cm；壁厚为 t，cm；长度为 l，cm；设其升温值为 T，℃；外壁分布压力为 q，MPa；轴向压力为 N，kN。按照静力平衡关系、热胀物理关系及水泥环径向约束弹性关系，可得下列一组方程式：

$$\sigma_z=-\frac{N}{F} \tag{1}$$

$$\sigma_\theta=-\frac{Rq}{t} \tag{2}$$

$$\varepsilon_z=\frac{\sigma_z}{E}-\mu\frac{\sigma_\theta}{E}+\alpha T \tag{3}$$

$$\varepsilon_\theta=\frac{\sigma_\theta}{E}-\mu\frac{\sigma_z}{E}+\alpha T \tag{4}$$

$$w=R\varepsilon_\theta=\frac{q}{k} \tag{5}$$

式中，σ_z 和 σ_θ 分别为套管柱的轴向应力及环向应力；MPa；ε_z 和 ε_θ 分别为轴向应变和环向应变；w 为管壁外法线方向的位移分量，cm；k 为水泥环及围岩的当量弹簧系数，MPa/cm；F 为套管横截面面积和，cm^2；α 为线胀系数，cm/(cm・℃)；E 为杨氏弹性模量；MPa；μ 为波桑系数。

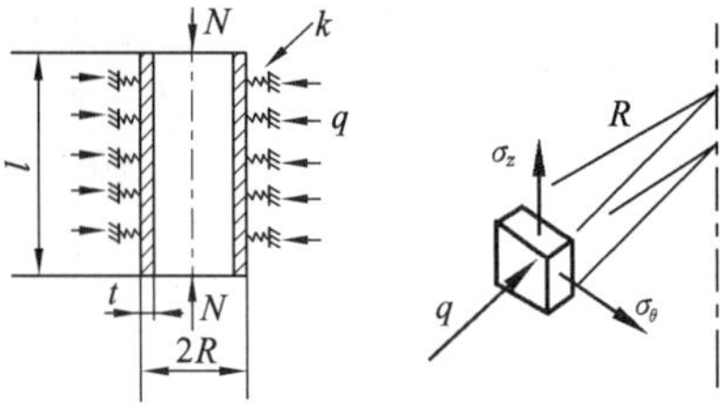

图 2 套管管体单元受力模型

弹簧系数 k 可以按照具有小圆孔的均质无穷大平面模型近似导出。设水泥环、围岩的当量弹性模量为 E'，当量波桑系数为 μ'。按照弹性力学理论，当孔内受到均布压力 q 作用时，孔边的径向位移应为

$$w=\frac{(1+\mu')Rq}{E'} \tag{6}$$

$$k=\frac{q}{w}=\frac{E'}{(1+\mu')R} \tag{7}$$

由式(2)～(5)相对于 σ_θ，ε_θ，q 及 ε_z 联解，可以获得

$$q=(E\alpha T-\mu\sigma_z)\Big/\left(\frac{R}{t}+\frac{E}{kR}\right) \tag{8}$$

$$\varepsilon_\theta=(E\alpha T-\mu\sigma_z)\Big/\left(\frac{kR^2}{t}+E\right) \tag{9}$$

$$\sigma_\theta=-(E\alpha T-\mu\sigma_z)\Big/\left(1+\frac{Et}{kR^2}\right) \tag{10}$$

$$\varepsilon_z=\beta\alpha T+\eta\frac{\sigma_z}{E} \tag{11}$$

式中，β 及 η 为无量纲系数，其值与套管结构及弹簧系数 k 有关，表达式为

$$\beta=1+\mu\left(\frac{R}{t}\right)\Big/\left[\left(\frac{R}{t}\right)+\left(\frac{E}{kR}\right)\right]\geqslant 1 \tag{12}$$

$$\eta=1-\mu^2\left(\frac{R}{t}\right)\Big/\left[\left(\frac{R}{t}\right)+\left(\frac{E}{kR}\right)\right]\leqslant 1 \tag{13}$$

定义当量热胀系数 $\bar{\alpha}$ 及当量弹性模量 $\bar{E}$ 为

$$\bar{\alpha}=\beta\alpha\geqslant\alpha \tag{14}$$

$$\bar{E}=\frac{E}{\eta}\geqslant E \tag{15}$$

于是式(11)可以改成为

$$\varepsilon_z = \bar{\alpha} T + \frac{\sigma_z}{E}$$

$$\Delta l = l\varepsilon_z = \bar{\alpha} T l - \frac{Nl}{EF} \tag{16}$$

由此可见，有水泥环围岩径向约束时，套管的热胀伸长量可以按照单轴应力状态计算，只是系数 α 和 E 必须用它们的当量系数 $\bar{\alpha}$ 和 $\bar{E}$ 代替。式(16)的意义在于，它能将轴对称的三维问题转化成单轴问题先行计算，由边界上给定的轴向约束条件迅速求出各段轴向力，最后再按需要通过式(8)～(10)计算出径向围压及环向应变等各项未知量。这会使计算过程变得清楚简单。

2　套管柱锚死段的热胀应力分析

按照锚死段的定义，该段 $\Delta l = 0$，于是按照式(16)可得热胀应力

$$\sigma_z = -\bar{\alpha}\bar{E}T \tag{17}$$

如果将 $\bar{\alpha}$ 及 $\bar{E}$ 用式(12)～(15)的关系代入，并将其中 k 值按式(7)消去，可得

$$\sigma_z = -\frac{(1+\mu)+(1+\mu')\left(\dfrac{E}{E'}\right)\left(\dfrac{t}{R}\right)}{(1-\mu^2)+(1+\mu')\left(\dfrac{E}{E'}\right)\left(\dfrac{t}{R}\right)}(E\alpha T) \tag{18}$$

将式(18)代入式(8)及式(10)，可以得到环向应力及外壁径向压力为

$$\sigma_\theta = -\frac{(1+\mu)}{(1-\mu^2)+(1+\mu')\left(\dfrac{E}{E'}\right)\left(\dfrac{t}{R}\right)}(E\alpha T) \tag{19}$$

$$q = \frac{(1+\mu)\left(\dfrac{t}{R}\right)}{(1-\mu^2)+(1+\mu')\left(\dfrac{E}{E'}\right)\left(\dfrac{t}{R}\right)}(E\alpha T) \tag{20}$$

设有套管柱 $D = 17.78$ cm，$t = 1.036$ cm，$F = 54.5$ cm^2，$T = 300$ ℃，$\alpha = 12\times10^{-6}$ cm/(cm·℃)，$E = 1.863\times10^5$ MPa，$\mu = 0.3$，$E' = 0.147\times10^5$ MPa，$\mu' = 0.12$，代入以上各式可得：$\beta = 1.113$，$\eta = 0.966$，$\bar{\alpha} = 13.36\times10^{-6}$ cm/(cm·℃)，$\bar{E} = 1.928\times10^5$ MPa，$\sigma_z = -772.9$ MPa，$\sigma_\theta = -340.3$ MPa，$q = 39.6$ MPa。如果套管的管材为 N-80，最小屈服极限 $\sigma_s = 551.6$ MPa，则 $|\sigma_z| > \sigma_s$，套管处于塑性状态，从弹性设计的观点考虑，可以认为套管的强度已失效。但是按照塑性力学安定性原理考虑，只要反复注入蒸汽的最大温升值不超过300 ℃，在此应力水平下套管柱还不应该发生破裂，因为吐汽降温后的残余拉伸应力还不会超过 σ_s。

用有限单元法对注蒸汽井井筒内套管、水泥环及岩层的热胀应力进行较详细的计算，有限元网格的节点总数为9 535，单元总数为 10 080，套管结构参数和上述例题相同，考虑了水泥环和岩层的温度变化场。套管温升值在封隔器以下采用 300 ℃，封隔器以上采用 150 ℃，计算结果给出套管最大的轴向热胀应力发生在封隔器以下，其值为 $\sigma_z = -745.6$ MPa，与本文算得的 -772.9 MPa 相差 3.7%。两者具有良好的一致性。

四、套管柱井口活动段热胀位移

在稠油热采井注蒸汽的过程中，常常看到井口上升的现象，这就是套管柱井口活动段热胀位移的反映。

假定水泥环无法封到井口，而且水泥环的顶端部分由于有混浆存在过，比较松软，台肩对套管的阻力可以略去。于是当套管柱受热膨胀时，只有水泥环的摩擦阻力能起约束作用。在注蒸汽过程中，套管靠井口的活动段长度逐渐扩大，摩擦力的总和也随之增加，当摩擦力的总和大到等于下部管体最大的热胀推力时，套管柱井口活动段的长度将停止增加。与此同时，在其下方的管体将被锚死，出现一个锚死段。因此，井口活动段的端点条件应该是上端自由，下端锚固。

如图 3 所示，将轴向坐标的原点取在活动段的下端 O 点，OZ 轴向上为正。设井口活动段总长度为 l_0，其中没有封上水泥环的长度为 ξ，在有水泥环的地方，沿轴向单位长度的摩擦阻力为 f。根据静力平衡条件，可以求得轴向压力 N 及轴向应变 ε_z 为

在 $0 \leqslant Z \leqslant (l_0-\xi)$ 区间

$$N=(l_0-\xi-Z)f \tag{21}$$

$$\varepsilon_z=\alpha T-(l_0-\xi-Z)f(EF)^{-1} \tag{22}$$

在 $(l_0-\xi) \leqslant Z \leqslant l_0$ 区间

$$N=0 \tag{23}$$

$$\varepsilon_z=\alpha T \tag{24}$$

l_0 可由边界条件 $(Z=0,\ \varepsilon_z=0)$ 给出

$$l_0=\xi+EF\alpha Tf^{-1} \tag{25}$$

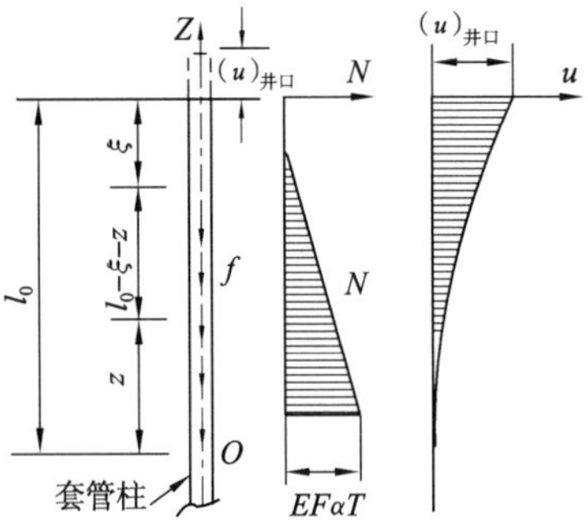

图 3　井口活动段热胀内力和位移

活动段内各点轴向位移都朝向井口，设以 u 代表轴向位移，其值可以根据 ε_z 积分求出。

在 $0 \leqslant Z \leqslant (l_0-\xi)$ 区间有

$$u=\int_0^Z \varepsilon_z \mathrm{d}Z=\alpha TZ-\frac{f}{2EF}\left[(l_0-\xi)^2-(l_0-\xi-Z)^2\right] \tag{26}$$

按照式(25)从式(26)中消去 $(l_0-\xi)$ 之后可得

$$u=fZ^2(2EF)^{-1} \tag{27}$$

在 $(l_0-\xi) \leqslant Z \leqslant l_0$ 区间有

$$u=\int_0^{(l_0-\xi)} \varepsilon_z \mathrm{d}Z+\int_{(l_0-\xi)}^Z \varepsilon_z \mathrm{d}Z=\alpha TZ-\frac{f(l_0-\xi)^2}{2EF} \tag{28}$$

在式(28)中取 $Z=l_0$，可得井口上升的位移量为

$$(u)_{井口}=\alpha T l_0-\frac{f(l_0-\xi)^2}{2EF}=\alpha T\left(\frac{EF\alpha T}{2f}+\xi\right) \tag{29}$$

全部井口活动段的热胀内力及轴向位移分布曲线见图 3。

设 $T=150$ ℃，$\alpha=12\times10^{-6}$ cm/(cm·℃)，$E=1.962\times10^5$ MPa，$F=54.5$ cm^2，$f=0.147$ kN/cm，$\xi=4\times10^3$ cm，代入式(25)及式(29)后可得 $l_0=18.1\times10^3$ cm，$(u)_{井口}=18.97$ cm。

井口的热胀位移虽然最大，但该处热胀内力却很小。由于套管柱在井口部位具有较大的初始拉伸应力，因此叠加一些不大的热胀压应力之后，其强度不会受损，管材将仍保持弹性。因此，在吐汽采液的降温过程中，井口能够缩回去。

五、水泥环台肩对套管柱的轴向阻力

注蒸汽热采井中，封隔器附近的温度场有很大的梯度，因此，套管柱热胀时发生由下向上的轴向位移，出现一个活动段。在此活动段内，套管柱受到水泥环台肩的轴向弹性约束，同时也受到水泥环内壁的轴向摩擦约束。

图 4 所示，设此活动段内共有 n 个接箍和 $n+1$ 根套管，两端锚固约束。温度升高按阶梯形分布处理。第 i 根套管的升温值为 T_i；第 i 根套管的轴向压力为 N_i；第 i 个接箍处水泥环台肩的弹簧系数为 K_i；台肩阻力为 p_i；接箍的轴向位移为 u_i。以 N_A 表示下部锚固端的约束反力；N_B 表示上部锚固端的约束反力；以 l 表示每根套管的长度。按照静平衡条件、热胀物理条件、弹簧约束条件及两端轴向位移为零的端点条件，可以列出 $3+3n$ 个线性代数方程构成的方程组如下：

$$N_A-N_B=\sum_{i=1}^{n} p_i \tag{30}$$

$$N_1=N_A \tag{31}$$

$$N_i=N_A-\sum_{j=1}^{(i-1)} p_j \qquad (i=2,\cdots,n+1) \tag{32}$$

$$p_i=K_i u_i \qquad (i=1,\cdots,n) \tag{33}$$

$$u_i=\overline{\alpha}\, l\sum_{j=1}^{i} T_j-\frac{l}{\overline{EF}}\sum_{j=1}^{i} N_j \qquad (i=1,\cdots,n) \tag{34}$$

$$\overline{\alpha}\, l\sum_{j=1}^{(n+1)} T_j-\frac{l}{\overline{EF}}\sum_{j=1}^{(n+1)} N_j=0 \tag{35}$$

该方程组内含有 N_A,N_B,N_i,p_i,u_i 共$(3+3n)$个代数未知量。给定套管结构尺寸、材料性质、水泥环及围岩物性及活动段的升温值之后，由上列方程组即可解出这些代数未知量。

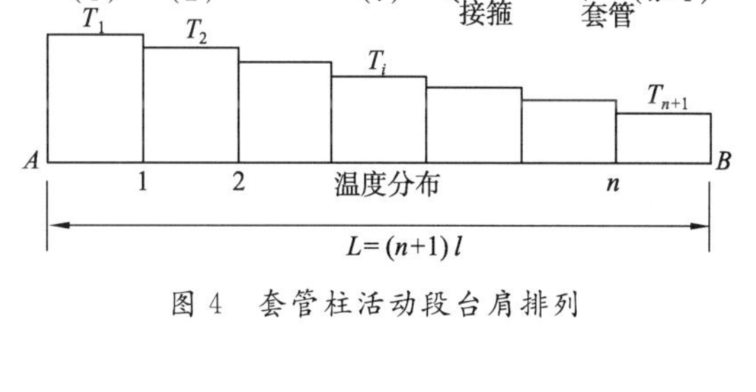

图 4　套管柱活动段台肩排列

式(33)中弹簧系数 K 和很多因素有关,它的精确表达式难以导出,本文只采用近似方法给定。

由于水泥环的抗拉强度低,当接箍推顶水泥环台肩时,水泥环在沿着接箍端面的扩展方向可能出现裂缝平面,因此,接箍端面以下的水泥环材料在分析 K 值时可以略去不计,K 值可以按照半无穷大空间体力学模型进行近似分析。在此半无穷大空间体的平面上,将接箍推力 p 视为薄圆环形的分布压力(见图 7),其压强为

$$p'=\frac{p}{\pi Dt'} \tag{36}$$

式中,t'为接箍端面的厚度。在此环形分布压力作用下,边缘产生的沉陷 u 可按弹性力学理论[7]用叠加法算出

$$u\approx\frac{4(1-\mu^2)p}{\pi^2 DE'} \tag{37}$$

由此可得水泥环台肩弹簧系数的近似表达式为

$$K=\frac{p}{u}=\frac{\pi^2 DE'}{4(1-\mu'^2)} \tag{38}$$

对于常用的 177.8 mm 套管柱,如果给定 $E'=(0.0147\sim0.147)\times10^5$ MPa,$\mu'=0.12$,由式(38)求出 $K=(6.54\sim65.4)\times10^3$ kN/cm。

考虑 $n=3$ 的情况,活动段由 4 根套管组成。设想封隔器靠近正中间的接箍下面的升温值为 T,上面的升温值为 $T/2$,见图 5(a),于是 $T_1=T_2=T$,$T_3=T_4=T/2$。同时假设活动段内所有台肩的性质都一样,取 $K_i=K$,并采用无量纲参数 $\gamma=\overline{E}F(Kl)^{-1}$,经过对式(32)~(35)联解运算后,获得活动段内三个接箍的轴向位移和台肩阻力为

$$u_1=\frac{\gamma^2}{2(1+4\gamma+2\gamma^2)}\overline{\alpha}Tl \tag{39}$$

$$u_2=\frac{\gamma(1+2\gamma)}{2(1+4\gamma+2\gamma^2)}\overline{\alpha}Tl \tag{40}$$

$$u_3=u_1 \tag{41}$$

$$p_1=\frac{\gamma}{2(1+4\gamma+2\gamma^2)}\overline{E}F\,\overline{\alpha}T \tag{42}$$

$$p_2=\frac{(1+2\gamma)}{2(1+4\gamma+2\gamma^2)}\overline{E}F\,\overline{\alpha}T \tag{43}$$

$$p_3=p_1$$

两端约束反力及各套管轴向压力为

$$N_A=\frac{(1+4\gamma+1.5\gamma^2)}{(1+4\gamma+2\gamma^2)}\overline{E}F\,\overline{\alpha}T \tag{45}$$

$$N_B=\frac{(0.5+2\gamma+1.5\gamma^2)}{(1+4\gamma+2\gamma^2)}\overline{E}F\,\overline{\alpha}T \tag{46}$$

$$N_1=N_A \tag{47}$$

$$N_2=\frac{(1+3.5\gamma+1.5\gamma^2)}{(1+4\gamma+2\gamma^2)}\overline{E}F\,\overline{\alpha}T \tag{48}$$

$$N_3=\frac{(0.5+2.5\gamma+1.5\gamma^2)}{(1+4\gamma+2\gamma^2)}\overline{E}F\,\overline{\alpha}T \tag{49}$$

$$N_4=N_B \tag{50}$$

对于 177.8 mm 套管柱，如果固井质量较好，围岩较硬，K 值为(6.54～65.4)×10^3 kN/cm，则 γ 值将在 0.016～0.16 范围内。根据这种特性，由式(39)可以看出，轴向位移 u_1 和 u_3 将接近于零，比 u_2 小得多。由此可见，封隔器附近的活动段只相当于两根套管长。图 5 中给出了按式(39)～(49)计算活动段内接箍位移、台肩阻力及套管轴向压力等各种数据的例算结果，例题取用的各项已知数据和本文计算锚死段管体热胀应力所用数据相同。

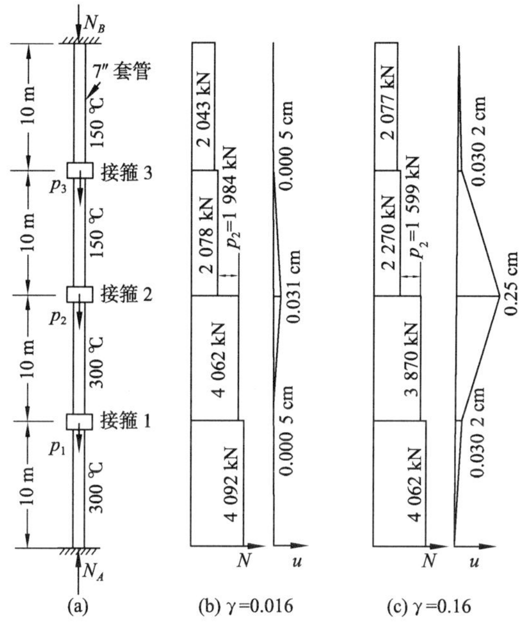

图 5　水泥环台肩阻力及套管轴向位移算例

六、水泥环摩擦力对台肩阻力的影响

在封隔器附近由于套管柱相对于水泥环有轴向位移，因此必然受到摩擦约束。摩擦力大小及其分布区间的长度，与封隔器上、下套管的温差及第一界面窜漏情况有关。如果水泥环严重损坏，有大量蒸汽和液体窜流，则摩擦力可以忽略不计。一般情况下，由于摩擦力的影响，套管活动段长度及台肩阻力都会变小一些，因此，只取两根套管的长度作为研究的区间。参看图 6，设 l 为单根套管的长度；l_1 和 l_2 为封隔器以下及其以上有摩擦力的长度；T_1 和 T_2 为两根套管的温度升值。按照静力条件、物理条件及端点条件，下列方程组应该成立：

$$N_A=\overline{E}F\,\overline{\alpha}T_1 \tag{51}$$

$$N_B=\overline{E}F\,\overline{\alpha}T_2 \tag{52}$$

$$p+(l_1+l_2)f=N_A-N_B \tag{53}$$

$$p=Ku \tag{54}$$

$$u=\bar{\alpha}Tl_1-\frac{N_A l_1}{\overline{E}F}+\frac{fl_1^2}{2\overline{E}F} \tag{55}$$

$$\bar{\alpha}(T_1 l_1+T_2 l_2)=\frac{N_A l_1}{\overline{E}F}+\frac{N_B l_2}{\overline{E}F}-\frac{f}{2\overline{E}F}(l_1^2-l_2^2) \tag{56}$$

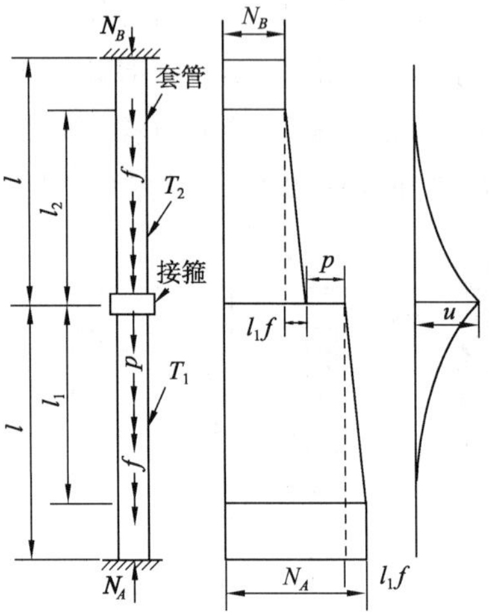

图 6　有摩擦力时的轴向压力和轴向位移

由此求得有摩擦力影响时的活动段长度、台肩阻力和接箍位移为

$$l_1=l_2=\frac{2\overline{E}F}{K}\left[\sqrt{1+\left(\frac{K}{2f}\right)\bar{\alpha}(T_1-T_2)}-1\right] \tag{57}$$

$$p=\frac{Kfl_1^2}{2\overline{E}F}=\overline{E}F\left\{\bar{\alpha}(T_1-T_2)-\frac{4f}{K}\left[\sqrt{1+\left(\frac{K}{2f}\right)\bar{\alpha}(T_1-T_2)}-1\right]\right\} \tag{58}$$

$$u=\frac{fl_1^2}{2\overline{E}F}=\frac{\overline{E}F}{K}\left\{\bar{\alpha}(T_1-T_2)-\frac{4f}{K}\left[\sqrt{1+\left(\frac{K}{2f}\right)\bar{\alpha}(T_1-T_2)}-1\right]\right\} \tag{59}$$

式中，摩擦力 f 受许多因素影响，一般宜取较低的数据。对于常温下的正常固井状态，水泥环的胶结强度[8]可以作为 f 估值的上限。本文给定不同 K 值，取 $T_1=300$ ℃，$T_2=150$ ℃，$\overline{E}=1.924\times10^5$ MPa，$F=54.5$ cm^2，按式(58)绘制出了图 7 所示摩擦力 f 对台肩阻力 p 的影响曲线。由图 7 可以看出，当 f 值很低时 p 值比较稳定，为$(1.6\sim2.0)\times10^3$ kN；随着 f 值的增加，p 值逐渐降低，但降低幅度和弹簧系数 K 有关，K 越小降得越多。

式(58)和式(59)是在活动段长度不超过两根套管的情况下导出的，其使用条件应该是 $l_1=l_2\leqslant l$，由式(57)不难得出

$$f\geqslant\frac{2\gamma\,\overline{E}F\,\bar{\alpha}(T_1-T_2)}{(1+4\gamma)l}=f^* \tag{60}$$

当 $f<f^*$ 时不能使用式(58)和式(59)。在 $f=0$ 时应该用式(44)计算 p 值，由于 $f=0$ 至 $f=f^*$ 的区间一般很小，在此区间的 p 值可以由两端数据适当插值求出(参见图 7 虚线)，不必重新进行推导。

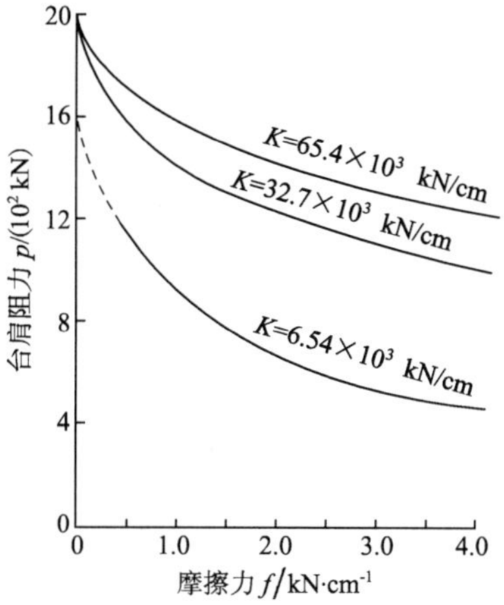

图 7　摩擦力对台肩阻力的影响曲线

七、封隔器附近套管柱的局部应力

由于在封隔器附近的水泥环台肩会受到相当大的轴向推力，按照波桑效应考虑，台肩内侧圆柱面必然向套管挤压，使套管在靠近接箍的地方产生缩颈变形。这种缩颈变形及其相应的局部应力可以根据力学理论进行近似计算。

图 8(a)为套管柱与水泥环台肩受接箍推力作用的示意图。t'为接箍端面的厚度，p'为台肩单位面积上所受的推力，p'与 p 的关系见式(36)。图 8(b)为套管柱外壁受台肩挤压产生的局部围压分布情况，其中 q 代表任意点的围压。图 8(c)为半无穷大平面受$(2t'p')$边界力作用的计算图，在不计套管变形及摩擦力影响的前提下，套管所受的围压 q 可以按照图 8(c)中半无穷大平面对称面上的压力进行近似计算。

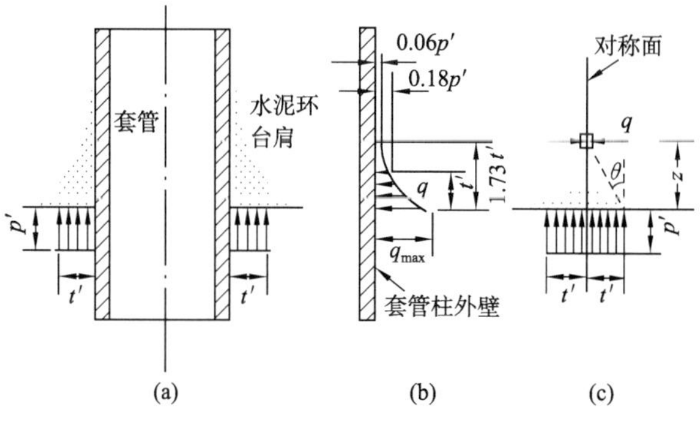

图 8　水泥环台肩的内侧面挤压套管柱外壁的局部围压近似计算

按照弹性力学原理[3]应有

$$q=\frac{p'}{\pi}(2\theta-\sin 2\theta) \qquad \left(0\leqslant\theta\leqslant\frac{\pi}{2}\right) \tag{61}$$

$\theta=\frac{\pi}{2}$时　　$q=q_{\max}=p'$

式中，θ 为计算点的定位角度。按照式(61)算出的 q 曲线(标在图 8(b)中)具有明显的局部性，有实际意义的围压作用范围不会超过 $3t'$，在 177.8 mm 套管上约为 3 cm。既然这种围压的作用范围很小，可以将它当作一圈线载荷处理，便于计算围压作用部位套管的局部变形和局部应力。线载荷沿环向单位长度的作用力 Q_0 应由 q 沿套管轴向的积分求得，注意到 $Z=t'\cot\theta$时应有

$$Q_0=\int_0^{\infty}q\mathrm{d}Z=\frac{p't'}{\pi}\int_{\pi/2}^{0}(\sin2\theta-2\theta)\csc^2\theta\mathrm{d}\theta$$

$$=\frac{2p't'}{\pi}(\theta\cot\theta)\Big|_{\pi/2}^{0} \tag{62}$$

利用 $\cot\theta$ 的展开式

$$\cot\theta=\frac{1}{\theta}-2\theta\sum_{k=1}^{\infty}\frac{1}{k^2\pi^2-\theta^2} \tag{63}$$

代入式(62)可得

$$Q_0=\frac{2p't'}{\pi}\approx\frac{p}{5D} \tag{64}$$

考虑到管壁径向柔性会降低 Q_0 的影响，实际作用到套管外壁的线载荷应比 Q_0 低，设该值为 Q，计算式为

$$Q=\zeta Q_0=\zeta p(5D)^{-1} \tag{65}$$

式中，ζ 为管壁柔性影响系数。设套管外侧受线载荷作用的刚度为 k_c，水泥环内侧受线载荷作用的刚度为 k_r，则 ζ 按弹性力学近似关系可取为

$$\zeta=\frac{k_c}{k_c+k_r}=\left[1+\frac{0.247(1-\mu^2)E'}{(1-\mu'^2)\lambda^3t^3E}\right]^{-1} \tag{66}$$

式中，λ 为套管的结构参数，其计算式为

$$\lambda=\left[\frac{12(1-\mu^2)}{D^2t^2}\right]^{1/4} \tag{67}$$

当 $E=1.863\times10^5$ MPa，$E'=0.147\times10^5$ MPa，$\mu=0.3$，$\mu'=0.12$，$D=17.78$ cm，$t=1.036$ cm 时，$\lambda=0.423\ 6\ \mathrm{cm}^{-1}$，$\zeta=0.81$。

套管受线载荷 Q 作用后产生缩颈变形，管壁出现局部弯曲，引起相当大的局部应力。由柱壳理论[9]的有关公式可以算出这些缩颈变形和局部应力的大小。参看图 9，设 $w_{\max}$ 代表最大的缩颈变形；$(\varepsilon_\theta)_0$ 代表管壁中面的环向压应变；$(\sigma_\theta)_0$ 代表沿壁厚均匀分布的环向压缩应力；$\sigma_{1\max}$代表沿壁厚最大的轴向弯曲应力值；$\sigma_{2\max}$代表沿壁厚最大的环向弯曲应力值。按照薄壁柱壳理论可得

$$w_{1\max}=\frac{3(1-\mu^2)Q}{2\lambda^3t^3E}=\frac{3(1-\mu^2)\zeta p}{10\lambda^3t^3DE} \tag{68}$$

$$(\varepsilon_\theta)_0=\frac{2w_{\max}}{D}=\frac{3(1-\mu^2)\zeta p}{5\lambda^3t^3D^2E} \tag{69}$$

$$(\sigma_\theta)_0=\frac{2Ew_{\max}}{D}=\frac{3(1-\mu^2)\zeta p}{5\lambda^3t^3D^2} \tag{70}$$

$$\sigma_{1\max}=\frac{3Q}{2\lambda t^2}=\frac{3\zeta p}{10\lambda t^2D} \tag{71}$$

$$\sigma_{2\max}=\frac{3\mu Q}{2\lambda t^2}=\frac{3\mu\zeta p}{10\lambda t^2D} \tag{72}$$

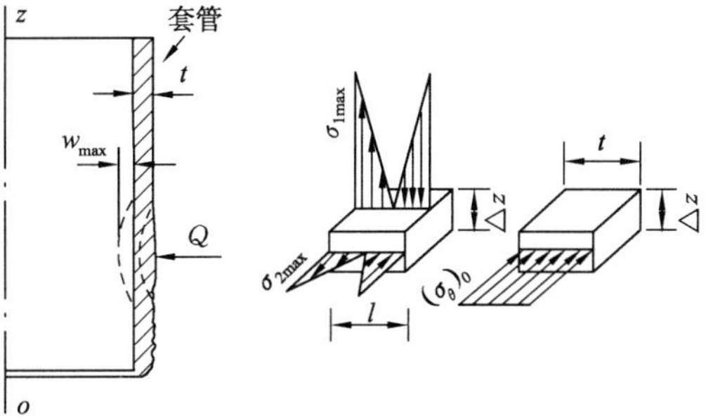

图 9　套管的局部变形和局部应力

设套管柱 $D=17.78$ cm，$t=1.036$ cm，封隔器以下升温值 $T_1=300$ ℃，封隔器以上升温值 $T_2=150$ ℃，台肩弹簧系数 $K=65.4\times10^3$ kN/cm。按无摩擦情况考虑，台肩阻力 $p=1\ 984$ kN，且已知 $\zeta=0.81$，按式(68)～(72)进行计算可得 $w_{1max}=0.015\ 8$ cm，$(\varepsilon_\theta)_0=0.001\ 76$，$(\sigma_\theta)_0=328.8$ MPa，$\sigma_{1max}=596.9$ MPa，$\sigma_{2max}=179.6$ MPa。如果台肩软到 $K=6.54\times10^3$ kN/cm，且有摩擦阻力 $f=0.75$ kN/cm，则上述局部应力可以下降约 50%。

八、注蒸汽热采井套管柱损坏机理

采用套管接箍的水泥环台肩啮合的模型，深入分析了套损发生在封隔器附近的原因。此处不但具有管体热胀应力，同时还具有缩颈变形引起的局部应力，两者相加构成套管柱上最危险的应力。危险点的位置按照图 9 所示应在缩颈变形处套管的外皮。危险点的综合轴向应力和综合环向应力均为压缩应力，设以 $(\sigma_z)_\Sigma$ 和 $(\sigma_\theta)_\Sigma$ 表示，假设注蒸汽井封隔器以下套管柱的升温值为 T，封隔器以上套管柱的升温值为 $(T/2)$，则 $(\sigma_z)_\Sigma$ 和 $(\sigma_\theta)_\Sigma$ 的计算式为

$$(\sigma_z)_\Sigma=\frac{(1+\mu)+(1+\mu')\left(\frac{E}{E'}\right)\left(\frac{t}{R}\right)}{(1-\mu^2)+(1+\mu')\left(\frac{E}{E'}\right)\left(\frac{t}{R}\right)}\left(\frac{E\alpha T}{2}\right)+\frac{3\zeta p}{10\lambda t^2 D} \tag{73}$$

$$(\sigma_\theta)_\Sigma=\frac{(1+\mu)}{(1-\mu^2)+(1+\mu')\left(\frac{E}{E'}\right)\left(\frac{t}{R}\right)}\left(\frac{E\alpha T}{2}\right)+\frac{3(1-\mu^2)}{5\lambda^3 t^3 D^2}\left[1+\frac{\mu\lambda^2 tD}{2(1-\mu^2)}\right]\zeta p \tag{74}$$

设 $D=2R=17.78$ cm，$t=1.036$ cm，$T=300$ ℃，$E=1.863\times10^5$ MPa，$\mu=0.3$，$E'=0.147\times10^5$ MPa，$\mu'=0.12$，$\alpha=12\times10^{-6}$ ℃$^{-1}$。对于 $f=0$ 及 $f=1$ kN/cm 时的 $(\sigma_z)_\Sigma$ 和 $(\sigma_\theta)_\Sigma$ 进行了计算，所得结果如下：

$f=0$ 时：

$$(\sigma_z)_\Sigma=982.8\ \text{MPa}$$
$$(\sigma_\theta)_\Sigma=677.3\ \text{MPa}$$

$f=1$ kN/cm 时：

$$(\sigma_z)_\Sigma=881.2\ \text{MPa}$$
$$(\sigma_\theta)_\Sigma=590.9\ \text{MPa}$$

这两种情况的应力都比油层部位最大热胀应力 772 MPa 大。显然，在封隔器附近发生套损的可能性应比在油层部位发生套损的可能性大。

由于缩颈变形发生在紧靠接箍端面的套管螺纹端，能降低螺纹连接的密封性和抗滑脱性，如果缩颈产生的塑性变形过大，在热采井吐液降温过程中，套管螺纹端就易于拉脱，或者发生断裂。即使不脱不断，也难免引起漏汽漏液，使该处环境恶化。由此可见，该局部应力

应该算是一种恶性局部应力。

九、结　论

(1) 分析注蒸汽热采井套管柱的热应力时，必须采用具有接箍凸台的圆柱力学模型，并考虑环空水泥环及围岩对套管柱热胀的弹性约束和摩擦约束。

(2) 如果注蒸汽热采井采用隔热管和封隔器的注汽工艺，则首次注汽时套管柱的轴向热胀位移只在靠近井口和靠近封隔器的部位比较显著，其他部位都很小，基本上处于轴向锚死状态。

(3) 注蒸汽热采井套管柱靠近封隔器的接箍，对水泥环台肩有很大的推力，水泥环台肩通过波桑效应挤压套管柱，会使套管柱产生局部缩颈变形。

(4) 水泥环台肩受到的热胀推力，其大小主要与其上、下套管的温差、水泥及围岩的刚度、水泥环第一界面的胶结强度及汽液窜流等因素有关。

(5) 注蒸汽热采井套管损坏的位置多数集中于油藏盖层内封隔器附近，其原因是那里存在缩颈变形引起的恶性局部应力。

(6) 设法控制封隔器附近套管柱上的恶性局部应力可以延长注蒸汽热采井套管柱使用寿命。

参考文献

[1] G. P. Willhite, et al. Design Criteria for Completion of Steam Injection Wells. JPT, 1967, 15-21

[2] G. H. Holliday. Calculation of Allowable Maximum Casing Temperature to Prevent Tension Failures in Thermal Wells. ASME Paper, 1969

[3] P. D. 怀特，等. 热采方法. 北京：石油工业出版社，1988

[4] 李葆青，等. 基础固井地锚提拉套管预应力技术. 石油钻采工程，1990，(4)

[5] 吴疆，等. 热采井套管预应力固井法的探讨. 石油钻采工艺，1985，(3)

[6] 张允真，等. 注蒸汽井的温度场及其套管的热应力. 石油钻采工艺，1992，(4)

[7] 徐芝纶. 弹性力学(上册). 北京：人民教育出版社，1980

[8] 李克向. 钻井手册(甲方). 北京：石油工业出版社，1990

[9] 杨耀乾. 薄壳理论. 北京：中国铁道出版社，1984

注水开发油田套管损坏的机理研究

张　宏　崔孝秉

摘要： 据不完全统计，我国各油田油层套管损坏井的总数已超过一万口，其中注水开发是引起套管损坏的最主要且最普遍的因素。本文对不同注水开发油田高压注水阶段套管损坏的规律、机理和综合防治措施进行了分析和总结。

关键词： 注水；油田开发；套管；损坏机理

一、概　述

20 世纪 80 年代初，大庆油田大量发生套管损坏（套损），使得套管损坏问题开始在我国得到重视，并开始开展对套管损坏问题的研究。1982 年总公司召开全国修井工作会议，当时统计全国共发现4 108口套损井。截至目前，我国不少油田均由于不同原因发生了大量的套管损坏，总损坏井数估计已超过万口。

大庆油田套损最为严重，“九五”期间共损坏 2 918 口，1999 年全油田损坏 700 口，其中萨中地区截止到 2000 年 9 月底共发现套管损坏井 1 993 口（油井 1 080 口，水井 913 口），占投产油、水井总数的 22.3％，其中共有 6 个区块发生了成片套损，有 341 口油水井发生套管损坏。20 世纪 80 年代中期通过对大庆油田当时套管损坏机理的研究，采取了一些措施，曾使全油田的套损井数从 1986 年的 529 口降至 1989 年的 200 口左右，并使该数量稳定了近 10 年。

吉林扶余油田 1973 年开始注水开发，1974 年 4 月发现第一口套损井。研究发现是由于固井质量等问题，注入水窜至油层顶部以上青一段泥岩层引起套管损坏。1980 年对 46 口井找窜测试，发现有 40 口井窜槽，占 87％。至 1989 年共发现套损井 1 462 口，占总井数的 39.11％。新立油田开发 10 年，注水井损坏 89％。

大港油田到目前为止共发现 1 000 多口套损井，占总井数的 30％左右。胜利的孤岛、胜陀油田，老君庙油田，青海尕斯库勒、七个泉等油田也因注水大量发生水井套管损坏。江汉油田自开发起的 15 年共发现 117 口套损井，占 22.5％。其损坏的主要原因是腐蚀、盐岩蠕变、注水使地层溶解形成空洞，地层坍塌使套管变形。长庆油田因洛河水腐蚀使大量套管穿孔，损坏井寿命在 5 年以内的占 79％。辽河油田因高温注蒸汽吞吐造成大量套损井。中原、华北、四川等油田也有不同程度的套管损坏。

由此可见，套管损坏情况非常严重，给油田开发带来了严重的影响。一般来说，除套管设计和施工方面的原因之外，造成上述大量套管非正常损坏的原因有多种，如高压注水造成断层或泥岩层进水，地应力改变，导致地层位移使套管错断或破裂；地层压力变化不平衡，造成地层岩石骨架变形，在进水的滑移面上产生错切位移；盐岩、泥岩吸水蠕变非均匀外挤应力导致套管缩径或挤毁；疏松砂岩出砂造成套管围岩坍塌挤毁套管或使套管弯曲变形；射孔、出砂、压裂等作业使套管破裂;热采井的高温循环载荷使套管拉断或脱扣;弱胶结地层压实作用产生附加载荷使套管弯曲;地层矿物、地下水或注入水使套管腐蚀穿孔甚至难以承受设计载荷而破坏。在上述各种造成套损的因素中,注水因素造成的套损比例最大,所以加强对注水套损机理及其防护技术的研究迫在眉睫,意义重大。

本文根据长期对注水油田套损情况的现场调查和理论分析,提出高压注水引起地应力改变和套管承受位移性载荷等概念,通过有限单元法,对地层位移及套管所受载荷进行近似计算,探讨高压注水阶段套管损坏的机理,并提出了相应的防治方法。

二、注水开发引起的套管损坏规律

1 损坏时间

我国不少油田在投产采油一段时间后,一部分油井转注,而且由于产量的需要,注水压力不断提高。往往在开始注水开发后,套管开始发生损坏,当注水压力比较高甚至超过地层的上覆岩压或破裂压力时,套管大量损坏。如扶余油田转注一年后发现第一口套损井。大庆油田1986年和1997年普遍超上覆岩压高压注水后发生大量套损。青海尕斯库勒、七个泉等油田也因注水压力升高而大量发生水井套管损坏。

2 损坏井位

与注水开发相关的套管损坏井位相对较多地发生在断层两侧和构造的高点及地层倾角较大的翼部。如大庆油田钻遇南1-3-35井一号断层的36口井到1984年全部破坏,吉林新立油田损坏的30口井有25口在断层两侧,大港港西五号断层两侧有大量的套损井。大庆萨尔图、杏树岗油田,吉林扶余油田,青海尕斯库勒油田中浅层油藏、七个泉油田的套损基本发生在地层构造的高点和大倾角翼部。

3 损坏层位和岩性

大庆和吉林油田的套损在层位上集中发生在油层上部泥岩层,如大庆油田的嫩二页岩标准层,吉林油田的青山口泥岩层。胜利的胜陀油田和青海尕斯库勒等油田由于油层与泥岩相互夹杂,套损基本发生在油层顶界上部和油层间的泥岩段或泥岩与砂岩的层间交界处。完全损坏在油层砂岩段的情况相对较少。大港油田的套损则大量发生在断层附近。

4 损坏类型

注水油田发生的套损形态主要有四类:弯曲变形与错断、椭圆缩径、破裂、腐蚀。其中前三种与注水引起的地层位移和变形有关,这几种套管变形形态几乎在各注水油田普遍存在。第四种与注入水或地层水的水质有关,如长庆、大港等油田套管腐蚀占很大比例。

三、注水开发引起的套管损坏机理

1 套管损坏载荷因素分析

按照目前的套管柱设计方法和规范,虽然在一定程度上注意到盐岩、泥岩等塑性层的蠕变载荷，但套管柱的设计主要考虑固井时的套管抗拉、抗挤和抗内压强度，基本没有考虑套管在生产服役过程中所承受的非 API 工况载荷，因此在生产过程中由于注水改变了套管的载荷环境，而套管柱缺乏足够的强度抵抗新的载荷，套损就不可避免地发生了。

由于各油田的地质条件不同、生产方式和过程不同，引起套管损坏的原因也各有差异，但基本均与注水及注水压力有关。一般情况下注水油田套损可能主要由三种载荷造成：

一是高压注水使水井周围的泥岩进水，形成浸水域，层间剪切应力释放，在重力或区块地层压差的驱动下，地层层间产生剪切滑移，使套管产生错切变形。

二是水井周围的小范围泥岩在高压注水的情况下进水软化，改变了套管周围岩石中的局部应力，使套管受到附加应力的作用，加大了泥岩蠕变载荷，使套管产生缩径变形。

三是地层孔隙压力变化，使岩石骨架膨胀或收缩，在三维空间上引起岩层位移，使套管受到附加的轴向和径向载荷。

泥岩层进水一般有三种方式，一是注水压力较高，注入水沿水泥环缝隙上窜，泥岩层进水形成浸水域；二是高的注水压力沿过度压裂形成的纵向和横向裂缝进入泥岩层；三是沿套损井的破口或接箍处进入泥岩层。

2　由于孔隙压力变化引起的套管轴向变形

以某井为例，用有限元法建立轴对称模型，径向岩石取 8 m，轴向深度 1 983 m，共分为 10 层，每 2 m 一个单元，计算在不同孔隙度的地层中，由于孔隙压力的下降而引起的地层在深度方向的压实，从而导致的套管上的轴向变形和应力。各层的孔隙压力变化参数及计算出的套管轴向应力和环向应力结果见图 1。由计算结果可见，由于地层的孔隙度不同，孔隙压力变化不同，因而综合的孔隙压力变化参数不同。在深度 1 500 m 以下引起的套管轴向应力较大，最大达 67 MPa，该应力在套管柱设计时没有考虑到。当然仅仅该应力本身并不会引起套管损坏，而是与其他因素引起的应力共同作用才会发生。

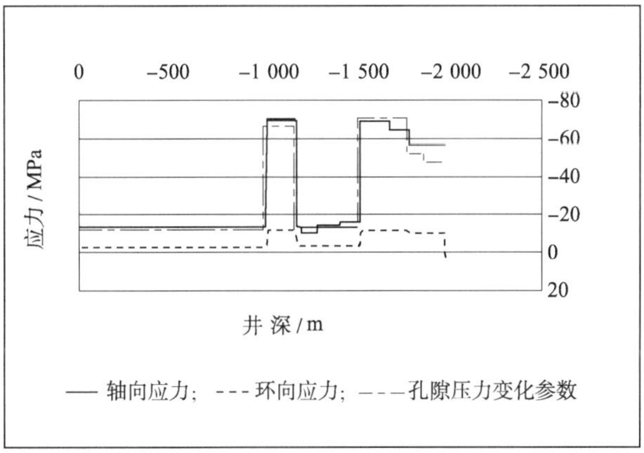

图 1　孔隙压力变化引起的套管轴向应力

3　由于地层滑移引起的套管剪切变形

大量套损井的损坏形态为错断，说明地层产生了横向的地层滑移。地层产生滑移有两个前提，一是泥岩层进水，二是地层有一定的倾角或区块之间存在压差。

以某油田为例，自投入开发以来，地层压力平均下降了近 3 MPa，油层骨架将收缩变形。同时各井点变化不均匀，有些井点下降了 8 MPa 左右。此外水井的注水压力还有较大的增加，且增加的地层压力变化不均匀，这将引起油层高压区向低压区的位移，这是地层滑移的主动力之一。为此，本文建立了大规模的油藏剖面层间位移有限元模型(图 2)，每个剖面使用了近50 000个单元和节点。计算选择了水井损坏数量最多的深度 1 600 m 上下，水平长 2 km，垂直高 100 m 的油藏剖面。图中可以清楚地看到滑移面及一口井的滑移错切变形。图 3 为套损井的位移计算结果。

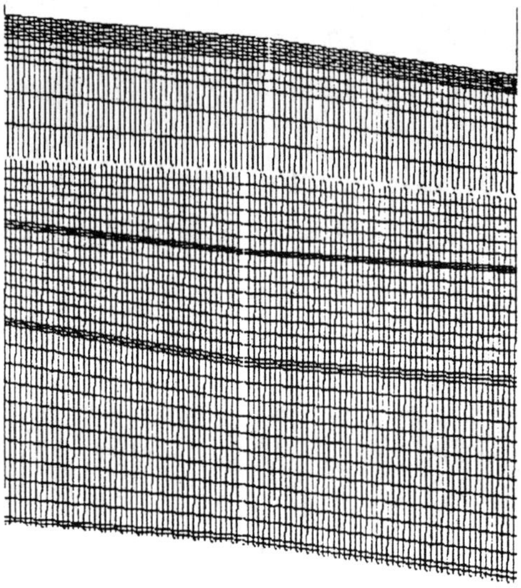

图 2　地层滑移时套管的错切变形

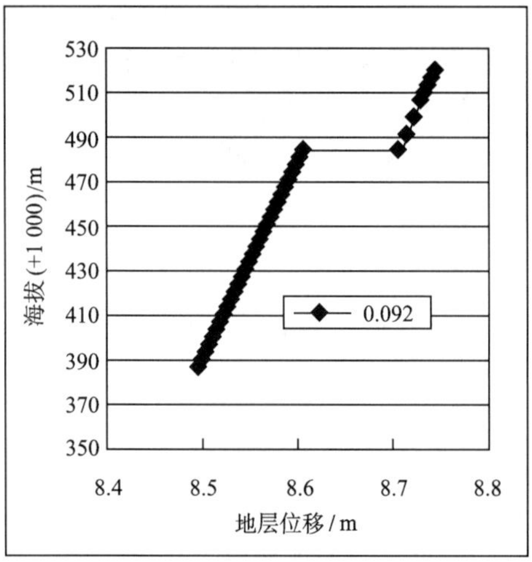

图 3　X 井地层错切位移

对于 N80-7″-9.19 的套管，套管在纯滑移的情况下保持纯弹性状态时的极限滑动位移为4.1 cm，塑性极限位移为 6.64 cm。计算出的地层位移为 10 cm，远大于弹性极限位移和塑性极限位移，此计算结果解释了为何有不少套管发生错断损坏的原因。

从注水引起岩层位移的有限元计算结果不难看到，注水压力超过了地层上覆岩压，注入水窜入泥岩软弱层形成浸水域，改变了地应力，产生浮托和滑移效应，引起浸水域上下界面的相对位移，迫使穿过浸水域的套管受到拉伸、弯曲和剪切，发生严重变形甚至错断和脱扣。迫使套管错断的剪切位移及迫使套管受拉脱扣的拉伸位移都发生在浸水域的上下界面之间或断层面之间，其大小随注水压力超过浸水域上覆岩压的程度变大，因为注水压力越高，浸水域越大，地层位移越大。泥岩层进水取决于注水压力和地层围压，越浅的地方越容易进水，因此套管损坏一般是由构造顶部和陡坡肩部开始，逐渐向低处扩展。水井套管发生损坏早于油井。

有些高压注水油田，由于钻井降压不均衡，或由于注采系统调整，注采不平衡，区域间产生较大的压差，或进行大压差降压转抽，导致少数区块的油、水井套管不久便发生了成片损坏的现象，损坏形态全是弯曲和错断。这些套管成片损坏的直接原因是区块之间油层孔隙压力变化不均匀，部分骨架膨胀，部分骨架收缩，引起地层位移；间接原因是这些区块历史上在套损层有过窜水情况，地层层间易于滑移。

4　由于地层蠕变引起的套管径向变形

由于泥岩存在蠕变特性，固井完成后，泥岩段地应力会慢慢地由围岩传递到套管上。本节根据实际测试的泥岩蠕变参数，计算选取 N80-177.8-8.19套管，水泥环外径215.9 mm，围岩 8 m×8 m，计算深度为 1 600 m，最小水平主应力方向施加的地应力为27.04 MPa，最大水平主应力方向施加的地应力为 40.32 MPa，垂向约束成平面应变状态，对作用在套管上的蠕变载荷进行了有限元计算。岩石是按粘弹性本构关系考虑，套管和水泥环为弹性材料。为考察套管周围泥岩进水软化对套管载荷的影响，计算模型中分别按原始泥岩（简称无水）和一定范围内泥岩软化（简称径向进水）两种情况进行了计算。图 4 为按两种蠕变模型计算的蠕变后套管径向应力沿环向的分布。

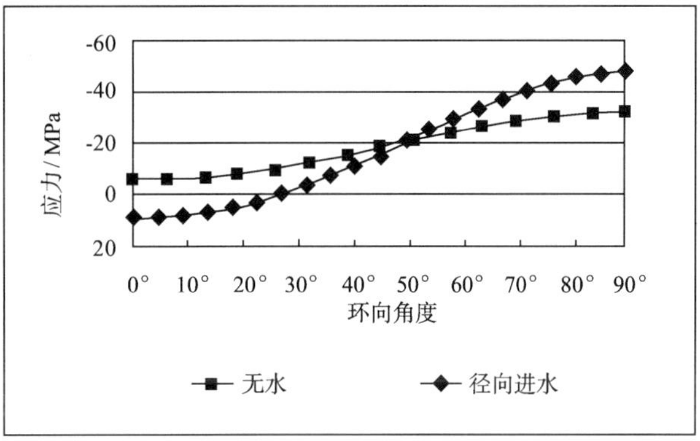

图 4　两种蠕变模型套管径向应力沿环向的分布

由图 4 可以发现，作用在套管上的蠕变外载的不均匀程度比地应力的不均匀程度严重。当围岩进水后，其岩石力学特性的变化会使泥岩蠕变比原始状态的泥岩蠕变载荷的不均匀性要强，即地层没有进水时作用在套管上的载荷一般难以挤毁套管，而当井周围的泥岩水化后，作用在套管上的载荷的不均匀程度增加，此时套管上由于蠕变引起的最大等效应力比无水蠕变时高 60 MPa，故套管会产生缩径变形而损坏。

四、防治套管损坏的方法

由上述分析可知，注水油田套管损坏与许多因素有关，在研究损坏机理的基础上，可从如下几方面防治注水油田套管损坏：

（1）按套管服役载荷设计套管柱。除考虑固井时套管所受载荷外，必须考虑套管服役时可能承受的非 API 载荷，在套损易发层段采用更高钢级的套管。更换管材所增加的钻井成本，与延长套管使用寿命的效益相比是微不足道的。当然想通过提高管柱强度来完全解决套损问题是困难的。

（2）在新井的完井过程中采用新的工艺提高固井质量，如固井时在管外使用扶正器，在油层上部使用地层封隔器，应用声波变密度测井检查固井质量。水泥返高控制在套损易发层以下，使裸眼井壁与套管之间留有一定的缓冲空间等。

（3）结合区块的开发历史和套管损坏的历史进行套损预测，合理制定开发方案。

（4）严格控制注水压力和地层压力，维持注采平衡。靠提高注水压力不是解决注不进水的唯一办法，应通过更新水井，油井转注增加水井数量，减小井距，以及通过酸化、压裂、使用抗膨胀剂等生产措施提高孔隙的渗透率，提高地层吸水能力。一些油田由于长期欠注，孔隙压力下降，这也是造成套管损坏的因素，应通过生产措施增加注采比以提高地层压力，但速度要缓慢，压力恢复在各层系和各井点应尽量同步，防止造成更大的井点之间的压差，产生新的地层位移使套管损坏。恢复地层压力最好是从构造低部位开始，在这些井点的压力有一定程度的恢复后，再同时提高构造高点的地层压力，这样可以使地层滑移引起的位移与由于地层压差引起的位移反向相互抵消。

(5) 优化钻井运行方案，妥善安排降压转抽过程，适度维持油层压力变化的均匀性。相邻区块的作业计划应该协调配合，防止成片套损的发生。

(6) 应采取隔氧、杀菌等措施提高水质，防止注入水腐蚀油套管，同时可以采用外加电流阴极保护法等技术防止套管腐蚀。此外还应及时修复该类套管，防止由于套管泄漏而引起更严重的套损。

(7) 防治套损应是一项长期坚持的工作，应制定制度，结合生产井的作业情况，定期监测套管的变形、腐蚀以及接箍泄漏情况，以利于及时发现问题，采取措施，防止产生更严重的套管损坏。

参考文献

[1] 崔孝秉，等. 注水开发油田套管损坏的机理研究. 石油学报，1993，14(3)
[2] 宋治. 油层套管损坏原因及其预防措施. 石油学报，1987，8(2)
[3] 李兴才，等. 岩石滑移是扶余油田套管变形的一种可能机制. 石油学报，1987，8(4)
[4] 崔教秉，等. 注水油田区块套损预测法研究. 石油大学学报，1994，18(1)
[5] 王林，等. 防修结合综合治理努力减少套损对油田开发的影响//大庆油田开发论文集. 北京：石油工业出版社，2000
[6] C. A. M. Veeken, J. P. Wahleitner, C. R. Keedy. Experimental Modeling of Casing Deformation in a Compacting Reservoir // Eurock'94. Rotterdam: Balkema, 1994
[7] L. B. Hibert, Jr. Field-scale and Wellbore Modeling of Compaction-induced Casing Failure. SPE Drill. &-completion, 1999, 14(2)
[8] 王仲茂，等. 油田油水井套管损坏的机理及防治. 北京：石油工业出版社，1994
[9] 孟祥玉，等. 胜利油田套管损坏的现状及预防. 石油钻采工艺，1994，16(2)
[10] SY/T5322—2000 套管柱强度设计方法

第六部分 油田管柱结构强度设计及稳定性问题分析

◆ 套管柱悬空段合理长度的研究

(发表于《石油学报》1997 年第 18 卷第 1 期)

◆ 套管柱稳定性问题研究

(发表于《石油学报》1998 年第 19 卷第 1 期)

◆ 卡瓦内悬挂管柱承载能力分析

(发表于《石油学报》2000 年第 21 卷第 1 期)

◆ 卡瓦内悬挂管柱承载能力的再分析

(发表于《石油大学学报(自然科学版)》1998 年第 22 卷第 2 期)

◆ 卡瓦内悬挂管柱弹性承载能力与计算

(发表于《石油大学学报(自然自学版)》1999 年第 23 卷第 1 期)

◆ 钻杆内加厚过渡区结构的有限元分析及最佳结构设计

(发表于《石油工业标准与计量》1988 年第 4 卷第 4 期)

◆ 钻杆外加厚过渡带几何缺陷对使用寿命的影响

(发表于《石油大学学报(自然科学版)》1995 年第 19 卷第 5 期)

套管柱悬空段合理长度的研究

崔孝秉 张 宏 李子厚 安文华 宋 治

摘要： 深井套管柱悬空段的长度直接关系到固井的质量和成本，是我国深井油田急需解决的问题之一。直到目前为止，尚未见到有关套管柱悬空段合理长度的研究工作和设计依据。本文根据套管柱直立稳定性理论及强度条件进行科学分析，综合考虑安全和经济方面的要求，研究出了该长度的限值设计式，以及安装井口时施加提拉力的简洁计算式，可供深井油田固井工程设计使用。

关键词： 套管柱；悬空段长度；固井；井口提拉力；稳定性；强度；井涌

一、概 述

套管柱悬空段长度直接关系到固井工程的经济性和油井使用寿命。只从固井质量方面考虑，全封固最好，但是很不经济；只从节约成本方面考虑，只封到油藏构造的顶界，以上全不封最好，但是套管柱的直立稳定性及强度安全性都难以保证。一旦发生弯曲，井下作业会受阻，管壁会磨损，接箍会泄漏，开发效果将受到严重影响，油井使用寿命将有所下降。由此可见，油藏构造顶界以上的套管柱，全部封固不合理，全部不封也不合理。应该对悬空段长度问题进行科学分析，找出合理的设计依据，同时满足安全性和经济性二者的要求。

国内以往对于套管柱的封固高度主要根据地质因素决定，并不考虑套管柱直立稳定性等诸方面的要求。直到目前为止，国内还没有套管柱悬空段长度的设计公式及计算方法，因此研究这一问题具有重要的理论意义及工程意义。

二、套管柱悬空段合理长度分析

套管柱受力比较复杂，载荷随工况变化，有内压、外压、自重等多种外力共同作用。设计套管柱结构时，已经依据有关规范选定了全管柱的材料和尺寸，在分析悬空段合理长度时，套管柱的管材和结构尺寸皆设为已知量。

深井套管柱较长，一般都由几段壁厚略有差别、材质也可能不同的管柱段组成。为简化计算起见，在分析悬空段合理长度时，假定全管柱的截面尺寸相同，单位长度的管重也相同，它们的数值采用按各段长度加权平均值计算[1]。

设图 1 所示为套管柱悬空段的受力情况，图中 l 为悬空段长度，m；D 为外径，m；d 为内径，m；F 为井口悬挂器作用给管柱的悬挂力，kN；V 为水泥封固顶面(卡点)管柱横截面内的轴向拉力，kN；p_i 为管柱内壁流体压力，kPa；p_o 为管柱外壁流体压力，kPa；p_{io} 为井口管柱内壁流体压力，kPa；p_{oo} 为井口管柱外壁流体压力，kPa；w 为单位长度管柱的平均重量，kN/m；γ_i 为管内流体密度，kN/m^3；γ_o 为管外流体密度，kN/m^3。

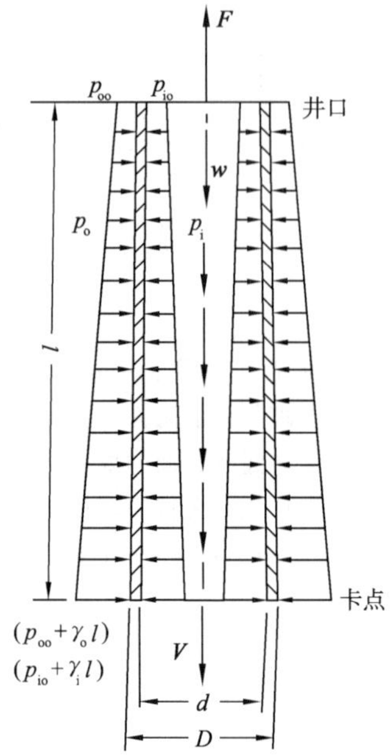

图 1 套管柱悬空段受力情况

根据轴向受力平衡条件有

$$F=V+wl \tag{1}$$

根据鲁宾斯基理论[2]，套管柱悬空段保持直立稳定性的充分条件是卡点横截面内的轴向拉力大于或等于管内外流体压力在卡点形成的虚拟力(弯曲力)。设以 F_f 表示此虚拟力，它与内外流体压力的关系为

$$F_f=(p_{io}+\gamma_i l)A_i-(p_{oo}+\gamma_o l)A_o$$

式中，A_o 为管柱的外圆面积，m^2；A_i 为管腔平均截面面积，m^2。

$$A_i=\frac{1}{L}\sum_{j=1}^{n}(A_i)_j l_j$$

式中，$(A_i)_j$ 为 j 段管腔截面面积，m^2；l_j 为 j 段管柱的长度，m；L 为全管柱总长度，m；n 为全管柱总段数。

按直立稳定条件要求 $V\geqslant F_f$，由此可得

$$l\leqslant\frac{F+A_o p_{oo}-A_i p_{io}}{w+A_i\gamma_i-A_o\gamma_o} \tag{2}$$

如果知道各种工况下(2)式中右侧各项参数的数据，便可算出各种工况下 l 的限值，取其中最低者应该就是套管柱悬空段长度设计的依据。为此首先应该掌握各种工况下 F 值的计算方法。

设安装井口时 $p_{io}=p_{oo}=0$，$\gamma_i=\gamma_o=\gamma^*$，管柱悬空段平均温度为 $t=t^*$，井口的悬挂力为 $F=F^*$，并设任意工况下工况参数 p_{io}，p_{oo}，γ_i，γ_o，t，F 的变化增量分别为 Δp_{io}，Δp_{oo}，$\Delta\gamma_i$，$\Delta\gamma_o$，Δt，ΔF，根据变形协调等力学关系，可以求得任意工况下的井口悬挂力为

$$F=F^*+\Delta F \tag{3}$$

$$\Delta F=2\mu(A_i\Delta p_{io}-A_o\Delta p_{oo})+\mu(A_i\Delta\gamma_i-A_o\Delta\gamma_o)l-E(A_o-A_i)\alpha\Delta t \tag{4}$$

式中，$\Delta p_{io}=p_{io}$，$\Delta p_{oo}=p_{oo}$，$\Delta\gamma_i=\gamma_i-\gamma^*$，$\Delta\gamma_o=\gamma_o-\gamma^*$，$\Delta t=t-t^*$；$E$ 为弹性模量，kPa；α 为线胀系数，℃$^{-1}$。这里对于管柱内外流体液面降低的因素未予考虑，这种因素只在气举采油等工况中才出现，它们对求解悬空段长度最低的上限值关系不大；μ 为波桑系数，无量纲。

当悬空段长度 l 为已知量时，安装井口施加的提拉力 F^* 通常都是按照直立稳定性条件计算出来的。现在研究合理的 l 值时，l 属于未知量，F^* 值也成为待定量，必须给出合理的补充条件联合求解 l 值和 F^* 值。这个补充条件应该是井口套管承受悬挂力的强度条件。设井口悬挂力 F 的许可值为$[F]$，同时假定 F 相对于 F^* 的最大变化增量为$(\Delta F)_{max}$，按强度条件应有

$$F^*=[F]-(\Delta F)_{max} \tag{5}$$

$(\Delta F)_{max}$应该发生在温度增值较小，而内压增值很大的工况下，如井涌和试压等工况，本文采用井涌工况取值。假设当井涌压力达到最大时井口的内压为$(p_{io})_{涌}$，忽略不计管柱温度的变化及管柱内外流体密度的变化，应有

$$(\Delta F)_{max}=2\mu A_i(p_{io})_{涌} \tag{6}$$

由此可得

$$F^*=[F]-2\mu A_i(p_{io})_{涌} \tag{7}$$

$$F=F^*+\Delta F=[F]-2\mu A_i(p_{io})_{涌}+\Delta F \tag{8}$$

将所得 F 式代入(2)式可得

$$l\leqslant\frac{[F]-2\mu A_i(p_{io})_{涌}+\Delta F+A_o(p_{oo})-A_i p_{io}}{w_s+A_i\gamma_i-A_o\gamma_o} \tag{9}$$

将其中的 ΔF 按照(4)式消去，略去其中的 p_{oo} 及 Δp_{oo}（因为各种工况下它们都接近于零），然后取等号关系，相对于 l 求解可得

$$l=\frac{[F]-2\mu A_i(p_{io})_{涌}-(1-2\mu)A_i(p_{io})-EA_s\alpha\Delta t}{w_s+A_i(\gamma_i-\mu\Delta\gamma_i)-A_o(\gamma_o-\mu\Delta\gamma_o)} \tag{10}$$

这就是研究套管柱悬空段长度上限值的合理依据。式中 $A_s=A_o-A_i$，为管柱的壁厚横截面面积，m^2。由此式可以看出，最低的 l 值可能产生于井口压力最大的工况，或者温度增值最高的工况。前者应为井涌工况，后者应为自喷采油工况。其他的一些工况，如试压、压裂、气举、机械采油等，其井口压力值和温度升高值都不会超过以上两种典型工况，不必都加以研究。

三、按井涌工况计算悬空段长度上限值

设井涌发生于井口关闭的状态，将 $\Delta t=0$，$\Delta\gamma_i=\Delta\gamma_o=0$ 及 $p_{io}=(p_{io})_{涌}$代入(10)式，可以获得按井涌工况计算悬空段长度上限值 l_m 的算式

$$l_m=\frac{[F]-A_i(p_{io})_{涌}}{wK_b} \tag{11}$$

式中，K_b 为下套管时的浮力系数，$K_b=1-\gamma^*/\gamma_{st}$，其中 γ_{st} 为钢材的密度，kN/m^3。如何用(11)式算出 l_m 数据，还需深入探讨其中各项的赋值问题。

$(p_{io})_{涌}$为井涌时井口的内压，关于它的赋值问题在国内外文献资料中已有成熟的结论。常用的等安全系数法和最大载荷法，首先都是按照井涌情况下的内压载荷设计套管。井口设计内压和全管柱的设计内压，用的都是井涌时的井底压力[3]。由此可见，应取井底气层压

力 p_b 为井涌时的井口压力，即

$$(p_{io})_{涌}=p_b \tag{12}$$

既然油层套管柱设计时使用了内压 p_b，那么 p_b 值不必要专门查取，从套管柱的结构尺寸和材料性质便可近似地给出。设井口套管的壁厚为 δ，材料的屈服极限为 σ_s，设计时内压安全系数为 S_i，参照 API 5C3(3.1.1)式，应取

$$p_b=0.875\left(\frac{2\sigma_s\delta}{S_iD}\right)=\frac{1.75\sigma_s\delta}{S_iD} \tag{13}$$

安全系数 S_i 的范围为 1.1～1.4[4]。这里不妨取其平均值使用，取 $S_i=1.3$，于是可得 $(p_{io})_{涌}$ 的近似值为

$$(p_{io})_{涌}=\frac{1.75\sigma_s\delta}{1.3D}=1.35\left(\frac{\sigma_s\delta}{D}\right) \tag{14}$$

由于 $A_s=A_o-A_i\approx A_i(4\delta/D)$，可将(11)式中右侧第二项换算成

$$A_i(p_{io})_{涌}=1.35\left(\frac{\sigma_s}{D}\right)(A_i\delta)=0.338\sigma_sA_s \tag{15}$$

注意到全部管柱的内压设计值都是按照 $(p_{io})_{涌}$ 考虑的，在全部管柱各段中 $(A_s\sigma_s)_j$ 最低者的内压许可值才最接近于 $(p_{io})_{涌}$，因此应取

$$A_i(p_{io})_{涌}=0.338(A_s\sigma_s)_{min} \tag{16}$$

关于[F]的赋值问题，一般说来可以按照 API 5C2 套管最小特性表[2]中的抗拉强度数据进行。将它们除以抗拉安全系数，即可获得

$$[F]=\frac{\beta A_s\sigma_s}{S_t} \tag{17}$$

式中，β 为接头类型系数，其值等于接头拉伸强度与管体屈服强度之比，$\beta\leqslant 1$；抗拉安全系数 S_t 的常用范围为 1.6～1.9，由于这里用于管柱稳定问题，其严重性远低于下套管的问题，因此应向低处取值，建议取用 $S_t=1.6$。

还应该强调指出：(17)式中的 $A_s\sigma_s$ 值也不宜直接使用 $(A_s\sigma_s)_{井口}$ 值，因为 $(A_s\sigma_s)_{井口}$ 值有时过分偏大，使全管柱抗拉强度分布不连续，井口过大的抗拉强度并不能传到全部管柱，因此在(17)式中应取全管柱各段 $A_s\sigma_s$ 的加权平均值 $(A_s\sigma_s)_{av}$ 代替 $A_s\sigma_s$ 比较合理。因此可取

$$[F]=\frac{\beta(A_s\sigma_s)_{av}}{1.6} \tag{18}$$

按照(16)式和(17)式，由(11)式可得

$$l_m=\frac{(0.625\beta-0.338\eta)(A_s\sigma_s)_{av}}{wK_b} \tag{19}$$

式中，$\eta=(A_s\sigma_s)_{min}/(A_s\sigma_s)_{av}$，$\eta\leqslant 1$。

如果全套管柱是匀质等壁厚的，各段的 A_s，σ_s，w 等全相同，同时取钢材密度（按 7″套管柱接头加重的影响考虑）为 $\gamma_{st}=78.2\ \mathrm{kN/m^3}$，取下套管柱时的泥浆密度（按盐水密度考虑）为 $\gamma^*=10.6\ \mathrm{kN/m^3}$，并且设全管柱所用接头为梯形螺纹接头，$\beta=1$，则由(19)式可以算得这种特定情况下 l_m 值为

$$(l_m)_{sp}=\frac{(0.625\times 1-0.338\times 1)A_s\sigma_s}{A_s\gamma_{st}(1-\gamma^*/\gamma_{st})}=4.21\times 10^{-3}\sigma_s \tag{20}$$

该值只和匀质等壁厚套管柱的材质有关。各种材质的$(l_m)_{sp}$值见表1。

表1　匀质等壁厚梯形螺纹接头套管柱的悬空段长度限值

钢　级	H-40	J-55	K-55	C-75	L-80	N-80	C-95	P-110
σ_s/kPa	275 790	379 212	379 212	517 107	551 581	551 581	655 002	758 423
$(l_m)_{sp}$/m	1 161	1 597	1 597	2 177	2 322	2 322	2 758	3 193

将(16)、(18)式代入(7)式，并取$\mu=0.3$，则上井口提拉力应为

$$F^{*}=(0.625\beta-0.203\eta)(A_s\sigma_s)_{av} \tag{21}$$

如果实际封固时悬空段的长度$\bar{l}$比l_m值还短，则在保持井涌情况下，直立稳定性需加的提拉力$\bar{F}^{*}$比F^{*}还可降低一些。其值可由下式推导得出：

$$\bar{F}=\left[\left(\frac{\bar{l}}{l_m}\right)(0.625\beta-0.338\eta)+0.135\eta\right](A_s\sigma_s)_{av} \tag{22}$$

由此可见，当实际悬空段长度$\bar{l}$低于按井涌工况计算的上限值l_m时，上井口需加的提拉力只要不超过F^{*}，不低于$\bar{F}^{*}$皆可。但是考虑到采油等其他工况的要求，提拉力还是不宜降低。

四、按采油工况计算悬空段长度上限值

由(7)式和(21)式可知：

$$[F]-2\mu A_i(p_{io})_{涌}=(0.625\beta-0.203\eta)(A_s\sigma_s)_{av} \tag{23}$$

将此式代入(10)式，并取$\mu=0.3$，可得

$$l=\frac{(0.625\beta-0.203\eta)(A_s\sigma_s)_{av}-0.4A_ip_{io}-EA_s\alpha\Delta t}{w+A_i(\gamma_i-0.3\Delta\gamma_i)-A_o(\gamma_o-0.3\Delta\gamma_o)} \tag{24}$$

(24)式中的Δt为套管悬空段温度升高的平均值。在假设温度沿深度按线性关系分布时，Δt可以通过井口温度的增加量及套管柱悬空段长度与全长之比直接确定，计算模型见图2。图中，t_1和t_3是上井口时井口和卡点的温度；t_2和t_4是采油时井口和卡点的温度。

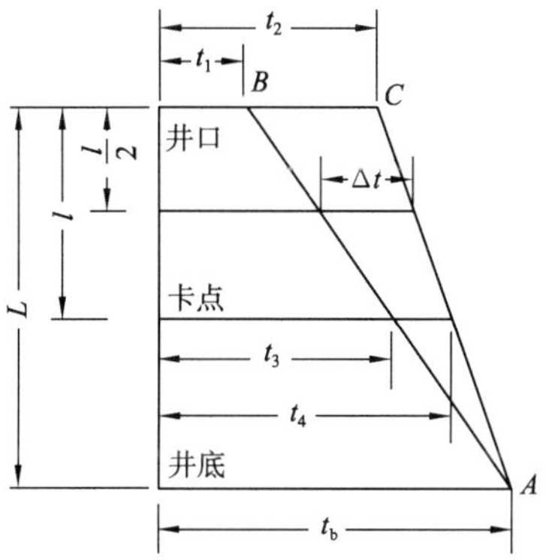

图2　温度分布模型

按图2中AB，AC两条直线所含三角形的相似关系应有

$$\Delta t=\frac{1}{2}[(t_2-t_1)+(t_4-t_3)]=\left(1-\frac{l}{2L}\right)(t_2-t_1) \tag{25}$$

将(25)式表达的Δt代入(24)式，合并两侧含l的项解出l，最后可得

$$l_n=\frac{(0.625\beta-0.203\eta)(A_s\sigma_s)_{av}-0.4A_ip_{io}-EA_s\alpha(t_2-t_1)}{w_s+A_i(\gamma_i-0.3\Delta\gamma_i)-A_o(\gamma_o-0.3\Delta\gamma_o)-EA_s\alpha(t_2-t_1)/(2L)} \tag{26}$$

应用此式计算采油工况下或其他一些工况下悬空段长度的上限值都可以，比较具体。需要输入的数据有井口压力、井口温度、内外流体的密度及管柱结构参数等，但在输入具体数据之前由此式难以直接估计 l_n 值，不像按井涌工况导出的 l_m 式那样简洁明了。因此，我们建议，设计悬空段长度时还是从计算 l_m 入手，然后再按(26)式对采油等工况进行核算，必要时再加以修改为宜。

五、例　题

设有 5½″长 3 500 m 的油层套管柱，由 N-80 和 J-55 的四段套管柱组成[1]，各段长度及壁厚等详细数据见表 2。下套管泥浆密度采用 $\gamma^*=1.2\ g/cm^3$，上井口时 $t_1=20$ ℃，采油时 $t_2=70$ ℃，$p_{io}=2\ 942$ kPa，$\gamma_i=0.85\ g/cm^3$，试压时采用 $p_{io}=14\ 715$ kPa，要求计算该套管柱悬空段长度的限值。该管柱全部使用长圆扣螺纹接头。

表 2　数据表

段号	井段 /m	段长 /m	钢级	壁厚 /mm	A_o /cm²	A_i /cm²	A_s /cm²	σ_sA_s /kN	β	W /(N·m⁻¹)	管段重量 /kN
1	0～550	550	N-80	9.17	153.279	115.752	37.527	2 070	0.92	291.95	160.573
2	550～1 500	950	J-55	6.98	153.279	124.097	29.182	1 107	0.88	226.22	214.909
3	1 500～2 500	1 000	J-55	7.72	153.279	121.348	31.931	1 211	0.91	248.19	248.19
4	2 500～3 500	1 000	N-80	7.72	153.279	121.348	31.931	1 761	0.88	248.19	248.19

【解】 首先由表 2 数据计算出 A_i，$(\sigma_sA_s)_{av}$，W，β 等各项按管段长度加权的平均值，获得 $A_i=0.012\ 1\ m^2$，$(\sigma_sA_s)_{av}=1\ 475$ kN，$w=0.249\ kN/m^3$，$\beta=0.9$，$\eta=0.75$。然后按(19)式求得 $l_m=2\ 153$ m，按(26)式求得对应于采油工况的 $l_n=1\ 526$ m，对应于试压工况的 $l_p=2\ 526$ m。最后由(21)式求得 $F^*=600$ kN。

由于 $l_n<l_m<l_p$，应选 $l_n=1\ 486$ m 为悬空段长度的限值。安装井口需要的提拉力为 600 kN，全套管柱的重量为 871.8 kN，浮重为 741 kN，需要的提拉力 F^* 比浮重少 141 kN。悬空段的管重为 382 kN，F^* 超过该段重量 218 kN。

参考文献

[1] 郝俊芳，龚伟安. 套管强度计算与设计. 北京：石油工业出版社，1987

[2] A. Lubinski. Influence of Tension and Compression on Straight and Buckling of Tubular Goods in Oil Wells // Developments in Petroleum Engineering, Vol. 1, Stability of Tubulars, Collected Works of Arthur Lubinski. 1987

[3] N. J. 亚当斯. 钻井工程. 北京：石油工业出版社，1992

[4] 徐惠峰. 钻井技术手册(三)固井. 北京：石油工业出版社，1990

套管柱稳定性问题研究

崔孝秉 张 宏 宋 治

摘要： 自鲁宾斯基20世纪50年代提出油井套管柱直立稳定性问题以来，国内外已发表许多论文，但从理论研究考虑，还应做进一步研究。本文以井口为坐标原点建立基本方程，明确考虑套管柱全长及上下两端约束条件，分析下端轴向力的失稳临界值。对确定临界值的超越方程进行了比较详细的数值研究，所得结果比鲁氏给出的约大15%。关于套管柱内外液压对临界力的影响问题，本文证明了所谓"虚拟力"就是开口管柱临界力与闭口管柱临界力之差，即管柱下端的封头力。

关键词： 套管柱；稳定性；力分析；贝塞尔函数；临界值；液柱压力

一、概 述

自鲁宾斯基20世纪50年代提出油井套管柱直立稳定性问题以来，国内外已发表多篇论文[1-5]，但从理论研究考虑，还应做进一步研究。鲁氏所给空气中套管柱下端的失稳临界压力[1]为$V=3.5\sqrt[3]{EIq^2}$，推导该值的基本方程是在中和点邻域内建立的，未考虑套管柱全长及上下两端约束条件。当管柱内外有液压时，鲁氏提出的"虚拟力"概念比较抽象，使工程技术人员不易理解。

本文以井口为坐标原点，考虑套管柱全长及上下两端约束条件，经过严密而系统的分析计算，求得套管柱下端轴向力失稳临界值，比鲁宾斯基的结果约大15%。对于套管柱内外液压的影响，本文结论与鲁氏一致，但本文论证了所谓"虚拟力"就是下端开口的管柱失稳临界力与下端闭口的管柱失稳临界力之差，即管柱下端封头力，并非虚拟的力。

二、套管柱下端轴向临界力

1 模型处理及基本方程

直井套管柱如图1所示，上端固定，下端可沿轴向滑动并受轴力N作用，暂不考虑管柱内外压的影响，分析使管柱失稳弯曲的轴力N临界值。由弯曲状态下管柱横截面上剪力与外载及挠度的微分关系，可得变系数的三阶微分方程

$$EIy'''=q(\zeta-x)y' \tag{1}$$

式中，$\zeta=(ql+N)/q$；q为单长管重；EI为管柱抗弯模量。该方程属贝塞尔方程类型，在$x\leqslant\zeta$和$x\geqslant\zeta$两种情况下解法不同。由于不计液压影响时，N为压力才能引起管柱弯曲，且该压力远小于管柱全长重量，因此ζ的范围为$0\leqslant\zeta\leqslant l$，求解方程(1)必须分$0\leqslant x\leqslant\zeta$

和 $\zeta \leqslant x \leqslant l$ 两段进行，两部分解在 $x=\zeta$ 处满足连续条件。

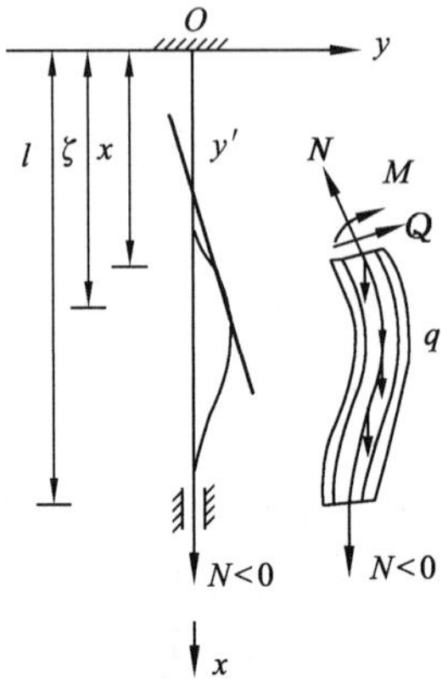

图 1 不计液体压力时直井套管柱的失稳弯曲

2 在 $0 \leqslant x \leqslant \zeta$ 区间方程(1)的解

由于 $\zeta - x \geqslant 0$，设

$$Z=\frac{2}{3}\left(\frac{q}{EI}\right)^{\frac{1}{2}}(\zeta-x)^{\frac{3}{2}} \geqslant 0, \quad u=\frac{\mathrm{d}y}{\mathrm{d}Z} \tag{2}$$

于是方程(1)可化为(3)式。该二阶变系数方程为虚变量贝塞尔方程，其通解为(4)式。

$$\frac{\mathrm{d}^2 u}{\mathrm{d}Z^2}+\frac{1}{Z}\frac{\mathrm{d}u}{\mathrm{d}Z}-\left(1+\frac{1}{9Z^2}\right)u=0 \tag{3}$$

$$u=a_1 I_{\frac{1}{3}}(Z)+a_2 K_{\frac{1}{3}}(Z) \tag{4}$$

式中，$I_{\frac{1}{3}}(Z)$ 及 $K_{\frac{1}{3}}(Z)$ 分别为虚变量第一类和第二类贝塞尔函数；a_1 和 a_2 为待定系数，由边界条件和连续条件决定。

3 在 $\zeta \leqslant x \leqslant l$ 区间方程(1)的解

由于 $\zeta - x \leqslant 0$，设

$$v=\frac{2}{3}\left(\frac{q}{EI}\right)^{\frac{1}{2}}(x-\zeta)^{\frac{3}{2}} \geqslant 0, \qquad U=\frac{\mathrm{d}y}{\mathrm{d}v} \tag{5}$$

由此可得

$$Z=iv, \qquad u=U/i \tag{6}$$

将式(6)代入式(3)可得 U 对 v 的二阶方程

$$\frac{\mathrm{d}^2 U}{\mathrm{d}v^2}+\frac{1}{v}\frac{\mathrm{d}U}{\mathrm{d}v}+\left(1-\frac{1}{9v^2}\right)U=0 \tag{7}$$

这是第一类贝塞尔方程，其通解为

$$U=C_1 J_{\frac{1}{3}}(v)+C_2 J_{-\frac{1}{3}}(v) \tag{8}$$

式中，$J_{\frac{1}{3}}(v)$ 及 $J_{-\frac{1}{3}}(v)$ 为第一类贝塞尔函数；C_1 和 C_2 为待定系数，由边界条件和连续条件决定。

4　边界条件和连续条件

(1) 管柱上端为固定约束(图 2),应有

$$\left(\frac{\mathrm{d}y}{\mathrm{d}x}\right)_{x=0}=0 \tag{9}$$

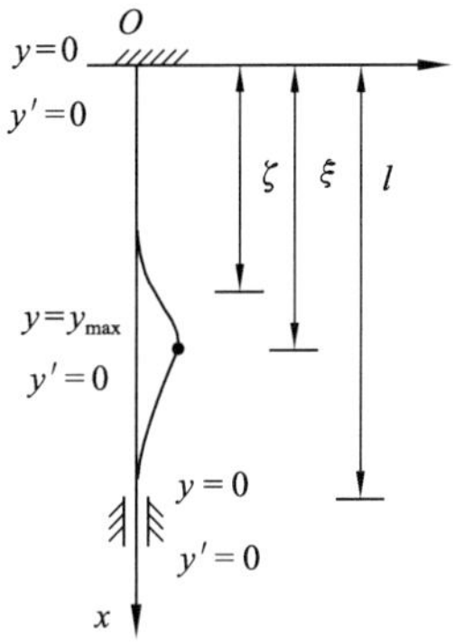

图 2　套管柱的约束条件

设

$$Z_0=(Z)_{x=0}=\frac{2}{3}\left(\frac{q}{EI}\right)^{\frac{1}{2}}\zeta^{\frac{3}{2}} \tag{10}$$

则约束条件式(9)可写成

$$\left(\frac{\mathrm{d}y}{\mathrm{d}x}\right)_{x=0}=-\left(\frac{3Z_0q}{2EI}\right)^{\frac{1}{3}}(u)_{z=z_0}=0 \tag{11}$$

即

$$(Z^{\frac{1}{3}}u)_{z=z_0}=0 \tag{12}$$

(2) 管柱下端为滑动约束,应有

$$\left(\frac{\mathrm{d}y}{\mathrm{d}x}\right)_{x=l}=0 \tag{13}$$

按照(5)式转换关系,并设

$$v_l=(v)_{x=l}=\frac{2}{3}\left(\frac{q}{EI}\right)^{\frac{1}{2}}(l-\zeta)^{\frac{3}{2}} \tag{14}$$

则约束条件式(13)可写成

$$\left(\frac{\mathrm{d}y}{\mathrm{d}x}\right)_{x=l}=\left(\frac{3v_lq}{2EI}\right)^{\frac{1}{3}}(U)_{v=v_l}=0 \tag{15}$$

即

$$(v^{\frac{1}{3}}U)_{v=v_l}=0 \tag{16}$$

(3) 管柱在 $x=\zeta$ 处的转角和曲率连续,有

$$\left.\begin{aligned}-(Z^{\frac{1}{3}}u)_{z=0}&=(v^{\frac{1}{3}}U)_{v=0}\\ \left(\frac{1}{3}Z^{-\frac{1}{3}}v+Z^{\frac{2}{3}}\frac{\mathrm{d}u}{\mathrm{d}Z}\right)_{z=0}&=\left(\frac{1}{3}v^{-\frac{1}{3}}U+v^{\frac{2}{3}}\frac{\mathrm{d}U}{\mathrm{d}v}\right)_{v=0}\end{aligned}\right\} \tag{17}$$

(4) 管柱失稳弯曲最大挠度点 ξ 应无转角,设

$$V_{\xi}=\frac{2}{3}\left(\frac{q}{EI}\right)^{\frac{1}{2}}(\xi-\zeta)^{\frac{3}{2}} \tag{18}$$

类似式(16),应有

$$(v^{\frac{1}{3}}U)_{v=v_{\xi}}=0 \tag{19}$$

5 临界轴向力

将式(4)和(8)分别代入边界条件式(12)和(16)得

$$a_1 I_{\frac{1}{3}}(Z_0)+a_2 K_{\frac{1}{3}}(Z_0)=0, \quad C_1 J_{\frac{1}{3}}(v_l)+C_2 J_{-\frac{1}{3}}(v_l)=0 \tag{20}$$

由连续条件式(17)找出 a_1,a_2 与 C_1,C_2 的关系,并代入式(20)消去 a_1,a_2。由于 C_1,C_2 不能全为零,从式(20)应有

$$J_{\frac{1}{3}}(v_l)\left[I_{\frac{1}{3}}(Z_0)+\frac{\sqrt{3}}{\pi}K_{\frac{1}{3}}(Z_0)\right]+J_{-\frac{1}{3}}(v_l)I_{\frac{1}{3}}(Z_0)=0 \tag{21}$$

将式(21)简化为

$$J_{\frac{1}{3}}(v_l)I_{-\frac{1}{3}}(Z_0)+J_{-\frac{1}{3}}(v_l)I_{\frac{1}{3}}(Z_0)=0 \tag{22}$$

由于 v_l,Z_0 都是 ζ 的函数,同时 ζ 又是 N 的参变量,因此式(22)为确定临界轴向力 N 的超越方程。为计算方便引入无量纲系数 α,令

$$N=-(l-\zeta)q=-\alpha q\left(\frac{EI}{q}\right)^{\frac{1}{3}} \tag{23}$$

从而 v_l,Z_0 可以用 α 表达:

$$v_l=\frac{2}{3}\alpha^{\frac{3}{2}}, \qquad Z_0=\frac{2}{3}\left[l\left(\frac{EI}{q}\right)^{-\frac{1}{3}}-\alpha\right]^{\frac{3}{2}} \tag{24}$$

将式(22)中各项贝塞尔函数用它们的幂级数表达,并参照式(24),式(22)可化为

$$\Phi(\alpha)=\Psi(\alpha) \tag{25}$$

式中,

$$\Phi(\alpha)=\alpha\frac{\displaystyle\sum_{k=0}^{\infty}\frac{(-1)^k}{k!\Gamma\left(\frac{1}{3}+k+1\right)}\left(\frac{v_l}{2}\right)^{2k}}{\displaystyle\sum_{k=0}^{\infty}\frac{(-1)^k}{k!\Gamma\left(-\frac{1}{3}+k+1\right)}\left(\frac{v_l}{2}\right)^{2k}} \tag{26}$$

$$\Psi(\alpha)=-\left[l\left(\frac{EI}{q}\right)^{-\frac{1}{3}}-\alpha\right]\frac{\displaystyle\sum_{k=0}^{\infty}\frac{(-1)^k}{k!\Gamma\left(\frac{1}{3}+k+1\right)}\left(\frac{Z_0}{2}\right)^{2k}}{\displaystyle\sum_{k=0}^{\infty}\frac{(-1)^k}{k!\Gamma\left(-\frac{1}{3}+k+1\right)}\left(\frac{Z_0}{2}\right)^{2k}} \tag{27}$$

由式(26)和(27)可见,$\Phi(\alpha)$ 与 l 无关,而 $\Psi(\alpha)$ 与 l 有关,因此理论上临界轴向力 N 与 l 有关。令

$$l=A\left(\frac{EI}{q}\right)^{\frac{1}{3}} \tag{28}$$

给定 A 值，在以 α 为自变量的坐标系中作曲线 $\Phi(\alpha)$ 及 $\Psi(\alpha)$，曲线的交点即为式(25)的解。由图 3 所示，在曲线 $\Phi(\alpha)$ 的同一周期段上，$A<10$ 时两组曲线交点的 α 值随 A 的加大而有所降低，反映出临界值有所下降，当 A 为 20～30 时曲线 $\Psi(\alpha)$ 基本重合，表明 $l\geqslant 30(EI/q)^{\frac{1}{3}}$ 时，管柱长度对临界载荷实际上不再具有影响。从图 3 还可看到，同一条 $\Psi(\alpha)$ 曲线和 $\Phi(\alpha)$ 曲线有多个交点，计算临界轴向力应考虑取最低值。

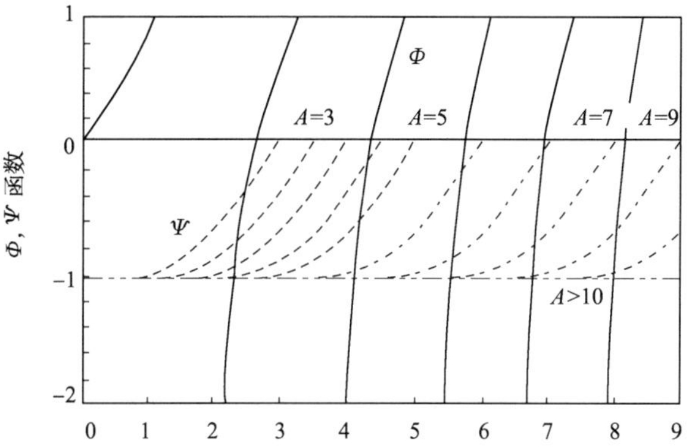

图 3　临界载荷参数计算

从表 1 列出的 α 解看来，第一列的数值最低，但它不能用来计算图 1 所示套管柱的临界 N 值，因为它没有满足式(19)弯曲挠度最大部位无转角的条件。只有当管柱下端沿横向也可以滑动时，才可以取第一列的 α 值计算临界载荷。不难证明，满足式(19)要求的临界 N 值应按第二列的 α 值计算，而第一列的 α 值应作为确定最大挠度位置的参数，所以有

$$N=-4.09\sqrt[3]{EIq^2} \tag{29}$$

式(29)给出的 N 值比鲁宾斯基的结果绝对值约大 15%。

表 1 中高阶的 α 值对应于高阶的临界载荷，但高阶临界载荷解的实际意义不大，因为在此以前管柱已经失稳。

表 1　满足超越方程(25)的 α 解

管柱参数(A)	无量纲系数 α				
4.5	2.342 0	4.281 4			
5	2.339 15	4.162 1			
6	2.338 13	4.094 7	5.662 8		
7	2.338 10	4.088 2	5.538 3	6.981 9	
8	2.338 09	4.087 9	5.521 7	6.816 2	
30	2.338 09	4.087 9	5.520 5	6.786 7	7.943

三、套管柱内外压对临界载荷的影响

设图 1 所示套管柱内外均有液体存在，其密度分别为 γ_i，γ_o，管柱内外圆的面积分别为 A_i，A_o，管柱井口内外压为 p_{io}，p_{oo}，管柱下端开口，轴向载荷为 N'，现在分析 N' 的临界值。

设管柱在 N' 及内外液体压力作用下已失稳弯曲，从中取出一段，如图 4 所示，该段上下

两端切向单位向量为 $\boldsymbol{n}_\xi$ 和 $\boldsymbol{n}_{\xi+h}$，该段管柱中液柱的受力平衡条件为

$$\int_{S_i} \boldsymbol{p}_i(x)\mathrm{d}s = A_i\gamma_i h\,\boldsymbol{i} + A_i p_i(\xi)\boldsymbol{n}_\xi - A_i p_i(\xi+h)\boldsymbol{n}_{\xi+h} \tag{30}$$

式中，$\boldsymbol{i}$ 为铅垂 x 轴向的单位向量。

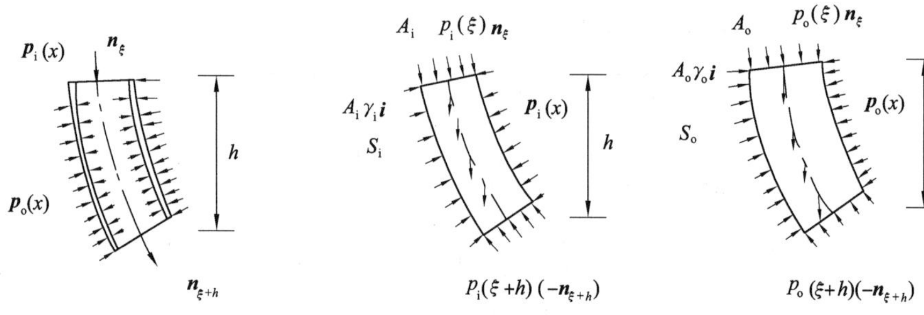

图 4 套管柱内外壁液压分析

再根据被该段管柱排开的管外液体的液柱的受力平衡条件，有

$$\int_{S_i} \boldsymbol{p}_o(x)\mathrm{d}s = -A_o\gamma_o h\,\boldsymbol{i} - A_o p_o(\xi)\boldsymbol{n}_\xi + A_o p_o(\xi+h)\boldsymbol{n}_{\xi+h} \tag{31}$$

由此可得该段管柱内外壁液体压力对其作用面积积分的向量和

$$\begin{aligned}\int_{S_i} \boldsymbol{p}_i(x)\mathrm{d}s + \int_{S_o} \boldsymbol{p}_o(x)\mathrm{d}s = {} & [A_i p_i(\xi) - A_o p_o(\xi)]\boldsymbol{n}_\xi - \\ & [A_i p_i(\xi+h) - A_o p_o(\xi+h)]\boldsymbol{n}_{\xi+h} + \\ & h(A_i\gamma_i - A_o\gamma_o)\boldsymbol{i}\end{aligned} \tag{32}$$

在上式中取 $\xi=0$，$h=l$，并注意到 $\boldsymbol{n}_0=\boldsymbol{i}$，$\boldsymbol{n}_l=-\boldsymbol{i}$，可知管柱弯曲状态下全部内外壁液体压力的作用可用三个力代替：

(1) 作用于管柱上端的集中力 $\boldsymbol{F}_t=[A_i p_i(0)-A_o p_o(0)]\boldsymbol{i}$；

(2) 作用于管柱下端的集中力 $\boldsymbol{F}_b=[A_i p_i(l)-A_o p_o(l)](-\boldsymbol{i})$；

(3) 沿管长均布的液体当量重力，其单长管重为 $q'=(A_i\gamma_i-A_o\gamma_o)$。

因管柱上端为固定约束，$\boldsymbol{F}_t$ 可以不加，只要在管柱下端加 $\boldsymbol{F}_b$，并在管柱全长加 q'，就能代替全部内外压的影响。因此，在有内外压的情况下研究管柱临界载荷时，下端开口的套管柱可以转化为内外无液压、下端开口的套管柱进行研究，转化的方法为将原来下端的轴力 $\boldsymbol{N}=N\boldsymbol{i}$ 改为 $\boldsymbol{N}'+\boldsymbol{F}_b$，同时将原来管柱单长重量改为 $q+q'$，于是按无液压的式(29)可得有液压的临界载荷

$$N' = A_i(p_{io}+\gamma_i l) - A_o(p_{oo}+\gamma_o l) - 4.09[EI(q+A_i\gamma_i-A_o\gamma_o)^2]^{\frac{1}{3}} \tag{33}$$

由于井涌及压裂等工况下井口内压很大，式(33)中第一项通常都超过后两项，使其成为正值，可见在有内压存在时，为保证套管柱悬挂段的直立稳定性，下端管柱不但不能受压，而且还要提拉成一定程度的拉力。

为更确切阐明 F_b 的物理意义，有必要分析套管柱下端闭口，同时有内外压时的情况。设下端轴力 N'' 作用在闭口封头盖板的中心，设想将封头盖板分离出来(图 5)，由该分离体的平衡有

$$N' = N'' + A_i(p_{io} + \gamma_i l) - A_o(p_{oo} + \gamma_o l) \tag{34}$$

于是管柱可视为下端开口受 N' 作用的状态，然后用式(33)给 N' 赋值，可得 N'' 的临界值为

$$N'' = -4.09[EI(q + A_i\gamma_i - A_o\gamma_o)^2]^{\frac{1}{3}} \tag{35}$$

此结果表明：闭口管柱下端轴力的临界值受管内外液压的影响很小，只与液体密度有关，与井口压力无关。

由图 5 及式(34)还可看出，闭口管柱与开口管柱的临界载荷之差就是封头上液压的平衡力，即封头力，此力正好是 F_b。因此，虽然被称为"虚拟力"，实际上它并非虚拟的力，而是客观存在的力。

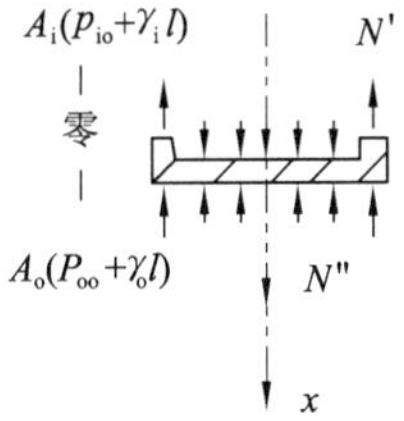

图 5　套管柱下端封头盖板受力图

四、结　论

(1) 本文以井口为坐标原点，考虑套管柱全长及上下两端约束条件，求得套管柱下端轴向力失稳临界值 $N = -4.09\sqrt[3]{EIq^2}$，比鲁宾斯基的结果约大 15%。

(2) 对于套管柱内外液压的影响，本文结论与鲁氏一致，但本文证明了所谓"虚拟力"就是下端开口的管柱失稳临界力与下端闭口的管柱失稳临界力之差，即管柱下端封头力，并非虚拟的力。

(3) 在有内压存在时，为保证套管柱悬挂段的直立稳定性，下端管柱不但不能受压，而且还要提拉成一定程度的拉力，具体大小见式(33)。

(4) 闭口管柱下端轴力的临界值受管内外液压的影响很小，只与液体密度有关，与井口压力无关。

参考文献

[1] A. Lubinski. Influence of Tension and Compression on Straight and Buckling of Tubular Goods in Oil Wells // Developments in Petroleum Engineering, Vol. 1, Stability of Tubulars, Collected Works of Arthur Lubinski. 1987

[2] A. Lubinski, K. A. Blenkarn. Buckling of Tubing in Pumping Wells, Its Effects and Means for Controlling It. Trans. of ASME. 1975, 210

[3] 金学志，郝俊芳. 内外压力对井内管柱失稳性与弯曲的影响. 天然气工业，1985，5(1)

[4] 吴疆. 未固水泥套管段柱状弯曲及失稳分析. 石油钻采工艺，1987(3)

[5] 龚伟安. 液压下的管柱弯曲问题. 石油钻采工艺，1988(3)

卡瓦内悬挂管柱承载能力分析

崔孝秉　张　宏

摘要： 分析卡瓦内悬挂管柱的承载能力，对油井特别是深井和超深井的套管柱设计十分重要。以往国内外对此的研究以 API 为代表，由于模型上的局限，分析中未考虑管柱表面由于卡瓦夹持产生的局部弯曲应力，分析的结果适用于管柱塑性承载能力的计算，而我国油井套管柱的设计实际上是按弹性设计的，因此以往的大部分套管柱设计均存在安全系数过小的问题。针对这一问题，分析了以往这些研究中存在的不足，以弹性力学中的薄壳理论为基础，根据卡瓦内管柱的变形形态，提出了一种较合理的可计算卡瓦内悬挂管柱弹性承载能力的解析方法，计算结果与有限元数值计算结果和试验实测结果符合良好。

关键词： 卡瓦；套管柱；薄壳理论；承载强度

一、概　述

井口卡瓦内悬挂管柱的承载能力问题，对深井钻井工程和固井工程都具有重要意义。对此国内外已有不少研究[1-3]。早在 20 世纪 60 年代美国 API 就推荐了工程实用算法[1]，这种算法将卡瓦内的一小段管柱处理为同时承受均布外压和轴向拉力作用的厚壁筒，但该模型没有考虑卡瓦下边缘处管壁的局部弯曲应力，因此算出的承载能力必然偏高。文献[2]假定被卡瓦夹紧部分的管体的径向位移均匀分布，然后按柱壳理论进行分析。这种模型确有改进，但是由于在运算过程中存在严重的数学错误，文中的公式和数据不可置信。在国内有关本问题的研究中，文献[3]提出将卡瓦对管柱的挤压力当做均布处理，按薄壳理论分析管柱的承载能力。作为一种近似分析，该模型是合理的，但该文在理论分析过程中存在疏忽，给出的结果比 API 算法的结果低 10%～28%。鉴于本问题在工程中的重要性，有必要在分析以往研究的基础上，提出更合理的研究成果。

根据分析，关于卡瓦内管柱的承载能力问题，文献[2]算法和文献[3]算法基本上接近于美国 API 的算法，卡瓦下边缘管壁弯曲引起的附加应力均未反映出来，因此按照 API 算法得出的管柱承载能力基本上属于塑性极限承载能力，其结果适用于韧性较好、加工质量较高的管柱。如果管柱的韧性不好，加工较差，则卡瓦下边缘管壁峰值应力的影响必须考虑。在工程设计中应该根据峰值应力满足强度条件算出的弹性极限承载能力进行设计。

二、关于 API 工程实用算法的讨论

图 1 所示悬挂在卡瓦内的管柱，卡瓦长度为 l，管柱平均半径为 R，壁厚为 δ。已知管柱和卡瓦的结构尺寸和材料性能，要求分析管柱吊力的极限承载能力 Q。本问题属于接触问题，一般管柱在卡瓦内所受的接触压力和变形产生的径向位移都不是均匀分布，严格求解这种情况下管柱的承载能力相当困难，因此出现了多种近似计算方法。美国 API 推荐的计算公式是假定卡瓦与管体接触压力均匀分布，并认为卡瓦段管体的变形不受两边管体的影响。由弹性力学关于厚壁筒的分析，得出管体内壁的环向应力及管柱由于自重产生的轴向拉应

力分别为

$$\sigma_1=\frac{Q}{A},\qquad \sigma_2=-\frac{2b^2p}{b^2-a^2} \tag{1}$$

式中，p 为夹瓦对管柱外表面的径向压力；a，b 分别为管柱内外半径；A 为管体横截面面积。

将上述两部分应力代入第四强度理论

$$\sigma_1^2+\sigma_2^2-\sigma_1\sigma_2=\sigma_s^2 \tag{2}$$

得

$$Q=A\sigma_s\left[\frac{2}{1+\left(1+\frac{2b^2}{b^2-a^2}\frac{KA}{A_1}\right)^2+\left(\frac{2b^2}{b^2-a^2}\frac{KA}{A_1}\right)}\right]^{0.5} \tag{3}$$

式中，σ_s 为管材屈服应力；A_1 为卡瓦与管体之间的接触面积，$A_1=2\pi bl$；K 为横向载荷系数。

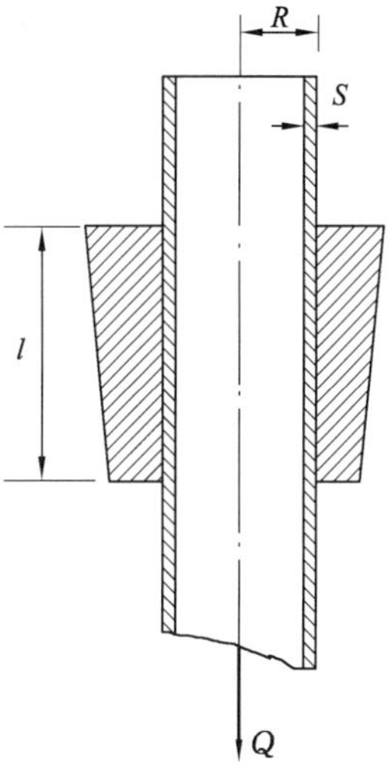

图 1　卡瓦内悬挂管柱结构

式(3)为 API 计算卡瓦悬挂管柱承载能力的推荐公式。由式(3)的推导过程可见，该式考虑应力时，只考虑了管体作为厚壁筒而产生的径向应力和环向应力沿径向的不均匀性，轴向应力是作为均匀处理的。由于管体在卡瓦的夹持下会产生径向的弯曲变形，因此卡瓦与管体之间的接触是不均匀的，同时管体在变形时会产生轴向的弯曲应力，该弯曲应力沿壁厚也是不均匀的，该项应力只存在于卡瓦上下边缘处的管体中，特别是下边缘处的管体内外表面。由于套管内壁点弯曲应力与拉伸应力两项应力的方向相同，应力叠加后该点的轴向应力加大。当载荷足够大时，该点将首先进入屈服状态。如按理想弹塑性材料考虑，该点的当量应力达到屈服极限后将不再变化，同时该点周围的塑性区不断扩大，屈服范围不断扩展，直至贯穿整个管体截面，此时整个管体截面上的轴向应力才是均匀分布的。由此可见，API 推荐公式中只考虑均匀的拉伸应力来计算管柱的极限载荷，这表明该极限载荷相当于管体的塑性极限载荷。塑性极限载荷比弹性极限载荷要大，以此塑性极限载荷来进行套管柱的弹性设计，将使管柱的安全系数变小。

由于 API 公式存在上述局限性，文献[2]假定卡瓦悬挂管柱的径向变形沿轴向均匀而接触力不均匀，文献[3]假定接触力沿轴向均匀而径向变形不均匀，重新建立了力学模型，以弹性薄壳理论为基础对管柱进行分析，试图计算卡瓦悬挂管柱的弹性承载能力。由于文献[2]运算过程中存在严重的数学错误，文中的公式和数据不可置信。文献[3]在理论分析过程中存在小的疏忽，文中给出的结果比 API 算法的结果低 10%～28%。而按文献[3]的力学模型的正确分析结果比 API 结果高 5%，其差别只是由于将管体按厚壁和薄壁这两种不同的处理引起的。

由此可见，以上几种分析均未能正确反映管体弯曲产生的附加弯曲应力，如果管柱的韧性不好，加工较差，则卡瓦下边缘管壁峰值应力的影响必须考虑，应该按照峰值应力满足强度条件算出其弹性极限承载能力。

三、卡瓦内悬挂管柱的弹性承载能力

本文将管柱视为薄壳，假设轴向摩擦力均匀分布，将轴向载荷产生的应力与径向载荷产生的应力分开考虑，侧重研究卡瓦下边缘管柱横截面上的分布弯矩，算出内壁的轴向应力和环向应力，可给出管柱悬挂力的弹性承载能力近似计算式。

在图2中轴向摩擦力 q 严格说来正比于径向压力 p，在 p 分布形状未定时，q 的分布形状也是未定的，因此这两套外载引起的应力是相互耦连的。为简化这种情况，设摩擦力 q 沿轴向均匀分布，$q=Q/A_1$。经过这样处理，管柱轴向载荷产生的应力可以单独计算出来：

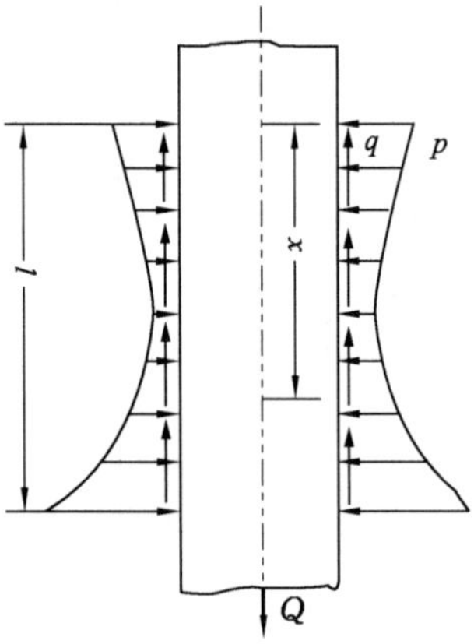

图2 管柱载荷分析

$$\sigma_x=\frac{Q}{A}\quad(x\geqslant l),\qquad \sigma_x=\frac{Q_x}{Al}\quad(0\leqslant x\leqslant l)\tag{4}$$

为了分析管柱受卡瓦压力作用产生的应力和变形，将管柱沿卡瓦上下边缘处截开，分成三个分离体，如图3所示。在卡瓦以上和卡瓦以下，管柱的变形和受力均属于边缘效应问题，需要研究的是卡瓦以下那段管柱的边缘力，以便计算卡瓦下边缘管柱危险截面中的附加弯曲应力。由于边缘效应区很短，卡瓦比较长，可以略去卡瓦上边缘的管柱内力对卡瓦下边缘管柱内力的影响。设卡瓦以下管柱横截面的边缘弯矩为 M_0、剪力为 Q_0、径向位移为 w_0、转角为 θ_0，则离开边缘距离为 Ψ 处管壁的变形应为

$$\begin{aligned}w&=-\frac{M_0}{2\beta^2D}f_3(\Psi)+\frac{Q_0}{2\beta^3D}f_4(\Psi)\\ \theta&=\frac{\mathrm{d}w}{\mathrm{d}\Psi}=\frac{M_0}{\beta D}f_2(\Psi)-\frac{Q_0}{2\beta^2D}f_1(\Psi)\end{aligned}\tag{5}$$

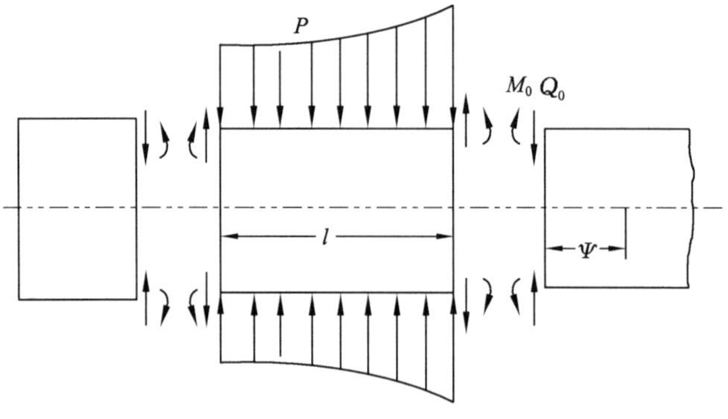

图3 卡瓦内力分析

式中，$f_1(\Psi)$，$f_2(\Psi)$，$f_3(\Psi)$，$f_4(\Psi)$ 为下列已知函数：

$$\left.\begin{aligned}f_1(\Psi)&=\mathrm{e}^{-\beta\Psi}(\cos\beta\Psi+\sin\beta\Psi)\\ f_2(\Psi)&=\mathrm{e}^{-\beta\Psi}\sin\beta\Psi\\ f_3(\Psi)&=\mathrm{e}^{-\beta\Psi}(\cos\beta\Psi-\sin\beta\Psi)\\ f_4(\Psi)&=\mathrm{e}^{-\beta\Psi}\cos\beta\Psi\end{aligned}\right\}\tag{6}$$

$$D=\frac{E\delta^3}{12(1-\mu^2)}$$

$$\beta=\sqrt[4]{\frac{3(1-\mu^2)}{R^2\delta^2}}$$

式中，E，μ 分别为管材的弹性模量和泊松比。

在式(5)中令 $\Psi=0$，可得卡瓦下边缘管柱内力和变形之间的关系：

$$w_0=-\frac{M_0}{2\beta^2 D}+\frac{Q_0}{2\beta^3 D},\quad \theta_0=\frac{M_0}{\beta D}-\frac{Q_0}{2\beta^2 D} \tag{7}$$

由此可以获得卡瓦下边缘管柱的弯矩 M_0 与管柱的变形 w_0，θ_0 之间的关系：

$$M_0=2\beta^2 D\left(w_0+\frac{\theta_0}{\beta}\right) \tag{8}$$

根据式(8)，如能近似给出 w_0 和 θ_0 之值，则可获得 M_0 的近似值。

由于卡瓦长度比边缘效应区大得多，因此管壁与卡瓦不仅在边缘点有接触，中部也会有接触。考虑到卡瓦及其后背刚度很大，因此这些接触点的径向位移可以近似地视为相等，而且径向位移的数值主要取决于卡瓦的挺进，边缘力的影响可以忽略不计。基于这些近似考虑，假定在卡瓦段内管柱的径向位移为常量，即 $w=w_0=$ 常量，代入下面的微分方程式，可得到卡瓦段内管柱承受的径向压力也是常数：

$$D\frac{d^4 w}{dx^4}+\frac{E\delta}{R^2}w=p,\qquad p=\frac{E\delta}{R^2}w_0,\qquad w_0=\frac{pR^2}{E\delta} \tag{9}$$

以上结果相当于将卡瓦内的管柱段作为薄壁圆筒受均布压力的模型处理。至于边缘的转角 θ_0，如果沿用 $w=w_0=$ 常数的假定，则应取 $\theta_0=0$，这和实际情况差得太多，因为从卡瓦段过渡到下面的自由悬挂段，管柱在过渡界面有明显的倾角，这是卡瓦对管壁的不完整约束性形成的。如果卡瓦边缘有磨损，这个倾角更明显，即使是新卡瓦，倾角 θ_0 也不会为零。

根据这种假想，采用全管柱在卡瓦段受均布径向压力的方法来计算 θ_0 比较近似。按薄壳理论，一段长度为 l 的均布径向压力在卡瓦下边缘处使管壁产生的转角应为

$$\theta_0=\frac{p}{8\beta^3 D}\left[e^{-\beta l}(\cos\beta l+\sin\beta l)-1\right] \tag{10}$$

式中，$e^{-\beta l}$ 项很小，可以略去。将式(9)的 w_0 和式(10)的 θ_0 代入式(8)，可以获得边缘力矩的近似值。由弹性薄壳理论，管柱内壁点的轴向拉伸应力和环向压缩应力应为

$$\left.\begin{aligned}\sigma_1&=\frac{Q}{A}+\frac{6M_0}{\delta^2}=\frac{Q}{A}\left(1+0.91\frac{KR}{l}\right)\\ \sigma_2&=\frac{Ew_0}{R}+\frac{6\mu M_0}{\delta^2}=0.73\frac{Q}{A}\frac{KR}{l}\end{aligned}\right\} \tag{11}$$

按照第四强度理论可得弹性承载能力的计算式为

$$Q=\frac{A\sigma_s}{\sqrt{1+2.55\dfrac{KR}{l}+2.03\left(\dfrac{KR}{l}\right)^2}} \tag{12}$$

设有直径为 114.3 mm 的卡瓦，长度 l 为 240 mm，管柱截面面积 $A=2\ 323\ \text{mm}^2$，$R=53.7$ mm，管材 $\sigma_s=527$ MPa，由式(12)计算可得 $Q=644$ kN。由此可以看出，按峰值应力计算的弹性承载能力比用 API 方法计算的塑性承载能力 822 kN 约低 22%。

为了验证本文公式的可靠性，用有限元法进行了数值计算，同时用直径为 177.8 mm 的套管试件在原尺寸套管试验机上实测了卡瓦内套管内壁的应变。按第四强度理论考虑，计算的卡瓦下边缘套管内壁的当量应力集中系数为 2.43，试验实测结果为 2.5，有限元计算结

果为 2.3,本文的结果与实测结果只相差 3%,这说明其公式有较高的精度。而按 API 公式计算出的当量应力集中系数则为 1.77,比实测结果小 29%。

四、结论

(1) 文献[1]~[3]推荐的计算公式未考虑管柱弯曲引起的峰值应力,得出的卡瓦悬挂管柱承载能力基本上属于塑性极限承载能力,其结果只适用于韧性较好、加工质量较高的管柱,而用于弹性设计必将产生安全系数过小的问题。

(2) 给出了新的卡瓦内管柱弹性承载能力的计算公式,计算结果与试验和有限元法计算结果符合较好,可以用于卡瓦内管柱弹性设计。

参考文献

[1] Tool Pusher's Manual: API Drill-pipe Standards, Care and Handling Section B-3. 9th ed. Washington D. C.: API Publication, 1981

[2] A. A. 达烈扬. 确定卡瓦片计算载荷的理论研究. 石油钻采机械通讯,1976(4)

[3] 龚伟安. 卡瓦内悬挂管柱的理论承载能力. 石油矿场机械. 1982,11(5)

[4] 杨耀乾. 薄壳理论. 北京:中国铁道出版社,1984

卡瓦内悬挂管柱承载能力的再分析

崔孝秉　张　宏

摘要： 以往在国内外对卡瓦内悬挂管柱承载能力的研究中出现了多种研究模型，但其求解方法均不同程度地存在一些问题和不足。鉴于求解方法对油井特别是深井和超深井的套管柱设计十分重要，对原有文献中存在的问题进行了剖析，并按原有模型进行了正确的计算。

关键词： 卡瓦；套管柱设计；受力分析；数学模型

一、概　述

井口卡瓦内悬挂管柱的承载能力问题属于接触问题。一般说来，管柱在卡瓦内所受的接触压力和变形产生的径向位移都不是均匀分布的，严格求解这种情况下管柱的承载能力相当困难，因此出现了多种近似计算方法。20 世纪 60 年代美国 API 推荐的工程实用算法[1]将卡瓦内的一小段管柱处理为同时承受均布外压和轴向拉力作用的厚壁筒，没有考虑卡瓦下边缘处管壁的局部弯曲应力，因此算出的承载能力偏高，只适用于计算卡瓦悬挂管柱的塑性承载能力。文献[2]假定被卡瓦夹紧部分的管体的径向位移均匀分布，然后按柱壳理论进行分析。这种模型确有改进，但是由于其运算过程中存在严重的数学错误，文中的公式和数据不可置信。文献[3]将卡瓦对管柱的挤压力当做均布处理，按薄壳理论分析管柱的承载能力。作为一种近似分析，该模型是合理的，但是这种模型也未能反映卡瓦边缘在管内壁造成的峰值应力，计算的承载能力应与 API 方法相近。由于该文在理论分析过程中存在疏忽性的错误，给出的结果比 API 算法的结果低 10%～28%。本文详细剖析了文献[2]的错误及文献[3]中存在的疏忽，并根据两文中的力学模型，导出相应正确的承载能力计算式。

二、文献[2]中存在的数学错误

井口卡瓦内悬挂管柱结构见图 1。文献[2]将管柱作为圆柱薄壳处理，假设管柱在卡瓦内的径向位移均匀分布，w 为常量，而压力作为不均匀分布的未知量。根据该力学模型，首先要建立管柱径向位移和径向压力之间的关系方程，然后令径向位移为均布常数，从关系方程中解出径向压力的分布函数。由薄壳理论[4]可知，无穷长圆柱壳在某一截面处受到一圈径向力作用时的径向位移为

$$w=\frac{P}{8\beta^3 D}e^{-\beta x}(\cos\beta x+\sin\beta x) \tag{1}$$

其中，

$$D=\frac{E\delta^3}{12(1-\mu^2)},\quad \beta=\left[\frac{3(1-\mu^2)}{R^2\delta^2}\right]^{\frac{1}{4}} \tag{2}$$

式中，P 为沿圆周单位长度上的作用力；D 为管壁抗弯刚度；β 为管柱的几何参数。

根据式(1)，按照弹性理论叠加法，可以求得分布压力 $q(x)$ 在管柱各点产生的径向位移 w，参见图 2。将分布压力分成许多个 $q\mathrm{d}\Psi$ 的环向压力，设 A 点位于管壁上，离卡瓦上端的距离为 x，根据式(1)可求得 A 点以上和 A 点以下每个环向作用力在 A 点产生的径向位移，叠加积分后可得卡瓦内管柱的径向位移。按照假设，该位置为常数 C，即

$$w(x)=\frac{1}{8\beta^3 D}\Big[\int_0^x \mathrm{e}^{-\beta\Psi}q(x-\Psi)(\cos B\Psi+\sin\beta\Psi)\mathrm{d}\Psi + \int_0^{a-x}\mathrm{e}^{-\beta\Psi'}q(x+\Psi')(\cos\beta\Psi'+\sin\beta\Psi')\mathrm{d}\Psi'\Big]=C \tag{3}$$

式(3)即为决定径向压力的方程。这是一个积分方程，很难求得封闭解。

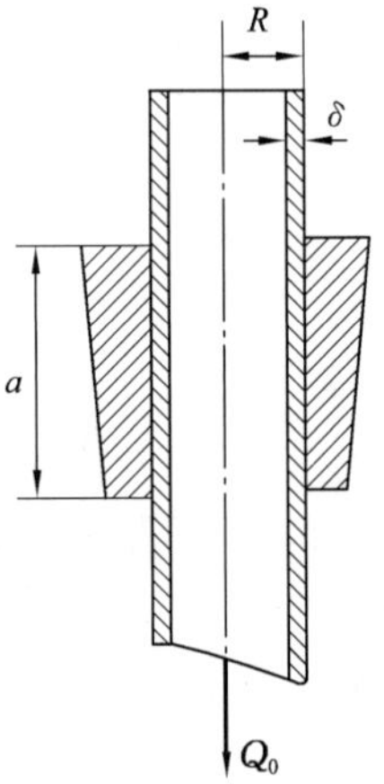

图 1 卡瓦内悬挂管柱结构

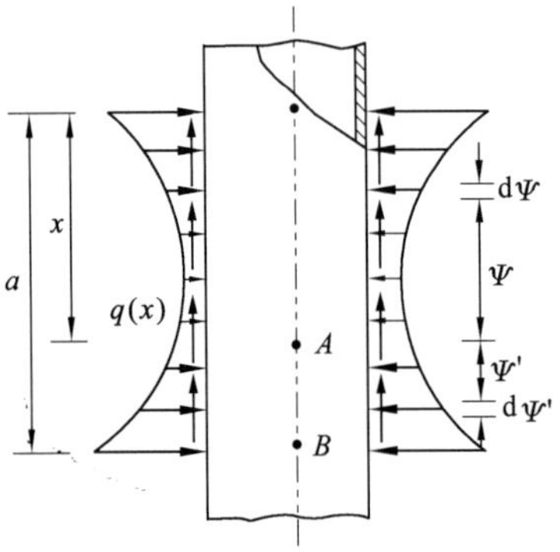

图 2 位移计算模型

文献[2]在建立径向位移计算式时，将 q 看成了常数，得出以下错误结论：

$$w(x)=-\frac{q}{8\beta^3 D}\Big[\int_0^x \mathrm{e}^{-\beta\Psi}(\cos\beta\Psi+\sin\beta\Psi)\mathrm{d}\Psi+\int_0^{a-x}\mathrm{e}^{-\beta\Psi'}(\cos\beta\Psi'+\sin\beta\Psi')\mathrm{d}\Psi'\Big]$$

$$=\frac{q}{8\beta^4 D}[\mathrm{e}^{-\beta x}\cos\beta x+\mathrm{e}^{-\beta(a-x)}\cos\beta(a-x)-2]$$

$$q(x)=\frac{8\beta^4 DC}{\mathrm{e}^{-\beta x}\cos\beta x+\mathrm{e}^{-\beta(a-x)}\cos\beta(a-x)-2} \tag{4}$$

显然这是自相矛盾的。如果将式(4)表达的 $q(x)$ 值代到式(3)中去计算径向位移的话，必然得不到常数，这是文献[2]中的一个严重数学错误。

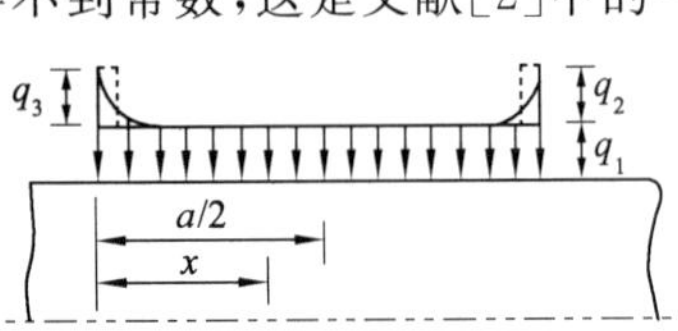

图 3 按式(4)计算的径向压力分布

由此可见，文献[2]算出的管柱承载能力并不是用径向位移均匀分布的模型算出的，实际是用假定径向分布力为式(4)所示的模型算出的。图 3 为该模型径向压力分布曲线，此曲线总体看来和均布情况相差不多，两端高一些，也只有中部的两倍，高处的宽度还不足 $a/16$。由此可见，文献[2]中数学错误导致的实际计算模型，乃是接近于径向压力均匀分布的模型。对这种径向分布力的模型，计算出的承载能力应该和 API 公式给出的结果接近，且还应稍低一点。但由于文献[2]中还存在其他数学错误，其用第三强度理论公式给出的结果比 API 公式相应的结果要高出 15%以上。

其实按照图 3 分布力的模型，完全可以简化成图中虚线所示的一个全长均布力，再加上两端两个小段均布力的梯形模型，很容易推导出相应的承载能力计算公式。根据式(4)数值计算结果，图 3 中梯形径向压力分布的三段高度近似为

$$q_1=q_2=q_3=0.5q_0=4\beta^4DC$$

式中，q_0 和 C 之值可以由平衡条件定出：

$$2\pi R\int_0^a q(x)\mathrm{d}x=KQ_0 \tag{5}$$

$$q_0=0.2996\,\frac{KQ_0}{Ra}=8\beta^4DC \tag{6}$$

注意式(2)关系可得

$$C=0.03745\,\frac{KQ_0}{\beta^4DRa}=0.15\,\frac{KRQ_0}{E\delta a} \tag{7}$$

据式(3)可分别导出三段分布力产生的径向位移及相应的二阶导数。由于危险点可能在卡瓦下端 B 处的管柱内壁，为此略去高阶小量可以求出

$$\left.\begin{aligned}w_B&=\frac{C}{2}\left(2-\mathrm{e}^{-\frac{\beta a}{32}}\cos\frac{\beta a}{32}\right)\\ \left.\frac{\mathrm{d}^2w}{\mathrm{d}x^2}\right|_B&=-C\beta^2\mathrm{e}^{-\frac{\beta a}{32}}\sin\frac{\beta a}{32}\end{aligned}\right\} \tag{8}$$

按照壳体理论，管柱内壁点的轴向应力和环向应力可由轴向载荷 Q_0、弯矩 M_x 及径向位移 w 算出。以 σ_1 代表轴向拉伸应力，σ_2 代表环向压缩应力，其值应为

$$\left.\begin{aligned}\sigma_1&=\frac{Q_0}{2\pi R\delta}+\frac{6M_x}{\delta^2}\\ \sigma_2&=\frac{E}{R}w+\frac{6\mu M_x}{\delta^2}\\ M_x&=-D\,\frac{\mathrm{d}^2w}{\mathrm{d}x^2}\end{aligned}\right\} \tag{9}$$

将式(8)代入式(9)，可以求得卡瓦下端管柱内壁的轴向拉伸应力和环向压缩应力为

$$\left.\begin{aligned}\sigma_1&=\frac{Q_0}{A}\left(1+0.856\mathrm{e}^{-\frac{\beta a}{32}}\sin\frac{\beta a}{32}\frac{KR}{a}\right)-\xi_1\,\frac{Q_0}{A}\\ \sigma_2&=0.94\left[1+\mathrm{e}^{-\frac{\beta a}{32}}\left(0.272\sin\frac{\beta a}{32}-0.5\cos\frac{\beta a}{32}\right)\right]\frac{KR}{a}=\xi_2\,\frac{Q_0}{A}\end{aligned}\right\} \tag{10}$$

将式(10)代入第三强度条件可得承载能力计算式为

$$Q_3=\frac{A\sigma_s}{\xi_1+\xi_2} \tag{11}$$

代入第四强度条件可得承载能力计算式为

$$Q_4=\frac{A\sigma_s}{\sqrt{\xi_1^2+\xi_2^2+\xi_1\xi_2}} \tag{12}$$

设有直径为 114.3 mm 的卡瓦，$a=240$ mm，管柱为 E 级钻杆(直径为 114.3 mm)，$A=2\,323\ \mathrm{mm}^2$，$R=53.7$ mm，$\sigma_s=527$ MPa。由式(11)和式(12)求得按卡瓦下端管柱内壁屈服计算的管柱承载能力为 $Q_3=731$ kN 和 $Q_4=824$ kN，而按 API 模型计算的结果分别为 715 kN和 822 kN。

因此，将文献[2]的错误修正以后，应该按式(11)、式(12)计算管柱的承载能力，其结果

比 API 给出的结果只高出 2.2%和 0.2%。

三、文献[3]中的疏忽之处

文献[3]也提出了一种分析卡瓦悬挂管柱受力及轴向承载能力的方法，这种方法假设卡瓦对管柱的径向压力均匀分布。

设有薄壁圆柱壳体受轴对称外载作用，如图 4 所示。Q_0 为柱壳两端的轴向拉力，p 为柱壳表面的内法向分布压力。根据薄壳理论，本问题即为：已知外载 Q_0 和 p 以及柱壳的结构尺寸和材料性质，求解柱壳位移 w 及内力分量 N_x，N_φ，M_x 和 M_φ。要求解该问题，一般先考虑柱壳的外圈上作用着一圈均匀的线压力载荷 q，在两端仍作用着轴向拉力 Q_0 的情况。此时管柱的径向位移为

$$w(x)=\frac{q}{8\beta^3 D}e^{-\beta x}(\cos\beta x+\sin\beta x)+\frac{\mu R N_x}{E\delta} \tag{13}$$

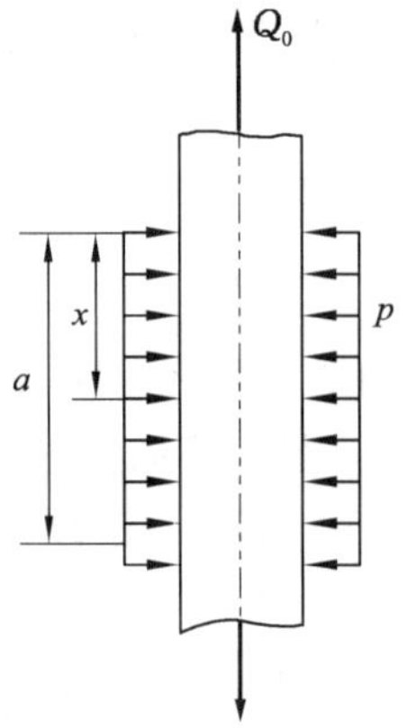

图 4 文献[3]中力学计算模型

当柱壳上 a 段存在径向均布力 p 时，用积分方法求得分布载荷区段之内各点的位移为

$$w=\frac{p}{8\beta^4 D}[2-e^{-\beta(a-x)}\cos\beta(a-x)-e^{-\beta x}\cos\beta x]+\frac{\mu R N_x}{E\delta} \tag{14}$$

对式(14)求二阶导数，可得分布载荷段内弯矩 M_x 的计算式为

$$M_x=-D\frac{d^2 w}{dx^2}=\frac{p}{4\beta^2}[e^{-\beta(a-x)}\sin\beta(a-x)+e^{-\beta x}\sin\beta x] \tag{15}$$

在分布载荷的中间位置 $x=0.5a$ 处，有

$$w_{\max}=\frac{pR^2}{E\delta}\left[1-e^{-\frac{\beta a}{2}}\cos\frac{\beta a}{2}\right]+\frac{\mu R N_x}{E\delta} \tag{16}$$

$$M_{x\max}=\frac{p}{2\beta^2}e^{-\frac{\beta a}{2}}\sin\frac{\beta a}{2} \tag{17}$$

根据柱壳理论，柱体薄膜内力表达式为

$$N_x=\frac{Q_0}{2\pi R},\quad N_\varphi=-\frac{E\delta}{R}w+\mu N_x \tag{18}$$

沿轴线方向和圆周方向的正应力为

$$\left.\begin{aligned}\sigma_1&=\frac{N_x}{\delta}+\frac{6M_x}{\delta^2}\\ \sigma_2&=\frac{N_\varphi}{\delta}+\frac{6M_\varphi}{\delta^2}=-\frac{Ew}{R}+\frac{\mu N_x}{\delta}+\frac{6\mu M_x}{\delta^2}\end{aligned}\right\}\tag{19}$$

将式(16)～(18)代入式(19)，并注意到

$$p=\frac{KQ_0}{A_1}\tag{20}$$

则可得

$$\left.\begin{aligned}\sigma_1&=\left(\frac{1}{A}+\frac{3K}{A_1\delta^2\beta^2}\mathrm{e}^{-\frac{\beta a}{2}}\sin\frac{\beta a}{2}\right)Q_0=\xi_1Q_0\\ \sigma_2&=\left[-\frac{KR}{A_1\delta}\left(1-\mathrm{e}^{-\frac{\beta a}{2}}\cos\frac{\beta a}{2}\right)+\frac{3\mu K}{A_1\delta^2\beta^2}\mathrm{e}^{-\frac{\beta a}{2}}\sin\frac{\beta a}{2}\right]Q_0=\xi_2Q_0\end{aligned}\right\}\tag{21}$$

按照强度条件，可导出管柱承载能力的计算公式。将式(21)代入第三和第四强度理论的屈服条件可得

$$Q_3=\frac{\sigma_s}{\xi_1-\xi_2}\tag{22}$$

$$Q_4=\sigma_s\Big/\sqrt{\xi_1^2+\xi_2^2-\xi_1\xi_2}\tag{23}$$

将本文的推导过程及所得结果和文献[3]相比，可以看到文献[3]在管柱内壁周向应力 σ_2 的计算式中漏掉了一项($\mu N_x/\sigma$)。与此相应，文献[3]中给出的 ξ_2 多了一项 $-\mu/(2\pi\delta R)$，显然这是文献[3]的疏忽之处。该疏忽在于文献[3]选用的管柱环向内力公式中，当不存在轴向载荷，即 $N_x=0$ 时，才有

$$N_\varphi=-\frac{E\delta w}{R}\tag{24}$$

显然，该式只能用于计算径向载荷引起的周向力，其中 w 不能含有轴向力引起的位移量，因此不能用于本模型的计算。文献[3]疏忽了该式的限制性，并由此给出了含有疏忽性错误的承载能力计算公式。

文献[3]在 ξ_2 计算式中多了一项 $-\mu/(2\pi\delta R)$，在数据上使 ξ_2 增大，从而承载能力的计算值也就小了。仍采用上述算例，将数据代入式(22)和式(23)，分别获得卡瓦内管柱的承载能力 $Q_3=751$ kN(第三强度理论)和 $Q_4=860$ kN(能量强度理论)。该计算值比 API 推荐公式[1]算出的结果要高 5%左右，而文献[3]中的计算结果分别为 635 kN 和 733 kN，由此可见，由于疏忽性错误，将使该承载能力的理论计算值下降 14.8%和 15.5%。

此外，通过数值计算还可发现，按径向压力均匀分布的力学模型，计算管柱承载能力的公式中含指数函数的项皆可略去不计(大口径套管除外)，于是 ξ_1 和 ξ_2 可以简化成

$$\xi_1=\frac{1}{A},\quad \xi_2=-\frac{KR}{A_1\delta}\tag{25}$$

这相当于按 $\sigma_1=Q_0/A$ 和 $\sigma_2=pR/\delta$ 进行计算，即按薄壁圆筒模型计算管柱的承载能力。因此，它比 API 推荐的厚壁圆筒模型算出的承载能力还会高出一些。

四、结　论

(1) 文献[2]中有严重的数学力学概念性错误，并且数值计算混乱，承载能力的计算公

式和列表给出的数据偏高，不可置信。分析管柱应力的模型实质上并不是假设径向位移为常数，而是假设径向力接近于均匀分布，其分布形状可处理成两端略高的梯形分布。按照计算结果考查，本文模型给出的承载能力与 API 公式给出的结果较接近。

（2）作为一种近似，文献[3]中的力学模型是合理的，但分析中存在疏忽性错误，导致计算结果小了 15%。根据本文推导的结果，文献[3]模型正确的结果应比 API 算法高 5%。

（3）文献[1]～[3]关于卡瓦悬挂管柱承载能力的分析结果相近，均未能反映卡瓦使管柱弯曲引起的弯曲应力，因此，本文的分析比较适用于塑性承载能力的计算。

参考文献

[1] Tool Pusher's Manual: API Drill-pipe Standards, Care and Handling Section B-3. 9th ed. Washington D. C. : API Publication, 1981

[2] Даниелян А А. Основые направления проектирования оборудования для бурения глубоких скважин. изд. недра, 1967

[3] 龚伟安. 卡瓦内悬挂管柱的理论承载能力. 石油矿场机械. 1982,11(5)

卡瓦内悬挂管柱弹性承载能力与计算

崔孝秉 张 宏 韩新利 宋 治

摘要 在油井特别是深井和超深井的套管柱设计中，对卡瓦内悬挂管柱承载能力进行分析是十分重要的。提出了一种解析计算方法，将管柱视为薄壳，分别按照第三强度理论和第四强度理论计算了卡瓦内管柱的弹性承载能力，并用有限元方法和原尺寸套管的实物试验分别对该方法进行了验证。结果表明，解析计算结果与有限元计算结果和实测结果比较吻合，这种解析方法可以作为卡瓦内管柱弹性承载能力的计算公式。

关键词 卡瓦；套管柱设计；受力分析；有限元法；试验

一、概 述

对于卡瓦内管柱的承载能力问题，文献[1]～[3]的分析和计算方法相差不多[4]，卡瓦下边缘管壁弯曲引起的附加应力并未反映出来。因此，按照这些算法得出的管柱承载能力基本上属于塑性极限承载能力，其计算结果适用于韧性较好、加工质量较高的管柱。如果管柱的韧性不好，加工质量较差，则必须考虑卡瓦下边缘管壁峰值应力的影响，应该按照峰值应力满足强度要求的条件计算弹性极限承载能力。

二、理论分析

1 管柱变形及内力

将管柱视为薄壳，图 1 所示为卡瓦内悬挂的管柱受外载情况。严格说来，图中轴向摩擦力 q 正比于径向压力 p_r，在 p_r 分布形状未定时，q 的分布形状也是未定的。为简化计算，假设摩擦力 q 沿轴向均匀分布，此时轴向载荷产生的应力可用下式计算：

$$\left.\begin{aligned}&\sigma_\varphi=0\\&\sigma_x=F/A \quad (x\geqslant l)\\&\sigma_x=Fx/(Al) \quad (0\leqslant x<l)\end{aligned}\right\} \tag{1}$$

式中，A 为套管截面面积。

将管柱沿卡瓦的上、下边缘截开，即分成三个分离体，如图 2 所示。在卡瓦以上和卡瓦以下，管柱的变形和受力均属于边缘效应问题，在薄壳理论中[5]已有解答，这里主要研究卡瓦下边缘管柱截面上的内力。

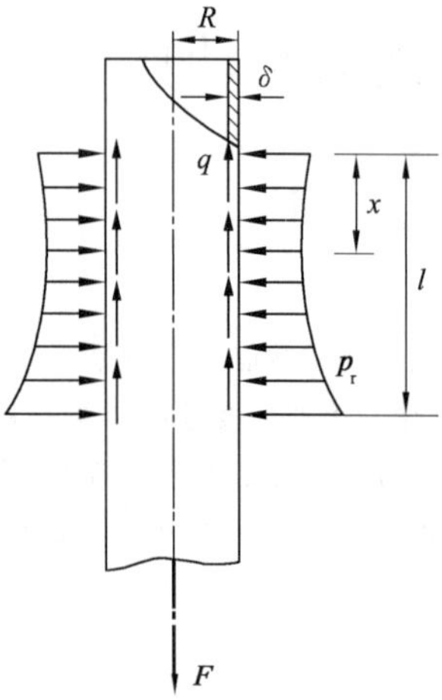

图1 卡瓦内悬挂管柱力学计算模型

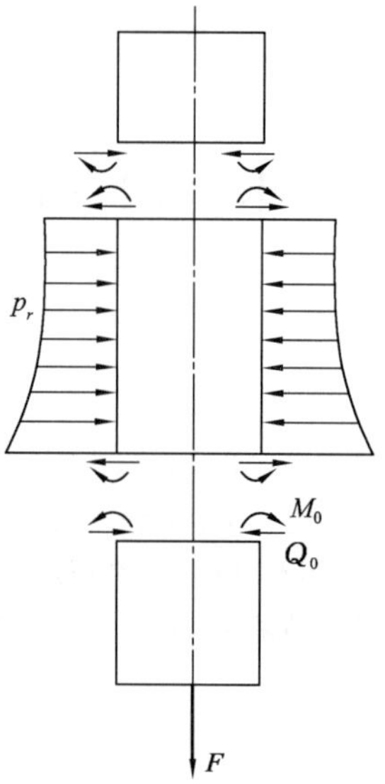

图2 管柱的内力分析

由于边缘效应区很短，而卡瓦比较长，可以略去卡瓦上边缘的管柱内力对卡瓦下边缘管柱内力的影响，则卡瓦下边缘管柱内力和变形之间的关系应为[5]

$$\left.\begin{aligned} w_0 &= -\frac{M_0}{2\beta^2 D}+\frac{Q_0}{2\beta^3 D} \\ \theta_0 &= \frac{M_0}{\beta D}-\frac{Q_0}{2\beta^2 D} \end{aligned}\right\} \tag{2}$$

式中，M_0 为卡瓦以下管柱的边缘弯矩；Q_0 为剪力；w_0 为径向位移；θ_0 为转角；D 为管壁抗弯刚度；β 为管柱的几何参数。

由式(2)可得卡瓦下边缘管柱的弯矩 M_0 与管柱的变形 w_0 和 θ_0 之间的关系：

$$M_0 = 2\beta^2 D\left(w_0+\frac{\theta_0}{\beta}\right) \tag{3}$$

考虑到卡瓦及其后背刚度很大，因此卡瓦与管壁接触点的径向位移可以近似视为相等，其数值主要取决于卡瓦的挺进。由于卡瓦长度比边缘效应区大得多，边缘力的影响也可以忽略不计。基于这些考虑，假定在卡瓦段内管柱的径向位移 $w=w_0=$常量，代入微分方程

$$D\frac{\mathrm{d}^4 w}{\mathrm{d}x^4}+\frac{E\delta}{R^2}w = p_r \tag{4}$$

可得

$$w_0 = \frac{p_r R^2}{E\delta} \tag{5}$$

这样的结果相当于将卡瓦内的管柱段看做受均布压力的薄壁圆筒。

由于卡瓦对管壁的约束不完整，所以，管柱在从卡瓦段到下面自由悬挂段的过渡区中有明显的倾角，此时按照管柱在卡瓦段受均布径向压力的条件来计算 θ_0 比较合适。

按薄壳理论，一段分布长度为 l 的均布径向压力在载荷下边缘处使管壁产生的转角应为

$$\theta_0 = \frac{p_r}{8\beta^3 D}\left[\mathrm{e}^{-\beta l}(\cos\beta l+\sin\beta l)-1\right] \tag{6}$$

由于 $e^{-\beta l}$ 很小，可以略去，因此近似地有

$$\theta_0 = \frac{p_r}{8\beta^3 D} \tag{7}$$

将式(5)和式(7)代入式(3)，可以获得边缘力矩的近似值为

$$M_0 = \beta^2 D \frac{p_r R^2}{E\delta} \tag{8}$$

2　管柱应力及弹性承载能力

卡瓦下边缘管柱横截面上的内力为

$$N_x = \frac{F}{2\pi R}$$

$$N_\varphi = \frac{E\delta}{R} w_0 = p_r R$$

$$M_x = M_0 = \frac{\beta^2 R^2 D}{E\delta} p_r$$

$$M_\varphi = \mu \frac{\beta^2 R^2 D}{E\delta} p_r$$

其中 p_r 与 F 有如下关系：

$$p_r = KF/A_1$$

设 σ_1 和 σ_2 代表内壁的轴向应力和环向应力的绝对值，可得

$$\left.\begin{aligned} \sigma_1 &= \frac{N_x}{\delta} + \frac{6M_0}{\delta^2} = \frac{F}{A}\left(1 + 0.91\frac{KR}{l}\right) \\ \sigma_2 &= \frac{N_\varphi}{\delta} - \frac{6\mu}{\delta^2} M_0 = 0.73\frac{F}{A}\frac{KR}{l} \end{aligned}\right\} \tag{9}$$

按照第三和第四强度理论可分别得到弹性承载能力为

$$F_3 = A\sigma_s \Big/ \left(1 + 1.64\frac{KR}{l}\right) \tag{10}$$

$$F_4 = A\sigma_s \Big/ \sqrt{1 + 2.55\frac{KR}{l} + 2.03\left(\frac{KR}{l}\right)^2} \tag{11}$$

三、有限元法计算

为验证以上理论分析，用有限元法对上述理论分析结果进行实例计算。

1　计算模型

算例中试件采用 ϕ177.8 mm×10.36 mm 的 P110 套管。卡瓦以上和卡瓦以下所取套管长度均大于柱壳端部效应影响区长度。由于套管外的多片卡瓦沿环向对称分布，为简化计算，将结构视为轴对称。卡瓦之间的环向间隙用卡瓦材料的正交各向异性处理，即设卡瓦材料环向的弹性模量小于实际值。卡瓦与套管之间的接触用两组(径向和环向)接触单元模拟。卡瓦座对卡瓦后背斜面的法向位移约束也用一组法向接触单元代替，两者之间的切向摩擦力用作用在卡瓦后背边缘单元上的等效节点力代替，该项摩擦力的大小和分布均是未知的。首次计算时采用上小下大的线性分布，再根据首次有限元计算出的卡瓦后背法向接触力的分布调整该摩擦力的分布。实际计算中发现，该摩擦力与轴向拉力相比较小，对套管柱应力分布的影响也很小，所以，计算时采用了线性分布的摩擦力，并采用轴对称平面四边

元剖分结构。

2 计算结果

对套管施加 181.44 t 轴力时套管内外表面应力的轴向分布见图 3，图 4。远离卡瓦的套管管体部分的轴向应力等于轴向拉伸外载与管体横截面面积的比值，计算值为 334 MPa。卡瓦以上套管自由段端点的轴向应力为零。在卡瓦的上、下边缘处，由于卡瓦轴向滑移挤压套管，使套管柱壳发生弯曲变形，形成由附加弯矩引起的两个应力峰，其中下边缘的应力峰较大，该点的当量应力也最大。卡瓦中段的套管因环向受压引起的轴向伸长受到卡瓦的约束，轴向产生较小的压缩应力。环向应力沿轴向基本均布，在卡瓦两端逐渐减小。

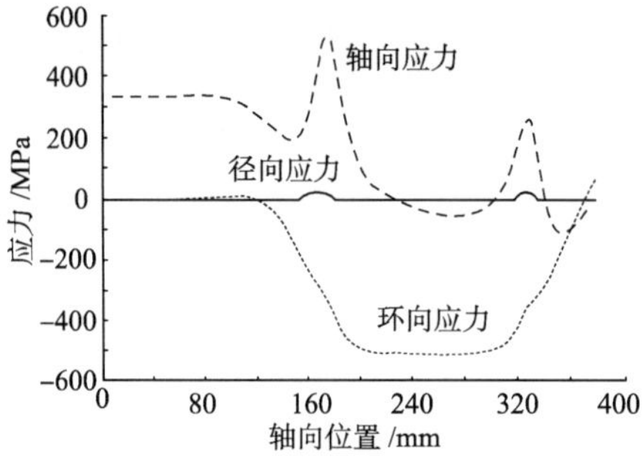

图 3 管柱内表面应力分布

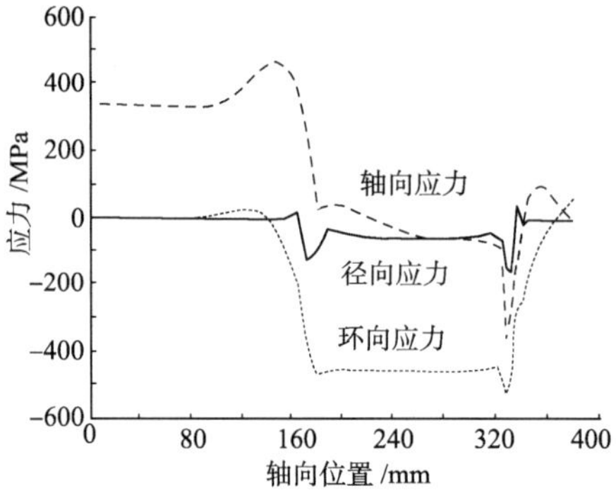

图 4 管柱外表面应力分布

卡瓦内套管外表面上对应卡瓦上、下两边缘局部的附加弯曲应力与内表面上的方向相反，其他部位的轴向应力分布与内表面大致相同。卡瓦内套管外表面的径向应力在卡瓦上、下边缘处，由于压头效应引起应力集中，各产生一个较小的应力峰，中间部分基本均布。卡瓦内套管外表面的环向压应力沿轴向基本均布，在卡瓦上端处由于应力集中产生一个小的峰值，卡瓦段以外很快衰减为零。

从卡瓦段套管上的应力分布看，最大当量应力点处于卡瓦下端的套管内表面。当该点的当量应力达到管材屈服限时，对应的轴向载荷即为该套管在有卡瓦夹持时的弹性极限载荷。载荷大小与管材、套管尺寸和卡瓦尺寸等诸因素有关。由图 3 可见，当轴向外载达到 181.44 t 时，卡瓦下边缘管柱内表面最大应力点的当量应力是管体平均应力的 2.3 倍，为 751 MPa，与 P110 管材的最小屈服应力 758 MPa 相近，即用有限元法计算出的 P110 套管弹性极限载荷约为 181.44 t。

四、试验验证与比较

试件为 ϕ177.8 mm×10.36 mm 的 P110 套管，该试件在拉伸试验机上用八片卡瓦夹持。

由有限元分析结果知，被卡瓦夹持的套管受拉伸后，卡瓦下端附近套管内外表面有应力峰值，所以将较多的电阻应变片贴在卡瓦下端的套管内表面附近。同时考虑到八片卡瓦夹持套管有可能产生环向的不均匀变形，布片时沿套管内表面环向相差 90°的两条母线上都贴了应变片。此外在远离卡瓦处的管体上贴片测量不受卡瓦影响的套管应变值。

试件承受 181 t 轴向载荷时各应变片应变实测值见图 5。由图中所示的套管应变实测值和有限元计算值比较可见，两者量的大小及变化规律都是一致的，这说明本文的有限元分析是可靠的。

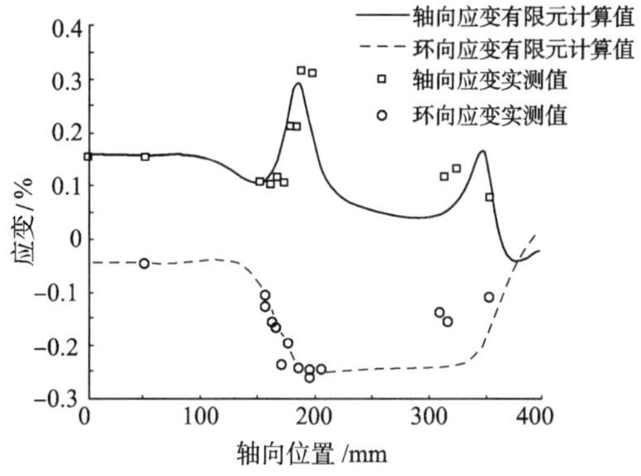

图 5　管柱内表面应变分布

对 ϕ177.8 mm×10.36 mm 的 P110 套管轴向施加 181.44 t 拉力时，不受卡瓦影响的管柱截面轴向应力为 334 MPa。对于在卡瓦下边缘管柱截面内表面的当量应力及折算的应力集中系数，计算方法不同得到的值也不同。按本文解析公式计算的卡瓦下边缘套管内壁的当量应力集中系数为 2.4，试验结果为 2.5，有限元法计算结果为 2.3，用 API 公式计算结果为 1.77，比实测结果小 29%。用解析公式计算的结果与实测结果只相差 4%，说明该公式有较高的精度。

五、结　论

(1) API 推荐的计算公式未考虑管柱弯曲引起的峰值应力，计算出的管柱承载能力较大，可用于计算塑性极限承载能力，其结果只适用于韧性较好、加工质量较高的管柱。

(2) 本文给出的计算卡瓦内管柱弹性承载能力的解析公式的计算结果与有限元法计算结果和试验结果符合较好，可以作为卡瓦内管柱弹性承载能力的计算公式。

参考文献

[1] Tool Pusher's Manual: API Drill-pipe Standards, Care and Handling Section B-3. 9th ed. Washington D. C.: API Publication, 1981

[2] A. A. 达烈扬. 确定卡瓦片计算载荷的理论研究. 石油钻采机械通讯，1976，(4)

[3] 龚伟安. 卡瓦内悬挂管柱的理论承载能力. 石油矿场机械. 1982，11(5)

[4] 崔孝秉，张宏. 卡瓦内悬挂管柱承载能力的再分析. 石油大学学报(自然科学版)，1998，22(2)

[5] 杨耀乾. 薄壳理论. 北京：中国铁道出版社，1984

钻杆内加厚过渡区结构的有限元分析及最佳结构设计

崔孝秉 罗维东 宋 治 韩 勇

一、现场调查情况

1984 年以来，我们对全国各油气田发生的钻杆失效事故进行了数十次调查，调查结果表明，各油气田每年发生于钻杆内加厚过渡区部位的刺穿、断裂事故约占钻杆失效事故的 70%。这些事故的特点是：

(1) 钻杆寿命很短，失效频繁，损失严重。许多新启用的钻杆使用不到 1 000 h，总进尺不足 2 000 m 即发生失效。例如：1982 年 12 月至 1983 年 7 月，新疆哈一井先后发生 E-75，G-105 钻杆刺穿及断裂事故 54 起。1987 年 5 月 18 日至 6 月 6 日，新疆风 30 井使用新日铁 5″G-105 钻杆和德国曼内斯曼 5″S-135 钻杆先后发生刺穿、断裂事故 15 次。此间井深在 2 708～2 880 m 之间。1985 年 2 月至 4 月，川东双 15 井使用一套日本钢管 5″S-135 钻杆仅两个月时间，钻井深度只有 1 400～2 000 m，就接二连三地刺穿或断裂，致使无法钻井作业。1983 年 1 月至 3 月，川南鹿 9 井发生日本 E-75 钻杆刺穿事故 6 次，换用法国 G-105 钻杆后，又发生 15 次刺穿和断裂事故。川南矿区在 1984 年 4 月至 8 月，对 10 口井使用钻杆进行探伤检查时，发现 34 根 E-75 钻杆、17 根 X-95 钻杆、5 根 S-135 钻杆均在内加厚过渡区部位产生裂纹，见表 1。

表 1 钻杆超声波探伤记录

探伤日期	井号、队号	规格、钢级	生产厂家国别	内加厚过渡区部位产生裂纹的钻杆/(根·套$^{-1}$)
6 月 8 日	临 22 井 32454 队	5″E-75	日 本	6
6 月 18 日	坝 12 井 32766 队	5″E-75	日 本	7
6 月 27 日	坝 15 井 4055 队	5″E-75	日 本	4
6 月 29 日	坝 14 井 32111 队	5″E-75	日 本	12
8 月	冬 9 井 4057 队	5″E-75	日 本	5
4 月 11 日	胜 7 井 32765 队	5″X-95	德 国	8
8 月 2 日	4094 队	5″X-95	德 国	9
4 月 20 日	临 16 井 6032 队	5″G-105	德 国	1
8 月 20 日	临 15 井 4095 队	5″G-105	德 国	2
8 月 24 日	临 12 井 3201 队	5″G-105	德 国	2

此类事故造成的停工损失少则几万元，多则几十万元，甚至全井报废。如在1983年，川西南窝深1井，因钻杆断裂造成井下事故，停钻处理127天，仅折旧费一项就损失40多万元。

(2) 钻杆失效发生于特定部位。不论是出现裂纹、刺穿还是断裂，均发生在距接头端部750～850 mm处，即内加厚过渡区与管体交界处。

(3) 钻杆失效与钢级和使用地区无关。我们所分析的样品来自四川、新疆、长庆、大港、华北、胜利、辽河等油田，包括E-75，X-95，G-105和S-135各种钢级。

图1、图2是现场拍摄的钻杆失效实物照片。

图1　S-135钻杆

图2　G-105钻杆

二、宏观分析

1　失效形式

从表面上看，钻杆内加厚过渡区部位的失效有三种表现形式，即裂纹、刺穿和断裂，但实质上都是同一种失效。

钻杆被刺穿是因为泥浆在高压作用下穿过裂纹的缝隙，由于泥浆穿过这种缝隙时的高速流动，进一步扩大了该裂纹，并使之变为孔洞。因此，刺穿的先决条件是已存在裂纹，而且裂纹发展到已经或即将穿透管体。而多处刺穿孔洞连成一片，大幅度降低了钻杆承载能力而导致断裂。

图3是刺穿孔洞压开形貌，大部分区域为泥浆冲刷痕迹。图4是尚未被泥浆穿透的裂纹压开形貌，呈半圆形平台，这说明裂纹是在钻杆内表面萌生，垂直于管体轴向向外表面扩

展。图 4 所示的多个半圆形平台反映了这种裂源的多源性，表明裂纹处存在较高的应力集中。

图 3 刺穿孔洞压开形貌

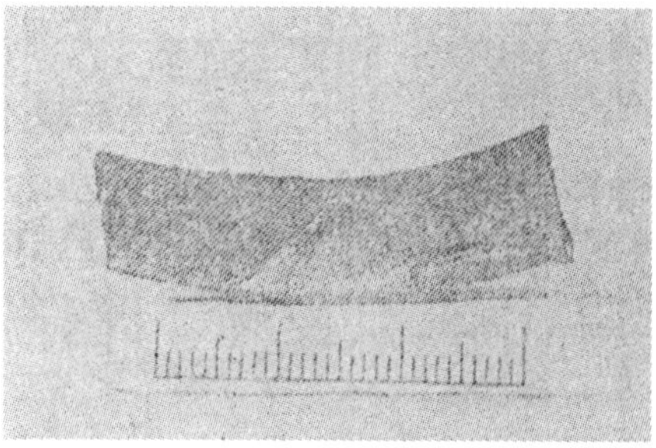

图 4 裂纹压开形貌

2 腐蚀情况

钻杆外壁的腐蚀较轻并且均匀，而钻杆内壁表面的腐蚀很不均匀。内加厚过渡区与管体交界处的腐蚀较严重，有许多点蚀坑，而裂纹正起源于这些点蚀坑底部，如图 5 所示。

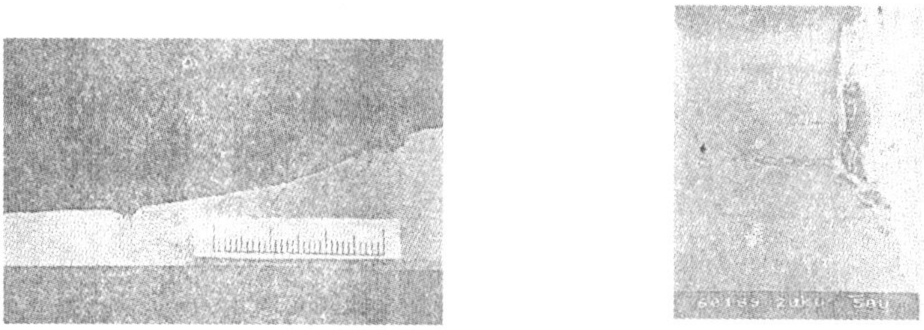

(a) (b)

图 5 裂纹起源

3 尺寸测量

对于我国各油气田主要使用的几个厂家的钻杆（包括失效钻杆和新钻杆），测定了内加厚过渡区锥面长度 M_{iu} 和该内锥面与管体交界处的曲率半径 R，结果列于表 2。

表 2 M_{iu}，R 的测量数据

厂家 \ 项目	M_{iu}/mm	R/mm
日本钢管	15～35	0～20
住友金属	35～50	10～70
新日铁	40～65	50～100
曼内斯曼	40～70	60～150

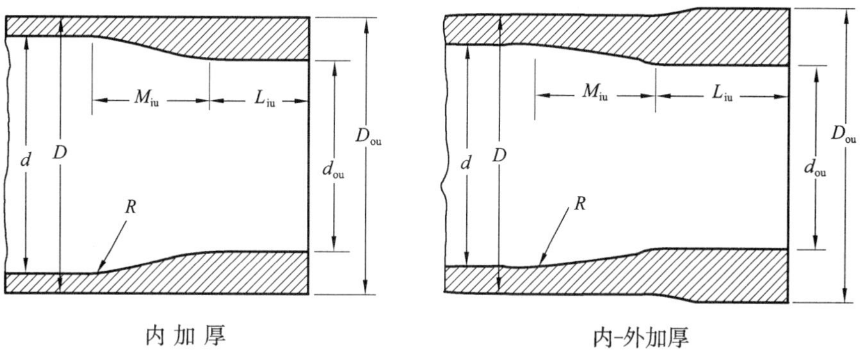

表 2 附图

三、钻杆内加厚过渡区结构的有限元分析

1　钻杆使用中的受力分析及内加厚过渡区几何形状的设计原则

钻井过程中，钻杆除承受轴向拉力和扭矩外，由于井眼的井斜变化及方位变化产生狗腿子或定向钻井，还将承受弯矩。可以把钻杆任意横截面上所受的力分解成一个在截面上均匀分布的轴向力、一个纯弯矩及一个扭矩。在弯矩作用下，钻杆内弯曲应力分布如图 6 所示。

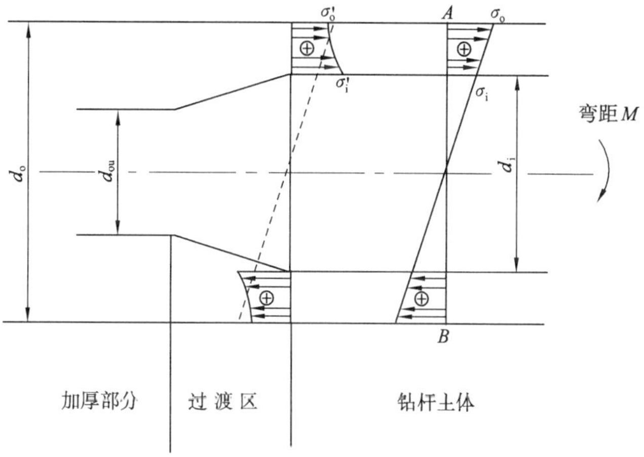

图 6　钻杆在弯矩作用下的应力分布示意图

如果在钻杆表面取 A，B 两点，则两点的弯曲应力大小相等，方向相反，钻杆转动时，应力发生周期性变化。正是这种循环弯曲应力造成钻杆的疲劳破坏。

在钻杆主体部分，其内外表面的弯曲应有如下关系：

$$\sigma_i = \sigma_o d_i / d_o \tag{1}$$

式中，σ_o 为钻杆主体外表面的弯曲应力；σ_i 为钻杆主体内表面的弯曲应力；d_o 为钻杆主体的外径；d_i 为钻杆主体的内径。

因为 $d_i < d_o$，所以钻杆主体总是 $\sigma_i < \sigma_o$。然而在内加厚过渡区，由于其几何形状变化，将出现图 6 所示的应力分布，在过渡区与钻杆的接点处产生应力集中。如果这种过渡区几何形状不合理，就会出现过渡区内表面最大应力 σ_i' 大于 σ_o 的现象。

疲劳断裂一般发生在循环弯曲应力最大的地方。当 $\sigma_i' > \sigma_o$ 时，钻杆便在过渡区发生疲劳断裂，因此在设计钻杆过渡区几何形状时，应确保过渡区内表面的最大弯曲应力 σ_i' 小于钻

杆外表面的 σ_o。定义应力集中系数

$$\alpha=\sigma_i'/\sigma_o$$

则过渡区几何形状的设计原则为 $\alpha<1$。

2　有限元模型

为分析过渡区几何形状对应力集中的影响，我们按 API，5x 中规定的 G 级 5 in 钻杆的有关数据建立有限元模型。图 7 给出模型的尺寸和有限元网格布置。为提高计算精度，选用 8 结点轴对称等参单元，共取 998 个结点，276 个单元。

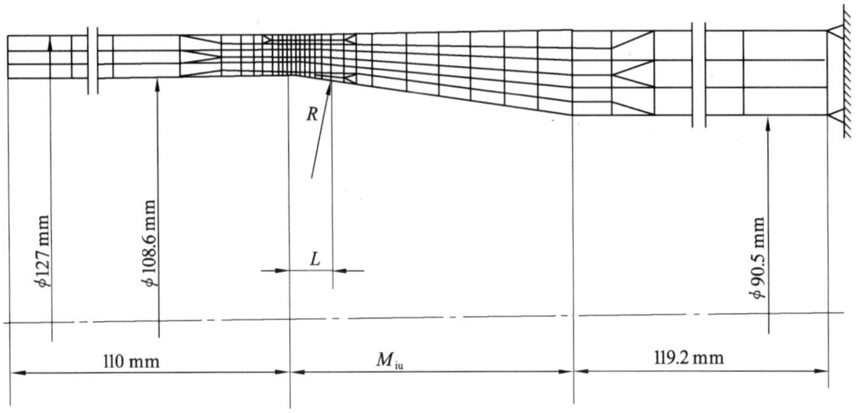

图 7　有限元模型图

考虑到钻杆所承受的轴向力，弯矩和扭矩这三种载荷中，扭矩不变号，且在过渡区产生的应力集中很小，同时考虑到在钻井过程中，钻杆实际承受的拉力和弯矩的大小对本文所研究的问题并没有实际意义，因此重点分析钻杆在单位轴向力和弯矩两种载荷条件下过渡区的应力分布和应力集中系数。对轴向拉伸工况，设模型端部受到集度为1 kg/mm^{2}的均布轴向载荷。对弯曲工况，在模型端部施加一个 $M=187.15$ kg·mm 的纯弯矩，它使钻杆主体外表面的弯曲应力恰好为 $\sigma_o=1$ kg/mm^2。

由于弯矩不是轴对称的，所以在向轴对称单元施加弯矩时，必须先将其沿圆周方向展成付里叶级数的形式，然后再加到模型上去（详见参考文献[1]）。

内加厚过渡区的几何形状主要取决于两个参数，即过渡段长度 M_{iu} 和过渡圆弧曲率半径 R。为分析这些参数与应力集中的关系，模型中选用了表 3 所列的 21 种 M_{iu} 和 R 的组合。M_{iu} 和 R 的变化范围分别为 50.8～130 mm 和 30～300 mm。过渡区内，圆弧段和直线段之间是光滑过渡的，圆弧段长度为

$$L=\frac{M_{iu}R^2-R\{M_{iu}^2R^2-[M_{iu}^2+(R-\delta)^2][R^2-(R-\delta)^2]\}^{1/2}}{M_{iu}^2+(R-\delta)^{1/2}} \tag{2}$$

式中，$\delta=(d_i-d_{ou})/2$，且 L 不得超过 M_{iu}。对给定的 R 和 δ，M_{iu} 有一极小值，即整个过渡区几何形状为一条圆弧的情形。在上式中，令 $L=M_{iu}$，可知

$$(M_{iu})_{min}=(2R\delta-\delta^2)^{1/2} \tag{3}$$

此外还分析了几何形状是双圆弧过渡区的应力分布（图 8），曲率半径为

$$R_2=\frac{M_{iu}^2+\delta^2}{2\delta}-R_1 \tag{4}$$

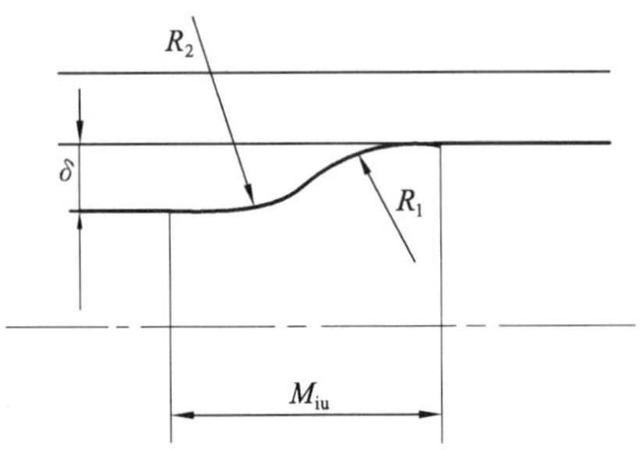

图 8　双圆弧曲线形内加厚过渡区

计算中取材料弹性模量为 $E=21\ 000\ \text{kg/mm}^2$，波松比为 $\mu=0.3$。

3　计算结果与分析

计算在西门子 7.760 机上进行，计算程序采用国际著名的 SAP6(Structural Analysis Program for Static and Dynamic Analysis)静动力结构分析程序。

表 3 和表 4 分别给出轴向拉伸和弯曲工况过渡区的应力集中系数，将其绘成曲线，如图 9,10 所示。图 11～15 分别表示几何参数 $R=30$ mm，$M_{iu}=80$ mm；$R=200$ mm，$M_{iu}=80$ mm；$R=300$ mm，$M_{iu}=100$ mm 时，过渡区在弯曲载荷工况下等应力曲线和内外表面的应力分布。

表 3　轴向拉伸工况应力集中系数的计算结果

R/mm	M_{iu}/mm	α
30	50.8	1.426
	65	1.365
	80	1.315
	100	1.263
80	50.8	1.251
	65	1.222
	80	1.194
	100	1.169
	130	1.144
140	50.8	1.170
	65	1.162
	80	1.148
	100	1.134
	130	1.117
200	65	1.118
	80	1.114
	100	1.107
	130	1.099
300	80	1.075
	100	1.075
	130	1.075

表 4　纯弯曲工况应力集中系数的计算结果

R/mm	M_{iu}/mm	α
30	50.8	1.327
	65	1.270
	80	1.223
	100	1.175
80	50.8	1.166
	65	1.137
	80	1.111
	100	1.088
	130	1.065
140	50.8	1.089
	65	1.081
	80	1.068
	100	1.055
	130	1.039
200	65	1.031
	80	1.029
	100	1.026
	130	1.017
300	80	0.992 5
	100	0.992 5
	130	0.992 5

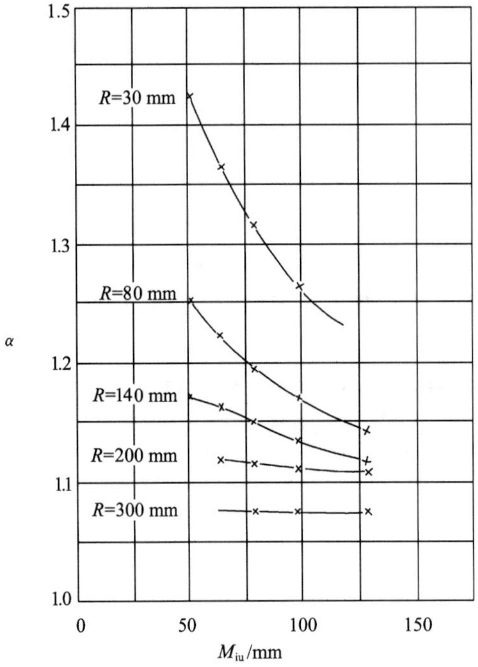

图 9 轴向拉伸工况应力集中系数 α 与几何参数 R, M_{iu} 的关系曲线

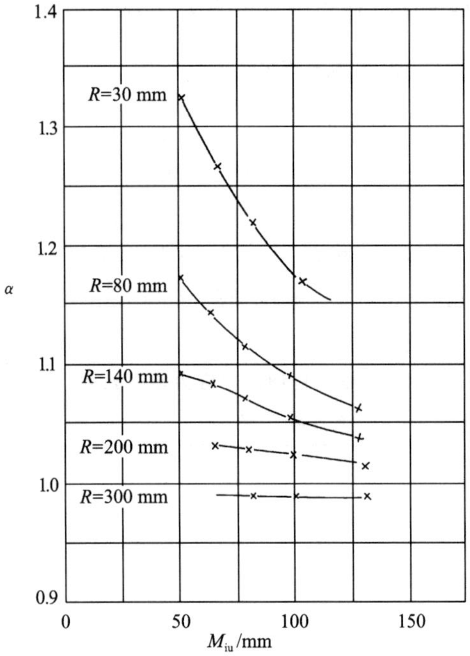

图 10 纯弯曲工况应力集中系数 α 与几何参数 R, M_{iu} 的关系曲线

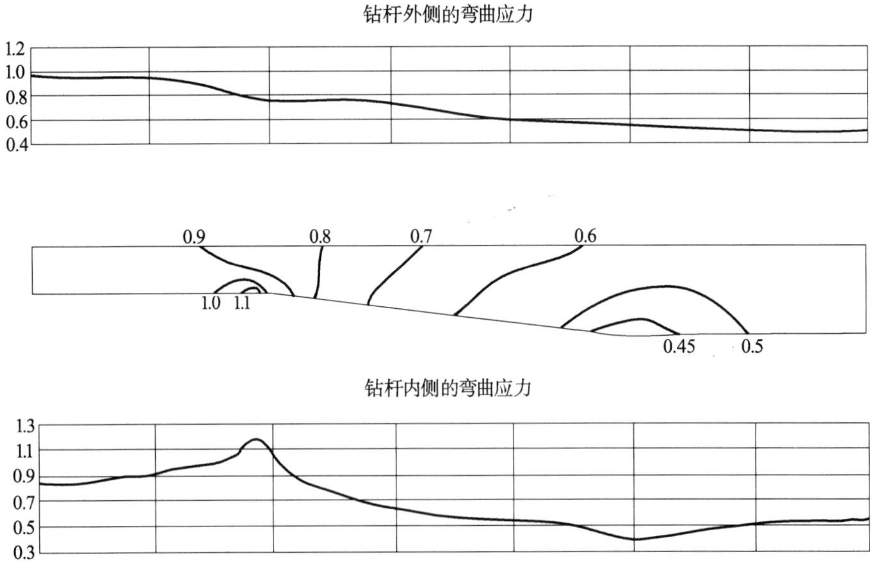

图 11 钻杆应力分布图

（载荷工况：弯曲，$R=30$ mm，$M_{iu}=80$ mm；单位：kg/mm^2）

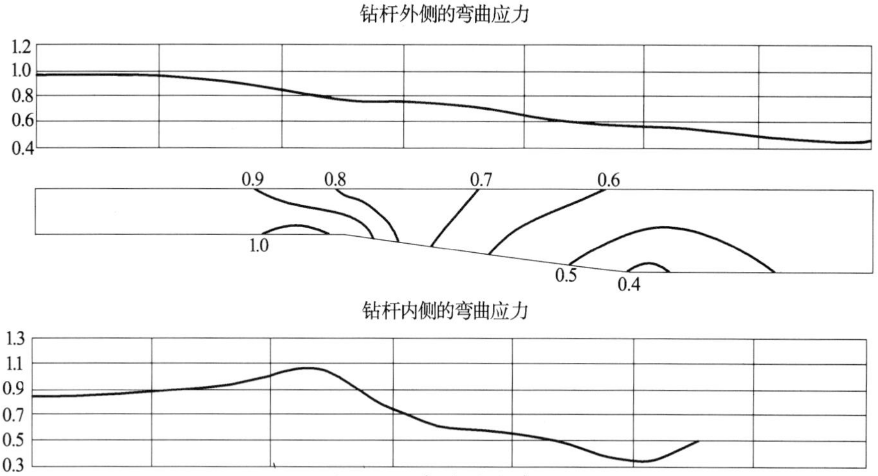

图 12　钻杆应力分布图

（载荷工况：弯曲，$R=200$ mm，$M_{iu}=80$ mm；单位：kg/mm²）

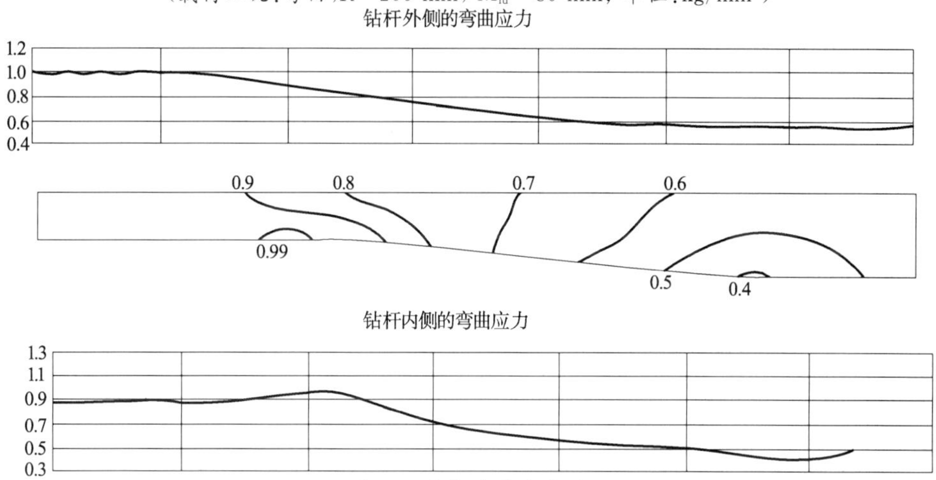

图 13　钻杆应力分布图

（载荷工况：弯曲，$R=300$ mm，$M_{iu}-100$ mm；单位：kg/mm²）

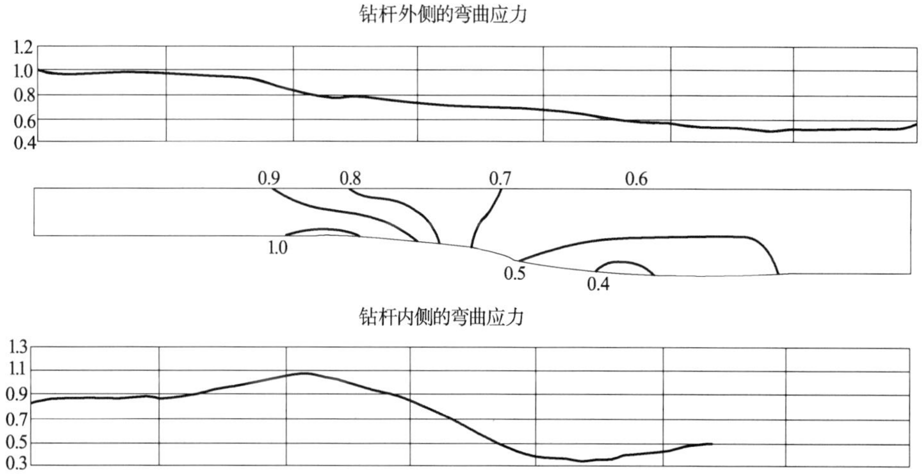

图 14　钻杆应力分布图

（载荷工况：弯曲，$R=200$ mm，$M_{iu}=80$ mm；单位：kg/mm²(双圆弧)）

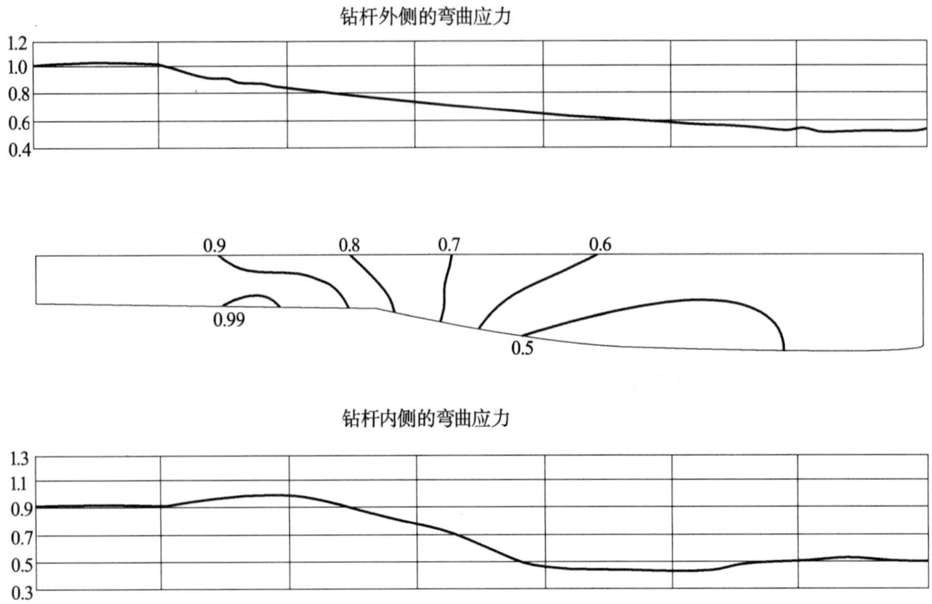

图 15 钻杆应力分布图

（载荷工况：弯曲，R=300 mm，M_{iu}=100 mm；单位：kg/mm²（双圆弧））

计算结果表明，应力集中点一般出现在过渡区内距交界处 0.5～3 mm 的地方。M_{iu}或 R 越小，应力集中系数 α 就越大。在弯曲情况下，$M_{iu}=50.8$，$R=30$ mm 时，α 高达 1.327。显然，如果交界处呈尖角过渡，α 将更大，因此在设计过渡区几何形状时，应保证交界处光滑过渡。

增长 M_{iu}或 R 都将使 α 下降，但随着 R 和 M_{iu}的增长，α 的下降率却越来越低。例如在表 4 中，$R=30$ mm 时，M_{iu}从 80 mm 增加到 100 mm，α 下降 4%；而 $R=200$ mm 时，M_{iu}从 80 mm增至 100 mm，α 仅下降 0.3%。$R>300$ mm 以后，继续增加 M_{iu}对 α 不再有任何影响。这是因为当 $R=300$ mm，$M_{iu}=80$ mm 时，圆弧段长度 $L=55.3$ mm，而当 $M_{iu}=130$ mm时，$L=20.8$ mm，也就是说，尽管 M_{iu}增大了，但过渡区前 20 mm 的几何形状不变，发生变化的区域已远离应力集中点。根据圣维南原理，远离应力集中点的几何形状的改变对应力集中的影响可以忽略不计。

$R=300$ mm 时，弯曲应力集中系数 $\alpha=0.9925$，满足过渡区弯曲应力集中系数 $\alpha<1$ 的设计原则。将 $R=300$ mm，$\delta=9.05$ mm 代入(3)式，求得 $(M_{iu})_{\min}=73.13$ mm，即在 $R=300$ mm的情况下，过渡区长度 M_{iu}应满足

$$M_{iu}\geqslant(M_{iu})_{\min}=73.13\ \text{mm}$$

日本新日铁公司曾给出一个计算 R 的公式[4]：

$$R=-2.314M_{iu}+306.4(\text{mm})$$

如果以 $M_{iu}=100$ mm 代入，求得 $R=75$ mm，远小于 $R=300$ mm，是危险的，这是因为他们在进行有限元分析时，网格划分过稀造成的。

疲劳断裂不仅与应力集中系数有关，还与应力梯度 $d\sigma/dz$ 有关。由图 11、12 和图 13 可见，R 和 M_{iu}的增长不但降低了过渡区的应力集中，而且还降低了过渡区内表面的应力梯度。

对双圆弧过渡区的计算表明，在弯曲情况下，当 $R=200$ mm，$M_{iu}=80$ mm 时，$\alpha=$

1.044；R=300 mm，M_{iu}=100 mm时，α=0.992 5。与表4中的数据比较，R=200 mm时，α增加了1.4％，而R=300 mm时，α没有变化。将其应力分布（图14、图15）和图12、图13比较，交界处附近内表面的应力梯度也下降了。此外，双圆弧过渡区还使钻井液的流动趋于平缓。因此，把内加厚过渡区几何形状设计成双圆弧曲线的形式更为合理。

四、结　论

通过对钻杆内加厚过渡区几何形状与应力集中关系的有限元分析，我们认为：

（1）过渡区几何形状的设计原则是过渡区弯曲应力集中系数α，即其内表面的最大弯曲应力σ_i'与钻杆主体外表面的σ_0之比须小于1。

（2）增长过渡区长度M_{iu}和过渡圆弧的曲率半径R，不仅能降低过渡区应力集中，而且使其内表面的应力梯度下降。$R \geqslant 300$ mm时，应力集中系数的变化将仅取决于R，而与M_{iu}无关。R=300 mm时，弯曲应力集中系数α=0.992 5，满足$\alpha<1$的设计要求。与之相对应，M_{iu}必大于$(M_{iu})_{min}$=73.13 mm。考虑到加工精度等因素的影响，我们建议把过渡区几何形状的设计要求规定为$R>300$ mm和$M_{iu}>100$ mm，同时应绝对避免尖角过渡。

（3）几何形状为双圆弧曲线的过渡区不仅能改善钻杆内部的应力流场，而且降低了过渡区内表面的应力梯度，因此，如把过渡区几何形状设计成双圆弧形式则更佳。

参考文献

[1] 徐次达，华伯浩. 固体力学有限元理论、方法及程序. 水利电力出版社，1983

[2] 徐灏. 疲劳强度设计. 机械工业出版社，1981

[3] 黄炎. 工程弹性力学. 清华大学出版社，1984

[4] Nippon Steel Corporation. Influence of Internal Upset Geometry on Fatigue Strength of A Drill Pipe. 1986

钻杆外加厚过渡带几何缺陷对使用寿命的影响

李天骧　崔孝秉　张　宏　阎相桢　岳伯谦　毛东风

摘要： 针对钻杆外加厚过渡带过渡不全及台肩几何缺陷，分析了它们对应力和钻杆疲劳寿命的影响，提出了对这种影响程度的近似计算式。同时还进行了外加厚过渡带台肩缺陷对钻杆疲劳寿命的影响模拟试验研究，所得试验结果和理论分析大体一致。在此基础上对钻杆外加厚过渡带几何缺陷的检验标准及处理方法提出了一些重要建议。

关键词： 钻杆；机械性质；应力分析；疲劳；寿命

一、概　述

近几年来我国进口钻杆中出现过外加厚过渡不全及具有反过渡倾向的台肩等缺陷，这将在不同程度上影响钻杆的使用寿命。为提高产品质量及商检水平，有必要对这类问题进行理论和试验研究。本文对钻杆外加厚过渡带缺陷部位的应力集中程度进行了有限元计算，并根据金属疲劳理论分析了这种缺陷对钻杆使用寿命的影响。用 22 根模拟这类缺陷的小型钻杆试件在 MTS-810 材料试验机上进行疲劳试验，测定缺陷对寿命的影响。对这类缺陷的检验标准及处理方法提出了一些建议，可供有关单位参考。

二、外加厚过渡不全及台肩缺陷对钻杆应力的影响

图 1 为具有这类缺陷的一段钻杆，图中 D 为钻杆正常管体的外径；D_{ou} 为加厚端的外径；t_1，t_2，t_3，t_4 为不同部位的壁厚；l_3 为过渡不全的长度，是台肩缺陷所在位置的标志距离；h 为台肩高度；r 为台肩处的圆角半径。图 1 表明，有外加厚部位的壁厚大于无外加厚部位，按检测记录，壁厚差别可达 15%左右，台肩高度 h 为 1 mm 左右的居多。表 1 所示为两根具有这类缺陷的钻杆的检测记录数据。这类缺陷对弯曲应力有影响，因为它是循环变化的疲劳应力，对钻杆使用寿命的影响也很大。

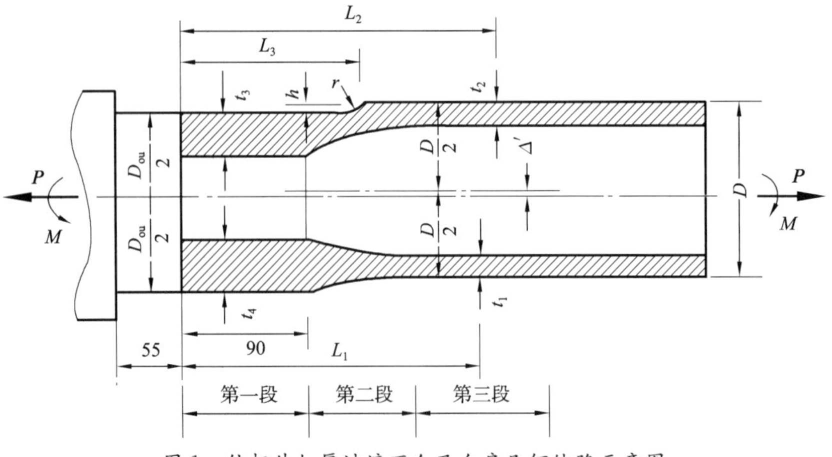

图 1　钻杆外加厚过渡不全及台肩几何缺陷示意图

表 1　两根钻杆外加厚过渡带缺陷检测数据

参　数	h/mm	r/mm	t_1/mm		t_2/mm		t_3/mm	t_4/mm
钻杆Ⅰ ϕ127×9.19	1.0	18	(L_1=150 mm) 11.5	(L_1=250 mm) 9.9	(L_2=150 mm) 10.8	(L_2=250 mm) 9.2	20.5～ 21.9	24.2～ 24.3
钻杆Ⅱ ϕ127×9.19	0.4	10	(L_1=150 mm) 13.2	(L_1=190 mm) 10.2	(L_2=150 mm) 14.8	(L_2=190 mm) 10.2	21.5～ 22.2	23.8～ 24.3

按图 1 所示将全部外加厚过渡带划分为三段，第一段是焊接加厚端，这里外表光滑，但是下部壁厚大于上部壁厚，内圆孔偏心，横截面形状可用图 2 表示。图 2 中 O 点为外圆圆心，位于钻杆总体轴线上，O' 点为内圆圆心，O' 点相对于 O 点向上偏移距离 e。根据统计结果，e 值约为正常壁厚 t 的 5%～10%，可表达为

$$e=t/n \qquad (n=10\sim20) \tag{1}$$

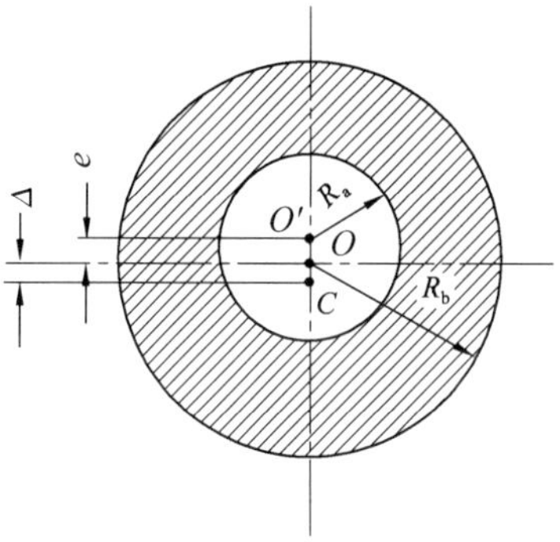

图 2　横截面形状

设图 2 中内圆半径为 R_a，外圆半径为 R_b，不难求得横截面形心 C 离 O 点的距离应为

$$\Delta=\frac{R^2 e}{R_b^2-R_a^2} \tag{2}$$

根据截面几何性质分析[2]，相对于形心 C 的抗弯惯性矩可以近似表达为

$$J_c=\frac{\pi}{4}R_b^4+\pi R_b^2\Delta^2-\frac{\pi}{4}R_a^4-\pi R_a^2(e+\Delta)^2=\left(1-\frac{1}{2n^2}\right)J \tag{3}$$

式中，$J=\pi(R_b^4-R_a^4)/4$，是正常横截面的抗弯惯性矩。根据式(3)所得的关系，由于 n 值较大，J_c 和 J 可以视为相等。

设 P 为轴向拉力，M 为弯矩，则加厚过渡带第一段横截面内由 P 和 M 引起的最大正应力分别为

$$\sigma_{P\max}=\left(1+\frac{1+2n}{2n^2}\right)\left(\frac{P}{F}\right) \tag{4}$$

$$\sigma_{M\max}=\left(1+\frac{1}{2n}\right)\left(\frac{MR_b}{J}\right) \tag{5}$$

式中，$F=\pi(R_b^2-R_a^2)$为横截面的面积。由式(4)、式(5)可知，壁厚不均、内孔偏心会使应力增大，$\sigma_{P\max}$增大约 10%，$\sigma_{M\max}$增大约 5%。

图1所示过渡带第二段是和管体匀直部分相邻的一段。这里过渡形状已基本结束，应力变化可以忽略不计。图1中过渡带的第三段是包含台肩缺陷在内的一段，这里的凹角附近有应力集中现象，对钻杆疲劳寿命影响很大，其影响程度和 r 及 h 有关。文献[3]，[4]中给出的有台肩圆棒在拉伸和弯曲载荷作用下应力集中系数的数据，作为近似值可以参考引用。对于 $\phi127\times9.19$ 的钻杆，按轴对称模型，取缺陷参数 $h=0.3\sim2.0$ mm，$r=2\sim10$ mm，用有限单元法对台肩凹角处的应力集中系数进行计算，网格见图3，使用SAP5通用结构分析程序，所得结果列在表2中。h 越大及 r 越小时，应力集中系数越大，变化程度和圆棒台肩的对应数据很接近。可以采用文献[3]，[4]中圆棒台肩的应力集中系数作为钻杆外加厚过渡带台肩应力集中系数的近似值。

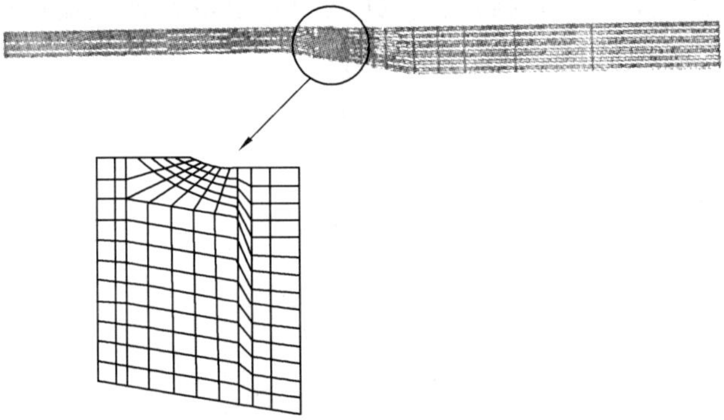

图3 有限元计算网格

表2 钻杆台肩应力集中系数

应力状态	r /mm	(无内加厚)台肩高度 h/mm			(有内加厚)台肩高度 h/mm		
		0.3	0.6	1.0	0.3	0.6	1.0
弯曲	1			2.279			2.131
	2	1.443	1.705	1.990	1.410	1.597	1.879
	4			1.750			1.478
	8	1.308	1.459	1.820	1.268	1.345	1.410
	10	1.237	1.335	1.490	1.200	1.248	1.310
拉伸	1			2.279			2.153
	2	1.45	1.709	1.969	1.410	1.597	1.879
	4			1.781			1.477
	8	1.314	1.485	1.830	1.267	1.344	1.400
	10	1.243	1.374	1.516	1.200	1.241	1.307

文献[1]建议内加厚过渡带的应力集中系数控制在1.1左右。考虑到外加厚过渡带的强度应和内加厚过渡带保持同等水平，其应力集中系数也应接近1.1，不宜超过1.15，因此建议检验外加厚过渡带时台肩的允许参数应规定为 $h\leqslant0.5$ mm，$r\geqslant40$ mm。

三、外加厚过渡带台肩缺陷对钻杆疲劳寿命的影响

根据金属疲劳强度理论[4-6]，结构承受疲劳载荷作用时，如果应力应变超过一定限度，工作寿命就不可能持久，寿命长短和应力、应变水平有关。设以 σ_B 代表强度极限，σ_a 和 σ_m 代表应力幅值和应力均值，N 代表循环次数，即疲劳寿命，它们之间的关系可写成如下形式：

$$\sigma_a=(\sigma_B-\sigma_m)f(N) \tag{6}$$

式中，$f(N)$是与 N 有关的小于 1 的函数。$N\geqslant 10^7$ 时，$f(N)\approx\sigma_{-1}/\sigma_B$；$N<10^7$ 时，$f(N)$需由大量的疲劳断裂试验确定。以高强度合金钢无缺口试件弯曲疲劳试验的结果为例[5]：

$$f(N)=A_0+\frac{1}{3}\left(\frac{\sigma_m}{\sigma_B}\right)\left(2+\frac{\sigma_m}{\sigma_B}\right)(1-A_0) \tag{7}$$

$$A_0=\frac{1+0.003\,8(\lg N)^4}{1+0.008(\lg N)^4} \tag{8}$$

图 4 给出式(7)的疲劳寿命曲线。由图可见，σ_a 略有增加时，N 值大幅度下降，寿命损失很大，因此必须严格控制应力水平。

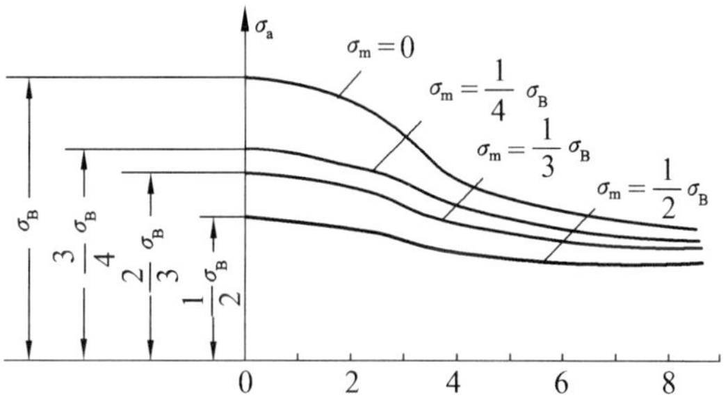

图 4　高强度合金钢弯曲疲劳寿命曲线

许多不属于高强度合金钢的材料在疲劳断裂时有显著的塑性变形，很难用应力水平反映疲劳寿命的性能。大量平面弯曲试验研究的结果表明[6]，对于软钢、碳钢、铝合金及锰钢等材料，使用最大总应变值 ε 能够更好地反映疲劳寿命的性能。Benham P. P. 等根据试验研究归纳出下列关系[6]：

$$\varepsilon N^m=C \tag{9}$$

式中，m 和 C 是与材料有关的参数，见表 3。

表 3　16 种钢材弯曲疲劳试验获得的 m 和 C 值

钢材种类	m	C
碳钢和锰钢，锰可达 1.5%	0.42	0.44
低合金钢，合金总量 1.5%～2.0%	0.27	0.10
多元合金钢，合金总量 2.5%～4.0%	0.21	0.06

设 ε_o，N_o 及 ε，N 分别代表无台肩缺陷及有台肩缺陷的两根弯曲试件的总应变和疲劳断裂寿命，由式(9)知，它们的寿命之比为

$$\frac{N}{N_o}=\left(\frac{\varepsilon_o}{\varepsilon}\right)^{1/m} \tag{10}$$

由于钻杆细长，在弹塑性弯曲变形过程中，横截面近似于平面，应变分布近似于纯弹性状态，因此两根试件的应变比可以按纯弹性状态进行近似处理，由此可得

$$\frac{\varepsilon_0}{\varepsilon}=\frac{E\varepsilon_0}{E\varepsilon}=\frac{\sigma_0}{\sigma}=\frac{1}{\alpha} \tag{11}$$

式中，σ 及 σ_0 为按弹性状态计算的弯曲应力；α 为台肩处的应力集中系数。将式(11)代入式(10)可得下列用应力集中系数表达的寿命关系：

$$N=(\alpha^{-1/m})N_0 \tag{12}$$

由于 $\alpha>1$，$m<1$，必有 $N<N_0$，说明有台肩缺陷试件的弯曲疲劳寿命总低于无台肩缺陷试件的弯曲疲劳寿命，用式(12)可做定量估算。结合表 2 不难算出，当 $h=1$ mm，$r=2$ mm 时，$N=(0.2\sim0.3)N_0$，寿命降低 70%～80%；如果将台肩加以修理，使 $h=1$ mm，$r=10$ mm，则有 $N=(0.4\sim0.5)N_0$，寿命降低只有 50%～60%；如果控制 $h<0.5$ mm，$r>40$ mm，则可获得 $N=0.72N_0$ 以上，寿命降低只有 25%以下。当然，这些只是理论探讨，结论是否具有参考性，还需进行试验考查。

四、钻杆外加厚过渡带台肩缺陷对弯曲疲劳寿命影响的模拟试验

试验在石油大学(华东)MTS-810 材料试验机上进行，试件形状模拟 88.9 mm 钻杆外加厚过渡带，结构尺寸见图 5。试件总数 22 根，由 $\phi102\times14$ 的无缝钢管精加工制成，材料性质为 $\sigma_B=505$ MPa，$\sigma_s=336$ MPa，$\delta=28\%$，接近于 30Mn 钢。22 根试件中 12 根模拟只有外加厚过渡而无内加厚过渡的钻杆，10 根模拟有外加厚过渡同时也有内加厚过渡的钻杆。其中无缺陷的共计 10 根，用于寻找 $N_0=10^5\sim10^6$ 范围内的加载数据，其他 12 根试件都有外加厚过渡带台肩缺陷，参数 h 和 r 的搭配情况见表 4。这 12 根试件都接受对应于 $N_0=10^5\sim10^6$ 的选定载荷，用以测定缺陷对寿命的影响。

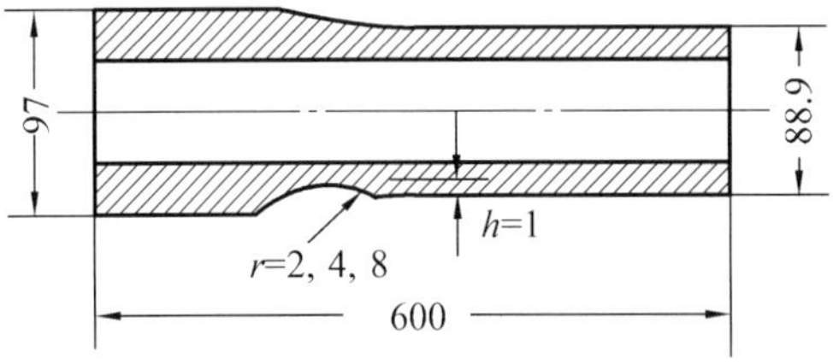

图 5　试件结构尺寸

试验过程难度较大的工作是确定合适的加载数据，使得无缺陷的试件在 $N_0=10^5\sim10^6$ 范围内产生疲劳断裂。在 700 多小时的试验中有约一半时间用于此项确定载荷的工作。确定载荷后对有缺陷试件的试验比较顺利，耗费机时较少。试验分两批，第一批试验所用载荷 $P_{max}=206$ kN，$P_{min}=49$ kN；第二批所用载荷 $P_{max}=245$ kN，$P_{min}=88$ kN。按照计算，试件的应力最大值都已超过屈服极限，进入弹塑性应力状态，因此它们的寿命适合于按照式(12)估算。各项试验数据都列在表 4 中，图 6 是根据试验结果绘制的曲线。由表 4 和图 6 可以看出，理论分析结果和试验研究结果大体一致，全部试验点都分布在理论分析曲线的两侧。

表 4　试验数据和结果

组别	加载数据/kN	试件编号	r/mm	N/(×10^5)	N/N_o	N/N_o 均值	理论值 α	理论值 N/N_o
无内加厚的试件	$P_{max}=206$ $P_{min}=79$ $\Delta P=157$	1-3	∞	4.592(N_o)	1.0			
		1-7	2	1.077	0.235	0.191	2.04	0.183
		1-8	4	4.750①				
		1-9	8	3.273	0.713	0.570	1.47	0.40
		1-10	2	0.669	0.146			
		1-11	8	1.952	0.425			
		1-12	4	1.119	0.260	0.260	1.70	0.28
有内加厚的试件	$P_{max}=245$ $P_{min}=88$ $\Delta P=157$	2-2	∞	6.65(N_o)	1.0			
		2-4	2	3.65②				
		2-5	8	2.93	0.441	0.431	1.47	0.40
		2-6	4	1.355	0.204	0.194	1.70	0.28
		2-7	2	1.016	0.153	0.153	2.04	0.183
		2-8	8	2.80	0.421			
		2-9	4	1.222	0.184			

注:① 无效,试件尺寸加工过大。② 无效,试件台肩高度 $h<1$ mm。

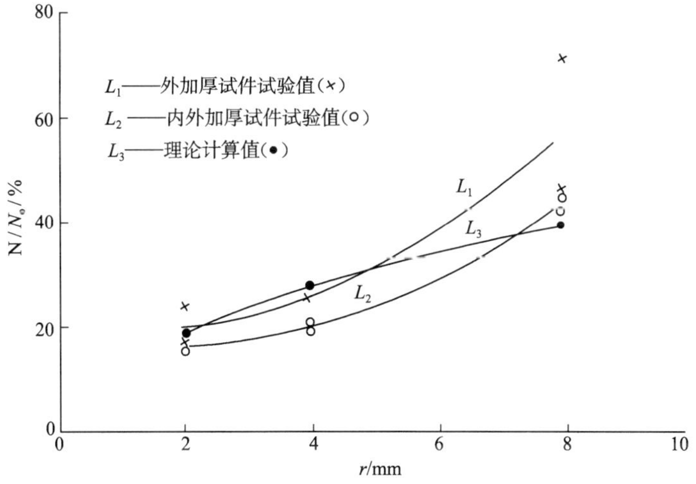

图 6　模型试验结果与理论分析对比

五、结　论

(1) 钻杆外加厚过渡带过渡不全会削弱加厚过渡带的横截面尺寸,破坏壁厚的轴对称性,使应力增大。

(2) 外加厚过渡带台肩缺陷处的应力集中系数按有限单元法计算比较精确,一般情况下也可采用圆棒台肩处的应力集中系数作为近似值。

(3) 当台肩高度 $h=1$ mm,凹角半径 $r=2\sim8$ mm 时,钻杆的弯曲疲劳寿命损失达 60%～80%,因此商检单位对钻杆加厚过渡带的台肩缺陷必须严加控制。

(4) 建议取 $h\leqslant0.5$ mm,$r\geqslant40$ mm 作为检验标准,可以控制钻杆弯曲疲劳寿命的损失不超过 30%。

(5) 有台肩缺陷的钻杆,经过加工修理增大凹角半径 r 后仍可使用,其寿命影响程度可按式(12)估算。

参考文献

[1] 崔孝秉,宋治,等.钻杆加厚过渡区结构的有限元分析及最佳结构设计.石油工业标准与计量,1988,4(4)

[2] 刘鸿文.材料力学.高教出版社,1982

[3] 两田正孝.应力集中.李安定,译.机械工业出版社,1986

[4] 徐灏.疲劳强度设计.机械工业出版社,1981.

[5] 奥斯古德.疲劳设计.李寿同,等,译.科学出版社,1982

[6] N.E.弗罗斯特.金属疲劳.汪一麟,等,译.冶金工业出版社,1984

写在后面的话

XIE ZAI HOU MIAN DE HUA

金秋十月，是收获的季节，更是欢庆的季节。今年的十月一日是国庆六十周年纪念日，更要举国欢庆。

两年前，当几个人凑在一起议论为崔先生贺八十大寿时，大家只是初步确定了两个内容：一个是根据民间过虚岁的惯例，定下来在今年为崔先生祝八秩华诞；再一个就是要出一本崔先生文集。

弟子为先生祝寿是中华民族的优良传统之一，通常情况下老先生们都会直接或婉言地拒绝。在弟子们看来，为先生祝寿固然是为了表示对先生的敬意和感激之情，但同时还会有很多收获。比如，祝寿的活动给很多平时不易相见的同事和朋友提供了相聚的机会；为可能原本不相识但师出一门的弟子们创造了交流的平台。当然，如果有幸让先生再耳提面命一番，那就更值了。因此，为先生过大寿便成为弟子们乐此不疲的一件幸事了。

就我所经历的为先生祝寿的第一次，是在一九九零年，那一次的印象是极深的。当时以岳伯谦教授为首的几位老师领着我们几位弟子商量着共同为蔡强康先生和崔孝秉先生祝寿。为蔡先生庆古稀，为崔先生贺六十。我当时刚刚通过博士论文答辩，又正值而立之年，所以参与的积极性极大。记得当时为了两位先生的寿宴，我骑车到中关村科学院的副食品店买了两个大蛋糕，因为当时大家都说那里的蛋糕最好吃，我也就自告奋勇当仁不让地出了一把子力，结果得到了老师们的一顿夸奖。记得当时的寿宴还是很隆重的，老师辈参加的多些，弟子辈以在京的为主。那一次的团聚也就为以后打下了基础。

二零零零年秋在东营为崔先生举办了七十寿诞庆祝活动。这一回由于时间充裕，组织得也就更细致，结果也就更轰烈些。首先是在京的前辈老师们都不辞辛苦地踊跃参加，感动着天南海北的弟子们齐聚东营，先就有了规模优势；崔先生在东营工作时的老单位机电、储建两学院的领导们都执弟子礼出席，华东校方参与张罗，更是壮大了声势；而整个活动期间更年轻的徒孙辈们跑前跑后，不但凸显了活力，也更体现了传承。这可能也是崔先生在这次活动中特别高兴的一个原因。记得我当时给先生说过，先生六十、七十寿诞时我参与张罗，十年后先生八十大寿我还要张罗，等先生九十大寿时我还能张罗，因为那时还没有退休。当时我的学生们都积极地嚷嚷着保证。想来这种尊师的传承不也是先生给我们的财富吗？

这一次和前几次一样，在这些活动中，岳老师既是导演，也是主角。只不过每次他都在幕后，这次尤其如此。考虑到岳老师与先生多年来在工作、学术上的默契配合，弟子们都力推岳老师出面为文集导言，而由我交待这次活动的一些来龙去脉，所以才想了个主意，叫写在后面的话。

现在再说出文集这事。当时想得简单，但做下来却是真的不容易。尽管由于这本文集的出版把崔先生累得让弟子们心里很是不忍，但想到在寿宴上当大家得到先生的这一份厚礼时，会因为得知这几个月来先生是怎样的废寝忘食而感动，会因为了解先生在文集整理过程中是怎样的认真严谨而崇敬，更会因为得到先生几十年心血汗水凝结的这份真情而弥足珍贵。由此，弟子们会觉得，当初的并不算草率的决定还是有点先见之明的。

也正是刚说到的这个原因，给崔先生增添了巨大的工作量。如果说前两次为先生祝寿主要还都是弟子们出力的话，这次活动出力最大的却是先生自己。想想要纠正几十年前的原始印刷错误，相当于又重新对当时的工作进行验算，这对于年届八旬的老先生是怎样的挑战！而先生居然都一一地仔细回忆，认真思考，一丝不苟地反复求证验算，从而发现问题，纠正错误，这种敬业精神和求真品格在先生是一以贯之的，弟子们是感同身受的，并且再一次地使弟子们受到震撼。这也是让弟子们不忍心的原因，也是为什么说当大家拿到这本文集时就是得到了先生赐予的珍贵的礼物的原因。先生亲手整理出来的这本文集，是先生几十年心血汗水凝结的一份真情，更是对弟子们的一次洗礼。这是这次为先生祝寿活动的最大成果，也正是这次活动的意义所在。

王魁喜老师是一个极端严谨认真的人。由于从事过编辑和多年的力学教学工作，岳老师特请他出山把关该文集的编校工作。炎炎夏日，王老师以70多高龄伏案辛劳，逐字逐图校对，保证了该文集的编校质量。

开始本不敢写，也不知应写些什么，写起来又觉得该写的太多。就写这些吧，难以言表弟子们对先生崇拜之意，不胜惶恐之至。

仝兴华谨识于威海

2009年8月

崔孝秉教授获奖目录

1. 享受国务院特殊津贴,1991 年颁发
2. 中国石油天然气总公司劳动模范称号,1994 年颁发
3. 热力管道无补偿直埋敷设试验研究项目,1981 年获北京市科技成果二等奖
4. 埋地热输管线的强度研究项目,1982 年获山东省科技进步一等奖
5. 埋地管道强度及固定墩优化设计研究项目,1989 年获山东省科技进步二等奖
6. 延长石油套管寿命的理论分析及试验研究项目,1992 年获中国石油天然气总公司科技进步二等奖
7. 特殊螺纹连接的油套管评价与推广应用项目,1999 年获中国石油天然气总公司科技进步二等奖
8. 热采井套管损坏机理及其防治方法研究项目,1999 年获中国石油天然气总公司科技进步三等奖